机械工程材料与成型技术

（第3版）

主　编　刘贯军　李勇峰
副主编　张亚奇　吴婷婷
参　编　付成果　赵红远
　　　　冯宜鹏　李发闯
主　审　徐献忠

電子工業出版社
Publishing House of Electronics Industry
北京 • BEIJING

内 容 简 介

本书根据教育部面向21世纪工科本科机械类专业人才培养模式改革要求和新制定的“工程材料及机械制造基础课程教学要求”，并结合培养应用型工程技术人才教学经验编写而成。

全书共17章，以“典型材料（名称）→成分特点→组织特点→力学性能→典型用途→工艺性能→成型技术”为主线，重点对金属材料及其成型技术，以及零件选材和成型工艺选择进行了介绍。考虑到近年来增材制造技术的快速发展和日益广泛的实际应用，本版专门增加了“增材制造技术”一章。针对近几年来新材料、新技术在工业生产中的逐步推广应用，本书还对常见的高分子材料、陶瓷材料和复合材料及其成型技术，以及零件选材和成型工艺选择性地进行了介绍。

本书内容广泛、重点突出、实用性强，可作为高等工科院校机械类和近机类各专业学生的教材，也可供高职高专、成人教育学院相关专业学生选用及有关工程技术人员参考。

图书在版编目（CIP）数据

机械工程材料与成型技术/刘贯军，李勇峰主编. —3版. —北京：电子工业出版社，2019.7
普通高等教育机电类“十三五”规划教材
ISBN 978-7-121-37073-1

Ⅰ. ①机… Ⅱ. ①刘… ②李… Ⅲ. ①机械制造材料－高等学校－教材 Ⅳ. ①TH14

中国版本图书馆CIP数据核字（2019）第141733号

策划编辑：李　洁
责任编辑：刘真平　　特约编辑：李　姣
印　　刷：北京盛通数码印刷有限公司
装　　订：北京盛通数码印刷有限公司
出版发行：电子工业出版社
　　　　　北京市海淀区万寿路173信箱　邮编　100036
开　　本：787×1 092　1/16　印张：22　字数：606千字
版　　次：2011年3月第1版
　　　　　2019年7月第3版
印　　次：2025年1月第12次印刷
定　　价：55.00元

凡所购买电子工业出版社图书有缺损问题，请向购买书店调换。若书店售缺，请与本社发行部联系，联系及邮购电话：（010）88254888，88258888。

质量投诉请发邮件至zlts@phei.com.cn，盗版侵权举报请发邮件至dbqq@phei.com.cn。

本书咨询联系方式：lijie@phei.com.cn。

前　言

本教材根据教育部面向21世纪工科本科机械类专业人才培养模式改革要求和新制定的“工程材料及机械制造基础课程教学要求”，同时结合培养应用型工程技术人才教学经验编写而成。

本教材内容包括机械工程材料和材料成型技术两大部分。除了重点介绍工业生产中广泛应用的金属材料及热处理工艺和成型技术外，还结合近几年新材料与成型新技术在机械零件上的应用情况，从发展的角度介绍了高分子材料、陶瓷材料和复合材料等结构材料的组织与性能特点、用途、选用原则及其常见成型工艺，并对金属材料的表面处理技术和增材制造技术进行了介绍，旨在使学生建立机械产品生产过程的基本概念和知识体系，了解新材料，掌握现代制造和工艺方法，培养学生的工程素质、实践能力和创新设计能力，使学生设计的机械零件结构既满足使用要求，又符合材料成型规律和经济性要求，同时树立从零件选材、成型、加工制造直到报废回收处理全过程的环保理念。

本教材是在电子工业出版社出版、由刘贯军教授主编的《机械工程材料与成型技术》（第2版）基础上修订而成的。由于原教材在编写目的、课程体系设计和内容组织上与同类教材相比特色鲜明，深受同行和同学们的好评，所以，本教材延续了第2版的基本特色，在内容组织上继续以“典型材料（名称）→成分特点→组织特点→力学性能→典型用途→工艺性能→成型技术”为主线，将工程材料与成型工艺有机结合，一一对应，既相互渗透，又避免重复；同时，紧贴生产实际，对现代工业生产中广泛应用的材料及其成型技术进行介绍，既有一定的理论性和前瞻性，又重视其实际应用。与第2版相比，本教材更加突出了实用、够用和管用的指导思想，重点考虑了授课时数因素与学生专业基本需要，对原教材中的前5章部分内容及第9～11、15章部分内容进行了精简和重新组织，以突出重点；考虑到近年来增材制造技术的快速发展和日益广泛的实际应用，教材也应与时俱进，专门增加了“增材制造技术”一章，这也是对传统材料成型技术的有力补充。另外，为了与实际工作接轨，针对市场上常见的一些国外金属材料如不锈钢、模具钢等牌号，也与国内钢号做了对应表述。全书结构分明，信息量大，每章相对独立又相互衔接，文字叙述力求精练，实用性强。为方便教学和学生自学，本教材各章节还配有PPT课件，读者可登录华信教育资源网（www.hxedu.com.cn）注册后免费下载。

全书共17章。参加编写的有河南科技学院刘贯军（绪论、第5章）、李勇峰（第6、10章）、张亚奇（第8、11章）、吴婷婷（第2、7、15章）、付成果（第3、4章）、赵红远（第13、14、16章）、冯宜鹏（第9章）、河南工学院李发闯（第1、12章）。全书由刘贯军、李勇峰任主编，张亚奇、吴婷婷任副主编。

全书由刘贯军统稿。郑州大学徐献忠教授认真审阅了本书，在此表示感谢。

本教材在编写过程中，参阅了部分相关教材、专著及论文，在此一并向文献作者致以深切的谢意。

本书建议授课学时数为48～64学时，实验4～8学时。各章学时分配可根据各校实际酌情掌握。

鉴于编者学识有限，书中难免有不足和欠妥之处，恳请广大读者批评指正。

编　者

2019年1月

目　录

第0章 绪　论

材料是人类用来制造各种物品的物质，材料成型是将材料转化为人类所使用物品的最基本方法，是人类生活和生产赖以生存的物质基础和手段。人类社会的文明和发展伴随着材料及其成型工艺的发明和发展。从人类的出现到21世纪的今天，人类的文明程度不断提高，材料及材料科学也在不断发展。在人类文明的进程中社会的发展可按材料的使用与发展划分为石器时代、青铜器时代、铁器时代、钢铁时代、高分子时代、半导体时代、先进陶瓷时代和复合材料时代。今天，材料的发展进入了一个丰富多彩的新时代。

0.1 材料及其成型工艺的发展

材料是人类文明进步的物质基础，材料及其成型方法的发明与发展促进了人类社会的进步。在人类社会的历史进程中，中华民族在材料及其成型工艺发展方面对人类社会做出了重大贡献。

我国在原始社会后期开始有陶器，至仰韶文化（发源于河南，公元前4000年—公元前200年）和龙山文化（发源于山东、河南等地）时期制陶技术已相当成熟，东汉时期发明了瓷器，成为最早生产瓷器的国家。后来，瓷器于9世纪传到非洲东部和阿拉伯国家，13世纪传到日本，15世纪传到欧洲。直至今天，中国瓷器仍畅销全球，名扬四海，对世界文明产生了极大的影响。瓷器已成为中国文化的象征，“瓷器”（china）已成为“中国”（China）的代名词。

我国劳动人民创造了灿烂的青铜文化。我国青铜的冶炼在夏朝（公元前2140年开始）以前就开始了，到夏商、西周时期已发展到很高的水平。青铜主要用于制造各种工具、食器、兵器。从河南安阳晚商遗址出土的后母戊鼎重达875kg，外形尺寸为1.33m×0.78m×1.10m，是迄今为止世界上最古老的大型青铜器，在制造时采用了精湛的铸造技术，在泥模塑造、陶范翻制、合范、熔炼、浇铸等铸造全过程中，充分体现了中国古代劳动人民的聪明才智和优秀的技艺。从湖北隋县出土的战国青铜编钟（曾侯乙编钟）共计65枚，分三层悬挂，其造型壮观、音频准确、铸造精美、音律齐全、音域宽广、音色和美，乐律铭文珍贵，是我国古代文化艺术高度发达的见证。湖北江陵楚墓中发现的埋藏了2000多年的越王勾践的宝剑，至今仍异常锋利、寒光闪闪。陕西临潼秦始皇陵出土的大型彩绘铜车马，由3000多个零部件组成，综合采用了铸造、焊接、凿削、研磨、抛光及各种连接工艺，结构复杂，制作精美。

我国从春秋战国时期（公元前770年—公元前221年）已开始大量使用铁器。从兴隆战国铁器遗址中发掘出了浇铸农具用的铁模，说明冶铸技术已由泥砂造型水平进入铁模铸造的高级阶段。到了西汉时期，炼铁技术又有了很大的提高，采用煤作为炼铁的燃料，这要比欧洲早1700多年。1989年，在山西省永济县黄河东岸出土的唐开元十二年铸造的四尊“镇河大铁牛”，每尊高约1.9m、长约3m、宽约1.3m，最重的铁牛为70t以上。牛体之宏、分量之重、铁质之优、造型之美、数量之多、工艺之精、历史之久，实属千古佳作。现存于北京大钟寺内明朝永乐年间制造的大钟（重46.5t），其上遍布经文20余万字，其浑厚悦耳的钟声至今仍伴随着华夏子孙辞旧迎新。所有这些均显示出中华民族在材料、成型方法及热处理等方面的卓越成就，以及对世界文明和人类进步所做出的巨大贡献。春秋时期的《考工记》中关于钟鼎和刀剑不同的铜锡配比的珍贵记载，是迄今为止世界上发现最早的合金配比规律。

我国的锻造技术和焊接技术也有着悠久的历史。在河北藁城出土的商朝铁刃铜钺是我国发现最早的锻件，它表明我国早在 3000 年前就有了锻造和锻焊技术。到了战国时期，锻造工艺已普遍应用于刀剑和一些日常用具的制作中。在河南辉县战国墓中发掘出的殉葬铜器，其耳和足是用钎焊方法与本体连接的。

明朝（1368—1644 年）宋应星所著《天工开物》一书，记载了冶铁、铸钟、锻铁、焊接（锡焊和银焊）、淬火等多种金属成型和改性方法及日用品的生产技术和经验，并附有 123 幅工艺流程插图，是世界上有关金属加工工艺最早的科学论著之一。

丝绸是一种天然高分子材料，它在我国有着悠久的历史，于 11 世纪传到波斯、阿拉伯、埃及，并于 1470 年传到意大利的威尼斯，进入欧洲。中国丝绸质地柔软、色彩鲜艳、美观华丽、光彩夺目，深受世界各国人民的喜爱。

历史充分说明，我们勤劳智慧的祖先在材料的创造和使用上有着辉煌的成就，为人类文明、世界进步做出了巨大贡献。

然而，18 世纪以后，由于长期的封建统治和闭关自守，以及上百年来帝国主义的侵略和压迫，严重束缚了我国科学技术的发展，造成了与工业发达国家之间的巨大差距。

中华人民共和国成立以后，我国的钢铁冶炼技术有了突破性进展，目前，钢产量已跃居世界首位，钢的质量也在一步步接近国际先进水平。目前，我国能够冶炼包括高温合金、精密合金在内的 1000 多个钢种，能够轧制和加工包括板、带、管、型、线、丝等各种形状的 4 万多个品种规格，有 85%以上的钢材是按国际标准生产的，其中 1/3 以上的产品质量达到国际先进水平。

我国非金属材料的发展也十分迅速，尤其以人工合成高分子材料的发展最为迅速。目前，高分子材料作为结构材料已经在机械、仪器仪表、汽车工业中得到广泛应用。新型陶瓷材料也以其高硬度和耐磨性、绝缘和耐高温等优异性能，成为人们关注的目标，现已成为一种重要的、不可缺少的工程材料。

近十几年来，随着国际局势的发展和变化，为了军事现代化建设，我国在新材料及其成型工艺方面的研究取得了突飞猛进的进展。我国在激光材料、钛合金技术、铁基超导材料及新型有序介孔碳—二氧化硅陶瓷吸波材料等方面的研究都已达到国际先进水平甚至处于领先地位，从而使我国的现代武器装备达到了一个很高的水平。

芳纶纤维是目前极为重要的国防军工材料。它具有超高强度、高弹性模量和耐高温、密度小、耐酸碱等优异性能，其强度是钢丝的 5～6 倍，弹性模量为钢丝或玻璃纤维的 2～3 倍，韧性是钢丝的 2 倍，密度仅为钢丝的 1/5 左右，且绝缘性能良好，抗老化，有很长的使用寿命。芳纶纤维是制造聚合物基和碳基复合材料的增强纤维，其在我国的研制成功标志着我国的导弹和军用飞机性能又上了一个新的台阶。

2006 年 12 月 30 日，由中国第一重型机械集团公司自行设计制造的世界上吨位最大、技术最先进的 15 000t 重型自由锻造水压机试车成功。15 000t 水压机成功试车和投产，是我国继 1958 年研制成功万吨水压机之后的又一重大技术成果，将为生产大型锻件提供重要的条件，最大锻件质量达 600t，极大地提升了电力、冶金、石化、船舶行业设备制造水平，对加快振兴重大装备制造业具有重大意义。

2007 年下半年，国家发改委批复了中国第二重型机械集团公司大型模锻压力机建设项目的可行性研究报告，项目拟建设的大型模锻压力机最大压力可达 80 000t，是目前世界上最大的模锻压力机，超过了此前世界最大的俄罗斯 75 000t 模锻压力机。大型模锻压力机主要用于铝合金、钛合金、高温合金、粉末合金等难变形材料进行热模锻和等温超塑性成型。其锻造特点是可通过大的压力、长的保压时间、慢的变形速度来改善变形材料的致密度，用细化材料晶粒来提高锻件的综合性能，提高整个锻件的变形均匀性，使难变形材料和复杂结构锻件通过等温锻造和超塑性变形来满足设计要求，可节约材料 40%，达到机械加工量少或近净成型目标。等温模锻液压机是航空航天及其他重型机械生产重要锻件的关键设备。

2008 年，国内首台 6000t 快锻机项目建设在宝钢特殊钢分公司启动。该机组投产后，最大锻造锭质量可达 50t，将打破国内大型高端锻件长期依赖进口的局面，届时，我国将具备“大飞机”项目大型钛合金等温锻件的批量生产能力。

随着航空航天、电子、通信等技术及机械、化工、能源等工业的发展，对材料的性能和成型工艺的要求越来越高，传统的单一材料已不能满足使用要求。复合材料以其高的比强度、比刚度及优异的物理、化学性能，特别是其可设计性等引起了人们的高度重视。如玻璃纤维树脂复合材料（玻璃钢）、碳纤维树脂复合材料已应用于航空航天工业中制造卫星壳体、宇宙飞行器外壳、飞机机身、螺旋桨等，在交通运输工业中制造汽车车身、轻型船、艇等，在石油化工工业中制造耐酸、耐碱、耐油的容器及管道等。

总之，材料及其成型技术的发明和发展推动了现代科技的发展，而现代科技的发展又对材料及其成型技术提出了更高的要求，周而复始地推动社会不断向前发展。

0.2 工程材料的分类

工程材料种类繁多，通常按其组成特点、结构特点或性能特点进行分类。根据使用性能，材料分为结构材料和功能材料。工程材料主要是指结构材料，是用于机械、车辆、建筑、船舶、化工、仪器仪表、航空航天、军工等各工程领域中制造结构件的材料，主要利用材料的力学性能，如强度、硬度、塑性及韧性等。工程材料按组成特点可分为金属材料、有机高分子材料、陶瓷材料和复合材料四大类，如图 0-1 所示。

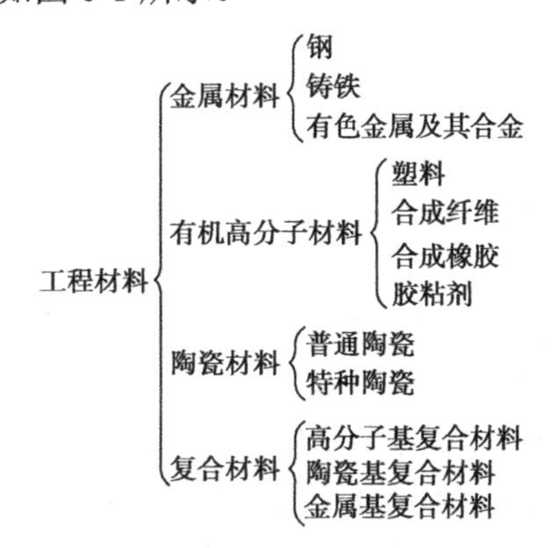

图 0-1　工程材料的分类

除上述工程材料外，还有功能材料。功能材料是用于制造功能元件（磁性器件、光敏元件、各种传感器等）的材料，主要使用材料的特殊物理、化学性能，如电、磁、光、声、热等。

另外，根据材料的具体用途，又可将材料分为航空航天材料、信息材料、电子材料、能源材料、机械工程材料、建筑材料、生物材料、农用材料等。有时也将材料分为传统材料和新型材料。传统材料一般是指需求量和生产规模大的材料，而新型材料是建立在新思路、新概念、新工艺的基础上，以材料的优异性能为主要特征的材料。两者并无严格区别，因为传统材料也在不断提高质量、降低成本、扩大品种，在工艺及性能方面不断更新。

本教材主要介绍工程结构材料。下面各章均按上述工程材料的分类进行讨论。

0.3 材料成型工艺分类

材料成型加工是生产各种零件或零件毛坯的主要方法。材料成型的方法种类繁多，涉及的物理、化学和力学现象十分复杂，是一个多学科交叉、融合的研究和应用领域。按传统的学科分类方法，材料成型技术包括铸造成型技术、塑性成型技术（包括锻压和板料冲压）、焊接成型技术、高分子材料成型技术、陶瓷材料成型技术、复合材料成型技术和粉末冶金成型技术等。大多数机械零件用上述方法制成毛坯，然后经切削加工（车、铣、刨、磨、钳等），使之具有符合要求的尺寸、形状和表面质量。为了便于切削加工或提高使用性能，有的零件还需要在毛坯制造和切削加工过程中穿插不同的热处理工序。

0.4 本课程教学目的与要求

机械工程材料及成型技术是机械类专业学生必修的一门重要技术基础课，也是近机类和部分非机类专业普遍开设的一门课程，主要包括机械工程材料相关知识和材料成型技术两方面内容。本课程旨在使学生建立机械生产过程的基本概念，掌握相关基本知识，了解新材料，掌握现代制造和工艺方法，培养学生的工程素质、实践能力和创新设计能力。

在学完本课程以后，学生应达到以下基本要求：

① 建立机械工程材料及其成型工艺与现代机械制造的完整概念，培养良好的工程意识。

② 掌握金属材料的成分、组织、性能之间的关系，以及强化金属材料性能和零件表面性能的基本途径。

③ 掌握钢的热处理原理及常用热处理工艺，熟悉常用金属材料、高分子材料、陶瓷材料和复合材料等结构材料的性质、特点、用途和选用原则。

④ 掌握各种常见成型方法和常用设备的基本工作原理、工艺特点和适用对象，具有合理选择毛坯成型方法的能力。

⑤ 掌握零件（毛坯）的结构工艺性，并具有设计毛坯和零件结构的初步能力。

⑥ 了解与本课程有关的新技术、新工艺。

本课程是一门体系较为庞杂、知识点多而分散的课程，因此，在学习中要遵循课程的主线。本课程有机械工程材料和材料成型技术两条主线。机械工程材料这一主线的主要内容是“材料名称（牌号）—化学成分—组织—性能特点—用途（热处理工艺）”；材料成型技术这一主线则基本上围绕着“成型原理—成型方法及应用—成型工艺设计—成型件的结构工艺性”展开。讲授和学习时，应按照主线对知识点进行归纳整理，这将有利于在学习中保持清晰思路，有利于对本课程内容的总体把握。与此同时，还要注意比较不同材料的性能特点和成型工艺特点，进行相关知识点之间的横向比较，这将有利于对所学知识的融会贯通，加强理解记忆。在分析和解决问题时，就能够做到触类旁通。

本课程具有丰富的工程应用背景，融多种工艺方法于一体，信息量大，实践性强，必须在金工教学实习获得感性认识的基础上进行课堂教学，才能收到预期效果。在课堂教学中，应同时辅之以电教片、多媒体 CAI、现场参观、课堂讨论等多种教学手段和形式，以增强学生的感性认识，加深其对教学内容的理解；教学过程中应注意理论联系实际，使学生在掌握理论知识的同时，提高分析问题和解决问题的工程实践能力；学生应注意观察和了解平时接触到的机械装置，按要求完成一定量的作业及复习思考题；对于课程中的结构工艺性内容，应在充分理解各工艺原理的基础上进行掌握，在后续课程及课程设计、毕业设计中还应反复练习、提高，运用所学知识尝试解决有关问题，才能较好地理解和掌握本课程内容，提高课堂教学效果。

第 1 章 材料的结构与性能

正如绪论中所述，工程材料按其结合键性质分为金属材料、高分子材料、陶瓷材料和复合材料四大类。工程材料由于其不同的结构类型，性能有很大差异。本章从这四类不同材料的结构入手，重点介绍其表现出来的力学性能差异。

1.1 金属材料的结构、组织与性能

在自然界中，所有的固态物质，就其原子（离子或分子）排列的规则性来分类，可分为晶体和非晶体两大类。固态物质内部的原子（离子或分子）呈周期性规则排列的物质称为晶体，如天然金刚石、水晶、氯化钠等；原子（离子或分子）在空间无规则排列的物质则称为非晶体，如松香、石蜡、玻璃等。晶体具有固定熔点、各向异性（指单晶）的特征；而非晶体无固定熔点，并在一个温度范围内熔化，各方向上原子聚集密度大致相同，所以表现为各向同性。晶体与非晶体在一定条件下可以相互转化。由于金属由金属键结合，其内部的金属离子在空间有规则地排列，因此，固态金属一般情况下均是晶体。

1.1.1 纯金属的晶体结构

在自然界中，人类已经发现的化学元素中有 81 种属于纯金属。其中，素有“五金”之称的金（Au）、银（Ag）、铜（Cu）、铁（Fe）、锡（Sn）是人类历史上应用最早的纯金属。

在晶体中，原子（离子或分子）规则排列的方式称为晶体结构。为了便于研究，假设通过金属原子（离子）的中心画出许多空间直线，这些直线形成空间格架，称为晶格（见图 1-1）。晶格的节点为金属原子（或离子）平衡中心的位置。能反映该晶格特征的最小组成单元称为晶胞，晶胞在三维空间重复排列构成晶格。晶胞的基本特性即反映该晶体结构（晶格）的特点。

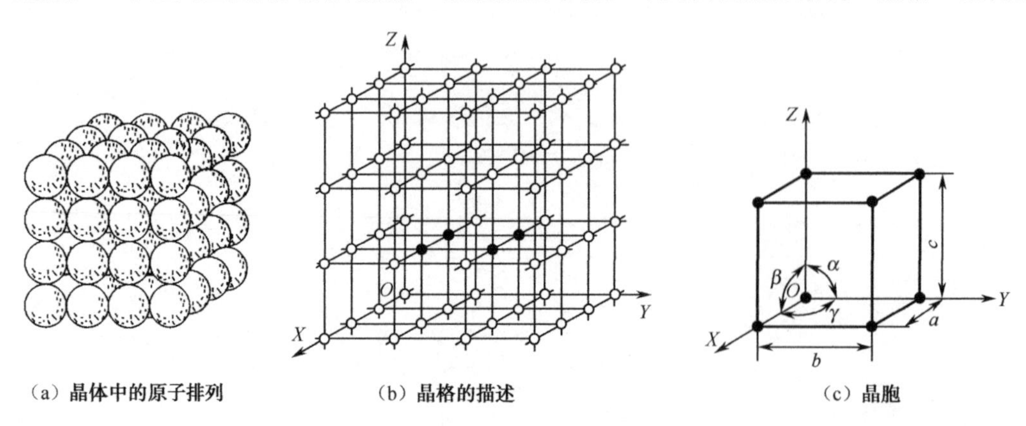

（a）晶体中的原子排列　（b）晶格的描述　（c）晶胞

图 1-1　晶体、晶格和晶胞示意图

晶胞的几何特征可以用晶胞的三条棱边长 a、b、c 和三条棱边之间的夹角 α、β、γ 这 6 个

参数来描述。其中 a、b、c 为晶格常数，金属的晶格常数一般为 0.1～0.7nm。不同元素组成的金属晶体因晶格形式和晶格常数不同，表现出不同的物理、化学和力学性能。金属晶体的晶格类型很多，但元素周期表中有 90%以上的金属元素的晶体都属于以下三种原子紧密排列的晶格形式。

1．三种常见的金属晶体结构

（1）体心立方晶格（bcc 晶格）

体心立方晶格的晶胞中（见图 1-2），8 个原子分别处于立方体的 8 个角上，一个原子处于立方体的中心，角上 8 个原子与中心原子紧靠。具有体心立方晶格的金属有铁（α-Fe）、铬（Cr）、钼（Mo）、钨（W）、钒（V）等，其大多具有较高的熔点、硬度及强度，而塑性、韧性较低，并具有冷脆性。

体心立方晶格具有下列特征：

① 晶格常数：$a=b=c$；$\alpha=\beta=\gamma=90°$。

② 晶胞原子数：体心立方晶胞中，每个角上的原子在晶格中同时属于 8 个相邻的晶胞，因此每个角上的原子仅有 1/8 属于一个晶胞，而中心的一个原子则完全属于这个晶胞。所以，一个体心立方晶胞中所含的原子数为 $\frac{1}{8}\times 8+1=2$，即两个原子。

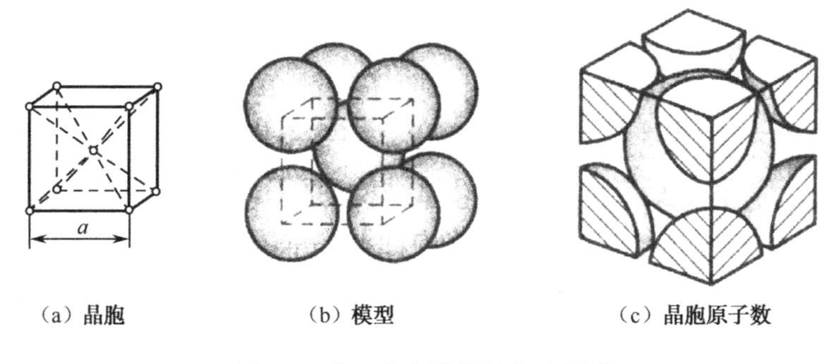

（a）晶胞　（b）模型　（c）晶胞原子数

图 1-2　体心立方结构晶胞示意图

③ 原子半径：晶胞中相距最近的两个原子之间距离的 1/2 称为原子半径 $r_{原子}$。体心立方晶胞中原子相距最近的方向是体对角线，所以，原子半径与晶格常数 a 之间的关系为 $r_{原子}=\frac{\sqrt{3}}{4}a$。

④ 致密度：晶胞中所包含的原子占有的体积与该晶胞体积之比称为致密度，通常用于表示原子排列的紧密程度。体心立方晶胞的致密度为 0.68，即体心立方晶胞中有 68%的体积被原子所占据，其余为空隙。

⑤ 空隙半径：若在晶胞空隙中放入刚性球，则能放入球的最大半径为空隙半径。体心立方晶胞中有两种空隙：一种为四面体空隙，其半径为 $r_{四}=0.29r_{原子}$；另一种为八面体空隙，其半径为 $r_{八}=0.15r_{原子}$。

⑥ 配位数：晶格中与任一个原子相距且距离相等的原子的数目称为配位数。这是另一种表示原子紧密程度的方法。体心立方晶胞的配位数为 8。

（2）面心立方晶格（fcc 晶格）

面心立方晶格的晶胞中（见图 1-3），8 个原子分别处于立方体的 8 个角上，同时还有 6 个原子分别位于立方体的 6 个面的中心。具有面心立方晶格的金属有铁（γ-Fe）、铝（Al）、铜（Cu）、镍（Ni）、铅（Pb）、金（Au）、银（Ag）等，这类金属不具有冷脆性。

面心立方晶格具有下列特征：

① 晶格常数：$a=b=c$；$\alpha=\beta=\gamma=90°$。

② 晶胞原子数：$\frac{1}{8}\times8+\frac{1}{2}\times6=4$，即4个原子。

③ 原子半径：$r_{原子}=\frac{\sqrt{2}}{4}a$。

④ 致密度：0.74。

⑤ 空隙半径：四面体空隙，其半径为$r_{四}=0.225r_{原子}$；八面体空隙，其半径为$r_{八}=0.414r_{原子}$。

⑥ 配位数：12。

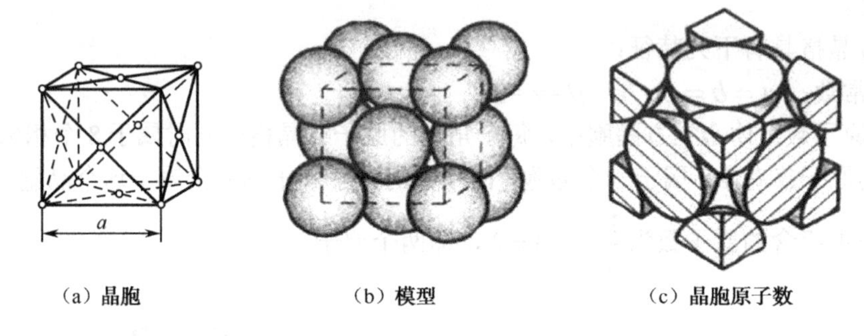

图1-3 面心立方结构晶胞示意图

（3）密排六方晶格（hcp晶格）

密排六方晶格的晶胞中（见图1-4），12个原子分别占据简单六方体的12个顶点位置，简单六方体的上、下正六边形面的中心位置各占据一个原子位置，而且，此六方体的中间还有3个原子。具有密排六方晶格的金属有镁（Mg）、锌（Zn）、镉（Cd）、铍（Be）等，石墨也是密排六方晶格结构。这类金属大多数不具有冷脆性，但力学性能不突出，很少单独用于结构材料。

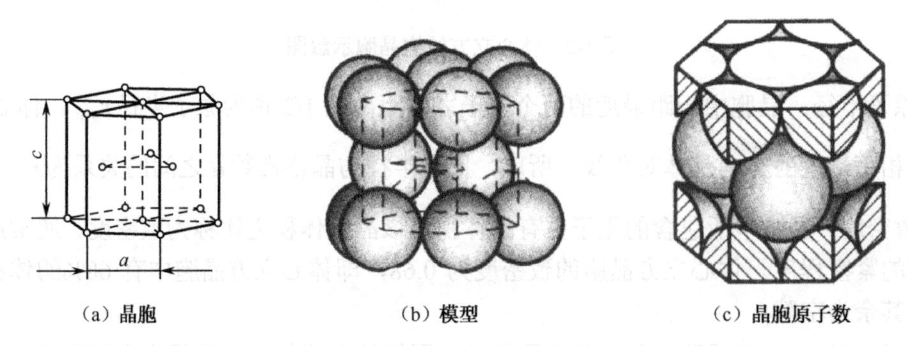

图1-4 密排六方结构晶胞示意图

密排六方晶格具有下列特征：

① 晶格常数：用底面正六边形的边长a和两底面之间的距离c来表示，两相邻侧面之间的夹角为120°，侧面与底面之间的夹角为90°。

② 晶胞原子数：$\frac{1}{6}\times12+\frac{1}{2}\times2+3=6$，即6个原子。

③ 原子半径：$r_{原子}=\frac{1}{2}a$。

④ 致密度：0.74。

⑤ 空隙半径：四面体空隙，其半径为 $r_{四}=0.225r_{原子}$；八面体空隙，其半径为 $r_{八}=0.414r_{原子}$。

⑥ 配位数：12。

2．金属晶体的各向异性

在晶体学中，通过晶体中原子中心的平面称为晶面；通过原子中心的直线称为原子列，其所代表的方向称为晶向。晶面和晶向可分别用晶面指数和晶向指数来表达。

在晶体中，不同晶面和晶向上原子排列的密度不同，它们之间的结合力大小也不一样，使得金属晶体在不同方向上的性能不同，这种性质称为晶体的各向异性。非晶体中由于原子排列杂乱无章，其在各个方向上的性能完全相同。

3．实际金属中的晶体缺陷

实际金属晶体内部的原子排列并不像理想晶体那样规则和完整，总是存在一些原子偏离理想规则排列的区域，称为晶体缺陷。这些缺陷造成了实际晶体的不完整性，并对金属和陶瓷材料的许多性能产生极其重要的影响。按照晶体缺陷的几何特征，可将其分为点缺陷、线缺陷和面缺陷三类。

（1）点缺陷

点缺陷是指在三维尺寸上都很小的、不超过几个原子直径的缺陷，主要是指空位、间隙原子和置换原子，如图 1-5 所示。

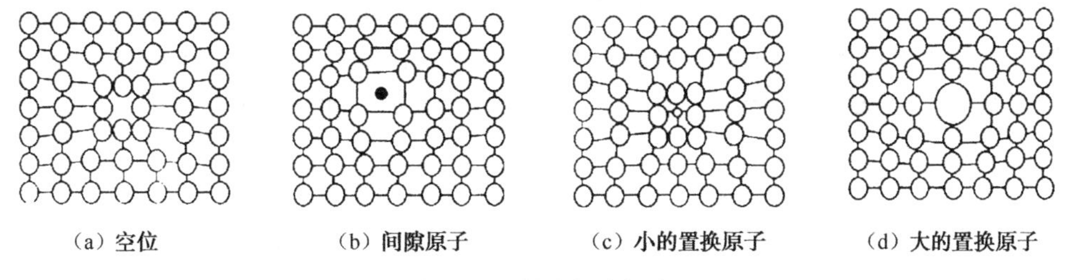

（a）空位　（b）间隙原子　（c）小的置换原子　（d）大的置换原子

图 1-5　晶体中的点缺陷

空位是指未被原子占据的晶格节点。这种缺陷可能是晶体在结晶过程中由于堆积不完善所造成的，也可能是已形成的晶体在高温或外力作用下而引起的，温度的作用尤为明显。晶体中的原子并不是静止不动的，而是在平衡位置中心做热振动，并受周围原子的约束，处于平衡状态。由于各原子的能量并不完全相等，当温度升高后，原子振动的能量加大，当能量达到足以克服周围原子的约束时，该原子就可能脱离原子振动中心，跑到金属表面或晶格的间隙中，形成空位。而跑到晶格间隙中的原子称为间隙原子，若间隙原子是外来的异类原子，则称为置换原子。

晶体中出现空位和间隙原子后，破坏了原子间的平衡，使它们偏离平衡位置，造成了晶格局部的弹性变形，称为晶格畸变。因此，空位和间隙原子的出现破坏了原子排列的规律性，其结果导致金属的强度和电阻等增加、塑性下降，这是金属固溶强化的主要原因。

（2）线缺陷

晶体中的线缺陷就是位错，是指晶体中的原子发生了有规律的错排现象。根据位错的形态可分为刃型位错和螺型位错两种常见位错（见图 1-6）。

刃型位错可以描述为晶体内多余半原子面的刃口，好像一片刀刃切入晶体，中止于内部。沿着半原子面的刃边 *EF* 线附近，晶格发生很大的畸变，这就是一条刃型位错，晶格畸变中心的

连线 EF 就是刃型位错线。位错线并不是一个原子列，而是一个晶格畸变的“管道”。不难看出，位错线附近的上半部原子在一定的范围内将受到垂直于位错线两侧的原子压力。相反，在位错线附近的下半部原子在一定范围内则受到两侧的原子拉应力。因此，沿着位错线其晶格能量总是增加的。

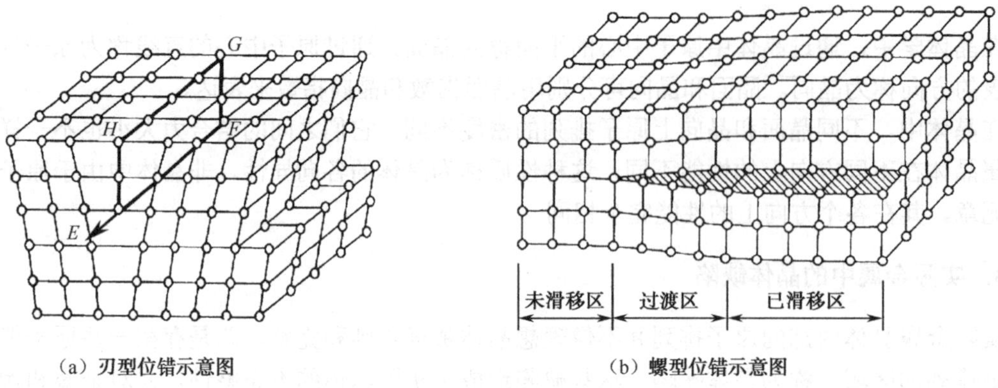

（a）刃型位错示意图　　（b）螺型位错示意图

图 1-6　位错模型

螺型位错是指晶体右边上部的点相对于下部的点向后错动一个原子间距，若将错动区的原子用线连接起来，则具有螺旋形特征。

晶体中的位错可在由液体转变为固体的过程中产生，而在固态经塑性变形时位错更易产生。它在温度和外力作用下还能够不断地运动。因此，晶体中的位错数量在外界条件（温度、外力）作用下会发生变化。为了评定金属中位错数量的多少，常用位错密度（ρ）来衡量。

位错密度是指单位体积中所包含位错线的总长度。位错密度的单位为 cm/cm^3（cm^{-2}）。金属中的位错密度一般为 10^8～$10^{13}cm^{-2}$，高密度的位错是导致加工硬化的主要原因之一。

（3）面缺陷

面缺陷包括晶界和亚晶界两种。如果一块晶体内部的晶格位向完全一致，该晶体就是单晶体。实际使用的金属多是由无数个晶格位向不同的单晶体组成的多晶体，此时的单晶体又称为晶粒，如图 1-7 所示。金属通常都是多晶体，由于各晶体的位向不同，使其原子排列的规律性在相互交界处得不到统一，必须从一种排列取向过渡到另一种排列取向。晶界就是不同取向晶粒之间的过渡层，如图 1-8（a）所示，其宽度约为几个原子，其原子排列得比较不规则。晶界处还存在许多缺陷，如杂质原子、空位及位错等。此外，在一个晶粒内部也存在一些位向稍有差别的小晶块，称为亚结构或亚晶，它们之间的界面称为亚晶界，如图 1-8（b）所示。晶界与亚晶界都是具有缺陷的界面，故称为面缺陷。

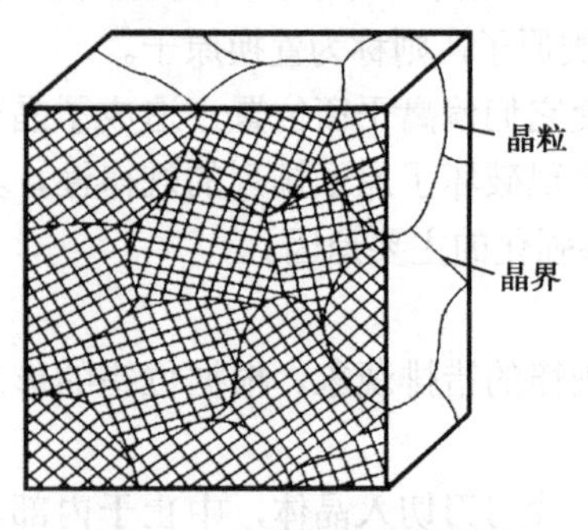

图 1-7　多晶体结构示意图

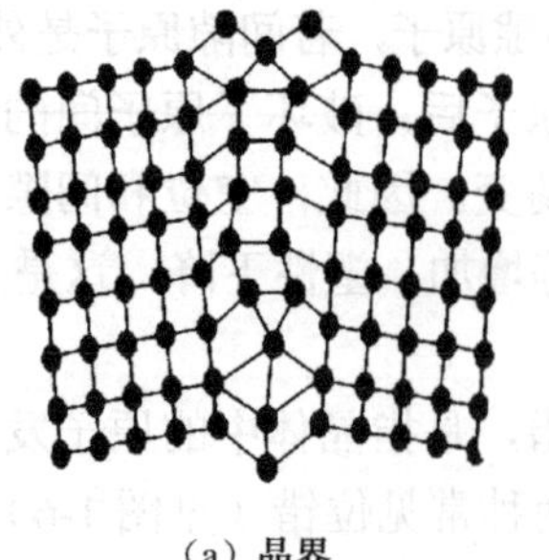

（a）晶界

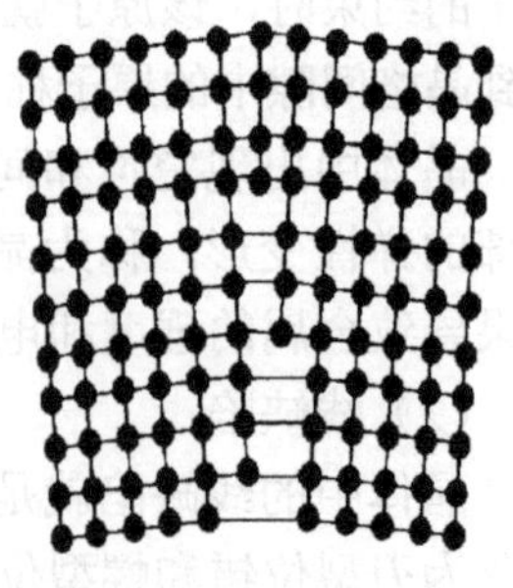

（b）亚晶界

图 1-8　面缺陷示意图

晶界处因能量较高、稳定性较差，使晶界处熔点较低、易受腐蚀。但常温下晶界对位错的移动有阻碍作用，而晶体的塑性变形主要是靠无数位错的滑移来进行的。显然，同样的金属材料在相同的变形条件下，晶粒越细（相当于晶粒细化），晶界数量就越多，晶界对塑性变形的抗力越大，同时，晶粒的变形也越均匀，致使强度、硬度越高，塑性、韧性越好。因此，在常温下使用的金属材料，通常晶粒越细越好。但因晶界在高温下的稳定性差，则晶粒越细，其高温性能就越差。

相对于位错密度增加、亚结构细化是加工硬化的主要原因，面缺陷的增加是细晶强化的主要原因。

总之，晶体缺陷的存在破坏了晶体的完整性，使晶格产生畸变，晶格能量增加。因此，晶体缺陷相对于完整晶体来说，处于一种不稳定形态，它们在外界条件（温度、外力等）变化时，首先会发生运动，从而引起金属某些性能的变化。

晶体缺陷尽管微观尺寸很小，但它对金属性能的影响是相当大的。例如，对室温下金属强度的影响，如图 1-9 所示。不难看出，当金属晶体无缺陷时，通过理论计算具有极高的强度，称为理论强度。随着晶体中的缺陷增加，金属的强度迅速下降，当缺陷增加到一定的数值后，金属的强度又随晶体缺陷的增加而增加。这一规律的发现告诉人们，要想提高金属的强度可采用减少晶体缺陷或者增加晶体缺陷两种方法。但在工程上要想获得晶体缺陷少，而且尺寸比较大的零件是很难办到的。因此，工程上常采用增加晶体缺陷的办法来提高金属的强度。

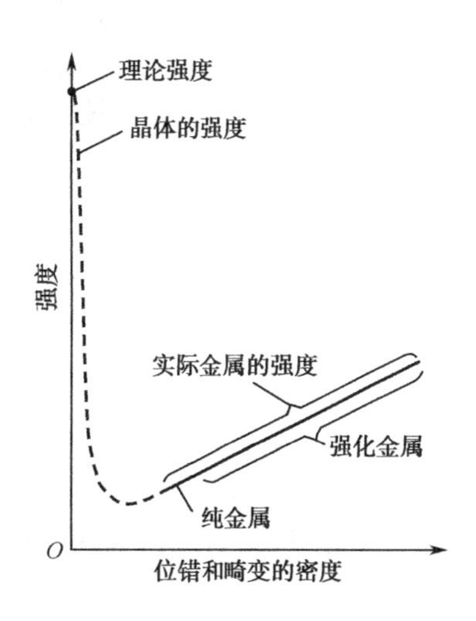

图 1-9　金属强度与晶体缺陷的关系

1.1.2　合金的晶体结构

一种金属元素同另一种或几种其他元素，通过熔化或其他方法结合在一起所形成的具有金属特性的物质称为合金。组成合金的最基本的独立物质称为组元，可以是金属、非金属元素或稳定化合物。一般来说，组元就是组成合金的元素，铁碳合金的组元是铁和碳。由两个组元组成的合金称为二元合金，由三个以上组元组成的合金称为多元合金。合金的强度、硬度、耐磨性等力学性能比纯金属高很多，因此，合金的应用比纯金属广泛得多。采用合金元素来改变金属性能的方法称为合金化。

在金属或合金中，具有同一化学成分、同一晶体结构或同一聚集状态，并有界面分隔的各均匀组成部分称为相。液态物质为液相，固态物质为固相。纯铁结晶时，若固态与液态同时存在，则是两个相；而固态合金则可能由单相或多相组成。由于结构特点不同，固态合金中有固溶体和金属化合物两种基本相。

1．固溶体

固溶体是溶质原子溶入固态溶剂中形成的一种成分和性能均匀，且结构与溶剂组元结构相同的固相。根据溶质原子在溶剂晶格中的分布形式，固溶体可分为置换固溶体和间隙固溶体。

（1）置换固溶体

溶质原子置换了溶剂晶格中的一些溶剂原子就形成置换固溶体。当两组元在固态呈无限溶解时，所形成的固溶体称为有限固溶体或无限固溶体（此时量多者为溶剂）；当两组元在固态呈有限溶解时，只能形成有限固溶体，如图 1-10（a）所示。

（2）间隙固溶体

溶质原子处于溶剂晶格的间隙位置形成间隙固溶体。某些原子半径很小的非金属元素，如 H（0.46 Å）、B（0.97 Å）、C（0.77 Å）、N（0.71 Å）和 O（0.61 Å）等（1 Å=10^{-10}m），溶入过渡族金属晶格间隙内，便形成间隙固溶体，如图 1-10（b）所示。此外，当以化合物为溶剂时，也能形成间隙固溶体，例如，Ni 溶入 NiSb 中便属于这种情况。

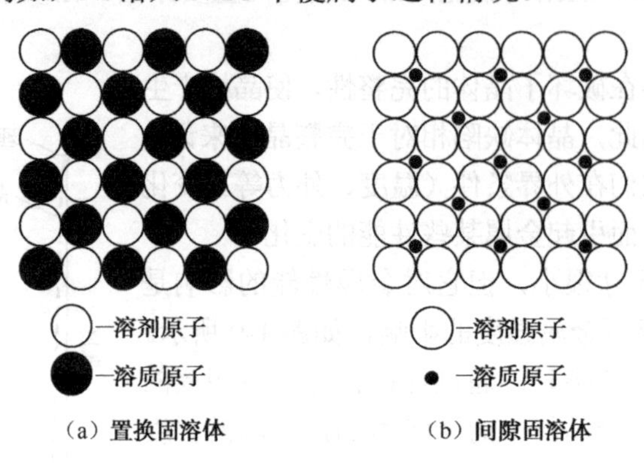

图 1-10　两种类型的固溶体示意图

影响固溶体类型和溶解度的主要因素有组元的原子半径、电化学特性和晶格类型等。原子半径、电化学特性接近，晶格类型相同的组元，容易形成置换固溶体，并有可能形成无限固溶体。当组元原子半径相差较大时，容易形成间隙固溶体。间隙固溶体都是有限固溶体，并且一定是无序的。无限固溶体和有序固溶体一定是置换固溶体。

在有限固溶体中，溶质元素在固溶体中的极限浓度称为固溶度（饱和浓度）。在高温下达到饱和的固溶体，随着温度降低，溶质原子将从固溶体中析出而形成新相。

虽然固溶体的晶体结构和溶剂相同，但因溶质原子的溶入引起晶格常数改变，并导致晶格畸变，使位错移动阻力增加，合金的强度、硬度、电阻增高，塑性、耐蚀性降低。这种通过加入溶质元素形成固溶体，使合金强度和硬度升高的现象称为固溶强化。适当控制溶质元素的数量，可以在显著提高合金强度的同时，保持较高的塑性和韧性。固溶强化是金属强化的一种重要形式，因此，对综合力学性能要求较高的零件材料，都是采用以固溶体为基体的合金。

2．金属化合物

金属化合物是金属与金属元素之间或金属与类金属（以及部分非金属）元素之间的化合物。这些化合物的晶体结构与其组元的晶体结构完全不同。一部分金属化合物的成分还可在某个范围内变化，从而使其兼有固溶体的特征。从后面将要叙述的二元相图来看，它们所处的位置总是在两个固溶体区域之间的中间部位，因此也称中间相。金属化合物中除有离子键或共价键外，还有部分金属键，使其具有一定程度的金属特性，如导电性，因此称为金属化合物。

金属化合物的类型很多，一般分为正常价化合物（如 M_2Si、MnS、Mg_2Sn 等）、电子化合物（如 CuZn、Cu_3Al 等）和间隙化合物（如 Fe_4N、VC、WC、TiN、Fe_3C 等）三大类。它们的晶体结构除有上述的三种晶格外，还有一些是复杂晶体结构。铁碳合金中的渗碳体是一种具有复杂结构的间隙化合物，是一种由铁元素和碳元素组成的金属化合物。

金属化合物一般具有很高的熔点、高的硬度和较大的脆性。合金中出现金属（间）化合物时，可提高材料的强度、硬度和耐磨性，但是塑性降低。适当数量与分布的金属化合物可作为强化相。

在固溶体基体上弥散分布适当的金属化合物是导致材料产生弥散强化（或沉淀强化）的原因。

由两种以上互不相溶的组元、固溶体或金属化合物混合在一起而形成的多相固体组织称为机械混合物，其性能取决于各组元的种类、数量、形态、大小和分布状况。

1.1.3　金属材料的组织

1．组织的概念

金属材料的组织有宏观组织和微观组织两种。

宏观组织是指 30 倍以下的放大镜或人的眼睛直接能观察到的金属材料内部所具有的各组成物的直观形貌。例如，观察金属材料的断口组织、渗碳层的厚度，以及经酸浸后的低倍组织等，一般分辨率是 0.15mm。

显微组织一般指在光学金相显微镜下能够观察到的金属材料内部各组成物的微观形貌，也称直观形貌，一般极限分辨率为 0.2μm。组织与相是两个不同的概念，组织由数量、形态、大小和分布方式不同的各种相构成。经抛光的金属材料试样在显微镜下检查，只能看到非金属夹杂物的组织；经不同酸侵蚀后的试样在显微镜下观察，则可看到各种形态的相。根据包含相的多少来分，有单相组织、两相组织和多相组织。四种不同含碳量的铁碳合金的室温平衡组织如图 1-11 所示，其中图 1-11（a）所示为纯铁的室温平衡组织，由颗粒状的单相铁素体相组成；图 1-11（c）所示为碳质量分数为 0.77%的铁碳合金的室温平衡组织，又称珠光体组织，它由粗片状的铁素体相和细片状的 Fe_3C 相所组成。另外，在电子显微镜下观察到的组织称为电子显微组织（见图 1-12）。

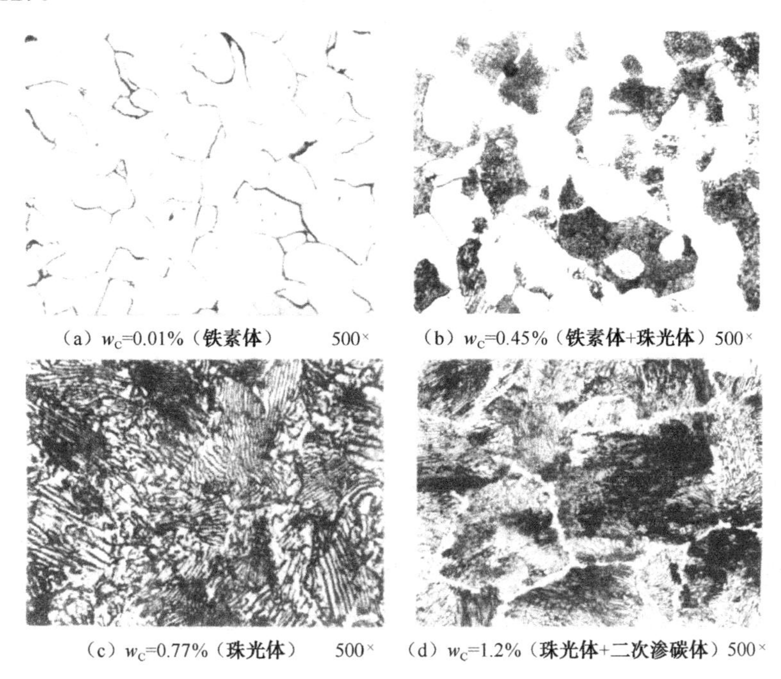

（a）w_C=0.01%（铁素体）　500×　（b）w_C=0.45%（铁素体+珠光体）500×

（c）w_C=0.77%（珠光体）　500×　（d）w_C=1.2%（珠光体+二次渗碳体）500×

图 1-11　四种不同含碳量的铁碳合金的室温平衡组织

2．组织的决定因素

金属材料的组织取决于其化学成分和制造工艺。不同含碳量的铁碳合金在平衡结晶后获得的室温组织不一样（见图 1-11）。

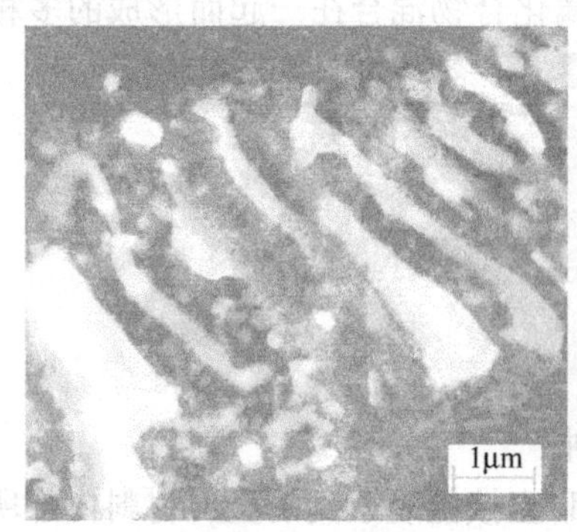

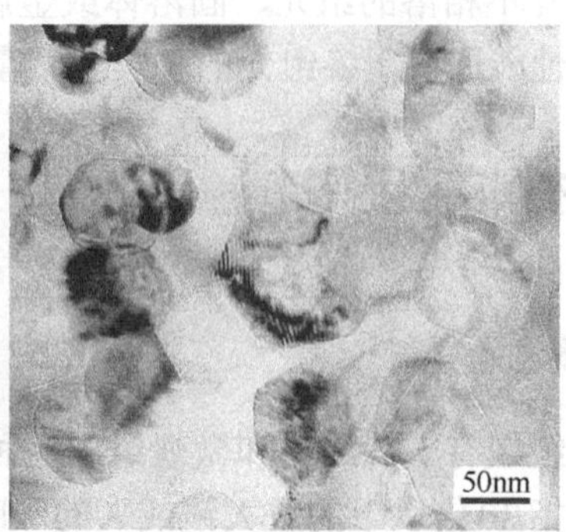

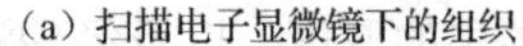
（a）扫描电子显微镜下的组织　　（b）透射电子显微镜下的组织

图 1-12　经过时效处理的 AZ91D 镁合金在电子显微镜下的组织（$Mg_{17}Al_{12}$沉淀相+基体相）

金属材料的化学成分一定时，工艺过程则是其组织的最重要的影响因素。纯铁经冷拔后，其组织由原来的等轴形状的铁素体晶粒变成拉长了的铁素体晶粒。碳质量分数为 0.77%的铁碳合金经球化退火后，得到的组织为球状珠光体（见图 1-13），与室温平衡组织片状珠光体的形态完全不一样。

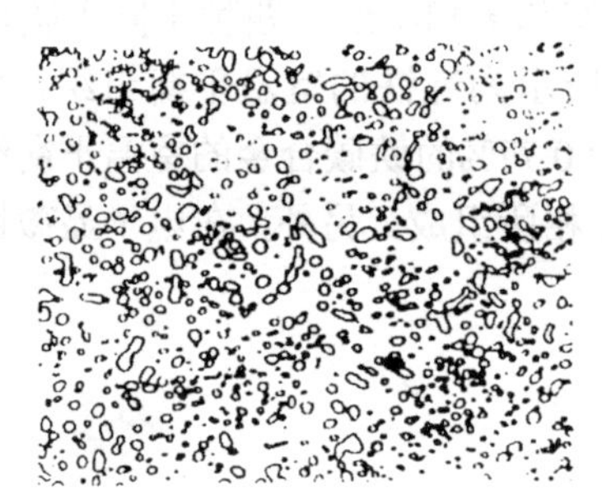

图 1-13　球状珠光体

另外，从图 1-11 还可以看出，同为平衡组织，即金属的冷却条件一样，但由于化学成分（含碳量）不同，其室温组织也不一样。

3．性能的关系

金属学研究表明，组织是性能的根据，性能是组织的反映。金属材料的性能取决于其内部的组织结构。图 1-14 所示为三种不同组织的铸铁。图 1-14（a）所示灰铸铁的组织为铁素体和片状石墨，图 1-14（b）所示可锻铸铁的组织为铁素体和团絮状石墨，图 1-14（c）所示球墨铸铁的组织为铁素体和球状石墨。它们的基体都是铁素体，但由于其石墨形态不同，其性能相差很大。图 1-14（a）～（c）所示的三种铸铁的抗拉强度分别为 150MPa、350MPa 和 420MPa。

纯铁经冷拔后，晶粒被拉长变形，同时其内部位错密度等晶体缺陷增多，其强度与硬度均比未变形前要高得多。纯铁经变形度为 80%的冷拔变形后，其抗拉强度可由冷拔前的 180MPa 提高到 500MPa。

总之，金属材料的成分、工艺方法、组织结构和性能之间有着密切的关系。了解它们之间的关系，掌握材料中各种组织的形成及各种因素的影响规律，对于合理使用金属材料具有十分重要的指导意义。

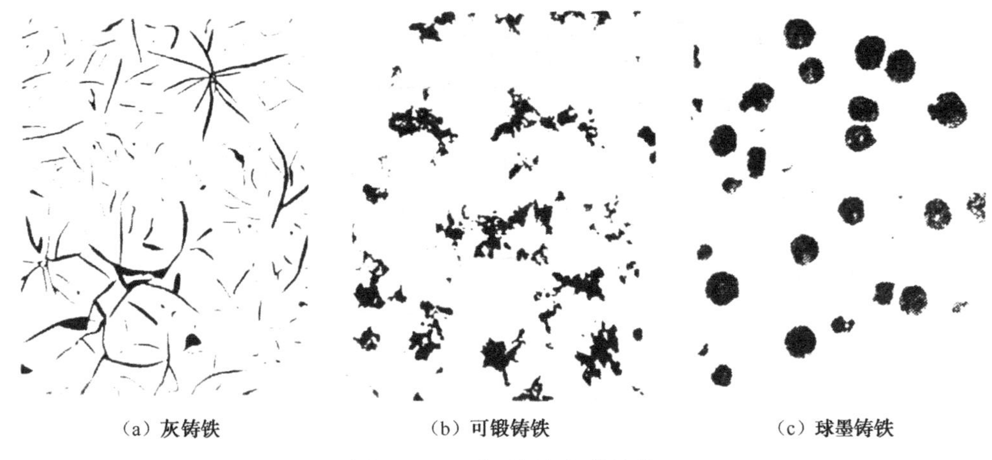

（a）灰铸铁　（b）可锻铸铁　（c）球墨铸铁

图 1-14　三种不同组织的铸铁

1.1.4　金属材料的主要性能

金属材料具有许多良好的性能，因此广泛地应用于制造各种构件、机械零件、工具和日常生活用具。金属材料的性能包含工艺性能和使用性能两方面。工艺性能是指制造工艺过程中材料适应加工的性能；使用性能是指金属材料在使用条件下所表现出来的性能，包括力学性能、物理性能和化学性能。

1．工艺性能

工艺性能是材料物理性能、化学性能和力学性能的综合。按工艺方法不同，可分为铸造性能、锻造性能、焊接性能、热处理性能和切削加工性能等。

在设计零件和选择工艺方法时，需要考虑金属材料的工艺性能。例如，灰铸铁的铸造性能很好，切削加工性也较好，所以广泛用来制造铸件，但其可锻性极差，不能进行锻造，可焊性也较差。低碳钢的可锻性和可焊性都很好，而高碳钢则较差，切削加工性也不好。

各种工艺性能将在有关章节分别介绍。

2．力学性能

（1）强度

强度是金属材料在外力作用下抵抗塑性变形和断裂的能力。按照作用力的性质不同，可分为抗拉强度、抗压强度、抗弯强度、抗剪切强度、扭转强度和疲劳强度等。在工程中常用来表示金属材料强度的指标是屈服强度和抗拉强度。

抗拉强度通过拉伸试验测定。将一截面为圆形的低碳钢拉伸试样（见图 1-15）在材料试验机上进行拉伸，测得应力－应变（σ-ε）曲线，如图 1-16（a）所示。其中，σ为应力，ε为应变，有

$$\sigma = P/A_0 \text{（MPa）}, \quad \varepsilon = \frac{\Delta l}{l_0} = \frac{l_1 - l_0}{l_0} \times 100\%$$

式中，P 为所加载荷；A_0 为试样原始截面积（mm^2）；l_0 为试样的原始长度（mm）；l_1 为试样变形后的长度（mm）；Δl 为伸长量。

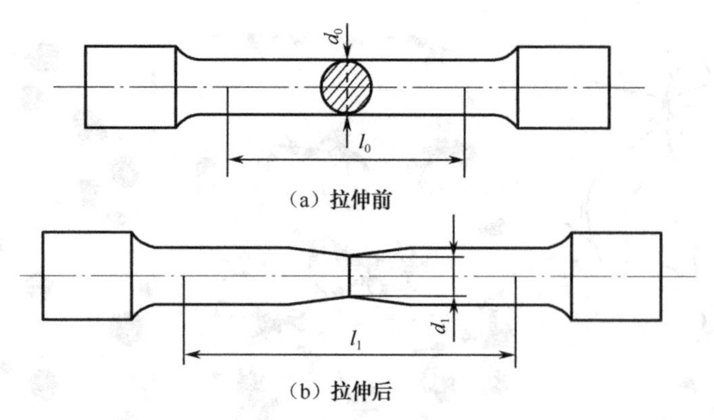

图 1-15　圆形低碳钢拉伸试样

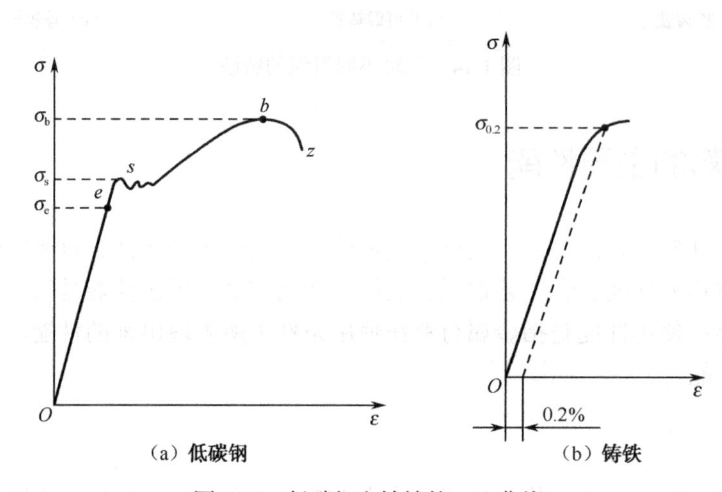

图 1-16　低碳钢和铸铁的$\sigma-\varepsilon$曲线

根据其变形特点，金属材料的强度指标如下：

① 弹性极限σ_e：表示材料保持弹性变形，不产生永久变形的最大应力，是弹性零件的设计依据。

② 屈服极限（屈服强度）σ_s：表示金属开始发生明显塑性变形时的抗力，有些材料（如铸铁）没有明显的屈服现象，如图 1-16（b）所示，则用条件屈服极限来表示。产生 0.2%残余应变时的应力值用$\sigma_{0.2}$表示。

③ 强度极限（抗拉强度）σ_b：表示金属受拉时所能承受的最大应力。

σ_e、σ_s及σ_b是机械零件及构件设计和选材的主要依据。金属材料不能在超过其σ_s的条件下工作，否则会引起机件的塑性变形；金属材料也不能在超过其σ_b的条件下工作，否则会导致机件的破坏。

（2）弹性和塑性

金属材料在外力作用下都会或多或少地产生变形。在使用金属材料时，除了变形的程度外，更值得注意的是当外力去掉后，变形能否恢复原状和恢复原状的程度，这两者反映了金属材料的弹性和塑性。

金属材料受外力作用时产生变形，当外力去掉后能恢复其原来形状的能力称为弹性。这种随着外力消失而消失的变形，称为弹性变形，其大小与外力成正比。

金属材料在外力作用下，产生永久变形而不致引起破坏的能力称为塑性。在外力消失后留下来的这部分不可恢复的变形，称为塑性变形，其大小与外力不成正比。

金属材料的塑性常用延伸率δ来表示，即

$$\delta=\frac{l-l_0}{l_0}\times 100\%$$

式中，l_0为试样的原始长度（mm）；l为试样受拉伸断裂后的长度（mm）。

金属材料的塑性也可用断面收缩率ψ来表示，即

$$\psi=\frac{F_0-F}{F_0}\times 100\%$$

式中，F_0和F分别为试样原始截面积和断裂后的截面积。

δ或ψ越大，则塑性越好。良好的塑性是金属材料进行塑性加工的必要条件。

（3）刚度

金属材料在受力时抵抗弹性变形的能力称为刚度。在弹性范围内，应力与应变的比值称为弹性模量，它相当于引起单位变形时所需要的应力。因此，金属材料的刚度常用弹性模量来衡量。弹性模量越大，表示在一定力作用下能发生的弹性变形越小，也就是刚度越大。

弹性模量的大小主要取决于金属材料本身，因此，同一材料中弹性模量的差别不大，例如，钢和铸铁的弹性模量值为 204 000～214 200MPa，基本一样。钢可通过热处理来改变其组织，使强度和硬度发生很大变化，但是弹性模量不会发生明显变化。所以，弹性模量被认为是金属材料最稳定的性质之一。

必须指出，相同材料的两个不同零件，弹性模量虽然相同，但截面尺寸大的不易发生弹性变形，而截面尺寸小的则容易发生弹性变形。因此，考虑一个零件的刚度问题，不仅要注意材料的弹性模量，还要注意零件的形状和尺寸大小。

（4）硬度

硬度是指材料在表面上的局部体积内抵抗变形或者破断的能力，是表征材料性能的一个综合参量。硬度测定的方法很多，一般分为刻画法和压入法两大类，生产中以压入法较常用，有布氏硬度、洛氏硬度、维氏硬度和显微硬度之分。此时，硬度的物理意义是指材料表面抵抗比它更硬的物体局部压入时所引起的塑性变形能力。

硬度试验所用设备简单，操作方便快捷，一般仅在材料表面局部区域内造成很小的压痕，可视为无损检测，故可对大多数机件成品直接进行检验，无须专门加工试样，是进行工件质量检验和材料研究最常用的试验方法。

① 布氏硬度。

布氏硬度的测试是用一直径为 D 的淬火钢球或硬质合金球，在规定载荷 P 的作用下压入被测试金属的表面，停留一定时间后，卸除载荷，测量被测试金属表面上所形成的压痕直径 d，如图 1-17 所示。由此计算压痕的球缺面积 S，然后再求出压痕的单位面积所承受的平均压力（P/S），以此作为被测试金属的布氏硬度值（HB）。其计算式为

$$\text{HB}=\frac{P}{S}=\frac{2P}{\pi D(D-\sqrt{D^2-d^2})}$$

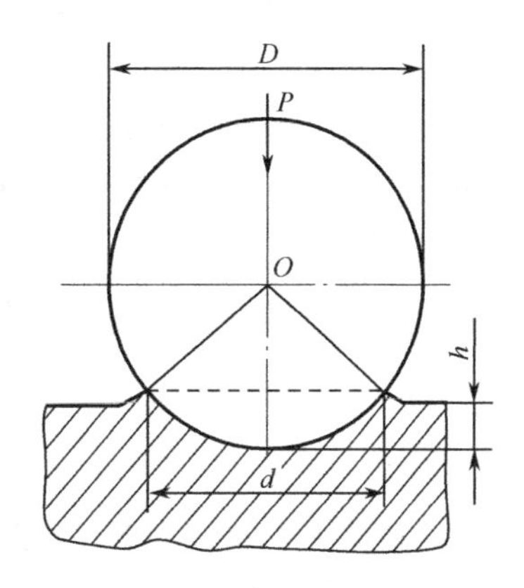

图 1-17　布氏硬度测试示意图

式中，载荷 P 的单位为 N 或 kgf（1kgf=9.8N）；球体直径 D 与压痕直径 d 的单位为 mm，故 HB 的单位为 N/mm^2，但习惯上不标出单位，只写出硬度的数值。

采用不同材料的压头测定的布氏硬度值，用不同的符号表示。当压头为淬火钢球时，硬度

符号为HBS，适用于布氏硬度值低于450的材料；当压头为硬质合金球时，硬度符号为HBW，适用于布氏硬度值为450～650的材料。例如，150HBS10/1000/30表示用直径为10mm的淬火钢球在9.8kN（1000kgf）载荷作用下保持30s测得的布氏硬度值为150。当载荷保持时间为10～15s时，不加标注。例如，500HBW5/750表示用直径为5mm的硬质合金球在7.35kN（750kgf）载荷作用下保持10～15s测得的布氏硬度值为500。

布氏硬度试验的优点是压痕面积大、测量结果误差小，且与强度之间有较好的对应关系，故有代表性和重复性。但同时也因压痕面积大而不适宜于成品零件及薄而小的零件。此外，因需要测量压痕直径，被测处要求平稳，测试过程也比较费事，故也不适用于大批量生产的零件检验。

② 洛氏硬度。

洛氏硬度的测试虽然也是用一定形状的硬质压头以一定大小的载荷压入试样表面，但所使用的压头及载荷与布氏硬度所使用的不同，它是根据压坑的深度来计算硬度值的。材料硬，压坑深度浅，则硬度值高；材料软，压坑深度大，则硬度值低。洛氏硬度计上带有显示器，试验时在显示器上可直接读出被测材料或零件的硬度值。

为了适应不同材料的硬度测试，在同一硬度仪上采用了不同的压头与载荷组合，并用几种不同的洛氏硬度标尺予以表示。每一种标尺用一个字母在洛氏硬度符号HR后注明，如HRC、HRA、HRB等，其测试要求及应用范围见表1-1。

表1-1 洛氏硬度测试要求及应用范围

洛氏硬度	压头	总载荷/N（kgf）	测量范围	应用范围
HRC	120° 金刚石圆锥体	1470（150）	20～67HRC	淬火钢等硬零件
HRA	120° 金刚石圆锥体	588（60）	>70HRA	零件的表面硬化层、硬质合金等
HRB	ϕ1.588mm 淬火钢球	980（100）	25～100HRB	软钢和铜合金

洛氏硬度测试方法的优点是操作简便、迅速，硬度值可在显示器上直接读出；压痕小，可测量成品件；采用不同标尺可测量各种软硬不同和厚薄不同的材料。该测试方法的不足之处是，因压痕小，受材料组织不均等缺陷影响大，所测硬度值重复性差，对同一试样一般需测三次后取平均值。

③ 维氏硬度和显微硬度。

洛氏硬度测试法虽可采用不同的标尺来测定软硬不同金属材料的硬度，但不同标尺的硬度值间没有简单的换算关系，使用很不方便。维氏硬度测试法能在同一种硬度标尺上测定软硬不同金属材料的硬度。它是用一相对面夹角为136°的金刚石正四棱锥体压头，在规定载荷P作用下压入被测试材料表面，保持一定时间后卸除载荷，然后再测量压痕投影的两对角线的平均长度d，如图1-18所示，并计算出压痕的表面积S，最后求出压痕表面积上的平均压力（P/S），以此作为被测试金属的维氏硬度值（HV）。其计算式为

$$\mathrm{HV}=\frac{P}{S}=\frac{P}{\dfrac{d^2}{2\sin 68^\circ}}=1.8544\frac{P}{d^2}$$

式中，载荷P的单位为N（kgf）；两对角线的平均长度d的单位为mm。

与布氏硬度值一样，习惯上也只写出其硬度数值而不标出单位。在硬度符号HV之前的数值为硬度值，HV后面的数值依次表示载荷和载荷保持时间（保持时间为10～15s时不标注）。例如，640HV30表示在294N（30kgf）载荷作用下保持10～15s测得的维氏硬度值为640，而

640HV30/20 表示在 294N（30kgf）载荷作用下保持 20s 测得的维氏硬度值也为 640。

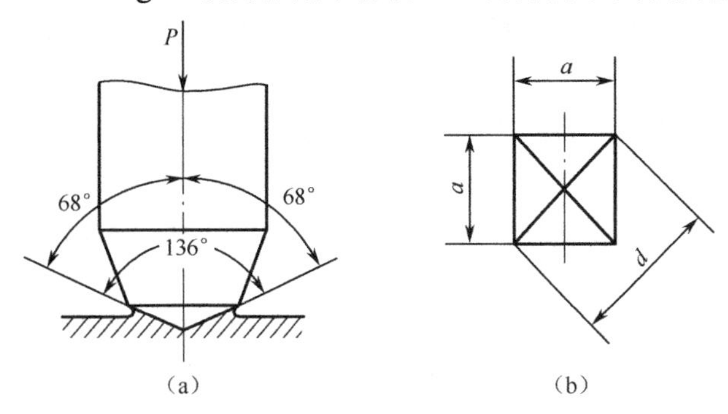

图 1-18　维氏硬度测试示意图

测定维氏硬度常用的载荷有 49N、98N、196N、294N、490N、980N 等几种。试验时，载荷 P 应根据试样的硬度与厚度来选择。一般在试样厚度允许的情况下尽可能选用较大载荷，以获得较大压痕，提高测量精度。在实际测试时，一般是用装在机体上的测量显微镜，测出压痕两对角线的平均长度 d，然后根据 d 查 GB 4340—84 的规定来求得所测的硬度值。维氏硬度适用于各种金属材料，尤其是表面硬化层的硬度测量，如化学热处理渗层、电镀层。此法压痕清晰，又是在显微镜下测量对角线的长度，从而保证了试验的精确性。但因该法要求被测表面粗糙度低，故测试表面的准备工作较为麻烦。

维氏硬度试验既具有前两种硬度试验的优点又不存在它们的缺点，载荷大小可任意选择，测定范围宽，适合各种软硬不同的材料，特别适用于薄工件或薄表面硬化层的硬度测试。唯一缺点是硬度值需通过测量对角线后才能计算（或查表）得到，生产效率低于洛氏硬度测试。

显微硬度试验实质上就是小载荷维氏硬度试验，是试验载荷在 9.8N 以下、压痕对角线长度以微米计时得到的维氏硬度值，同样用符号 HV 表示，用于材料微区硬度（如单个晶粒、夹杂物、某种组成相等）的测试。

（5）冲击韧度

不少零件在工作中常常会受到高速作用的载荷冲击，如冲床的冲头、锻压机的锤杆、汽车的齿轮、飞机的起落架及火车的启动与制动部件等。瞬时冲击所引起的应力和应变要比静载荷引起的应力和应变大得多，因而选用制造这类构件的材料时，必须考虑材料抵抗冲击载荷的能力。材料在冲击载荷作用下抵抗变形和断裂的能力称为冲击韧度，用 a_k 表示。a_k 值常采用一次冲击弯曲试验法测量。由于在冲击载荷下加载速度大，材料的塑性变形得不到充分发展，为了能灵敏地反映出材料的冲击韧度，通常采用带缺口的试样进行测试，图 1-19 所示为国家标准规定的一次冲击弯曲试样的尺寸及加工要求。在冲击试验机上，使处于一定高度的摆锤自由落下，将试样冲断，测得冲击吸收功，再用该吸收功除以试样缺口处截面积，即得到材料的冲击韧度 a_k。

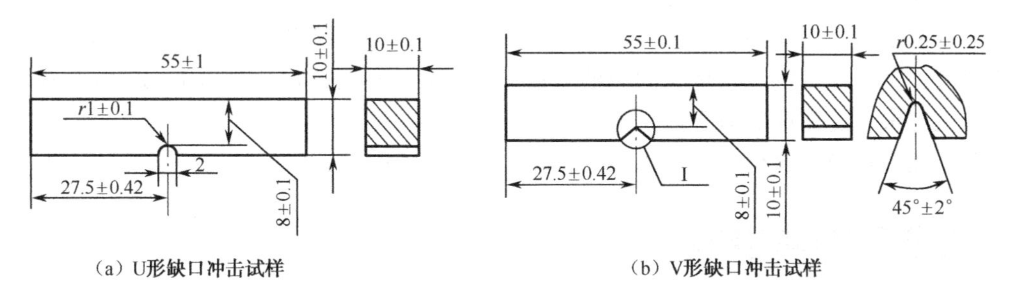

图 1-19　一次冲击弯曲试样

如果说冲击韧度描述的是材料抵抗在高应力作用下发生断裂的能力，那么，在低应力作用下材料抵抗裂纹失稳扩展的能力则由断裂韧度（K_{IC}）来描述（详见《材料力学》）。

（6）耐磨性

一个零件相对另一个零件摩擦，摩擦表面有微小颗粒分离出来，接触面尺寸变化、有质量损失，这种现象称为磨损。材料对磨损的抵抗能力称为材料的耐磨性，可用磨损量表示。在一定条件下的磨损量越小，则耐磨性越高；反之亦然。一般用在一定条件下试样表面的磨损厚度或试样体积（或质量）的减小来表示磨损量的大小。

磨损的种类包括氧化磨损、咬合磨损、热磨损、磨粒磨损、表面疲劳磨损等。一般来说，降低材料的摩擦系数或提高材料的硬度都有助于增加材料的耐磨性。

3．物理性能和化学性能

（1）物理性能

金属材料的主要物理性能有密度、熔点、热膨胀性、导热性、导电性及磁性能及光性能等。由于机器零件的用途不同，对于其物理性能的要求也有所不同。例如，飞机零件一般要选用密度小的铝合金来制造；在设计电机、电器的零件时，通常要考虑金属材料的导电性等。

金属材料的一些物理性能对于热加工工艺还有一定的影响。例如，高速钢的导热性较差，为防止裂纹产生，在锻造时就应该用较低的速度来进行加热；又如，锡基轴承合金、铸铁和铸钢的熔点不同，在铸造时三者的熔炼工艺也有很大的不同。

（2）化学性能

化学性能是金属材料在室温或高温时抵抗各种化学作用的能力，主要指抵抗活泼介质的化学侵蚀能力，如耐酸性、耐碱性、抗氧化性等。

在腐蚀介质中或在高温下工作的零件，比在空气中或室温下工作的零件腐蚀更为强烈。在设计这类零件时，应特别注意金属材料的化学性能，并采用化学稳定性良好的合金。例如，化工设备、医疗机械等可采用不锈钢制造。

1.2 高分子材料的结构与性能

高分子材料又称高分子化合物或高分子聚合物（简称高聚物），是以有机高分子化合物为主要组分的材料。高分子化合物是相对分子质量很大（一般在5000以上，有的高达几百万）的化合物。高分子化合物是由一种或多种低分子化合物通过聚合反应获得的。构成高分子化合物的低分子化合物称为单体，如聚乙烯由乙烯单体聚合而成。

高分子化合物是由大量的大分子链构成的，而大分子链又由许多结构相同的基本单元（称为链节）重复连接而成，同一种高分子化合物的分子链所含的链节数并不相同，所以，高分子化合物实质上是由许多链节结构相同而链节数（聚合度）不同的化合物所组成的混合物，其相对分子质量与聚合度都是平均值。

高分子化合物的物理和力学性能与其组成、相对分子质量、分子结构和聚集状态有关。

1.2.1 高分子材料的结构

高分子化合物的结构包括大分子链结构和聚集态结构。链结构是指单个大分子的化学组成、键连接方式、立体构型、分子的大小和形态。聚集态结构是高分子化合物中大分子之间的结构形式，包括非晶态结构、晶态结构、取向态结构和液晶态结构等。

1．大分子链结构

根据组成元素的不同，大分子链可分为碳链大分子、杂链大分子和元素链大分子三类。

大分子链中原子间及链节间均为共价键结合。不同的化学组成，其键长与键能不同，这种结合力称为高分子化合物的主价力。其大小对高分子化合物的性能，特别是熔点、强度等有重要影响。

大分子链的结构（或形态）有线形、支化形和体形（网形或交联形）三类（见图 1-20）。

（1）线形分子链

各链节以共价键连接成线形长链分子，其直径小于 1nm，而长度可达几百纳米甚至几千纳米，像一根长线（见图 1-20（a）），也可呈卷曲状或线团状。

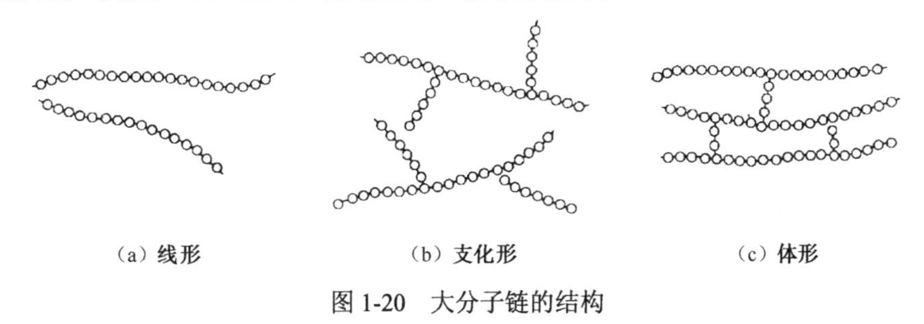

（a）线形　　（b）支化形　　（c）体形

图 1-20　大分子链的结构

（2）支化形分子链

在主链的两侧以共价键连接相当数量的支链，其形状如树枝形，如图 1-20（b）所示。由于存在支链，分子链之间不易形成规则排列，难以完全结晶为晶体，同时支链可形成缠结，使塑性变形难以进行，因而影响高分子材料的性能。

（3）体形（网形或交联形）分子链

在线形或支化形分子链之间，沿横向通过链节以共价链连接起来，形成三维网状大分子，如图 1-20（c）所示。由于网状分子链的形成，使聚合物分子之间不易相互滑动，因此，提高了聚合物的强度、耐热性及化学稳定性。

分子链的形态对聚合物性能有显著影响。线形和支化形分子链构成的聚合物具有高弹性和热塑性，即可以通过加热和冷却的方法使其重复地软化（或熔化）和硬化（或固化），故称热塑性聚合物。体形分子链构成的聚合物具有较高的强度和热固性，即加热加压成型固化后，不能再加热熔化或软化，称为热固性聚合物，如酚醛塑料、环氧树脂、硫化橡胶等。

聚合物大分子链在不停地运动，这种运动是由单键内旋转引起的。以单键连接的原子在保持键角、键长不变的情况下旋转，称为内旋转。图 1-21 所示为碳链大分子链的单键内旋转示意图。这种由于单链内旋转所产生的大分子链的空间形象称为大分子链的构象。正是这种极高频率的单键内旋转随时改变着大分子链的构象，使线形大分子链在空间很容易呈卷曲状或线团状。在拉力作用下，呈卷曲状或线团状的线形大分子链可以伸展拉直，外力去除后，又缩回到原来的卷曲状和线团状。这种能拉伸、回缩的性能

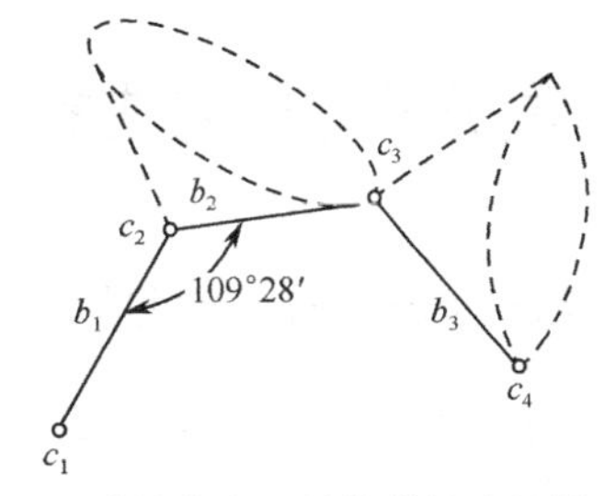

图 1-21　碳链大分子链的单键内旋转示意图

称为分子链的柔性，这是聚合物具有弹性的原因。

柔性分子链聚合物的强度、硬度和熔点较低，但弹性和韧性较好。刚性分子链聚合物则相反。

2．大分子的聚集态结构

根据大分子链空间几何排列的特点，固态高聚物的结构主要有非晶态和晶态两类。

（1）非晶态高聚物的结构

线形大分子因其分子链很长，凝固时黏度很大，很难进行有规则的排列，因此，多为混乱无序的排列，形成无规线团的非晶态结构（见图1-22），如聚苯乙烯、聚甲基丙烯酸甲酯（有机玻璃）等都是非晶态结构。体形大分子的高聚物，因其链间有大量的交联，难以实现分子的有序排列，也多呈无序排列的非晶态结构。

（2）晶态高聚物的结构

线形、支化形和交联少的体形高聚物在一定条件下，可以固化为晶态结构，大分子链排列规则、紧密。但是由于分子链的运动较困难，不可能完全晶化。在实际生产中获得完全晶态的聚合物是很困难的，通常用聚合物中结晶区域所占的百分数即结晶度来表示聚合物的结晶程度。典型的晶态高聚物，如聚乙烯、聚四氟乙烯、聚偏二氯乙烯等，一般只有50%～80%的结晶度，而有相当一部分处于非晶态，所以，晶态高聚物实际为晶态和非晶态的集合结构，如图1-23所示。

图1-22　非晶态高聚物结构示意图

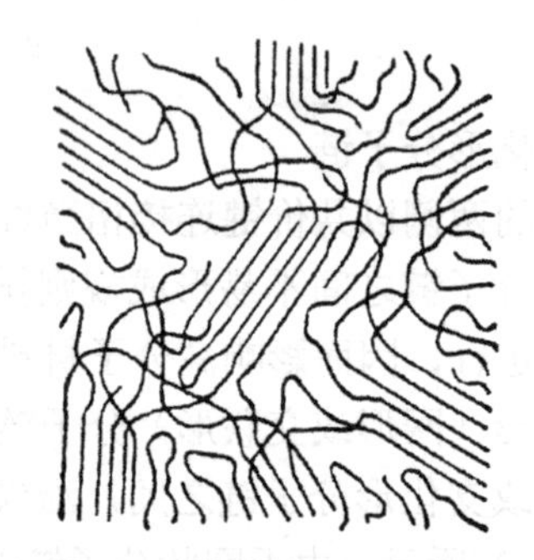
图1-23　晶态高聚物结构示意图

聚合物的性能与其聚集态有密切的联系。晶态聚合物由于分子链规则排列而紧密，分子间吸力大，分子链运动困难，故其熔点、相对密度、强度、刚度、耐热性和抗熔性等性能好；非晶态聚合物，由于分子链无规则排列，分子链的活动能力大，故其弹性、延伸率和韧性等性能好；部分晶态聚合物性能介于上述二者之间，且随结晶度增加，熔点、相对密度、强度、刚度、耐热性和抗熔性均提高，而弹性、延伸率和韧性则降低。

1.2.2　高分子材料的性能

1．高分子材料的工艺性能

高分子材料由于其成型温度比较低，其加工性能很好，在加温加压下很容易成型，也可通过铸造、冲压、焊接、黏结和机械加工等方法制成各种制品。

高分子材料的成型方法很多，常见的有挤出成型、注射和反应注射成型、吹塑成型等。

2. 高分子材料的力学性能

与金属材料相比，高分子材料的力学性能具有下述特点。

（1）强度低

高聚物的强度平均为 100MPa，比金属低得多，但由于其质量小、密度小（一般为 1.0×10^3～2.0×10^3kg/m^3），许多高聚物的比强度还是很高的，某些工程塑料的比强度高于钢铁材料。

（2）弹性高、弹性模量低

高聚物具有远高于金属材料的高弹性。高聚物的弹性变形量可达到 100%～1000%，而一般金属材料只有 0.1%～1.0%。高聚物的弹性模量低，一般为 2～20MPa，而一般金属材料的弹性模量为 1×10^3～2×10^5MPa。

（3）黏弹性好

大多数高聚物的高弹性基本上是“平衡弹性”，即应变与应力即时达到平衡。但还有一些高聚物（如橡胶）的高弹性表现出强烈的时间依赖性。应变相对于应力有所滞后，即当施加一定应力后，不能马上产生相应的应变，这就是黏弹性，它是高聚物的又一重要特性。黏弹性的主要表现有蠕变、应力松弛和内耗等。

蠕变是在应力保持恒定的情况下，应变随时间的增长而增加的现象。

应力松弛是高聚物受力变形后所产生的应力随时间而逐渐衰减的现象。

高聚物受周期载荷时，产生伸—缩的循环应变。由于应变对应力的滞后，在重复加载时，就会出现上一次变形还未来得及回复时又施加了下一次载荷的情况，于是造成分子间的内摩擦，产生内耗，弹性储能转变为热能。但内耗能吸收振动波，这也是高聚物具有良好减振性能的原因。

（4）塑性好

高聚物由许多很长的大分子链组成，加热时分子链的一部分受热，其他部分不受热或少受热，因此，材料不会立即熔化，而先有一个软化过程，所以塑性很好。

（5）韧性好

在非金属材料中，高聚物的韧性是比较好的。例如，热塑性塑料的冲击韧度一般为 2～15kJ/m^2；热固性塑料的冲击韧度较低，为 0.5～5kJ/m^2。但是，与金属相比，高聚物的冲击韧度仍然过小，仅为金属的 1%数量级。由于冲击韧度与拉断强度和断裂延伸率有直接关系，所以，通过提高高聚物的强度可以提高其韧性。

（6）减摩、耐磨性好

许多塑料有较好的减摩性能，除了摩擦系数低以外，自润滑性能好、磨损率低。例如，聚四氟乙烯对聚四氟乙烯的摩擦系数只有 0.04，几乎是所有固体中最低的。在无润滑或少润滑的摩擦条件下，其耐磨、减摩性能是金属材料无法比拟的。

3. 高分子材料的物理和化学性能

同金属材料相比，高分子材料的物理、化学性能有如下特点。

（1）良好的绝缘性和隔热、隔声性能

高聚物分子的化学键为共价键，没有自由电子和可移动的离子，因此是良好的绝缘体，绝缘性能与陶瓷相当。另外，由于高聚物的分子细长、卷曲，在受热、受声之后不易产生振动，所以对热、声也有良好的隔离性能，例如，塑料的导热性只有金属的 1%。

（2）耐热性较差

与金属材料相比，高分子材料的耐热性较差，这是高分子材料的一大缺点。常用热塑性塑料如聚乙烯、聚氯乙烯等长期使用温度一般不超过 100℃；热固性塑料如酚醛塑料长期使用温度为130～150℃；耐高温塑料如有机硅塑料等也只能在 200～300℃下使用。

（3）良好的耐蚀性

高分子材料的化学稳定性很好，因而其耐酸、碱的腐蚀性好。尤其是被誉为“塑料王”的聚四氟乙烯，其在沸腾的王水中也很稳定。

（4）容易老化

由于高分子材料固有的化学结构、分子链和聚集态结构特点，在热、光、辐射等因素作用下，其性能随时间会不断恶化，逐渐丧失使用性能。

1.3 陶瓷材料的结构与性能

1.3.1 陶瓷材料的结构

陶瓷是由金属元素和非金属元素的化合物组成的。它们的主要成分是 SiO_2、Al_2O_3、Fe_2O_3、CaO、MgO 等。一般是以天然硅酸盐（如黏土、长石和石英等）或人工合成化合物（如氧化物、氮化物、碳化物、硅化物、硼化物等）为原料，经粉碎—配制—制坯—成型—烧结而制成。陶瓷的晶体结构比金属复杂得多，陶瓷材料的典型组织由晶体相、玻璃相和气相组成。各组成相的结构、数量、大小、形状和分布形态对陶瓷材料的性能有显著影响。

1. 晶体相

晶体相是陶瓷的主要组成相，其结构、数量、形态和分布决定陶瓷的主要性能和应用。它可以是以离子键为主的离子晶体，也可以是以共价键为主的共价键晶体。陶瓷材料中的晶体相主要有硅酸盐、氧化物和非氧化物三种。

硅酸盐是普通陶瓷的主要原料，同时也是陶瓷组织中的重要组成相。硅酸盐的结合键为离子键与共价键的混合键。构成硅酸盐的基本单元是硅氧四面体［SiO_4］$^{4-}$。其特点是不论何种硅酸盐，硅总是存在于四个氧离子组成的四面体的中心，如图 1-24 所示。按照硅氧四面体在结构中的连接方式不同，所形成的硅酸盐具体结构也不同，如有岛状、链状、层状和网状结构等。

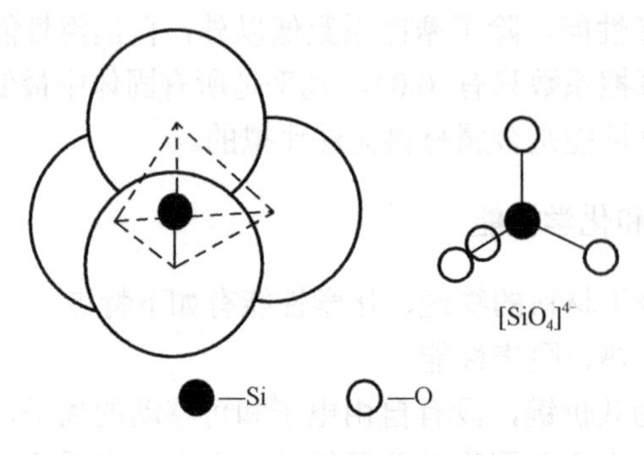

图 1-24 硅酸盐结构

氧化物大多数是陶瓷特别是特种陶瓷的主要组成和晶体相。结合键类型主要是离子键和共价键，晶格结构主要有面心立方、密排立方和密排六方结构。

非氧化物是指不含氧的金属碳化物、氮化物和硅化物等，是特种陶瓷特别是金属陶瓷的主要组成和晶体相，主要由强大的共价键结合，也有一定成分的金属键和离子键。非氧化物的晶体结构主要有密排立方、密排六方和复杂的晶体结构。

陶瓷的性能（特别是力学性能）主要取决于晶体相的结构及其分布形态。

2．玻璃相

玻璃相是陶瓷原料中的 SiO_2 在烧结处于熔化状态后冷却时原子无规则形成的非晶态相，能成为玻璃相的无机物还有 Se、S 元素和 B_2O_3、GeO_2 等氧化物、硫化物、硒化物和卤化物等。玻璃相是陶瓷材料中不可缺少的组成相，其作用如下：

① 将晶体相黏结起来，填充晶体相之间的空隙，提高材料的致密度；

② 降低烧成温度，加快烧结过程；

③ 阻止晶体转变，抑制晶体长大；

④ 获得一定程度的玻璃特性，如透光性等。

玻璃相对陶瓷的机械强度、介电性能、耐热与耐火性能等是不利的，所以，不能成为陶瓷的主导相，一般含量为 20%～40%。

3．气相

气相是陶瓷孔隙中的气体所形成的气孔，常以孤立状态分布在玻璃相中，或以细小气孔分布在晶界和晶内。它在陶瓷生产工艺过程中不可避免地形成而被保留下来。气相容易产生应力集中或者形成裂纹源，使陶瓷强度降低，电击穿能力下降，绝缘性能降低。因此，结构陶瓷中一般希望尽量降低陶瓷中的气孔率，通常普通陶瓷的气孔率为 5%～10%，特种陶瓷的气孔率在 5%以下，并力求气孔呈球形，而且分布均匀。

1.3.2　陶瓷材料的性能

1．陶瓷材料的工艺性能

陶瓷材料的工艺路线并不复杂，依次是选料→混配→成型→烧结→修整→成品等。其中，成型是陶瓷制品的主要工序。成型工艺主要包括粉浆成型、压制成型、挤压成型和可塑成型等。

2．陶瓷材料的力学性能

陶瓷材料的力学性能可归纳为“硬且脆”。

陶瓷材料的硬度是各类材料中最高的，这也是陶瓷材料的最大特点。其硬度多为 1000～5000HV，而淬火钢也仅为 500～500HV。

陶瓷材料的刚度（用弹性模量来衡量）也是各类材料中最高的，如氧化铝的弹性模量为 4.0×10^5MPa，而钢的弹性模量则约为 2.07×10^5MPa。

陶瓷材料属于脆性材料，室温下几乎没有塑性，其冲击韧度和断裂韧度都很低，其断裂韧度约为金属的 1/100～1/60。

按理论计算，陶瓷材料的强度应该很高，但实际上由于其组织中气孔等缺陷较多，且多存在于晶界上，容易产生裂纹，因此，其实际强度较低。

3．陶瓷材料的物理和化学性能

陶瓷材料具有优良的耐高温性能。多数金属在1000℃以上就会丧失强度，而陶瓷材料由于有很高的熔点（大多数在2000℃以上），在常见的高温（800～1000℃）下，基本保持与室温下相同的强度，即陶瓷材料具有优于金属的高温强度。

陶瓷材料有比金属材料低得多的热稳定性，在承受急剧的温度变化时容易炸裂，这是陶瓷材料的一个主要缺点。

陶瓷材料结构稳定，抗高温氧化能力很强，对酸、盐有良好的抗腐蚀能力，与许多金属熔体也不发生反应，但抗碱蚀能力一般。总之，陶瓷材料有较好的化学稳定性。

大多数陶瓷由于没有自由电子，其电阻率很高，所以具有良好的电绝缘性。但不少陶瓷材料既是离子导体，又有一定的电子导电性，使其成为良好的半导体材料。

1.4 复合材料的结构与性能

1.4.1 复合材料的结构

复合材料的种类很多，总体来说，由基体材料和增强相两部分构成。复合材料的性能主要取决于两相的类型和两相之间界面的性质，但复合材料的结构对其力学性能的影响也不容忽视。图1-25所示为不同复合材料的几种典型结构示意图。

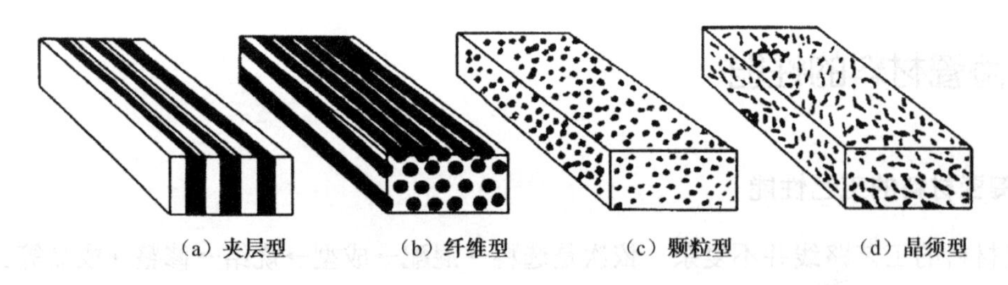

图1-25 不同复合材料的几种典型结构示意图

对于高分子基复合材料，常见的结构主要有夹层型和纤维型，此外，还有纤维二维编织（纤维布）和三维编织型。

金属基复合材料的常见结构主要有纤维型（包括长纤维和短纤维）、颗粒型和晶须型三种。

陶瓷基复合材料的主要结构类型是颗粒型。

现在市场上出现的夹层结构复合材料，是由两层薄而强的面板（或称为蒙皮）中间夹着一层轻而弱的芯子组成的。面板（用薄铁皮、玻璃钢或增强塑料等）在夹层结构中起支撑（抗拉或抗压）作用，中间夹层（常用泡沫塑料）起着支撑面板和传递剪切力的作用，夹层和面板之间用胶粘剂黏结起来。夹层结构复合材料的特点是相对密度小，比强度和比刚度高，绝热、隔声好，常用于制作临时简易房、房屋隔墙等。

1.4.2　复合材料的性能

（1）比强度和比弹性模量高

比强度、比弹性模量是指材料的强度或弹性模量与其密度之比。材料的比强度或比弹性模量越高，在相同受力条件下，构件的自重就会越小，或者体积会越小。通常，复合材料的复合结果是密度大大减小，因此，高的比强度和比弹性模量是复合材料的突出性能特点。常用材料和复合材料性能比较见表 1-2。从表中可看出碳纤维-环氧树脂复合材料的比强度比钢高 7 倍，比弹性模量比钢高 3 倍。

表 1-2　常用材料和复合材料性能比较

材　　料	密度/（10^3kg/m^3）	抗拉强度 σ_b/MPa	弹性模量 E/MPa	比强度（σ_b/ρ）/（MPa・m^3/kg）	比弹性模量（E/ρ）/（MPa・m^3/kg）
钢	7.80	1010	206×10^3	0.129	26
铝	2.30	461	74×10^3	0.165	26
钛	4.50	942	112×10^3	0.209	25
玻璃钢	2.00	1040	39×10^3	0.520	20
碳纤维Ⅱ-环氧树脂	1.450	1472	137×10^3	1.015	95
碳纤维Ⅰ-环氧树脂	1.60	1050	235×10^3	0.656	147
有机纤维 PRD-环氧树脂	1.40	1373	78×10^3	0.981	56
硼纤维-环氧树脂	2.10	1344	206×10^3	0.640	98
硼纤维-铝	2.65	981	196×10^3	0.370	74

（2）抗疲劳性能好

大多数金属材料的疲劳极限是其抗拉强度的 40%～50%，而对碳纤维增强的复合材料则可达到 70%～80%。这是因为复合材料中基体和增强纤维间的界面能够有效地阻止疲劳裂纹的扩展或改变裂纹扩展的方向，因此复合材料有较高的抗疲劳强度。

（3）抗断裂性能好

复合材料中在每平方厘米截面上有几千至几万根增强纤维（直径一般为 10～100μm），当其中一部分纤维断裂时，其应力会重新分布到未破坏的纤维上，不会造成零件突然断裂，所以抗断裂性能好。

（4）减振性能好

机器结构的自振频率除与其质量和形状有关外，还与材料的比弹性模量的平方根成正比。材料的比模量越大，则其自振频率也越高，这可避免结构在一般工作状态下产生共振。同时，由于纤维与基体的界面有吸收振动能量的作用，所以，即使产生了振动也会很快地衰减下来，即纤维增强复合材料有很好的减振性能。

（5）减摩、耐磨性能好

研究表明，复合材料具有很好的减摩、耐磨性能。如碳纤维增强高分子材料的摩擦系数比高分子材料本身低得多；在热塑性塑料或铝、镁合金中加入少量短纤维或其他硬质颗粒所形成的复合材料的耐磨性大大提高。

另外，复合材料还有一些特殊性能，如耐高温、抗蠕变、隔热性好等。但截至目前，复合材料仍然存在成本较高的问题。

思考题

1-1　工程材料是如何分类的？工程结构材料与功能材料在性能和使用上有何区别？

1-2　纯金属与合金在晶体结构上有何异同？

1-3　说明固溶体与金属化合物的晶体结构特点，并指出其在性能上的差异。

1-4　试描述组织与相、组织与性能之间的关系。

1-5　试述高分子材料的性能特点，与其结构有何联系？

1-6　陶瓷材料由哪些相组成？与其性能有何关系？

1-7　复合材料有哪些结构形式？其性能特点是什么？

第2章　金属材料的结晶与组织

晶体是指原子（离子、分子）在三维空间呈有规则周期性重复排列的物质。在自然界中，只有少数固体物质（如普通玻璃、沥青和松香等）是非晶体，常用的金属与合金都是晶体。晶体的各项性能指标在不同方向上具有不同的数值，即具有各向异性，而非晶体则具有各向同性。晶体都具有固定的熔点，而非晶体则没有固定的熔点，凝固总是在某一温度范围逐渐完成的。

2.1　金属的结晶

2.1.1　纯金属的结晶

纯金属由液态转变为固态的过程称为凝固，由于固态金属都是晶体，所以这一过程也称结晶。

1．过冷现象

如果将液态纯金属缓慢冷却，每隔一定时间测量一次温度，最后把试验数据绘在温度－时间坐标中，便可得到如图 2-1 所示的冷却曲线，图中 T_0 表示理论结晶温度。由图可见，在结晶之前，冷却曲线连续下降。当液态金属冷却到结晶温度 T_0 时，并不开始结晶。一直冷却到 T_0 以下的某个温度 T_n 时，液态金属才开始结晶，这种实际结晶过程只有在理论结晶温度以下才能进行的现象称为过冷现象。这是因为要使液态金属结晶，就要使实际温度低于理论结晶温度，造成液相与固相间的自由能差，即具有一定的结晶驱动力才可以。结晶发生时，由于结晶潜热（结晶时释放的能量）释放，补偿了冷却散失的热量，所以，冷却曲线上出现“平台”，对应的温度 T_n 称为实际结晶温度，平台延续的时间就是结晶过程所用的时间，结晶完成以后，冷却曲线又开始连续下降。

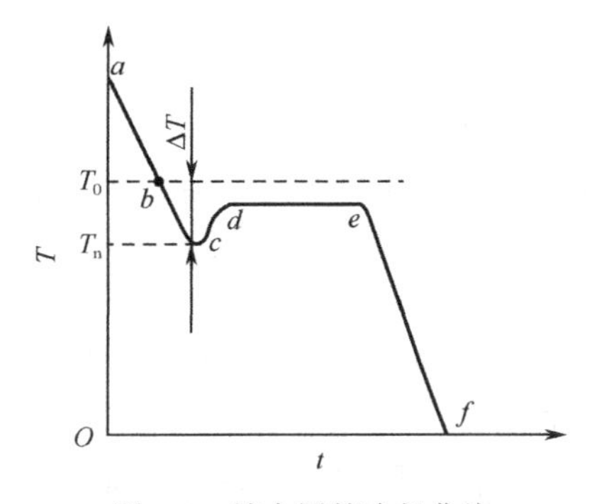

图 2-1　纯金属的冷却曲线

实际结晶温度 T_n 与理论结晶温度 T_0 之间的温度差，称为过冷度，用ΔT 表示，即$\Delta T=T_0-T_n$。液态金属过冷度的大小，一方面取决于液态金属的本性和纯度，另一方面取决于液态金属的冷却速度。冷却速度越大，则结晶所需的过冷度就越大。因为冷却速度越大，要发生结晶所需的结晶驱动力就越大，实际结晶温度就越低，于是过冷度就越大。

2．结晶过程

金属结晶时，首先在液体中出现一些极微小的固态质点，然后以它为核心向液体中长大，这种刚刚出现的作为结晶核心的微小固态质点称为晶核。结晶过程就是不断形成晶核与晶核不断长大的过程。

液态金属的等温结晶过程如图2-2所示。将液态金属快速冷却到 T_0 以下某个温度等温，最初形成的一些不稳定原子有序排列的小集团称为晶胚。一些尺寸超过临界晶核尺寸、能够自发长大的晶胚就是晶核。晶核形成后便不断长大，同时又有新的晶核形成和长大，最后再把晶间填满，液态金属被完全耗尽，结晶过程结束。由一个晶核长大的晶体就是一个晶粒。不同晶粒具有不同的内部原子排列位向，晶粒之间的接触面称为晶界。金属材料就是由许多外形不规则的单晶体（晶粒）组成的多晶体结构。

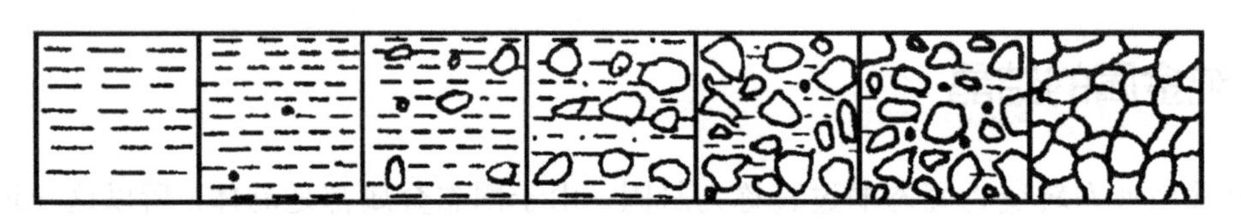

图2-2 液态金属的等温结晶过程

（1）形核方式

金属结晶时，由于结晶条件不同，可能出现两种不同的形核方式：一种是自发形核，另一种是非自发形核。

① 自发形核。在液态金属中，存在大量尺寸不同的短程有序的原子集团。当温度降到结晶温度以下时，短程有序的原子集团变得稳定，不再消失，成为结晶核心。这个过程称为自发形核。这种由液态金属内部金属原子自发形成的晶核称为自发晶核。

② 非自发形核。实际金属结晶时，往往在过冷度很小时便已开始结晶，并不需要自发形核时那样大的过冷度。这是因为，在实际液态金属中，往往存在一些微小的固体微粒，晶核就优先依附于这些现成的固体表面，这种形核方式称为非自发形核。这种依附于杂质而形成的晶核称为非自发晶核。当然，只有这些固体微粒与原先液态金属中晶核的原子间距相当，才能作为非自发形核的基底。

（2）长大方式

① 平面长大。当冷却速度较慢时，金属晶体以其表面向前平行推移的方式长大。晶体长大时，不同晶面的垂直方向上的长大速度不同。沿密排面的垂直方向上的长大速度最慢，而非密排面的垂直方向上的长大速度较快。平面长大的结果是，晶体获得表面为密排面的规则形状。

② 树枝状长大。当冷却速度较快时，晶体的棱角和棱边的散热条件比面上的优越，因而长大较快，成为伸入液体中的晶枝。优先形成的晶枝称为一次晶轴，在一次晶轴增长和变粗的同时，在其侧面生出新的晶枝，即二次晶轴。其后又生成三次晶轴、四次晶轴。结晶后得到具有树枝状的晶体（见图2-3）。实际金属结晶时，晶体多以树枝状长大方式长大（见图2-4）。

图 2-3　树枝状晶体示意图

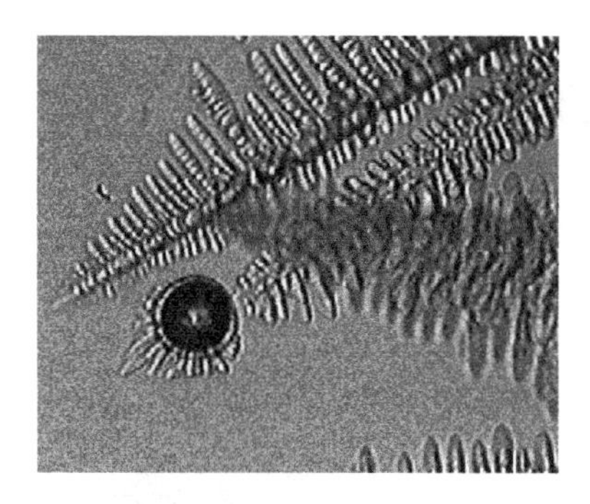

图 2-4　实际金属的结晶

2.1.2　金属的晶体结构与同素异构转变

许多金属在固态下只有一种晶体结构，如 Al、Cu、Ag 等金属在固态时无论温度高低，均为面心立方晶格；W、Mo、V 等金属则为体心立方晶格。但有些金属在固态下存在两种或两种以上的晶格形式，如 Fe、Co、Ti 等。这类金属在冷却或加热过程中，其晶格形式会发生变化。金属在固态下随温度的改变，由一种晶格转变为另一种晶格的现象，称为同素异构转变。

图 2-5 所示为纯铁由液态冷却至室温的冷却曲线及晶体结构转变示意图。由图可知，纯铁在 912℃以下为体心立方晶体结构，称为 α-Fe；在 912～1394℃时为面心立方晶体结构，称为 γ-Fe；在 1394～1538℃时又呈体心立方晶体结构，称为 δ-Fe。当加热或冷却至转变温度时，就会发生相应的晶体结构转变，反应式为

$$\delta\text{-Fe} \xrightleftharpoons{1394^\circ C} \gamma\text{-Fe} \xrightleftharpoons{912^\circ C} \alpha\text{-Fe}$$

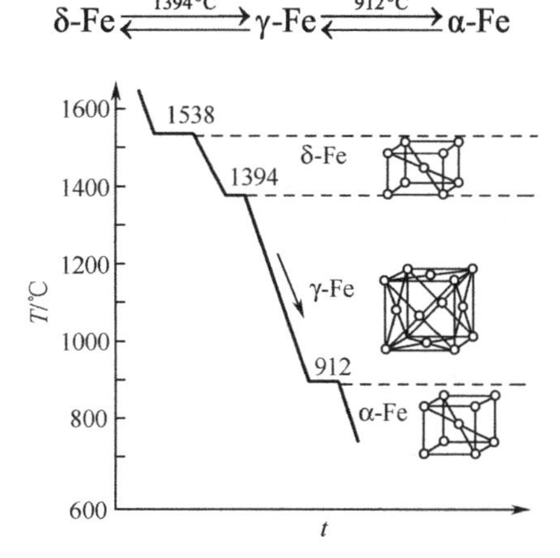

图 2-5　纯铁由液态冷却至室温的冷却曲线及晶体结构转变示意图

金属的同素异构转变是金属在固态下发生的一种重新结晶的过程。要实现晶体结构即原子排列规则的转变，首先要在晶界上形成新的晶核，继而通过原子扩散来实现晶体结构的改组，所以，金属的同素异构转变过程也是不断产生晶核和晶核不断长大的过程，故也称二次结晶。

研究同素异构转变的意义：第一，此类金属或含此类金属的合金可进行热处理，如钢和铸铁均可通过热处理改变性能；第二，晶体结构的转变必然伴随着密度的变化，引起体积变化，如当 γ-Fe 转变为 α-Fe 时，其体积大约膨胀 1%，可以引起钢在淬火时产生应力，严重时会导致工件变形和开裂。

2.1.3 铸锭的结构

如图 2-6 所示，金属结晶后的铸锭可分为三个各具特征的晶区。

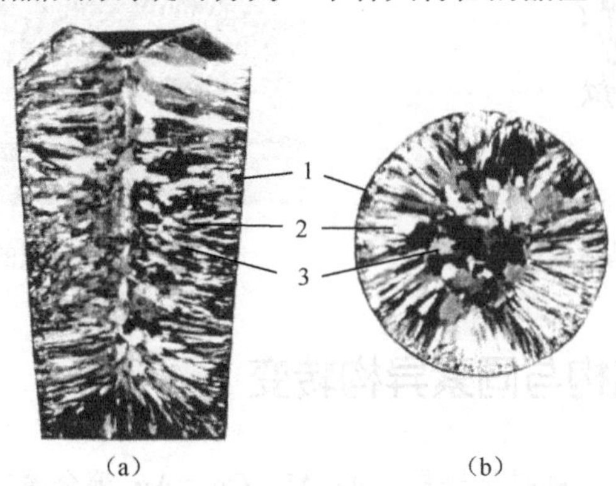

1—细等轴晶区；2—柱状晶区；3—粗等轴晶区

图 2-6 铸锭的结构

① 细等轴晶区。液体金属注入锭模时，由于锭模温度较低，传热较快，外层金属受到激冷，过冷度大，生成大量的晶核。同时模壁也能起到非自发晶核的作用。这样，在金属的表层形成一层厚度不大、晶粒很细的细等轴晶区。

② 柱状晶区。在细等轴晶区形成的同时，锭模温度升高，液体金属的冷却速度降低，过冷度减小，成核速率降低，但此时长大速度受到的影响较小。结晶时，优先长大方向（一次晶轴方向）与散热最快方向（一般为向外垂直模壁的方向）的反方向一致的晶核向液体内部平行长大，结果形成柱状晶区。

柱状晶的性能具有明显的方向性，沿柱状晶晶轴方向的强度较高。对于那些主要受单向载荷的机器零件，如汽轮机叶片等，柱状晶结构是非常理想的。金属加热温度高，冷却速度大，铸造温度高和浇铸速度大等，有利于在铸锭或铸件的截面上保持较大的温度梯度，获得较发达的柱状晶。结晶时单向散热，有利于柱状晶的生成。但柱状晶的接触面由于常有非金属夹杂或低熔点杂质而为弱面，在热轧、锻造时容易开裂。

③ 粗等轴晶区。随着柱状晶区的发展，液体金属的冷却速度很快降低，过冷度大大减小，温度差不断降低，趋于均匀化；散热逐渐失去方向性，所以，剩余液体中被推来和漂浮来的，以及从柱状晶上被冲下的二次晶枝的碎块，可能成为晶核，向各个方向均匀长大，最后形成粗大的等轴晶区。

等轴晶没有弱面，其晶枝彼此嵌入，结合较牢，性能均匀，无方向性，是金属特别是钢铁铸件所要求的结构。一般情况下，等轴晶粒越细小，金属的综合力学性能越好。

2.1.4 铸态金属晶粒的细化

金属结晶后，可获得由大量晶粒组成的多晶体。一个晶粒是由一个晶核长成的晶体，实际金属的晶粒在显微镜下呈颗粒状。晶粒大小可用晶粒度来表示，晶粒度号越大晶粒越细。

在一般情况下，晶粒越小，则金属的强度、塑性和韧性越好。使晶粒细化是提高金属力学性能的重要途径之一，这种方法称为细晶强化。细化铸态金属晶粒有以下措施。

1．增大金属的过冷度

一定体积的液态金属中，若成核速率 N［单位时间、单位体积下形成的晶核数，单位为：个/（m^3 · s）］越大，则结晶后的晶粒越多，晶粒就越细小；晶体长大速度 v［单位时间晶体长大的长度（m/s）］越快，则晶粒越粗。不同过冷度ΔT对成核速率 N 和长大速度 v 的影响如图 2-7 所示。随着过冷度的增加，成核速率和长大速度均会增大。但当过冷度超过一定值后，成核速率和长大速度都会下降。这是由于液体金属结晶时，成核和长大均需原子扩散才能进行。当温度太低时，原子扩散能力减弱，因此，成核速率和长大速度都降低。对于液体金属，一般不会得到如此大的过冷度，通常处于曲线的左边上升部分。所以，随着过冷度的增大，成核速率和长大速度都增大，但前者的增大更快，因而比值 N/v 也增大，结果使晶粒细化。

过冷度对于晶核形成率和成长速度的影响，主要是因为在结晶过程中有两个因素同时在起作用：一是晶体与液体的自由能差ΔF，这是晶核形成和长大的驱动力；二是液体中原子迁移能力或扩散系数 D，是晶核形成和长大的必要条件。晶体与液体的自由能差ΔF和扩散系数 D 与过冷度ΔT的关系如图 2-8 所示。

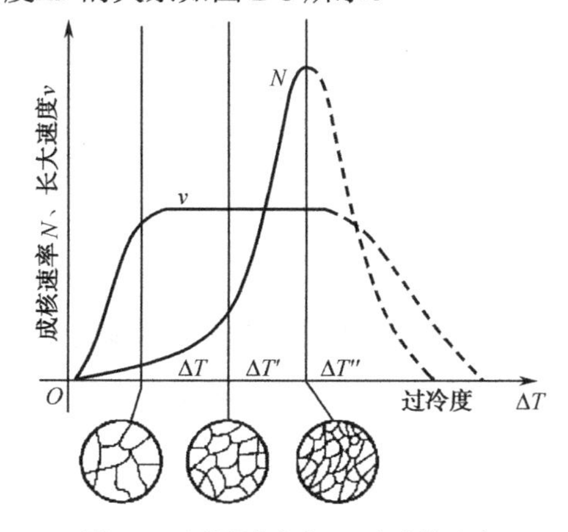

图 2-7　不同过冷度ΔT对成核速率 N 和长大速度 v 的影响

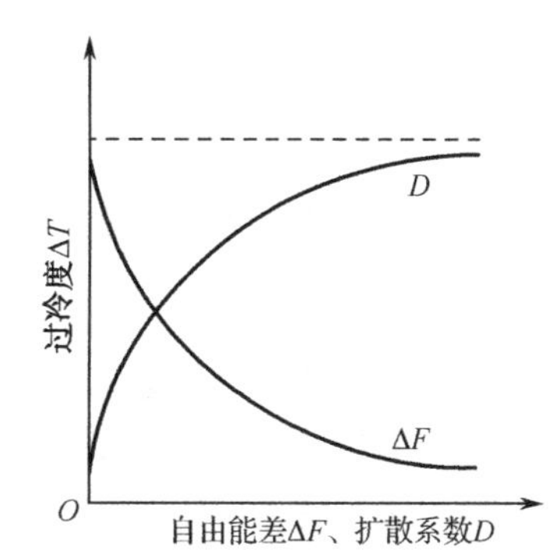

图 2-8　液体与晶体的自由能差ΔF和扩散系数 D 与过冷度ΔT的关系

增大过冷度的主要办法是提高液态金属的冷却速度，采用冷却能力较强的铸型。例如，采用金属型铸型比采用砂型铸型获得的铸件晶粒要细小。

超高速急冷技术可获得超细化晶粒的金属、亚稳态结构的金属和非晶态结构的金属。非晶态金属具有特别高的强度和韧性、优异的软磁性能、高的电阻率和良好的抗蚀性等。

2．变质处理

变质处理就是在液体金属中加入孕育剂或变质剂，以细化晶粒和改善组织。变质剂的作用在于增加晶核的数量或者阻碍晶核的长大。例如，在铝合金液体中加入 Ti、Zr，在钢液中加入 Ti、V、Al 等，都可使晶粒细化。

3．振动

在金属结晶的过程中采用机械振动、超声波振动等方法，可以破坏正在生长中的树枝状晶体，形成更多的结晶核心，获得细小的晶粒。

4．电磁搅拌

将正在结晶的金属置于一个交变电磁场中，由于电磁感应现象，液态金属会翻滚起来，冲断正在结晶的树枝状晶体的晶枝，增加结晶核心，从而可细化晶粒。

2.2 合金的结晶

纯金属大都具有较好的物理、化学性能，但力学性能一般比较差，而且价格较高。因此，在工业生产中广泛应用的是合金。

2.2.1 合金的结晶过程

合金的结晶过程较为复杂，通常运用合金相图来分析合金的结晶过程。相图是表明合金系中各种合金相的平衡条件和相与相之间关系的一种简明示图，也称平衡相图或状态图。在常压下，二元合金的相状态取决于温度和成分。因此，二元合金相图可用温度—成分坐标的平面图来表示。二元合金相图主要有匀晶反应相图、共晶反应相图、共析反应相图、包晶反应相图和生成化合物的相图五种，其中，前三种相图在合金系中最为常见。

1．发生匀晶反应的合金的结晶

图2-9所示是Cu-Ni合金的匀晶相图及冷却曲线。相图中 *a*1*b* 线为液相线，该线以上合金处于液相；*a*2*b* 线为固相线，该线以下合金处于固相。液相线和固相线表示合金系在平衡状态下冷却时结晶的起点和终点及加热时熔化的终点和起点。

图2-9中单相区有两个：L为液相区，是Cu和Ni形成的液溶体；α为固相区，是Cu和Ni组成的无限固溶体。双相区只有一个，即L+α相区。

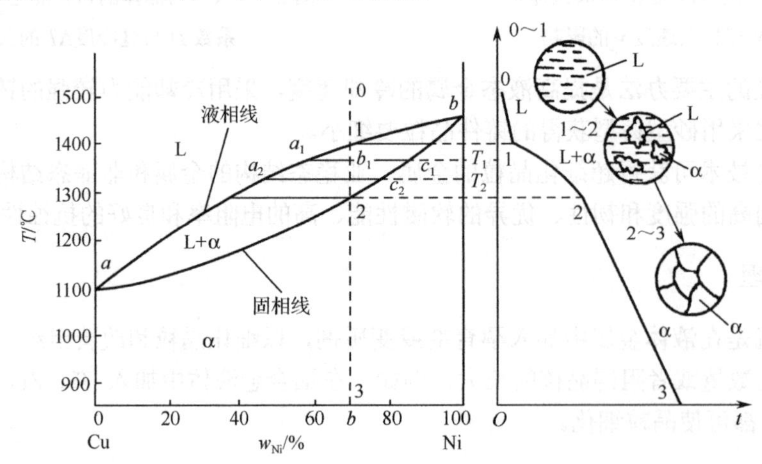

图2-9 Cu-Ni合金的匀晶相图及冷却曲线

以 *b* 点成分的合金（含镍量为 *b*%）为例分析结晶过程。在1点温度以上，合金为液相L。缓慢冷却至1～2温度之间时，合金发生匀晶反应：L→α，从液相L中逐渐结晶出α固溶体。2点温度以下，合金全部结晶为α固溶体。其他成分合金的结晶过程也完全类似。

匀晶结晶具有如下特点：

① 与纯金属一样，α 固溶体从液相中结晶出来的过程，也包括形核与长大两个过程，但固溶体更趋于呈树枝状长大。

② 固溶体结晶在一个温度区间内进行，即一个变温结晶过程。

③ 在两相区内，温度一定时，两相的成分（含镍量）是确定的。确定相成分的方法：过指定温度 T_1 作水平线，分别交液相线和固相线于 a_1 点和 c_1 点，则 a_1 点和 c_1 点在成分轴上的投影点即相应的 L 相和 α 相的成分。随着温度的下降，液相成分沿液相线变化，固相成分沿固相线变化。到温度 T_2 时，L 相成分及 α 相成分分别为 a_2 点和 c_2 点在成分轴上的投影。

④ 在两相区内，温度一定时，两相的质量比是一定的。如在 T_1 温度时，两相的质量比为

$$Q_L/Q_\alpha=b_1c_1/a_1b_1$$

式中，Q_L 为 L 相的质量；Q_α为α相的质量；b_1c_1、a_1b_1 为线段长度，可用其浓度坐标上的数字来度量。

上式可写成 $Q_L \cdot a_1b_1=Q_\alpha \cdot b_1c_1$。这个式子与力学中的杠杆定律相似，因而也称为杠杆定律。运用杠杆定律时要注意，它只适用于相图中的两相区，并且只能在平衡状态下使用。杠杆的两个端点为给定温度时两相的成分点，而支点为合金的成分点。

⑤ 固溶体结晶时成分是变化的。缓慢冷却时，由于原子的扩散仍能充分进行，形成的是成分均匀的固溶体。如果冷却较快，原子扩散不能充分进行，则形成成分不均匀的固溶体。先结晶的树枝晶含高熔点组元较多，后结晶的树枝晶含低熔点组元较多。结果造成在一个晶粒内化学成分的分布不均，这种现象称为枝晶偏析（见图 2-10）。枝晶偏析对材料的力学性能、抗腐蚀性能、工艺性能都不利。生产上为了消除其影响，常把合金加热到高温（低于固相线 100℃），并进行长时间保温，使原子充分扩散，获得成分均匀的固溶体，这种处理称为扩散退火。

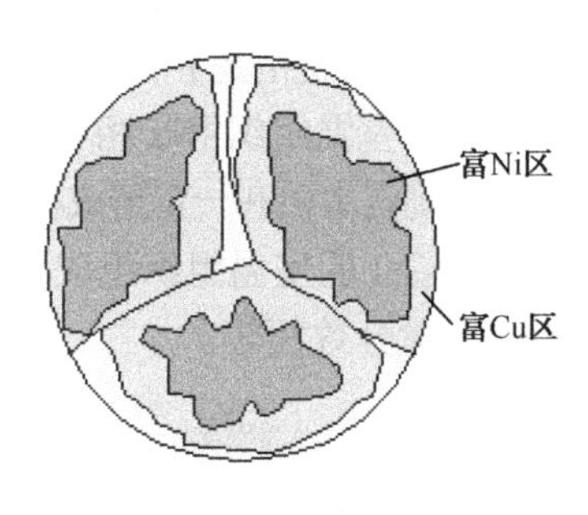

图 2-10　Cu-Ni 合金的枝晶偏析

2．发生共晶反应的合金的结晶

图 2-11 所示为 Pb-Sn 合金相图，为典型的共晶相图。

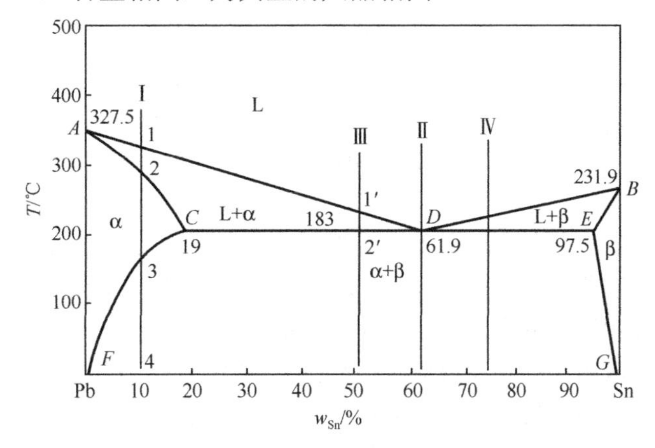

图 2-11　Pb-Sn 合金相图

Pb-Sn 合金相图中有三种相：Pb 与 Sn 形成的液溶体 L 相、Sn 溶于 Pb 中形成的有限固溶体 α 相、Pb 溶于 Sn 中形成的有限固溶体 β 相。相图中有三个单相区：L、α 和 β；三个双相区：

L+α、L+β和α+β；一条L+(α+β)的三相共存线（水平线*CDE*）。这种相图称为共晶相图。

相图中*D*点为共晶点，表示此点成分（共晶成分）的合金冷却到此点所对应的温度（共晶温度）时，共同结晶出*C*点成分的α相和*E*点成分的β相。

一种液相在恒温下同时结晶出两种固相的反应称为共晶反应，所生成的两相混合物称为共晶体。发生共晶反应时有三相共存，它们各自的成分是确定的，反应在恒温下平衡地进行。水平线*CDE*为共晶反应线，成分在*CE*之间的合金平衡结晶时都会发生共晶反应。

*CF*线为Sn在Pb中的溶解度线（或α相的固溶线）。温度降低，固溶体的溶解度下降。含Sn量大于*F*点的合金从高温冷却到室温时，从α相中析出β相以降低α相中的含Sn量。从固态α相中析出的β相称为二次β，写为β_{II}。这种二次结晶可表达为$\alpha\rightarrow\beta_{II}$。

*EG*线为Pb在Sn中的溶解度线（或β相的固溶线）。含Sn量小于*G*点的合金，冷却过程中同样发生二次结晶，析出二次α相（α_{II}）。

下面对相图进行分析。

（1）合金Ⅰ的平衡结晶过程

液态合金冷却到1点温度以后，发生匀晶结晶过程，至2点温度，合金完全结晶成α固溶体，随后的冷却（2～3点间的温度），α相不变。从3点温度开始，由于Sn在α相中的溶解度沿*CF*线降低，从α相中析出β_{II}相，到室温时α中含锡量逐渐到达*F*点。最后合金得到的组织为$\alpha+\beta_{II}$。其组成相是*F*点成分的α相和*G*点成分的β相。

合金室温组织由α相和β相组成，α相和β_{II}相即组织组成物。组织组成物是指合金组织中那些具有确定本质和一定形成机制的特殊形态的组成部分。组织组成物可以是单相或两相混合物。

合金Ⅰ的室温组织组成物α相和β_{II}相皆为单相，所以，它的组织组成物的质量分数与组成相的质量分数相等。

（2）合金Ⅱ的结晶过程

合金Ⅱ为共晶合金。合金从液态冷却到*D*点温度后，发生共晶反应 L→α+β，经一定时间全部转变为共晶体α+β。从共晶温度冷却至室温时，共晶体中的α相和β相均发生二次结晶，从α相中析出二次β相，从β相中析出二次α相。α相的成分由*C*点变为*F*点，β相的成分由*E*点变为*G*点。由于析出的二次β相和二次α相都相应地同β相和α相相连在一起，共晶体的形态和成分不发生变化。合金的室温组织全部为共晶体，其组成相仍为α相和β相，形态特征如图2-12所示。

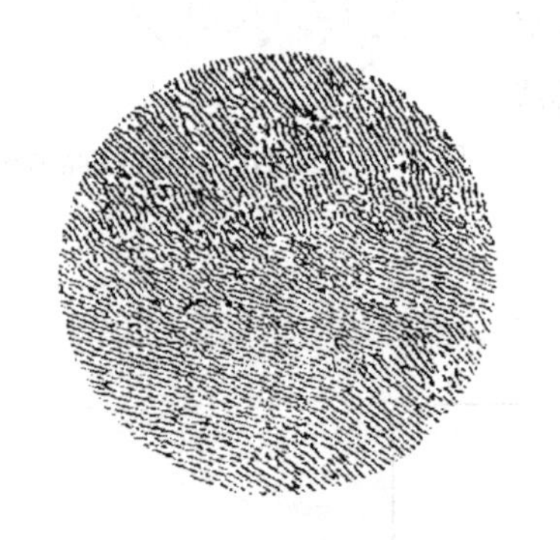

图2-12　共晶合金组织的形态特征

（3）合金Ⅲ的结晶过程

合金Ⅲ是亚共晶合金，合金冷却到1点温度后，由匀晶反应生成α固溶体，称为初生α固溶体。从1点到2点温度的冷却过程中，初生α相的成分沿*AC*线变化，液相成分沿*AD*线变化；初生α相逐渐增多，液相逐渐减少。当冷却到2点温度时，合金由*C*点成分的初生α相和*D*点成分的液相组成。然后液相进行共晶反应，但初生α相不变化。经一定时间到2点共晶反应结束时，合金转变为α+(α+β)。从共晶温度继续往下冷却，初生α相中不断析出二次β相，成分由*C*点降至*F*点；共晶体形态、成分和总量保持不变。合金的室温组织为初生$\alpha+\beta_{II}+(\alpha+\beta)$，合金的组成相为α相和β相。

成分在*CD*之间的所有亚共晶合金的结晶过程与合金Ⅲ相同，仅组织组成物和组成相的质量分数不同，成分越靠近共晶点，合金中共晶体的含量越多。

（4）合金Ⅳ的结晶过程

位于共晶点右边，成分在 *DE* 之间的合金为过共晶合金（见图 2-11 中的合金Ⅳ）。其结晶过程与亚共晶合金相似，室温组织为初生 $\beta+\alpha_{\text{II}}+(\alpha+\beta)$。

3．发生共析反应的合金的结晶

图 2-13 所示为金属结晶过程示意图，其中下半部分为共析相图，其形状与共晶相图类似。

相图中 *O* 点成分（共析成分）的合金从液相经过匀晶反应生成 γ 相后，继续冷却到 *O* 点温度（共析温度）时，在此恒温下发生共析反应：$\gamma\rightarrow\alpha+\beta$。

由一种固相转变为完全不同的两种相互关联的固相，此两相混合物称为共析体。共析相图中各种成分合金的结晶过程的分析与共晶相图相似，但因共析反应是在固态下进行的，所以共析产物比共晶产物要细密得多。

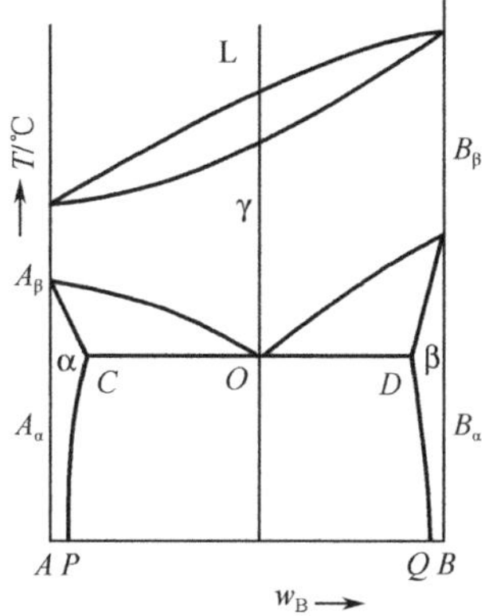

图 2-13　金属结晶过程示意图

2.2.2　合金性能与相图的关系

1．合金的使用性能与相图的关系

具有匀晶相图、共晶相图的合金的力学性能和物理性能随成分而变化的一般规律如图 2-14 所示。

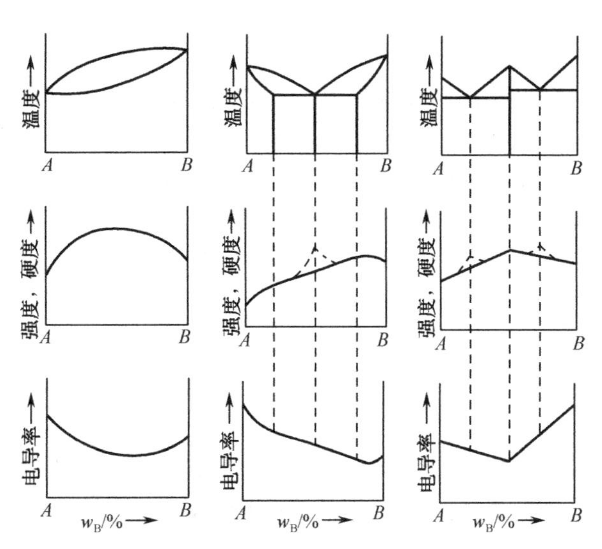

图 2-14　合金的使用性能与相图的关系示意图

固溶体的性能与溶质元素的溶入量有关，溶质的溶入量越多，晶格畸变越大，则合金的强度、硬度越高，电阻越大。当溶质原子含量大约为 50%时，晶格畸变最大，而上述性能达到极大值，所以，性能与成分的关系曲线呈透镜状。

两相组织合金的力学性能和物理性能与成分之间呈直线关系变化，两相单独的性能已知后，合金的某些性能可按组成相性能依百分含量的关系叠加的办法求出。

对组织较敏感的某些性能如强度等，与组成相或组织组成物的形态有很大关系。组成相或组织组成物越细密，强度越高（图中虚线）。当形成化合物时，则在性能—成分曲线上于化合物成分处出现极大值或极小值。

2．合金的工艺性能与相图的关系

合金的铸造性能与相图的关系示意图如图2-15所示。

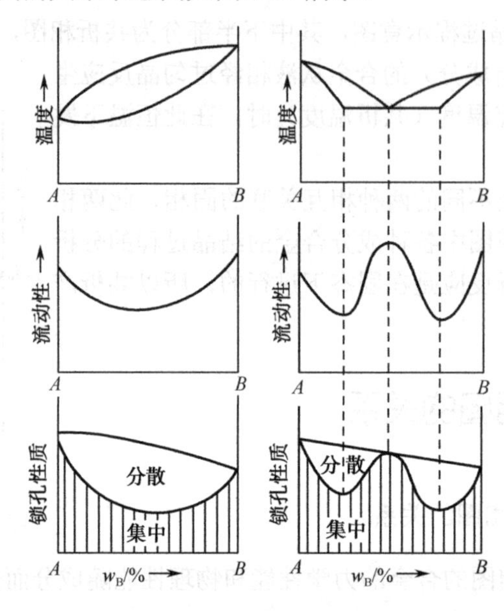

图2-15 合金的铸造性能与相图的关系示意图

纯组元和共晶成分的合金，流动性最好，缩孔集中，铸造性能好。相图中液相线和固相线之间距离越小，液体合金结晶的温度范围越窄，对浇铸和铸造质量越有利。合金的液、固相线温度间隔大时，形成枝晶偏析的倾向性大；同时先结晶出的树枝晶阻碍未结晶液体的流动，而降低其流动性，增多分散缩孔。所以，铸造合金常选共晶或接近共晶的成分。

单相合金的锻造性能好。合金为单相组织时，变形抗力小，变形均匀，不易开裂，因而变形能力大。双相组织的合金变形能力差些，当组织中存在有较多的化合物脆性相时，其变形能力更差。

2.2.3 铁碳合金的结晶

钢铁材料是工业中应用范围最广的合金，是以铁和碳为基本组元的复杂合金。铁碳合金的平衡状态图是研究铁碳合金的基本工具。为详细分析铁碳合金的平衡状态图，首先了解铁碳合金中的基本相和基本组织。

1．铁碳合金中的基本相和基本组织

铁碳合金的基本相中有铁素体、奥氏体和渗碳体。

（1）铁素体（F）

铁素体是碳溶入α-Fe中形成的一种间隙式固溶体，用字母“F”表示。铁素体能够在室温下稳定存在，晶体结构保持α-Fe的体心立方晶体结构。由于α-Fe的晶格间隙很小，碳在α-Fe中的溶解度很小，室温时为0.000 6%～0.000 8%，727℃时具有最大溶解度也不过0.021 8%，所以，铁素体和纯铁的性能相差不多，力学性能见表 2-1，显微组织如图 2-16 所示。

表 2-1　铁碳合金基本组织的力学性能

组　织	表示符号	硬度/HBS	抗拉强度/MPa	延伸率/%	冲击韧度/（J/m^2）	结合类型
铁素体	F	80	250	50	3×10^6	间隙式固溶体
奥氏体	A	—	—	—	—	间隙式固溶体
渗碳体	Fe_3C	800	30	≈0	0	金属化合物
珠光体	P	160～280	800～850	20～25	3×10^5～4×10^5	铁素体和渗碳体的片层状机械混合物
莱氏体	Ld/Ld′	>560	—	≈0	≈0	珠光体和渗碳体的机械混合物

（2）奥氏体（A）

奥氏体是碳溶入 γ-Fe 中所形成的一种间隙式固溶体，用字母“A”表示。一般来说，它在高温下才能稳定存在，晶体结构保持 γ-Fe 的面心立方晶体结构。由于 γ-Fe 的晶格空隙比 α-Fe 大，因此，碳在奥氏体中的溶解度比在铁素体中的溶解度要大，727℃时为 0.77%，1148℃时为 2.11%。但因它是一种高温组织，强度和硬度较低，而塑性很高，所以，在生产中常把钢加热获得单相奥氏体组织后再进行塑性变形。奥氏体的性能见表 2-1，显微组织如图 2-17 所示。

图 2-16　铁素体的显微组织

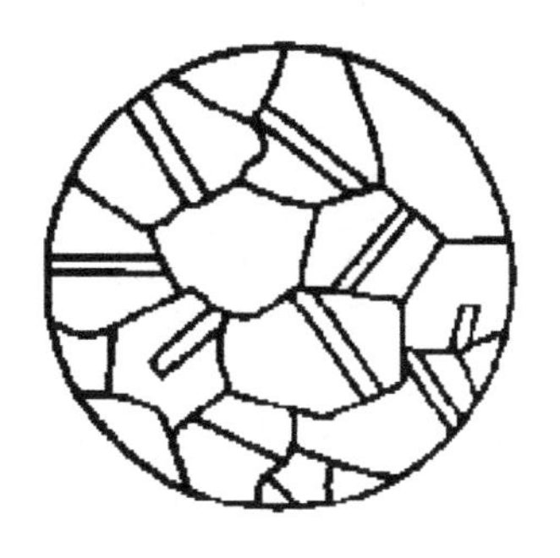

图 2-17　奥氏体的显微组织

（3）渗碳体（Fe_3C）

渗碳体是一种具有复杂晶格结构（复杂斜方结构）的间隙化合物。渗碳体具有固定的化学成分，含碳量为 6.69%，硬度极高，脆性大，塑性和韧性几乎为零，性能见表 2-1。

渗碳体在钢中起着主要的强化作用。当其为粗大的片状或网状时，使合金的脆性增大；当其呈细小的球状弥散分布时，不仅能提高合金的硬度和强度，还能减小脆性。

根据渗碳体的来源、结晶形态及在组织中的分布情况的不同，可将其细分为三种：从液态合金中直接结晶得到的渗碳体，称为一次渗碳体（$Fe_3C_{Ⅰ}$）；冷却时从奥氏体中析出的渗碳体，称为二次渗碳体（$Fe_3C_{Ⅱ}$）；从铁素体中析出的渗碳体，称为三次渗碳体（$Fe_3C_{Ⅲ}$）。这些渗碳体的化学成分、晶体结构和力学性能完全相同。

（4）珠光体（P）

铁碳合金中的基本组织除铁素体、奥氏体和渗碳体这三种单相组织之外，还有两种特殊的机械混合物——珠光体和莱氏体，均为多相组织。

含碳量为 0.77%的奥氏体，当温度降至 727℃时，同时析出铁素体和渗碳体，形成的机械混合物称为珠光体，用字母“P”表示。这种在一定的温度下，由一种一定成分的固相物质同时析出两种固相物质的反应，称为共析反应。奥氏体的共析反应式为

$$\underset{w_C=0.77\%}{A} \xrightleftharpoons{727°C} F + Fe_3C = P$$

当奥氏体的冷却速度较小时，所得到的珠光体为片状珠光体，即铁素体和渗碳体相间分布的片层状组织。冷却速度越小，珠光体的片层越粗大。珠光体的显微组织如图2-18所示，其力学性能介于铁素体和渗碳体之间，见表2-1。

（5）莱氏体（Ld）

含碳量为4.3%的液态铁碳合金，当温度降至1148℃时，同时结晶出奥氏体与渗碳体，形成的机械混合物称为高温莱氏体，用“Ld”表示。这种在一定的温度下，从一种一定成分的液相中同时结晶出两种固相物质的反应，称为共晶反应。液态铁碳合金的共晶反应式为

$$\underset{w_C=4.3\%}{L} \xrightleftharpoons{1148°C} A + Fe_3C = Ld$$

当温度降至727℃时，高温莱氏体中的奥氏体同样要发生共析反应转变为珠光体，所以，在727℃以下高温莱氏体就变成珠光体与渗碳体的机械混合物，称为低温莱氏体，用“Ld′”表示。低温莱氏体的显微组织是在渗碳体基体上分布着柱状或粒状珠光体，如图2-19所示。

图2-18 珠光体的显微组织

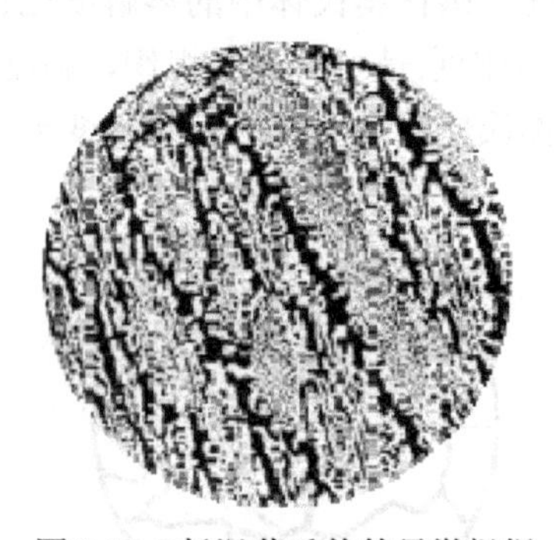

图2-19 低温莱氏体的显微组织

由于莱氏体内部有大量硬而脆的渗碳体，所以硬度很高、脆性很大，但塑性和韧性几乎为零。莱氏体不能承受塑性变形，是白口铁的基本组织。

2. 铁碳合金平衡状态图

铁碳合金平衡状态图是将各种不同成分的铁碳合金（含碳量小于6.69%），在平衡条件下得到的铁碳合金的化学成分（横坐标）、温度（纵坐标）与组织三者之间的关系图，又称铁碳相图。它不仅可以表明平衡条件下铁碳合金的化学成分、温度与组织之间的关系，而且可以据此推断性能与成分、温度的关系。铁碳相图是研究钢和铸铁的基础，对于钢铁材料的应用及热加工和热处理工艺的制定也具有重要的指导意义。

当铁碳合金中的含碳量大于6.69%时，会出现比Fe_3C更加硬脆的合金化合物Fe_2C和FeC。这两种化合物没有使用价值，因此，只研究含碳量小于6.69%的铁碳合金。由于含碳量为6.69%时合金的组织为100%的Fe_3C，故Fe_3C可认为是铁碳合金的一种组元，此时铁碳相图也可以认为是Fe-Fe_3C状态图，如图2-20（a）所示。

值得说明的是，随着材料科学的不断发展，相图的测定也越来越精细，因此图中的某些点、线所表示的成分在不同的图书中可能略有不同。另外，为了方便工程上使用，通常将左上角复杂的包晶相图部分删去，这样就有了简化的铁碳合金平衡状态图，如图2-20（b）所示。本章之后的分析和讨论均以简化的铁碳合金平衡状态图为准。

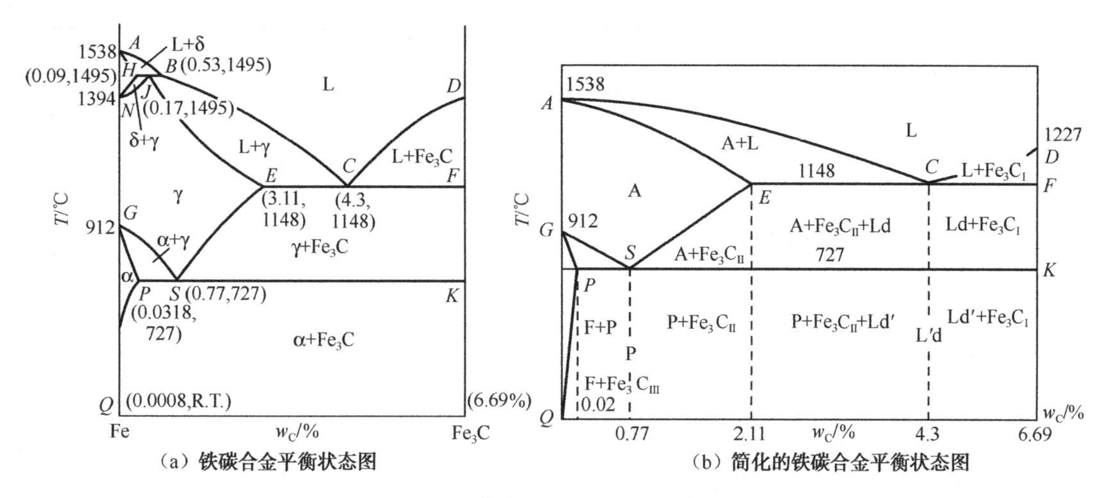

图 2-20　铁碳合金平衡状态图及其简图

（1）铁碳相图中的特性点

铁碳相图中的各特性点及其意义见表 2-2。

表 2-2　铁碳相图中的各特性点及其意义

点的代号	温度/℃	碳浓度/%	意　义
A	1538	0	纯铁的熔点或结晶温度
G	912	0	α-Fe⇔γ-Fe 的同素异构转变点
P	727	0.021 8	共析线的左端点，碳在α-Fe 中的最大溶解度
Q	20	0.000 6～0.000 8	常温下铁素体具有的饱和碳浓度
S	727	0.77	共析点
E	1148	2.11	共晶线的左端点，碳在 γ-Fe 中的最大溶解度
C	1148	4.30	共晶点
F	1148	6.69	共晶线的右端点，渗碳体的含碳量
K	727	6.69	共析线的右端点
D	1227	6.69	渗碳体的分解点

（2）铁碳相图中的特性线

铁碳相图中的线条是若干合金内组织发生转变的临界线，即不同成分合金相变点的连线。各特性线的意义见表 2-3。

表 2-3　铁碳相图中的各特性线的意义

线条代号	意　义
ACD	液相线：冷却时，液态向固态转变的开始温度，*ACD* 线以上为液相区
AECF	固相线：冷却时，液态向固态转变的终止温度，*AECF* 线以下为固相区
ECF	共晶线：液态合金冷至 *ECF* 温度，即 1148℃时，发生共晶反应
PSK	共析线：奥氏体冷至 *PSK* 温度 727℃时，发生共析反应，常用 A_1 表示
GS	A⇔F 的临界线：奥氏体向铁素体转变开始温度，常用 A_3 表示

续表

线条代号	意　义
GP	A⇔F的临界线：奥氏体向铁素体转变终止温度
PQ	碳在铁素体中的溶解度曲线
ES	碳在奥氏体中的溶解度曲线，常用A_{cm}表示

（3）铁碳相图各相区的组织

铁碳相图各相区的组织如图2-20所示。

3．典型铁碳合金的组织转变

根据成分，铁碳合金分为工业纯铁、钢和生铁（一般为白口组织，又称为白口铸铁或白口铁）三种，含碳量小于0.02%的铁碳合金称为工业纯铁；含碳量大于0.02%同时小于2.11%的铁碳合金称为钢；含碳量大于2.11%的铁碳合金称为生铁。工业纯铁、钢和生铁的分类、成分及室温组织见表2-4。其中，工业纯铁应用不多，不再介绍。

表2-4　铁碳合金的分类

分　类	名　称	含碳量/%	室温组织
工业纯铁	工业纯铁	<0.02	$F+Fe_3C_{III}$（极少量）
钢	亚共析钢	0.021 8～0.77	F+P
	共析钢	0.77	P
	过共析钢	0.77～2.11	$P+Fe_3C_{II}$
生铁	亚共晶生铁	2.11～4.3	$P+Fe_3C_{II}+Ld'$
	共晶生铁	4.3	Ld'
	过共晶生铁	4.3～6.69	$Fe_3C_{I}+Ld'$

（1）共析钢（w_C=0.77%）的组织转变

图2-21所示为共析钢的冷却曲线及组织转变示意图。

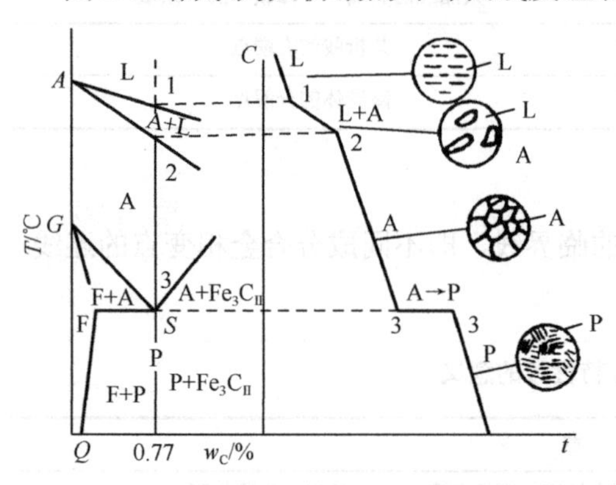

图2-21　共析钢的冷却曲线及组织转变示意图

处于1点以上温度时共析钢呈液体状态，当降至1点温度时，从钢液中开始结晶出奥氏体（A），随着温度继续降低，结晶出的奥氏体越来越多，钢液越来越少，直到2点温度时，全部钢液结晶成奥氏体。

由2点温度降至3点温度的冷却过程中组织不变，仍为单相奥氏体。当降至3点（*S*点，又称共析点）温度，即共析温度（727℃）时，奥氏体（w_C=0.77%）发生共析反应转变为珠光体。由3点温度冷至室温，组织不再发生转变，因此，共析钢室温组织为100%的珠光体。

（2）亚共析钢（0.021 8%<w_C<0.77%）的组织转变

图2-22所示为亚共析钢的冷却曲线及组织转变示意图。3点以上温度的组织转变与共析钢相同。当冷却到3点温度，即与*GS*线交点温度时，发生同素异构转变，奥氏体开始转变为铁素

体。随着温度的不断降低，铁素体越来越多。因为铁素体的溶碳量极小（几乎为零），所以，剩余奥氏体的溶碳量必然沿 *GS* 线不断增高，当温度降到 4 点温度即共析温度时，剩余奥氏体中的溶碳量增加到 *S* 点，即共析成分的含碳量为 0.77%，发生共析反应，转变为珠光体，而铁素体不再转变，因此，亚共析钢的室温组织是铁素体与珠光体的机械混合物。其室温显微组织如图 2-23 所示。在亚共析钢中随着含碳量的增加，组织中的珠光体量也随之增加，而铁素体量随之减少。

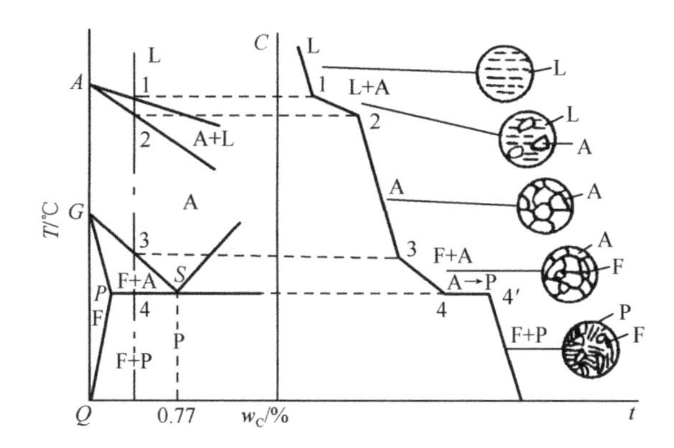

图 2-22 亚共析钢的冷却曲线及组织转变示意图

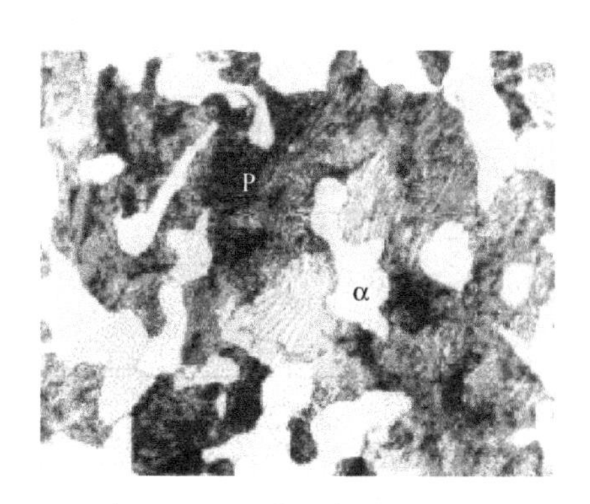

图 2-23 亚共析钢的室温显微组织

（3）过共析钢（$0.77\%<w_C<2.11\%$）的组织转变

图 2-24 所示为过共析钢的冷却曲线及组织转变示意图。与亚共析钢组织转变一样，过共析钢在 3 点以上的组织转变与共析钢相同。当冷至 3 点以下温度时，碳在奥氏体中的溶解度将沿 *ES* 线不断减小，多余的碳从奥氏体中析出，并与铁结合生成二次渗碳（Fe_3C_{II}）。当冷至 4 点即共析温度时，奥氏体的溶碳量降低到 *S* 点，即共析成分的含碳量为 0.77%，奥氏体发生共析转变而成珠光体，而 Fe_3C_{II}不再转变，所以，过共析钢的室温组织是珠光体与二次渗碳体的机械混合物。由于二次渗碳体呈网状在奥氏体的晶界上析出，因此，室温组织为珠光体和网状渗碳体，如图 2-25 所示。

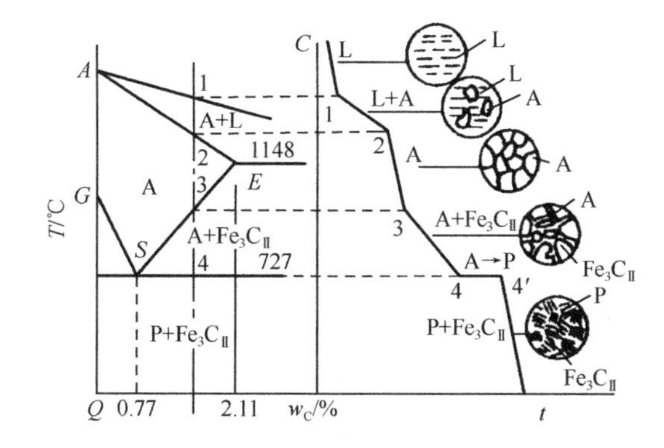

图 2-24 过共析钢的冷却曲线及组织转变示意图

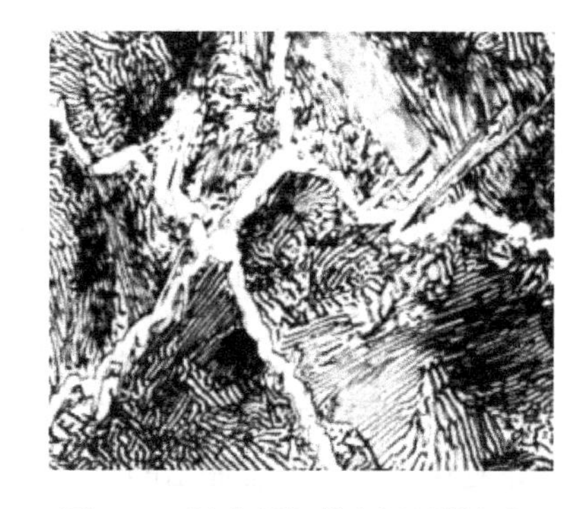

图 2-25 过共析钢的室温显微组织

二次网状渗碳体性脆，割裂了作为基体的珠光体晶粒间的联系，使钢的脆性增大。含碳量越高，二次网状渗碳体越厚，钢的脆性越大。因此，需要通过热处理改变二次渗碳体的存在形态，达到降低脆性的目的。

（4）共晶生铁（w_C=4.3%）的组织转变

图 2-26 所示为共晶生铁的冷却曲线及组织转变示意图。含碳量为 4.3%的铁碳合金从液态冷

却时，温度降至 1 点（C 点）即共晶温度（1148℃）时，液态合金发生共晶反应，结晶成高温莱氏体。温度降至 2 点，即共析温度时，高温莱氏体中奥氏体的溶碳量同样要沿 ES 线降至共析成分而发生共析反应转变为珠光体，即在 727℃以下转变为低温莱氏体，因此，共晶生铁的室温组织为 100%的低温莱氏体，其室温显微组织如图 2-27 所示。

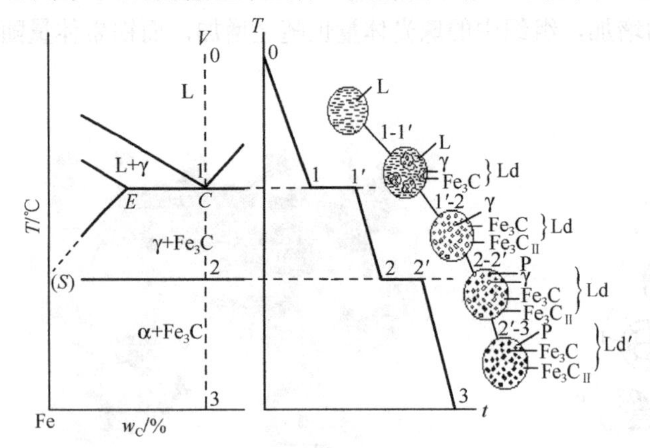

图 2-26 共晶生铁的冷却曲线及组织转变示意图

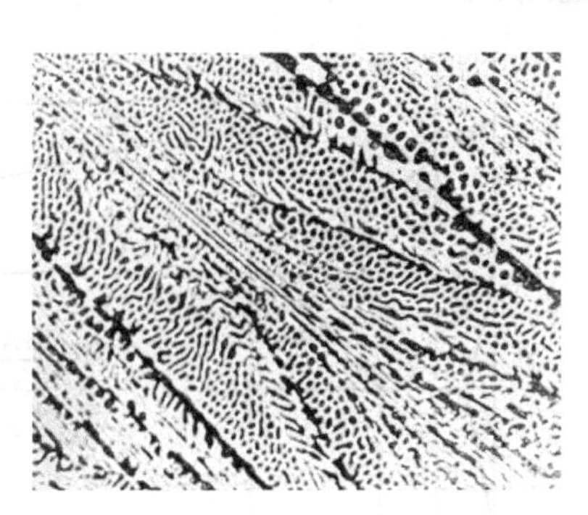

图 2-27 共晶生铁的室温显微组织

（5）亚共晶生铁（2.11%<w_C<4.3%）的组织转变

图 2-28 所示为亚共晶生铁的冷却曲线及组织转变示意图。亚共晶生铁与共晶生铁相比，在冷却过程中多出了先结晶的奥氏体，因此，室温组织为 P+Ld′+Fe_3C_{II}，其室温显微组织如图 2-29 所示。

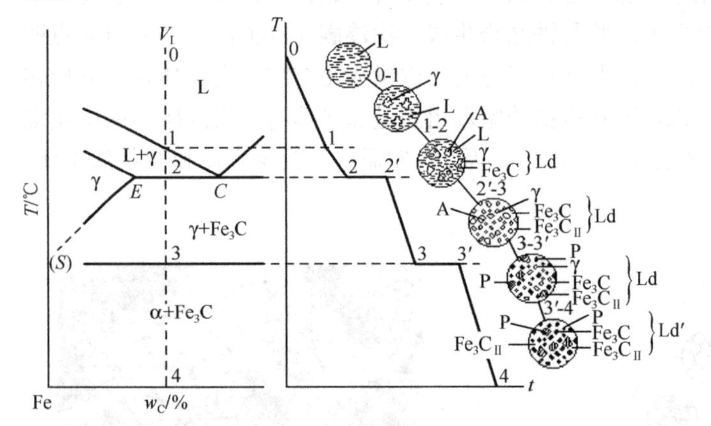

图 2-28 亚共晶生铁的冷却曲线及组织转变示意图

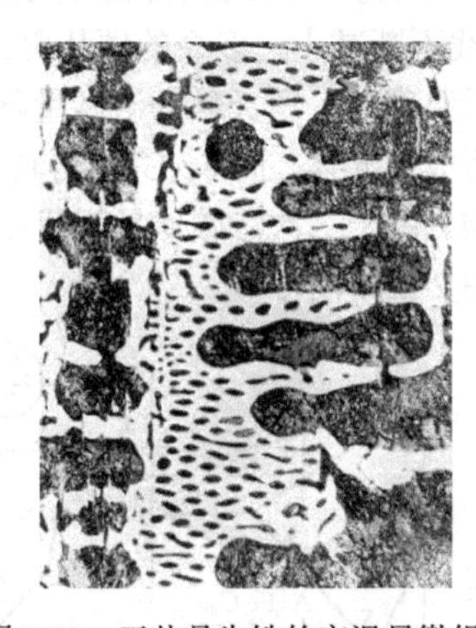

图 2-29 亚共晶生铁的室温显微组织

（6）过共晶生铁（4.3%<w_C<6.69%）的组织转变

图 2-30 所示为过共晶生铁的冷却曲线及组织转变示意图。过共晶生铁与共晶生铁相比，在冷却过程中多出了先结晶出的一次渗碳体，因此，室温组织为 Ld′+Fe_3C_I，其显微组织如图 2-31 所示，其中的白色长条为 Fe_3C_I。

4．铁碳合金的化学成分、组织和性能的关系

通过对典型铁碳合金组织转变过程的分析，明确了铁碳合金的化学成分（含碳量）与室温组织的关系。钢与生铁的重要区别是钢的室温组织中没有硬而脆的莱氏体。根据以上分析可知，铁碳合金含碳量小于 0.02%（工业纯铁）时的室温组织几乎为 100%的铁素体（实际上还有极少量的三次渗碳体）；含碳量为 0.77%时的室温组织为 100%的珠光体；含碳量为 4.3%时的室温组织为 100%的莱氏体；含碳量为 6.69%时的室温组织为 100%的一次渗碳体；含碳量不大于 2.11%时的组织中没有莱氏体。据此可以绘出如图 2-32 所示的室温下铁碳合金的化学成分、平衡相组成物、组织组成物的相对数量及力学性能的对应关系图。

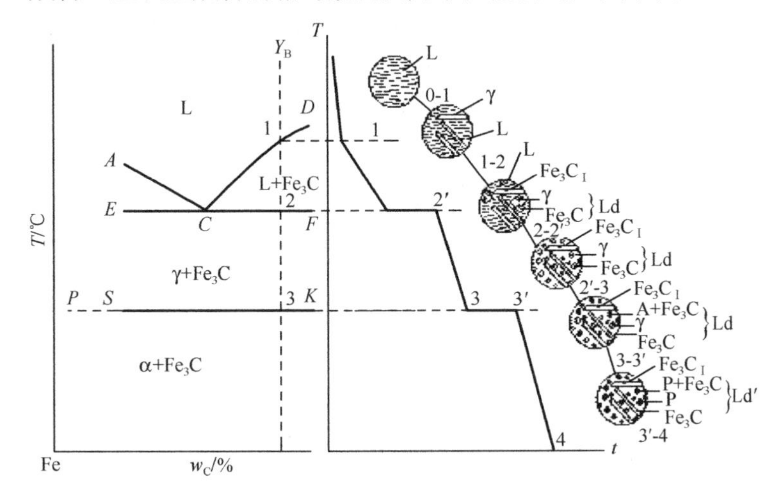

图 2-30　过共晶生铁的冷却曲线及组织转变示意图

图 2-31　过共晶生铁的显微组织

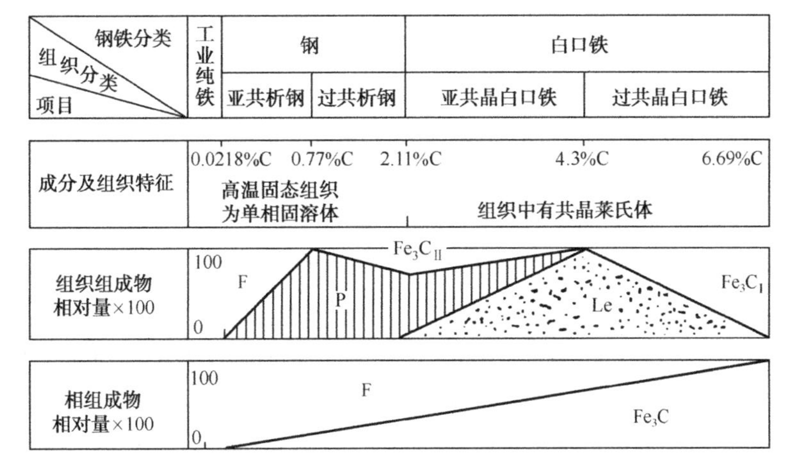

图 2-32　室温下铁碳合金的化学成分、平衡相组成物、组织组成物的相对数量及力学性能的对应关系图

仔细分析图 2-32 可以得到一些变化规律。

（1）相的变化规律

铁碳合金的室温基本组织有铁素体、珠光体、低温莱氏体及一次渗碳体和二次渗碳体（从铁素体中析出的三次渗碳体量很少，可忽略不计）。其中，低温莱氏体是珠光体与渗碳体的机械混合物，珠光体又是铁素体与渗碳体的机械混合物，而一次渗碳体和二次渗碳体都是渗碳体，并无本质区别。因此，无论铁碳合金的室温组织如何，都是由铁素体和渗碳体这两种基本相组成的，含碳量为零时有 100%的铁素体而渗碳体为零，当含碳量为 6.69%时有 100%的渗碳体而铁素体为零。

随着含碳量的增加，不仅引起铁素体相与渗碳体相的相对量的变化，而且会引起结晶形态的变化。因此，导致出现各种各样的组织变化。

（2）组织的变化规律

组织的变化体现在组织组成物和组织形态变化两个方面。

① 组织组成物的变化。随着含碳量的增加，组织变化顺序依次为 F→F+P→P→P+$Fe_3C_Ⅱ$→P+$Fe_3C_Ⅱ$+Ld′→Ld′→Ld′+$Fe_3C_Ⅰ$。

② 组织形态的变化。同一种组织组成物或组成相，在不同的条件下生成，形态上会有很大的差别，对性能的影响也会很大。例如，不同条件下生成的渗碳体就有很多形态的变化：一次渗碳体是从液体中直接析出的，呈长条状；二次渗碳体是从奥氏体中析出的，沿晶界呈网状分布；三次渗碳体是从铁素体中析出的，沿晶界呈小片或粒状分布；共析渗碳体是同铁素体机械混合在一起形成的，呈交替片状；共晶渗碳体是同奥氏体机械混合在一起形成的，在莱氏体中呈连续的鱼骨状。渗碳体的复杂形态决定了钢铁材料性能存在明显差异。

（3）力学性能的变化规律

随着含碳量的增加，碳钢力学性能的变化规律如图 2-33 所示。

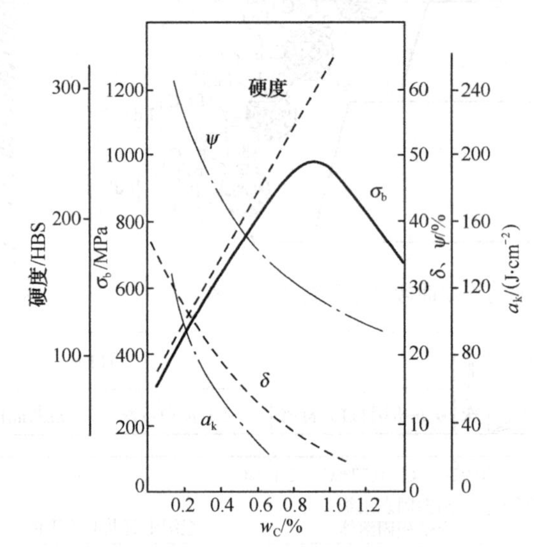

图 2-33 碳钢力学性能与含碳量的关系

① 硬度。铁碳合金的硬度主要取决于其组织中组成相或组织组成物的硬度和质量分数，随着含碳量的增加，由于硬度高的渗碳体（Fe_3C）增多，硬度低的铁素体（F）减少，合金的硬度呈直线上升，由全部为铁素体时的硬度约 80HB 增大到全部为渗碳体时的硬度约 800HB。

② 强度。强度是一个对组织形态很敏感的性能。随着含碳量的增加，亚共析钢中球光体（P）增多而铁素体减少。球光体的强度比较高，其大小与细密程度有关。组织越细密，则强度值越高。渗碳体的强度较低。所以，亚共析钢的强度随含碳量的增大而增大。但当碳质量分数超过共析成分之后，由于强度很低的 Fe_3C_{II} 沿晶界出现，合金强度的增高变慢，到含碳量约 0.9%时，Fe_3C_{II} 沿晶界形成完整的网，强度迅速降低，随着碳质量分数的进一步增加，强度不断下降，到含碳量 2.11%后，合金中出现莱氏体（Ld）时，强度已降到很低的值。再增加含碳量时，由于合金基体都为脆性很高的渗碳体，强度变化不大且值很低，趋于渗碳体的强度（20～30MPa）。

③ 塑性。铁碳合金中渗碳体是极脆的相，没有塑性。合金的塑性变形全部由铁素体提供。所以，随含碳量的增大，奥氏体量不断减少时，合金的塑性连续下降。到合金成为白口铁时，塑性就降到近于零了。

亚共析钢的硬度、强度和塑性可根据成分或组织进行估算：

$$硬度 \approx 80 \times w(F) + 180 \times w(P) \quad (HB)$$

$$硬度 \approx 80 \times w(F) + 800 \times w(Fe_3C) \quad (HB)$$

$$强度\ \sigma_b \approx 230 \times w(F) + 770 \times w(P) \quad (MPa)$$

$$延伸率\ \delta \approx 50 \times w(F) + 20 \times w(P) \quad (\%)$$

式中，数字分别为 F、P 或 Fe_3C 的硬度、强度和延伸率；w(F)、w(P)、w(Fe_3C)分别表示组织中 F、P 或 Fe_3C 的质量分数。

④ 韧性。铁碳合金的冲击韧度对组织最为敏感。随着含碳量的增加，脆性的渗碳体量不断增加，不利的形态越严重，冲击韧度下降越快，下降的速率较塑性要大。

5．Fe-Fe_3C 相图的应用

Fe-Fe_3C 相图在生产中具有巨大的实际意义，主要应用在钢铁材料的选用和加工工艺的制定两个方面。

（1）在钢铁材料选用方面的应用

Fe-Fe_3C 相图所表明的成分－组织－性能的规律，为钢铁材料的选用提供了依据。

建筑结构和各种型钢需用塑性、韧性好的材料，应选用含碳量较低的钢材。

机械零件需要强度、塑性及韧性都较好的材料，应选用含碳量适中的中碳钢。

工具要用硬度高和耐磨性好的材料，应选用含碳量高的钢种。

纯铁的强度低，不宜用作结构材料，但由于其磁导率高、矫顽力低，可作为软磁材料使用，如电磁铁的铁芯等。

白口铁硬度高、脆性大，不能切削加工，也不能锻造，但其耐磨性好、铸造性能优良，适用于要求耐磨、不受冲击、形状复杂的铸件，如拔丝模、冷轧辊、货车轮、犁铧、球磨机的磨球等。

（2）在铸造工艺方面的应用

根据 Fe-Fe_3C 相图可以确定合金的浇铸温度。浇铸温度一般在液相线以上 50～100℃。从相图上可以看出，纯铁和共晶白口铁的铸造性能最好，它们的凝固温度区间最小，因而流动性好、分散缩孔少，可以获得致密的铸件，所以，铸铁在生产上总是选在共晶成分附近。在铸钢生产中，含碳量为 0.15%～0.6%，因为这个范围内钢的结晶温度区间较小，铸造性能较好。

（3）在热锻、热轧工艺方面的应用

钢处于奥氏体状态时强度较低、塑性较好，因此，锻造或轧制选在单相奥氏体区进行。一般始锻、始轧温度控制在固相线以下 100～200℃，一般始锻温度为 1150～1250℃，终锻温度为 750～850℃。

（4）在热处理工艺方面的应用

Fe-Fe_3C 相图对于制定热处理工艺也有着特别重要的意义。一些热处理工艺如退火、正火、淬火的加热温度都是依据 Fe-Fe_3C 相图确定的。这将在下一章详细阐述。

在运用 Fe-Fe_3C 相图时还应注意以下两点：

① Fe-Fe_3C 相图只反映铁碳二元合金中相的平衡状态，如含有其他元素，相图将发生变化。

② Fe-Fe_3C 相图反映的是平衡条件下铁碳合金中相的状态，若冷却或加热速度较快，其组织转变就不能只用相图来分析了。

思考题

2-1　什么是过冷度？过冷度和冷却速度有何关系？

2-2　金属结晶的基本规律是什么？晶体的成核速率及长大速度受到哪些因素的影响？

2-3 晶粒的大小对材料力学性能有哪些影响？用哪些方法可使液态金属结晶后获得细晶粒？

2-4 什么是同素异构转变？试说明同素异构的转变和液态金属结晶的异同点。

2-5 共晶相图和共析相图有什么相同和不同之处？

2-6 何谓碳钢中的铁素体、渗碳体、珠光体？它们的力学性能各有何特点？

2-7 一次渗碳体、二体渗碳体、三次渗碳体、共晶渗碳体与共析渗碳体有何区别？

2-8 试述随着含碳量的增加，碳钢力学性能的变化规律。

第3章 钢的热处理

为使金属材料具有所需要的使用性能和工艺性能，除合理选用材料外，热处理工艺往往是必不可少的。

热处理就是在固态下，将金属或合金以一定的加热速度加热到预定温度，保温一定时间，再以预定的冷却速度进行冷却，以获得所需要的组织结构与性能的综合工艺方法。热处理工艺过程可用在温度—时间坐标中的曲线图表示，这种曲线称为热处理工艺曲线，如图 3-1 所示。

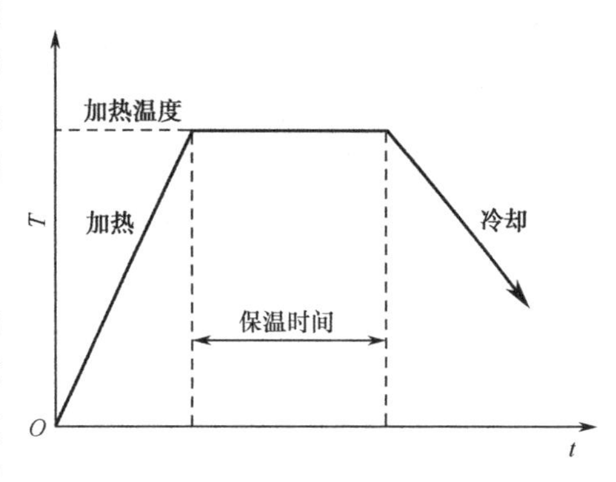

图 3-1 热处理工艺曲线示意图

热处理是强化金属材料、提高产品质量和寿命的主要途径之一。与其他加工工艺相比，热处理一般不改变工件的形状和整体的化学成分，而是通过改变工件内部的显微组织，或改变工件表面的化学成分，赋予或改善工件的使用性能，如提高材料的强度和硬度，增加耐磨性，或改善材料的塑性、韧性和加工性等。经过热处理的零件，可以充分发挥材料的潜力，延长工件的使用寿命并节约金属材料。绝大部分重要的机械零件在制造过程中都必须进行热处理，如在机床、汽车制造中 80%的金属零件要进行热处理，刀具、量具和模具等则要全部进行热处理。

钢铁是机械工业中应用最广泛的材料，钢铁显微组织复杂，可以通过热处理予以控制，所以钢铁的热处理是金属热处理的主要内容。另外，Al、Cu、Mg、Ti 等及其合金也都可以通过热处理改变其力学、物理和化学性能，以获得不同的使用性能。

钢的热处理就是将钢在固态下通过加热、保温和不同的冷却方式，改变金属内部组织结构，从而获得所需性能的工艺过程。热处理使钢性能发生变化的原因是由于铁具有同素异构转变，从而使钢在加热和冷却过程中，发生了组织与结构变化。它不仅可用于强化钢材、提高机械零件的使用性能，还可用于改善钢材的工艺性能。因此，热处理在机械制造中的应用极为广泛。本章主要介绍热处理的基本原理、常用热处理工艺方法及其应用。

3.1 钢在加热时的组织转变

1863 年，英国金相学家和地质学家展示了钢铁在显微镜下的六种不同的金相组织，证明了钢在加热和冷却时，内部会发生组织改变，钢在高温时的相在遇到急冷时转变为一种较硬的相。法国人奥斯蒙德确立的铁的同素异构理论，以及英国人奥斯汀最早制作的铁碳相图，为现代热处理工艺初步奠定了理论基础。

热处理的第一道工序是加热。加热温度是热处理工艺的重要工艺参数之一，选择和控制加热温度，是保证热处理质量的关键。加热温度随被处理的金属材料和热处理的目的不同而异，但一般都是加热到相变温度以上，以获得高温组织。在热处理工艺中，钢加热的目的是为了获得奥氏体，并利用加热规范控制奥氏体晶粒大小。钢只有处于奥氏体状态才能通过不同的冷却方式使其转变为不同的组织，从而获得所需要的性能。

3.1.1 奥氏体的形成

1．相变温度

通过第 2 章的学习，由铁碳相图可知，任何成分的钢加热到 A_1 温度以上时，都会发生珠光体向奥氏体的转变。将共析钢、亚共析钢和过共析钢分别加热到 A_1、A_3 和 A_{cm} 以上时，都完全转变为单相奥氏体——通常把这种加热转变称为奥氏体化。

但是，铁碳合金平衡状态图上钢的组织转变临界温度 A_1、A_3、A_{cm} 是在平衡条件下得到的，而实际热处理生产中，加热或冷却都比较快，实际相变温度总要稍高或稍低于平衡相变温度。通常把实际加热时的相变温度标以字母“c”，即 A_{c1}、A_{c3}、A_{ccm}；而把实际冷却时的相变温度标以字母“r”，即 A_{r1}、A_{r3}、A_{rcm}，如图 3-2 所示。

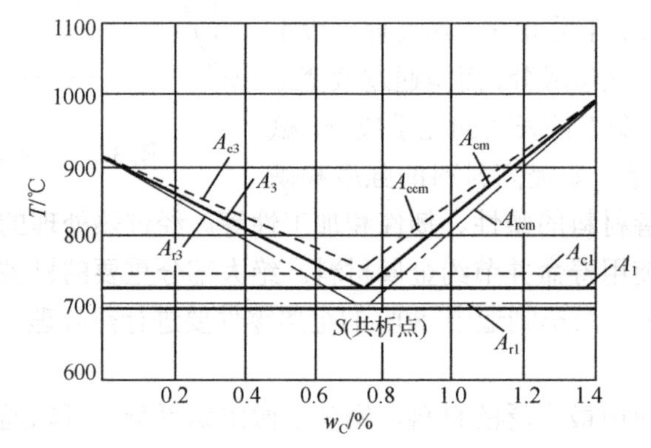

图 3-2 加热和冷却时的相变温度

2．奥氏体的形成

钢在加热到相变温度以上时，其内部组织会发生变化。

对于共析钢，室温时平衡组织为 100%的珠光体，当加热到 A_{c1} 以上温度时，珠光体将转变为含碳量为 0.77%的奥氏体。当温度升至 A_{c1} 时，首先在铁素体与渗碳体的相界面上形成奥氏体晶核，这些晶核周围的铁素体逐渐转变为奥氏体，渗碳体不断溶入奥氏体中。因此，刚刚转变成的奥氏体，其碳浓度是不均匀的，通过一段时间的保温，才能获得含碳均匀的奥氏体组织。如图 3-3 所示，共析钢奥氏体化的四个基本过程为奥氏体形核、奥氏体晶核长大、残余渗碳体溶解和奥氏体成分均匀化。

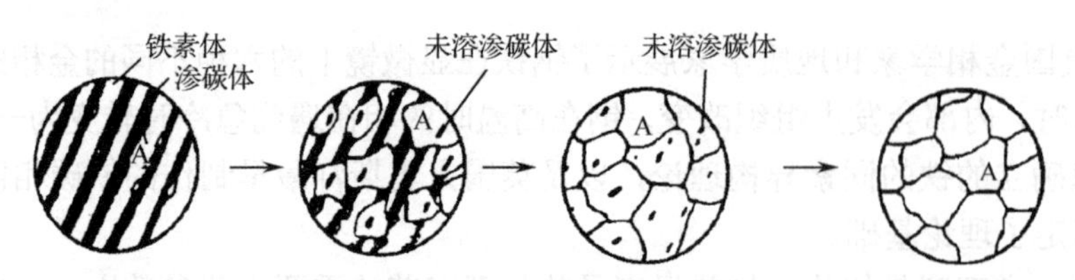

图 3-3 共析钢奥氏体化的基本过程

（1）奥氏体形核

珠光体（P）是铁素体（F）和渗碳体（Fe_3C）相间排列组成的，奥氏体（A）的晶核优先在渗碳体与铁素体的相界面上形成。这是由于在交界面上，原子排列紊乱，成分不均匀，缺陷密度较高，晶格畸变大，有利于满足晶核形成的成分条件、结构条件及能量条件，所以晶核首先在此处形成。

（2）奥氏体晶核长大

奥氏体晶核形成后，晶核的一侧是铁素体，另一侧是渗碳体，与铁素体相接触处的含碳量低，与渗碳体相接触处的含碳量高，这里就有了一个含碳量的浓度梯度，也就为铁素体和渗碳体的溶解提供了条件。通过原子扩散，奥氏体向铁素体、渗碳体两侧逐渐长大。

（3）残余渗碳体溶解

由于渗碳体的晶体结构和含碳量都与奥氏体有很大差别，所以，铁素体比渗碳体先消失。在铁素体完全转变为奥氏体后，还有一部分残余未溶的渗碳体，随着时间的延长，这部分未溶的渗碳体继续溶解，转变为奥氏体，直到渗碳体全部消失。

（4）奥氏体成分均匀化

待残余渗碳体全部溶解后，奥氏体中的碳浓度仍是不均匀的。原来是渗碳体的地方比原来是铁素体的地方含碳量要高，只有继续延长保温时间，通过碳的扩散，才能得到均匀的奥氏体晶粒。

上述是共析钢在加热时的组织转变过程，亚共析钢和过共析钢在加热时的组织转变过程与此相似。

对于亚共析钢，加热至 A_{c1} 以上温度，原室温组织中的珠光体转变为奥氏体，而铁素体只有加热至 A_{c3} 以上温度时，才会得到单一的奥氏体组织。

对于过共析钢，加热至 A_{c1} 以上温度，原室温组织中的珠光体发生奥氏体转变，随着温度的升高，Fe_3C_{II}逐渐溶入奥氏体，但只有加热到 A_{ccm} 以上温度时，Fe_3C_{II}才会完全溶入奥氏体，形成单一均匀的奥氏体组织。

因此，钢的加热过程实质上是奥氏体化过程。

3.1.2　奥氏体晶粒长大及其影响因素

1．奥氏体晶粒长大

奥氏体化后，随着加热温度升高或保温时间延长，会引起奥氏体晶粒长大粗化。随着奥氏体晶粒长大，晶界总面积减小，体系能量降低。所以在高温下，奥氏体晶粒长大是个自发的过程。粗大的奥氏体晶粒冷却时转变生成的其他组织也是粗大的。

奥氏体晶粒的大小直接影响钢冷却后的组织和性能。大量实践表明，奥氏体晶粒细小，冷却后的产物晶粒也是细小的，其力学性能就比较好。粗大的晶粒组织将使钢的力学性能尤其是韧度降低。因此，热处理过程中需要严格控制加热温度和保温时间。加热温度越高，扩散越容易进行，奥氏体形成得就越快；保温时间越长，奥氏体就越均匀。

2．影响奥氏体晶粒长大的因素

加热时形成的奥氏体晶粒大小，对冷却转变后的组织和性能有重要影响。相变前奥氏体晶粒越细小，相变产物的强度、塑性和韧性越高。

（1）加热温度与保温时间

加热温度越高，晶粒长大速度越快，最终晶粒尺寸越大。由于加热温度过高而产生的晶粒变粗的现象称为过热，因过热而导致的粗大晶粒组织称为过热组织。

当温度一定时，保温时间延长，晶粒不断长大。但随时间延长，长大速度越来越慢，最终趋于某一稳定尺寸。

（2）加热速度

加热速度越快，过热度越大，奥氏体的实际形成温度越高，成核速率和长大速度越大，则奥氏体起始晶粒越细小。采用快速加热是生产上获得超细晶粒的重要方法之一。

（3）钢的成分

在一定含碳量范围内，随着奥氏体中含碳量的增加，碳在奥氏体中的扩散速度及铁的自扩散速度均增大，晶粒长大倾向也增大。但当含碳量超过共析成分以后，碳以未溶碳化物的形式存在，奥氏体晶粒长大受第二相阻碍，晶粒长大倾向减小。当钢中含适量的Ti、V、Nb、Zr元素时，将形成稳定的碳化物，这些碳化物将显著阻止晶粒长大。另外，钢中的Al以Al_2O_3形式弥散分布在晶界时，也将起到细化晶粒的作用。而Mn、P元素固溶在奥氏体中将削弱铁原子间的作用力，加速铁原子的扩散，促进晶粒长大。

（4）钢的原始组织

钢的原始组织越细，碳化物分散度越大，奥氏体晶核可能的形核位置数目增多，奥氏体起始晶粒越细小。

3.2 钢在冷却时的组织转变

钢经奥氏体化后将以不同的冷却方式冷至室温。钢的室温力学性能不仅与加热时奥氏体的状态有关，而且与冷却转变产物的类型和组织有关。冷却过程是热处理的关键，它决定着热处理的质量。

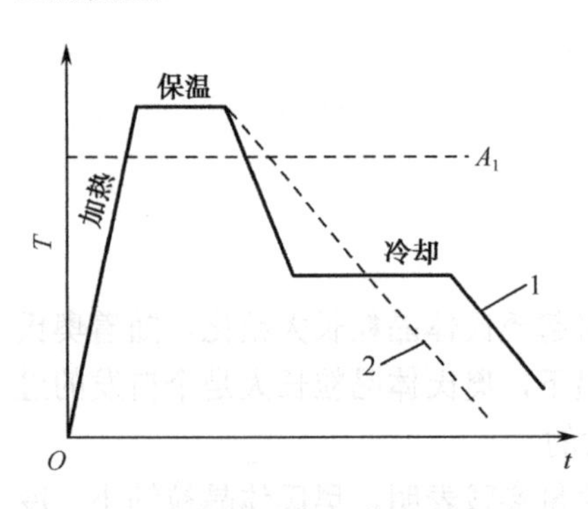

1—等温冷却；2—连续冷却

图3-4 钢的冷却方式示意图

生产中常用的冷却方式有两种：一是等温冷却，即把奥氏体化后的钢件迅速冷却到临界点以下某个温度并在此温度保温，在保温过程中完成组织转变；二是连续冷却，即将奥氏体化后的钢件以某种冷却速度连续冷却，一直冷却到室温，在连续冷却过程中完成组织转变，如图3-4所示。

钢组织中的铁素体和渗碳体在从A_1以上温度冷却到A_1以下温度的过程中不会发生组织转变，冷至临界点以下将处于不稳定状态，奥氏体将发生分解转变。因此，钢在冷却时的组织转变实质上是奥氏体的组织转变。冷却到A_1以下温度尚未发生组织转变的奥氏体称为过冷奥氏体，钢在冷却时的组织转变又可以说是过冷奥氏体的组织转变。

研究奥氏体在冷却时的组织转变，也按两种冷却方式来进行。在等温冷却条件下研究奥氏体的转变过程，绘出等温冷却转变曲线图；在连续冷却条件下研究奥氏体的转变过程，绘出连续冷却转变曲线图。它们都是选择和制定热处理工艺的重要依据。

3.2.1 过冷奥氏体的等温转变

1．共析钢过冷奥氏体等温转变曲线的建立与分析

描述过冷奥氏体等温转变规律的曲线称为过冷奥氏体等温转变曲线，又称为 TTT 曲线（温度—时间—相变曲线）。钢的过冷奥氏体等温转变曲线可以通过金相硬度法、膨胀法、磁性方法等进行测量。

对共析钢进行一系列不同过冷度的等温冷却试验，分别测出过冷奥氏体在 A_1 以下不同温度保温时的组织转变开始时间和转变终了时间；在温度－时间坐标图中，标出转变开始与转变终了的坐标点；分别将开始转变点与终了转变点连成两条曲线，即得到共析钢的过冷奥氏体等温转变曲线，如图 3-5 所示，曲线形状类似于字母“C”，通常将其形象地称为 C 曲线。

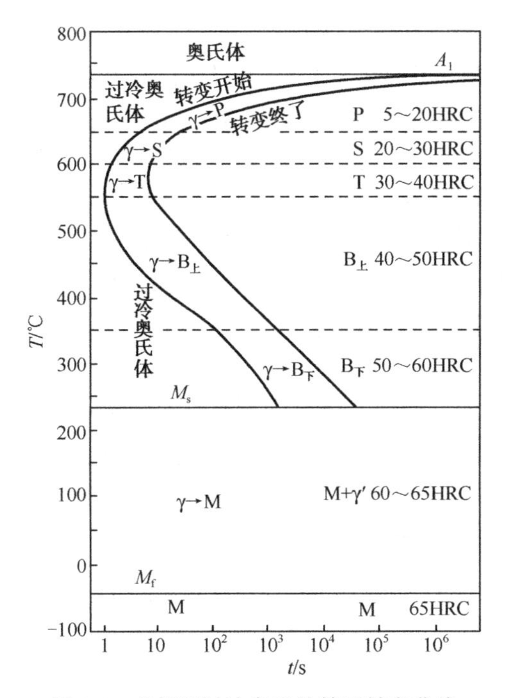

图 3-5　共析钢过冷奥氏体等温转变曲线

从 C 曲线上可以看出，在不同过冷度下，过冷奥氏体等温冷却组织转变的开始时间是不同的，转变开始前的这一段时间称为“孕育期”。“孕育期”越短，说明此温度下的过冷奥氏体越不稳定，越容易发生其他组织转变。其中，以 C 曲线最突出处温度下的“孕育期”最短，此温度称为“鼻温”（共析钢大约为 550℃）。在不同过冷度下，过冷奥氏体等温转变的组织形态和性能有明显差别。

2．等温转变产物及其性能

过冷奥氏体在 A_1 以下温度进行等温转变时，等温温度不同，转变产物也不同。

（1）珠光体型转变（高温组织转变）

过冷奥氏体在 A_1～550℃（“鼻温”）温度内，由于转变温度较高，铁原子和碳原子都能

充分进行扩散，奥氏体等温组织转变产物为铁素体和渗碳体的片层状混合物组织，称为珠光体组织（见图 3-6）。该温度范围内的奥氏体等温转变称为珠光体型转变，也称高温组织转变。

图 3-6 珠光体的显微组织

在珠光体转变区内，转变温度越低（过冷度越大），则形成的珠光体片越薄。根据所形成的珠光体片间距大小，其组织称为珠光体（A_1～650℃）、索氏体（650～600℃）和屈氏体（600～550℃），分别用“P”“S”“T”表示。

珠光体的力学性能主要取决于片间距的大小，片间距减小，其强度、硬度升高，而对塑性的影响较小。

（2）贝氏体型转变（中温组织转变）

在 550℃～M_s（奥氏体向马氏体转变的起始温度）温度内，因转变温度较低，原子的活动能力减弱，转变过程中只有碳原子的部分扩散，而铁原子已不能扩散。过冷奥氏体等温分解为含碳过饱和的铁素体和渗碳体的混合组织，称为贝氏体，用符号“B”表示。贝氏体分为上贝氏体和下贝氏体，通常把550～350℃形成的贝氏体称为上贝氏体（$B_上$），其显微组织呈羽毛状，它是由成束的铁素体板条和断续分布在条间的短杆状渗碳体组成的，如图 3-7（a）所示，其显微组织如图 3-8 所示。上贝氏体中铁素体片较宽，塑料变形抗力较低，容易脆断。在 350℃～M_s 范围内形成的贝氏体称为下贝氏体（$B_下$），其显微组织呈黑色针状，它是由针叶状铁素体和分布在针叶内的细小渗碳体粒子组成的，如图 3-7（b）所示，其显微组织如图 3-9 所示。

下贝氏体与上贝氏体相比，下贝氏体的强度、硬度较高，塑性和韧性也较好，即具有良好的综合力学性能。因此，在生产中常用等温淬火来获得下贝氏体组织。

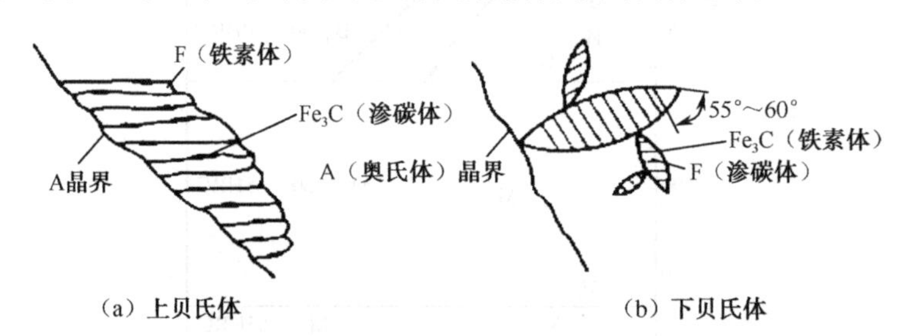

（a）上贝氏体　　（b）下贝氏体

图 3-7 贝氏体的组织特征

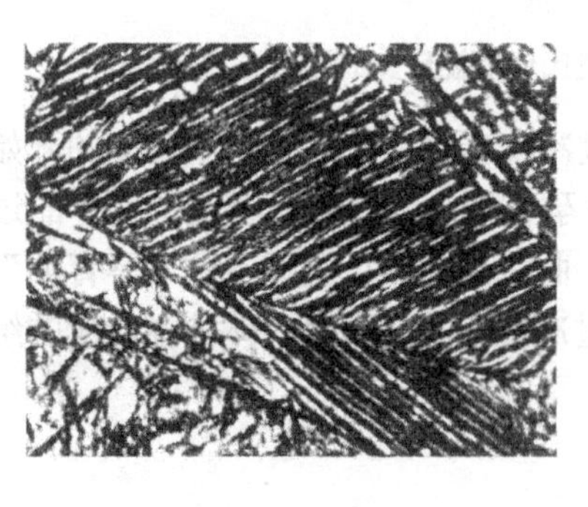

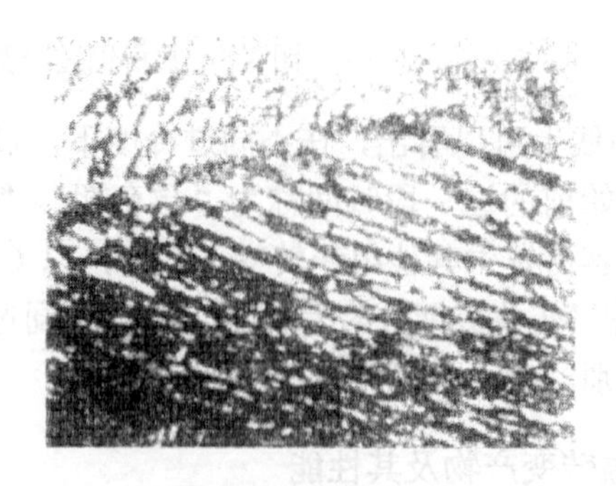

（a）光学显微组织　　（b）电子显微组织

图 3-8 上贝氏体显微组织

（a）光学显微组织

（b）电子显微组织

图 3-9　下贝氏体显微组织

由以上分析可以看出，等温转变温度范围不同，转变产物及其性能也有所不同。共析钢过冷奥氏体等温转变的组织与性能见表 3-1。

表 3-1　共析钢过冷奥氏体等温转变的组织与性能

转变类型	组织名称	符号	转变温度/℃	片间距/μm	分辨所需放大倍数	硬度/HRC
珠光体型转变	珠光体	P	A_1～650	约 0.3	<500	<25
	索氏体	S	650～600	0.1～0.3	1000～1500	25～35
	屈氏体	T	600～550	约 0.1	10 000～100 000	35～40
贝氏体型转变	上贝氏体	$B_{上}$	550～350	—	>400	40～45
	下贝氏体	$B_{下}$	350～M_s	—	>400	45～55

（3）马氏体型转变（低温组织转变）

在 M_s～M_f（奥氏体转变为马氏体的终了温度）范围内，因转变温度更低，铁原子、碳原子均不能扩散，碳全部固溶在 α-Fe 中。这种碳在 α-Fe 中的过饱和间隙式固溶体称为马氏体，用符号“M”表示。该温度范围的转变称为马氏体相变，也称低温组织转变，转变产物为马氏体。马氏体相变必须具备两个条件：一是过冷奥氏体必须以大于临界淬火冷却速度冷却，以避免过冷奥氏体发生珠光体和贝氏体转变；二是过冷奥氏体必须过冷到 M_s 温度以下才能发生马氏体转变。

奥氏体为面心立方晶体结构，当过冷至 M_s 温度以下时，其晶体结构将由面心立方转变为体心立方。由于转变温度很低、转变速度很大，原奥氏体中溶解的过多的碳原子没有能力进行扩散，致使所有溶解在原奥氏体中的碳原子来不及析出而保留下来，并使晶格发生畸变，致使原来的立方晶格转变为正方晶格，接近于 α-Fe 的晶体结构。

马氏体力学性能的显著特点是高硬度和高强度。马氏体硬度的高低主要取决于马氏体中碳的过饱和程度，而其他合金元素对马氏体的硬度影响不大，但这些合金元素可以改善马氏体的强度、塑性和韧性。当碳的过饱和程度低于 0.2%时，得到一束束尺寸大体相同的平行条状马氏体（见图 3-10），称为板条状马氏体，又称低碳马氏体，具有较高的硬度及较好的塑性和韧性。当马氏体中碳的过饱和程度大于 0.6%时，大多数为针状或片状马氏体（见图 3-11），在光学显微镜下呈竹叶状或凸透镜状，在空间形同铁饼，具有很高的硬度（60～65HRC），但其塑性和韧性很差，脆性大。当钢的含碳量为 0.2%～0.6%时，低温冷却组织转变得到板条状马氏体和片状马氏体的混合组织，并随含碳量增加，板条状马氏体的相对含量减少而片状马氏体的相对含量增加。这种将钢奥氏体化后急速冷却至较低的温度使其发生马氏体相变的热处理，在热处理工艺上称为淬火，这部分内容将在 3.3.3 节中详细讲解。

图3-10 板条状马氏体

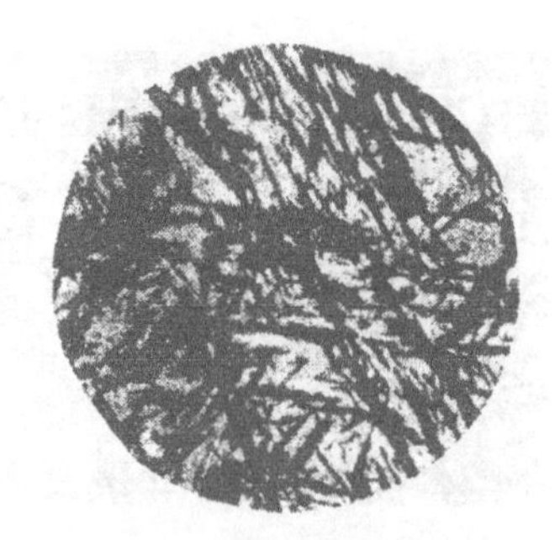

图3-11 针状或片状马氏体

值得注意的是，马氏体相变是在M_s～M_f温度范围内进行的，而钢的淬火冷却一般只进行到室温（20℃左右），即钢在淬火时马氏体相变不彻底，淬火后钢中还会有少量的过冷奥氏体未发生马氏体相变而保留下来，这种保留下来的奥氏体称为残余奥氏体。因此，钢进行淬火后得到的组织不是100%的马氏体，而是马氏体与残余奥氏体的混合组织。奥氏体转变为马氏体时要发生体积膨胀，最后尚未转变的奥氏体受到周围马氏体的附加压力，失去发生转变的条件而保留下来。残余奥氏体的数量与奥氏体中的含碳量有关，奥氏体中的含碳量越高，M_s和M_f越低，则残余奥氏体的量越多。钢的淬火组织中存在残余奥氏体不仅会降低钢件的强度、硬度和耐磨性，而且残余奥氏体是一种不稳定的组织，在钢件使用过程中容易发生组织转变而产生内应力，引起工件变形，降低工件精度。在生产中，对于一些硬度和精度要求高的工件应进行冷处理，即将淬火后的工件迅速置于接近或低于M_f的温度下，促使残余奥氏体转变为马氏体。

综上所述，钢在冷却时，根据转变温度的高低，过冷奥氏体的转变产物可分为高温转变产物珠光体、索氏体、屈氏体，中温转变产物上贝氏体、下贝氏体，低温转变产物马氏体等几种。随着转变温度的降低，其转变产物的硬度增高，而韧性的变化则较为复杂。

3. 亚共析钢和过共析钢过冷奥氏体等温转变

亚共析钢和过共析钢的等温转变稍有不同，在发生珠光体转变前，亚共析钢要先析出铁素体，过共析钢要先析出二次渗碳体。因此，等温转变图与共析钢等温转变图相比均多出了一条先共析相析出线，如图3-12所示。

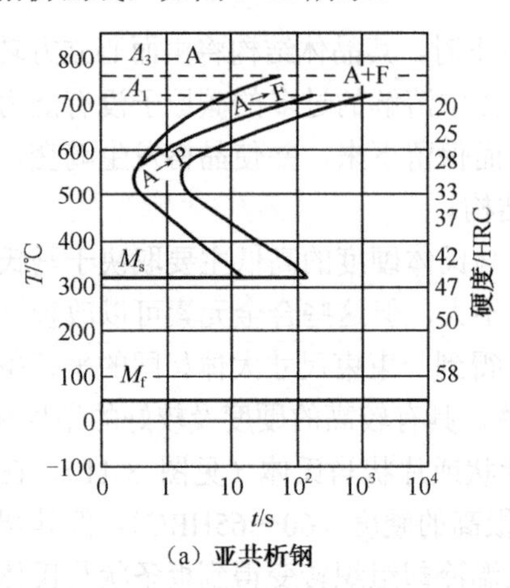

（a）亚共析钢

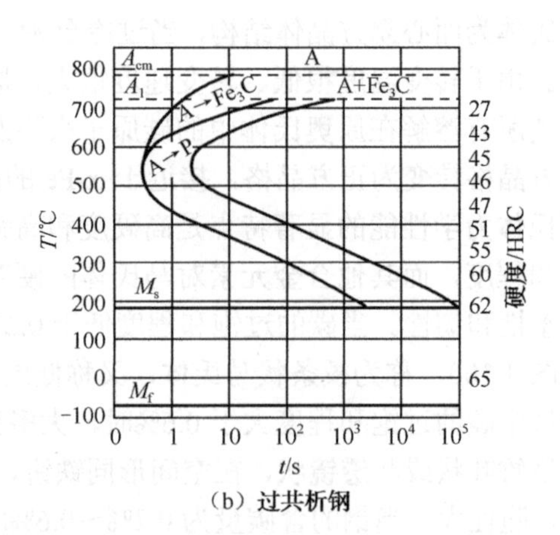

（b）过共析钢

图3-12 亚共析钢和过共析钢的等温转变曲线

3.2.2　过冷奥氏体的连续冷却转变

在实际生产中，热处理通常采用连续冷却的冷却方式，过冷奥氏体的转变大部分也是在连续冷却中完成的。因此，研究过冷奥氏体连续冷却时的转变规律具有重要意义。

过冷奥氏体连续冷却转变图是指钢经奥氏体化后以不同冷却速度在连续冷却条件下，过冷奥氏体为亚稳定产物时，转变开始及转变终了的时间与转变温度之间的关系曲线图，又称 CCT（Continuous Cooling Transformation）曲线。连续冷却速度对共析钢组织与硬度的影响如图 3-13 所示。

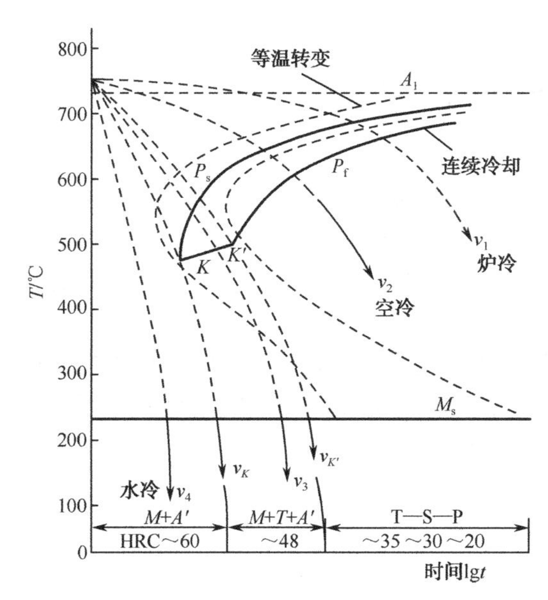

图 3-13　连续冷却速度对共析钢组织与硬度的影响

（1）共析钢 CCT 曲线分析

① P_s 线是珠光体转变开始线，P_f 线是珠光体转变终了线，P_s 与 P_f 线之间为过冷奥氏体与其转变产物珠光体共存的过渡区。KK'线是珠光体转变中止线，冷却曲线碰到该线时，过冷奥氏体就不再发生珠光体转变，而一直保留到 M_s 线以下，才开始向马氏体组织转变。

② 与过冷奥氏体连续转变曲线 P_s 开始线相切的冷却速度，是保证过冷奥氏体在连续冷却过程中不发生分解而全部过冷到马氏体转变区的最小冷却速度，称为淬火临界冷却速度，用 v_K 表示。显然 v_K 值越小，表明钢在淬火冷却时越容易获得马氏体组织，钢的淬火工艺性能越好。v_K 对热处理工艺具有十分重要的意义。

③ K' 点是 P_f 线与 KK'线的交点，$v_{K'}$是通过 K'点的冷却速度。当冷却速度小于 $v_{K'}$时，转变的组织全部为珠光体型组织。通常炉冷和空冷的冷却速度均小于 $v_{K'}$，它们转变的产物分别是珠光体和索氏体。

④ 在 v_K 与 $v_{K'}$之间的冷却速度下冷却将得到混合组织。当钢的冷却曲线 v_3 与 KK'线相遇之前，一部分过冷奥氏体转变为屈氏体；当冷却曲线 v_3 与 KK'线相遇之后，剩余过冷奥氏体一直保留到 M_s 点才开始向马氏体转变。最终的转变产物为屈氏体+马氏体+残留奥氏体。

⑤ 奥氏体连续冷却时的转变产物及性能取决于冷却速度。冷却速度越大，则转变时的过冷度越大，转变温度越低，所形成的组织越细，组织的不平衡程度也越大，强度、硬度也越高。

比较 CCT 曲线和 C 曲线，可发现 CCT 曲线的一些主要特点。第一，共析钢的 CCT 曲线在其 C 曲线右下方。这表明过冷奥氏体连续冷却的转变产物与等温冷却的转变产物基本相同，但连续转变开始和终了的温度要低些，孕育期也较长。第二，CCT 曲线只有 C 曲线的上半部分，而无下半部分，表明共析钢连续冷却时，只有珠光体、马氏体转变而不发生贝氏体转变。

（2）亚共析碳钢与过共析碳钢的 CCT 曲线分析

与共析碳钢相比，过共析碳钢的 CCT 曲线除了多一条先共析的渗碳体析出线外，其他基本相似，即也没有贝氏体转变区。

与共析碳钢相比，亚共析碳钢的 CCT 曲线不大相同，它除了多一条先共析的铁素体析出线外，在中温转变区（油淬时）还会有少量上贝氏体产生，但可以忽略不计。

3.3 钢的热处理工艺

钢的热处理工艺大体可分为整体热处理、表面热处理和化学热处理三大类。根据加热介质、加热温度和冷却方法的不同，每一大类又可区分为若干不同的热处理工艺。

整体热处理是对工件整体加热的金属热处理工艺，常用的有退火、正火、淬火和回火四种基本工艺。

表面热处理是仅对工件表层进行热处理以改变其组织和性能的工艺，常用的是表面淬火。

化学热处理是将工件置于一定温度的活性介质中保温，使一种或几种元素渗入它的表面，以改变其化学成分、组织和性能的热处理工艺，常用的有渗碳、渗氮、碳氮共渗、氮碳共渗等工艺。

3.3.1 退火

机械零件的毛坯一般是通过铸造、锻造或焊接的方法加工而成的，这些毛坯往往不同程度存在晶粒粗大、加工硬化、内应力较大等缺陷。为了克服铸、锻、焊后所遗留的一系列缺陷，为后续工序做好组织和性能上的准备，一般在毛坯生产后、切削加工前进行退火或正火处理，常称预备热处理。

退火是将钢加热到 A_{c3}（或 A_{c1}）以上的一定温度，或 A_{c1} 以下某一温度，保温一定时间，然后随炉冷或将工件埋入石灰等冷却能力弱的介质中缓慢冷却到 600℃以下，再空冷至室温的热处理工艺。

退火的目的在于降低钢的硬度，提高塑性，以利于切削加工及冷变形加工；细化晶粒，均匀组织及成分，改善钢的性能，为以后热处理做准备；消除钢中的残余内应力，以防止变形和开裂。

根据退火目的不同，常用的退火工艺方法主要有完全退火、等温退火、球化退火、扩散退火、再结晶退火及去应力退火等。

1. 完全退火

完全退火是钢铁加热到 A_{c3} 以上 20～40℃，保温一定时间，经过完全奥氏体化后随炉或埋入石灰等介质中缓慢冷却至 500℃以下，然后空冷，以获得近于平衡组织的热处理工艺。其主要特点是在退火过程中进行完全重结晶，所以，完全退火又称重结晶退火。所得到的室温组织为铁素体和珠光体。其主要作用和目的是细化晶粒、均匀组织、降低硬度，改善钢的切削加工性，同时还可消除内应力。

在机械制造中，完全退火主要适用于含碳量为0.3%～0.6%的中碳钢及中碳合金钢铸件、锻件、热轧件及焊接件等，低碳钢和过共析钢不宜采用。低碳钢完全退火后硬度偏低，不利于切削加工。过共析钢完全退火，缓慢冷却，渗碳体有充分的时间析出，大量的渗碳体在晶界上连成网状，导致钢的硬度不均匀、塑性和韧性显著降低。

2．等温退火

等温退火是将钢件加热到 A_{c3}（或 A_{c1}）以上某个温度，保温后较快地冷却到珠光体转变区的某一温度（一般为 600～680℃）并等温保持使奥氏体转变为珠光体型组织，然后在空气中冷却的退火工艺。

等温退火的转变较易控制，能获得均匀的预期组织。同时对于奥氏体较稳定的合金钢可大大缩短退火时间，一般只需完全退火 1/2 左右的时间。

等温退火适合于高碳钢、中碳合金钢、经渗碳处理的低碳合金钢和某些高合金钢的大型铸、锻件及冲压件等。

3．球化退火

球化退火是使钢中碳化物球状化的热处理工艺。退火后获得的组织为铁素体基体上分布着细小均匀的球状渗碳体，即球状珠光体组织。

球化退火的目的是降低硬度、提高塑性、改善切削加工性能，以及获得均匀组织、改善热处理工艺性能，为以后的淬火做准备。

球化退火主要适用于过共析钢、共析钢，如工具钢、滚动轴承钢等。

球化退火一般随炉加热，加热温度略高于 A_{c1} 以上 10～20℃，以便保留较多的未溶碳化物粒子和较大的奥氏体碳浓度分布不均匀性，促使碳化物形成。若加热温度过高，二次渗碳体易在慢冷时以网状形式析出。另外，球化退火需要较长的保温时间来保证二次渗碳体的自发球化。保温后随炉冷却，在通过 A_{r1} 温度范围时，应足够缓慢，以使奥氏体进行共析转变时以未溶渗碳体粒子为核心形成粒状渗碳体。

在球化退火前，若钢的原始组织中有明显的网状渗碳体，则应先进行正火处理。

4．扩散退火

扩散退火是将钢锭、铸件或锻坯加热至略低于固相线的温度（100～200℃）下长时间保温，然后缓慢冷却以消除化学成分不均匀现象的热处理工艺，又称均匀化退火。其主要作用是消除铸锭或铸件在凝固过程中产生的成分偏析，使成分和组织均匀化，又称均匀化退火。

扩散退火加热温度高、保温时间长，所以加工效率低、成本高，也容易产生粗晶、氧化、脱碳等缺陷。因此，扩散退火只用于一些优质合金钢及偏析较严重的合金钢铸件及钢锭，并且扩散退火后一般需进行一次完全退火或正火，以细化晶粒、消除缺陷。

5．再结晶退火

再结晶退火是把冷变形后产生加工硬化的金属加热到再结晶温度以上保温适当的时间，使变形晶粒重新转变为均匀等轴晶粒从而消除加工硬化的热处理工艺。

再结晶退火的主要作用是消除加工硬化，降低强度和硬度，使钢的力学性能恢复到冷变形前的状态。再结晶温度与材料的熔点有关，根据经验公式 $T_{再} \approx 0.4T_{熔}$，钢的再结晶温度大约为450℃，铝合金的再结晶温度大约为100℃。再结晶温度还与变形程度有关，一般来说，形变量越大，再结晶温度越低。

6．去应力退火

去应力退火是将工件随炉缓慢加热至500～650℃，保温一定时间后，又随炉缓慢冷却的一种热处理工艺。由于这种退火不发生相变，主要作用和目的是减小和消除工件在铸造、锻造、焊接、切削、热处理等加工过程中产生的残余内应力，稳定工件的尺寸，防止工件的变形。其主要工艺特点是加热温度低、保温时间长，因而又称低温退火。

3.3.2 正火

1．正火工艺及应用

正火是把钢件加热到 A_{c3}（或 A_{ccm}）以上的一定温度，经适当保温，使钢全部奥氏体化后在空气中冷却，得到较细珠光体组织（珠光体、索氏体或屈氏体）的热处理工艺。

正火与退火的目的基本相同，可认为正火是退火的特殊形式。其主要区别为：退火是随炉冷却，而正火则为空冷。由于正火的冷却速度比退火稍快，故正火钢的组织较细些，珠光体的分散度大些，铁素体的含量少些，从而它的强度、硬度也较退火高。

正火的应用主要有以下几个方面：

① 用于低碳钢（w_C<0.25%），作为中间热处理，以提高硬度，防止“黏刀”现象，改善切削加工性能。

② 用于中碳钢，可降低加工的表面粗糙度；若用它代替退火，可以得到满意的力学性能，并能缩短生产周期，降低成本。

③ 用于高碳钢，能破坏渗碳体网，为球化退火做必要的准备。

④ 由于正火一般得到细珠光体或索氏体组织，性能较好，故对于不很重要的或截面较大的碳钢工件，常用正火代替调质作为最终热处理。这样既可降低成本，减少废品，又可获得满意的力学性能。

图3-14和图3-15分别为正火与各种退火的加热温度范围示意图和工艺规范曲线示意图。

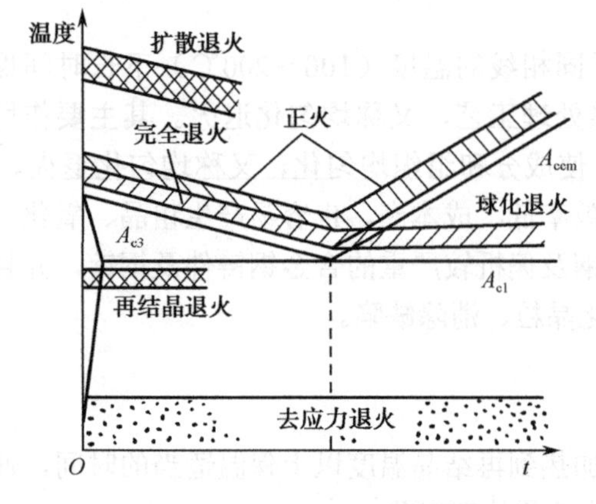

图3-14　正火与各种退火的加热温度范围示意图

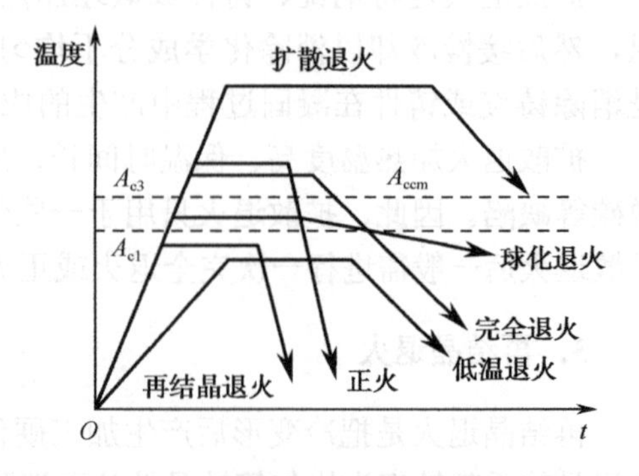

图3-15　正火与各种退火的工艺规范曲线示意图

2．正火的选择

正火与退火在某种程度上虽然有相似之处，但在实际选用时仍有不同之处，应从以下四个方面考虑。

① 从切削加工件考虑：一般认为硬度为 170～230HBS 的钢材，其切削加工性较好。图 3-16 所示为各种碳钢退火和正火后的硬度值，其中阴影线部分为切削加工性较好的硬度范围。很明显，低碳钢宜正火，而高碳钢宜退火。

② 从使用性能上考虑：对亚共析钢来说，正火比退火具有较好的力学性能，如果零件的性能要求不高或截面较大，可用正火作为最终热处理。

③ 从经济上考虑：正火比退火生产周期短，成本低，操作方便，故在可能条件下应优先采用正火。

④ 从结构形状上考虑：大型及结构复杂的铸件宜用退火，以防止正火产生较大内应力而发生裂纹。

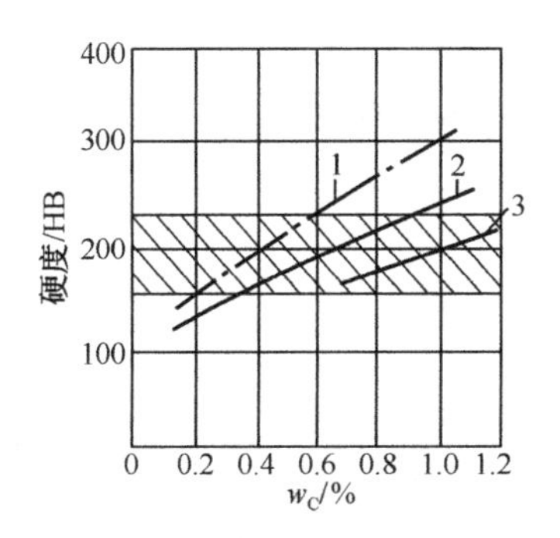

1—正火；2—退火；3—球化退火

图 3-16　各种碳钢退火和正火后的硬度值

3.3.3　淬火

淬火是将工件加热到 A_{c3} 或 A_{c1} 点以上某一温度保持一定时间，然后以适当速度冷却获得马氏体或贝氏体组织的热处理工艺。淬火的主要目的就是为了获得马氏体或贝氏体组织，以便在随后不同温度回火后获得所需要的性能。

在机械制造中，多数零件都需要通过淬火与回火来获得所要求的组织、性能，因此，常把淬火+回火称为最终热处理。淬火可以显著提高钢的强度和硬度，是赋予钢件最终性能的关键性工序。

钢的淬火包括两种：一种是等温淬火，目的是获得贝氏体；另一种是普通淬火，目的是获得马氏体。通常所提到的淬火是指普通淬火。有了这种组织之后，就可以利用回火来调整它的强度、硬度、塑性、韧性，获得所需要的性能。

1．淬火工艺

淬火质量取决于淬火的三个要素，即加热温度、保温时间和冷却速度。

（1）加热温度

确定淬火温度的原则是获得均匀细小的奥氏体。确定淬火温度的依据是 Fe−Fe_3C 相图中钢的临界点。

亚共析钢的淬火加热温度一般确定为 A_{c3} 以上 30～50℃，使钢完全奥氏体化，淬火后获得全部马氏体组织。若淬火加热温度为 A_{c3}～A_{c1}，则淬火组织中除马氏体外，还保留一部分铁素体，使钢的硬度和强度降低；但淬火温度也不能超过 A_{c3} 点过高，以防奥氏体晶粒粗化，淬火后获得粗大的马氏体，降低钢的韧性。

共析钢、过共析钢的淬火加热温度一般为 A_{c1} 以上 30～50℃，得到奥氏体和部分二次渗碳体，淬火后得到马氏体（共析钢）或马氏体加渗碳体（过共析钢）组织。若淬火加热温度超过 A_{ccm}，则一方面由于奥氏体中的含碳量增加，淬火后残余奥氏体量增多，从而使钢的硬度和耐磨性降低；另一方面淬火温度过高，则导致奥氏体晶粒粗化，淬火后易得到含显微裂纹的粗片状马氏体，使钢的脆性增大。

（2）保温时间

确定淬火加热时间的原则是使工件烧透，保证工件内外温度一致，奥氏体化过程充分，奥氏体均匀细小。加热保温时间主要根据钢的成分特点、加热介质和零件尺寸来确定。钢的含碳量越高，含合金元素越多，导热性就越差，因此，保温时间就越长。

（3）冷却速度

为了获得马氏体组织，工件在淬火冷却时必须有足够快的冷却速度。实际冷却速度必须大于该钢的临界淬火冷却速度。但冷却速度过大会导致工件淬火内应力增大、工件变形甚至开裂，故淬火介质的选择尤为重要。

2．淬火介质及淬火方法

淬火介质的冷却能力决定了工件淬火时的冷却速度。为减小淬火应力，防止工件变形甚至开裂，在保证材料淬火中过冷奥氏体只发生马氏体转变而不发生其他组织转变的前提下，应尽量选用冷却能力弱的冷却介质。同时，淬火介质应根据零件传热系数大小、淬透性、尺寸、形状等进行选择。

理想的淬火冷却介质是在C曲线“鼻温”以上冷却能力强，而在“鼻温”以下冷却能力弱，这样既可保证得到马氏体组织，又可减小淬火应力。常用的淬火冷却介质有水（或水溶液）、油、盐浴等。

水是常用的淬火介质，在C曲线“鼻温”以上和以下都具有很强的冷却能力，工件容易获得马氏体组织，但水在低温时的冷却速度过快，会产生较大的淬火应力，易引起工件变形和开裂。常用水作为临界淬火冷却速度较大的碳素钢和某些低合金钢工件的淬火介质。

油类淬火介质有矿物油（如10号、20号机油）和植物油（如菜油、豆油）两类，也是常用的淬火冷却介质。油类淬火介质的冷却能力比水差，特别是在300～200℃内冷却速度比水低得多，因此，能减小工件的淬火应力，防止工件变形和开裂。常用油类作为临界淬火冷却速度较低的合金钢和某些小型复杂碳素钢件的淬火介质。实际生产中，碳钢一般用水淬，合金钢一般用油淬，而盐浴一般用于等温淬火。

此外，还有一些效果好甚至特性近于理想的新型淬火介质，如水玻璃-苛性碱淬火介质、氯化锌-苛性碱淬火介质、过饱硝酸盐水溶液淬火介质和合成淬火剂等。

为了保证工件淬透，同时防止变形和开裂，应根据材料的种类、工件的形状、尺寸和技术要求，选择正确的淬火冷却方法。常用的淬火方法有单介质（水、油、空气）淬火、双介质淬火、分级淬火和等温淬火等。

3. 钢的淬透性与淬硬性

（1）淬透性

钢的淬透性是指钢材被淬透的能力，是表征钢材淬火时获得马氏体的能力的特性，以钢在一定淬火条件下得到的马氏体深度来表示，深度越大，淬透性越好。

淬透性主要取决于其临界冷却速度的大小，而临界冷却速度则主要取决于过冷奥氏体的稳定性，因此，淬透性的高低取决于钢的过冷奥氏体的稳定性。过冷奥氏体的稳定性越高，淬透性越好；反之，淬透性越差。影响淬透性的因素很多，凡是使钢的 C 曲线向右移的因素，均能提高钢的淬透性。具体如下：

① 钢的化学成分。合金元素（除 Co 外）提高淬透性。

② 奥氏体晶粒度。奥氏体晶粒尺寸增大，淬透性提高。

③ 奥氏体化温度。提高奥氏体化温度，不仅使奥氏体晶粒粗大，促使碳化物及其他非金属夹杂物流入，而且使奥氏体成分均匀化，提高过冷奥氏体稳定性，从而提高淬透性。

④ 第二相及其分布。奥氏体中未溶的非金属夹杂物和碳化物的存在，以及其大小和分布，影响过冷奥氏体的稳定性，从而影响淬透性。

在所有的影响因素中，合金元素及其含量对钢的淬透性影响最大，一般来说，合金钢的淬透性优于碳素钢。

钢的淬透性对于合理选用钢材，正确制定热处理工艺都具有非常重要的意义。例如，对于大截面、形状复杂的工件，以及承受轴向拉压的连杆、螺栓、锻模等要求表面和心部性能均匀一致的零件，应选用淬透性良好的钢材，以保证心部淬透；而对于承受弯曲、扭转应力（如轴类）及表面要求耐磨并承受冲击力的零件，因应力主要集中在表面，可不淬透；焊接件一般不选用淬透件好的钢，否则在焊接和热影响区会出现淬火组织，造成焊件变形、开裂。

碳素钢的导热能力强，临界淬火冷却速度大，淬透性较差，一般采用冷却能力强的淬火介质；合金钢的导热能力弱，临界淬火冷却速度小，淬透性较好，一般采用冷却能力弱的淬火介质，这对减小淬火应力、变形和开裂十分有利，尤其对形状复杂和截面尺寸变化大的工件更为重要。

（2）淬硬性

钢的淬硬性是指钢能够淬硬的程度，也就是钢淬火后得到的马氏体的硬度的高低。它是指钢在正常淬火条件下可能达到的最高硬度。马氏体是含碳量过饱和的间隙式固溶体，碳的过饱和程度越高，则马氏体的硬度越高，所以淬硬性主要取决于钢的含碳量。含碳量越高，加热保温后奥氏体的碳浓度越大，淬火后所得到马氏体中的碳的过饱和程度越大，马氏体的晶格畸变越严重，钢的淬硬性越好。因此，当要求硬度高、耐磨性好时，应选用含碳量高的钢。

总之，钢的淬透性与淬硬性是两个不同的概念。淬硬性好的钢，其淬透性不一定好，二者之间没有必然的联系。

需要说明的是，在加热和冷却过程中，由于加热不足或过度加热、加热过程缺乏保护、升温速度或淬火速度过快等原因可能会导致零件淬火后硬度不足、脆性过大、变形或开裂等缺陷的产生，需要特别注意。

3.3.4 回火

将淬火零件重新加热到 A_{c1} 以下某一温度，保温一定时间后冷却到室温的工艺称为回火。回火通常是热处理的最后一道工序，淬火后必须及时进行回火。

回火的目的主要是为了消除或减小淬火内应力，降低脆性，防止工件变形与开裂；稳定组织，从而稳定工件的形状与尺寸；调整工件的力学性能，以满足其对最终性能（硬度、强度、塑性和韧性等）的要求。

1．淬火钢在回火时组织和性能的变化

钢经淬火后得到的组织是马氏体和残余奥氏体，都是不稳定组织，在回火过程中会逐步向稳定的铁素体和渗碳体两相组织进行转变。但在室温下，由于原子活动能力很弱，这种转变很难发生。回火加热时，随着回火温度的升高，原子活动能力加强，使组织转变能逐步进行。淬火钢在回火时的组织转变一般分为以下四个阶段。

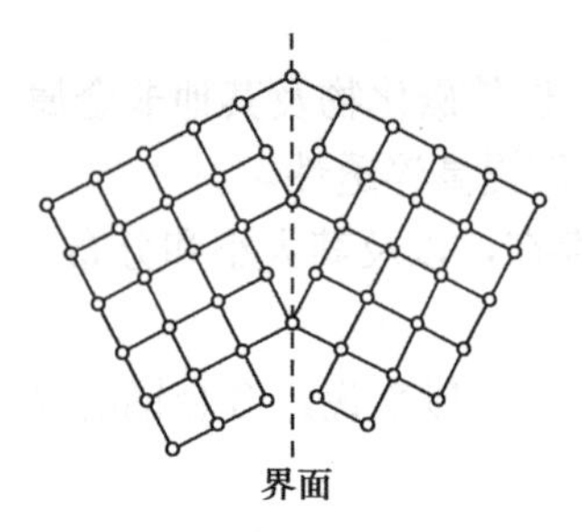

图3-17 共格关系示意图

（1）马氏体的分解（100～250℃）

在这一温度回火时，从马氏体中分解出与其保持共格关系（共格关系是指两相界面上的原子恰好位于两相晶格的共同节点上，见图3-17）的过渡相碳化物，使马氏体的过饱和度降低，晶格畸变减轻，内应力明显减小，但钢仍然保持淬火后的高硬度，这种组织称为回火马氏体。

（2）残余奥氏体的分解（200～300℃）

这一阶段，在马氏体分解的同时，降低了残余奥氏体的压力，其转变为过饱和固溶体与碳化物，也称回火马氏体。

（3）回火屈氏体的形成（250～400℃）

这一阶段碳原子的析出使过饱和的α固溶体转变为铁素体；回火马氏体中的渗碳体转变为粒状渗碳体。这种由铁素体和极细渗碳体组成的机械混合物，称为回火屈氏体。

（4）渗碳体的聚集长大（400℃以上）

温度高于400℃时，固溶体发生回复与再结晶，同时渗碳体颗粒不断长大。当温度高于500℃时，形成块状铁素体与球状渗碳体的混合组织，称为回火索氏体。钢的硬度、强度不断降低，但韧性却明显提高。

2．回火方法

根据对工件力学性能的不同要求，按其淬火后采用的不同回火温度，通常将回火分为以下三种。

（1）低温回火

回火温度为150～350℃，所得组织为回火马氏体。回火马氏体组织基本保持淬火钢的高硬度（58～64HRC）、高耐磨性，同时内应力明显降低，减小了钢的脆性。低温回火常用于各种高碳钢、合金工具钢制造的刃具、量具、冷作模具及滚动轴承、渗碳件、碳氮共渗件和表面淬火件等淬火后的回火。

（2）中温回火

回火温度为350～500℃，所得组织为回火屈氏体。回火屈氏体组织具有较高的弹性极限及一定的韧性，且屈服强度比较高，淬火内应力基本消除。中温回火后硬度一般为35～50HRC。中温回火常用于弹性零件（如弹簧、发条、刀杆、轴套）及热作模具等淬火后的回火。一般枪械上使用的弹簧、击针和冲击工具等，多采用淬火后中温回火。

（3）高温回火

回火温度为 500～650℃，所得组织为回火索氏体。通常把淬火+高温回火的复合热处理工艺称为调质处理。回火索氏体组织具有强度、硬度、塑性和韧性都较好的综合力学性能，且切削加工性能较好。高温回火后硬度一般为 220～330HBS。调质处理广泛应用于汽车、拖拉机、机床等承受载荷较大、受力复杂的重要结构零件的回火，如曲轴、连杆、半轴、齿轮、高强度螺栓、轴类及枪（炮）管等。

钢在回火时的保温时间，一般根据工件材料、尺寸、装炉量和加热方式等因素确定，大都为 1～3h。回火后的冷却方式一般为空冷。对某些具有高温回火脆性的合金钢（如含有 Cr、Mn、Ni 等合金元素的钢），在回火后必须快冷（水冷或油冷），以防止韧性下降。

3.3.5　表面淬火

钢的表面淬火是指利用快速加热的方法，把工件表层迅速加热到淬火温度，不等热量传到心部，即进行淬火的工艺，称为表面淬火。表面淬火使工件表层获得细小的马氏体组织，工件具有比较高的硬度和耐磨性，而心部仍为预备热处理后的原始组织，具有足够的强度和韧性，可以满足机床齿轮类零件及轴类零件等对表面和心部的不同性能要求。常用的方法有感应加热表面淬火、火焰加热表面淬火和激光表面淬火（内容详见第 4 章）等。

1．感应加热表面淬火

将工件置于用紫铜管（内部通水）绕成的感应线圈内，给感应线圈通入一定频率的交流电以产生交变磁场，于是在工件内部就会产生频率相同、方向相反的感应电流。感应电流在工件内自成回路，称为涡流。由于感应电流的集肤效应（电流集中分布在工件表层）和热效应，而使工件表层的温度迅速升高至淬火温度，此时如立即喷水冷却，即达到表面淬火的目的。因涡流在工件截面上的分布是不均匀的，表面电流密度大，心部几乎为零，如图 3-18 所示。而且通入线圈的电流的频率越高，涡流越集中于表面层，则淬火后淬硬层越薄。生产上通过选用不同频率来达到不同要求的淬硬层深度。根据所用电流频率不同，感应加热可分为以下四类。

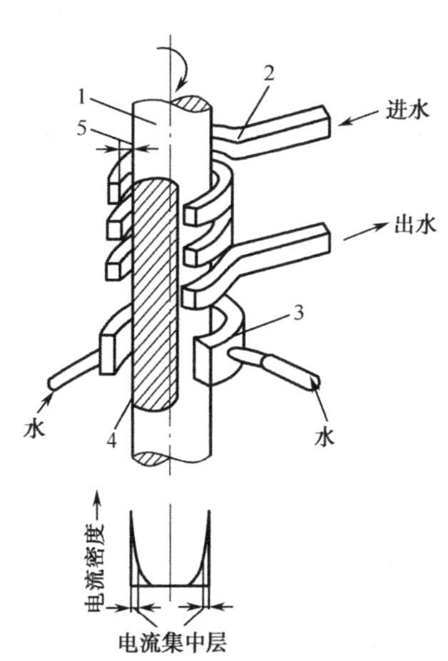

1—工件；2—加热感应圈；3—淬火喷水套；4—加热淬火层；5—工件间隙（1.5～3.0mm）

图 3-18　感应加热表面淬火示意图

（1）高频（200～300kHz）感应加热表面淬火

其淬硬层深度为 0.5～2mm，主要适用于在摩擦条件下工作的小型零件，如中小模数齿轮、小型轴类件等的表面淬火。

（2）中频（2500～8000Hz）感应加热表面淬火

其淬硬层深度为 2～8mm，主要适用于承受较大载荷和磨损的零件。例如，59 式坦克的传动装置中，10 对齿轮中就有 4 对采用整体调质及表面中频淬火，对于模数大于 5 的齿轮、尺寸较大的曲轴和凸轮轴等零件都可采用中频或高频表面淬火。

（3）超音频（20～40kHz）感应加热表面淬火

主要用于模数为 3～6 的齿轮及链轮、花键轴、凸轮等零件的表面淬火，能获得 2mm 以上的淬硬层。

（4）工频（50Hz）感应加热表面淬火

不需要专门的变频设备，其淬硬深度可达 10～20mm，主要用于承受扭曲、压力载荷的大型零件，如冷轧辊、火车车轮等的表面淬火。

感应加热表面淬火的主要优点为：加热速度极快，操作迅速，生产效率高；淬火后马氏体晶粒细小，力学性能好；不易产生变形及氧化脱碳。

感应加热表面淬火一般用于中碳钢或中碳合金钢制造的齿轮和轴类零件，如 45 钢、40Cr 钢、40MnB 钢、40CrMnMo 钢等。有时也可用于高碳工具钢或铸铁等工件。对钢件在表面淬火前的预备热处理一般采用正火或调质处理。感应加热表面淬火后需要进行低温回火，以降低淬火内应力。在生产中有时也可采用“自回火”法，即将感应加热好的工件迅速冷却，但不冷透，利用心部余热对淬火表面“自行”加热，达到低温回火的目的。

2．火焰加热表面淬火

火焰加热表面淬火是用氧—乙炔（或其他可燃气体）燃烧的高温火焰，待工件表面迅速加热到淬火温度，随之淬火冷却的热处理工艺，如图 3-19 所示。

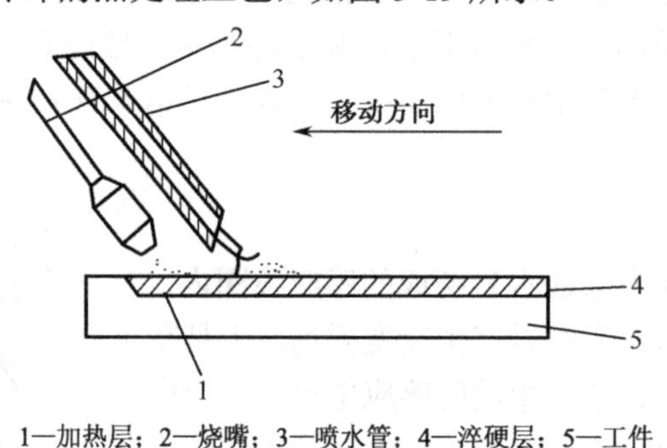

1—加热层；2—烧嘴；3—喷水管；4—淬硬层；5—工件

图 3-19　火焰加热表面淬火示意图

火焰加热表面淬火的淬硬层深度一般为 2～6mm。它具有设备简单、工艺灵活、淬火成本较低的特点。但因加热温度和淬硬层深度不易控制，质量不稳定，使用受到一定的限制。火焰加热表面淬火适用于中碳钢、中碳合金钢及铸铁制成的工件，在单件、小批量生产的情况下，对大型工件（如大模数齿轮、大型轴类、机床导轨、轧辊等）和只需要局部表面淬火的工件应用比较方便。

火焰加热表面淬火的优点为：①设备简单、使用方便、成本低；②不受工件体积大小的限制，可灵活移动使用；③淬火后表面清洁，无氧化、脱碳现象，变形也小。表面淬火的缺点为：①表面容易过热；②较难得到小于 2mm 的淬硬层深度，只适用于火焰喷射方便的表层上；③所采用的混合气体有爆炸危险。

3.3.6　化学热处理

化学热处理是将工件放入一定的化学介质中，经过加热保温，使介质中分解产生一种或几种元素的活性原子被工件表面吸收，并向表层一定深度扩散，从而改变其表层化学成分、组织和性能的一种热处理工艺方法。通过化学热处理可以提高工件表层的硬度、耐磨性和疲劳强度，也可以提高工件表层的耐蚀性及抗氧化性等。

化学热处理基本工艺过程包括分解、吸收和扩散三步，即渗入的介质在高温下分解出渗入元素的活性原子—渗入的活性原子被钢件表面吸收—被吸收的活性原子由钢件表面逐渐向内层扩散，形成一定厚度的扩散层。

生产中常用的化学热处理方法有渗碳、渗氮（氮化）、碳氮共渗（氰化）、渗硼、渗金属（如渗铝、渗铬）等。

1. 钢的渗碳

为了增加钢件表层碳的质量分数和形成一定的碳浓度梯度，将钢件在渗碳介质中加热并保温，使活性碳原子渗入工件表层的化学热处理工艺称为渗碳。实践证明，渗碳层表面的碳浓度为 0.85%～1.05%时最佳。表面碳浓度低，则不耐磨且疲劳强度也较低；碳浓度过高，则渗碳层变脆，易出现压碎剥落现象。通常渗碳层的深度都为 0.5～2.2mm，深度波动范围不应大于 0.5mm。当渗碳层深度小于 0.5mm 时，一般用中碳钢高频淬火来代替渗碳。渗碳温度一般选用 900～950℃，生产中常用（920±10）℃。

渗碳后缓冷至室温的组织接近于铁碳合金相图的平衡组织。渗碳层由表及里依次为过共析层、共析层、亚共析层（一般渗碳层厚度计算到 50%F+50%P 处，此处 w_C=0.40%），最后是心部的原始组织。由此可见，工件渗碳后必须进行淬火和低温回火，才能有效地发挥渗碳层的作用。根据工件材料和性能要求的不同，渗碳后的淬火可采用直接淬火法或一次淬火法。直接淬火法是将渗碳件从 900～950℃的渗碳炉中取出后，先在空气中预冷到 820～850℃，然后进行淬火（非合金钢件在水中淬火，合金钢件在油中淬火）。这种方法一般只适用于奥氏体晶粒长大倾向小的本质细晶粒钢或性能要求不高的零件。一次淬火法是将渗碳后的工件出炉后，在空气中冷却到室温，然后再重新加热淬火。对于心部组织性能要求高的合金渗碳钢，淬火加热温度一般略高于心部的 A_{c3}（850～860℃），可使心部晶粒细化得到低碳马氏体组织；对于表面组织性能要求高的零件，淬火温度应略高于 A_{c1}（760～780℃），表层的硬度高、耐磨性好。

经过渗碳及随后的淬火和低温回火，提高工件表面的硬度、耐磨性和疲劳强度，而心部仍保持良好的塑性和韧性。工业生产中一般选用 w_C=0.10%～0.25%的低碳钢或低碳合金钢，如常用的渗碳钢有 10、15、20、20Cr、30CrMnTi 钢。含碳量过高会使心部韧性降低，所以渗碳钢含碳量一般不超过 0.3%。钢的渗碳主要应用在承受循环载荷、冲击载荷、很大接触应力和严重磨损条件下工作的重要零件，如坦克变速箱中的五挡主动齿轮，汽车或拖拉机的变速箱齿轮、后桥大小减速齿轮、活塞销、摩擦片等。

根据渗碳剂的不同，渗碳方法可分为气体渗碳、固体渗碳和液体渗碳三种。

（1）气体渗碳

气体渗碳用的渗碳介质多为碳氢化合物，如煤气、天然气等气体介质，或为煤油、丙酮、丙烷、丁烷等易汽化分解的液体介质。渗碳介质在高温下分解出活性碳原子，渗入工件。图 3-20 所示为井式气体渗碳电阻炉结构示意图。

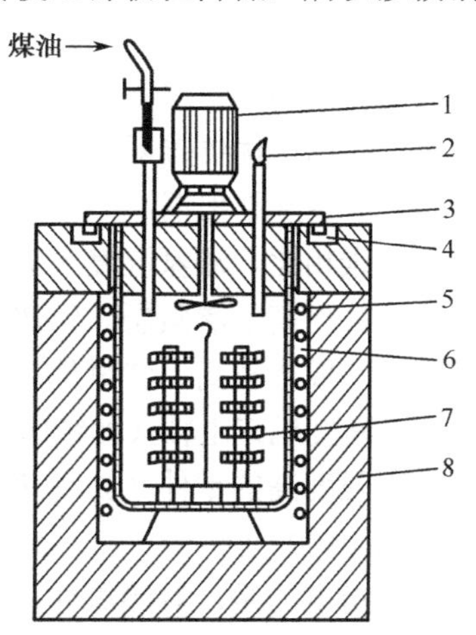

1—风扇发动机；2—废气火焰；3—炉盖；4—砂封；5—电阻丝；6—耐热罐；7—工件；8—炉体

图 3-20　井式气体渗碳电阻炉结构示意图

工件的渗碳层深度取决于渗碳温度、活性碳原子浓度和渗碳时间。渗碳层深度一般为 0.2～2.0mm，表面层含碳量可提高到 0.85%～1.0%。渗碳层深度由工件的工作条件及截面尺寸大小决定。渗碳层太厚，会使冲击韧性降低；渗碳层太薄，容易引起表面疲劳剥落。渗碳后的工件必须进行淬火和低温回火才能有效地发挥渗碳的作用。

气体渗碳的生产效率较高，渗碳过程容易控制，渗碳层质量较好，易于实现自动化生产，应用最为广泛。

（2）固体渗碳

固体渗碳介质常用一定大小的块状木炭加10%～20%的碳酸盐（$BaCO_3$或Na_2CO_3等）的混合物。

固体渗碳是将工件和渗碳介质一同装入渗碳箱中，把工件埋在渗碳介质中，渗碳箱加盖并用耐火泥进行密封，送入加热炉中加热到900～950℃后保温。渗碳箱中空气中的氧与渗碳介质中的碳作用生成一氧化碳（CO），CO在高温下不稳定，接触到钢件表面后就会分解，产生活性碳原子，被钢件表面吸收，并逐步向内部扩散。

固体渗碳操作简单，成本低，容易实现，但质量不容易保证，并且由于木炭的密度小，在渗碳过程中混合渗剂容易飘浮起来导致劳动条件差、生产效率低。

（3）液体渗碳

液体渗碳是把工件放进熔盐中进行渗碳，渗碳速度快，渗碳过程不容易控制，而且工件表面易粘盐，清理困难，因而液体渗碳应用也较少。

2．钢的渗氮

在一定温度下使活性氮原子渗入工件表面的化学热处理工艺称为渗氮。目的是为了提高工件的表面硬度、耐磨性、疲劳强度及耐腐蚀性等。

渗氮处理有气体渗氮、离子渗氮等工艺方法，其中气体渗氮应用最广。

气体渗氮是在可提供活性氮原子的气体中进行的渗氮。渗氮温度一般为550～570℃，渗氮层深度一般为0.40～0.60mm，渗氮时间一般为40～70h。常用的渗氮介质是氨气（NH_3），氨气在高于380℃时即可分解出活性氮原子。

渗氮用钢通常是含有Cr、Mo、Al等元素的合金钢。由于这些合金元素可以形成合金氮化物，并以极高的弥散度分布在渗氮层中，因此，渗氮后不需要淬火即可获得极高的硬度与耐磨性。渗氮层硬度可达950～1200HV，且在600～650℃仍能保持较高的热硬性。在生产中，对于以提高耐磨性为主的渗氮，一般选用专门的合金渗氮用钢38CrMoAlA；对于以提高耐蚀性为主的渗氮，可选用优质碳素结构钢，如20、30、40、45钢等；对于以提高疲劳强度为主的渗氮，可选用一般合金结构钢，如40Cr、35CrMo、42CrMo及$18Cr_2Ni_4WA$钢等。

与渗碳相比，渗氮温度大大降低，工件变形小；渗氮层的硬度、耐磨性、疲劳强度、耐蚀性及热硬性均高于渗碳层。但渗氮层薄而脆，不能承受冲击；渗氮处理时间比渗碳长得多，生产效率低，成本较高。渗氮处理主要应用于耐磨性和精密度要求都很高的各种高速传动的精密齿轮、高精度机床主轴（如镗床主轴、镗杆、磨床主轴）、分配式液压泵转子、交变载荷作用下要求疲劳强度高的零件（如高速柴油机曲轴）及要求变形小并具有一定耐热、抗蚀能力的耐磨零件（如阀门）等。

需要指出的是，对渗氮件，在渗氮前一般都必须进行调质处理，使工件心部获得回火索氏体组织，以具有良好的综合力学性能。由于氮化后的富氮层已经具有高的硬度和耐磨性，氮化后工件不再进行其他热处理，可避免已成型工件再进行热处理带来的变形等缺陷。

离子氮化是将工件放入真空容器中，往真空室中通入氨气，加高压电场使含氮的稀薄气体产生辉光放电，电离后的氮离子以极高的速度轰击工件表面，使工件表面温度升高，并使氮离子获取电子成为氮原子，渗入工件表层，故又称辉光离子氮化。离子氮化比气体氮化所需时间短，氮化质量好，氮化层的脆性小，韧性和疲劳强度大，从而提高了生产效率和零件的使用寿命，不足之处是生产成本高。

总之，化学热处理的方法很多，除了前面介绍的这两种最常见的渗碳和渗氮热处理外，还有碳氮共渗、氮碳共渗、氧氮共渗、表面渗金属（如渗铝、硼等）等 。

随着金属物理的发展和其他新技术的移植应用，金属热处理工艺得到较快发展，还出现了许多热处理新技术，如真空热处理、形变热处理、可控气氛热处理等。

思考题

3-1　何谓热处理？在生产中钢的常用热处理方法有哪些？

3-2　简述奥氏体的形成过程。

3-3　退火工艺方法有哪些？主要目的分别是什么？

3-4　共析钢经过退火、正火、淬火、淬火+低温回火、淬火+中温回火、淬火+高温回火、等温淬火热处理工艺处理后分别得到什么组织？

3-5　一般采用什么方法改善低碳钢、高碳钢的切削性能？请说明原因。

3-6　何谓冷处理？什么情况下需要进行冷处理？其目的是什么？

3-7　何谓钢的淬透性及淬硬性？试判断 40Cr 钢、T10 钢、20CrMnTi 钢这三种材料的淬透性的高低。

3-8　钢件淬火后为什么要进行回火处理？回火工艺有哪几种？各用于什么类型的工件？

3-9　钢件化学热处理的常用方法有哪些？特点各是什么？

3-10　试分析确定用 W18Cr4V 钢制造齿轮滚刀加工过程中，粗加工前后的热处理方法。

3-11　试述渗碳和渗氮在工艺和硬化机理上有何区别。

第4章 表面技术

表面技术（或表面工程技术）又称为材料表面改性技术，是指能赋予工件表面不同于基体材料的化学成分、组织结构和性能，使之既能保持基材某些原有的力学性能，又能使表面获得所需的某种特殊性能（如耐磨、耐蚀、耐高温、抗氧化、抗疲劳、防辐射、绝缘、导电等）的一系列工艺方法。

随着地球上不可再生资源的日益减少，再制造技术日益受到人们的重视。表面工程技术作为再制造技术的基础和手段，近年来发展得很快，特别是等离子喷涂技术、激光熔覆技术等在理论与实践中均居世界先进水平。

表面技术的特点如下：

① 不必整体改善材料，只需要进行表面改性或强化，以获得最佳的综合性能，节约材料。

② 可获得超细晶粒、非晶态、过饱和固溶体、多层结构层等特殊的表面层，性能优异。

③ 表面涂层很薄，涂层用料少，可采用贵重稀缺元素而不显著增加成本，获得所需要的涂层性能。

④ 可制造性能优异的零部件产品，也可用于修复已损坏、失效的零件。

实践证明，在正常情况下使用的一些机械零件或工程构件失效，大多是由于材料表面不能胜任苛刻的工作条件所致；而各种材料的制造工艺（包括钢铁的普通热处理工艺）往往只能解决材料的整体性能问题，至于零部件表面所需要的某些特殊性能，则必须靠不同的表面改性技术来实现。

表面技术按工艺过程特点可分为以下几类：表面化学热处理、电镀及电刷镀、堆焊及热喷涂、高能密度处理（如激光、电子束、离子束处理）、气相沉积、化学镀、阳极氧化、电泳涂装等。

第 3 章中所介绍的钢的表面淬火、渗碳、渗氮等实际上也属于表面改性技术的范畴，只不过是一些传统的工艺方法而已，而且生产中已习惯于把这些工艺方法归类于热处理。

随着科学技术的发展及机械制造领域产业结构的变革，对于耐摩擦、耐磨损、耐腐蚀、耐高温及光、电、磁等性能优异的先进材料的需求日益增长，这促进了表面技术的迅速发展，使得许多不同于传统工艺的新技术不断涌现。因此，在机械零件设计选材时，不应仅局限于那些常规材料和传统的表面改性技术，而应从新的视角来思考和处理问题。为此，本章介绍一些近来新发展起来的，且在生产中使用广泛的材料表面改性技术。

4.1 电刷镀

电刷镀是从传统电镀（槽镀）技术上发展起来的一种新的电镀方法，又称刷镀、选择性电镀、笔镀、涂镀、擦镀、无槽镀等。电刷镀是在被镀零件表面局部快速电沉积金属镀层的技术，其本质是依靠一个与阳极接触的垫或刷提供电解液的电镀。电刷镀与传统电镀有很大区别，它使用专用电源、镀笔与电解液，不需要常规电镀槽，局部电镀时的不镀部位不需要全部绝缘。

4.1.1　电刷镀的原理与特点

1．电刷镀的原理

图 4-1 所示为电刷镀工艺原理示意图。将表面处理好的工件与专用的直流电源的负极连接作为阴极，镀笔与电源的正极连接作为阳极。电刷镀时，使棉花包套中浸满电镀液的镀笔以一定的相对运动速度及适当的压力在被镀工件表面上移动，在镀笔与被镀工件接触的部分，镀液中的金属离子在电场力的作用下扩散到工件表面，在表面获得电子被还原成金属原子而沉积在工件表面形成镀层。因电刷镀时阴、阳极处在动态条件下，故镀层是一个断续的电结晶过程。

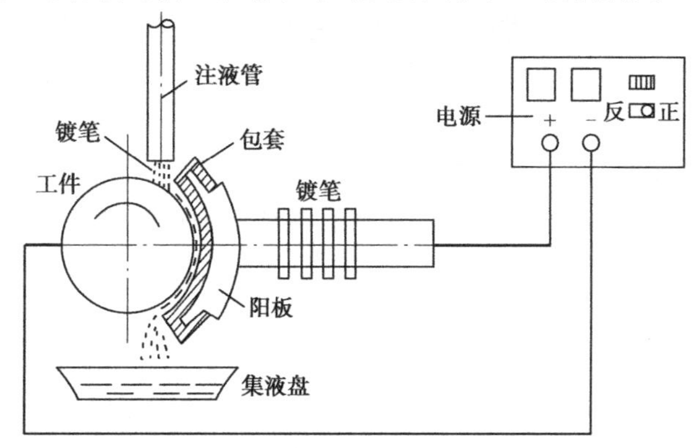

图 4-1　电刷镀工艺原理示意图

2．电刷镀的特点

与槽镀相比，电刷镀的主要特点如下：

① 设备简单，工艺灵活，不需要常规镀槽。

② 沉积速度快，电流密度大，故有时也称快速电镀。

③ 镀层种类多，与基体材料的结合力强，力学性能好，可以有选择地进行局部镀，能保证满足各种维修性能的要求。

④ 电解液一般不含氰化物类剧毒物，利于环保。

⑤ 镀液大多采用有机络盐体系，稳定性好，可循环使用，废液量少。

⑥ 消耗包缠材料，不适于大批生产作业。

⑦ 工艺过程在很大程度上依赖于手工操作，劳动强度较大。

4.1.2　电刷镀工艺及应用

1．电刷镀工艺

电刷镀工艺包括刷镀前表面预处理（也称前处理）和刷镀两部分。

（1）刷镀前表面预处理

表面预处理是获得高质量刷镀层的前提。表面预处理包括表面预加工、除油、除锈、活化处理几个方面。

① 表面预加工。用车床或砂轮、砂布清理和打磨零件表面。

② 除油、除锈。用电除油剂或化学复合处理剂进行除油、除锈。即采用电除油剂时，电源要正接，即工件接负极，镀笔接正极，利用阴极析氢鼓泡的机械清洗功能去除工件表面的油污；或者直接利用三合一预处理剂（化学复合处理剂）一同去除工件表面的油污、浮锈和氧化皮。

③ 活化处理。利用盐酸电活化进行活化处理。即利用盐酸的化学去锈能力和阳极电化学活化功能，去除金属表面的锈蚀和氧化膜，去掉工件的毛刺等，增加刷镀层与基体金属的结合强度。活化时电源要反接，即工件接正极，镀笔接负极，这实质上是一个电解过程。

（2）刷镀

刷镀包括刷镀底层（又称打底）和刷镀面层两个步骤。

① 刷镀底层。为了提高工作镀层与基体的结合强度，工件经电净、活化后，立刻在工件表面镀上一层打底层。打底材料有三类：一是用特殊镍作为底层，适用于各种钢铁材料；二是用碱铜作为底层，适用于铝、锌等难镀的材料；三是用低氢脆性的镉作为底层，适用于对氢特别敏感的超高强度钢，防止在镀工作层时大量氢的渗入。

② 刷镀面层。面层是真正起作用的镀层，根据工件工作条件的需要，选用具有不同性能的镀液，刷镀后得到需要的镀层。常用的镀层主要有镀镍层和镀铬层。

2. 电刷镀的应用

电刷镀广泛应用于以下几个方面：

① 表面修复。在为了获得小面积、薄厚度的镀层时；在需要局部不解体现场修理时；在遇到大型、精密的零件不便于应用其他方法修理时；在机械磨损、腐蚀、加工等原因造成零件表面尺寸和零件形状与位置精度超差时，运用电刷镀修复可达到令人满意的效果。但是，电刷镀技术不适宜大面积、大厚度修复零件。

② 表面强化。刷镀层的硬度一般可达 45HRC 以上，高于槽镀层，可以强化新产品表面，使其具有较高的表面硬度、耐磨性、减摩性等力学性能和较高的表面耐腐蚀、抗氧化、耐高温等物理、化学性能。

③ 表面改性。应用电刷镀技术，可以改善甚至改变零件材料的某些表面性能，如钎焊性、导电性、导磁性、热性能、光性能等，还可用于表面装饰。

4.2 热喷涂技术

热喷涂技术是利用熔融或半熔融的金属或非金属微粒或粉末以高速气流喷射撞击到基材的表面，形成喷涂沉积层的一种表面强化和表面防护的方法。

4.2.1 热喷涂技术的原理与特点

1. 热喷涂技术的原理

热喷涂有多种方法并各有特点，但无论哪种方法，其喷涂过程、涂层形成原理和涂层结构均基本相同。热喷涂的原理及过程如图 4-2 所示。

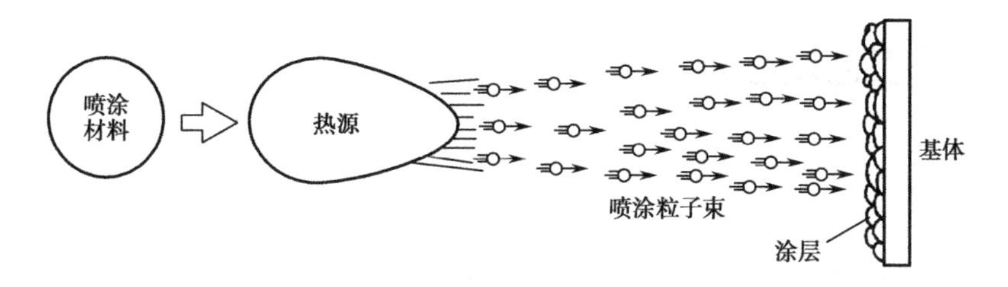

图 4-2　热喷涂的原理及过程

从喷涂材料进入热源到形成涂层需要连续经历以下三个阶段。

① 材料被加热熔化。对于线（棒）材，当其端部进入热源高温区域即被加热熔化，形成熔滴；对于粉末，进入高温区域后在行进的过程中即被加热软化或熔化。

② 熔滴雾化。在外加压缩气流或热源自身射流的作用下，熔滴雾化成粒径为 10～100μm 的微粒向前喷射，而粉末则被气流或热源射流推动高速向前喷射。

③ 微粒碰撞基材并黏附于其表面。当具有一定温度和速度的微粒以一定的动能冲击基材表面时，产生碰撞—变形—冷凝收缩的过程，变形微粒与基材表面之间及颗粒与颗粒之间相互交错地黏结在一起，从而形成涂层。

涂层的形成过程决定了喷涂层是由无数变形粒子互相交错呈波浪式堆叠在一起的层状组织结构。这种结构不可避免地存在一部分氧化物夹杂、小缝隙和微孔洞，因此，涂层致密度不是很高。目前，认为涂层中颗粒与基材表面之间及颗粒与颗粒之间的结合属机械结合、冶金-化学结合、物理结合等几种类型。机械结合是指被撞成扁平状并随基材表面起伏的颗粒，由于和凹凸不平的表面互相嵌合，形成机械的键而结合；冶金-化学结合是指当涂层和基材表面出现扩散和合金化时的一种结合类型，包括在结合面上生成金属间化合物或固溶体；而物理结合则是指颗粒对基材表面的结合，是由范德华力或次价键形成的结合。一般来说，涂层与基材表面的结合以机械结合为主。

2．热喷涂技术的特点

① 涂层与基材选用广泛。各种金属及其合金、陶瓷、水泥、塑料及其复合材料等都可选作涂层材料。基体材料的选用更不受限制，可以是金属材料、无机材料（如玻璃、陶瓷、石墨）和有机材料（包括木材、纸、布类）等。

② 热喷涂工艺灵活，施喷对象的形状尺寸不受限制。热喷涂方法多达十几种，既可在很小的零件整体表面上施喷，也可在大型构件的限定表面上施喷，且操作灵活方便，费用比较低廉。

③ 喷涂层、喷焊层的厚度可以在较大范围内（0.5～5mm）变化。

④ 喷涂基材性能不会变化，涂层厚度范围较大。由于在施喷过程中基材受热温度低（可低于 200℃），故基材性能不发生变化，工件变形小，因此，热喷涂也称“冷工艺”技术。相对于后述的镀覆沉积技术成膜而言，热喷涂涂层的厚度可以在较大的范围内变化，且易于调控。

⑤ 热喷涂有较高的生产效率。其生产效率一般每小时可达数千克（喷涂材料）。

热喷涂技术的不足之处为：涂层与基体结合强度低，一般用喷涂方法制备的涂层，涂层结合强度及密度受到一定限制。

4.2.2 热喷涂工艺及应用

1. 热喷涂工艺

热喷涂工艺过程一般包括预处理、喷涂、后处理三个方面。

（1）预处理

与电刷镀一样，为提高涂层与基体表面的结合强度，在喷涂前，也要对基体表面进行预处理。热喷涂预处理的内容主要有基体表面的清洗、除油、除锈、粗化处理和预热处理等。

基体表面清洗、除油的一般方法有溶液洗涤法（包括碱洗）和蒸汽清洗法。

基体表面除锈一般采用切削加工法和酸洗法去除。

基体表面的粗化处理是提高涂层与基体表面机械结合强度的一个重要措施。常用的表面粗化处理方法有喷砂法和机械加工法。喷砂法是最常用的粗糙化工艺方法，它是用高压、高速压缩空气将砂粒喷射撞击到待喷涂基体表面上，使基体形成凹凸不平的粗糙表面的预处理过程。砂粒有冷硬铁砂、氧化铝砂、碳化硅砂等多种，可根据工件表面的硬度选择使用。由于喷砂后的粗糙面易氧化或受污染而影响结合，故工件喷砂后应尽快转入喷涂工序。机械加工法是采用车螺纹、滚花和拉毛等使基体表面粗化的方法。此外，还有化学腐蚀法和电弧法等表面粗化的方法。

基体表面的预热处理可降低和防止因涂层与基体表面的温差过大而引起的涂层开裂和剥落。预热温度一般为200～300℃。

（2）喷涂

工件经预处理后，一般先在表面喷一层打底层（或称过渡层），然后再喷涂工作层。具体喷涂工艺因喷涂方法不同而有所差异。常见的热喷涂方法有火焰喷涂、电弧喷涂、等离子喷涂、激光喷涂等。

① 火焰喷涂。利用各种可燃性气体燃烧放出的热进行的热喷涂称为火焰喷涂。目前应用最广泛的气体是氧—乙炔。氧—乙炔火焰的最高温度可达3100℃，一般情况下，凡高温下不剧烈氧化、在2760℃以下不升华，并能在2500℃以下熔化的材料都可用火焰喷涂形成涂层。

② 电弧喷涂。在两根由喷涂材料制成的丝材之上加上交流或直流电压（30～50V），当丝材端部接近时，空气被击穿，产生电弧，将连续、均匀送进的丝材熔化成液滴，由压缩空气（压力大于4atm，1atm=0.1MPa）将液滴高速吹向待喷涂工件表面，形成喷涂层。电弧喷涂适用于所有能拔丝的金属和合金，喷涂层与基材的结合力比火焰喷涂层高，孔隙率低，且节省喷涂材料。

③ 等离子喷涂。气体电离（电弧放电）成为离子态（正、负离子），即成为等离子体。等离子体的温度可达20 000℃，喷嘴处的等离子体焰流速度可达800m/s。利用等离子弧作为热源进行喷涂的技术称为等离子喷涂。等离子弧能量高度集中，可喷涂材料范围广，如可喷涂WC（碳化钨）等高熔点材料。等离子喷涂使得喷涂层致密，气孔率低，且基体受热损伤小，涂层质量非常好。

（3）后处理

热喷涂后，涂层应尽快进行后处理，以改善涂层质量。喷涂后处理的方法主要有手工打磨、机械加工、封闭处理、高温扩散处理、热等静压处理及激光束处理等。

手工打磨是用油石、砂纸、布抛光的手工方法打磨涂层表面，以改善涂层的表面粗糙度。

机械加工是用机床对涂层进行切削加工，以获得所需尺寸和表面粗糙度。

封闭处理是用封闭剂对涂层进行孔隙的密封，以提高工件的防护性能。常用的封闭剂有高熔点蜡类，耐蚀、减摩的不溶于润滑油的合成树脂，如烘干酚醛、环氧酚醛、水解乙基硅酸盐等。

高温扩散处理是使涂层的元素在一定温度下原子被激活，向基体表面涂层内扩散，以使涂层与基体形成半冶金结合，从而提高涂层的结合强度及防护性能。

热等静压处理是将带涂层的工件放入高压容器中，充入氩气后，加压加温，以使涂层及基体金属内存在的缺陷受热受压后得到消除及改善，进而提高涂层的质量及强度。

激光束处理是用激光束为热源加热或重熔涂层，以使涂层中的微气孔、微裂纹消除，表面光滑，与基体表面形成冶金结合，提高涂层的抗磨损和耐腐蚀性能。

2．热喷涂的应用

热喷涂可以制备各种类型的涂层，既可应用于新产品制造，又可作为维修手段用于旧件修复。尤其是采用喷涂层或喷焊层，可以大幅度提高产品的使用性能和延长使用寿命，产生显著的经济效益，因而受到重视，获得广泛的应用。目前，等离子喷涂已成为我国再制造技术的一种主要形式。热喷涂可以制备表面防护、强化和特殊功能性涂层，涂层种类多，应用和发展的领域宽广。热喷涂已在航空航天、机械、电子、钢铁冶金、能源、交通、石油、化工、食品、轻纺、广播电视、兵器等各个领域获得了不同程度的应用，并在高新技术领域发挥了重要作用。例如，在汽车制造业，汽车制动调节器表面、齿轮换挡拨叉、燃料泵里的摇杆和阀杆、活塞环等零件上，都用了耐磨、耐蚀和抗氧化涂层材料对其表面进行热喷涂强化处理。尤其对活塞环喷涂了钼和镍基自熔合金的混合粉料后，其使用性能和寿命有了很大提高。此工艺也被应用于大型内燃机和船用发动机中。

4.3　气相沉积技术

气相沉积技术是近 30 年来发展迅速的一类表面涂层技术。气相沉积技术因能够在基材表面生成硬质耐磨层、软质减摩层、防蚀层及其他功能性镀层而引起人们的关注。这些镀层已成功地应用在刀具、模具、轴承及精密齿轮的表面强化，取得明显的效果。气相沉积技术不仅可以沉积金属膜、合金膜，还可以沉积各种各样的化合物、非金属、半导体、陶瓷、塑料膜等。按照使用要求，现在几乎可以在任何基体上沉积任何物质的薄膜。利用气相沉积技术不仅可以制备各种功能膜、结构膜，还可以制备装饰膜。

气相沉积的基本过程包括三个步骤：提供气相镀料；镀料向所镀制的工件（或基片）输送；镀料沉积在基片上构成膜层。根据使用的原理不同，气相沉积技术可分为物理气相沉积（PVD）和化学气相沉积（CVD）两大类。

4.3.1　物理气相沉积

PVD 是在真空条件下，利用各种物理方法，将沉积材料汽化成原子、分子、离子并直接沉积到基体材料表面的方法。按汽化机理不同，PVD 法主要包括真空蒸镀、溅射镀膜和离子镀膜三种基本方法。

1．真空蒸镀

（1）真空蒸镀原理

真空蒸镀是在真空条件下，加热蒸发物质使之汽化，成为具有一定能量的原子、分子或原子团等气态粒子，沉积到被镀物体表面，形成固态薄膜，简称蒸镀。它是PVD中发展较早、应用较广泛的一种干性镀膜技术。

根据蒸镀材料的熔点不同，其加热方式有电阻加热蒸发、电子束蒸发、激光蒸发等多种。图 4-3 所示为电阻加热的真空镀膜装置示意图。电阻加热蒸发源由电阻温度系数大的高熔点金属钨、铂、钽等制成。将待蒸镀的材料装在蒸发源上，电极通以低压大电流交流电，产生高温后直接进行蒸发，或者把待蒸镀材料放入 Al_2O_3、BeO 等蒸锅中进行间接加热蒸发。

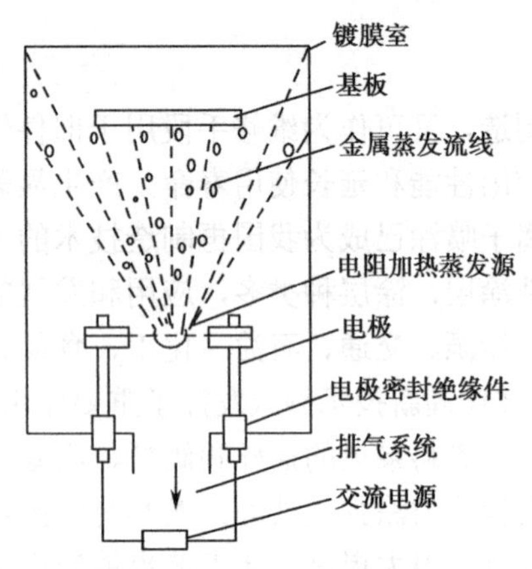

图 4-3 电阻加热的真空镀膜装置示意图

大量蒸发成气态的金属原子，离开蒸发源的熔池表面，到达零件表面凝结成金属薄膜。电阻加热蒸发源一般用于蒸镀低熔点的金属和化合物。

（2）真空蒸镀工艺特点

① 设备、工艺、操作均较简单。

② 适镀材料广泛，玻璃、陶瓷、有机合成材料、纤维、木材、纸等均可。

③ 沉积速度快，但绕镀能力差。

④ 因气态粒子的动能低，镀层与基体结合力较弱，镀层较疏松，故耐冲击、耐磨损性能不高，这就限制了真空蒸镀膜在强化机械零件方面的应用（如耐磨）。

⑤ 高熔点物质和低蒸气压物质（如 Pt、Mo 等）的真空镀膜制作困难。

（3）真空蒸镀的应用

目前，真空蒸镀主要用于表面功能与装饰用途。

在塑料薄膜上真空镀铝后染成金、银或彩色，可制成彩花、彩带、礼品包装用材或剪切成丝，用于纺织品上，产生金银闪烁的特殊效果。

在印刷了图案的塑料薄膜上镀铝，大量用于密封包装袋、广告商标铭牌等；还可制成复合包装材料，广泛用于各种防潮、防紫外线照射的食品包装，如制作软罐头。

塑料薄膜表面经压纹处理后真空镀铝，可制成光衍射干涉彩虹膜，具有装饰和防伪的作用。并且真空镀铝具有高的可见光反射率，目前，在制镜行业中已广泛采用蒸镀，以铝代替银。

生产ABS、聚苯乙烯、聚丙烯等塑料材质的石英钟壳、玩具、工艺品、服装装饰件、家具装饰件、电气元件等，表面均可利用真空蒸镀技术实现金属化装饰处理。为了获得绚丽多彩的外观，通常采用真空镀铝，然后染色处理。

2．溅射镀膜

（1）溅射镀膜原理

溅射镀膜又称真空阴极溅射镀膜，它利用高速运动的离子轰击由成膜材料制成的极靶（阴极），使极靶表面的原子以一定能量逸出，随后沉积在工件表面上。不同的成膜材料可在工件表面上得到不同金属或化合物沉积层。

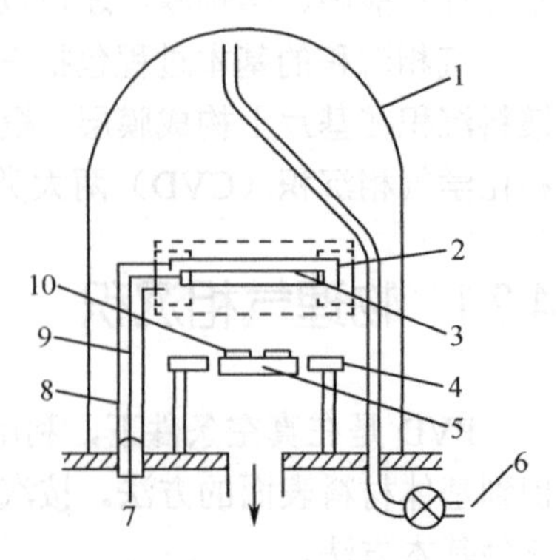

1—钟罩；2—阴极屏蔽；3—阴极；4—阳极；5—加热器；6—氩气入口；7—高压；8—高压屏蔽；9—高压线；10—基片

图 4-4 直流二极溅射装置示意图

图 4-4 所示为直流二极溅射装置示意图。该装置由被溅射的靶材（阴极）和成膜工件（基片）及其固定支架（阳极）组成。在真空条件下通入氩气使压强维持在 1.33×10^{-2}Pa 左右，

接通直流高压电源，阴极靶上的负高压在极间建立起等离子区，使钟罩内的氩气电离，其中带正电的氩离子（Ar^{+}）被电场加速而轰击阴极靶，使靶材中的原子及其他主粒子溅射出来并沉积到基片（工件）表面而形成镀膜层。

后来，在直流二极溅射的基础上又发展出了偏压溅射、不对称交流溅射及射频溅射等形式。目前，用射频溅射法已成功地得到了石英、玻璃、氧化铝、氮化物、金刚石等薄膜。此法大大扩展了制取薄膜的选材范围，其靶材不限种类。不过，10μm 以上厚度的膜层不宜采用射频二极溅射。

（2）溅射镀膜工艺特点

由于气态粒子的动能大（约为真空蒸镀的 100 倍），故镀膜致密，且与基体材料的结合力高；适用材料广泛，基体材料和镀膜材料均可为金属、非金属或化合物，可制造真空蒸镀难以得到的高熔点材料镀膜；均镀能力好，但绕镀性稍差。主要缺点是镀膜沉积速度较慢，设备昂贵。如真空溅射镀碳化钛的速度为 1.1～1.5μm/h，一般刀具的溅射时间为 3～5h，碳化钛厚度达 4～6μm；模具溅射时间为 4～6h，厚度达 6～8μm。碳化钛表面硬度为 2500～4000HV，具有很高的耐磨性、抗咬合性和良好的抗氧化性，大大提高了使用寿命。

3．离子镀膜

（1）离子镀膜原理

离子镀膜是在含有惰性气体（如氩气）的真空中，利用气体放电将已被蒸发的粒子（汽化原子或分子）电离和激活，在气体离子和沉积材料离子的轰击作用下，在基片表面沉积形成镀膜。它将真空室中的辉光放电等离子技术与真空蒸镀技术结合在一起，兼有真空蒸镀和阴极溅射的优点。

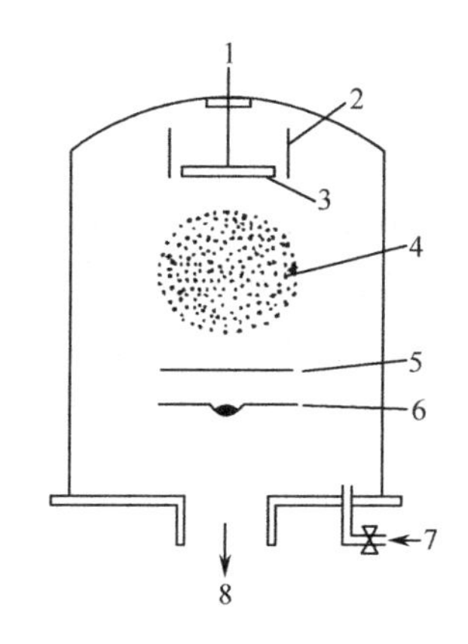

1—接负高压；2—接地屏蔽；3—基片；4—等离子体；5—挡板；6—蒸发源；7—氩气阀；8—真空系统

图 4-5　直流二极型离子镀原理图

图 4-5 所示为典型的直流二极型离子镀原理图。镀前将真空室抽至 10^{-4}～10^{-1}Pa 的高真空，随后通入惰性气体（如氩气），使真空度达到 0.1～1Pa。接通高压电源，则在蒸发源（阳极）和基片（阴极）之间建立起一个低压气体放电的低温等离子体区。放电产生的高能惰性气体离子轰击基片表面，可有效地清除基片表面的气体和污物。与此同时，镀料汽化蒸发后，蒸发粒子进入等离子体区，与等离子体区中的正离子和被激活的惰性气体原子及电子发生碰撞，其中一部分蒸发粒子被电离成正离子。正离子在负高压电场的加速作用下，沉积到基片表面形成镀膜。

（2）离子镀膜工艺特点及用途

真空蒸镀和阴极溅射沉积的粒子主要为原子和分子，且粒子能量较低。而离子镀膜的沉积粒子除了有原子、分子外，还有部分能量高达几百至上千电子伏特的离子一起参与形成镀膜。这些高能粒子可以进入基材约几纳米的深度，从而大大提高了膜层与基材间的结合力。离子镀膜的特点为：膜层附着力强、不易脱落；沉积速度快，镀层质量好，可得到 30μm 的膜层；可镀材质广泛等。但受蒸发源限制，高熔点镀膜材料的蒸发镀有一定困难，且设备复杂、昂贵。

与真空蒸镀相比，溅射镀膜和离子镀膜物理气相沉积技术的镀膜质量较高（如致密、气孔少）且与基体材料结合牢固（尤其是离子镀膜），故除了可起到与真空蒸镀相同的作用外，还可在材料表面形成耐磨强化膜（如 TiN、TIC、Al_2O_3），拓宽了气相沉积技术在结构零件和工具、模具上的应用范围。

由于离子镀膜技术大大提高了膜层与基材的结合力，故用于某些机械零件和工、模具的耐磨、耐蚀强化效果显著。长远来看，离子镀 PVD 法在工业上的应用趋势可归纳如下：

① 对高速钢刀具镀覆 TiN、BN、TiC 等，使之获得优异的耐磨性，显著提高使用寿命。

② 内燃动力等热机向高效率、超高温方向发展，势必要求更好的抗高温氧化和耐腐蚀性能，在基材表面沉积高耐氧化合金膜可达此目的。

③ 可在各种工程机械零件上镀制减摩润滑膜层，以及在汽车塑料零件上镀覆合金薄膜。

4.3.2 化学气相沉积

在 PVD 技术中，沉积膜层的成分和性能是由靶材决定的，沉积过程也无化学反应。而 CVD 与 PVD 技术最大的差异就在于沉积前有化学反应，沉积膜是反应产物之一。CVD 技术是采用含有膜层中各种元素的挥发性化合物或单质蒸气在热基体表面产生气相化学反应而获得沉积涂层的一种表面改性技术。

（1）CVD 原理

CVD 技术是热力学决定的高温热化学反应，它是利用气态物质在固体表面上进行化学反应而生成固态沉积物的过程。CVD 技术主要包括三个过程：①产生挥发性化合物，如 $TiCl_4$、CH_4 和 H_2 等（除了涂层物质之外的其他反应产物必须是挥发性的）；②将挥发性化合物输送到沉积区；③发生化学反应生成固态产物（如 TiC 或 TiN 等）。目前，最常用的反应类型有热分解反应、化学合成反应和化学传输型反应等几种。CVD 法的主要工艺参数有温度、压力和反应物供给配比，只有这三者很好地协调，才能获得符合质量要求的膜层和一定的成膜生产效率。图 4-6 所示为等离子体增强 CVD 原理图。

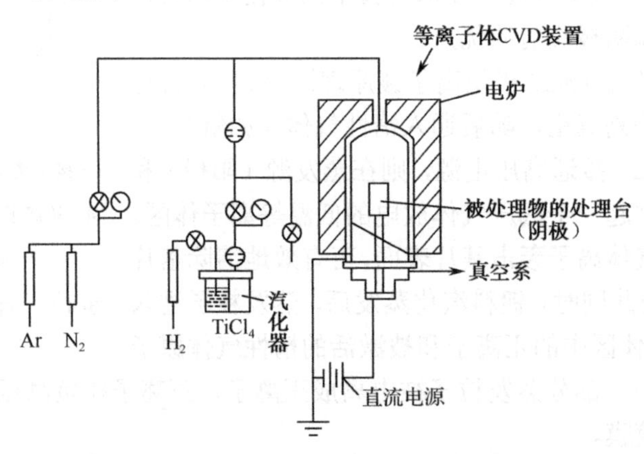

图 4-6 等离子体增强 CVD 原理图

例如，在钢件表面沉积 TiC 涂层，是将钢件置于通入氢气的炉内，加热至 900～1100℃，以氢气作为载体将 $TiCl_4$ 和 CH_4 带入真空反应室并发生下述化学反应：

$$TiCl_4+CH_4+H_2 \longrightarrow TiC+4HCl\uparrow +H_2\uparrow$$

生成 TiC 沉积钢件表面。

又如，气相的 $TiCl_4$ 与 N_2 和 H_2 在受热钢的表面通过还原反应形成 TiN 耐磨抗蚀沉积层。

（2）CVD 的特点

① 在中温或高温下，通过气态的初始化合物之间的气相化学反应而沉积固体。

② 可在常压或低压下进行沉积。一般而言，低压效果要好些。采用等离子体和激光辅助技

术可显著促进化学反应，使沉积可在较低温度下进行。

③ 可沉积各种晶态或非晶态、成分精确可控的无机薄膜材料，如多种金属合金、半导体元素、难熔的碳（氮、氧、硼）化物和陶瓷，这是其他方法无法做到的。

④ 沉积层纯度高、致密，气孔极少，与基体的结合力强。

⑤ 均镀性与绕镀性好，可在复杂形状的基体及颗粒材料上镀膜。

⑥ 设备和工艺操作较简单。

普通热 CVD 的最大缺点是沉积温度较高（大于 1000℃）。对不允许或难于高温加热的基体材料（如控制变形的精密件），则必须采用放电激发或辐射激发的 CVD 技术，如采用辉光放电激发 CVD，其沉积温度可降至 300～500℃。

（3）CVD 的应用

可在钢铁、硬质合金、有色金属、无机非金属等材料表面制备各种用途的薄膜，主要是绝缘体薄膜、半导体薄膜、导体及超导体薄膜及耐蚀、耐磨薄膜等。常用于耐蚀、耐磨的 CVD 涂层是各种金属陶瓷涂层，这些涂层一般都具有高硬度、高耐磨性、高耐蚀性、抗氧化性等性能，其典型应用主要有以下两方面：

① 制备各种刀具耐磨涂层。为进一步提高硬质合金刀具的耐磨性，常在硬质合金刀具表面用 CVD 法沉积 TiC、TiN、$\alpha\text{-}Al_2O_3$ 涂层及 Ti（C，N）、$TiC\text{-}Al_2O_3$ 复合涂层等。涂层刀具主要有滚刀、插齿刀、车刀、丝锥、钻头、铰刀等。TiC 涂层的硬度为 3000～3200HV，TiN 涂层的硬度为 1800～2450HV，但由于其涂层的特殊性质，该涂层比 TiC 涂层刀具更耐磨。Al_2O_3 涂层的硬度为 3100HV，具有很高的化学稳定性和抗腐蚀能力，可承受 1000℃以上高温，特别适于高速切削。

② 制备钢制工模具及耐磨零件耐磨涂层。例如，为提高冷成型加工的钢制冲头、凹模、刀具等的抗黏着磨损，采用 TiC、TiN 涂层或复合涂层，可提高使用寿命近 10 倍。又如，采用中温沉积的 TiC 涂层可大大提高塑料模具的寿命，通常比渗氮模具高 9～14 倍。

CVD 方法很多，各有优缺点。

表 4-1 所示为 PVD 法和 CVD 法的基本特点。

表 4-1　PVD 法和 CVD 法的基本特点

项　目		PVD 法			CVD 法
		真空蒸镀	溅射镀膜	离子镀膜	
镀 膜 材 料		金属、合金、某些化合物（高熔点材料困难）	金属、合金、化合物、陶瓷、高分子	金属、合金、化合物、陶瓷	金属、合金、化合物、陶瓷
获得沉积物粒子方式		热蒸发	离子溅射	蒸发、溅射、电离	高温化学反应
沉积粒子能量/eV		原子、分子 0.1～1.0	主要为原子 1.0～10.0	离子、原子 30～1000	原子 0.1
基体温度/℃		200～600（不超过 800）			150～2000（多数大于 1000）
沉积速度/$\mu m \cdot min^{-1}$		0.1～75	0.01～2	0.1～50	0.5～50
膜 层 特 性	致密度	较低	高	高	最高
	气孔	低温时多	少	很少	很少
	膜基结合力	不高	较高	高	高

续表

项　　目		PVD法			CVD法
		真空蒸镀	溅射镀膜	离子镀膜	
镀覆能力	绕镀性	差	欠佳	好	好
	均镀性	一般	较好		
主要应用		功能膜（光、电、磁膜）、装饰膜、耐蚀膜、润滑膜	功能膜为主，结构膜为辅	各种结构膜和功能膜	结构膜、功能膜、材料制备

4.4 激光表面改性

激光可以供给被照射材料 10^4～10^8W/cm^2 的高功率密度能量，使材料表面的温度瞬时上升至相变点、熔点甚至沸点以上，并产生一系列物理或化学变化，可以对材料进行表面改性。

激光与普通光相比，除功率密度高外，还具有方向性好、单色性好和优异的相干性。

激光表面改性技术主要利用了激光的高能量密度、方向性好等特点对基材表面进行热处理等，以期改善材料表面性能。该技术主要包括激光表面相变硬化（LTH）、激光表面熔凝（LSM）、激光表面熔覆（LSC）、激光表面合金化（LSA）等。

1．激光表面相变硬化

激光表面相变硬化是最先用于金属材料表面强化的激光处理技术。就钢铁材料而言，激光表面相变硬化是在固态下经受激光辐照，其表层被迅速加热到奥氏化温度以上，并在激光停止辐射后快速自淬火得到马氏体组织的一种工艺方法，所以又称激光淬火。适用的材料为珠光体灰铸铁、铁素体灰铸铁、球墨铸铁、碳素钢、合金钢和马氏体型不锈钢等。此外，还对铝合金等进行了成功的研究和应用。

激光表面相变硬化通过激光束由点到线、由线到面的扫描方式来实现，其独特的热循环使得无论是升温时的奥氏体转变还是冷却时的马氏体转变均显著不同于传统热处理过程。在激光表面相变处理过程中，有两个温度特别重要：一是材料的熔点，表面的最高温度一定要低于材料的熔点；二是材料的奥氏体转变临界温度。激光表面相变硬化常采用匀强矩形光斑加热，工件厚度一般大于热扩散距离。

激光表面相变硬化的主要目的是在工件表面有选择性地局部产生硬化带以提高耐磨性，还可以通过在表面产生压应力来提高疲劳强度。

激光表面相变工艺的优点是简便易行，强化后工件表面光滑，变形小，基本上不需经过加工即能直接装配使用。硬化层具有很高的硬度，一般不回火即能应用。它特别适合于形状复杂、体积大、精加工后不宜采用其他方法强化的工件。

激光表面相变硬化技术（表面淬火技术）已应用于汽车发动机凸轮轴、曲轴、缸套、空调机阀板、邮票打孔机辊筒等零件的表面强化处理。

2．激光表面熔凝

激光表面熔凝处理又称上釉，是利用能量密度很高的激光束在金属表面连续扫描，使之迅速形成一层非常薄的熔化层，并且利用基体的吸热作用使熔池中的金属液以 10^6～10^8K/s 的速度冷却、凝固，从而使金属表面产生特殊的微观组织结构的一种表面改性方法。

在适当控制激光功率密度、扫描速度和冷却条件的情况下，材料表面经激光表面熔凝处理可以细化铸造组织，减少偏析，形成高度过饱和固溶体等亚稳定相乃至非晶态，因此，可以提高表面的耐磨性、抗氧化性和抗腐蚀性能。

激光表面熔凝主要对以下三类材料进行处理：铸铁、工具钢和某些能形成非晶态的材料。前两种材料通过处理以提高硬度，后者具有优良的抗腐蚀性能。根据被处理的材料和工艺参数不同，激光表面熔凝处理后得到的组织有非晶组织、固溶度增大的固溶体、超细共晶组织和细树枝晶组织。

非晶态合金是一种无晶体结构的金属，也称金属玻璃。当将液态金属从高温下以极快的速度冷却时，由于允许成核及长大的时间很短，所以，凝固后仍保持了液体的结构特点。不同的合金需要不同的冷却速度实现非晶化。非晶态金属具有高的力学性能，能在保持良好韧性的情况下具有高的屈服强度、高的断裂性能等。它还有非常好的抗腐蚀及抗磨损性能，以及特别优异的磁性及电学性能。

3．激光表面熔覆

激光表面熔覆是使一种合金熔覆在基体材料表面，与激光合金化不同的是要求基体对表层合金的稀释度为最小。通常将硬度高，以及良好抗磨、抗热、抗腐蚀和抗疲劳性能的材料选择用作覆层材料。

与传统的熔覆工艺相比，激光表面熔覆具有很多优点：合金层和基体可以形成冶金结合，极大地提高熔覆层与底材的结合强度；由于加热速度很快，涂层元素不易被基体稀释；由于热变形较小，因此引起的零件报废率也很低。激光表面熔覆对于面积较小的局部处理具有很大的优越性，对于磨损失效工件的修复也是一种独特的方法，有些用其他方法难以修复的工件，如聚乙烯造粒模具，采用激光表面熔覆的方法可以恢复其使用性能。激光表面熔覆可以从根本上改善工件的表面性能，很少受基体材料的限制。这对于表面耐磨、耐蚀和抗疲劳性都很差的铝合金来说意义尤为重要。使用激光进行陶瓷涂覆，可提高涂层质量，延长使用寿命。以激光束作为热源在金属表面形成金属膜，通过控制激光的工艺参数可精确控制膜的形成。激光气相沉积可以在低级材料上涂覆与基体完全不同的具有各种功能的金属或陶瓷，其节省资源效果明显，受到人们的关注。

激光表面熔覆工艺有预置法和气动喷注法。预置法是先把熔覆合金通过喷涂、电镀、预置丝材或板材等方法预置在将熔覆材料表面上，再用激光束将其熔覆；气动喷注法是在激光束照射基体材料表面产生熔池的同时，用惰性气体将涂层粉末直接喷到激光熔池内实现熔覆。由于预置法较易掌握，并且处理后表面较为平滑，故应用较广。

4．激光表面合金化

激光表面合金化是一种既改变表层的物理状态，又改变其化学成分的激光表面处理技术。它用激光束将金属表面和外加合金元素一起熔化、混合后，迅速凝固在金属表面获得物理状态、组织结构和化学成分不同的新的合金层，从而提高表层的耐磨性、耐蚀性和高温抗氧化性等。

激光表面合金化的主要优点为：激光能使难以接近的和局部的区域合金化；在快速处理中能有效地利用能量；利用激光的深聚焦，在不规则的零件上可得到均匀的合金化深度；能准确地控制功率密度和加热深度，从而减小变形。就经济性而言，可节约大量昂贵的合金元素，减少对稀有元素的使用。

激光表面合金化组织结构的主要特征与激光熔凝处理有相似之处，合金化区域具有细密的组织，成分近于均匀。激光表面合金化所采用的工艺形式有预置法、硬质粒子喷射法和激光表面合金化法。

预置法是用沉积、电镀、离子注入、刷涂、渗层重熔、氧—乙炔和等离子喷涂、黏剂涂覆等预涂覆方法，将所要求的合金粉末事先涂覆在要合金化的材料表面，然后用激光加热熔化，在表面形成新的合金层。该方法在一些铁基表面进行合金化时普遍采用。

硬质粒子喷射法是在工件表面形成激光熔池的同时，从一喷嘴中吹入碳化物或氮化物等细粒，使粒子进入熔池得到合金化层。

激光表面合金化法是一种在适当的气氛中应用激光加热熔化基体材料以获得合金化的方法，它主要用于软基体材料表面，如铝、钛及其合金。

4.5 化学镀

化学镀也称自催化镀，镀槽不施加电流，而利用化学镀液中的还原剂如次亚磷酸钠、甲醛、硼氢化钠等，将溶液中的金属离子如 Ni^{2+}、Cu^{2+}等还原沉积在工件具有自催化活性的表面上成为镀层。这种方法是唯一能用来代替电镀的湿法镀膜法。

化学镀的品种很多，目前已有化学镀镍、化学镀钴、化学镀铜、化学镀银、化学镀金、化学镀钯、化学镀铂，以及化学镀多种合金层和复合镀层，但应用最广泛的是化学镀镍。

4.5.1 化学镀镍的原理与特点

化学镀镍溶液中的主盐就是镍盐，由于生产成本方面的原因，目前，应用最多的是硫酸镍，也有极少数用氯化镍。化学镀镍所用的还原剂有次亚磷酸钠、硼氢化钠、肼等，它们在结构上的共同特征是含有两个或多个活性氢，还原 Ni^{2+}就是靠还原剂的催化脱氢进行的。其中，使用次亚磷酸钠可得到 Ni-P 合金镀层，使用硼化物可得到 Ni-B 合金镀层，用肼则可得到纯镍镀层。因价格低、镀液易控制而用得最多的还原剂是次亚磷酸钠，而且所得 Ni-P 合金镀层质量优良。镀液中只有主盐和还原剂是不够的，为了保证只有在活性表面存在时，还原反应才能进行，还需要在镀液中加入镍离子络合剂；为了保证镀液的 pH 值稳定及提高施镀效率等，还需加入稳定剂、加速剂、缓冲剂、表面活性剂等。以下将以次亚磷酸钠为还原剂介绍化学镀镍的原理。

1. 化学镀镍的原理

化学镀镍用强还原剂将镍盐溶液中的镍离子沉积在工件具有自催化活性的表面上，通常是使用次磷酸盐（次亚磷酸钠）作为还原剂，其反应过程为

$$Ni^{2+}+3H_2PO_2^- \rightarrow Ni+2H_2PO_3^-+2H^+$$

部分 $H_2PO_2^-$ 发生自身氧化还原反应，沉积出 P，即

$$3H_2PO_2^- \rightarrow 2P+H_2O+H_2PO_3^-+2OH^-$$

另外，还会发生析氢反应，即

$$H_2PO_2^-+H_2O \rightarrow H_2PO_3^-+H_2\uparrow$$

由化学镀镍反应过程可知，化学镀镍层实际得到的是 Ni-P 合金层，P 的质量分数为 3%～15%，并伴随有大量的氢气析出。并且，由于发生氧化还原反应时尚需外界提供热能，因而必

须对溶液进行加热，才会使沉积反应不断持续下去。

2．化学镀镍的特点

与电镀相比，化学镀镍的特点如下：

① 镀覆过程不需外电源驱动，设备简单。

② 均镀能力好，形状复杂，有内孔、内腔的镀件均可获得均匀的镀层。

③ 镀层致密，孔隙率低。

④ 适用的基体材料范围广，可在金属、非金属及有机物上沉积镀层。

⑤ 容易制取非晶态合金和某些特殊功能薄膜，如磁学、光学、电学等功能镀层。

化学镀镍的主要缺点是镀液寿命短、稳定性差，镀覆速度较慢。

4.5.2　化学镀镍工艺及应用

1．化学镀镍工艺

同其他湿法表面处理工艺一样，化学镀镍包括镀前处理、施镀操作和镀后热处理。

（1）镀前处理

镀前处理包括除油、除锈、活化三个方面。除油的方法有多种，如有机溶剂除油法、化学（碱性）除油法和电解除油法。对于金属零件，生产中用得最多的是化学除油法，即用 NaOH、Na_2CO_3、Na_3PO_4 等以一定比例配制成溶液，在不低于 80℃温度下浸泡零件 3～5min，然后以清水冲洗。

除锈的方法主要是酸蚀处理。常用的酸为一定浓度的盐酸、硫酸、混合酸等，时间以除锈干净为准，一般为 3～10min。除锈后用清水冲洗干净。

活化处理的目的是为了在零件施镀部位得到活性表面。不同的金属材料，由于其化学成分和性质不同，采用的活化处理方法也不一样。一般碳钢和低合金钢常用一定浓度的盐酸溶液活化，也可采用盐酸和硫酸的混合溶液活化。活化时间为 1～3min，活化后用清水冲洗干净，然后立即放入镀槽，以防再次钝化。

（2）施镀操作

施镀过程比较简单，只要维持好镀液温度（85℃左右）、pH 值（4.5～5.2）和镀液量稳定，并进行搅拌和过滤即可。搅拌是为了保持镀液各处浓度均匀，定期或连续过滤是为了及时除去各种固体杂质。

（3）镀后热处理

为了提高化学镀镍层的硬度，可将镀后零件进行热处理。一般采用的热处理是在 400℃温度下保温 1h，然后出炉空冷。热处理后的镀层硬度一般为 950～1100HV。

2．化学镀镍的应用

由于化学镀镍层具有优良的耐磨、耐蚀性能且有良好的均镀性，因此，已在航空、航天、汽车、石油化工、食品、采矿、军工、模具等方面广泛应用。

汽车工业上利用化学镀镍优良的耐磨、耐蚀、散热性能，用于发动机主轴、差动小齿轮、发电机散热器、制动器接头等零件的表面处理。例如，通常燃油腐蚀和磨损会导致喷油孔扩大，使喷油量增加，致使汽车发动机的功率超出设计标准，加快发动机的损坏。用在喷油器上的化学镀镍层能有效防止喷油器腐蚀磨损，具有良好的抗燃油腐蚀和磨损性能，提高了零件的可靠性和使用寿命。化学镀镍用于石油、化学化工行业的耐蚀零件，可代替不锈钢与部分昂贵的耐蚀合金，经济效益显著。例如，对于量大面广的钢铁制造的阀门零件球阀、闸阀、旋塞、止逆阀和蝶阀等，经高磷化学镀镍12～25μm，可提高耐蚀性，寿命提高1倍以上。化学镀镍用于强化模具（尤其是形状复杂的模具），可提高模具的表面硬度、耐磨性、抗擦伤与抗咬合能力，使脱模容易、寿命延长。

此外，多元合金镀层如Ni-Cu-P、Ni-Mo-P等，具有更好的综合性能和特殊功能。例如，在化学镀镍的基础上进一步添加固体润滑剂（如石墨、聚四氟乙烯微粒）得到自润滑复合镀层，或添加第二相不溶性硬质微粒（如SiC、Al_2O_3）得到耐磨复合镀层，可获得更高的耐磨性。

思考题

4-1　与电镀相比，电刷镀有何特点？

4-2　试述热喷涂的原理与用途。

4-3　试比较PVD与CVD在原理和应用上有何不同。

4-4　激光表面相变硬化与表面高频淬火有何不同？

4-5　试比较激光表面熔凝与激光表面相变硬化工艺的不同，以及在材料组织上各有何特点。

4-6　试比较激光表面熔覆与激光表面合金化在工艺上和材料组织上的异同。

4-7　试述化学镀层的性能特点，其主要应用有哪些？

第5章　金属材料及应用

金属材料是最重要的应用最为广泛的工程材料。工业上将金属及其合金分为黑色金属和有色金属两大类：黑色金属是指铁和以铁为基的合金（碳钢、合金钢、铸钢和铸铁）；有色金属是指包括黑色金属以外的所有金属及其合金。在机械工程材料应用中，钢铁的工程性能比较优越，价格便宜，是应用最多的金属结构材料。

5.1　碳钢

在工业上使用的钢铁材料中，碳钢占有重要的地位，它是各种机器零件和结构的主要材料。铁碳合金中，碳质量分数大于0.02%、小于2.11%的合金称为钢，常用碳钢的碳质量分数一般都小于1.3%，其强度和韧性均较好。与合金钢相比，碳钢冶炼简便、加工容易、价格便宜，而且在一般情况下能满足使用性能的要求，故应用十分广泛。

5.1.1　碳钢的成分与分类

1．碳钢的成分及其影响

实际使用的碳钢，除了铁和碳以外，由于冶炼方法和条件等许多因素的影响，不可避免地存在其他元素，如Mn、Si、P、S等，它们与C共同被称为钢铁中的五大元素，对钢的性能产生一定影响。

Mn、Si称为有益元素，它们对钢具有强化作用。Mn还能与S形成MnS，具有高熔点（1620℃），能减轻S的有害作用，所以，也将Mn、Si两元素称为合金元素。

S在α-Fe中的溶解度极小，在钢中以FeS形式存在。FeS塑性很差，使钢变脆，尤其FeS与Fe形成低熔点（985℃）共晶体，当钢在1000～1200℃温度下进行轧制时，共晶体熔化，钢材变脆，这种现象称为热脆性。P在钢中全部溶于铁素体，导致钢在室温时的塑性、韧性急剧降低，这种脆化现象称为冷脆性。因此，P、S常被称为钢铁中的杂质元素。

除此之外，钢中还有微量的H，尽管其含量甚微，但对钢的危害很大：一是溶入钢中后引起“氢脆”，使钢的塑性下降，脆性增大，且钢的强度越高，对氢脆也越敏感；二是引起大量的微裂纹，使钢的延伸率显著下降，尤其是断面收缩率和冲击韧度降低更多。O在钢中的溶解度也很小，几乎全部以氧化物的形式存在，这些非金属夹杂物的存在，使钢的性能下降。故P、S、H、O为钢中的有害元素，直接影响钢的性能，应对其含量进行严格限制。

2．碳钢的分类

碳钢一般有以下四种分类方法。

（1）按碳的质量分数分类

① 低碳钢：$w_C \leqslant 0.25\%$。

② 中碳钢：$0.25\%<w_C\leqslant0.6\%$。

③ 高碳钢：$w_C>0.6\%$。

（2）按钢的质量分类

① 普通碳素钢：$w_S\leqslant0.055\%$；$w_P\leqslant0.045\%$。

② 优质碳素钢：$w_S\leqslant0.040\%$；$w_P\leqslant0.040\%$。

③ 高级优质碳素钢：$w_S\leqslant0.030\%$；$w_P\leqslant0.035\%$。

（3）按钢的用途分类

① 碳素结构钢：用于制造各种工程构件如桥梁、船舶、建筑构件等，以及机器零件如齿轮、轴、连杆等。

② 碳素工具钢：用于制造各种工具如刃具、量具、模具等。

（4）按钢的冶炼方法分类

分为平炉钢、转炉钢和电炉钢等。

5.1.2 碳钢的牌号与用途

1. 普通碳素结构钢

普通碳素结构钢的含碳量为0.06%～0.38%。这类钢生产成本较低、价格便宜，通常以热轧钢板、钢管、型钢、棒钢、盘圆等形式供应，一般不进行热处理而直接在供应状态下使用。普通碳素结构钢主要用于建筑、桥梁、船舶、车辆制造等部门制造各种工程构件及普通机器零件，故又称建筑用钢。

GB/T 700—1988 对于普通碳素结构钢的牌号表示方法及符号做了规定：钢的牌号由代表屈服点（屈服强度）的字母、屈服点数值（MPa）、质量等级符号和脱氧方法符号四个部分按顺序组成。现将各规定符号内容说明如下：

Q 为钢材屈服点“屈”字汉语拼音首字母；A、B、C、D 分别为质量等级，并逐级升高；F 为沸腾钢，b 为半镇静钢，Z 为镇静钢，TZ 为特殊镇静钢。但是，在牌号组成方法中，“Z”与“TZ”符号按规定应予以省略。例如，Q235-A·F，它表示屈服点 $\sigma_S\geqslant235$MPa 的 A 级沸腾钢。

普通碳素结构钢按其屈服点数值（MPa）可分为五种牌号：Q195、Q215、Q235、Q255、Q275。各种牌号的钢种又可依据其质量等级与脱氧方法的不同细分为若干种，见表 5-1。

表 5-1 普通碳素结构钢的牌号、化学成分和力学性能（摘自 GB/T 700—1988）

牌号	等级	化学成分/%					力学性能			脱氧方法
							σ_s/MPa	δ/%	σ_s/MPa	
		C	Mn	Si	S	P	钢材厚度（直径）<16mm			
Q195	—	0.06～0.12	0.25～0.50	0.30	≤0.050	0.045	≥（195）	≥33	315～430	F、b、Z
Q215	A	0.09～0.15	0.25～0.55	0.30	≤0.050	0.045	≥215	≥31	335～450	F、b、Z
	B				≤0.045					
Q235	A	0.14～0.22	0.30～0.65	0.30	≤0.050	0.045	≥235	≥26	375～500	F、b、Z
	B	0.12～0.20	0.30～0.70		≤0.045					
	C	<0.18	0.35～0.80		≤0.040	0.040				Z
	D	<0.17			≤0.035	0.035				TZ

续表

牌号	等级	化学成分/%					力学性能			脱氧方法
		C	Mn	Si	S	P	σ_s/MPa	δ/%	σ_s/MPa	
							钢材厚度（直径）<16mm			
Q255	A	0.18～0.28	0.40～0.70	0.30	≤0.050	0.045	≥255	≥24	410～550	F、b、Z
	B				≤0.045					
Q275	—	0.28～0.38	0.50～0.80	0.35	≤0.050	0.045	≥275	≥20	490～630	F、b、Z

注：（1）表中符号含义：Q—钢屈服点“屈”字汉语拼音首字母；A、B、C、D—分别为质量等级；F—沸腾钢；b—半镇静钢；Z—镇静钢；TZ—特殊镇静钢。

（2）Q235A、B 级沸腾钢含锰量上限为 w_{Mn}≤0.60%。

Q195、Q215 含碳量低，强度较低，但塑性高，焊接性能及可冲压性良好，主要用于制造强度要求不高的普通铆钉、螺钉、螺母、垫圈等。

Q235 强度与塑性居中，主要用于桥梁、建筑等钢结构，也可制造强度要求一般的普通机械零件，如螺钉、螺母、螺栓等标准件及销轴、拉杆等。C、D 级钢可制造较为重要的焊接件。Q255、Q275 含碳量较高，强度也较高，可用于制造强度要求高一些的普通零件，如农业机械零件中的转轴、挂钩、摇杆等，还常轧制成各种型钢和异型钢。

这类钢主要保证的是力学性能，表 5-1 中的化学成分仅供参考。一般情况下，在热轧状态下使用，不再进行热处理。但对某些零件，在准确掌握其化学成分的前提下，也可以进行正火、调质、渗碳等处理，以进一步提高其使用性能。

2. 优质碳素结构钢

优质碳素结构钢的钢号用平均碳质量分数的万分数的数字表示。例如，钢号“20”表示碳质量分数为 0.2%（万分之二十）的优质碳素结构钢。若钢中锰质量分数较高，则在这类钢号后附加符号 Mn，如 15Mn、45Mn 等。优质碳素结构钢的化学成分及力学性能见表 5-2 和表 5-3。

表 5-2 优质碳素结构钢的化学成分（摘自 GB/T 699—1999）

序号	化学成分/%							
	C	Si	Mn	P	S	Ni	Cr	Cu
				≤				
08F	0.05～0.11	≤0.03	0.25～0.50	0.035	0.035	0.25	0.10	0.25
10F	0.07～0.14	≤0.07	0.25～0.50	0.035	0.035	0.25	0.15	0.25
08	0.05～0.12	0.17～0.37	0.35～0.65	0.035	0.035	0.25	0.10	0.25
10	0.07～0.14	0.17～0.37	0.35～0.65	0.035	0.035	0.25	0.15	0.25
15	0.12～0.19	0.17～0.37	0.35～0.65	0.035	0.035	0.25	0.25	0.25
20	0.17～0.24	0.17～0.37	0.35～0.65	0.035	0.035	0.25	0.25	0.25
25	0.22～0.30	0.17～0.37	0.50～0.80	0.035	0.035	0.25	0.25	0.25
30	0.27～0.35	0.17～0.37	0.50～0.80	0.035	0.035	0.25	0.25	0.25
35	0.32～0.40	0.17～0.37	0.50～0.80	0.035	0.035	0.25	0.25	0.25

续表

序号	化学成分/%							
	C	Si	Mn	P	S	Ni	Cr	Cu
				≤				
40	0.37～0.45	0.17～0.37	0.50～0.80	0.035	0.035	0.25	0.25	0.25
45	0.42～0.50	0.17～0.37	0.50～0.80	0.035	0.035	0.25	0.25	0.25
50	0.47～0.55	0.17～0.37	0.50～0.80	0.035	0.035	0.25	0.25	0.25
55	0.52～0.60	0.17～0.37	0.50～0.80	0.035	0.035	0.25	0.25	0.25
60	0.57～0.65	0.17～0.37	0.50～0.80	0.035	0.035	0.25	0.25	0.25
65	0.62～0.70	0.17～0.37	0.50～0.80	0.035	0.035	0.25	0.25	0.25

表5-3 优质碳素结构钢的力学性能（摘自GB/T 699—1999）

牌号	试样毛坯尺寸/mm	推荐热处理温度/℃			力学性能					钢材交货状态硬度/HBS	
		正火	淬火	回火	σ_b/MPa	σ_s/MPa	δ/%	ψ/%	A_k/J	≤	
					≥					未热处理	退火钢
08F	25	930			295	175	35	60		131	
10F	25	630			315	185	33	55		137	
08	25	930			325	195	33	60		131	
10	25	930			335	205	31	55		137	
15	25	920			375	225	27	55		143	
20	25	910			410	245	25	55		156	
25	25	900	870	600	450	275	23	50	71	170	
30	25	880	860	600	490	295	21	50	63	179	
35	25	870	850	600	530	315	20	45	55	197	
40	25	860	840	600	570	335	19	45	47	217	107
45	25	850	840	600	600	335	16	40	39	229	187
50	25	830	830	600	630	375	14	40	31	241	207
55	25	820	820	600	615	380	13	35		255	217
60	25	810			675	400	12	35		255	229
65	25	810			695	410	10	30		255	229

优质碳素结构钢必须同时保证钢的化学成分和力学性能。由于所含 S、P 量较少（不大于0.040%），纯洁度、均匀性及表面质量都比较好，故优质碳素结构钢的塑性和韧性都较高。

优质碳素结构钢主要用于制造机械零件，故又称机械零件用钢。例如，08F 塑性好，可制造冷冲压零件，如仪表外壳、汽车和拖拉机驾驶室的蒙皮等；10、20 钢冷冲压性与焊接性良好，可用作冲压件及焊接件，经过热处理（如渗碳）也可以制造轴、销等零件；30、40、45、50 钢经热处理（调质等）后，可获得良好的力学性能，可用来制造齿轮、连杆、轴类、套筒等零件；60、65 钢属于高碳钢，其强度和硬度高，经热处理后可具有较高的弹性和一定的韧性，主要用来制造弹簧、车轮、钢轨等。

优质碳素结构钢使用前一般都要进行热处理。

3．碳素工具钢

这类钢的编号原则是在“碳”或“T”字的后面附以数字来表示，数字是以千分数表示的碳质量分数。例如，钢号 T8、T12 分别表示平均碳质量分数为 0.80%和 1.20%的碳素工具钢。若为高级优质碳素工具钢，则在钢号末端附以“高”或“A”字，如 T12A 等。碳素工具钢用于制造各种刃具、模具、量具等，其牌号及化学成分见表 5-4。以上各种碳素工具钢均需进行适当的热处理后才能加以使用（内容详见第 3 章钢的热处理）。

表 5-4　碳素工具钢的牌号及化学成分（摘自 GB/T 3278—2001）

<table>
<tr><th rowspan="2">序　号</th><th rowspan="2">牌　号</th><th colspan="5">化学成分/%</th></tr>
<tr><th>C</th><th>Mn</th><th>Si</th><th>S</th><th>P</th></tr>
<tr><td>1</td><td>T7</td><td>0.65～0.75</td><td rowspan="2">≤0.40</td><td rowspan="8">≤0.35</td><td rowspan="8">≤0.030</td><td rowspan="8">≤0.035</td></tr>
<tr><td>2</td><td>T8</td><td>0.75～0.84</td></tr>
<tr><td>3</td><td>T8Mn</td><td>0.80～0.90</td><td>0.40～0.60</td></tr>
<tr><td>4</td><td>T9</td><td>0.85～0.94</td><td rowspan="5">≤0.40</td></tr>
<tr><td>5</td><td>T10</td><td>0.95～1.04</td></tr>
<tr><td>6</td><td>T11</td><td>1.05～1.14</td></tr>
<tr><td>7</td><td>T12</td><td>1.15～1.24</td></tr>
<tr><td>8</td><td>T13</td><td>1.25～1.35</td></tr>
<tr><td>9</td><td>T7A</td><td>0.65～0.75</td><td>≤0.40</td><td>≤0.35</td><td>≤0.020</td><td>≤0.030</td></tr>
<tr><td>10</td><td>T8A</td><td>0.75～0.84</td><td></td><td rowspan="7"></td><td rowspan="7"></td><td rowspan="7"></td></tr>
<tr><td>11</td><td>T8MnA</td><td>0.80～0.90</td><td>0.40～0.60</td></tr>
<tr><td>12</td><td>T9A</td><td>0.85～0.94</td><td rowspan="5">≤0.40</td></tr>
<tr><td>13</td><td>T10A</td><td>0.95～1.04</td></tr>
<tr><td>14</td><td>T11A</td><td>1.05～1.14</td></tr>
<tr><td>15</td><td>T12A</td><td>1.15～1.24</td></tr>
<tr><td>16</td><td>T13A</td><td>1.25～1.35</td></tr>
</table>

注：（1）平炉冶炼的钢硫含量：优质钢 w_S≤0.035%，高级优质钢 w_S≤0.025%。

（2）钢中允许残余元素含量：w_{Cr}≤0.25%；w_{Ni}≤0.20%；w_{Cu}≤0.30%。

碳素工具钢具体用途如下：

① T7、T7A 用于要求硬度较高、韧性较好的受冲击工具，如模垫、铆钉模、顶尖、剪刀、铁锤、小尺寸冷冲模等。

② T8、T8A、T8Mn、T8MnA 用于需要足够韧性和较高硬度的工具，如木工工具、锉刀、冲头、锯条、剪刀、钻凿工具等。

③ T9、T9A 用于略具韧性但要求高硬度的工具，如各种冷冲模、冲头、木工工具等。

④ T10、T10A 用于制造不受突然冲击的锋利工具、刀具，如锉刀、刮刀、要求不高的丝锥等。T11、T11A 除与 T10 用途相同外，还可用于制造刻锉刀纹的凿子、钻岩石的钻头等。

⑤ T12、T12A、T13、T13A 用于高硬度、耐磨的工具，如刮刀、低速切削的丝锥、钟表工具、剃刀、低精度量具、外科医疗工具等。

5.2 合金钢

5.2.1 合金钢的分类与编号

1．合金钢的分类

合金钢分类的方法有多种：按所含合金元素总量多少，可分为低合金钢（合金总量少于5%）、中合金钢（合金总量为5%～10%）和高合金钢（合金总量大于10%）；按正火或铸造状态的组织类型，又可分为贝氏体钢、马氏体钢、铁素体钢、奥氏体钢及莱氏体钢；较为简明的方法通常是按用途分类，即分为合金结构钢、合金工具钢和特殊性能钢，如图5-1所示。

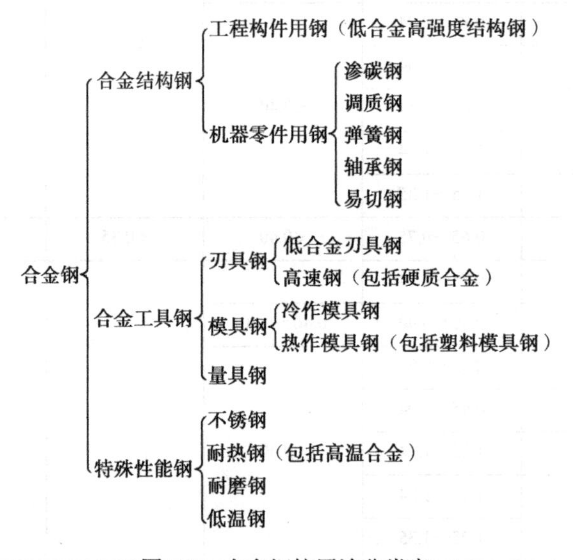

图5-1 合金钢按用途分类表

2．合金钢的编号

不同国家，钢的编号方法不同。总的原则是，用简明确切的符号和数字将钢中各组成元素的大致含量表示出来，有的还可以反映钢的性能和用途特征，其优点是易识易记。我国规定合金钢的编号方法主要有以下四种。

（1）合金结构钢

基本形式为“两位数字+元素符号+数字+……”，其前两位数字表示平均碳质量分数的万倍（$w_C \times 10000$）；元素符号后面的数字为该元素平均质量分数的百倍（$w_{AE} \times 100$）。当其$w_{AE} < 1.5\%$时，只标出元素符号，而不标明数字；当平均碳质量分数$w_{AE} \geq 1.5\%$、2.5%、3.5%、4.5%、……时，相应标注为2、3、4、5、……，如18Cr2Ni4W表示平均成分为$w_C = 0.18\%$，$w_{Cr} = 2\%$，$w_{Ni} = 4\%$，$w_W < 1.5\%$。若S、P含量达到高级优质钢标准，则在钢号后加“A”，如38CrMoAlA；若达到特级优质标准，则在钢号后加“E”。

低合金高强度结构钢的编号规则与普通碳素结构钢相同。

（2）合金工具钢

编号方法与合金结构钢相似，基本形式为“一位数字（或无数字）+元素符号+数字+……”，其前一位数字表示平均碳质量分数的千倍（w_C ×1000），而且，当平均碳质量分数 w_C ≥1.0%时，钢号中不标出数字而元素符号以后的内容规定与合金结构钢相同。例如，9SiCr 表示平均成分为 w_C =0.9%，w_{Si} <1.5%，w_{Cr} <1.5%；CrWMn 表示平均成分为 w_C ≥1.0%，w_{Cr} <1.5%、w_W <1.5%、w_{Mn} <1.5%。

合金工具钢均属于高级优质钢，但钢号后不加“A”。

（3）特殊性能钢

这类钢中的不锈钢、奥氏体型和马氏体型耐热钢与合金工具钢的编号规则基本一致。但当不锈钢中的 w_C <0.09%或 w_C ≤0.03%时，应分别标出“0”或“00”，如 0Cr18Ni12Mo2Cu2 和 00Cr12（铁素体型不锈钢）。

（4）编号例外的钢

① 合金结构钢中的滚动轴承钢。在钢号前加“G”（“滚”字汉语拼音首字母），其后数字表示平均铬质量分数的千倍（w_{Cr} ×1000），而平均碳质量分数 w_C ≥1.0%时不标出。例如，GCr15、GCr9 钢中铬的质量分数分别为 1.5%和 0.9%。

② 合金工具钢中的高速钢。如 W18Cr4V、W6Mo5Cr4V2 等，它们的平均碳质量分数大多小于 1.0%，但不标明其数字；而合金元素含量与合金工具钢的编号方法相同，如 W18Cr4V 表示平均成分为 w_C =0.7%～0.8%，w_W =18%，w_{Cr} =4%，w_V <1.5%。

③ 易切削钢。仅在钢号前加“Y”（“易”字汉语拼音首字母），其中碳和合金元素含量均与结构钢编号法则一致。例如，Y40CrSCa 表示易切削钢的平均成分为 w_C =0.4%，w_{Cr} <1.5%，S、Ca 为易切削元素（w_S =0.05%～0.3%，w_{Ca} <0.015%）。

5.2.2 合金结构钢及应用

1．低合金高强度结构钢

（1）用途

普通低合金高强度结构钢主要用来制造桥梁、船舶、车辆、锅炉、压力容器、石油管道、大型钢架结构及农业机械等。采用普通低合金高强度结构钢取代碳素结构钢可以减轻构件质量，提高构件强度和韧性，保证构件能耐久、可靠地使用。

（2）性能特点

① 强度高，塑性、韧性好。由于合金元素的作用，低合金高强度结构钢的强度比相同含碳量的碳素钢高 25%～50%，延伸率为 15%～23%，室温冲击韧性高于 60～80J/cm^2。

② 焊接性能好。由于含碳量低，合金元素少，低合金高强度结构钢塑性好、淬透性低，不易在焊缝处出现淬火组织或裂纹。

③ 冷热压力加工性能好。由于其塑性好、变形抗力小，压力加工后不易产生裂纹。

④ 耐蚀性好。在各种大气条件下比碳素钢具有更高的耐蚀性能。

（3）成分特点及作用

① 含碳量。一般 w_C ≤0.25%，以保证其良好的韧性、焊接性能及冷成型性能。

② 主加合金元素。Mn（w_{Mn} ≤1.8%）能固溶强化铁素体，细化珠光体。

③ 辅加合金元素。V、Ti、Nb 等与钢中的碳形成微小的碳化物（如 TiC、VC、NbC 等），起细化晶粒和弥散硬化作用；此外，有的钢中加入少量稀土元素，以消除钢中有害杂质的影响，

减弱其冷脆性。

（4）热处理特点及组织

这类钢通常在热轧退火（或正火）状态下使用，其组织为铁素体+珠光体（或索氏体）。构件焊接后一般不再进行热处理。

低合金高强度结构钢的牌号、成分、性能及用途见表5-5。

（5）常用钢号

Q345C、Q390A和Q420A是最常用的牌号，还有一些其他牌号均列入表5-5中。

2．合金渗碳钢

（1）用途

合金渗碳钢是指经过渗碳处理后使用的低合金结构钢。合金渗碳钢主要用于制造一些要求高耐磨性、承受高接触应力和冲击载荷的重要零件，如汽车、拖拉机的变速齿轮，内燃机上的凸轮轴、活塞销等。由于低碳钢的淬透性低，只适于制造尺寸较小或心部强度要求不高的零件，一些大截面或性能要求较高的零件均采用合金渗碳钢。

（2）性能特点

表面具有高硬度和高耐磨性，心部具有足够的韧性和强度，即表硬里韧。保证齿轮具有高的接触疲劳强度，防止过早磨损和断齿失效。

具有良好的热处理工艺性能，如高的淬透性和渗碳能力，在高的渗碳温度下，奥氏体晶粒长大倾向小，以便于渗碳后直接淬火。

（3）成分特点及作用

① 低碳。含碳量一般为0.1%～0.25%，以保证心部有足够的塑性和韧性。含碳量过低则表面的渗碳层易于剥落；含碳量高则心部韧性下降。

② 合金元素。主加元素为Cr（w_{Cr}<2%）、Ni（w_{Ni}<4.5%）、Mn（w_{Mn}<2%）、B（w_{B}=0.001%～0.004%）等，它们的主要作用是提高钢的淬透性，改善渗碳零件心部的组织与性能，此外，还能提高渗碳层的强度与韧性，尤其以Ni的效果为最好；辅加元素为V（w_{V}<0.5%）、W（w_{W}<1.2%）、Mo（w_{Mo}<0.6%）、Ti（w_{Ti}<0.15%）等强碳化物形成元素，可以防止钢在高温（930～950℃）渗碳时晶粒长大，细化奥氏体晶粒，简化后续的热处理工序，同时还能提高渗碳层的耐磨性。

（4）热处理特点及组织

普通合金渗碳钢的一般工艺路线为：下料→锻造→正火→机加工→渗碳→淬火→低温回火→磨削。

高合金渗碳钢的一般工艺路线为：下料→锻造→正火→高温回火→机加工→渗碳→淬火→冷处理→低温回火→磨削。

从以上工艺路线可以看出，合金渗碳钢的热处理分以下两个阶段：

① 预备热处理。由于渗碳钢的含碳量较低，合金渗碳钢采用正火作为预备热处理可改善切削加工性能，作为预备热处理后的硬度值在170～210HBS范围内。对于合金元素含量较高的渗碳钢，如18Cr2NiA、20Cr2Ni4WA等，空冷后便得到马氏体组织，需要在空冷后再进行650～680℃的高温回火作为预备热处理，得到回火索氏体组织。

② 最终热处理。合金渗碳钢的最终热处理是在渗碳后进行淬火+低温回火。渗碳温度为900～950℃，渗碳后的淬火有直接淬火、预冷直接淬火、一次淬火、二次淬火。采用的淬火方法视钢种的合金元素含量和性能要求而定，多数合金渗碳钢都采用渗碳后直接淬火再低温回火。

表 5-5　低合金高强度结构钢的牌号、成分、性能及用途

牌号	质量等级	主要化学成分（%）				旧　牌　号	主要力学性能				180° 冷变试验变心直径为d，试样直径为a	用　途
		w_C	w_{Mn}	w_{Si}	其他		钢材直径/mm	σ_s/MPa	σ_b/MPa	δ/%		
Q295	A B	≤0.16	0.80～1.50	≤0.55	w_V=0.02～0.15 w_{Nb}=0.015～0.06 w_{Ti}=0.02～0.20	09Mn2 09MnV 09MnNb 12Mn	≤16	295	390～570	23	$d=2a$	车辆及薄板冲压件、中低压化工容器、建筑结构、储油罐、输油管、车船及无低温要求的工程构件等
							>50～100	235	390～570	23	$d=3a$	
Q345	A B C D E	≤0.20	1.00～1.60	≤0.55	w_V、w_{Nb}、w_{Ti} 均同 Q295，C、D、E 中 w_{Al}≥0.015 w_{Cr}=0.30～0.70 w_{Ni}=0.70	12MnV 14MnNb 16Mn 16MnRE	≤16	345	470～630	21	$d=2a$	车船、桥梁、锅炉、管道、压力容器、农业机械及矿山设备、电厂设备、厂房构架等承受动载荷的各种焊接件等
							>50～100	275	470～630	21	$d=3a$	
Q390	A B C D E	≤0.20	1.00～1.60	≤0.55	w_V、w_{Nb}、w_{Ti} 均同 Q295，A、B、C、D、E 中 w_{Al}≥0.015 w_{Cr}=0.30～0.70 w_{Ni}=0.70	15MnV 15MnTi 16MnNb 10MnPNbRE	≤16	390	490～650	19～20	$d=2a$	大型船舶、车辆、桥梁、起重机械、中高压化工容器及其他有较高载荷的各种构件等
							>50～100	330	490～650	19～20	$d=3a$	
Q420	A B C D E	≤0.20	1.00～1.70	≤0.55	A、B、C、E 中 w_V、w_{Nb}、w_{Ti} 均同 Q295，w_{Al}≥0.015 w_{Cr}=0.30～0.70 w_{Ni}=0.70	15MnVN 14MnVTiRE	≤16	420	520～680	18	$d=2a$	大型桥梁、船舶、大型焊接构件、液氨车罐、管道、高压容器及电站设备等
							>50～100	360	520～680	18	$d=3a$	
Q460	C D E	≤0.20	1.00～1.70	≤0.55	w_{Cr}=0.30～0.70 w_{Ni}=0.70 w_{Al}≥0.015		≤16	460	550～720	17	$d=2a$	大型挖掘机、起重运输机械、钻井平台等，可经淬火、回火进一步强化处理
							>50～100	400	550～720	17	$d=3a$	

对于性能要求较高和晶粒易长大的渗碳零件，在渗碳后要进行一次淬火或二次淬火再低温回火。

对于高合金渗碳钢，由于合金元素含量高，使 M_s、M_f 点下降，从而使残余奥氏体量增加，降低钢的硬度，需在淬火后进行冷处理，再低温回火。

淬火温度一般为 A_{c1}+(30～50)℃。

使用状态下的表面组织是高碳回火马氏体+颗粒状碳化物+少量残余奥氏体，硬度达 58～62HRC。心部组织与淬透性有关，若完全淬透，则组织为低碳回火马氏体，硬度达 40～48HRC；若未完全淬透，则组织为屈氏体+少量马氏体及铁素体，硬度达 25～40HRC。

下面以 20CrMnTi 钢制造变速箱齿轮为例，说明其热处理特点。

变速箱齿轮的技术要求如下：

工艺要求：渗碳层深度 0.8～1.2mm，齿轮表面硬度 58～60HRC，心部硬度 30～45HRC。

工艺路线：下料→锻造→正火→加工齿形→局部镀铜→渗碳→淬火+低温回火→喷丸→研磨→装配。热处理工艺曲线如图 5-2 所示。

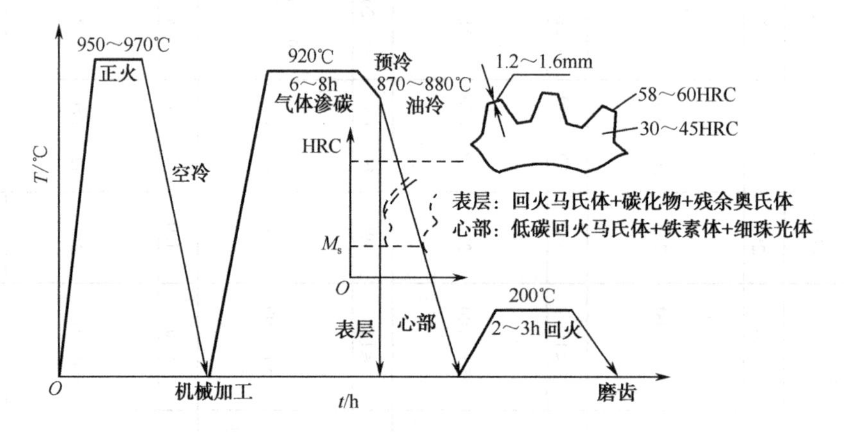

图 5-2 20CrMnTi 钢制汽车变速齿轮热处理工艺曲线

喷丸不仅可清除齿轮热处理过程中产生的氧化皮，而且能够使表层发生微量塑性变形而增强压应力，有利于提高疲劳强度；精磨（磨量为 0.02～0.05mm）是为了使喷丸后的齿面更光洁。

（5）常用合金渗碳钢

按其强度或淬透性的高低可分三类，见表 5-6。

① 低淬透性合金渗碳钢。如 20Cr、20CrV、20MnV 钢等，在水中的淬硬层深度一般小于 20～35mm。这类钢经热处理后，心部强度和韧性较低，只能用于受力不大（σ_b=800～1000MPa）但耐磨性要求高的零件，如活塞销、滑块、小齿轮等。

② 中淬透性合金渗碳钢。如 20CrMn、20CrMnTi、20CrMnMo 钢等，它们在油中的最大淬硬层深度为 25～60mm。可用来制造中等强度（σ_b=1000～1200MPa）的耐磨零件，如汽车、拖拉机的变速齿轮、齿轮轴、轴套等。

③ 高淬透性合金渗碳钢。如 18Cr2Ni4WA 和 20Cr2Ni4A 钢（属于中合金钢），它们的淬透性很高，油中最大淬透直径大于 100mm，故多用来制造承受重载荷（σ_b>1200MPa）和强烈磨损的重要大型零件，如内燃机车的主动牵引齿轮，柴油机曲轴、连杆，飞机、坦克中的曲轴及重要齿轮等。这类钢渗碳后可空冷淬火，并应进行深冷处理（-80～-70℃）或高温（650℃左右）回火，以减少渗碳层中的残余奥氏体，提高表层耐磨性。

表 5-6 常用合金渗碳钢的牌号、成分、热处理、性能及用途

类别	牌号	主要化学成分（%）					热处理温度/℃			力学性能（≥）					用途
		w_C	w_{Mn}	w_{Si}	w_{Cr}	其他	渗碳	淬火	回火	σ_b/MPa	σ_s/MPa	δ（%）	ψ（%）	a_k/（J·cm^{-2}）	
低淬透性	20Mn2	0.17～0.24	1.40～1.80	0.17～0.37	—	—	900～950	850（水、油）	200	785	510	10	40	47	小齿轮、小轴、活塞销等
	20Cr	0.18～0.24	0.50～0.80	0.17～0.37	0.70～1.00			880（水、油）	200	835	540	10	40	47	齿轮小轴、活塞销等
	20MnV	0.17～0.27	1.30～1.60	0.17～0.37	—	w_V=0.07～0.12		880（水、油）	200	735	590	10	40	55	齿轮、小轴、活塞销等，也用作锅炉、高压容器管道等
	20CrV	0.17～0.23	0.50～0.80	0.17～0.37	0.98～1.20	w_V=0.10～0.20		800（水、油）	200	835	590	12	40	55	齿轮、小轴、顶杆、活塞销、耐热垫圈
中淬透性	20CrMn	0.17～0.23	0.90～1.20	0.17～0.37	0.90～1.20		900～950	880（油）	200	950	750	10	45	47	齿轮、轴、蜗杆、活塞销、摩擦轮
	20CrMnTi	0.17～0.23	0.08～1.10	0.17～0.37	1.00～1.30	w_{Ti}=0.04～0.10		880（油）	200	1080	853	10	45	55	汽车、拖拉机上的变速箱齿轮
	20MnTiB	0.17～0.24	1.30～1.60	0.17～0.37	—	w_{Ti}=0.05～0.10 w_B=0.001～0.004		860（油）	200	1150	950	10	45	55	代替 20CrMnTi
	20SiMnVB	0.17～0.24	1.30～1.60	0.50～0.80	—	w_V=0.07～0.12 w_B=0.001～0.004		800（油）	200	1200	1000	10	45	55	代替 20CrMnTi
高淬透性	18Cr2Ni4WA	0.13～0.19	0.30～0.60	0.50～0.80	1.35～1.65	w_{Ni}=4.00～4.50 w_W=0.80～1.20	900～950	850（空气）	200	1175	853	10	45	178	大型渗碳齿轮、轴类件及飞机齿轮
	20Cr2Ni4A	0.17～0.23	0.30～0.60	0.17～0.37	1.25～1.65	w_{Ni}=3.25～3.65		780（油）	200	1175	1080	10	45	63	
	25SiMn2MoV	0.22～0.28	2.20～1.60	0.09～1.20		w_{Mo}=0.30～0.40 w_V=0.05～0.12		860（油）	200	1175	900	10	45	63	

3．合金调质钢

（1）用途

合金调质钢通常是指经过调质处理后使用的碳素结构钢和合金结构钢。合金调质钢主要用于制造受力复杂的汽车、拖拉机、机床及其他机器的各种重要零件，如齿轮、连杆、螺栓、轴类零件等。有一些重要的零件如机床主轴、汽车后桥半轴、发动机连杆螺栓等受力比较复杂，要求具有良好的综合力学性能，一般都选用合金调质钢来制造。

（2）性能特点

① 具有良好的综合力学性能，即具有高的强度、硬度和良好的塑性、韧性。

② 具有良好的淬透性。为了保证零件整个截面力学性能的均匀性和高的强韧性，合金调质钢要求有很好的淬透性。但不同零件受力情况不同，对淬透性的要求也不一样。截面受力均匀的零件，如连杆，要求整个截面淬透；截面受力不均匀的零件，如承受扭转或弯曲应力的传动轴，主要要求其受力较大的表面有较好的性能，心部性能可适当低一些，不要求截面全部淬透。

（3）成分特点及作用

① 中碳合金钢。调质钢含碳量为 0.25%～0.50%，含碳量过低不易淬硬，回火后不能达到所需要的强度；含碳量过高则韧性不够。合金调质钢含碳量比较接近下限，如 40Cr、30CrMnTi 钢等，因为合金元素有强化作用，相当于代替了一部分碳。

② 合金元素。调质钢的主加合金元素为 Mn（$w_{Mn}<2\%$）、Si（$w_{Si}<2\%$）、Cr（$w_{Cr}<2\%$）、Ni（$w_{Ni}<4.5\%$）、B（$w_B<0.004\%$），其主要目的是提高淬透性。除 B 以外，其余元素还能固溶强化铁素体，Ni 还能提高钢的韧性。

辅加合金元素为 Mo、W、V、Ti、Al，它们在钢中形成的细小弥散碳化物阻止奥氏体晶粒长大，细化晶粒。Mo 和 W 还能防止出现第二类回火脆性。Al 的主要作用是加速钢的氮化过程。

几乎所有合金元素均能提高调质钢的回火稳定性。

（4）热处理特点及组织

调质钢的工艺路线为：下料→锻造→正火（或退火）→粗加工→调质→精加工→装配。

调质钢的热处理可分为以下两个阶段：

① 预备热处理。合金调质钢的预备热处理采用正火（或退火），中碳低合金调质钢的预备热处理可以采用完全退火或正火工艺，但中、高合金调质钢不能用正火代替完全退火。

对于合金元素含量高的调质钢，如 40CrNiMo 钢，空冷后便可得到马氏体，硬度高，不利于切削加工，需在空冷后再进行高温回火，得到回火索氏体组织，使硬度下降。

② 最终热处理。合金调质钢的最终热处理为淬火+高温回火（调质），回火温度的选择取决于调质钢的硬度要求。为防止第二类回火脆性，回火后采用快冷（水冷或油冷）的方法，最终热处理后的组织为回火索氏体。回火索氏体是在铁素体基体上分布着颗粒状碳化物，从而使钢具有良好的综合力学性能。当调质钢还有高耐磨性和高耐疲劳性能要求时，可在调质后进行表面淬火或氮化处理，这样在得到表面高耐磨硬化层的同时，心部仍保持综合力学性能高的回火索氏体组织。

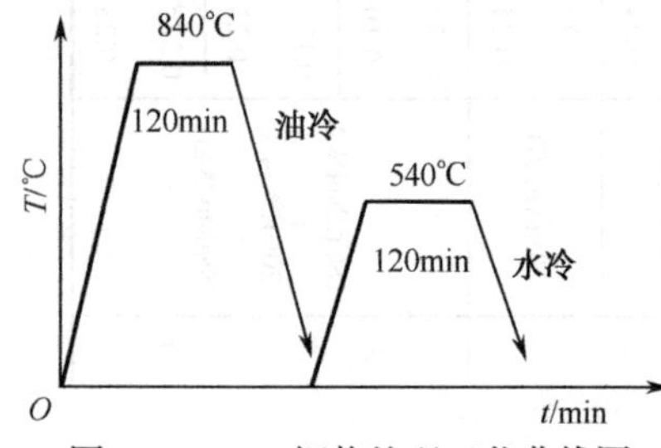

图 5-3　40Cr 钢热处理工艺曲线图

现以 40Cr 钢制造连杆螺栓为例，说明生产工艺路线的安排和热处理工艺方法的确定。

生产工艺路线为：下料→锻造→正火→粗加工→调质→精加工→装配。

热处理工艺曲线如图 5-3 所示。

（5）常用合金调质钢

常用的合金调质钢也按淬透性高低分为三类，见表 5-7。

① 低淬透性合金调质钢。如 40Cr、35SiMn、40MnB 钢等，其油淬的最大淬透直径为 30～40mm，多用来制造一般尺寸的重要零件，如轴类、连杆、螺栓等。

② 中淬透性合金调质钢。如 35CrMo、42CrMo 钢等，其油淬的最大直径为 40～60mm，可用来制造截面较大的零件，如火车发动机曲轴、连杆等。

③ 高淬透性合金调质钢。如 38CrMoAlA、40CrNiMo 钢等，其油淬直径可达 60～100mm，可用来制造大截面、重载的零件，如机床和汽轮机的主轴、叶轮，航空发动机曲轴、连杆等。

应该指出，合金调质钢并非一定要经过调质处理才能使用。综合力学性能要求不高的某些工件采用正火或整体淬火+低温回火处理也是可行的。

4．合金弹簧钢

（1）用途

合金弹簧钢是用于制造弹簧或其他弹性零件的钢。在机械及仪表中弹簧的主要作用是通过弹性变形储存能量，从而传递力和缓和振动与冲击，如汽车、拖拉机和火车上的板弹簧和螺旋弹簧；或使其他零件完成设计规定的动作，如气门弹簧、仪表弹簧等。

（2）性能特点

① 具有高的弹性极限 σ_e 和屈服强度 σ_s、大的屈强比（σ_s/σ_b），以保证弹簧有足够高的弹性变形能力和在较高的载荷下不发生塑性变形。

② 具有较高的疲劳强度以承受交变载荷的作用。为此需有良好的表面质量，如无氧化、脱碳层，无加工刀痕、裂纹、夹杂等缺陷。

③ 具有足够的塑性和韧性，以满足成型需要和可能承受的冲击载荷。

此外，要有较好的热处理工艺性能（如淬透性、低的过热敏感性）及良好的表面质量（如无氧化、脱碳层及加工刀痕、裂纹、夹杂等），以确保具有良好的抗疲劳性能。

（3）成分特点及作用

① 合金弹簧钢属于中高碳钢。含碳量为 0.5%～0.7%，以保证弹簧具有高的弹性极限和疲劳强度。

② 合金元素方面。主加元素为 Si、Mn，旨在提高淬透性，强化铁素体，提高屈强比，而以 Si 的作用最为明显，但 Si 在加热时促进表面脱碳，Mn 则使钢易于过热。辅加元素为 Cr、W、V、Mo 等，作用是细化晶粒，减小弹簧钢的脱碳和过热倾向，同时进一步提高耐回火性和冲击韧度。

此外，弹簧的冶金质量对疲劳强度有很大影响，所以，合金弹簧钢均为优质钢或高级优质钢。

（4）热处理特点及组织

弹簧按加工方法和热处理特点分为以下两类。

① 冷成型弹簧及其热处理。对于钢丝直径小于 10mm 的弹簧，通过冷拔（或冷拉）、冷卷成型。

冷成型弹簧的基本工艺路线为：卷簧→热处理→端面加工。

根据冷卷弹簧钢原始状态的不同，其热处理工艺也有不同的特点。

铅淬冷拔钢丝是将弹簧经正火、酸洗（去氧化皮）后，冷拔到一定尺寸，再加热及奥氏体化，然后迅速淬入 550℃左右铅浴中等温，以得到细片状索氏体。因此，钢材具有很高的塑性和较好的强度，在此基础上再进行多次冷拔，总变形量为 80%～100%，最后得到表面光洁并具有较高强度和一定塑性的弹簧钢丝。此类钢丝市场有售。

表 5-7　常用合金调质钢的牌号、热处理、力学性能和用途

类别	牌号	加热温度/℃		力学性能（≥）					用途
		淬火	回火	σ_s/MPa	σ_b/MPa	δ(%)	ψ(%)	A_k/J	
低淬透性	45Mn2	840（油）	550(水、油)	735	685	10	45	47	直径60mm以下时，性能与40Cr钢相同，主要用于制作万向接头轴、蜗杆、齿轮、连杆、摩擦盘
	40Cr	850（油）	520(水、油)	785	980	9	45	47	重要调质零件，如齿轮、轴、曲轴、连杆螺栓
	35SiMn	900（水）	570(水、油)	735	885	15	45	47	除要求低温（-20℃以下）韧性很高的情况外，可全面代替40Cr钢作为调质零件
	42SiMn	880（水）	590(水、油)	735	885	15	40	47	与35SiMn钢相同，并可用作表面淬火零件
	40MnB	850（油）	500(水、油)	785	980	10	45	47	代替40Cr钢
	40CrV	880（油）	650(水、油)	735	885	10	50	71	机车连杆、强力双头螺栓、高压锅炉给水泵轴
中淬透性	40CrMn	840（油）	550(水、油)	835	980	9	45	47	代替40CrNi、42CrMo钢用作高速、高载荷而冲击载荷不大的零件
	40CrNi	820（油）	500(水、油)	785	980	10	45	55	汽车、拖拉机、机床、柴油机的轴、齿轮、连接机件螺栓、电动机轴
	42CrMo	850（油）	560(水、油)	930	1080	12	45	63	代替含Ni较高的调质钢，也作为重要大锻件用钢，用于制造机车牵引大齿轮
	30CrMnSi	880（油）	520(水、油)	885	1080	10	45	39	高强度钢，高速载荷砂轮轴、齿轮、轴、联轴器、离合器等重要调质件
	35CrMo	850（油）	550(水、油)	835	980	12	45	63	代替40CrNi钢制作大断面齿轮与轴、汽轮发电机转子、480℃以下工件的紧固件
	38CrMoA1A	940(水、油)	640(水、油)	835	980	14	50	71	高级氮化钢硬度大于900HV的氮化件，如镗床镗杆、蜗杆、高压阀门
高淬透性	37CrNi3	820（油）	500(水、油)	980	1130	10	50	47	高强度、韧性的重要零件，如活塞销、凸轮轴、齿轮、重要螺栓、拉杆
	40CrNiMoA	850（油）	600(水、油)	835	980	12	55	78	受冲击载荷的高强度零件，如锻压机床的传动偏心轴、压力机曲轴等截面尺寸较大的重要零件
	25Cr2Ni4WA	850（油）	550(水、油)	930	1080	11	45	71	截面尺寸200mm以下、完全淬透的重要零件，也与12Cr2Ni4钢相同，可作为高级渗碳钢零件
	40CrMnMo	850（油）	660(水、油)	785	980	10	45	63	代替40CrNiMoA钢

由于此类钢丝已具备弹簧的性能，用户买回后冷卷成型，再进行去应力退火，以消除冷加工金属丝和冷卷弹簧时所产生的内应力，即加热（可以油煮）到 200～300℃，保温一段时间，从炉内（或锅内）取出空冷、清洗后即可使用，可显著提高弹簧的疲劳寿命并稳定弹簧尺寸。

虽然铅淬冷拔钢丝的强度很高，但是由于其性能（如抗拉强度）不均匀，只适用于中小尺寸的弹簧和不重要的大弹簧（如沙发弹簧）。

油淬强化的弹簧钢丝是对冷拔钢丝先进行油淬及中温回火，获得回火屈氏体组织。卷簧后进行去应力退火。这类弹簧钢丝的抗拉强度比铅淬冷拔钢丝低，但其性能均匀，因此广泛用于制造各种动力机械阀门弹簧、柴油发动机的喷嘴弹簧等。

以退火状态供应的弹簧钢丝，在退火状态下，弹簧钢的组织是片状珠光体和铁素体。此类弹簧在常温下加工成型后，进行淬火和中温回火，获得具有高弹性极限的回火屈氏体组织。

② 热成型弹簧及其热处理。

热成型弹簧所用的材料一般为热轧或退火状态下供货的弹簧钢。

热成型弹簧的具体制造过程是先将剪断的钢材加热至高温状态（高出淬火温度 50～80℃），趁热卷簧或折弯成所需形状，然后进行淬火与中温回火。弹簧钢的淬火温度一般为 830～880℃，温度过高易发生晶粒长大和脱碳现象。弹簧最忌脱碳，这会使弹簧的疲劳强度大大降低。因此在淬火加热时，炉气要严格控制，并尽量缩短在炉中停留的时间，也可在脱氧较好的盐浴炉中加热。淬火加热后在 50～80℃油中冷却，冷至 100～150℃时即可取出，再中温回火。回火温度根据弹簧的使用性能要求加以选择，一般是在 480～550℃内回火。回火后得到回火屈氏体组织，硬度为 39～52HRC。

弹簧的表面质量对使用寿命影响很大，因为微小的表面缺陷（如脱碳、裂纹、夹杂和斑疤等）即可造成应力集中，使钢的疲劳强度降低。因此，弹簧在热处理后还要进行喷丸处理来强化表面，使弹簧表面层产生残余压应力以提高其疲劳强度。试验表明，采用 60Si2Mn 钢制作的汽车钢板弹簧经喷丸处理后，使用寿命可提高 5～6 倍。

（5）常用合金弹簧钢

表 5-8 所示为常用弹簧钢的牌号、成分、热处理、性能及应用范围。其中有代表性的合金弹簧钢有：

① 硅锰弹簧钢。典型牌号为 65Mn、60Si2Mn。这类钢价格较低，性能高于碳素弹簧钢，是应用最广泛的弹簧钢。其油淬淬透直径为 25～30mm，弹性极限达 1200N/mm^2，屈强比为 0.9，疲劳极限高，工作温度在 230℃以下。它主要用于制造较大截面弹簧，如汽车、拖拉机的板簧、螺旋弹簧等，也可制作 250℃以下工作的耐热弹簧。

② 铬钒弹簧钢。典型牌号为 50CrVA。这类钢淬透性高，油淬淬透直径为 25～30mm，工作温度在 300℃以下。此类钢有很高的弹性极限和强度，同时又有很高的韧性，因此适用于大截面、大载荷、耐热的弹簧，如阀门弹簧、高速柴油机的气门弹簧等。

③ 硅铬弹簧钢。典型牌号为 60Si2CrA。其淬透性与 50CrVA 钢相当，过热敏感性小，主要用于制造承受高应力的弹簧和耐热低于 300～500℃的受冲击载荷弹簧。

5．滚动轴承钢

（1）用途

滚动轴承钢主要用来制造滚动轴承的内、外套圈及滚动体。从化学成分上看，它属于工具钢，所以也用于制造精密量具、冷冲模、机床丝杠等耐磨件。由于其化学成分大多类似于低合金工具钢，因此也可用来制造某些刃具、量具、模具及精密构件。

表 5-8 常用弹簧钢的牌号、成分、热处理、性能和应用范围

牌号	主要化学成分（%）					加热温度/℃		力学性能					应用范围
	w_C	w_{Mn}	w_{Si}	w_{Cr}	其他	淬火	回火	$\sigma_{0.2}$/MPa	σ_b/MPa	δ(%)	ψ(%)	a_k/（J·cm^{-2}）	
65	0.62～0.70	0.50～0.80	0.71～0.37	≤0.25	—	840（油）	480	800	1000	9	35	—	截面尺寸小于15mm的小弹簧
70	0.62～0.75	0.50～0.60	0.17～0.37	≤0.25	—	820（油）	480	900	1100	7	35	—	
85	0.82～0.90	0.50～0.80	0.17～0.37	≤0.25	—	820（油）	480	1 000	1150	6	35	—	
65Mn	0.62～0.70	0.60～0.90	0.17～0.37	≤0.25	—	830（油）	480	800	1000	8	30	—	截面尺寸小于25mm的弹簧，如车厢板簧、机车板簧、缓冲卷簧
55Si2Mn	0.52～0.60	0.60～0.90	1.50～2.00	≤0.35	—	870（油或水）	460	1100～1200	1200～1300	6	30	30	
60Si2Mn	0.56～0.64	0.60～0.90	1.60～2.00	≤0.35	—	870（油）	460	1200	1300	6	20	20	
55SiMnVB	0.52～0.60	1.00～1.30	0.70～1.00	≤0.35	w_V=0.08～0.16 w_B=0.002	820（油）	480	800	1000	8	30	30	
60Si2MnA	0.56～0.64	0.60～0.90	1.60～2.00	≤0.35	—	870（油）	460	1200	1300	5	25	25	
60Si2CrA	0.56～0.64	0.40～0.70	1.40～1.80	0.70～1.00	—	870（油）	420	1600	1800	5	20	30	截面尺寸小于30mm的重要弹簧，如小型汽车和载重车板簧、扭杆簧，低于350℃的耐热弹簧
60Si2CrVA	0.56～0.64	0.40～0.70	1.40～1.80	0.90～1.20	w_V=0.1～0.2	840（油）	600	1600	1900	5	20	30	
65Si2MnWA	0.61～0.69	0.70～1.00	1.50～2.00	≤0.30	w_B=0.8～1.20	840（油）	420	1700	1900	5	20	30	
50CrVA	0.46～0.54	0.50～0.80	0.17～0.37	0.08～1.10	w_V=0.1～0.2	840（油）	490	1200	1300	10	45	30	
60CrMnBA	0.56～0.64	0.70～1.00	0.17～0.37	0.70～1.00	w_B=0.0005～0.004	840（油）	490	≥1400	≥1600	≥5	35	35	

（2）性能特点

轴承零件的工作条件非常复杂和苛刻，因此，对轴承钢的性能要求非常严格，主要有以下几个方面。

① 高强度、硬度与耐磨性。轴承工作时，滚动体和轴承套之间为点或线接触，接触面积极小，接触应力高达 1500～5000MPa。同时，轴承在高速运转时，不仅有滚动摩擦，还有滑动摩擦，过度磨损是轴承的主要失效形式之一。因此，轴承钢必须有非常高的抗压屈服强度、高而均匀的硬度和耐磨性。一般硬度应为 62～64HRC。

② 高的接触疲劳强度和弹性极限。轴承工作时，承受周期性交变载荷引起的接触疲劳，频率达每分钟数万次，容易造成接触疲劳破坏，如产生麻点或剥落等。因此，要求轴承必须有很高的接触疲劳强度。高的弹性极限意味着高的抗拉强度和硬度，对提高滚动轴承的使用寿命至关重要。

③ 足够的韧度、淬透性和耐蚀性。对于承受冲击载荷（如汽车、矿山机械）的轴承材料应有足够的冲击韧性；对大气和润滑油还应有一定的抗腐蚀能力。而好的淬透性是大尺寸轴承心部获得马氏体组织的保证。

④ 良好的尺寸稳定性。滚动轴承的尺寸稳定性对其使用寿命有重要影响，尺寸稳定性与使用过程中的组织稳定性有密切关系。

（3）成分特点及作用

① 高碳。为保证轴承钢的高硬度、高耐磨性和高强度，含碳量较高，一般为 0.95%～1.10%，以保证马氏体的高硬度及形成一部分高硬度的合金碳化物。

② 合金元素。主加元素是 Cr，其含量为 0.5%～1.65%，主要作用是提高淬透性，在钢中形成合金渗碳体，阻碍奥氏体晶粒长大，使钢在淬火后得到细针状马氏体，增加钢的韧性。同时保留一部分合金渗碳体，有利于提高钢的接触疲劳强度及耐磨性。Cr 还有提高回火稳定性和耐蚀性的作用。

辅加元素 Si、Mn、Mo 会进一步提高淬透性和强度，其中，Si 还能提高回火稳定性。钢中加入 V 形成 VC，以细化钢基体晶粒和进一步提高耐磨性。

③ 高的冶金质量和组织均匀性。研究表明，钢的纯净度不高和组织均匀性不好是引起钢构件失效的两个主要原因。当钢中存在非金属夹杂物时，容易引起应力集中，在夹杂物边缘处产生裂纹，从而降低接触疲劳寿命。当钢中出现网状碳化物和带状碳化物时，会使轴承钢的组织和性能不均匀，增加内应力，容易形成疲劳裂纹，严重降低力学性能，使轴承钢的耐用度大为下降。

（4）热处理特点及组织

普通轴承的一般工艺路线为：轧制或锻造→预备热处理（正火、球化退火）→切削加工→淬火→低温回火→磨削→成品。

精密轴承的一般工艺路线为：轧制或锻造→预备热处理（正火、球化退火）→切削加工→淬火→冷处理→低温回火→时效处理→磨削→时效处理→成品。

以上两类轴承钢在生产过程中的热处理可分为以下两个步骤：

① 预备热处理。滚动轴承钢的预备热处理一般采用球化退火，若锻后钢组织中出现网状碳化物，则在球化退火之前进行一次正火处理来消除网状碳化物。

② 最终热处理。滚动轴承钢的最终热处理是淬火+低温回火。淬火加热温度为 A_{c1}～A_{ccm}，以保证淬火组织为回火马氏体+颗粒状碳化物+少量残余奥氏体。淬火后应立即进行低温回火（150～160℃），以消除应力、提高韧性和稳定组织及尺寸。回火后组织为回火马氏体+颗粒状碳化物+少量残余奥氏体。回火后的硬度为 62～64HRC。

对于精密轴承，必须保证存放和使用过程中尺寸不发生变化，而尺寸变化的原因是由于存在未完全消除的内应力和残余奥氏体，在长期使用中发生应力松弛和组织转变。为了减少残余奥氏体量，稳定尺寸，可在淬火后进行一次冷处理（-80～-60℃），并在低温回火和磨削加工后进行低温时效处理（在120～150℃保温5～10h）。

（5）常用滚动轴承钢

GCr15钢是我国应用最广泛的轴承钢，制造大型轴承零件时，选用GCr15SiMn和GCr9SiMn。对于承受很大冲击或特大型的轴承，可用合金渗碳钢制造，如20Cr2Ni4等合金渗碳钢。对于要求耐腐蚀的轴承，可选用工具不锈钢8Cr17。

无铬轴承钢是为节约Cr而研制的钢种，广泛采用Si、Mn、Mo、V、RE等合金元素，其接触疲劳强度和耐磨性均比铬轴承钢好，但耐蚀性、切削性能稍差。

由于GCr15钢与低铬工具钢在化学成分上相近，因此，它也可作为工具钢，用于制造形状复杂的刃具、精密量具、冷冲模及某些精密零件（如精密丝杠等）。

常用轴承钢的化学成分、热处理及应用见表5-9。

表5-9 常用轴承钢的化学成分、热处理及应用

钢号	化学成分/%							热处理温度/℃		回火后硬度/HRC	应用
	C	Cr	Mn	Si	Mo	V	RE	淬火	回火		
GCr19	1.0～1.10	0.09～1.20	0.2～0.40	0.15～0.35				810～830	150～170	62～66	10～20mm的滚动体
GCr15	0.95～1.05	1.30～1.65	0.20～0.40	0.15～0.35				825～845	150～170	62～66	壁厚20mm的中小型套圈，直径小于50mm的钢球
GCr15SiMn	0.95～1.05	1.30～1.65	0.90～1.26	0.40～0.65				820～840	150～170	≥62	壁厚大于30mm的大型套圈，ϕ50～100mm钢球
GsiMnV	0.95～1.10		1.30～1.80	0.55～0.80		0.20～0.30		780～810	150～170	≥62	可代替GCr15
GSiMnVRE	0.95～1.10		1.10～1.30	0.55～0.80		0.20～0.30	0.10～0.15	780～810	150～170	≥62	可代替GCr15SiMn
GSiMnMoV	0.95～1.10		0.75～1.05	0.40～0.65	0.20～0.40	0.20～0.30		770～810	165～175	≥62	可代替GCr15SiMn

图5-4所示为GCr15钢制作精密微型轴承（要求硬度不小于62HRC）时的热处理工艺曲线。

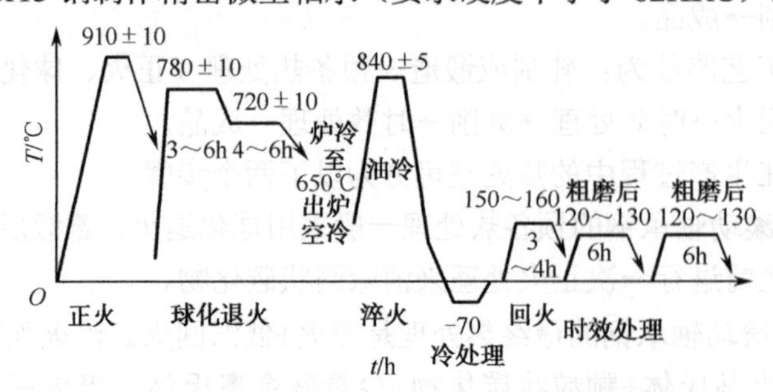

图5-4 精密微型轴承热处理工艺曲线

5.2.3　合金工具钢及应用

用于制造刀具、模具、量具等工具的合金钢称为合金工具钢。合金工具钢按用途可分为三类：合金刃具钢、合金模具钢和合金量具钢。各类合金工具钢除了具有各自的特殊性能外，在使用性能和工艺性能上有许多共同的要求，如高硬度、高耐磨性和足够的强度、塑性及一定的冲击韧度。因此，在实际应用时，区分并不明显，有时同一钢种既可制造刃具，又可制造模具和量具。但是，由于合金工具钢的工作条件不同，对某些性能的要求也相应有所区别，所以细分起来，合金工具钢的成分和热处理工艺也有各自的特点。

1．合金刃具钢

（1）用途

合金刃具钢主要用于制造各种金属切削刀具，如车刀、铣刀、刨刀及钻头、齿轮加工刀具等。

（2）性能要求

刃具在切削时依靠刀刃与金属的相互作用使切屑从金属整体上剥离下来。因此，刃具承受很大的切削压力，同时刃具和切屑之间产生强烈的摩擦使刃具产生很高的温度，可达 500～600℃，而且刃具工作时还承受一定的冲击载荷和振动等。因此，刃具工作时常出现卷刃、崩刃和折断等失效形式。根据刃具工作条件和失效形式，对刃具钢提出如下性能要求：

① 高硬度。为保证刃具能顺利完成切削，刃具硬度必须大于被切削材料硬度，否则切削过程中会产生卷刃的现象，一般要求为 60HRC 以上。

② 高耐磨性。耐磨性越好，刃具在切削过程中越能保持锋利。耐磨性的好坏决定了刃具的寿命。耐磨性不仅取决于硬度，同时还与钢中硬质相的性质、数量、大小和分布有关。一般来说，细小弥散分布于马氏体基体上的高硬度碳化物对提高钢的耐磨性有很大作用。

③ 高红硬性。红硬性是指钢在高温下保持高硬度的能力。要求高的红硬性是为了防止刃具在高速切削时因摩擦升温而软化。

④ 足够的强度、塑性和韧性。刃具在工作时可能受到弯曲、扭转、冲击和振动等载荷作用，要求刃具有足够的强度、塑性和韧性，防止使用中发生崩刃。对中、小截面的刃具，还要求有足够的抗压、抗弯强度，防止刃具折断。

（3）成分特点及作用

合金刃具钢有两类：一类是低合金刃具钢，用于低速切削，其工作温度低于 300℃；另一类是高速钢，用于高速切削，工作温度低于 600℃。

① 低合金刃具钢。碳质量分数为 0.9%～1.1%，以保证能形成足够数量的合金碳化物；主加合金元素 Cr、Mn、Si 的总量较少，其目的是提高淬透性，强化铁素体和形成合金碳化物；W、V 能提高硬度和耐磨性，细化晶粒。

② 高速钢。碳质量分数为 0.7%～1.3%，以保证马氏体硬度和形成多种合金碳化物，但当含碳量过高时，会使碳化物严重偏析，降低钢的韧性。另外，加入 Cr 元素，可提高该类钢的淬透性，即使空冷也可获得马氏体组织。加入大量的 W、Mo、V 元素主要为提高热硬性。由于含有 W、Mo 和 V 的马氏体耐回火性很强，且在 500～600℃回火时，析出弥散分布的特殊碳化物（如 W_2C、Mo_2C）会产生较大程度的二次硬化效果；V 与 C 能形成 VC 或 V_4C_3，因此，可提高钢的硬度和耐磨性，并细化晶粒。

（4）刃具钢加工、热处理特点及组织

① 低合金刃具钢。低合金刃具钢是过共析钢，一般采用球化退火作为预先热处理，目的是降低硬度，改善切削性能，并为淬火做组织准备。若锻造组织中出现网状碳化物，则在球化退火之前进行正火处理以消除网状碳化物。机械加工后进行最终热处理，即淬火加低温回火，使用状态下的组织为回火马氏体+颗粒状碳化物+少量残余奥氏体。由于合金元素的加入，使其淬透性优于碳素工具钢，可以用较低的冷却速度冷却，淬火应力、变形小，因此，在生产中低合金刃具钢（如 9SiCr）得到了广泛的应用，特别是制造各种薄刃刀具，如板牙、丝锥、钻头、铰刀、冷冲模等。

② 高速钢。高速钢的加工工艺路线为：下料→锻造→球化退火→机加工→淬火+三次回火→喷砂→磨削加工。

高速钢属于莱氏体钢，其铸态组织如图 5-5 所示。莱氏体中的碳化物以粗大鱼骨状极不均匀地分布于晶界处，硬度很高，脆性很大，很难用热处理方法消除，只能采用锻造方式将其击碎，且锻造加工时，采用大锻造比（大于 10）、轻锤快锻、反复多向锻造的方法使碳化物细化并分布均匀。因此高速钢锻造的目的不仅在于成型，更重要的是改善组织，从而改善性能。锻造后要缓慢冷却，以免开裂。

高速钢经锻造后必须进行球化退火，旨在降低硬度，以利于切削加工，并使碳化物形成均匀分布的颗粒状，为最终热处理做准备。生产上为了缩短时间，提高生产效率，一般采用等温球化退火工艺。退火后的组织为索氏体+细颗粒状碳化物，如图 5-6 所示。

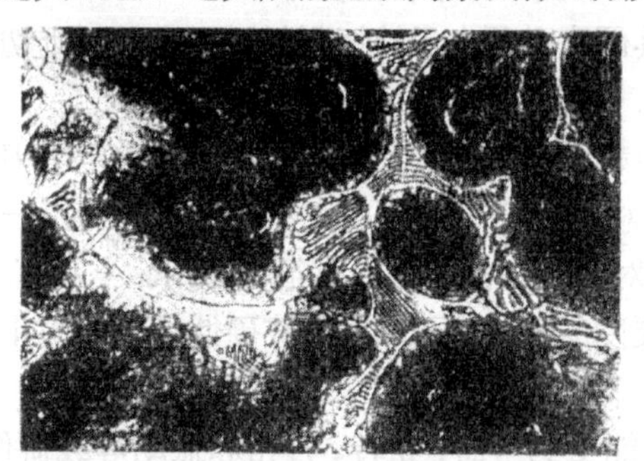

图 5-5 高速钢铸态组织

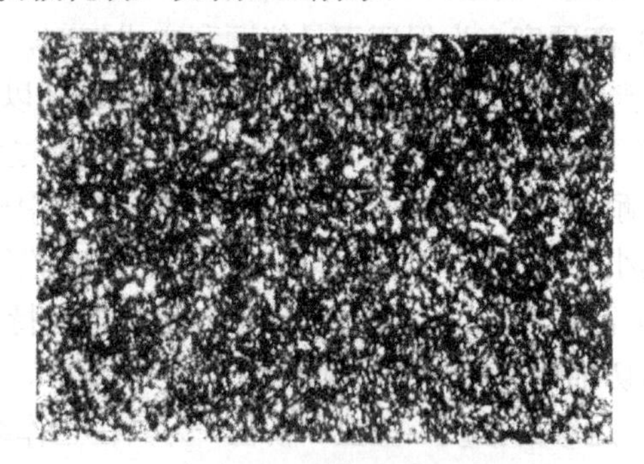

图 5-6 高速钢锻后的退火组织

高速钢的最终热处理为高温淬火+高温回火。高速钢的导热性较差，故淬火加热时，应在 600～650℃和 800～850℃预热两次，以防变形与开裂。高速钢的淬火温度高达 1280℃，以使更多的合金元素溶入奥氏体中，达到淬火后获得高合金元素含量马氏体的目的。淬火温度不宜过高，否则易引起晶粒粗大。

淬火冷却多采用盐浴分级淬火或油冷，以减小变形和开裂倾向。对于尺寸小、形状简单的刀具，采用直接油淬的方法；而对形状复杂、精度要求高的刀具，采用在 580～600℃盐浴分级淬火的方法。淬火后的组织为隐晶马氏体+颗粒状碳化物+较多的残余奥氏体（约 30%），如图 5-7 所示，硬度为 61～63HRC。

为了减少残余奥氏体量，降低钢的脆性和减小内应力，稳定组织，并产生二次硬化，高速钢淬火后通常在 550～570℃进行三次回火。因为一方面在 500～600℃回火时，从马氏体和残余奥氏体中析出大量细小弥散的 W、Al、V 碳化物，使钢产生二次硬化；另一方面正是由于从残余奥氏体中析出碳化物，使碳和合金元素含量下降，M_s上升，因此，在回火冷却时又转变为马氏体，产生二次淬火。但这种二次淬火并不能一次就把残余奥氏体全部消除，需要多次回火使残余奥氏体绝大部分转变为马氏体。第一次回火后剩残余奥氏体量 15%～18%；第二次回火后剩残余奥氏体量 3%～5%；第三次回火后剩残余奥氏体量 1%～2%。经淬火和三次回火后（每次回火时间 1h），高速钢的组织为回火马氏体+细颗粒状碳化物+少量残余奥氏体（不大于 3%），如图 5-8 所示。

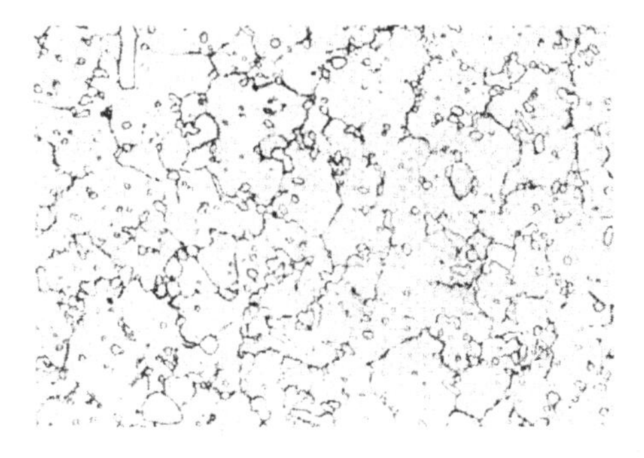

图 5-7　高速钢淬火组织

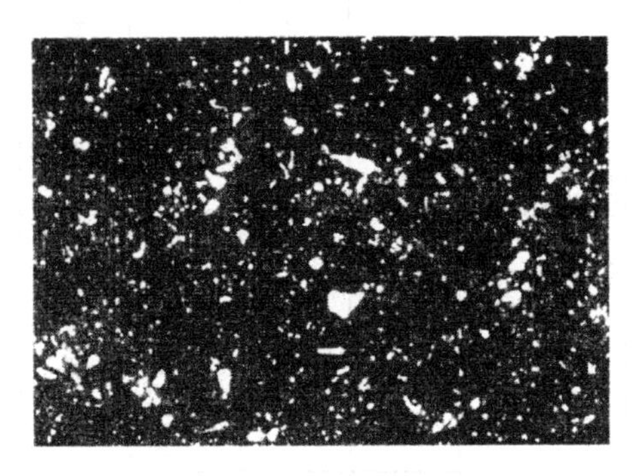

图 5-8　高速钢回火组织

为了提高刀具的切削寿命，也可对高速钢进行表面强化处理，如蒸汽处理、氧氮化处理、离子镀 TiN 和激光处理等。通过表面强化处理，高速钢刀具寿命少则提高百分之几十，多则提高几倍甚至 10 倍以上。

W18Cr4V 钢制插齿刀的热处理工艺如图 5-9 所示。

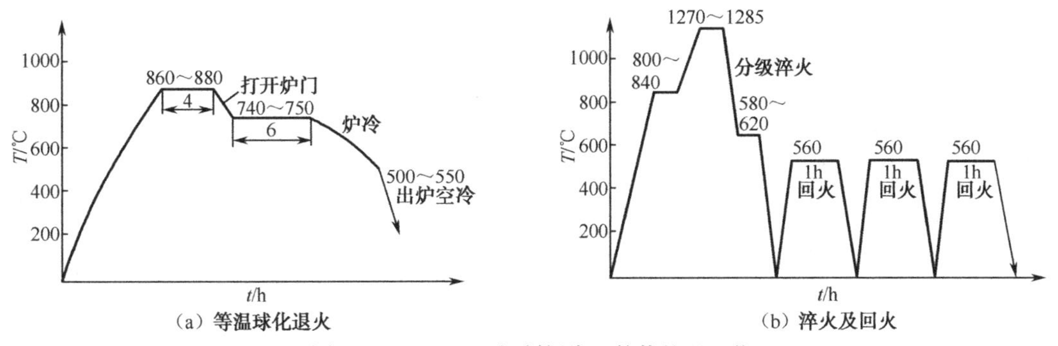

图 5-9　W18Cr4V 钢制插齿刀的热处理工艺

（5）常用合金刃具钢

常用合金刃具钢的牌号、成分、热处理及用途见表 5-10。由表可知，常用合金刃具钢主要有低合金刃具钢和高速钢两类。

低合金刃具钢典型牌号为 9SiCr 和 CrWMn。9SiCr 钢的淬透性高，油中淬火最大直径为 40～60mm，经 230～250℃回火后硬度仍不低于 60HRC，常用来制造薄刃刀具和冷冲模等，工作温度小于 300℃。CrWMn 钢含有较多的碳化物，有较高的硬度和耐磨性，淬透性也较高，淬火后有较多残余奥氏体，工件变形很小，但其热硬性不如 9SiCr 钢，常用来制造截面较大、切削刃受热不高、要求变形小、耐磨性高的刃具，如长丝锥、长铰刀、拉刀等，也常作为量具钢和冷作模具钢使用。

高速钢主要有以下两种：一种为 W 系 W18Cr4V（简称 18-4-1）钢，另一种为 W-Mo 系 W6Mo5Cr4V2（简称 6-5-4-2）钢。前者的热硬性高，过热倾向小；后者的耐磨性、热塑性和韧性较好，适于制造要求耐磨性与韧性配合良好的薄刃细齿刃具。

表5-10 常用合金刃具钢的牌号、成分、热处理[1]及用途

类别	牌号	主要化学成分（%）							热处理				用途
									试样淬火		回火[2]		
		C	Mn	Si	Cr	W	V	Mo	温度/℃	硬度/HRC	温度/℃	硬度/HRC	
低合金刃具钢	8MnSi	0.75～0.85	0.80～1.10	0.30～0.60	—	—	—	—	800～820（油）	≥60	150～200	60～62	木工凿子、锯条或其他工具
低合金刃具钢	9SiCr	0.85～0.95	0.30～0.60	1.20～1.60	0.95～1.25	—	—	—	820～860（油）	≥62	180～200	60～62	板牙、丝锥、钻头、铰刀、冷冲模、冷轧辊等
低合金刃具钢	Cr2	0.95～1.10	≤0.40	≤0.40	1.30～1.65	—	—	—	830～860（油）	≥62	150～170	61～63	低速切削工具、车刀、插刀及铰刀等，量具、样板及凸轮销、偏心轮、冷轧辊等
低合金刃具钢	W	1.05～1.25	≤0.40	≤0.40	0.10～0.30	0.80～1.20	—	—	800～830（水）	≥62	150～160	62～65	慢速切削刀具如铣刀、车刀、刨刀等
低合金刃具钢	9Cr2	0.80～0.95	≤0.40	≤0.45	1.30～1.70	—	—	—	830～860（油）	≥62	130～140	62～65	冷轧辊、钢印、冲孔凿、冲头及冷冲模等
高速钢	W18Cr4V（18-4-1）	0.70～0.80	0.10～0.40	0.20～0.40	3.80～4.40	17.50～19.00	1.00～1.40	≤3.30	1260～1280（油）	≥63	550～570（三次）	>63	一般高速切削用的车刀、刨刀、钻头、铣刀等
高速钢	W9Mo3Cr4V	0.77～0.87	0.20～0.40	0.20～0.40	3.80～4.40	8.50～9.50	1.30～1.70	2.70～3.30	1210～1280（油）	≥63	540～560（两次）	>64	切削不锈钢及其他硬韧材料时，可显著提高刀具寿命，降低零件的表面粗糙度
高速钢	W6Mo5Cr4V2（6-5-4-2）	0.95～1.95	0.15～0.40	0.20～0.45	3.80～4.40	5.55～6.75	1.75～2.20	4.50～5.50	1210～1230（油）	≥63	540～560（两次）	>64	要求耐磨性和韧性很好的高速切削刀具，如钻头等；并适于采用轧制、扭制热变形成型新工艺来制造钻头等刀具
高速钢	W12Cr4VCo5	1.50～1.60	0.15～0.40	0.15～0.40	3.75～5.00	11.75～13.80	4.50～5.25	4.75～5.25	1220～1240（油）	≥63	530～550（三次）每次2h	>65	要求耐磨性和热硬性较高的、耐磨性和韧性较好的、形状稍复杂的刀具，如拉刀、铣刀等

注：① 低合金刃具钢和高速钢的牌号、成分及热处理等有关内容分别选摘自GB 1299—2000和GB 9943—2008。

② 高速钢的高温回火一般为两次，回火时间除W18Cr4V钢每次1h外，其余为每次2h。

2．合金模具钢

合金模具钢是专门用于制造各种模具的合金钢，根据模具工作条件不同，分为冷作模具钢和热作模具钢两大类。

（1）用途

冷作模具钢用于制造使金属在冷态下变形的模具，如冷冲模、冷挤压模、冷镦模及拉丝模、搓丝模、滚丝模等，它们的工作温度一般为 200～300℃。

热作模具钢主要用于制造将加热到再结晶温度以上的金属或液态金属压制成零件的模具，如热锻模、热压模、热挤压模和压铸模等，工作时型腔表面温度可达 600℃以上。

（2）性能要求

冷作模具钢材料在冷态下变形抗力较大，因而冷作模具在工作时承受很大的载荷及冲击、摩擦作用，磨损、变形和断裂是其失效的主要形式。为此，要求冷作模具钢具有以下性能。

① 高硬度（58～62HRC）和高耐磨性，工作时保持锋利的刃口。

② 足够的强度和韧性，工作时刃部不易崩裂或塌陷。

③ 良好的工艺性能，如淬透性、切削加工性等。

热作模具在工作时承受很大的冲击载荷、强烈的摩擦和剧烈的冷热循环引起的热疲劳，因此，要求热作模具钢具有以下性能。

① 高温下良好的综合力学性能。模具在工作中承受压应力、张应力、弯曲应力及冲击应力等，还经受强烈的摩擦，因此必须具有高的强度和韧性，同时还应有足够的硬度和耐磨性。

② 高的抗热疲劳性能和抗氧化性。热作模具在每次使热金属成型之后需用水、油或空气冷却，模腔表面金属由于反复急冷急热产生交变热应力作用而引起的龟裂现象称为热疲劳。因此，热作模具钢应具有良好的抗热疲劳性能和抗氧化能力。

③ 高的淬透性和良好的导热性。对尺寸大的模具，为保证其整体的物理性能、力学性能，要求材料的淬透性高。同时为防止热处理变形，应具有良好的导热性。

④ 高的回火稳定性。工作时模具型腔表面温度可高达 400～600℃，因此，必须具有较高的回火稳定性。

（3）成分特点及作用

① 冷作模具钢属于高碳合金钢。含碳量一般为 1%左右，个别达到 2.0%，以保证高硬度和高耐磨性。所用合金元素主要有 Cr、Mn、W、Mo、V 等。其中，Cr、Mn 的主要作用是提高钢的淬透性和强度；W、Mo、V 的作用是细化晶粒，产生二次硬化效应，提高钢的耐磨性及强韧性。

② 热作模具钢属于中碳合金钢。含碳量为 0.4%～0.6%，压铸模用钢的含碳量为 0.30%，该含碳量可保证淬火后的硬度，同时还有较好的韧性。所用合金元素 Cr、Ni、Mn、Mo 的作用是提高淬透性，使模具表里的硬度趋于一致；Cr、Mo 还有提高回火稳定性、耐磨性的作用；Cr、W、Mo 还通过提高共析温度，使模具在反复加热和冷却过程中不发生相变，来提高抗热疲劳的能力。

（4）热处理特点及组织

冷作模具钢的热处理条件列于表 5-11 中，其特点与低合金刃具钢类似。高碳高铬冷作模具钢的热处理方案有两种。

① 一次硬化法。在较高温度（950～1000℃）下淬火，然后低温（150～180℃）回火，硬度可达 61～64HRC，使钢具有较好的耐磨性和韧性，适用于重载模具。

表 5-11 常用冷作模具钢和耐冲击工具用钢的牌号、成分、热处理及用途（摘自 GB/T 1299—2000）

牌号	化学成分/%						
	C	Si	Mn	Cr	Mo	W	V
9Mn2V	0.85～0.95	≤0.40	1.70～2.00				0.10～0.25
CrWMn	0.90～1.05	≤0.40	0.80～1.10	0.9～1.20		1.20～1.60	
Cr12	2.00～2.30	≤0.40	≤0.40	11.50～13.50			
Cr12MoV	1.45～1.70	≤0.40	≤0.40	11.00～12.50	0.40～0.60		0.15～0.30
Cr4W2MoV	1.12～1.25	0.40～0.70	≤0.40	3.50～4.00	0.80～1.20	1.90～2.60	0.80～1.10
6W6Mo5Cr4V	0.55～0.65	≤0.40	≤0.60	3.70～4.30	4.50～5.50	6.00～7.00	0.70～1.10
4CrW2Si	0.35～0.45	0.80～1.10	≤0.40	1.00～1.30		2.00～2.50	
6CrW2Si	0.55～0.65	0.50～0.80	≤0.40	1.00～1.30		2.20～2.70	

牌号	退火		淬火		回火		用途
	温度/℃	硬度/HB	温度/℃	冷却介质	温度/℃	硬度/HRC	
9Mn2V	750～770	≤229	780～820	油	150～200	60～62	滚丝模、冷冲模、冷压模、塑料模
CrWMn	760～790	190～230	820～840	油	140～160	62～65	冷冲模、塑料模
Cr12	870～900	270～255	950～1000	油	200～450	58～64	冷冲模、拉延模、压印模、滚丝模
Cr12MoV	850～870	270～255	1020～1040	油	150～425	55～63	冷冲模、压印模、冷镦模、冷挤压模
			1115～1130	硝盐	510～520	60～62	冷冲模、拉延模
Cr4W2MoV	850～870	240～255	980～1000	油	260～300	＞60	代替 Cr12MoV 钢
			1020～1040	硝盐	500～540	60～62	
6W6Mo5Cr4V	850～870	179～229	1180～1200	油或硝盐	560～580	60～63	冷挤压模（钢件、硬铝件）
4CrW2Si	710～740	179～217	860～900	油	200～250	53～56	剪刀、切片冲头（耐冲击工具用钢）
					430～470	44～45	
6CrW2Si	700～730	229～285	860～900	油	200～250	53～56	剪刀、切片冲头（耐冲击工具用钢）
					430～470	40～45	

② 二次硬化法。在较高温度（1100～1150℃）下淬火，然后于 510～520℃多次（一般为三次）回火，产生二次硬化，使硬度达 60～62HRC，红硬性和耐磨性都较高（但韧性较差），适用于在 400～450℃温度下工作的模具。Cr12 钢热处理后的组织为回火马氏体、碳化物和残余奥氏体。

热作模具钢中热锻模钢的热处理与调质钢相似，即淬火后高温（550℃左右）回火，以获得回火索氏体或回火屈氏体组织。热压模钢淬火后，在略高于二次硬化峰值的温度（600℃左右）下回火，组织为回火马氏体、粒状碳化物和少量残余奥氏体，与高速钢类似。为了保证热硬性，回火要进行多次。各种热作模具钢的热处理条件见表 5-12。

（5）常用合金模具钢

① 常用冷作模具钢的牌号、成分、热处理及用途见表 5-11。

大部分要求不高的冷作模具可用低合金刃具钢制造，如 9Mn2V、9SiCr、CrWMn 钢等。大型冷作模具用 Cr12 钢。这种钢热处理变形很小，适合于制造重载和形状复杂的模具。冷挤压模工作时受力很大，条件苛刻，可选用基体钢或马氏体时效钢制造。基体钢与高速钢经正常淬火后的基体大致相同，如 6Cr4Mo3Ni2WV、7Cr4W3Mo2VNb 钢等。马氏体时效钢为超低碳（w_C<0.03%）超高强度钢，靠高的含镍量形成低碳马氏体，并经时效析出金属间化合物，使强度显著提高，如 Ni18Co9Mo5TiAl。

② 常用热作模具钢的牌号、成分、热处理及用途见表 5-12。

热锻模钢对韧性要求高而对热硬性要求不太高，典型钢种有 5CrMnMo、5CrNiMo 及 5CrMnSiMoV 钢等。大型锻压模或压铸模采用含碳量较低、合金元素更多而热强性更好的模具钢，如 3Cr2W8V、4Cr5W2VSi、4Cr5MoSiV、4Cr5MoSiV1 及 4Cr3W4Mo2VTiNb 钢等。

其中，4Cr5MoSiV1（相当于美国牌号 H13）是一种空冷硬化的热模具钢。该钢具有较高的热强度和硬度、高的耐磨性和韧性，且具有较好的耐冷热疲劳性能，广泛应用于制造模锻锤的锻模、热挤压模及 A1、Cu 及其合金的压铸模等。

现在市场上出现一种新型的铬钼钒合金模具钢，即来自瑞典的 Unimax 热作模具钢，具有非常优异的韧性、很好的热强性和抛光性。采用 Unimax 模具钢制作的热作模具有优异的抗热裂纹及抗整体开裂能力。适合制作长寿命热作模具及适用于增强性塑料和压塑模具；也可用于工况非常苛刻的冷作模具。

3．塑料模具钢

（1）用途

塑料模具钢是主要用于制造各种塑料和橡胶制品模具的模具钢。

（2）性能要求

塑料模具钢是用于制造各类塑料和橡胶模具的钢种，应具备下述各项性能。

① 良好的综合力学性能。热固性塑料模具工作在 200～250℃，并在制品中添加云母、石英等磨损材料，要求模具在工作温度下保持力学性能不变，并有足够的抗磨损性能。而塑料成型模具在工作过程中要受到不同的温度、压力、侵蚀和磨损作用，因此，要求模具材料组织均匀、无网状及带状碳化物出现，热处理过程应具有较小的氧化脱碳及畸变倾向，热处理后应具有一定强度。

② 良好的切削加工性能。由于塑料和橡胶模具形状较复杂，在制造过程中切削加工成本约占整个模具制造成本的 75%（模具钢材成本费小于 20%），可见提高其切削加工性能非常重要。

③ 好的预硬化性能。一般塑料模具形状都比较复杂，要求易加工、变形小，所以，塑料模具多采用预硬化处理后再加工，如采用调质处理，选用预硬化钢或时效硬化钢等。

表 5-12 常用热作模具钢的牌号、成分、热处理及用途（摘自 GB/T 1299—2000）

牌号	化学成分/%							
	C	Si	Mn	Cr	Mo	W	V	其他
5CrMnMo	0.50～0.60	0.25～0.60	1.20～1.60	0.60～0.90	0.15～0.30			
5CrNiMo	0.50～0.60	≤0.40	0.50～0.80	0.50～0.80	0.15～0.30			
4Cr5MoSiV	0.33～0.42	0.80～1.20	0.20～0.50	4.75～5.50	1.10～1.60		0.30～0.50	
3Cr3Mo3W2V	0.32～0.42	0.60～0.90	≤0.65	2.80～3.30	2.50～3.00	1.20～1.80	0.80～1.20	w_{Ni}：1.40～1.80
5Cr4W5Mo2V	0.40～0.50	≤0.40	≤0.40	3.40～4.40	1.50～2.10	4.50～5.30	0.70～1.10	
3Cr2Mo	0.28～0.40	0.20～0.80	0.60～1.00	1.40～2.00	0.30～0.55			w_{Ni}：0.85～1.15
3Cr2MnMiMo	0.32～0.40	0.20～0.40	1.10～1.50	1.70～2.00	0.25～0.40			w_{Ni}：0.85～1.15

牌号	退火		淬火		回火		用途
	温度/℃	硬度/HB	温度/℃	冷却介质	温度/℃	硬度/HRC	
5CrMnMo	780～800	197～241	830～850	油	490～640	30～47	中型锻模（模高 275～400mm）
5CrNiMo	780～800	197～241	840～860	油	490～660	30～47	大型锻模（模高大于 400mm）
4Cr5MoSiV	840～900	109～229	1000～1025	油	540～650	40～54	热镦模、压铸模、热挤压模、精锻模
3Cr3Mo3V	845～900		1010～1040	空气	550～600	40～54	
5Cr4W5Mo2V	850～870	200～230	1130～1140	油	600～630	50～56	热镦模
3Cr2Mo							热镦模、温挤压模
3Cr2MnNiMo							塑料模具钢

④ 其他性能要求。较高的冷压性能（采用冷压成型法制造模具），退火态硬度低、塑性好、冷作硬化倾向小。较高的抛光性能，要求模具表面粗糙度为 0.1μm 以下，抛光时模具表面不出现麻点和橘皮状缺陷。此外，塑料模具还应具有较高的耐蚀性能、表面图案花纹的刻蚀性能等。

（3）成分特点及作用

塑料模具没有专用钢种，一般选用合金模具钢，有时还会选用渗碳钢等。其成分特点及作用已在相应钢种中介绍，这里不再赘述。

（4）常用塑料模具钢及其加工特点

常用的塑料模具钢通常按使用性能分为以下几类。

① 非合金型塑料模具钢。由于碳素钢具有价格便宜、加工性能好、原料来源方便等优点，因此，对于制造形状简单的小型塑料和橡胶模具或精度要求不高、使用寿命不需要很长的塑料和橡胶模具，多采用这类钢制造。对于要求不高的小型热塑性塑料模具，则一般采用含碳量 w_C=0.4%～0.6%的碳素结构钢制造，如 45 钢；对形状较简单的小型热固性塑料模具，由于要求较高的耐磨性，一般采用碳素工具钢制造。

② 整体淬硬型塑料模具钢。一般为中、高碳合金钢，经整体淬硬后具有高强度、高硬度、高耐磨性，并有足够的韧性、淬透性，有些还有良好的切削加工性能。常用的模具钢有 40Cr、CrWMn、9Mn2V、4Cr5 MoSiV1、5CrNiMo、5CrMnMo 钢等，用于制造压制热固性塑料、复合强化塑料（包括聚合物基复合材料）产品的模具。

③ 预硬型塑料模具钢。预硬型塑料模具钢是指将热加工的模具坯料预先进行调质处理，以获得所要求的使用性能，再进行刻模加工，模具成型后，不需要再进行最终热处理就可以直接使用的塑料模具钢。为改善钢的切削加工性能，通常加入 S、Pb、Ca 等合金元素，得到易切削预硬化模具钢。常用的模具钢有 40Cr、3Cr2Mo（相当于美国牌号 P20）、8Cr2MnWMoVS 钢等。

预硬化钢避免了由于热处理而引起的模具变形和裂纹问题，最适宜制作形状复杂的大、中型精密塑料模具。

为了进一步提高塑料模具的使用寿命，本教材推荐在预硬型塑料模具钢的基础上，结合化学镀镍工艺。譬如用 40Cr 钢做调质处理后进行模具成型加工，然后再进行化学镀镍处理（镀层厚度 0.02～0.05mm），最后在 400℃下时效处理 1h。这样做的好处有四个方面：一是要在模具成型加工之前进行调质处理，这样可以避免因淬火造成的已成型模具的变形；二是经过调质后，材料的强度、硬度适中，比较适合切削加工，有利于获得高质量的模具工作面；三是化学镀镍和时效处理不但不会影响模具的尺寸精度和表面粗糙度，反而会因化学镀镍层的硬度高（约 1000HV）而大大提高模具寿命；四是当模具表面局部的化学镀镍层快被磨透时，可以将整个化学镀层退掉后重新镀上，这样相当于又加工了一套新模具，可以大大降低零件的模具制造成本。

4．合金量具钢

（1）用途

合金量具钢是用于制造各种测量工具，如卡尺、千分尺、块规、塞规及螺旋测微仪等的钢种。

（2）性能要求

在长期存放和使用过程中保证尺寸精度是对量具的最基本要求。引起量具在使用或存放过程中尺寸精度降低的原因主要有两个方面：一是量具在使用过程中要与被测零件接触，承受摩擦与冲击，易于发生磨损，导致尺寸精度降低；二是由于热处理后残余奥氏体转变为马氏体而引起体积膨胀，或者由于马氏体分解，正方度下降，使体积收缩，或是由于残余应力的重新分布等原因而使弹性变形部分转变为塑性变形从而引起尺寸变化。因此，对合金量具钢的性能要求如下：

① 高的硬度和耐磨性。

② 高的尺寸稳定性，热处理变形小。

③ 一定的韧性和特殊环境下的耐蚀性。

（3）成分特点及作用

合金量具钢的成分与低合金刃具钢相似，属于高碳钢（w_C=0.9%～1.5%），所加合金元素Cr、W、Mn的作用是提高淬透性。

（4）常用合金量具钢

量具并无专用钢种，根据量具种类和精度要求可选用不同类别的钢制造。

一般非精密量具，可选碳素工具钢（如T10A、T12A钢）或低碳钢（如15、20钢）进行渗碳淬火加低温回火，也可用60、65Mn钢等高碳钢制造。对精密量具，选用CrWMn、Cr12、GCr15钢等。如CrWMn钢的淬透性较高，淬火变形小，可制作高精度且形状复杂的量规及块规；GCr15钢耐磨性及尺寸稳定性好，可制作高精度块规、千分尺；在腐蚀性介质中使用的量具，可用铬不锈钢（如4Cr13、9Cr18钢等）制造。专用氮化钢38CrMoAlA渗氮后具有极高的表面硬度和耐磨性、尺寸稳定性和一定的耐蚀性，适于制造高质量的量具。常用量具用钢的选用见表5-13。

表5-13 常用量具用钢的选用

量　具	钢　号
平样板	10、20或50、55、60、60Mn、65Mn
一般量规与块规	T10A、T12A、9SiCr
高精度量规与块规	Cr钢、CrMn钢、GCr15
高精度且形状复杂的量规与块规	CrWMn（低变形钢）
抗蚀量规	4Cr13、9Cr18（不锈钢）

5.2.4 特殊性能钢及应用

特殊性能钢是指具有特殊物理、化学性能的专用钢，其种类很多，本节仅介绍不锈钢、耐热钢和耐磨钢。

1. 不锈钢

（1）用途

不锈钢通常是一般不锈钢和耐酸钢的总称。不锈钢是指耐大气、蒸汽和水等弱介质腐蚀的钢种，耐酸钢则是指耐酸、碱、盐等化学介质腐蚀的钢。不锈钢与耐酸钢在合金化程度上有较大差异。不锈钢虽然具有不锈性，但并不一定耐酸；而耐酸钢一般均具有不锈性。所以，不锈钢的用途主要有两种：一种是应用于要求耐酸、碱、盐等化学介质腐蚀的化工产品和机械零件；另一种则是用于制作医疗器械和建筑装饰、雕塑等用品。

（2）性能要求

金属的腐蚀主要有两种形式，一种是金属与外界介质发生纯化学反应的化学腐蚀，腐蚀过程中不产生电流，最典型的例子是钢的高温氧化、脱碳，在石油燃气中的腐蚀；另一种是金属在电解质（酸、碱、盐类）溶液中由于原电池作用而引起的电化学腐蚀，腐蚀过程中有电流产生，如金属材料在大气条件下的锈蚀、在各种电解液中的锈蚀。金属的腐蚀大多是电化学腐蚀。所以，作为不锈钢，应主要有抵抗电化学腐蚀的能力。此外，制造工具的不锈钢还要求高硬度、高耐磨性；制造重要结构零件时，要求高强度；某些不锈钢则要求有较好的加工性能。

（3）成分特点及作用

既然金属的腐蚀大多属于电化学腐蚀，那么，从化学成分的设计（合金化）上就应该从电化学的角度来考虑，具体包括以下四个方面。

① 使金属表面形成钝化膜。加入一定量的 C、Si、Al 等合金元素，使金属在高温下表面形成 Cr_2O_3、SiO_2、Al_2O_3 等致密的钝化膜；或采用化学热处理方法进行渗 C、渗 Si、渗 Al 等处理，从而起到防腐蚀的作用。其中，Cr 是最有效的元素，这就是不锈钢中加入 Cr 元素的主要原因之一。另外，合金元素 Mo 的加入可进一步增强不锈钢的钝化作用，能提高钢在氧化性及非氧化性介质中的耐蚀性。加入少量的 Cu 元素也可促进钢的钝化，从而改善钢的耐蚀性。

② 使金属在均匀的单相组织条件下使用。使用状态下不锈钢具有奥氏体、铁素体等单相组织，可减少微电池数目，钢的耐蚀性得以提高。通常情况下采用 Ni 来保证不锈钢在使用状态下为单相奥氏体组织；Cr 是不锈钢中的主要元素，当 Cr 的质量分数达到 12.7%时，它能封闭奥氏体相区，形成单一铁素体组织。

③ 提高固溶体基体的电极电位。通过在钢中加入合金元素 Cr、Ni 等可达到此目的。如在钢中加入约 12.5%（摩尔比）的 Cr，可使 Fe 的电极电位由−0.5V 跃升至+0.2V。如果需要进一步提高耐蚀性，就需要铬质量分数更高。这就是实际应用中的不锈钢，其铬质量分数最低不低于 13%的原因。

④ 降低碳质量分数。从耐蚀性角度考虑，碳质量分数越低越好，因为 C 易与 Cr 生成碳化物（如 $Cr_{23}C_6$），这样将降低基体的铬质量分数，进而降低电极电位并增加微电池数量，从而降低耐蚀性，故大多数不锈钢的碳质量分数为 0.1%～0.2%。若从力学性能角度考虑，增加碳质量分数虽然影响了耐蚀性，但可提高钢的强度、硬度和耐磨性，可用于制造要求耐蚀的刀具、量具和滚动轴承。

（4）常用不锈钢

通常，不锈钢是按高温（900～1100℃）加热并在空气中冷却后钢的基体组织进行分类的，主要可分为马氏体型、铁素体型、奥氏体型、铁素体型-奥氏体型和沉淀硬化型。表 5-14 所示为几种常用不锈钢的牌号、成分、热处理、性能及用途。

需要说明的是，现在市场上供应的不锈钢种多以国外牌号来命名，如 201、304、316L、403、430 等，但其与国内牌号都有对应关系。

（5）热处理特点及组织

① 马氏体不锈钢。马氏体不锈钢的含碳量为 0.10%～1.20%，因此，淬火后的马氏体具有较高的强度和硬度。当含碳量高时，需要有较高的含铬量，以保证基体的含铬量，使钢具有较高的耐蚀性。

高含量的铬使此类钢具有很好的淬透性，锻后空冷的组织中出现马氏体。为改善切削性能，消除锻造应力，马氏体不锈钢采用完全退火或高温回火作为预热处理。

完全退火的工艺是将锻件加热至 840～900℃，保温 2～4h，以低于 28℃/h 的速度炉冷至 600℃后空冷，使硬度降至 217HBS 以下。高温回火是将锻件加热至 700～800℃，保温 2～6h 后空冷，获得回火索氏体，使硬度达到 200～230HBS。因为退火组织中存在含铬碳化物，降低了基体的含碳量，且碳化物与基体形成许多的微电池，故钢的耐蚀性不高。

马氏体不锈钢的最终热处理为淬火+回火。如用于制作医疗工具、量具等耐磨性要求高的零件，采用低温回火；如制造承受冲击载荷的零件如汽轮机叶片、螺栓等，采用高温回火。

表 5-14　常用不锈钢的牌号、成分、热处理、性能及用途

类别	牌号	化学成分/%						热处理温度/℃				力学性能					用途
		C	Si	Mn	Ni	Cr	其他	退火	固溶处理	淬火	回火	σ_b /MPa	$\sigma_{0.2}$ /MPa	δ /%	ψ /%	硬度 /HB	
奥氏体型	1Cr18Ni9	≤0.15	≤1.00	≤2.00	8.00～10.00	17.00～19.00			1010～1150（快冷）			≥520	≥260	≥40	≥60	≤187	硝酸、化工、化肥等工业设备零件
	0Cr19Ni9N	≤0.08	≤1.00	≤2.00	7.00～10.50	18.00～20.00	N：0.10～0.20		1010～1050（快冷）			≥649	≥275	≥35	≥50	≤217	
	00Cr18Ni10N	≤0.03	≤1.00	≤2.00	8.50～11.50	17.00～19.00	N：0.12～0.22		1010～1150			≥549	≥245	≥40	≥50	≤217	化学、化肥及化纤工业用的耐蚀材料
	1Cr18Ni9Ti	≤0.12	≤1.00	≤2.00	8.00～11.00	17.00～19.00	Ti：5×(C%～0.02) ～0.80		1000～1100（快冷）			≥539	≥206	≥40	≥55	≤187	耐酸容器、管道及化工焊接件等
	0Cr18Ni11Nb	≤0.08	≤1.00	≤2.00	9.00～13.00	17.00～19.00	Nb：≥10×C%		980～1150（快冷）			≥520	≥206	≥40	≥50	≤187	镍铬钢焊芯、耐酸容器等
铁素体型	1Cr17	≤0.12	≤0.75	≤1.00		16.00～18.00		780～850（空气、缓冷）				≥400	≥250	≥20	≥50	≤187	硝酸工业、吸水塔、热交换器、管道等及食品厂设备
	1Cr17Mo	≤0.12	≤1.00	≤1.00		16.00～18.00	Mo：0.75～1.25	780～850（空气、缓冷）				≥450	≥206	≥22	≥60	≤187	

续表

类别	牌号	化学成分/%						热处理温度/℃				力学性能					用途
		C	Si	Mn	Ni	Cr	其他	退火	固溶处理	淬火	回火	σ_b /MPa	$\sigma_{0.2}$ /MPa	δ /%	ψ /%	硬度 /HB	
马氏体型	1Cr13	≤0.15	≤1.00	≤1.00	≤0.60	11.50～13.50		800～900（缓冷）或 750（快冷）		950～1000（油）	700～750（快冷）	≥500	≥420	≥20	≥30	≤187	汽轮机叶片、水压机阀、结构件、螺栓、螺母等
马氏体型	2Cr13	0.16～0.25	≤1.00	≤1.00	≤0.60	12.00～14.00		800～900（缓冷）或 750（快冷）		920～980（油）	600～750（快冷）	≥588	≥450	≥16	≥55	≤187	汽轮机叶片、水压机阀、结构件、螺栓、螺母等
马氏体型	3Cr13	0.26～0.40	≤1.00	≤1.00	≤0.60	12.00～14.00		800～900（缓冷）或 750（快冷）		920～980（油）	600～750（快冷）	≥735	≥540	≥12	≥40	≤217	硬度较高的耐蚀耐磨工具、医疗工具、量具、滚动轴承等
马氏体型	3Cr13Mo	0.28～0.35	≤0.80	≤1.00		12.00～14.00	Mo：0.50～1.00	800～900（缓冷）或 750（快冷）		1025～1075（油）	200～300（油、水、空气）						硬度较高的耐蚀耐磨工具、医疗工具、量具、滚动轴承等
铁素体型+奥氏体型	0Cr26Ni5Mo2	≤0.08	≤1.00	≤1.50	3.00～-6.00	23.00～28.00			950～1100（快冷）			≥588	≥392	≥18		≤277	耐点蚀性好、高强度、耐海水腐蚀用零件等
铁素体型+奥氏体型	00Cr18Ni5MoSi2	≤0.03	1.30～2.00	1.00～2.00	4.50～5.50	18.00～19.50			950～1050（快冷）			≥588	≥392	≥20		≤30HRC	石油化工等工业热交换器或冷凝器等
沉淀硬化型	1Cr17Ni7A1	≤0.09	≤1.00	≤1.00	6.50～7.50	16.00～18.00			1000～1100（快冷）			≥1140	≥960	≥25		≤363HRB	弹簧、垫圈等零件
沉淀硬化型	0Cr15Ni7Mo2Al	≤0.09	≤1.00	≤1.00	6.50～7.50	14.00～16.00	Mo：2.00～3.00		565（时效）			≥1200	≥1100	≥25		≤388	耐腐蚀、高强度容器及零件

常用的马氏体不锈钢有1Cr13（相当于美国牌号410）、2Cr13（相当于美国牌号420）、3Crl3、4Cr13、1Cr17Ni2、7Cr17、9Cr18Mo钢等。含碳量低的1Cr13、2Cr13、1Cr17Ni2钢等主要用于制造耐蚀零件和结构件，含碳量较高的3Cr13、4Cr13、7Cr17、9Cr18Mo钢等主要用于制造医疗器具、量具、轴承等。

② 铁素体不锈钢。此类不锈钢含碳量小于0.12%，含铬量为11.50%～30%，Cr是一个缩小γ相区的合金元素，所以，在正常热处理温度下，基本保持为单相铁素体，不能通过热处理强化。含铬量高，又是单相，因而其耐蚀性能优于马氏体不锈钢，但塑性不及奥氏体不锈钢，广泛应用于硝酸和氮肥工业中。

高铬铁素体不锈钢在退火状态下使用，主要有0Cr13Al、1Cr17（相当于美国牌号430）、1Cr25、1Cr17Mo钢等。

③ 奥氏体不锈钢。奥氏体不锈钢含碳量很低（$w_C \leqslant 0.15\%$），含铬量为18%，含镍量为9%，这种不锈钢习惯上称为18-8型不锈钢。其中镍是扩大γ相区的元素。当含铬量为18%时，加入9%的镍就可使钢在室温时具有单相奥氏体，常用的奥氏体不锈钢有1Cr18Ni9（相当于美国牌号302）、0Cr18Ni9（相当于美国牌号304）、1Cr17Mn6Ni5N（相当于美国牌号201）、1Cr18Mn8Ni5N（相当于美国牌号202）、00Cr17Ni14Mo2（相当于美国牌号316L）等。

奥氏体不锈钢含碳量极低，且是单相组织，因此，其耐蚀性优于马氏体不锈钢。同时它具有高塑性，适宜冷加工成型，焊接性能良好。此外，它无铁磁性，可用于抗磁零件。因此，奥氏体不锈钢广泛用于食品加工设备、热处理设备、化工设备、抗磁仪表、飞机构件等方面。在美国生产的不锈钢中，奥氏体不锈钢占65%～70%。

为了提高18-8型不锈钢的性能，常用的热处理有以下三种：

- 固溶处理。将钢加热至1050～1150℃，使所有的碳化物溶于奥氏体中，然后水淬快冷，获得单相奥氏体。这样处理后的18-8型不锈钢强度很低，塑性、耐蚀性很好。
- 稳定化处理。稳定化处理是针对含Ti的奥氏体不锈钢的。固溶处理后，再加热至850～880℃，保温6h后缓冷，使C全部稳定在TiC中，而不析出$(CrFe)_{23}C_6$，提高耐蚀性。
- 去应力退火。去应力退火在两种情况下使用：一是为了消除冷加工的残余应力，加热温度为300～350℃；二是为了消除焊接件的残余应力，加热温度不低于850℃，使焊缝处的$(CrFe)_{23}C_6$全部溶解。

④ 铁素体-奥氏体不锈钢。这类钢在18-8型不锈钢的基础上，提高Cr、Mo、Si等铁素体形成元素的含量，以形成铁素体与奥氏体双相不锈钢。这种钢采用950～1100℃固溶处理后，获得F+A双相组织。由于铁素体的存在，提高了单纯奥氏体不锈钢的强度和抗晶间腐蚀能力，而奥氏体的存在，降低了高铬铁素体钢的脆性和晶粒长大倾向，提高了焊接性能和韧性。此外，这种不锈钢还节约了大量的Ni。因此，在炼油等化工设备方面获得了广泛的应用。这类不锈钢有0Cr26Ni5Mo2、0Cr18Ni11Si4A1Ti、00Cr18Ni5MoSi2等。

⑤ 沉淀硬化不锈钢。为了既保持奥氏体不锈钢优良的焊接性能和压力加工性能，又保持马氏体不锈钢的高硬度，研制了沉淀硬化不锈钢。在18-8不锈钢的基础上，添加Al、Mo、Nb等元素，经1000～1100℃固溶处理，然后于420～620℃析出各种金属化合物硬化相，使钢具有高强度。其耐蚀性优于铁素体不锈钢，略低于奥氏体不锈钢，常用于制作轴、弹簧、汽轮机部件等有一定耐蚀要求的高强度结构件。常用的沉淀硬化不锈钢有0Cr17Ni4Cu4Nb、0Cr17Ni7Al、0Cr15Ni7Mo2Al等。

上述不锈钢种类大多都对应有国外牌号，如201、304、316L等。

2．耐磨钢

（1）用途及性能要求

耐磨钢主要用于运转过程中承受严重磨损和强烈冲击的零件，如车辆履带、挖掘机铲斗、破碎机鳄板和铁轨分道叉等。对耐磨钢的主要要求是有很高的耐磨性和韧性。

（2）成分特点及作用

① 高碳。保证钢的耐磨性和强度。但碳过高时，淬火后韧性下降，且易在高温时析出碳化物。因此，其碳质量分数不能超过 1.4%。

② 高锰。锰是扩大 γ 相区的元素，它和碳配合，保证完全获得奥氏体组织，提高钢的加工硬化率及良好的韧性。锰和碳的质量分数比值为 10～12（锰质量分数为 11%～14%）。

③ 一定量的硅。硅可改善钢液的流动性，并起固溶强化的作用。但硅质量分数太高时，容易导致晶界出现碳化物，引起开裂。故硅质量分数为 0.3%～0.8%。

（3）常用耐磨钢

目前，工程上使用的耐磨钢主要是高锰钢，其牌号为 ZGMn13，由于高锰钢机械加工困难，基本上是铸造、热处理后直接使用。

除高锰钢外，20 世纪 70 年代初由我国发明的 Mn-B 系空冷贝氏体钢也是一种很有发展前途的耐磨钢。它是一种热加工后空冷所得组织为贝氏体或贝氏体—马氏体复相组织的钢类。由于免除了传统的淬火或淬火回火工序，从而大大降低了成本，节约了能源，减少了环境污染，免除了淬火过程中产生的变形、开裂、氧化和脱碳等缺陷，而且产品能够整体硬化，强韧性好，综合力学性能优良。因此，该钢种得到了广泛的应用，如贝氏体耐磨钢球，高硬度、高耐磨低合金贝氏体铸钢，工程锻造用耐磨件，耐磨传输管材等。当然，Mn-B 系贝氏体钢的应用不限于耐磨方面，它已经形成了系列，包括中碳贝氏体钢、中低碳贝氏体钢和低碳贝氏体钢等。Mn-B 系贝氏体钢是一种适合我国国情，并具有明显的性能和价格优势的优秀钢种。

（4）热处理特点及组织

高锰钢在铸态下，碳化物沿晶界析出，使塑性、韧性大为降低，脆性大，硬度较高（约 420HBW），延伸率为 1%～2%。为获得所需性能，必须进行水韧处理。即将钢加热到 1000～1100℃保温，使碳化物全部溶解，然后在水中快冷，在室温下获得均匀单一的奥氏体组织。此时钢的硬度很低（约为 210HB），但韧性很高。当工件在工作中受到强烈冲击或强大压力而变形时，表面层产生强烈的加工硬化，并且还发生马氏体转变和 ε 碳化物沿滑移面析出，使表层硬度急剧升高，达 450～500HBW，而心部保持韧性高的奥氏体组织。

应当指出，工件在工作中受力不大时，高锰钢的耐磨性发挥不出来。

3．耐热钢

耐热钢是指在高温下具有高的热化学稳定性和热强性的特殊钢。

（1）用途及性能要求

在加热炉、锅炉、燃气轮机等高温装置中，许多零件要求在高温下具有良好的抗蠕变和抗断裂的能力、良好的抗氧化能力、必要的韧性及优良的加工性能，具有较好的抗高温氧化性能和高温强度（热强性）。

① 抗氧化性。抗氧化性是指金属在高温下的抗氧化能力，是零件在高温下持久工作的基础。金属的氧化性取决于金属与氧的化学反应能力；而氧化速度或抗氧化能力在很大程度上取决于金属氧化膜的结构和性能，即氧化膜的化学稳定性、结构的致密性和完整性、与基体的结合能

力，以及本身的强度等。

铁与氧可生成一系列氧化物。在560℃以下生成Fe_2O_3和Fe_3O_4，它们结构致密、性能良好，对钢有很好的保护作用；在560℃以上形成的氧化物主要是FeO。由于FeO的结构疏松，晶体空位较多，原子扩散容易，钢基体得不到保护，因此氧化很快。所以，提高钢的抗氧化性，主要途径是改善氧化膜的结构，增大致密度，抑制金属的继续氧化。最有效的方法是加入Cr、Si、Al等元素，它们能形成致密和稳定的尖晶石类型结构的氧化膜。

② 热强性。热强性是指钢在高温下的强度。在高温下钢的强度较低，当受一定应力作用时，发生变形量随时间而逐渐增大的过程，这种过程称为蠕变。显然，在高温下长期工作的零件应该具有高的蠕变强度或持久强度。蠕变极限（强度）是钢在一定温度下一定时间内产生一定变形量时的应力。持久强度是钢在一定温度下经一定时间引起断裂的应力。金属在高温下强度降低，主要是扩散加快和晶界强度下降的结果。

提高高温强度，主要的办法是合金化。

（2）成分特点

耐热钢中不可缺少的合金元素是C、Si或Al，特别是Cr，它们的加入，可以提高钢的抗氧化性，Cr还有利于热强性。Mo、W、V、Ti等元素加入钢中，能形成细小弥散的碳化物，起弥散强化的作用，提高室温和高温强度。C 是扩大γ相区的元素，对钢有强化作用。但碳质量分数较高时，由于碳化物在高温下易聚集，使高温强度显著下降；同时，碳也使钢的塑性、抗氧化性、焊接性能降低，所以，耐热钢的碳质量分数一般都不高。

（3）钢种、热处理特点及应用

根据热处理特点和组织的不同，耐热钢分为铁素体型、奥氏体型、马氏体型和沉淀硬化型四种。

① 铁素体耐热钢。常用钢种有0Cr13Al、1Cr17、2Cr25N等。这类钢的主要合金元素是Cr。Cr扩大铁素体区，通过退火，可得到铁素体组织。这类钢强度不高，但耐高温氧化，用于油喷嘴、炉用部件、燃烧室等。

② 奥氏体耐热钢。常用钢种有1Cr18Ni9Ti、2Cr21Ni12N、2Cr23Ni13、4Cr14Ni14W2Mo等。钢中含有较多的奥氏体稳定化元素Ni，经固溶处理后组织为奥氏体。其化学稳定性和热强性都比铁素体型和马氏体型耐热钢强，工作温度可达750～820℃。用于制造一些比较重要的零件，如燃气轮机轮盘和叶片、排气阀、炉用部件等。这类钢一般进行固溶处理，也可通过固溶处理加时效提高其强度。

③ 马氏体耐热钢。常用钢种有1Cr13、2Cr13、4Cr9Si2、1Cr11MoV等。这类钢含有大量的Cr，抗氧化性及热强性均高，淬透性好。经淬火后得到马氏体，高温回火后组织为回火索氏体。用于制造600℃以下受力较大的零件，如汽轮机叶片、内燃机进气阀、转子、轮盘及紧固件等。

④ 沉淀硬化耐热钢。常用钢种有0Cr17Ni7Al、0Cr17Ni4Cu4Nb等，经固溶处理加时效后抗拉强度可超过1000MPa，是耐热钢中强度最高的一类钢。用于高温弹簧、膜片、波纹管、燃气透平压缩机叶片、燃气透平发动机部件等。

5.3 铸钢与铸铁

5.3.1 铸钢及应用

在重型机械、冶金设备、运输机械和国防工业等行业中，有不少零件如齿轮、轴、轧辊、机座、缸体、外壳、阀体等是铸钢件。

铸钢通常按化学成分和用途分类。按化学成分可分为铸造碳素钢和铸造合金钢；按用途可分为铸造结构钢、铸造特殊钢（如耐磨钢、不锈钢和耐热钢）和铸造工具钢（如高速钢和模具钢）等。

1. 铸造碳素钢

铸造碳素钢的牌号、化学成分、力学性能及用途见表 5-15。牌号中“ZG”是“铸钢”二字的汉语拼音首字母。“ZG”后面的数字，分别表示材料的屈服强度和抗拉强度。目前，仍然有用旧牌号表示的。在旧牌号中，“ZG”后面的数字表示的是平均碳质量分数（以万分数表示）。

表 5-15 铸造碳素钢的牌号、化学成分、力学性能及用途（摘自 GB/T 11352—1989）

铸钢牌号	旧牌号	化学成分/%				力学性能（≥）					用途
		C	Si	Mn	S、P	σ_s/MPa	σ_b/MPa	δ/%	ψ/%	a_k/(kJ/m^2)	
ZG200-400	ZG15	0.20	0.50	0.80	0.04	200	400	25	40	600	机座、变速箱壳
ZG230-450	ZG25	0.30	0.50	0.90		230	450	22	32	450	轧钢机架、车辆摇枕
ZG270-500	ZG35	0.40	0.50	0.90		270	500	18	25	350	飞轮、汽缸、齿轮、轴承箱
ZG310-570	ZG45	0.50	0.60	0.90		310	570	15	21	300	联轴器、重载机架
ZG340-640	ZG55	0.60	0.60	0.90		340	640	10	18	200	起重机齿轮、车轮

注：表中的力学性能是在正火（或退火）—回火状态下测定的，适用于厚度不大于 100mm 的铸钢件。

碳质量分数是影响铸钢件性能的主要因素，随着碳质量分数的增加，屈服强度和抗拉强度均增加，但抗拉强度比屈服强度增加得更快，碳质量分数超过 0.45%时，屈服强度增加很少，而塑性、韧性却显著下降。从铸造性能来看，适当提高含碳量，可降低钢液的熔化温度，增加钢液的流动性，钢中气体和夹杂也能减少。所以，生产中使用最多的是 ZG25、ZG35、ZG45 三种铸钢。

2. 铸造合金钢

由于铸造碳素钢的淬透性低，某些物理、化学性能满足不了工程的需要，因此，在碳钢中加入适量的合金元素，以提高碳钢的力学性能和改善某些物理、化学性能。常用的元素有 Mn、Si、Mo、Cr、Ni、Cu 等。按加入的合金元素总量的多少，铸造合金钢又分为铸造低合金钢和铸造高合金钢。

原则上讲，铸造合金钢与型材合金钢相比，在本质上区别不大，要求的化学成分基本相同。只是相比型材合金钢而言，铸造合金钢由于组织粗大，易产生缩孔、缩松和夹砂等缺陷，所以其力学性能方面相对稍差。

（1）铸造低合金钢

铸造低合金钢中的合金元素质量分数总量小于 5%，主要加入元素有 Si、Mn、Cr。Si 在钢中不形成碳化物，只形成固溶体，能在铁素体中起固溶强化作用。Mn 元素在钢中能固溶于铁素体、奥氏体中，并形成合金渗碳体 $(FeMn)_3C$，因此，Mn 对钢有较大的强化作用。Cr 能提高钢的淬透性、耐磨性。常用铸造低合金钢的成分、力学性能及用途见表 5-16。

表 5-16 常用铸造低合金钢的成分、力学性能及用途（摘自 JB/T 6402—1992）

牌号	化学成分/%				力学性能					用途
	C	Mn	Si	其他	σ_s/MPa	σ_b/MPa	δ/%	ψ/%	硬度/HBS	
ZG35Mn	0.30～0.40	1.10～1.40	0.60～0.80		345	570	12	20	—	用于中等载荷或较高载荷但受冲击不大的零件
ZG40Mn	0.35～0.45	1.20～1.45	0.30～0.45		295	640	12	30	163	用于较高压力下承受冲击和摩擦的零件，如齿轮
ZG50Mn2	0.45～0.55	1.50～1.80	0.20～0.40		445	785	18	37	—	用于高应力、严重磨损条件下的零件，如高强齿轮、碾轮等
ZG40Cr	0.35～0.45	0.50～0.80	0.17～0.37	w_{Cr}=0.80～1.10	470	686	15	20	229～321	高强齿轮、轴类
ZG35SiMnMo	0.32～0.40	1.10～1.40	1.10～1.40	w_{Mo}=0.20～0.30 w_{Cu}≤0.30	390	640	12	20	—	中高载件、承受摩擦件，如齿轮、轴类件、耐磨件
ZG35CrMnMo	0.30～0.40	0.90～1.20	0.50～0.75	w_{Cr}=0.50～0.80	345	690	14	30	217	用于承受冲击和磨损的零件，如齿轮、滚轮、高速锤框架

注：上述各合金中，w_S、w_P≤0.035%。

（2）铸造高合金钢

不锈钢 1Cr13、2Cr13、1Cr18Ni9，高速钢 W18Cr4V，模具钢 5CrMnMo、5CrNiMo 等可以铸造成型使用，在钢号前加“ZG”两个字母，如 ZGlCr13。这类铸钢中的合金元素质量分数总量在 10%以上，称为铸造高合金钢。铸造高合金钢具有特殊的使用性能，如耐磨、耐热、耐腐蚀等。这些铸钢的化学成分、性能及应用与相应的型材基本相同。

3．铸钢的组织特征及热处理

由于铸钢的浇铸温度很高，而且冷却较慢，所以容易得到粗大的奥氏体晶粒。在冷却过程中，铁素体首先沿着奥氏体晶界呈网状析出，然后沿一定方向以片状生长，形成魏氏组织。魏氏组织的特点是铁素体沿晶界分布并呈针状插入珠光体内，使钢的塑性和韧性下降，不能直接使用。所以，铸钢要经过退火或正火处理，以细化晶粒，消除魏氏组织和铸造应力，改善力学性能。退火或正火后的组织为晶粒比较细小的珠光体和铁素体。

5.3.2 铸铁及应用

铸铁是碳质量分数大于 2.11%的铁碳合金，另外还含有较多的 Si、Mn、S、P 等元素。它是工程上常用的金属材料之一，因为铸铁的生产设备和工艺简单、价格便宜，它还具有许多优良的使用性能和工艺性能，所以应用非常广泛，可以用来制造各种机器零件，如机床的床身、床头箱；发动机的汽缸体、缸套、活塞环、曲轴、凸轮轴；轧机的轧辊及机器的底座等。

1．铸铁的石墨化

（1）铸铁的石墨化过程

铸铁的石墨化就是铸铁中碳原子析出和形成石墨的过程，石墨的晶体结构如图 5-10 所示。

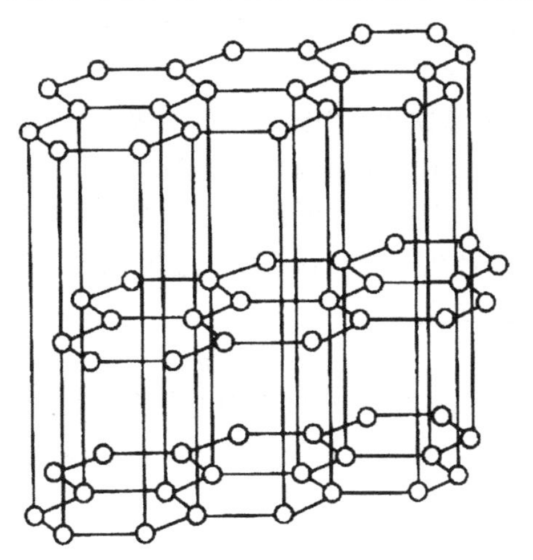

图 5-10　石墨的晶体结构

在铁碳合金中，C 可以三种形式存在。一是溶于α-Fe 或γ-Fe 中形成固溶体 F 或 A；二是形成化合物态的渗碳体（Fe_3C）；三是游离态石墨（Graphite，用 G 表示）。渗碳体具有复杂的斜方结构。石墨具有特殊的简单六方晶格（见图 5-10），其底面原子呈六方网格排列，原子之间为共价键结合，间距小（1.42×10^{-6}m），结合力很强；底面层之间为分子键结合，面间距较大（3.04×10^{-10}m），结合力较弱，所以石墨的强度、硬度和塑性都很差。

渗碳体为亚稳定相，在一定条件下能分解为 Fe 和石墨（$Fe_3C\rightarrow3Fe+C$）；石墨为稳定相。所以在不同情况下，铁碳合金可以有亚稳定平衡的 Fe-Fe_3C 相图和稳定平衡的 Fe-G 相图，即铁碳合金相图应该是复线相图（见图 5-11）。图中，实线表示 Fe-Fe_3C 相图，虚线表示 Fe-G 相图。铁碳合金究竟按哪种相图变化，取决于加热、冷却条件或获得的平衡性质（亚稳定平衡还是稳定平衡）。稳定平衡相图的分析方法与前述的亚稳定平衡相图完全相同。

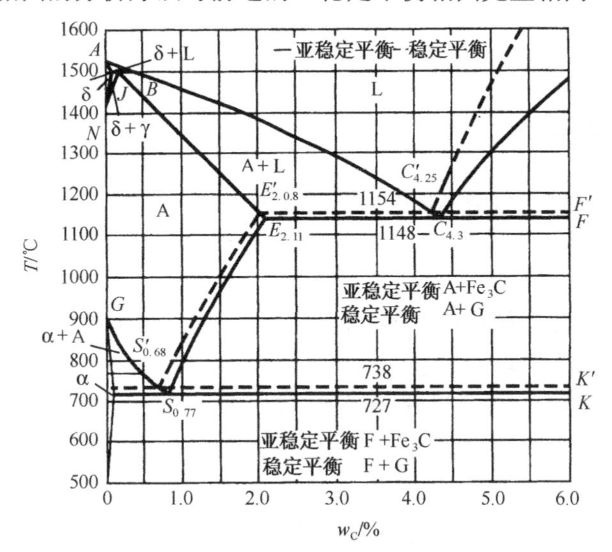

图 5-11　铁碳合金双重相图

如前所述，既然在铁碳合金中渗碳体只不过是一种亚稳定相，而石墨才是稳定相，那么，为什么 $Fe-Fe_3C$ 相图中铁碳合金平衡结晶时不析出石墨而是析出渗碳体呢？这主要是因为 Fe_3C 的含碳量（w_C=6.69%）较石墨的含碳量（w_C=100%）更接近于工业铸铁的含碳量（w_C=2.5%～4.0%），形成渗碳体晶核更容易。但当合金中含有促进石墨形成的 Si 元素并在高温有足够扩散时间的条件下，不仅渗碳体分解出石墨，铁液和奥氏体中也将析出稳定的石墨相来。

铸铁中碳原子析出并形成石墨的过程称为石墨化。石墨既可以从液体和奥氏体中析出，也可以通过渗碳体分解来获得。灰铸铁和球墨铸铁中的石墨主要从液体中析出；可锻铸铁中的石墨则完全由白铸铁经长时间退火，由渗碳体分解而得到。

按照 Fe-G 相图，可将铸铁的石墨化过程分为三个阶段：

① 第一阶段石墨化。铸铁液体结晶出一次石墨（过共晶铸铁）和在1154℃（$E'C'F'$ 线）通过共晶反应形成共晶石墨，其反应式为

$$L_{C'} \rightarrow A_{E'} + G_{(共晶)}$$

② 第二阶段石墨化。在 1154～738℃温度范围内奥氏体沿 $E'S'$ 线析出二次石墨。

③ 第三阶段石墨化。在 738℃通过共析反应析出共析石墨，其反应式为

$$A_{E'} \rightarrow F_{P'} + G_{(共析)}$$

（2）影响石墨化的主要因素

影响石墨化的主要因素包括温度、冷却速度和合金元素。

① 温度和冷却速度。铸铁的结晶在高温慢冷的条件下，由于碳原子能充分扩散，通常按 Fe-G 相图进行转变，C 以石墨的形式析出。当冷却较快时，由液体中析出的是渗碳体。析出渗碳体所需的碳原子扩散量较少。低温下，碳原子扩散能力较差，铸铁的石墨化过程往往难以进行。

铸铁加热到 550℃以上，共析渗碳体开始分解为石墨和铁素体。加热温度越高，分解越强烈；保温时间越长，分解越充分。在共析温度以上，二次渗碳体和一次渗碳体先后分解为奥氏体和石墨。因此，在生产过程中，铸铁的缓慢冷却，或在高温下长时间保温，均有利于石墨化。

② 合金元素。按对石墨化的作用，可分为促进石墨化的元素（C、Si、Al、Cu、Ni、Co 等）和阻碍石墨化的元素（Cr、W、Mo、V、Mn 等）两大类。另外，杂质元素 S 也是阻碍石墨化的元素。一般来说，碳化物形成元素阻碍石墨化，非碳化物形成元素促进石墨化，其中以 C 和 Si 最强烈。生产中，调整碳和硅的质量分数，是控制铸铁组织和性能的基本措施。C 不仅促进石墨化，而且还影响石墨的数量、大小及分布。S 强烈促进铸铁的白口化，并使力学性能和铸造性能恶化，因此，一般都控制在 0.15%以下。

2．铸铁的组织特征和分类

（1）按铸铁在结晶过程中石墨化程度的不同分类

① 灰铸铁：在第一和第二阶段石墨化过程都进行得充分的铸铁。其断口为暗灰色，故称为灰铸铁，简称为灰口铁。

这类铸铁根据第三阶段石墨化程度的不同，又可分为三种不同显微组织的灰铸铁，即珠光体+石墨、铁素体+珠光体+石墨、铁素体+石墨。

② 白铸铁：三个阶段的石墨化过程全部被抑制，完全按 $Fe-Fe_3C$ 相图结晶的铸铁。其断口呈银白色，故称为白铸铁，简称白口铁。其性能硬而脆，不易切削加工，很少用于制作机械零件，而主要用作炼钢原料。

③ 麻铸铁：在第一阶段未得到充分石墨化的铸铁。其断口上呈灰白相间的麻点，故称为麻铸铁。其组织介于白铸铁和灰铸铁之间，含有不同程度的莱氏体，具有较大的脆硬性，工业上

很少应用。

表 5-17 列出了经不同程度石墨化后所得到的组织和类型。

表 5-17 铸铁经不同程度石墨化后所得到的组织

名 称	石墨化程度			显微组织
	第一阶段	第二阶段	第三阶段	
灰铸铁	充分进行	充分进行	充分进行	F+G
	充分进行	充分进行	部分进行	F+P+G
	充分进行	充分进行	不进行	P+G
麻铸铁	部分进行	部分进行	不进行	L_d'+P+G
白铸铁	不进行	不进行	不进行	L_d'+P+Fe_3C

（2）按铸铁中石墨晶体的形态分类

① 灰铸铁（钢的基体+片状石墨）。

② 可锻铸铁（钢的基体+团絮状石墨）。

③ 球墨铸铁（钢的基体+球状石墨）。

④ 蠕墨铸铁（钢的基体+蠕虫状石墨）。

这类铸铁组织的共同特点是在钢的基体上分布着石墨。钢的基体组织一般是平衡组织（如铁素体、铁素体+珠光体和珠光体），也可能是不平衡组织。这类铸铁的性能一般主要取决于石墨的结晶形状、大小、分布和数量等，其次才取决于基体组织。

3．铸铁的性能特点

铸铁中的石墨是一种非金属夹杂物。与金属基体相比，石墨的强度、硬度、塑性和韧性几乎为零（$\sigma_b \approx 20\text{MPa}$，3～5HB，$\delta=0$）。因此铸铁中的石墨，相当于在金属基体上形成了许多“微裂纹”或“微孔洞”。这对于灰铸铁而言，不仅减小了灰铸铁金属基体的承载面积，而且由于其片状石墨尖端引起的应力集中，使得灰铸铁的抗拉强度、塑性和韧性远低于钢。但当铸铁在承受压应力时，石墨的不利影响较小，因此，它具有较高的抗压强度，适合于制造承受压载荷的零件。

石墨的存在虽然降低了铸铁的力学性能，但却赋予铸铁许多钢所没有的性能。

① 优良的铸造性能。铸铁在凝固时由于析出密度小而体积大的石墨，因此，降低了铸铁凝固时的收缩率，使铸铁不易产生缩孔、缩松等缺陷。再加上铸铁的熔点低、流动性好，故铸铁具有优良的铸造性能。

② 良好的切削加工性。铸铁中石墨的存在使切屑易于脆断和对刀具有润滑减摩作用。

③ 较好的耐磨性和减振性。由于石墨是润滑剂，而且当铸件表面的石墨脱落后形成孔洞时，还可以储存润滑油，故铸铁的耐磨性较好。另外，由于石墨的质地松软，能吸收振动能量，加之石墨的存在破坏了金属基体的连续性，不利于振动能量的传递，故铸铁的减振性好。

④ 较低的缺口敏感性。由于石墨本身就相当于在金属基体上存在了许多微小的缺口，故其他缺口的存在对降低其力学性能的幅度不大，即缺口敏感性低。

如何减小石墨对铸铁性能的不利影响呢？若使铸铁中石墨的形态变为团絮状或球状或蠕虫状，或使石墨变细和分布均匀，则可大大减小石墨引起的应力集中和切割作用，使铸铁的力学性能得到较大的提高。因此，在现代铸造生产中，广泛采用各种方法改变石墨的形状、大小、分布等，以减小石墨的危害作用。下面要介绍的孕育铸铁、可锻铸铁、球墨铸铁、蠕墨铸铁就是这种努力的结果。

4．常用铸铁

1）灰铸铁

生产中灰铸铁通常是指普通灰铸铁和孕育灰铸铁，由于其价格相对便宜，是应用最广泛的一类铸铁，其产量几乎占铸铁产量的80%以上。

（1）灰铸铁的牌号

根据GB 9439—1988的规定，灰铸铁的牌号用“灰铁”的汉语拼音首字母“HT”来表示，后续的数字表示最低抗拉强度σ_b。根据GB 9439—1988，灰铸铁的牌号、显微组织、性能及应用见表5-18。

表5-18 灰铸铁的牌号、显微组织、性能及应用

牌号	铸铁壁厚/mm		最低抗拉强度σ_b/MPa	显微组织		性能及应用
	>	≤		基体	石墨	
HT100	2.5	10	130	铁素体+珠光体	粗片状	铸造性能好，工艺简便，铸造应力小，不用人工时效，减震性优良。适用于低载荷及对摩擦和磨损无特殊要求的零件，如盖、外罩、支架、重锤等
	10	20	100			
	20	30	90			
	30	50	80			
HT150	2.5	10	175	铁素体+珠光体	较粗片状	性能特点和HT100基本相同，适用于承受中等应力的零件、摩擦面间单位压力小于0.49MPa下承受磨损的零件及在弱腐蚀介质中工作的零件。例如，普通机床上的支柱、底座、齿轮箱、工作台、刀架、床身、轴承座等，碱性介质中工作的泵壳、法兰等
	10	20	145			
	20	30	130			
	30	50	120			
HT200	2.5	10	175	珠光体	中等片状	强度较高，耐磨，耐热性较好，减震性也良好，铸造性能较好，但必须进行人工时效处理。适用于承受较大应力的零件或摩擦面间单位压力大于0.49MPa下承受磨损的零件，以及要求一定的气密性或耐腐蚀的零件。例如，一般机械和汽车、拖拉机中较重要的铸件（如齿轮、机座、飞轮、床身、立柱、汽缸、汽缸套、活塞、制动轮、联轴器、齿轮箱、轴承座、油缸等），以及要求一定的耐蚀能力和较高强度的化工容器、泵壳等
	10	20	145			
	20	30	170			
	30	50	160			
HT250	4	10	270	细珠光体	较细片状	
	10	20	240			
	20	30	220			
	30	50	200			
HT300	10	20	290	索氏体或屈氏体	细小片状	高强度，高耐磨性，白口倾向大，铸造性能差，铸后需进行人工时效处理。适用于制作承受高弯曲应力及高抗拉应力的重要零件，或摩擦面间单位压力大于0.96MPa下承受磨损的零件，以及要求高气密性的零件。例如，剪床、压力机、自动车床和其他重型机床的床身、机身、机架和受力大的齿轮，车床卡盘、凸轮、衬套，大型发动机的汽缸体、汽缸套、高压液压缸、泵体、阀体等
	20	30	250			
	30	50	230			
HT350	10	20	340			
	20	30	290			
	30	50	260			

由表5-18可见，灰铸铁的抗拉强度与铸件壁厚有关。在同一牌号中，随着铸件壁厚的增加，其抗拉强度（及硬度）下降。这是由于同样牌号的铸铁金属液浇铸的铸件壁越厚，则冷却速度越慢，结晶出的片状石墨也越粗，强度等力学性能也随之下降。因此，在根据零件的强度要求来选择铸铁的牌号时，必须注意铸件的壁厚。如铸件的壁厚过大或过小，并超出表中所列尺寸，则应根据具体情况适当提高或降低铸件的牌号。此外，还应考虑到灰铸铁的牌号越高，虽然强度也越高，但铸造性能变差，形成缩孔和裂纹等缺陷的倾向增加，铸造工艺也就相应复杂了。因此，在选择灰铸铁时，不能一味追求高牌号灰铸铁。

HT300和HT350为孕育铸铁，有时将HT250也称为孕育铸铁。它是在C、Si含量较低的铸铁金属液中加入少量孕育剂硅钙或硅铁合金（一般占金属液质量的0.4%），使片状石墨细小而均匀分散，从而提高其力学性能。孕育处理使铸铁对冷却速度的敏感性显著减小，使铸件的组织和性能均匀一致，故孕育铸铁适合于制造截面尺寸较大且力学性能要求较高的大型铸件。

（2）灰铸铁的成分和组织

灰铸铁中石墨呈片状分布，其化学成分为：w_C=2.5%～3.6%，w_{Si}=1.1%～2.5%，w_{Mn}=0.5%～1.4%，w_P≤0.3%，w_S≤0.15%。C和Si越高，越容易石墨化，但当其碳当量CE（CE=w_C+1/3w_{Si}）为过共晶成分时，会从液相中直接结晶出粗大的一次片状石墨。故一般碳当量CE应控制在接近共晶成分，约为4%。

灰铸铁的组织由钢的基体组织与片状石墨组成。钢的基体因共析阶段石墨化进行的程度不同可有铁素体、铁素体+珠光体和珠光体三种基体，相应有三种灰铸铁，其显微组织如图5-12所示。由于珠光体的强度比铁素体高，因此，珠光体灰铸铁的强度最高，应用最广泛；而铁素体灰铸铁强度低，应用较少。此外，灰铸铁中的片状石墨也呈现出各种形态、大小和分布情况，它们对灰铸铁的力学性能起着主要作用。例如，具有细小片状石墨的灰铸铁有良好的力学性能。

（a）铁素体灰铸铁　100×

（b）铁素体+珠光体灰铸铁　100×

（c）珠光体灰铸铁　500×

图5-12　灰铸铁的显微组织

（3）灰铸铁的性能和应用

灰铸铁的抗拉强度、塑性、韧性和疲劳强度都比钢低得多，这是因为石墨的强度、塑性几乎为零，且石墨本身也可看成是钢基体上的孔洞和裂纹。但石墨具有一定的减震性能，是良好的润滑剂，石墨脱落后的孔洞还能储存润滑油，因此，灰铸铁具有良好的切削加工性、耐磨性、减震性、抗压性和低的缺口敏感性等。最为重要的是灰铸铁具有优良的铸造性能，因为灰铸铁的成分接近于共晶成分，而且石墨的比容较大。因此，灰铸铁的流动性好，凝固收缩比钢小，适于铸造几何形状复杂的零件。

灰铸铁的生产过程最简单，且成本低，故应用广泛。灰铸铁主要用于制造承受压力和振动的零部件，典型的应用如机床床身、各种箱体、壳体、泵体、缸体和卡盘等。

（4）灰铸铁的热处理

灰铸铁的热处理只能改变铸铁的基体组织，不能改变石墨的形态和分布，对提高灰铸铁的整体力学性能作用不大。因此，生产中主要采用热处理消除铸件的内应力、改善切削加工性和提高表面耐磨性等。

① 消除内应力退火（人工时效）。对于一些形状复杂或尺寸稳定性较高的重要铸件，如机床床身、柴油机汽缸等，为了消除其铸造内应力，防止铸件变形或开裂，需采用消除内应力退火。退火工艺：将铸件缓慢加热到500～600℃，保温4～8h后随炉冷至150～220℃时出炉空冷。经此退火处理后的铸件内应力可消除90%以上。

② 改善切削加工性退火。铸造时铸件的表层和薄壁易产生白口组织，使得硬度提高、加工困难，需进行退火以降低硬度。退火工艺：加热到850～900℃，保温2～5h后随炉冷至250～400℃时出炉空冷。

③ 表面淬火。对于一些表面需要高硬度和高耐磨性的铸件，如机床导轨、缸体内壁等，可进行表面淬火处理，淬火后表面硬度可达59～61HRC。表面淬火方法主要有高频感应加热表面淬火、火焰加热表面淬火和激光加热表面淬火。

2）球墨铸铁

球墨铸铁是20世纪50年代发展起来的一种高强度铸铁材料，其综合性能接近于钢。正是由于其优异性能，球墨铸铁已迅速发展为仅次于灰铸铁、应用十分广泛的铸铁材料。以铁代钢主要是指以球墨铸铁代替部分碳钢、合金钢和可锻铸铁，并取得了良好的经济效益和使用效果。

球墨铸铁的生产方法是在铁液中同时加入一定量的球化剂和孕育剂。球化剂（镁、稀土—镁合金等）的作用是使石墨球化，但球化剂中的镁会强烈促进铸铁白口。为了避免白口，并使石墨球细小、圆整且均匀分布，必须加入孕育剂。通常采用的孕育剂是 w_{Si}=75%的硅铁和硅钙合金。

（1）球墨铸铁的牌号

根据GB/T 1348—1988的规定，球墨铸铁的牌号由“QT”（“球铁”的汉语拼音首字母）和两组数字组成，前一组数字表示最低抗拉强度σ_b，后一组数字表示最低延伸率δ。球墨铸铁的牌号、力学性能及应用见表5-19。

表5-19 球墨铸铁的牌号、力学性能及应用

牌号	基体类型	抗拉强度 σ_b/MPa	屈服强度 $\sigma_{0.2}$/MPa	延伸率 δ/%	硬度/HBS	应用
QT400-18	铁素体	≥400	≥250	≥18	130～180	用于汽车、拖拉机的牵引框、轮毂、离合器及减速器等的壳体，农机具犁铧、犁托，牵引架高压阀门的阀体、阀盖、支架等
QT400-15		≥400	≥250	≥15	130～180	
QT450-10		≥450	≥310	≥10	160～210	
QT500-7	铁素体+珠光体	≥500	≥320	≥7	170～230	内燃机的机油泵齿轮、水轮机的阀门体、铁路机车车辆的轴瓦等
QT600-3		≥600	≥370	≥3	190～270	
QT700-2	珠光体	≥700	≥420	≥2	225～305	柴油机和汽油机的曲轴、连杆、凸轮轴、汽缸套、空压机和气压计的曲轴、缸体、缸套、球磨机齿轮及桥式起重机滚轮等
QT800-2	珠光体或回火组织	≥800	≥480	≥2	245～335	
QT900-2	贝氏体或回火马氏体	≥900	≥600	≥2	280～360	汽车螺旋锥齿轮，拖拉机减速齿轮，农机具犁铧、钯片等

（2）球墨铸铁的成分和组织

球墨铸铁的成分与灰铸铁有所不同，球墨铸体的化学成分为：w_{C}=3.8%～4.0%，w_{Si}=2.0%～2.8%，w_{Mn}=0.6%～0.8%，w_{P}≤0.1%，w_{S}≤0.04%，w_{RE}=0.03%～0.05%。

球墨铸铁的组织由金属基体加球状石墨组成，如图 5-13 所示。常用的球墨铸铁基体有铁素体、铁素体+珠光体、珠光体三种。经过合金化和热处理也可获得索氏体、屈氏体、贝氏体、马氏体和奥氏体等基体组织。其中，经热处理后以马氏体为基体的球墨铸铁具有高硬度和高强度；以等温淬火获得的下贝氏体为基体的球墨铸铁具有优良的综合力学性能；以铁素体为基体的球墨铸铁塑性最好；以珠光体为基体的球墨铸铁是应用最广泛的球墨铸铁。

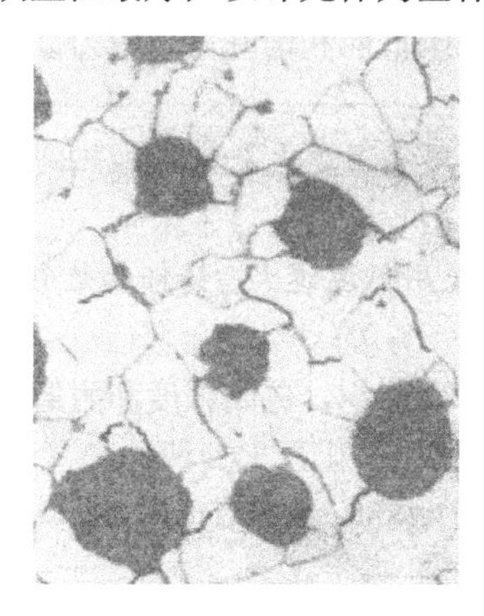

（a）F+球状 G　300×

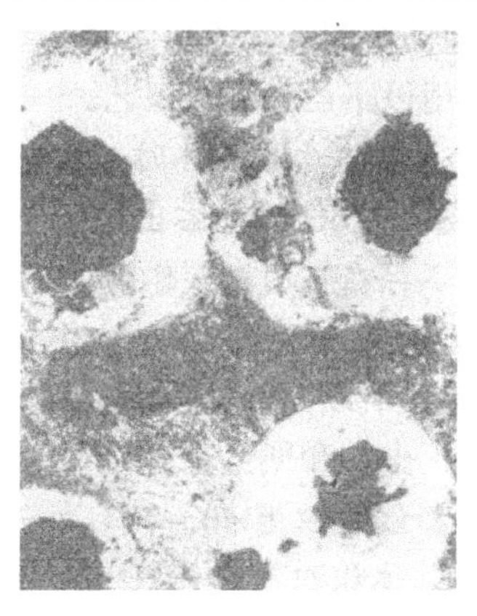

（b）F+P+球状 G　500×

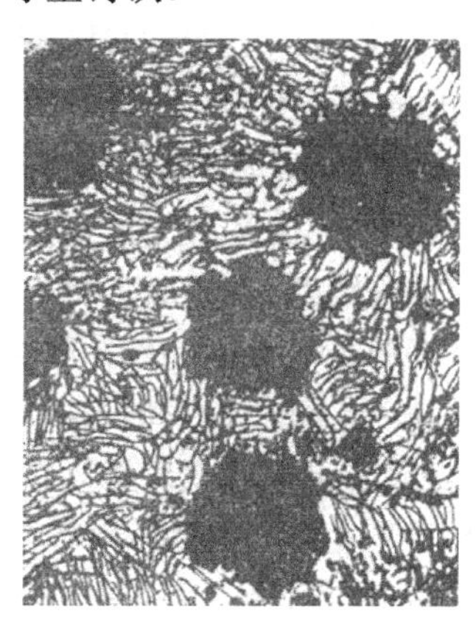

（c）P+球状 G　500×

图 5-13　球墨铸铁的显微组织

（3）球墨铸铁的性能和应用

由于石墨呈球状，因此，球墨铸铁基体强度的利用率从灰铸铁的 30%～50%提高到 70%～95%，这使得球墨铸铁的抗拉强度、疲劳强度、塑性和韧性不仅高于灰铸铁，而且接近它相应基体组织的铸钢。特别是球墨铸铁的屈强比σ_s/σ_b高达 0.7～0.8，几乎为一般碳钢的 2 倍。因此，对于承受静载荷的零件，用球墨铸铁代替铸钢，可以减轻机器的质量。

球墨铸铁的力学性能与球状石墨的形状、大小和分布有关。通常石墨球越圆整，直径越小，分布越均匀，则球墨铸铁的力学性能越高。但是球状石墨引起的应力集中效应小，因此，球墨铸铁的力学性能主要取决于其基体组织。例如，铁素体基体的球墨铸铁具有高的塑性和韧性及低的强度和硬度，而珠光体基体的球墨铸铁，其强度、硬度较高，耐磨性较好，但塑性和韧性较低。显然这两种球墨铸铁的力学性能与它们的基体组织相对应。也正因为如此，球墨铸铁像钢一样可以通过热处理和合金化来进一步提高其性能。另外，一般认为球墨铸铁的减摩性能高于灰铸铁，但减震能力比灰铸铁低得多。

球墨铸铁的铸造性能不及灰铸铁，球墨铸铁的主要缺点为：凝固时的收缩率较大，过冷的倾向大；容易产生白口及缩松等。因此，其熔炼工艺和铸造工艺都比灰铸铁要求高，而且复杂。

（4）球墨铸铁的热处理

球墨铸铁的热处理与钢相似，但因其含有较多的 C 与 Si，因而又具有不同的特点。

① 共析转变温度显著升高，并变成一个相当宽的温度范围，而不是恒定的共析转变温度。这一方面使其奥氏体化温度高于碳钢，另一方面由于球墨铸铁在共析转变温度范围内的不同温度加热保温，会形成不同（平衡）相对量的铁素体和奥氏体。因此，若在这个温度范围进行不完全奥氏体化，只要改变加热温度，退火冷却后，就可以获得不同比例的铁素体和珠光体基体

组织，从而使球墨铸铁获得不同的力学性能。

② 当在共析转变温度之上加热且球墨铸铁的基体组织完全奥氏体化后，若继续升高温度或延长保温时间，则奥氏体中的含碳量将因石墨的溶入而增加。因此，通过控制加热温度和保温时间，可调整其奥氏体的含碳量。例如，对铸件的综合力学性能要求高时，应采用较低的完全奥氏体化的加热温度，以获得含碳量低的马氏体基体组织。

③ 使C曲线右移，并形成两个“鼻子”，这使淬火临界冷却速度降低，淬透性增大，因此，一般中小铸件可采用油淬。

根据性能需要，球墨铸铁的热处理工艺主要有以下四种。

① 退火。退火的目的是获得塑性好的铁素体基体，改善切削性能和消除铸造应力。根据球墨铸铁原始铸造组织的不同，可采用以下两种退火工艺。

- 高温退火：原始铸态组织中存在自由渗碳体时，应当采用高温退火。铸件加热到900~950℃，保温2～5h，随炉缓冷至600℃左右出炉空冷。
- 低温退火：原始铸态组织中不存在自由渗碳体时，应当采用低温退火。铸件加热到720~760℃，保温2～8h，随炉缓冷至600℃左右出炉空冷。

② 正火。正火的目的是增加基体中珠光体的数量，细化基体组织，提高强度和耐磨性。正火可分为高温正火（完全奥氏体化正火）和低温正火（不完全奥氏体化正火）两种。

- 高温正火：将铸件加热到共析温度以上50～70℃，一般为880～920℃，保温1～3h，然后出炉空冷，获得珠光体型基体组织。
- 低温正火：将铸件加热到共析温度840～880℃，保温1～4h，然后出炉空冷，正火后的基体组织为珠光体和少量铁素体，其强度比高温正火略低，但塑性和韧性较高。

由于球墨铸铁的导热性差，正火后有较大的内应力，故需进行去应力退火，即加热到550～600℃，保温3～4h，然后出炉空冷。

③ 调质。调质的目的是获得较高的综合力学性能。如球墨铸铁的连杆、曲轴可进行调质处理。

球墨铸铁调质处理工艺：一般加热到860～920℃，使基体完全奥氏体化，再用油淬获得马氏体组织，然后经550～600℃回火2～4h，最终组织为回火索氏体+球状石墨。

④ 等温淬火。球墨铸铁经等温淬火后不仅强度高，而且塑性和韧性也良好。这种工艺适用于综合力学性能要求高且外形又较复杂、热处理易变形与开裂的零件，如齿轮、凸轮轴等。

球墨铸铁等温淬火的工艺：一般加热到860～920℃，适当保温后，在300℃左右的等温盐浴中冷却并保温30～90min，然后取出空冷。由于等温转变后的组织主要为上（下）贝氏体+球状石墨，所以人们把这种经过等温淬火的球墨铸铁称为奥贝球铁。由于等温盐浴的冷却能力有限，这种工艺仅用于截面不大的零件。

（5）铸态球墨铸铁

铸态球墨铸铁是20世纪80年代中后期开始研制并应用的，顾名思义，铸态球墨铸铁一般是指铸造后不再对毛坯进行正火、退火处理的球墨铸铁。它的性能是通过炉前对金属液进行孕育处理以控制基体组织类型和比例来保证的，生产铸态球墨铸铁时，孕育剂的配制、选用及炉前处理工艺起着关键作用。其牌号和性能与普通球墨铸铁一样。

3）蠕墨铸铁

蠕墨铸铁是20世纪60年代开始发展并逐步受到重视的一种新的铸铁材料，因其石墨呈蠕虫状而得名。蠕墨铸铁的生产过程与球墨铸铁相似，是用一定化学成分的铁液经蠕化处理和孕育处理后制得的。

蠕墨铸铁的突出优点是其导热性和耐热疲劳性比球墨铸铁高得多，而抗生长性和抗氧化性均较其他铸铁高。此外，其减震性能比球墨铸铁高，但不如灰铸铁。蠕墨铸铁主要用于制造耐较高温度且经受热循环载荷的零件，如汽缸盖、汽缸套等。

4）可锻铸铁

可锻铸铁是在钢的基体上分布着团絮状石墨的一种铸铁。由于石墨形态呈团絮状分布，减弱了石墨对基体的割裂程度，因此，其力学性能比灰铸铁好，尤其是塑性和韧性。但必须指出，“可锻”仅说明它与灰铸铁相比有较好的塑性和韧性，而实际上是不能锻造的。根据生产工艺的不同，可锻铸铁可分为黑心可锻铸铁（铁素体可锻铸铁）、珠光体可锻铸铁和白心可锻铸铁三种，其中前两种是白铸铁经过石墨化退火而获得的，而后一种则是白铸铁经脱碳处理而获得的。

由于可锻铸铁的生产过程是先浇铸成白铸铁件，然后再退火成灰口组织，因此，它非常适合于生产形状复杂的薄壁细小的铸件，如管接头、暖气片等，这是任何其他铸件所不能媲美的。

5）合金铸铁

在工程上，有时除要求铸铁具有一定的力学性能外，还要求其具有某些特殊性能，如耐磨、耐热和耐蚀性等。为此，在铸铁中加入某些合金元素，以得到一些具有特殊性能的合金铸铁。合金铸铁主要分为耐磨铸铁、耐热铸铁和耐蚀铸铁三类。

（1）耐磨铸铁

耐磨铸铁分为减摩铸铁和抗磨铸铁两类。

减摩铸铁是指在润滑条件下工作的耐磨铸铁，如制造机床导轨、活塞环、汽缸套、滑块、滑动轴承等所用的材料。要求其组织为在软基体上嵌有硬的组成相。软基体在磨损后形成的沟槽可保持油膜，有利于润滑，而坚硬的强化相可承受摩擦。细片状珠光体基体的灰铸铁能满足这种要求，其中铁素体为软基体，渗碳体为硬的强化相，石墨不仅起着润滑的作用，也起着储油作用。为进一步改善珠光体灰铸铁的耐磨性，通常将磷质量分数提高到 0.4%～0.6%，得到高磷铸铁。其中磷形成的磷化铁（Fe_3P）可与珠光体或铁素体形成高硬度的共晶组织，因而显著提高铸铁的耐磨性。由于普通高磷铸铁的强度和韧性较差，故常在其中加入 Cr、Mo、W、Cu、Ti、V 等合金元素，形成合金高磷铸铁，如磷铜钛铸铁、铬钼铜铸铁等。

抗磨铸铁是指在无润滑的干摩擦及抗磨粒磨损条件下工作的铸铁，如制造轧辊、犁铧、球磨机磨球、衬板、煤粉机锤头等所用的材料。这类铸铁的组织应具有均匀的高硬度，以承受在很大载荷下的严重磨损。白铸铁可用作抗磨铸铁，但白铸铁由于脆性较大，应用受到一定的限制，不能用于制作承受大的动载荷或冲击载荷的零件。若在白铸铁中加入少量的 Cu、Cr、Mo、V、B 等合金元素，可形成合金渗碳体，抗磨性有所提高，但韧性改进仍不大。当加入 3.0%～5.0%的 Ni 和 1.50%～3.50%的 Cr 后即得到以马氏体和碳化物为主的组织，这种铸铁称为镍铬马氏体白铸铁，又称镍硬铸铁，其硬度和力学性能均比普通白铸铁优越，但其脆性依然较大。当加入大量的铬（$w_{Cr}>10\%$）后，在铸铁中可形成团块状的碳化物（Cr_7C_3），其硬度比渗碳体更高，且耐磨性显著提高，又因其呈团块状，韧性得到很大改善，这种铸铁称为高铬铸铁。抗磨白铸铁有 KmTBMn5W3、KmTBCr26、KmTBCr9Ni5Si2 等。

（2）耐热铸铁

耐热铸铁具有良好的耐热性，可代替耐热钢用来制作加热炉底板、马弗罐、坩埚、废气管道、换热器及钢锭模等长期在高温下工作的零件。铸铁的耐热性是指其在高温下抗氧化、抗生长、保持较高的强度与硬度及抗蠕变的能力。

灰铸铁在高温下除了发生表面氧化外，还会发生热生长。热生长是指氧化性气体沿着石墨片的边界和裂纹渗入铸铁内部，造成内部氧化及渗碳体分解成石墨，使体积发生不可逆的增大。

为了提高铸铁的耐热性，可向铸铁中加入 Si、Al、Cr 等元素，使铸铁在高温下表面形成一层致密的氧化膜，如 SiO_2、Al_2O_3、Cr_2O_3 等，保护内层不再继续氧化；尽量使石墨由片状成为球状，或减少石墨数量；加入合金元素，使基体为单一的铁素体或奥氏体。因此，以铁素体为基体的球墨铸铁具有较好的耐热性能。按所加合金元素种类不同，耐热铸铁主要有 Si 系、Al 系、Al-Si 系、Cr 系、高 Ni 系等铸铁，典型牌号有 RTCr2、RQTSi4、RQTA14Si4、RQTA122 等。

（3）耐蚀铸铁

耐蚀铸铁是指在腐蚀介质中工作的具有耐蚀能力的铸铁。提高铸铁耐蚀性的主要途径，一是在铸铁中加入 Si、A1、Cr 等合金元素，使之在铸铁表面形成一层连续致密的保护膜；二是在铸铁中加入 Cr、Si、Mo、Cu、N、P 等合金元素，提高铁素体的电极电位；三是通过合金化，获得单相基体组织，减少铸铁中的微电池。这三个方面的措施与耐蚀钢是基本一致的。

耐蚀铸铁根据其成分可分为高硅耐蚀铸铁、高铝耐蚀铸铁及高铬耐蚀铸铁等。其中应用最广的是高硅耐蚀铸铁，这种铸铁的碳质量分数为 0.3%～0.5%，硅质量分数达 16%～18%。它在含氧酸中具有良好的耐蚀性，但在碱性介质、盐酸等无氧酸中，由于表面 SiO_2 保护膜遭到破坏，耐蚀性下降。因此，可加入 6.5%～8.5%的 Cu，以改善其在碱性介质中的耐蚀性；也可以加入 2.5%～4%的 Mo，以改善其在盐酸中的耐蚀性。典型牌号有 STSi15RE、STSi15Cr4RE 等。

5.4 有色金属及合金

有色金属及合金有着钢铁材料无法替代的性能，如密度小、比强度（强度/密度）高、耐蚀性好及导电性、导热性优良等。许多有色金属元素还是各类合金钢必不可少的组成元素。为此，有色金属及合金已成为现代工业中极为重要的金属材料。本节将介绍作为结构材料使用的钻、铜、镁、钛等合金材料的性能特点和应用。

5.4.1 铝、铝合金及应用

铝是地壳中储量最多的一种元素，铝及铝合金也是应用最广的有色金属，其产量仅次于钢铁。

1．铝及铝合金的性能特点

纯铝具有银白色金属光泽，密度小（$2.72\times10^3kg/m^3$），熔点低（660.4℃），导电、导热性能优良，磁化率低。铝在大气中易于形成致密的 Al_2O_3 保护膜，因而抗大气腐蚀性能好。纯铝为面心立方晶格，无同素异构转变现象，具有极好的塑性和较低的强度，易于加工成型，并有良好的低温性能。

向纯铝中加入适量的合金元素制成铝合金，通过合金元素的固溶强化和弥散强化作用使铝合金既提高了强度又保持了纯铝的特性。部分采用热处理强化后的铝合金可达到低合金钢的强度，并且其比强度高、抗疲劳性好。此外，铸造铝合金的铸造性能极好。因此，铝合金被用作航空、航天工业中的主要结构材料或用于制造承受较大载荷的机械零件。

2．铝合金的分类

纯铝的强度和硬度很低，不适宜作为工程结构材料使用。向纯铝中加入适量 Si、Cu、Mg、Zn、Mn 等元素（主加元素）和 Cr、Ti、Zr、B、Ni 等元素（辅加元素），组成铝合金，可提高强度并保持纯铝的特性。

根据铝合金的成分和生产工艺特点，可将铝合金分为形变铝合金和铸造铝合金两大类。铝合金一般都具有如图 5-14 所示的相图，在此图上可直接划分变形铝合金和铸造铝合金的成分范围。图 5-14 中成分在 D 点以左的合金，加热至固溶线（DF 线）以上温度可以得到均匀的单相固溶体，塑性好，适于进行锻造、轧制等压力加工，称为形变铝合金。成分在 D 点以右的合金，存在共晶组织，塑性较差，不宜压力加工，但流动性好，适宜铸造，称为铸造铝合金。

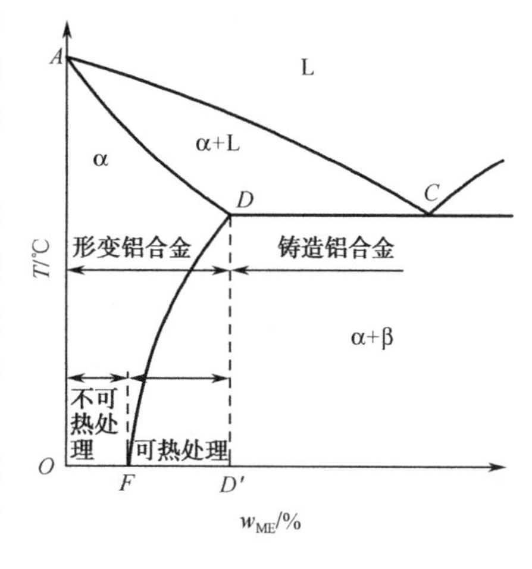

图 5-14 铝合金相图

在形变铝合金中，成分在 F 点以左的合金，固溶体成分不随温度而变化，不能通过热处理方法进行强化，称为不可热处理强化的铝合金；成分在 F、D 之间的合金，固溶体成分随温度而变化，可通过热处理方法进行强化，称为可热处理强化的铝合金。

3．铝合金的热处理

铝合金热处理的主要工艺方法有退火、淬火和时效等。

（1）退火

用于铝合金退火的工艺有再结晶退火、低温退火和均匀化退火三种。

① 再结晶退火。即铝合金在再结晶温度以上保温一段时间后再进行空冷处理，用以消除变形工件的冷变形强化，以提高塑性，便于继续进行成型加工。

② 低温退火。目的是消除内应力，适当增加塑性。通常是使铝合金件在 180～300℃保温后空冷。

③ 均匀化退火。目的是消除铸锭或铸件的成分偏析及内应力，提高塑性。通常是使铝合金件在高温长时间保温后空冷。

（2）淬火（固溶处理）

将铝合金加热到固溶线以上保温后快冷，使第二相来不及析出，得到过饱和、不稳定的单一 α 固溶体。淬火后铝合金的强度和硬度不高，但具有很好的塑性。

（3）时效

将淬火后的铝合金在室温或较低温度（如 400～420℃）下保持一段时间，随时间延长其强度、硬度显著升高而塑性降低的现象称为时效。室温下进行的时效称为自然时效；较低温度下进行的时效称为人工时效。时效的实质是第二相从过饱和、不稳定的单一 α 固溶体中析出和长大，由于第二相与母相（α 相）的共格程度不同，使母相产生晶格畸变而强化。

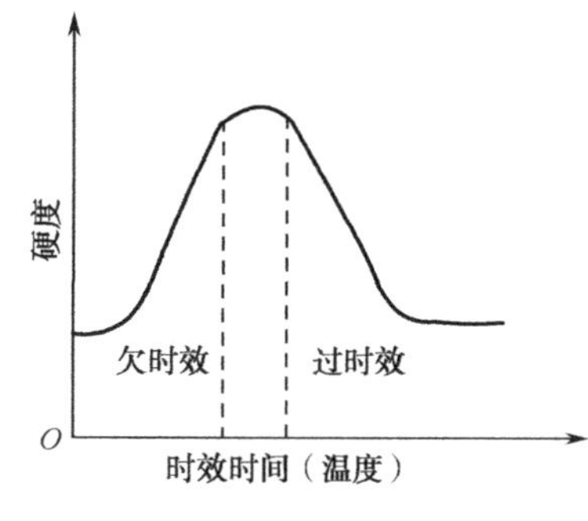

图 5-15 铝合金时效硬化示意图

铝合金时效强化效果与加热温度和保温时间有关，时效温度越高，时效速度越快。每一种铝合金都有其最佳时效温度和时效时间，若时效温度过高或保温时间过长，铝合金反而会软化，称为过时效，如图 5-15 所示。

（4）回归

自然时效后的铝合金，在 200～250℃短时（几秒至几分钟）保温，然后水淬急冷，可使已时效强化的铝合金的力学性能及物理性能恢复到淬火态的数值，这种现象称为回归。回归处理后的铝合金仍能自然时效，但每次回归处理后，其强度有所降低，故一般回归处理次数以3～4次为限。利用回归现象，可随时进行飞机的铆接和修理等。

4．形变铝合金

形变铝合金具有良好的塑性，可以在冷态或热态下进行压力加工。根据合金的热处理及性能特点可分为热处理不能强化的防锈铝合金及热处理能强化的硬铝、超硬铝和锻造铝合金。表5-20列出了几种常用形变铝合金的牌号、化学成分、性能及用途。

表5-20 常用形变铝合金的牌号、化学成分、性能及用途

类别	牌号（代号）	化学成分/%						热处理状态	力学性能			用途
		Cu	Mg	Mn	Zn	其他	Al		σ_b/MPa	δ/%	硬度/HBS	
防锈铝合金	5A02（LF2）	0.10	2.0～2.8	或Cr 0.15～0.4		Si0.04 Fe0.40	余量	退火	190	23	45	焊接油箱、油管及低压容器
	5A05（LF5）	0.10	4.8～5.5	0.3～0.6		Si0.50 Fe0.50	余量	退火	260	22	65	焊接油箱、油管、铆钉及中载零件
	3A21（LF21）	0.20	0.05	1.0～1.6		Si0.60 Fe0.70	余量	退火	130	23	30	焊接油箱、油管、铆钉及轻载零件
硬铝合金	2A01（LY1）	2.2～3.0	0.2～0.5	0.20	0.10	Si0.50 Fe0.50 Ti0.15	余量	淬火+自然时效	300	24	70	中等强度、工作温度不超过100℃的铆钉
	2A11（LY11）	3.8～4.8	0.4～0.8	0.4～0.8	0.30	Si0.70 Fe0.70 N0.10 Ti0.15 Ni0.10 Ti0.15	余量	淬火+自然时效	420	15	100	中等强度结构件，如骨架、螺旋桨叶片、铆钉等
	2A12（LY12）	3.8～4.9	1.2～1.8	0.3～0.9	0.30	Si0.50 Fe0.50 Cr0.10 Ti0.15	余量	淬火+自然时效	500	10	131	高强度结构件及150℃以下工作的零件，如销、梁等
超硬铝合金	7A04（LC4）	1.4～2.0	1.8～2.8	0.2～0.6	0.5～7.0	Si0.50 Fe0.50 Cr0.1～0.25 Ti0.10	余量	淬火+人工时效	600	12	150	主要受力构件，如飞机大梁、起落架、桁架等
	7A09（LC9）	1.2～2.0	2.0～3.0	0.15	5.1～6.1	Si0.50 Fe0.50 Cr0.16～0.30 Ti0.10	余量	淬火+人工时效	570	11	150	主要受力构件，如飞机大梁、起落架、桁架等
锻造铝合金	2A50（LD5）	1.8～2.6	0.4～0.8	0.4～0.8	0.30	Si0.7～1.2 Fe0.70 Ni0.10 Ti0.15	余量	淬火+人工时效	420	13	105	形状复杂和中等强度的锻件及模锻件

续表

类别	牌号（代号）	化学成分/%						热处理状态	力学性能			用途
		Cu	Mg	Mn	Zn	其他	Al		σ_b/MPa	δ/%	硬度/HBS	
锻造铝合金	2A70（LD7）	1.9～2.5	1.4～1.8	0.20	0.30	Si0.35 Ti0.02～0.1 Ni0.9～1.5 Fe0.9～1.5	余量	淬火+人工时效	440	12	120	高温下工作的复杂锻件及结构件
	2A14（LD10）	3.9～4.8	0.4～0.8	0.4～1.0	0.30	Fe0.70 Si0.6～1.2 Ni0.10 Ti0.15	余量	淬火+人工时效	490	12	135	承受重载荷的锻件及模锻件

1）热处理不能强化的形变铝合金——防锈铝合金

防锈铝合金的代号“LF”是“铝防”的汉语拼音首字母。它属于热处理不能强化的形变铝合金，只能通过冷压力加工提高其强度，主要有Al－Mn系和Al－Mg系合金。防锈铝合金具有适中的强度、优良的塑性和焊接性能及良好的抗蚀性，常用的有LF2、LF5、LF 21等，适用于制造油箱、油管、铆钉及其他冷变形零件。

2）热处理强化的铝合金

（1）硬铝合金

代号“LY”是“铝硬”的汉语拼音首字母。硬铝合金属Al－Cu－Mg系合金，其中含有少量的Mn，是使用较早、用途广泛的铝合金。经过时效强化后，具有很高的强度和硬度。硬铝合金按其合金元素含量及性能不同，可分为以下三类。

① 低合金硬铝。其中含铜量、含镁量较低，在时效过程中形成的强化相少，强化效果较小，因此强度较低，塑性好。常用的有LY1、LY10等，主要用于制造铆钉，常称为铆钉硬铝。

② 标准硬铝。其中含铜量、含镁量适中，经时效后，强度较高，塑性较好。退火后具有较好的冷弯、冲压等加工性能。常用的有LY11等，主要用于制造中等强度的构件和零件，如骨架、螺旋桨叶片、铆钉等。

③ 高合金硬铝。其中含铜量、含镁量较高，经时效后的强度较高，但塑性较低。常用的有LY12等，主要用作重要的高强度构件，如航空模锻件和重要的销、轴、梁等。

硬铝合金的抗蚀性差，特别在海水中更差，常采用在工作表面包一层高纯铝的方法来提高其抗蚀性。另外，硬铝合金固溶处理的加热温度范围很窄，一般温度波动范围不得超过±5℃，若淬火温度超过规定范围，会引起低熔点共晶体熔化，造成过烧；若淬火温度低，则过饱和程度不足，时效强化效果差，不能满足性能的要求。除在高温工作的零件采用人工时效外，硬铝合金一般采用自然时效。

（2）超硬铝合金

超硬铝合金的代号“LC”是“铝超”的汉语拼音首字母。超硬铝合金属Al－Cu－Mg－Zn系合金，这类铝合金在硬铝合金的基础上再加入Zn而成，经固溶处理和人工时效后，获得很高的强度和硬度，但耐蚀性较差，所以，常用包铝法来提高耐蚀性。常用的有LC4、LC9等，主要用于制造受力较大又要求结构较轻的构件，如飞机的大梁、起落架等。

（3）锻造铝合金

锻造铝合金的代号“LD”是“铝锻”的汉语拼音首字母。锻造铝合金属Al－Cu－Mg－Si系合金，这类合金抗蚀性好、强度中等、有优良的热塑性，可铸出高质量的铸锭，锻造复杂的大型锻件，一般经淬火和人工时效处理。常用的有LD5、LD7、LD10等，主要用于制造外形复杂的锻件和模锻件。

5. 铸造铝合金

铸造铝合金的代号“ZL”是“铸铝”的汉语拼音首字母。这类合金具有良好的抗蚀性及铸造工艺性，但塑性较差，常采用变质处理和热处理的办法提高其力学性能。铸造铝合金分为 Al—Si 系、Al—Cu 系、Al—Mg 系和 Al—Zn 系四大类。表 5-21 列出了常用铸造铝合金的牌号、化学成分、性能及用途。

1）Al—Si 系铸造铝合金

Al—Si 系铸造铝合金又称铝硅合金、硅铝明，其中不含其他合金元素的称为简单硅铝明，除 Si 外还含有其他合金元素的称为特殊硅铝明。

（1）简单硅铝明

简单硅铝明中含有 11%～13%的 Si，铸造后几乎全部得到共晶体组织。这种合金流动性好，熔点低，热裂倾向小，但粗大的 Si 晶体的存在严重降低了合金的力学性能，因此，在生产中常采用变质处理。即浇铸前往合金溶液中加入 2%～3%的变质剂（常用钠盐混合物 2/3NaF+1/3NaCl)，以细化组织，改善力学性能。例如，ZL102 经变质处理后，其力学性能由σ_b=140MPa、δ=3%提高到σ_b=180MPa、δ=8%。其组织也由全部共晶体（见图 5-16）变为具有细小均匀的共晶体加初生 α 固溶体的亚共晶组织（见图 5-17）。这类合金适于制造形状复杂但强度不高的零件，如仪表和水泵的壳体等。

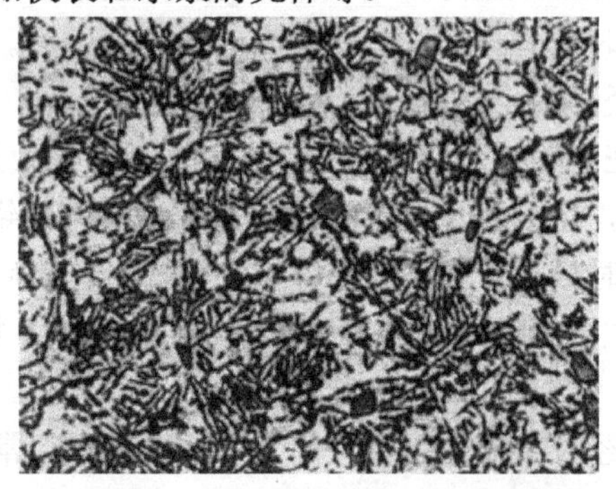

图 5-16 w_{Si}=11%的铝硅合金的组织未变质

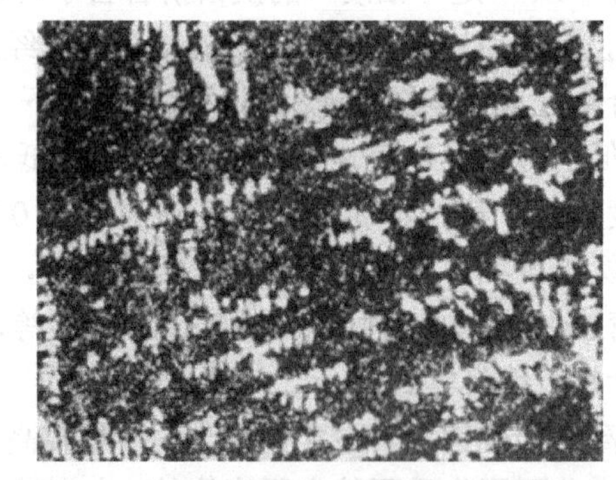

图 5-17 w_{Si}=11%的铝硅合金的组织已变质

（2）特殊硅铝明

为了提高硅铝明的强度，常加入 Cu、Mg、Mn 等合金元素，形成时效强化相，制成特殊硅铝明。这类合金除变质处理外，还可进行淬火时效处理，以进一步强化合金。

常用的特殊硅铝明有 ZL101、ZL104、ZL105、ZL107 等。ZL101、ZL104 中含有少量的 Mg，形成 Mg_2Si 强化相，经时效处理后，抗拉强度σ_b可达 240MPa，可用来铸造受力较大的复杂零件，如汽缸体、电动机壳体等。ZL105、ZL107 含有少量的 Cu，经时效处理后，抗拉强度σ_b可达 260MPa，可用来铸造强度要求较高的零件，如汽缸盖等。

2）Al—Cu 系铸造铝合金

这类合金含铜量为 4%～14%，具有较高的强度和耐热性，但铸造性能和抗蚀性较差，特别是含铜量较高时，抗蚀性明显下降。常用的有 ZL201、ZL202、ZL203 等。ZL201 的室温强度和塑性比较好，主要用于制造内燃机汽缸盖、活塞等。ZL202 塑性较低，主要用于制造在高温下不受冲击的零件。ZL203 经淬火时效后，强度较高，可用作结构材料，铸造承受中等载荷和形状较简单的零件。

表 5-21　常用铸造铝合金的牌号、化学成分、性能及用途

类别	牌号（代号）	化学成分/%						铸造方法	热处理状态	力学性能			用途
		Si	Cu	Mg	Mn	其他	Al			σ_b/MPa	δ/%	硬度/HBS	
铝硅合金	ZAlSi7Mg（ZL101）	6.5～7.5		0.25～0.45			余量	金属型 砂型变质	淬火+自然时效 淬火+人工时效	185 225	4 1	50 70	形状复杂的零件，如飞机、仪器零件、汽缸体
	ZAlSi12（ZL102）	10.0～13.0					余量	砂型变质 金属型	退火	135 145	4 3	50 50	形状复杂的铸件，如仪表、水泵壳体
	ZAlSi9Mg（ZL104）	8.0～10.5		0.17～0.35	0.2～0.5		余量	金属型 金属型	人工时效 淬火+人工时效	195 235	1.5 2	65 70	形状复杂、工作温度在200℃以下的零件，如电动机壳体、汽缸体
	ZAlSi5CulMg（ZL105）	4.5～5.5	1.0～1.5	0.4～0.6			余量	金属型 金属型	淬火+不完全时效 淬火+稳定回火	235 175	0.5 1	70 65	形状复杂、工作温度在250℃以下的零件，如风冷发动机、汽缸盖、油泵壳体
	ZAlSi7Cu4（ZL107）	6.5～7.5	3.5～4.5				余量	砂型变质 金属型	淬火+不完全时效 淬火+人工时效	245 275	2 2.5	90 100	强度和硬度较高的零件，如阀门、曲轴箱、发动机零件
铝铜合金	ZAlCu5Mn（ZL201）		4.5～5.3		0.6～1.0	Ti0.15～0.35	余量	砂型 砂型	淬火+自然时效 淬火+不完全时效	295 335	8 4	70 90	工作温度为 175～300℃的零件，如内燃机汽缸头、活塞
	ZAlCu10（ZL202）		9.0～11.0				余量	砂型 金属型	淬火+人工时效 淬火+人工时效	163 163	— —	100 100	高温下工作不受冲击的零件
铝镁合金	ZAlMg10（ZL301）			9.5～11.0			余量	砂型	淬火+自然时效	280	10	60	大气或海水中工作的零件，承受冲击载荷、外形不太复杂的零件，如舰船配件、氨气泵壳体等
	ZAlMg5Si1（ZL303）	0.80～1.30		4.5～5.5	0.1～0.4		余量	砂型 金属型	退火	145	1	55	
铝锌合金	ZAlZn11Si7（ZL401）	6.0～8.0		0.1～0.3		Zn9.0～13.0	余量	金属型	人工时效	245	1.5	90	形状复杂的汽车、飞机、仪器零件
	ZAlZn6Mg（ZL402）			0.5～0.65		Zn5.0～6.5 Cr0.4～0.6 Ti0.15～0.25	余量	金属型	人工时效	235	4	70	

3）Al—Mg 系铸造铝合金

铝镁铸造合金的强度高，耐蚀性好，密度小（2.55×10^3kg/m^3），但铸造性能和耐热性都较低，也可进行时效处理。常用的有 ZL301、ZL303 等。主要用于制造承受冲击、在腐蚀性介质中工作的、外形较简单的零件，如舰船配件、氨用泵体等。

4）Al—Zn 系铸造铝合金

铝锌铸造合金价格便宜，铸造性能优良，经变质处理和时效处理后强度较高，但抗蚀性差，热裂倾向大。常用的有 ZL401、ZL402 等。常用于制造汽车、拖拉机的发动机零件及形状复杂的仪器元件，也可用于制造日用品。

5.4.2 铜、铜合金及应用

1. 铜及铜合金的性能特点

（1）优异的物理、化学性能

纯铜导电性、导热性极佳，在所有金属中，铜的导电性仅略逊于银。铜合金的导电、导热性也很好；铜及铜合金对大气和水的抗蚀能力很高；铜是抗磁性物质。

（2）良好的加工性能

铜及其合金塑性很好，塑性加工性能优良，容易冷、热成型；切削加工性能优良；铸造铜合金有很好的铸造性能；铜及铜合金焊接方便易行。

（3）某些特殊力学性能

例如，优良的减摩性和耐磨性（如青铜及部分黄铜），抗卡咬，高的弹性极限和疲劳极限（如铍青铜等），弹性稳定。

（4）色泽美观

铜及铜合金主要应用于电气工业、仪表工业、造船工业及机械制造工业等。

2. 纯铜

纯铜呈玫瑰红色，表面氧化后呈紫红色，常称紫铜。纯铜的熔点为 1083℃，密度为 8.94×10^3kg/m^3，具有面心立方晶格，其强度虽不高，但塑性好，主要用于制作电导体及配制合金。纯铜的化学稳定性高，在大气、淡水及蒸汽中均有优良的抗蚀性，但在氨、氯盐，以及氧化性的硝酸、浓硫酸及海水中抗蚀性很差。

由于工业纯铜强度不高，常用于印制电路、集成电路中，很少用来制造受力的结构零件，因此工业上广泛采用铜合金。常用的铜合金有黄铜和青铜两类，还有一类称为白铜。

纯铜中含有 Pb、B、O、S、P 等杂质，杂质的存在对纯铜的性能有很大影响。工业纯铜根据杂质含量不同分为四种，铜质量分数最高为 99.95%，最低为 99.50%，其余为杂质含量。

除工业纯铜外，还有一类无氧铜，其氧质量分数极低，不大于 0.003%。牌号有 TU1、TU2，主要用于制造电真空器件及高导电性导线。这种导线能抵抗氢的作用，不发生氢脆。

3. 黄铜

（1）黄铜的分类和编号

以锌为主要合金元素的铜合金称为黄铜。铜锌二元合金称为普通黄铜或简单黄铜，若加入了某些其他元素，则称为复杂黄铜或特殊黄铜。

普通黄铜的代号“H”是“黄”字汉语拼音首字母，后面数字表示铜的含量。如 H70 即表示含 70%Cu 和 30%Zn 的普通黄铜。

特殊黄铜的代号用“H”+主加元素的化学符号+含铜量+主加元素含量表示。如 HPb59-1 表示含 59%Cu、1%Pb，其余为锌的特殊黄铜。

铸造用黄铜在牌号前先加“Z”，再用主要元素含量标记。如 ZCuZn31A12 表示含 31%Zn、2%Al 的铸造铝黄铜。

表 5-22 列出了常用黄铜的牌号、化学成分、性能及用途。

表 5-22 常用黄铜的牌号、化学成分、性能及用途

类别		牌号（代号）	化学成分/%			力学性能			用途
			Cu	其他	Zn	σ_b/MPa	δ/%	硬度/HBS	
普通黄铜		80 黄铜（H80）	79.0～81.0		余量	640	5	145	用于镀层及装饰品、造纸工业金属网
		70 黄铜（H70）	68.5～71.5		余量	660	3	150	用于制造弹壳、薄壁管、冷凝器管等
		62 黄铜（H62）	60.5～63.5		余量	600	3	164	用于制造螺钉、螺母、弹簧、散热器等
		59 黄铜（H59）	57.0～60.0		余量	500	10	163	用于制造机械、电气零件及热冲压件等
特殊黄铜	铅黄铜	59-1 铅黄铜（HPb59-1）	57.0～60.0	Pb0.8～1.9	余量	550	5	149	用于制造销子、螺钉、钟表元件等
	铝黄铜	59-3-2 铝黄铜（HA159-3-2）	57.0～60.0	Al2.5～3.5 Ni2.0～3.0	余量	650	15	150	用于制造船舶、电动机、化工机械等常温下工作的高强度耐蚀零件
	锰黄铜	58-2 锰黄铜（HM58-2）	57.0～60.0	Mn1.0～2.0	余量	700	10	178	用于制造船舶零件及轴承等耐磨零件
	锡黄铜	90-1 锡黄铜（HSn90-1）	88.0～91.0	Sn0.25～0.75	余量	520	4	148	用于制造汽车、拖拉机弹性套管及船舶零件
	铸造铝黄铜	ZCuZn31A12	66.0～68.0	Al2.0～3.0	余量	(S)300 (J)400	12 15	80 90	用于制造海运机械及其他机械耐蚀零件
	铸造硅黄铜	ZCuZn16Si4	79.0～81.0	Si2.5～4.5	余量	(S)345 (J)390	15 20	90 100	用于制造船舶零件、内燃机散热器本体
	铸造锰黄铜	ZCuZn38Mn2Pb2	57.0～60.0	Pb1.5～2.5 Mn1.5～2.5	余量	(S)250 (J)350	10 18	70 80	用于制造轴承、衬套等耐磨零件

注：S—砂型铸造；J—金属型铸造。

（2）普通黄铜

普通黄铜中锌的含量对力学性能有很大的影响，如图 5-18 所示。当含锌量低于 30%～32%时，锌能完全溶解在铜内，形成面心立方晶格的 α 固溶体，塑性好，并随着含锌量增加，其强度和塑性都提高。当含锌量大于 32%后，黄铜的组织由 α 固溶体和体心立方晶格的 β 相组成。此时塑性下降而强度仍很高。当含锌量超过45%以后，铜合金组织全部为β相，强度和塑性急剧下降。

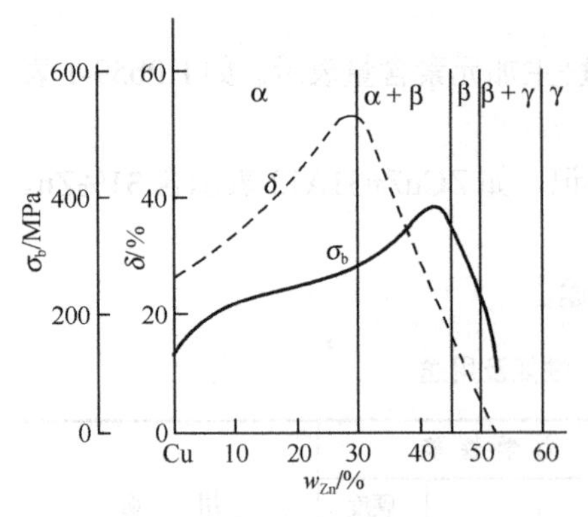

图5-18 黄铜含锌量与力学性能的关系

黄铜的抗蚀性较好，与纯铜相近，比各种钢好。经冷加工的黄铜制品，因有残余应力，在潮湿大气和海水中，特别是在含氨的介质中，易产生腐蚀开裂，含锌量越高越易开裂。因此，冷加工后的黄铜应进行低温退火（250～300℃，保温1～3h），以消除内应力。

常用的单相黄铜有H80、H70等。其组织为α固溶体，塑性好，可进行冷、热加工，适于制作冷轧板材、冷拉线材及形状复杂的深冲件，如冷凝管、薄壁管、弹壳等。常用双相黄铜有H62、H59等。其退火状态组织为α+β，由于强度较高，塑性较低，不宜进行冷加工变形。但热加工性能良好，适于制作机械、电气零件，如散热器、垫圈、螺母等。

（3）特殊黄铜

在铜锌合金中加入Pb、Al、Mn、Sn、Fe、Ni、Si等元素，即形成特殊黄铜，又称铅黄铜、铝黄铜、锰黄铜等。这些元素的加入都能提高黄铜的强度，其中Al、Mn、Sn、Ni还能提高黄铜的抗蚀性和耐磨性。

铅黄铜主要改善了耐磨性和切削加工性。常用的有HPb59-1等，主要用于制造有良好切削性能及耐磨性的零件，如销子、螺钉、钟表元件等。铸造铅黄铜可制作轴瓦和衬套等。

铝黄铜的强度、硬度、耐蚀性都有所提高，但韧性下降。常用的有HAl59-3等，主要用于制造耐蚀零件，如海船冷凝器管、化工机械零件等。

锰黄铜在强韧性、耐热、耐蚀性方面均有所改善。常用的有HMn5-2等，主要用于制造船舶零件及轴承等耐磨零件。

锡黄铜显著提高耐蚀性。常用的有HSn90-1、HSn62-1，主要用于制造船舶零件及汽车、拖拉机弹簧、套管等。

硅黄铜除了提高力学性能外，还提高了铸造流动性和耐蚀性。镍黄铜、铁黄铜等均能改善力学性能，提高耐蚀性，应用于造船工业。

4．青铜

（1）青铜的分类和编号

铜与除锌、镍之外的其他合金组成的铜基合金称为青铜。主要合金元素为Al、Be、Si、Pb、Mn等，所以青铜包含锡青铜、铝青铜和铍青铜等，常用青铜的牌号、化学成分、性能及用途见表5-23。

表5-23 常用青铜的牌号、化学成分、性能及用途

类别	牌号（代号）	化学成分/%					力学性能			用途
		Sn	Al	Be	其他	Cu	σ_b/MPa	δ/%	硬度/HBS	
锡青铜	ZCuSn10Zn2	9.0～11.0			Zn1.0～3.0	余量	(S)240 (J)245	12 6	70 80	阀门、泵体、齿轮等中等载荷零件
	4～3锡青铜（QSn4～3）	3.5～4.5			Zn2.7～3.3	余量	550	4	160	弹簧、化工机械耐磨零件和抗磁零件
	4～4～4.5锡青铜（QSn4～4～2.5）	3.0～5.0			Zn3.0～5.0 Pb1.5～2.5	余量	550～650	2～4	160～180	汽车、拖拉机用的轴承等

续表

类别	牌　号（代号）	化学成分/%					力学性能			用　途
		Sn	Al	Be	其他	Cu	σ_b/MPa	δ/%	硬度/HBS	
铝青铜	9～2 锡青铜（QA19～2）		8.0～10.0		Mn1.5～2.5	余量	600～800	4～5	160～180	重要用途的轴套、齿轮等
	ZCuAl0Fe3Mn2		9.0～11.0		Fe2.0～4.0 Mn1.0～2.0	余量	(S)490 (J)540	15 20	110 120	较高载荷的轴承轴套和齿轮
铍青铜	2 铍青铜（QBe2）			1.8～2.1	Ni0.2～0.5	余量	950	3	HV250	重要用途的弹簧、齿轮等

青铜的代号“Q”是“青”字汉语拼音首字母，其后标出主要的合金元素及其含量。铸造用青铜在牌号前先加“Z”字，再用主加元素含量标记。如 ZCuSn10Zn2 表示铸造锡青铜，其平均含锡量为 10%，其平均含锌量为 2%。

（2）锡青铜

锡青铜的力学性能随含锡量的不同而变化，如图 5-19 所示。当含锡量小于 5%～6%时，锡溶解于铜中形成面心立方晶格的 α 固溶体，合金的强度随含锡量的增加而增高；当含锡量超出 5%～6%时，合金组织中出现硬而脆的 δ 相，因而强度继续升高，但塑性急剧下降；含锡量超过 20%后，则强度、塑性明显降低。所以，工业用锡青铜的含锡量大多在 3%～14%之间。

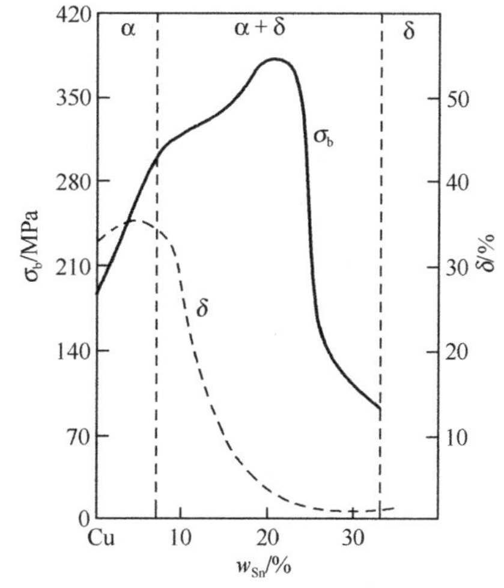

图 5-19　锡青铜含锡量与力学性能的关系

含锡量小于 8%的锡青铜具有较好的塑性，适用于压力加工，称为压力加工青铜；含锡量大于 10%的锡青铜，由于塑性低，只适于铸造，称为铸造青铜。

锡青铜的抗蚀性比纯铜和黄铜高，尤其是在大气、海水、蒸汽等环境中，但在盐酸、硫酸及氨水中不够理想。

常用铸造锡青铜的牌号有 ZCuSn10Zn2 等，主要用于制造承受中等载荷的零件，如阀门、泵体、齿轮、轴等。常用压力加工锡青铜有 QSn4-3、QSn4-4-2.5 等，主要用于制造弹簧、轴承和轴套上的衬垫等零件。

（3）铝青铜

铝青铜是以铝为主要合金元素的铜合金。它的力学性能随含铝量的变化如图 5-20 所示。含铝量在 5%～7%时，塑性最好，适于冷变形。含铝量在 10%左右时，强度最高，但塑性很低，常用于铸造。因此，实际应用的铝青铜含铝量一般为 5%～12%。图中虚线表示经 800℃加热淬火后的状态，可见淬火后抗拉强度明显提高。铝青铜由于结晶温度区间小，故有良好的流动性，晶内偏析倾向小，缩孔集中，易获得致密的铸件。铝青铜的耐蚀性优良，在大气、海水、碳酸及大多数有机酸中的耐蚀性均比黄铜和锡青铜高。铝青铜的耐磨性也比黄铜和锡青铜好。

常用铝青铜有 QA19-2 等，主要用于制造重要的耐磨耐蚀的齿轮、轴套等零件。

（4）铍青铜

铍青铜是以铍为基本合金元素的铜合金。其力学性能与含铍量和热处理工艺有关。强度和硬度随含铍量的增加而很快提高，但超过2%以后逐渐变缓，塑性却显著降低（见图5-21）。并且，通过固溶加热随即快冷，获得单相固溶体后，经成型或切削加工，再进行时效处理能获得超过其他铜合金的强度。

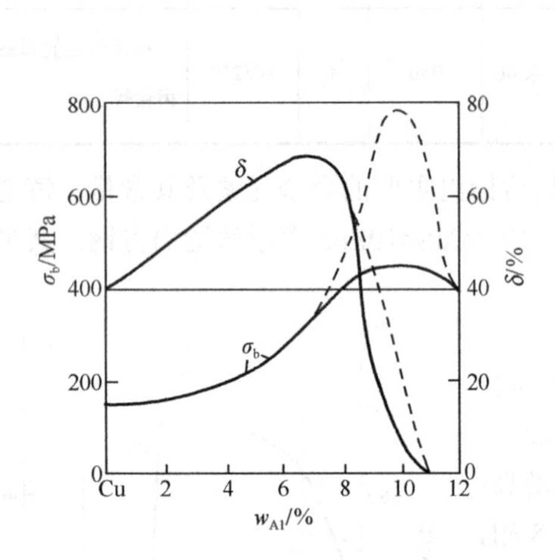

图5-20　含铝量对铝青铜力学性能的影响

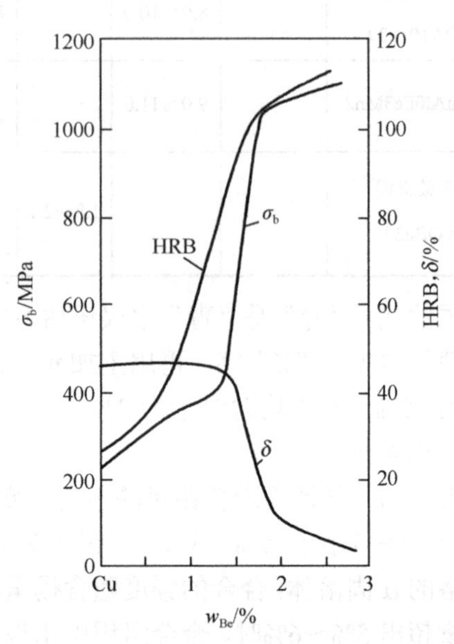

图5-21　铍青铜的力学性能与含铍量的关系（780℃淬火，300℃时效3h）

铍青铜不但强度高，其弹性极限、疲劳极限、耐磨性、抗蚀性也都很高，是综合性能很好的一种合金。另外，它还具有良好的导电、导热性能，具有耐寒、无磁、受冲击时不产生火花等一系列优点，只是由于价格昂贵，限制了其使用。

常用铍青铜有QBe2、QBe25等，主要用来制造重要的弹性元件、耐磨零件和其他重要零件，如仪表齿轮、弹簧、航海罗盘、电焊机电极等。

5. 白铜

以镍为主要合金元素的铜合金称为白铜。普通白铜仅含铜和镍，其牌号为B+Ni的平均质量分数。“B”表示“白铜”。例如，B19表示w_{Ni}=19%的普通白铜。普通白铜中加入Zn、Mn、Fe等元素后分别称为锌白铜、锰白铜、铁白铜。牌号组成为：B+其他元素符号+Ni的平均质量分数+其他元素平均质量分数。例如，BZn15-20表示含w_{Ni}=15%、w_{Zn}=20%的锌白铜。

在固态下，铜与镍无限固溶，因此，工业白铜的组织为单相α固溶体。它有较好的强度和优良的塑性，能进行冷、热变形。冷变形能提高强度和硬度。其抗蚀性很好，电阻率较高，主要用于制造船舶仪器零件、化工机械零件及医疗器械等。含锰量高的锰白铜可制作热电偶丝。部分白铜的牌号、成分、力学性能及用途见表5-24。

表5-24　部分白铜的牌号、成分、力学性能及用途（摘自GB/T 5234—1985）

组　别	牌　号	化学成分/%				力学性能			用　途
		Ni(+Co)	Mn	Zn	Cu	加工状态	σ_b/MPa	δ/%	
普通白铜	B25	24.0～26.0			余量	软	380	23	船舶仪器零件、化工机械零件
						硬	550	3	
	B19	18.0～20.0			余量	软	300	30	
						硬	400	3	
	B5	4.4～5.0			余量	软	200	30	
						硬	400	10	
锌白铜	BZn15-20	13.5～16.5		余量	62.0～65.0	软	350	35	潮湿条件下和强腐蚀介质中工作的仪表零件
						硬	550	2	
锰白铜	BMn3-12	2.0～3.5	11.5～13.5		余量	软	360	25	弹簧
						硬			
	BMn40-1.5	39.0～41.0	1.0～2.0		余量	软	400		热电偶丝
						硬	600		

5.4.3　镁、镁合金及应用

1．工业纯镁

纯镁为银白色，属轻金属，密度为1.74×10^3kg/m^3，具有密排六方结构，熔点为649℃；在空气中易氧化，高温下（熔融态）可燃烧，耐蚀性较差，在潮湿大气、淡水、海水和绝大多数酸、盐溶液中易受腐蚀；弹性模量小，减震性好，可承受较大的冲击和振动载荷，但强度低、塑性差，不能用作结构材料。

纯镁主要用于制作镁合金、铝合金等；也可用作化工槽罐、地下管道及船体等阴极保护的阳极及化工、冶金的还原剂；还可用于制作照明弹、燃烧弹、镁光灯和烟火等。此外，镁还可制作储能材料MgH2，1m^3 MgH2可蓄能19×10^9J。

工业纯镁的牌号用“镁”字的汉语拼音字首母“M”（或用其化学符号Mg）加顺序号表示，如M1（或Mg1）、M2（或Mg2）。

2．镁合金

纯镁强度低、塑性差，不能制作受力零（构）件。在纯镁中加入合金元素制成镁合金，就可以提高其力学性能。常用合金元素有Al、Zn、Mn、Zr、Li及稀土元素（RE）等。Al和Zn既可固溶于Mg中产生固溶强化，又可与Mg形成强化相$Mg_{17}Al_{12}$和MgZn，并通过时效强化和第二相强化提高合金的强度和塑性；Mn可以提高合金的耐热性和耐腐蚀性，改善合金焊接性能；Zn和RE可以细化晶粒，通过细晶强化提高合金的强度和塑性，并减小热裂倾向，改善铸造性能和焊接性能；Li可以减轻镁合金质量。

1）镁合金的性能特点

① 镁合金的密度比纯镁的稍高，一般为 $1.75 \sim 1.85 \times 10^3 kg/m^3$，其比强度、比刚度均很高，比弹性模量与高强铝合金、合金钢的大致相同。

② 弹性模量较低，当受到外力作用时，应力分布将更为均匀，可以避免过高的应力集中。在弹性范围内承受冲击载荷时，所吸收的能量比 Al 高出 50%左右，因此，镁合金适于制造承受猛烈冲击的零部件。

③ 阻尼性能好，适合于制备抗震零部件。

④ 切削加工性能优良，其切削速度大大高于其他金属。不需要磨削、抛光处理，不使用切削液即可得到粗糙度很低的加工面。

⑤ 镁合金在受到冲击或摩擦时，表面不会产生火花。

⑥ 镁合金的铸造性能优良，可以用几乎所有铸造工艺来铸造成型。

⑦ 由于镁在液态下容易剧烈氧化、燃烧，所以，镁合金必须在熔剂覆盖下或在保护气氛中熔炼。镁合金的固溶处理也要在 SO_2、CO_2 或 SF_6 气体保护下进行，或在真空下进行。镁合金的固溶处理和时效处理时间均较长。

2）镁合金的分类及应用

镁合金的分类方法主要有三种：一是按化学成分，镁合金可分为二元、三元和多元合金系，二元合金系如 Mg－Mn 系、Mg－Al 系、Mg－Zn 系等；二是依据合金是否含锆，镁合金可分为含锆和不含锆两大类；三是按成型工艺，镁合金可分为变形镁合金和铸造镁合金。其中，以第三种分类方法较为常见。

（1）变形镁合金

变形镁合金均以压力加工（轧、挤、拉等）方法制成各种半成品，如板材、棒材、管材、线材等供应，供应状态有退火态、人工时效态等。变形镁合金按化学成分分为 Mg－Mn 系、Mg－Al－Zn 系、Mg－Zn－Zr 系三类，其牌号用“镁变”汉语拼音首字母“MB”加顺序号表示，如 MB1、MB2 等八个牌号。

① Mg－Mn 系变形镁合金。这类合金具有良好的耐腐蚀性能和焊接性能，可以进行冲压、挤压、锻压等压力加工成型。其牌号为 MB1 和 MB8，通常在退火态使用，板材用于制造飞机和航天器的蒙皮、壁板等焊接结构件；模锻件可制造外形复杂的耐蚀件。

② Mg－Al－Zn 系变形镁合金。这类合金强度较高、塑性较好。其牌号为 MB2、MB3、MB5、MB6、MB7，其中 MB2 和 MB3 具有较好的热塑性和耐蚀性，应用较多，而其余三种合金因应力腐蚀倾向较明显，应用受到限制。

③ Mg－Zn－Zr 系变形镁合金。其牌号为 MB15，该合金经热挤压等热变形加工后直接进行人工时效，其屈服强度 $\sigma_{0.2}$ 可达 275MPa，抗拉强度 σ_b 可达 329MPa，是航空工业中应用最多的变形镁合金。因其使用温度不能超过 150℃，且焊接性能差，一般不用作焊接结构件。

近年来国内外研制成功的 Mg－Li 系变形镁合金，因加入合金元素 Li，使该合金系的密度较原有变形镁合金降低 15%～30%，同时提高了弹性模量和比强度、比弹性模量。另外，Mg－Li 系合金还具有良好的工艺性能，可进行冷加工和焊接及热处理强化。因此，Mg－Li 系合金在航空和航天领域具有良好的应用前景。

（2）铸造镁合金

铸造镁合金分为高强度铸造镁合金和耐热铸造镁合金两大类，其牌号由“Z”（“铸”字汉语拼音首字母）+ Mg + 主要合金元素的化学符号及其平均质量分数（$w \times 100$）组成。如果合金元素的平均质量分数不小于 1%，该数字用整数表示；如果合金元素的平均质量分数小于 1%，则一般不标数字。例如，ZMgZn5Zr 表示 w_{Zn} =5%、w_{Zr} <1%的铸造镁合金。铸造镁合金的代号用“铸镁”的汉语拼音首字母 ZM 后面加顺序号表示，如 ZM1、ZM2 等八个代号。

① 高强度铸造镁合金。这类合金有 Mg－Al－Zn 系的 ZMgAl8Zn（ZM5）、ZMgAl10Zn（ZM10）和 Mg－Zn－Zr 系的 ZMgZn5Zr（ZM1）、ZMgZn4RE1Zr（ZM2）、ZMgZn8AgZr（ZM7），这些合金具有较高的室温强度、良好的塑性和铸造性能，适于铸造各种类型的零（构）件。其缺点是耐热性差，使用温度不能超过 150℃。航空和航天工业中应用最广的高强度铸造镁合金是 ZM5（ZMgA18Zn），在固溶处理或固溶处理后在人工时效状态下使用，用于制造飞机、发动机、卫星及导弹仪器舱中承受较高载荷的结构件或壳体。

② 耐热铸造镁合金。这类合金为 Mg－RE－Zr 系的 ZMgRE3ZnZr（ZM3）、ZMgRE3Zn2Zr（ZM4）、ZMgRE2ZnZr（ZM6），这些合金具有良好的铸造性能，热裂倾向小，铸造致密性高，耐热性好，长期使用温度为 200～250℃，短时使用温度可达 300～350℃。其缺点是室温强度和塑性较低。耐热铸造镁合金主要用于制造飞机和发动机上形状复杂、要求耐热性的结构件。

近年来国内外研究者为了提高铸造镁合金的使用性能和工艺性能，正致力于研究铸造稀土镁合金、铸造高纯耐蚀镁合金、快速凝固镁合金及铸造镁或镁合金基复合材料，以扩大铸造镁合金在汽车、航空、航天工业中的应用。

3．镁合金的热处理

Mg 无同素异构转变，其合金化原理与铝合金是相似的，所加入的合金元素能产生固溶强化，有时效强化效果，也可以获得细晶强化及过剩相强化作用，这些作用提高了合金力学性能，并改善其耐蚀性和耐热性等性能。

镁合金的热处理方式与铝合金也基本相同，但有其自身的一些特点。

① 镁合金组织一般较粗大，因此淬火加热温度较低。

② 合金元素在 Mg 中的扩散速度慢，故镁合金淬火保温时间较长；而时效时若为自然时效，则脱溶沉淀过程极慢，故镁合金一般都进行人工时效。

③ 镁合金氧化倾向大，故热处理加热炉内需保持一定的保护气氛，并应密封加热。

镁合金常用热处理工艺包括在铸造或锻造后直接人工时效、淬火（固溶处理）不时效、淬火+人工时效和退火等，具体工艺规范应根据合金成分特点和性能要求而定。

4．镁合金的力学性能

镁合金的种类很多，不同牌号的镁合金，其力学性能差别较大。表 5-25 和表 5-26 分别为部分变形镁合金和部分铸造镁合金的代号、化学成分、性能及用途。

表 5-25　部分变形镁合金的代号、化学成分、性能及用途

代　号	化学成分/%						状态	力 学 性 能		用　　途
	Al	Zn	Re	Mn	Zr	Mg		σ_b/MPa	δ/%	
MB1	0.20	0.30	—	1.3～2.5	—	余量	退火板材	210	8	形状简单、受力不大的耐蚀零件
MB2	3.0～4.0	0.2～0.8	—	0.15～0.5	—	余量	退火板材	250	20	飞机蒙皮、壁板及耐蚀零件
MB8	0.20	0.3	0.15～0.35	1.5～2.5	—	余量	挤压棒材	260	7	形状复杂的锻件和模锻件
MB15	0.05	5.0～6.0	—	0.10	0.30～0.90	余量	挤压棒材	335	9	室温下承受大载荷的零件

表 5-26 部分铸造镁合金的代号、成分、性能及用途

代号	化学成分/%						状态	力学性能		用途
	Al	Zn	Re	Mn	Zr	Mg		σ_b/MPa	δ/%	
ZM1	—	3.50～5.50	—		0.50～1.00	余量	时效	235	5	飞机轮毂支架
ZM2	—	3.50～5.00	0.70～1.70		0.50～1.00	余量	时效	185	2.5	200℃以下工作的发动机件
ZM3	—	0.20～0.70	2.50～4.00	0.15～0.50	0.50～1.00	余量	退火	118	1.5	高温高压下工作的发动机匣
ZM15	7.5～9.0	0.20～0.80	—	0.10	0.30～0.90	余量	淬火	225	2	机舱隔舱、增压机匣等高载荷零件

5.4.4 钛、钛合金及应用

钛及钛合金是性能优异的金属材料。其特点是密度小、比强度高、耐高温、耐腐蚀及具有良好的低温性能。目前，已广泛应用于航空、航天、航海、冶金、化学工业等。但是，由于钛及钛合金的加工条件复杂，成本较高，在很大程度上限制了其应用。

1. 工业纯钛

纯钛密度为4.507×10^3kg/m^3，熔点为1688℃。纯钛具有同素异构转变，882.5℃以下为密排六方结构的α相，882.5℃以上为体心立方结构的β相。纯钛的强度低，但比强度高，塑性好，低温韧性好。钛在大气和海水中具有优良的耐蚀性，在硫酸、盐酸、硝酸、氢氧化钠等介质中也都很稳定，钛的抗氧化能力优于大多数奥氏体不锈钢。钛具有良好的压力加工工艺性能，切削性能较差。钛在氮气中加热可发生燃烧，因此，钛在加热和焊接时应采用氩气保护。

根据杂质含量，钛分为高纯钛（纯度达99.9%）和工业纯钛（纯度达99.5%）。工业纯钛有三个牌号，分别用TA+序号数字1、2、3表示，数字越大，纯度越低。杂质含量对钛的性能影响很大，少量杂质可显著提高钛的强度，故工业纯钛强度较高，接近高强铝合金的水平，主要用于制造在350℃以下温度工作的石油化工用热交换器、反应器、船舰零件、飞机蒙皮等。

2. 钛合金

在纯钛中加入Al、Mo、Cr、Sn、Mn、V等元素形成钛合金。按退火组织不同，钛合金可分为α型、β型、α+β型三种，分别用TA、TB、TC加顺序号表示。工业纯钛的室温组织为α相，因此，牌号划入α型钛合金的TA序列。

（1）α型钛合金

与β型和α+β型钛合金相比，α型钛合金的室温强度低，但高温强度高。α型钛合金组织稳定，具有良好的抗氧化性、焊接性和耐蚀性，不可热处理强化，主要依靠固溶强化，一般在退火态使用。α型钛合金牌号有TA4、TA5、TA6、TA7、TA8等，常用的有TA5、TA7等，以TA7最常用。TA7还具有优良的低温性能，主要用于制造在500℃以下温度工作的火箭、飞船的低温高压容器，航空发动机压气机叶片和管道、导弹燃料缸等。TA5主要用于制造船舰零件。

（2）β 型钛合金

β 型钛合金有 TB1、TB2 两个牌号。β型钛合金有较高的强度、优良的冲压性能，并可通过固溶处理和时效进行强化。实际应用的为 TB2，用于制造在 350℃以下温度工作的飞机压气机叶片、弹簧、紧固件等。

（3）α+β 型钛合金

α+β 型钛合金具有 α 型钛合金和 β 型钛合金的优点，但焊接性能不如 α 型钛合金，可通过热处理来强化，热处理后强度可提高 50%～100%。α+β 型钛合金牌号有 TC1～TC11，常用牌号有 TC3、TC4、TC6、TC10 等。TC4 是钛合金中最常用的合金，在 400℃时组织稳定，蠕变强度较高，低温时有良好的韧性，并具有良好的抗海水应力腐蚀及抗热盐应力腐蚀的能力，主要用于制造在 400℃以下温度工作的航空发动机压气机叶片、火箭发动机外壳及冷却喷管、火箭和导弹的液氢燃料箱部件、船舰耐压壳体等。TC10 是在 TC4 基础上发展起来的，具有更高的强度和耐热性。

（4）钛合金的新进展

国内外研究钛合金材料的新进展主要体现在以下几个方面。

① 高温钛合金。一般钛合金使用温度最高为 500℃，为了使钛合金能在更高的温度下使用，研制了许多新型钛合金。如中国的 Ti-Al-Sn-Mo-Si-Nd 系合金，使用温度可达 550℃；英国的 Ti-5.5Al-4Sn-4Zr-1Nb-0.3Mo-0.5Si 系合金和美国的 Ti-6Al-2.75Sn-4Zr-0.4Nb-0.45Si 系合金，使用温度可达 600℃；而以钛铝金属间化合物为基的 Ti_3Al 基高温钛合金和 TiAl 基高温钛合金，使用温度将可达 700℃以上。美国麦道公司采用快速凝固—粉末冶金技术成功地研制出一种高纯度、高致密性钛合金，在 760℃下其强度相当于目前室温下使用的钛合金强度。

② 高强高韧 β 型钛合金。β 型钛合金具有良好的冷热加工性能，容易锻造，可以轧制、焊接，可以通过固溶—时效处理获得较高的力学性能、良好的环境抗力及强度与断裂韧度的很好配合。最具代表性的新型高强高韧 β 型钛合金有美国的 β21S（Ti-15Mo-3Al-2.7Nb-0.2Si）和俄罗斯的 BT-22（Ti-5V-5Mo-1Cr-1Fe-5A1）。

③ 阻燃钛合金。常规钛合金在特定的条件下有燃烧的倾向，这在很大程度上限制了其应用。美国的 Alloy C（50Ti-35V-15Cr）是一种对持续燃烧不敏感的阻燃钛合金，已用于 F119 发动机。BTT-1 和 BTT-3 为俄罗斯研制的阻燃钛合金，均为 Ti-Cu-Al 系合金，具有相当好的热变形工艺性能，可用其制成复杂的零件。

④ 医用钛合金。钛无毒、质轻、强度高，并且具有优良的生物相容性，可作为人体的植入物。目前，在医学领域中广泛使用的仍是纯钛和 Ti-6A1-4VELI 系合金。但 Ti-6Al-4VELI 系合金会析出极微量的钒和铝离子，有可能对人体造成危害。日本已开发出了一系列具有优良生物相容性的钛合金，如 Ti-15Zr-4Nb-4Ta-0.2Pd、Ti-15Sn-4Nb-2Ta-0.2P，这些合金的性能优于 Ti-6A1-4VELI。美国开发了适于作为植入物的钛合金，如 Ti-12Mo-6Zr-2Fe、Ti-13Nb-13Zr、Ti-15Mo-2.5Nb-0.2Si 等，已被推荐至医学领域，有可能取代目前医学领域中广泛使用的 Ti-6A1-4VELI 系合金。

5.4.5　滑动轴承合金及应用

轴承合金是用来制造滑动轴承中的轴瓦及轴衬的耐磨材料。滑动轴承支承着轴工作，当轴高速旋转时，轴瓦表面承受一定的交变载荷，并与轴之间产生强烈的摩擦。由于轴是重要的零件，制造工艺复杂，成本较高，因此应确保轴受到最小的磨损，而轴瓦作为主要磨损件，价格相对便宜，必要时可以更换，以降低整体成本。

1．对滑动轴承合金性能的要求

为了减小轴承对轴颈的磨损，确保机器正常运转，轴承合金必须具备下列性能。

① 具有良好的减摩性。与轴的摩擦系数小，并能保留润滑油，减轻磨损。磨合性（跑合性）好，使轴与轴承在不长的工作时间后，能紧密吻合，使载荷均匀作用在工作面上，避免局部磨损。这就要求轴承材料的硬度低、塑性好。这也同时使轴承材料具有较好的嵌藏性，即可使外界落入轴承的较硬杂质陷入软基体中，减小对轴的磨损。抗咬合性好，防止摩擦条件不良时，轴承材料与轴黏着或焊合。

② 具有足够的力学性能。即要有足够的抗压强度、疲劳强度和一定的耐磨性。

③ 具有良好的物理性能。即具有良好的导热性、耐蚀性和铸造性能及小的热膨胀系数。具有良好的导热性，可使轴承不致因温升太高而软化。

2．轴承合金的组织特点

根据上述的性能要求，轴承合金有以下两类组织。

第一类组织：在软的基体上孤立地分布着硬的质点。为了满足上述要求，轴承合金较理想的组织应为软的基体上均匀分布着硬的质点，如图5-22所示。软的基体可承受冲击和振动，并使轴承与轴能很好地磨合，以保证配合良好。软的基体被磨损后，形成凹坑，可储存润滑油，保证轴承有较好的润滑条件，减轻轴的磨损。而凸出的硬质点，则起着支承轴的作用，并且在有瞬时过载时，凸起的硬质点可被压入软组织中，避免轴颈的擦伤。

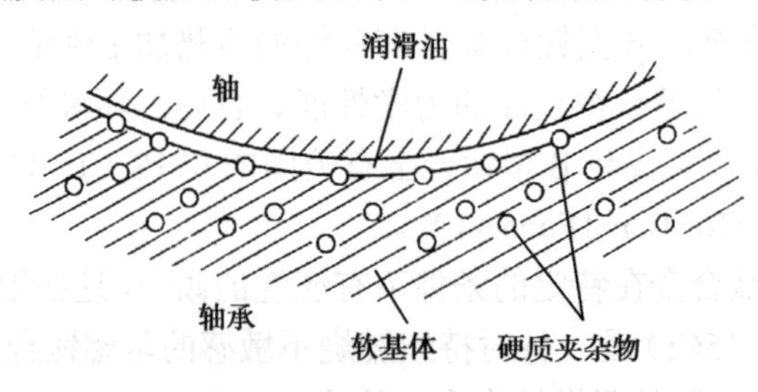

图5-22　轴承合金结构示意图

第二类组织：在硬的基体上孤立地分布着软的质点。在硬基体上分布着软质点的组织形式，也可达到上述目的。这种组织形式，由于硬度较高，具有较大的承载能力，但磨合能力较差，需相应提高轴颈处的硬度。

3．滑动轴承合金的分类及用途

工业上常用的轴承合金按其化学成分可以分为锡基、铅基、铝基、铜基和铁基等数种。通常把应用最广的锡基、铅基轴承合金称为巴氏合金。常用轴承合金的牌号、化学成分、力学性能及用途列于表5-27中。轴承合金一般在铸态下使用，其编号方法为“Z”+基本元素符号+主加元素符号及其平均含量+辅加元素符号及其平均含量。其中“Z”是“铸”的汉语拼音首字母。例如，ZSnSb11Cu6表示含11%Sb、6% Cu，其余为锡的锡基轴承合金；ZCuPb30表示含30%Pb，其余为铜的铜基轴承合金。

表 5-27　常用轴承合金的牌号、化学成分、力学性能及用途（摘自 GB/T 1174—1992）

种类	合金牌号	化学成分/%				铸造方法	力学性能（≥）			用途
		Sn	Pb	Cu	其他		σ_b /MPa	δ / %	硬度 /HB	
锡基轴承合金	ZSnSb12Pb10Cu4	其余	9.0～11.0	2.5～5.0	Sb11～13	J			29	适用于一般中载、中速发动机轴承，但不适用于高温部分
	ZSnSb11Cu6	其余	0.35	5.5～6.5	Sb10～12	J	90	6	27	适用于浇铸重载、高速的汽轮机、涡轮机、内燃机、压缩机等的轴承、轴瓦
	ZSnSb4Cu4	其余	0.35	4.0～5.0	Sb4.0～5.0	J			20	韧性要求高、浇铸层较薄的重载、高速轴承，如涡轮机、航空发动机轴承
铅基轴承合金	ZPbSb16Sn16Cu2	15～17	其余	1.5～2.0	Sb15～17	J	78	0.2	30	承受小冲击载荷的高速轴承、轴衬，如汽车、轮船的轴承、轴衬
	ZPbSb15Sn10	9.0～11.0	其余	0.7	Sb14～16	J			24	中载、中速、中冲击载荷机械的轴承，如汽车、拖拉机的曲轴、连杆的轴承
	ZPbSb15Sn5	4.0～5.5	其余	0.5～1.0	Sb14～15.5	J			20	低速、轻载机械轴承，如水泵、空压机轴承、轴套
铜基轴承合金	ZCuPb30	1.0	27～33	其余		J	60	4	25*	高速、高压下工作的航空发动机、高压柴油机、汽轮机轴承
	ZCuSn5Pb5Zn5	4.0～6.0	4.0～6.0	其余	Zn4.0～6.0	S、J	200	13	60*	用于常温下受稳定载荷的轴承，如减速机、起重机、发电机、离心机、压缩机
铝基轴承合金	ZalSn6Cu1Ni1	5.5～7.0		0.7～1.3	0.7～1.3，其余 Al	S、J	110 130	10 15	35* 40*	高速、高载荷机械轴承，如汽车、拖拉机、内燃机轴承

注：J—金属型；S—砂型；*为参考硬度值。

（1）锡基轴承合金

锡基轴承合金是以锡为主并加入少量 Sb、Cu 等元素的合金，熔点较低，是一种软基体硬质点类型的轴承合金。图 5-23（a）所示为 ZSnSb11Cu6 轴承合金的显微组织图，图中暗色组织 α 相是锑溶解于锡中的固溶体，为软基体，白色方块 β′ 相是化合物（SbSn），为硬质点。铸造时由于 β′ 相较轻，易造成比重偏析，所以，在合金中加入铜，先形成亮针状或星状化合物（Cu_6Sn_5）的格架，防止 β′ 相的上浮，以有效地减少偏析，同时 Cu_6Sn_5 相的硬度比 β′ 相高，也起着硬质点的作用。

锡基轴承合金具有较高的耐磨性、导热性、耐蚀性、嵌藏性及小的摩擦系数和热膨胀系数，适于制造重要轴承，如汽轮机、发动机和涡轮机等大型机器的高速轴承。但锡基轴承合金的价格高，疲劳强度较低，许用温度也较低（不高于 150℃），在一定场合也限制了它的使用。

（2）铅基轴承合金

铅基轴承合金是以铅为主加入少量 Sb、Sn、Cu 等元素的合金，也是软基体硬质点型轴承合金。铅锑系的铅基轴承合金应用很广，典型牌号有 ZPb16Sb16Cu2，其显微组织为$(\alpha+\beta)+\beta+Cu_3Sn$（见图 5-23（b）），其中软基体为$\alpha+\beta$共晶体，硬质点$\beta$相为白色方块状化合物（SnSb），亮针状化合物 Cu_3Sn 起着防止比重偏析的作用。铅基轴承合金的铸造性能和耐磨性较好（但比锡基轴承合金低），价格较便宜，高温强度好，有自润滑性，常用于制造低速、低载条件下工作的设备，如汽车、拖拉机曲轴的轴承等。

（a）铸造锡基轴承合金显微组织

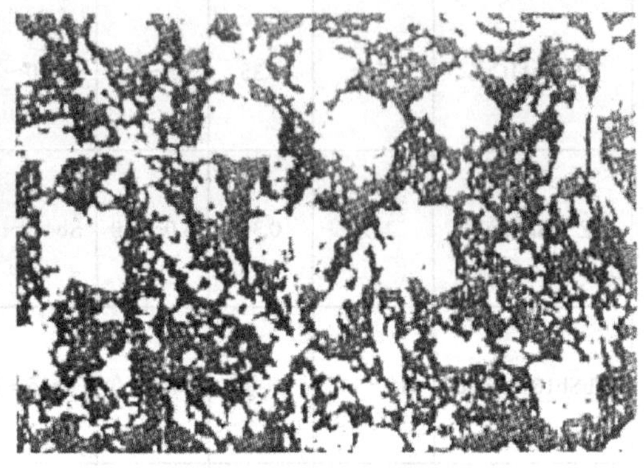

（b）铸造铅基轴承合金显微组织

图 5-23 锡基和铅基轴承合金显微组织

锡基和铅基轴承合金强度比较低，为提高其承载能力和使用寿命，生产上常采用离心浇铸法，将它们镶铸在低碳钢轴瓦上，形成一层薄而均匀的内衬，成为双金属轴承。

（3）铜基轴承合金

铜基轴承合金主要包括锡青铜和铅青铜。锡青铜强度高、耐磨性好，常用的牌号为 ZCuSn10P1、ZCuSn5Pb5Zn5 等，适于制造中速、承受较大载荷的柴油机、压缩机轴承。铅青铜为硬基体上分布着软质点类型的轴承合金，具有高的耐磨性、疲劳强度、导热性和低的摩擦系数，工作温度可达 350℃。常用牌号为 ZCuPb30，适于制造高速、重载条件下工作的轴承，如航空发动机、高速柴油机和汽轮机上的轴承。

（4）铝基轴承合金

铝基轴承合金是以铝为主并含少量 Sn、Cu、Sb、Mg 等元素的轴承合金。铝基轴承合金相对密度小，导热性好，疲劳强度高，价格低廉，它可逐渐代替锡基、铅基和铜基轴承合金从而节约大量工业用铜。常用牌号为 ZAlSn6Cu1Ni1，广泛用于高速、高载荷条件下工作的轴承，如重型汽车、拖拉机和内燃机的轴承。

思考题

5-1 碳素钢是如何分类的？随着钢中含碳量的增加，钢的力学性能如何变化？为什么？

5-2 何谓合金钢？其与同类碳钢相比有哪些优缺点？

5-3 简述合金元素对合金钢的主要影响和作用规律。

5-4 合金结构钢按用途分为哪几类？其主要性能要求是什么？

5-5　现有ϕ35mm×200mm 两根轴，一根为 20 钢，经 920℃渗碳后直接水淬及 180℃回火，表面硬度为 58～62HRC；另一根为 20CrMnTi 钢，经 900℃渗碳后直接油淬，-80℃深冷处理后 180℃回火，表面硬度为 60～64HRC，问这两根轴的表层和心部组织与性能有何区别？说明其原因。

5-6　试比较 45 钢和 40Cr 钢的应用范围，以此说明合金元素 Cr 在调质钢中的使用。

5-7　何谓调质钢？为什么调质钢大多数为中碳钢？合金元素在调质钢中的作用是什么？

5-8　用 20CrMnTi 钢制作的汽车变速齿轮，拟改用 40 钢或 40Cr 钢经高频淬火，是否可以？为什么？

5-9　为什么铬轴承钢要具有高的含碳量？铬在轴承钢中起什么作用？

5-10　试根据表 5-28 所列项目，总结对比几类合金结构钢的主要特点。

表 5-28　题 5-10 表

钢　　种	成 分 特 点	常 用 牌 号	热处理特点	热处理后组织	主 要 性 能	用 途 举 例
低合金高强钢						
合金渗碳钢						
合金调质钢						
合金弹簧钢						
滚动轴承钢						

5-11　高速工具钢淬火后为什么需要进行三次以上回火？在 560℃回火是否是调质处理？

5-12　用高速工具钢制造手工锯条、锉刀行不行？为什么？

5-13　试从表 5-29 所列几方面归纳对比几类合金工具钢的特点。

表 5-29　题 5-13 表

钢　　种	成 分 特 点	常 用 牌 号	热处理特点	热处理后组织	主 要 性 能	用 途 举 例
低合金刃具钢						
高速工具钢						
冷作模具钢						
热作模具钢						
合金量具钢						

5-14　对量具钢有何要求？量具通常采用何种最终热处理工艺？采取何种措施可使量具尺寸得到长期稳定？游标卡尺、千分尺、塞规、卡规、块规各采用何种材料较为合适？

5-15　奥氏体不锈钢和耐磨钢淬火的目的与一般的淬火目的有何不同？

5-16　1Cr13 钢和 Cr12 钢中的含铬量都大于 11.7%，为什么 1Cr13 钢属于不锈钢，而 Cr12 钢却不能用作不锈钢？

5-17　什么是铸铁的石墨化？影响铸铁石墨化的主要因素是什么？

5-18　铸铁有何性能特点？主要用于制造什么类型的零（构）件？

5-19　下列铸件宜选用何种铸铁？试选择铸铁牌号并说明理由。

车床床身、机床手轮、汽缸套、摩托车发动机活塞环、汽车发动机曲轴、缝纫机机架、污水管、自来水三通管、球磨机衬板、加热炉炉底板。

5-20　变形铝合金与铸造铝合金在成分选择及组织上有何差别？

5-21　为什么通过合金化就能提高铝的强度？

5-22　防锈铝合金、硬铝合金、硅铝明各属于哪类铝合金？各采用何种强化方法进行强化？说明它们的用途。

5-23　什么是黄铜、青铜及白铜？分别具有何性能特点？各有何用途？

5-24　何为固溶处理和时效硬化？分别适用于哪些材料？

5-25　镁合金有哪些性能特点？它是如何分类的？主要用途是什么？

5-26　试述钛合金的性能特点及用途。

5-27　滑动轴承合金在性能上有何要求？在组织上有何特点？试举例说明。

5-28　金属材料的减摩性和耐磨性有何区别？它们对金属组织与性能要求有何不同？

第 6 章　高分子材料及应用

6.1 概述

6.1.1 高分子材料的分类

高分子材料的分类方法很多，主要有以下三种。

（1）按来源分类

高分子材料按来源分为天然高分子材料、半合成高分子材料（改性天然高分子材料）和合成高分子材料。

天然高分子是生命起源和进化的基础。人类社会一开始就利用天然高分子材料作为生活资料和生产资料，并掌握了其加工技术。如利用蚕丝、棉、毛织成织物，用木材、棉、麻造纸等。19 世纪 30 年代末期，进入天然高分子化学改性阶段，出现半合成高分子材料。1907 年，出现合成高分子酚醛树脂，标志着人类应用合成高分子材料的开始。现代高分子材料已与金属材料、无机非金属材料相同，成为科学技术和经济建设中的重要材料。

（2）按特性分类

高分子材料按特性分为橡胶、高分子纤维、塑料、高分子胶粘剂和高分子涂料等。

① 橡胶是一类线型柔性高分子聚合物。其分子链间次价力小，分子链柔性好，在外力作用下可产生较大形变，除去外力后能迅速恢复原状。有天然橡胶和合成橡胶两种。

② 高分子纤维分为天然纤维和化学纤维。前者指蚕丝、棉、麻、毛等，后者以天然高分子或合成高分子为原料，经过纺丝和后处理制得。纤维的次价力大、形变能力小、弹性模量高，一般为结晶聚合物。

③ 塑料以合成树脂或化学改性的天然高分子为主要成分，再加入填料、增塑剂和其他添加剂制得。其分子间次价力、弹性模量和变形量等介于橡胶和纤维之间。通常按合成树脂的特性分为热固性塑料和热塑性塑料；按用途又分为通用塑料和工程塑料。

④ 高分子胶粘剂是以合成天然高分子化合物为主体制成的胶粘材料，分为天然和合成胶粘剂两种，应用较多的是合成胶粘剂。

⑤ 高分子涂料以聚合物为主要成膜物质，添加溶剂和各种添加剂制得。根据成膜物质不同，分为油脂涂料、天然树脂涂料和合成树脂涂料。

（3）按用途分类

高分子材料按用途分为结构高分子材料和功能高分子材料。功能高分子材料除具有聚合物的一般力学性能、绝缘性能和热性能外，还具有物质、能量和信息的转换、传递和储存等特殊功能。

6.1.2 塑料的组成与分类

塑料是一类以天然树脂或合成树脂（高分子化合物）为基本原料，在一定的温度或压力下塑制成型，并在常温下保持其形状不变的高聚物。根据塑料的组成不同，可以分为简单组分与复杂组分两类。简单组分的塑料基本上由一种树脂组成，如聚四氟乙烯、聚苯乙烯等，仅加入少量的色料、润滑剂等。复杂组分的塑料由多种组分组成，或多种树脂混合以取长补短，同时加入各种添加剂。添加剂的使用根据塑料的种类和性能要求而定。

1．塑料的组成

① 树脂。树脂在塑料中起胶粘各组分的作用，占塑料组成的 40%～100%。树脂的种类及性质决定了塑料的类型及主要性能，大多数塑料以所用树脂命名。

② 填充剂。又称填料，用来改善塑料的某些性能。常用填充剂有云母粉、石墨粉、炭粉、氧化铝粉、木屑、玻璃纤维、碳纤维等。

③ 增塑剂。增塑剂用来增加树脂的塑性和柔韧性。增塑剂可渗入高聚物链段之间，降低其分子间力，使分子链容易移动，从而增加了可塑性。常用增塑剂有邻苯二甲酸酯、磷酸酯类、氯化石蜡、聚乙二酸、2—丙二醇酯等。

④ 稳定剂。稳定剂包括热稳定剂、光稳定剂及抗氧剂等。常用热稳定剂有硬脂酸盐、环氧化合物和铅的化合物等；光稳定剂有炭黑、氧化锌等遮光剂，以及水杨酸酯类、二苯甲酮类等紫外线吸收剂；抗氧剂有胺类、酚类、有机金属盐类、含硫化合物等。

⑤ 润滑剂。润滑剂用来防止塑料黏着在模具或其他设备上。常用润滑剂有硬脂酸及其盐类、石蜡等。

⑥ 固化剂。固化剂为与树脂中的不饱和键或活性基团作用而使其交联成体网形热固性高聚物的一类物质，用于热固性树脂。不同的热固性树脂常使用不同的固化剂，如环氧树脂可用胺类，酸酐类酚醛树脂可用六次甲基四胺等。

⑦ 发泡剂。发泡剂为受热时会分解而放出气体的有机化合物，用于制备泡沫塑料等。常用发泡剂为偶氮二甲酰胺、氨气、碳酸氢氨等。

此外，还有着色剂、抗静电剂、阻燃剂等。

2．塑料的分类

（1）按塑料受热时的性质分类

可分为热塑性塑料和热固性塑料：热塑性塑料受热时软化或熔融，冷却后硬化，并可反复多次进行，为线形或支链分子；热固性塑料固化后，则成为不溶解、不熔化、具有体网分子的固体，不可再生。

（2）按功能和用途分类

可分为用量大、用途广的通用塑料（如聚乙烯、酚醛等），有较高力学性能的工程塑料（如尼龙、ABS 等）及有特殊功能的功能塑料（如耐热塑料、感光塑料、抗菌塑料等）。

根据机械类和近机类专业特点，本着以应用为主的原则，本书主要针对结构材料进行阐述。而在高分子材料中，工程塑料以其较高的综合力学性能而成为机械零件的重要原材料，同时也是应用最广泛的结构类高分子材料，与人类生活和工农业生产密不可分。限于篇幅，下面只对几种常见的工程塑料及应用范围进行介绍。

6.2 常用工程塑料及应用

6.2.1 热塑性塑料

（1）聚乙烯（PE）

聚乙烯由乙烯单体聚合而成，为所有聚合物中最简单的一种。由于分子中无极性基团存在，其吸水性小，耐蚀性和电绝缘性能极好，在有机溶剂中一般不溶解而仅发生少许溶胀。聚乙烯质感类似石蜡状，无味无毒，有良好的耐低温性、化学稳定性、加工性、电绝缘性，但耐热性不高，只可在 80℃下使用。

根据聚合反应时的压力、催化剂及其他条件的不同，可得到不同种类的聚乙烯。

由高压法所得聚乙烯的分子质量较低，分子的支链较多，密度较小，仅为 0.91～0.92g/cm^3，所以又称低密度聚乙烯（LDPE）。其结晶度低，质地柔软，耐冲击，为半透明状，常用于制造薄膜、软管、瓶类等包装材料及电绝缘护套等。

由低压法制得的聚乙烯分子质量较高，分子支链较少，有较高密度，可达 0.94～0.97g/cm^3，所以又称高密度聚乙烯（HDPE）。其结晶度较高，为乳白色，比较刚硬、耐磨、耐蚀，绝缘性也较好，可作为化工耐蚀管道、阀、衬板及承载不高的齿轮、轴承等结构材料。用其制作的薄膜或包装袋更加结实耐用。

此外，常见的塑料保温瓶壳、周转箱、洗发水瓶、铝塑管、圆珠笔芯、牙膏管、发泡水果包装网也多由 HDPE 制成。

（2）聚丙烯（PP）

聚丙烯称为最轻的塑料（密度约为 0.9g/cm^3）。

聚丙烯是由丙烯单体聚合而成的热塑性聚合物，由根据其大分子链上甲基的空间位置排列方式不同，分为三种类别：①等规聚丙烯具有高度的结晶性，熔点高，硬度和刚度大，力学性能好，用量占 90%以上；②无规聚丙烯难以用作塑料，常作为改性载体；③间规聚丙烯的结晶度低，透明，具有柔韧性，属于高弹性热塑性材料。

常用的聚丙烯耐蚀性好、电绝缘性优良，力学性能、耐热性（可达 150℃）在通用热塑性塑料中最高，耐疲劳性好，但低温脆性大及耐老化性不好。它无味无毒，是可进行高温热水消毒的少数塑料品种之一。

聚丙烯可制成容器、管道及薄膜用于机械、电器、化工及日用品方面，如微波炉餐具、衣架、椅子、电器壳、化工管件、型材，也可制作香烟、食品、衣服包装膜及胶粘带等。

经共混或增强改性的聚丙烯可用于汽车上的仪表盘、方向盘、保险杠、工具箱等。由于聚丙烯耐曲折性特别好，常用于文具、洗发水瓶盖的整体弹性铰链。

（3）聚氯乙烯（PVC）

聚氯乙烯是一种热塑性的全能塑料。

聚氯乙烯为最早实现工业化的合成热塑性树脂品种，由氯乙烯单体聚合而成。聚氯乙烯分子由于有极性基团——Cl 原子的存在，使分子产生极性，增加了分子间的作用力，密度增大，可达 1.4g/cm^3 左右，因此，聚氯乙烯的强度、硬度、刚度均高于聚乙烯，并有耐燃、自熄的特点。另外，其耐蚀性、电绝缘性、印刷性、焊接性也好，但热稳定性、耐冲击性、耐寒性、耐老化性较差，只可在-15～60℃温度下使用。

聚氯乙烯价格低廉，易于改性。聚氯乙烯分为硬质和软质两种。在聚氯乙烯中添加少量增塑剂、稳定剂和填料后，可制得硬质聚氯乙烯，它具有较高的机械强度和较好的耐蚀性，可用于制作化工、纺织等工业的废气排污排毒塔、气体/液体输送管，还可代替其他耐蚀材料制造储槽、离心泵、通风机和接头等。当增塑剂加入量达 30%～40%时，便制得软质聚氯乙烯，其延伸率高，制品柔软，并具有良好的耐蚀性和电绝缘性，常制成薄膜，用于工业包装、农业育秧和雨衣、台布等，还可用于制造耐酸碱软管、电缆包皮、绝缘层等。

（4）聚苯乙烯（PS）

聚苯乙烯是最鲜艳且成型性较好的塑料。

聚苯乙烯为苯乙烯单体聚合而成的典型线型无定型热塑性塑料，因无极性的大苯环存在，使其成为典型的非晶态高聚物，并有一些突出的特性。

聚苯乙烯为极易染成鲜艳色彩的透明度仅次于有机玻璃的塑料，制品表面富有光泽；几乎可用各种成型方法进行成型加工，成型收缩较小，成型性非常突出；电绝缘性（特别是高频绝缘性）极好，刚性好，脆性大，是敲击时唯一有清脆类似金属声的塑料；其无味无毒，但抗冲击强度低，易脆裂，能折断不能折弯，不耐高温（100℃以下使用）。因聚苯乙烯成型性优异，易于与其他树脂共聚或共聚改性，生产中常以此来改善其韧性。如用聚苯乙烯与丙烯酸酯或丙烯腈类单体共聚可得既透明又强韧的塑料；将聚苯乙烯同柔韧的丁二烯共聚或共混，可得一种冲击韧性很高的塑料，称为高抗冲击聚苯乙烯（HIPS）。

聚苯乙烯可用于各类电器（特别是高频电器）配件、壳体、一般光学仪器、灯罩、玩具、建筑广告装饰板，发泡聚苯乙烯广泛用于缓冲包装垫及保温材料。目前，HIPS 正越来越多地用于电视机、复印机、计算机等电器壳体。还有最近 20 年才开发成功的金属聚苯乙烯（m-SPS），具有优良的耐热性，其热变形温度为 251℃，耐化学药品及耐热水性能好，冲击韧度及刚性均高，已用于汽车保险杠、发动机部件、纤维、绝缘膜及其他耐热注塑件。

聚苯乙烯泡沫塑料的相对密度只有 0.033，是极好的隔音、包装、打捞、救生用材料。近几年来，聚苯乙烯和薄钢板制成的夹层复合材料因具有质轻、刚度高、隔声、隔热等优点，成为简易住房的首选墙体材料。

（5）ABS 塑料

ABS 的名称来自丙烯腈（Acrylonitrile）、丁二烯（Butadiene）和苯乙烯（Styrene）英文名字的第一个字母，ABS 塑料是三元共聚物，类似于金属材料中的合金，具有“硬、韧、刚”的特性，综合力学性能良好。ABS 塑料无毒无味、表面易于化学镀及印刷。但其不太耐高温（-40～100℃温度下使用），耐候性较差。

ABS 塑料在机械工业中可用来制造齿轮、泵叶轮、轴承、管道等；在家电上广泛应用于电视机、洗衣机、电话机、计算机等壳体及冰箱内衬；在汽车上可用于制造仪表盘、方向盘、保险杠、挡泥板、手柄、扶手等。

（6）聚酰胺（PA）

聚酰胺又称尼龙或锦纶。它是最早发现的能承受载荷的热塑性塑料，在机械工业中应用广泛。聚酰胺具有良好的韧性（耐折叠）和一定的强度，以及较低的摩擦系数（比金属小得多）和良好的自润滑性，可耐固体微粒的摩擦，甚至可在干摩擦、无润滑条件下使用，同时有较好的耐蚀性。因它不溶于普通溶剂，故对许多化学品具有耐受性，不受弱酸、醇、矿物油等的影响。但其热稳定性差，有一定的吸水性，会影响尼龙制品的尺寸精度和强度，一般在 100℃以下温度工作。适用于制造耐磨的机器零件，如柴油机燃油泵齿轮、蜗轮、轴承、行走机械中行走部分的轴承、各种螺钉、螺母、垫圈、高压密封圈、阀座、输油管、储油容器等。

（7）聚甲醛（POM）

聚甲醛是继聚酰胺之后发展起来的一种没有侧链，带有柔性链，高密度和高结晶性的线型结构的聚合物。其结晶度为 70%～80%，具有优良的综合性能。它的疲劳强度在热塑性塑料中是最高的，有优良的耐磨性和自润滑性。它具有高的硬度和弹性模量，刚性大于其他塑料，在较宽的温度范围内具有耐冲击性能，可在-40～100℃温度下长期工作。吸水性小，具有好的耐水、耐油、耐化学腐蚀性和电绝缘性，尺寸稳定。但缺点是热稳定性差，易燃，长期在大气中曝晒会老化。聚甲醛可代替有色金属及其合金，在汽车、机床、化工、电气仪表、农机等部门制造轴承、衬套、齿轮、凸轮、滚轮、泵叶轮、阀、管道、配电盘、线圈座和化工容器等。

（8）氟塑料

氟塑料是含氟塑料的总称。机械工业中应用最多的有聚四氟乙烯(F-4)、聚三氟氯乙烯(F-3)、聚偏氯乙烯（F-2）、聚氟乙烯（F-1），以及聚全氟乙丙烯（F-46）等。

氟塑料既耐高温又耐低温，且耐腐蚀、耐老化和电绝缘性能均优于其他塑料；吸水性和摩擦因数低，尤以聚四氟乙烯（F-4）最为突出。

聚四氟乙烯（F-4）俗称塑料王，具有非常优良的耐高、低温性能，可在-180～260℃温度下长期使用；几乎对所有的化学品具有耐受性，在侵蚀性极强的王水中煮沸也不起变化；摩擦系数极低，仅为 0.04。它不吸水，电性能优异，是目前介电常数和介电损耗最小的固体绝缘材料。缺点是强度低，冷流性强。主要用于制作减摩密封零件、化工耐蚀零件与热交换器，以及高频或潮湿条件下的绝缘材料。

其他氟塑料的性能与 F-4 基本相似，只是某些性能有所改善，如 F-3 的成型加工性能更好，F-2 的耐候性更好，F-1 的抗老化能力更强等。

（9）聚甲基丙烯酸甲酯（PMMA）

聚甲基丙烯酸甲酯也称有机玻璃，其密度小，透明度高，透光率为 92%，比普通玻璃（透光率为 88%）还高。紫外线透过率为 73%，而普通玻璃仅为 0.6%。有机玻璃在 1m 厚时光线仍能透过，而普通玻璃厚达 15cm 时光线便难以透过。有机玻璃的密度小，只有无机玻璃的 1/2，但强度却高于无机玻璃，抗破碎能力是无机玻璃的 10 倍。有机玻璃虽有一定的耐热性，但在 140℃开始软化，硬度低，所以表面容易擦伤起毛，并溶于丙酮等有机溶剂。它的一般使用温度不超过 80℃，导热性差，热膨胀系数大，主要用于制造有一定透明度和强度要求的零件，如油杯、窥孔玻璃、汽车与飞机的窗玻璃和设备标牌等。由于其着色性好，也常用于各种生活用品和装饰品。

（10）聚碳酸酯（PC）

聚碳酸酯是分子链中含有碳酸酯结构的树脂的总称。其分子链上既有刚性的苯环，又有柔性的醚键，所以具有优良的综合性能。冲击韧度和延性在热塑性塑料中是最好的；弹性模量较高，且不受温度的影响；抗蠕变性能好，尺寸稳定性高。透明度高，誉称“透明金属”，可染成各种颜色；吸水性小。绝缘性能优良，耐热性比一般尼龙、聚甲醛略高，且耐寒，可在-60～120℃温度范围内长期工作。但自润滑性差，耐磨性比尼龙和聚甲醛低；不耐碱、氯化烃、酮和芳香烃；长期浸在沸水中会发生水解或破裂；有应力开裂倾向；疲劳抗力较低。

在机械工业中，聚碳酸酯可用于制造受载不大但冲击韧度和尺寸稳定性要求较高的零件，如轻载齿轮、心轴、凸轮、螺栓、螺帽、铆钉，以及小模数和精密齿轮、蜗轮、蜗杆、齿条等。利用其良好的电绝缘性能，可制造垫圈、垫片、套管、电容器等绝缘件，并可作为电子仪器仪表的外壳、护罩等。由于透明性好，在航空及宇航工业中，是一种不可或缺的制造信号灯、挡风玻璃、座舱罩、帽盔等的重要材料。

由于尺寸稳定性高、综合力学性能好，是制作各种光盘的主要基材。

（11）聚砜（PSF）

聚砜是以线型非晶态高聚物聚砜树脂为基的塑料，其强度高，弹性模量大，耐热性好。长期使用温度范围为150～170℃，蠕变抗力高，尺寸稳定性好。除此之外，其脆性转化温度低，约为-100℃，所以聚砜使用温度范围较宽。其电绝缘性能是其他工程塑料方法相比的。它主要用于制作要求高强度、耐热、抗蠕变的结构件，如仪表件和电气绝缘件、精密齿轮、凸轮、真空泵叶片、仪器仪表的壳体、罩、线圈骨架、仪表盘衬垫、垫圈、电动机、收音机、电子计算机的电路板等。由于聚砜具有良好的电镀性，故可通过电镀金属制成印制电路板和印制线路薄膜，也可用于洗衣机、家庭用具、厨房用具和各种容器等。

6.2.2 热固性塑料

（1）酚醛塑料（PF）

酚醛塑料是以酚醛树脂为基本成分，加入各种添加剂制成的。酚醛树脂是由酚类和醛类有机化合物在催化剂的作用下缩聚而成的，其中以苯酚和甲醛缩聚而成的酚醛树脂应用最广。

酚醛树脂在固化处理前为热塑性树脂，处理后为热固性树脂。热塑性酚醛树脂主要做成压塑粉用于制造模压塑料，由于有优良的电绝缘性而被称为电木。热固性酚醛树脂主要用于和多层片状填充剂一起制造层压塑料，强度高、刚度大、制品尺寸稳定，并具有良好的耐热性能，可在110～140℃温度下使用。除此之外，还能抗除强碱以外的其他化学介质侵蚀，电绝缘性好，在机械工业中用它制造齿轮、凸轮、皮带轮、轴承、垫圈、手柄等；在电器工业中用它制造电器开关、插头、收音机外壳和各种电器绝缘零件；在化学工业中制作耐酸泵；在宇航工业中作为瞬时耐高温和烧蚀的结构材料。

（2）环氧塑料（EP）

环氧塑料是以环氧树脂线型高分子化合物为主，加入增塑剂、填料及固化剂等添加剂经固化处理后制成的热固性塑料。其强度高，有较强的尺寸稳定性和耐久性，既能耐各种酸、碱和溶剂的侵蚀，又能耐大多数霉菌的侵蚀，在较宽的频率和温度范围内有良好的电绝缘性；但成本高，所用固化剂有毒性。

环氧塑料广泛用于机械、电机、化工、航空、船舶、汽车、建材等各行各业，主要用于制造塑料模具、精密量具，以及各种绝缘器件、抗震护封的整体结构，也可用于制造层压塑料、浇注塑料等。

环氧树脂对各种物质有极好的黏附力，其制造的胶粘剂对金属、塑料、玻璃、陶瓷等都有良好的黏附性，故有“万能胶”之称。

思考题

6-1 详述高分子材料的分类方法。

6-2 塑料的主要成分是什么？起什么作用？常用填充剂有哪几类？

6-3 试述聚丙烯、聚乙烯、聚苯乙烯、聚碳酸酯、聚四氟乙烯塑料的特点及用途。

第7章 陶瓷材料及应用

7.1 概述

7.1.1 陶瓷材料及分类

陶瓷材料是人类生活和生产中不可缺少的、历史悠久的一种材料。陶瓷材料是由金属元素和非金属元素的化合物组成的。

传统意义上的陶瓷主要指陶器和瓷器，还包括玻璃、搪瓷、耐火材料、砖瓦等。这些材料都是用黏土、石灰石、长石、石英等天然硅酸盐类矿物制成的。因此，传统的陶瓷材料是指硅酸盐类材料。现今意义上的陶瓷材料已有了巨大变化，许多新型陶瓷已经远远超出了硅酸盐的范畴，不仅在性能上有了重大突破，在应用上也已渗透到各个领域。所以，一般认为，陶瓷材料是各种无机非金属材料的通称。

通常把陶瓷材料分为玻璃、玻璃陶瓷和工程陶瓷（也称烧结陶瓷）三大类。玻璃指包括光学玻璃、电工玻璃、仪表玻璃等在内的工业玻璃，以及建筑玻璃和日用玻璃等无固定熔点的受热软化的非晶态固体材料；玻璃陶瓷指耐热耐蚀的微晶玻璃、无线电透明微晶玻璃、光学玻璃陶瓷等；工程陶瓷习惯上可分为普通陶瓷和特种陶瓷（也称传统陶瓷和先进陶瓷）两大类。普通陶瓷（或传统陶瓷）就是指传统意义上的陶瓷，而特种陶瓷（或先进陶瓷）则以微米级或亚微米级高纯人工合成的氧化物、碳化物、氮化物、硼化物、硅化物和硫化物等无机非金属材料为原料，采用精密控制的成型与烧结工艺制成，其性能远优于普通陶瓷。按用途来分，陶瓷材料又分为结构陶瓷材料和功能陶瓷材料。

7.1.2 结构陶瓷材料及分类

结构陶瓷材料作为结构材料用来制造结构类零部件，是主要利用其力学性能、热学性能和化学性能等效能的一类先进陶瓷材料。由于结构陶瓷材料具有耐高温、耐磨、耐腐蚀、耐冲刷、抗氧化、耐烧蚀、高温下蠕变小等优异性能，可以承受金属材料和高分子材料难以胜任的严酷工作环境，因而广泛用于能源、航天航空、机械、汽车、冶金、化工等领域及日常生活中，并成为发展极为迅速的一类陶瓷材料。

结构陶瓷材料按其化学组成可分为氧化物结构陶瓷材料、非氧化物结构陶瓷材料两大类。

氧化物结构陶瓷种类繁多，在陶瓷家族中占有非常重要的地位。最常用的氧化物结构陶瓷是 Al_2O_3、MgO、ZrO_2 等。

非氧化物结构陶瓷包括碳化物陶瓷、氮化物陶瓷、硼化物陶瓷等。碳化物陶瓷一般具有比氧化物结构陶瓷更高的熔点，最常用的是 SiC、TiC、WC、B_4C 等。氮化物陶瓷中应用最广的是 Si_3N_4，它具有优良的综合力学性能和耐高温性能。另外，TiN、BN、AlN 等氮化物陶瓷的应用也日趋广泛。硼化物陶瓷的应用并不很广泛，主要是作为添加剂或第二相加入其他陶瓷基体中，以达到改善性能的目的，最常用的有 TiB_2、ZrB_2 等。

7.2 常用结构陶瓷材料及应用

结构陶瓷材料具有硬度高、耐磨、耐高温、抗氧化等特性，往往作为高温下的耐磨、减摩材料，在实际中得到应用，如制作陶瓷刀具、陶瓷发动机、陶瓷轴承、陶瓷装甲、陶瓷磨球、陶瓷衬板、燃烧器和喷砂器的陶瓷喷嘴，以及其他多种陶瓷涂层等。

7.2.1 氧化物结构陶瓷材料

氧化物结构陶瓷主要包括氧化铝、氧化锆、氧化镁、石英和其他氧化物陶瓷等。氧化物结构陶瓷材料与金属和聚合物相比，其熔点较高，耐腐蚀，抗氧化，耐热性好，密度小（约为金属的 1/3），弹性模量和高温强度高，而且具有优良的绝缘性、化学稳定性和耐磨性等，目前在工程领域已得到广泛的应用。

氧化物结构陶瓷的制备相对简单，通常在较低的温度下（1200～1900℃），不需要保护气氛烧结就可以得到致密的产品。因此，氧化物结构陶瓷在工程陶瓷中成本相对较低，应用范围广，用量大。

1．氧化铝陶瓷

氧化铝陶瓷是以 Al_2O_3 为主要原料，以刚玉（α-Al_2O_3）为主要矿物质组成的一类陶瓷，其中 Al_2O_3 含量一般为 75.0%～99.9%。高纯度的氧化铝陶瓷（Al_2O_3 含量高于 99%）强度高于普通陶瓷 2～3 倍，甚至达 5～6 倍；硬度很高，可达 90HRC，仅次于金刚石、碳化硼、氮化硼和碳化硅；有很好的耐磨性，有较高的抗蠕变能力和耐高温性能，能在 1600℃高温下长期工作；氧化铝是一种比较稳定的化合物，氧化铝陶瓷有很好的耐蚀性和良好的绝缘性，特别是对高频电流的电绝缘性很好。缺点是脆性大，抗热震性差，不能承受环境温度的突然变化，是一种相当重要的陶瓷材料。

氧化铝陶瓷的强度随制备工艺和组织结构的不同而有较大幅度的变动；即使在相同的制备工艺条件下，强度也会因材料本身的密度不同而发生变化，这是陶瓷材料的一个典型特点。氧化铝陶瓷的韧性与金属材料相比仍有较大的差距，在实际应用中，主要应用的是氧化铝陶瓷高的耐腐蚀性、耐磨性和在恶劣环境下的力学性能。高耐磨性的氧化铝陶瓷不仅要有高的密度、抗弯强度和抗压强度，同时也要有高的断裂韧度和硬度。一般来说，氧化铝陶瓷的断裂韧度是相对较低的，这是陶瓷材料的共同弱点。

氧化铝陶瓷主要用于制造内燃机的火花塞，轴承，球磨机磨球和衬板，陶瓷装甲材料，金属拉丝模，切削冷硬铸铁和淬火钢用的刀具，石油、化工用的密封环，纺织机上的导线器，熔化金属的坩埚，高温热电偶套管，火箭、导弹整流罩等，现已成为世界上应用最广的陶瓷材料之一。

2．氧化锆陶瓷

氧化锆陶瓷具有十分优异的物理、化学性能。氧化锆存在三种稳定的同素异构体，即立方相（c）、单斜相（m）和四方相（t）。氧化锆陶瓷的化学性能稳定，除硫酸和氢氟酸外，对酸、碱及碱熔体、玻璃熔体和熔融金属具有很好的稳定性，特别是与多数熔融金属不浸润。例如，只有氧化锆可以抵抗熔融金属钛的侵蚀。

氧化锆的熔点是 2680℃，在金属氧化物材料中，氧化锆的高温热稳定性、隔热性能最好，最适宜制作陶瓷涂层和高温耐火制品；以氧化锆为主要原料的锆英石基陶瓷颜料是高级釉料的重要成分。随着对氧化锆陶瓷热力学和电学性能的深入了解，使其可以作为固体介电材料而获得广泛应用。

氧化锆不仅在科研领域是研究热点，它也是耐火材料、高温结构材料和电子材料的重要原料，而且在工业生产中得到了广泛的应用。

Y-TZP 氧化锆陶瓷（加入了 Y_2O_3 后的四方氧化锆）制作的喷砂器喷嘴寿命是高铝质喷嘴寿命的 6～7 倍。Y-TZP 氧化锆陶瓷同时还是制作各种民用刀具的主要材料。

氧化锆增韧陶瓷常温弯曲强度可达 2400MPa，断裂韧性 K_{IC} 可达 15MPa・$m^{1/2}$ 以上，可用来制造发动机构件，如推杆、连杆、轴承、汽缸内衬、活塞帽等。另外，氧化锆增韧陶瓷由于其隔热性能优异、高的线膨胀系数（与金属相当），故在绝热发动机上对于金属的匹配件来说，也是一种重要的材料。

另外，Y-PSZ 氧化锆陶瓷（c-ZrO_2 相基体上弥散分布着 t-ZrO_2 的双相组织）还与其他陶瓷材料组成复合涂层应用在发动机汽缸套上。

7.2.2　非氧化物结构陶瓷材料

非氧化物结构陶瓷主要包括氮化物陶瓷、碳化物陶瓷、硼化物陶瓷等。非氧化物结构陶瓷与氧化物结构陶瓷相比，原子间主要以共价键结合，因而具有高硬度、高蠕变抗力等特性，而且这些特性在高温下也能保持，这是氧化物结构陶瓷所无法比拟的。

非氧化物结构陶瓷的烧结制备非常困难，必须在很高的温度（1500～2500℃），并且有烧结助剂存在的情况下才可以获得较高密度的产品，有时还需要通过热压烧结才能达到希望的密度，所以非氧化物结构陶瓷的生产成本比氧化物结构陶瓷高。

非氧化物结构陶瓷广泛应用于陶瓷刀具上，与氧化物结构陶瓷刀具相比成本较高，但高温韧性、强度、硬度、蠕变抗力要好很多，并且刀具寿命长、允许的切削速度高，因此，在刀具市场占有日益重要的地位。非氧化物结构陶瓷的应用领域还包括陶瓷发动机关键零部件、轻质无润滑陶瓷轴承、密封件、窑具和磨球等。

1．氮化硅陶瓷

氮化硅陶瓷是以 Si_3N_4 为主要成分的陶瓷。Si_3N_4 为主晶相，是共价键化合物，原子间很牢固，为六方晶系。有两种晶型：α 相和 β 相，即 α-Si_3N_4 和 β-Si_3N_4，二者都是由三个四面体结构单元(SiN_4)共用一个 N 原子而构成的三维空间网络。不同晶相的氮化硅外观是不同的。α-Si_3N_4 呈白色或灰白色，为疏松羊毛状或针状；β-Si_3N_4 则颜色较深，呈致密的颗粒状多面体或短棱柱体。氮化硅晶须是透明或半透明的，氮化硅陶瓷的外观呈灰白、蓝灰或灰黑色，因密度、组成相比例的不同而有差异，也会因添加剂呈其他色泽。氮化硅陶瓷表面经抛光后有金属光泽。

按制造工艺的不同，氮化硅陶瓷分为热压烧结和反应烧结两种。热压烧结氮化硅陶瓷组织致密，气孔率接近于零，故强度高；而反应烧结氮化硅陶瓷中有 20%～30%的气孔率，故强度低于热压烧结氮化硅陶瓷。

氮化硅陶瓷质地坚硬，莫氏硬度约为 9，在非金属材料中属于高硬度材料，仅次于金刚石、立方氮化硼（BN）、碳化硼（B_4C）等少数几种超硬材料。α-Si_3N_4与β-Si_3N_4的显微维氏硬度不同，前者为980～1568HV，后者则达2400～3200HV。

氮化硅陶瓷的强度随制备工艺和组织结构的不同而有较大幅度的变动。即使在相同的制备工艺条件下，强度也会因材料本身的密度不同而发生变化。氮化硅陶瓷的强度与金属材料相比仍有较大的差距，然而到了比较恶劣的环境中，氮化硅陶瓷作为非氧化物陶瓷的特性就显现出来，优越性比金属材料高得多。不管哪种制备工艺制造出来的氮化硅陶瓷，其室温强度都能保持到800℃以上；即使在1200～1400℃的高温下，仍然会保持相当的强度。而金属材料到了900℃时，其强度却只有其室温强度的1/3左右。因此，氮化硅陶瓷的高温性能在这种环境下就显示出优越性了。

氮化硅陶瓷的摩擦系数小，只有0.1～0.2，相当于加过油的金属表面的摩擦系数，而且有自润滑性能，可以在没有润滑剂的条件下使用，是一种极优的耐磨材料。其耐蚀性好，除氢氟酸外，能耐硫酸、硝酸、盐酸和王水等各种无机酸和碱溶液的腐蚀，也能抵抗熔融金属的侵蚀。电绝缘性好，由于氮化硅晶体是共价键结合，稳定性好，它既无离子，又无自由电子，因此，具有优良的电绝缘性。抗蠕变能力高，热膨胀系数小，抗热震性能在陶瓷中是最好的。

反应烧结氮化硅陶瓷主要用于耐磨、耐蚀、耐高温、绝缘、形状复杂、尺寸精度高的制品，如石油、化工的密封环，高温轴承，热电偶套管，耐蚀水泵密封环，电硅泵管道和阀门等。热压烧结氮化硅陶瓷主要用于形状简单的耐磨、耐高温零件，切削刀具，转子发动机刮片等。

由于氮化硅陶瓷具有极佳的高温耐蚀性和抗氧化性，因此一直是制造陶瓷发动机的重要材料，目前，已经取代了很多超高合金钢部件。

近年来在Si_3N_4中加入一定量的Al_2O_3制成新型陶瓷，称为赛隆（Sialon）陶瓷。其可用常压烧结方法达到热压烧结氮化硅陶瓷的性能，是目前强度最高，并具有优良的耐蚀性、耐磨和热稳定性等的陶瓷。

2．氮化硼陶瓷

氮化硼陶瓷主要有三种晶型：六方氮化硼（HBN）、立方氮化硼（CBN）、密排六方氮化硼，实际应用中以六方氮化硼为主。氮化硼具有良好的电绝缘性、耐热性、耐腐蚀性、高导热性，能吸收中子，高温润滑性和机械加工性能好，是发展较快、应用较广的一种氮化物陶瓷。

氮化硼是共价键化合物，在1500～2000℃、6000～9000MPa压力条件下从六方晶型转变为立方晶型。六方氮化硼具有类似石墨的层状结构，所以称为白石墨。氮化硼结构中每一层由硼、氮原子相间排列成六角环状网络，层内原子间呈很强的共价结合，所以结构紧密，层间为分子键结合，结合弱，所以容易剥落。

六方氮化硼粉末为松散、润滑、易吸潮的白色粉末，密度为2.27g/cm^3，是陶瓷材料中较软的一种，莫氏硬度仅为2，力学性能比石墨高，自润滑性好，在高温下没有石墨的载荷软化现象，可以在高温下发挥特性。六方氮化硼还是十分优异的高温润滑剂和金属成型脱模剂，可以成为自润滑轴承的组分。

立方氮化硼一般为黑色、棕色或暗红色晶体，有时也呈现灰色和浅黄色。密度为3.48g/cm^3，熔点为3000℃，抗氧化温度为1300℃左右。立方氮化硼是一种人造的超硬材料，在自然界中尚未被发现，其硬度仅仅次于金刚石。立方氮化硼的热稳定性和对铁元素及其合金的化学惰性都比金刚石的要好，常用作刀具材料和磨料。

立方氮化硼的主要用途是制作刀具、磨具和磨料。立方氮化硼刀具适用于加工45～70HRC的各类淬火钢、耐磨铸铁、热喷涂材料、合金工具钢、高速钢和镍基、钴基高温合金等。其寿命为硬质合金和其他陶瓷刀具的数倍乃至数十倍。立方氮化硼磨具则具有生产效率高、寿命长、本身损耗低、加工件精度高等一系列的优点。

3. 碳化硅陶瓷

碳化硅俗称金刚砂，又称碳硅石，是一种典型的共价键结合化合物，在自然界中几乎不存在。市场上所见的碳化硅均为人工制备。

碳化硅和氮化硅相似之处是两者都具有 α 和 β 两种晶型，α-SiC 属于六方晶系，β-SiC 属于立方晶系。

纯的碳化硅无色透明，而工业上的碳化硅由于含有游离铁、硅、碳等杂质而呈浅绿色或黑色，加热到 600～700℃时也不褪色，在 1200℃开始由 SiC 向α-SiC 转变，在 2400℃时转变迅速发生。碳化硅没有熔点，在 1atm 下，大约在 2830℃时分解。碳化硅有金刚石光泽，密度为 3.17～3.47g/cm^3，具有很高的折射率和双折射特性，在紫外线下发黄光和橙黄色的光。

碳化硅陶瓷的硬度很高，莫氏硬度为 9.2～9.5，仅次于金刚石、立方氮化硼、碳化硼等少数几种超硬材料。可以用来制作各种磨具和砂轮。

碳化硅由于具有良好的高温特性，如高温抗氧化、高温强度高、抗蠕变性好、热传导性好、抗热震性好、密度小，被首选为热机的高温部件材料。如用于高温燃气轮机的燃烧室、涡轮机的静叶片、高温喷嘴等。另外，碳化硅材料还具有自润滑特性，摩擦系数小，约为硬质合金的 1/2，用碳化硅制成活塞和汽缸套，用于无润滑、无冷却的柴油发动机，可减小摩擦 20%～50%，噪声明显降低。

另外，碳化硅还可以用来制备新一代的机械密封材料。因为机械密封是通过两个密封端面材料的旋转滑动而进行的，所以，作为密封端面材料首先要求硬度高，具有耐磨损性。而碳化硅陶瓷的硬度相当高而且摩擦系数小，具备其他材料无法达到的滑动特性。同时，为了避免端面密封材料在旋转滑动中产生热应变和热裂，要求端面材料的热导率高、抗热震性要好，而碳化硅陶瓷具有自润滑性、耐热性优良，高温强度好，热导率大，热膨胀系数小等特性，很适合作为机械端面密封材料，是除金属、氧化铝、硬质合金之外的第四代基本材料，用于滑动轴承、耐腐蚀的管道、阀片和风机叶片等。目前，碳化硅陶瓷已经在各类机械密封中得到大量的应用，为机械设备的高效和节能做出了很大的贡献。

4. 碳化硼陶瓷

碳化硼是仅次于金刚石和立方氮化硼的超硬材料。硼原子与碳原子半径都很小，且属于非金属元素，它们的性质相互很接近，形成强的共价键结合。这种结合方式决定了其具有高硬度（洛氏硬度 9.5HRC）、高熔点（2450℃）、低密度（2.55g/cm^3）等一系列优良的物理、化学性能。

碳化硼的晶体结构以斜方六面体为主，在斜方六面体的角上分布着硼的正二十面体，在最长的对角线上由三个硼原子与相邻的二十面体组成线性链。当碳原子取代这三个硼原子后，形成的化学计量 $B_{12}C_3$ 即为 B_4C。由于硼原子与碳原子半径相近，硼原子与碳原子在二十面体及其之间的原子链内相互取代，使得碳化硼的含碳量在一个范围（含碳量为 8.82%～20%）内变化。

碳化硼化学性质稳定，在常温下不与酸碱和大多数无机化合物反应，仅在氢氟酸—硫酸、氢氟酸—硝酸混合物中有着缓慢的腐蚀，是化学性质最稳定的化合物之一。

由于碳化硼在室温下具有仅次于金刚石和立方氮化硼的硬度，而且远比后者廉价，因此碳化硼也可以热压成各种耐磨部件，如喷沙嘴、水切割喷嘴、个人防弹衣、搅拌机及球磨机内衬等。

在高温下，金刚石与铁反应，研磨性明显降低，而碳化硼却没有此缺点。因此，碳化硼可用于硬质合金、工业陶瓷等硬质材料的抛光和精研。

由于碳化硼硬度高、抗腐蚀、热膨胀系数低、机械稳定性和化学稳定性极好，还有自润滑性能，是航天航空导航仪气体轴承的重要材料。

5. 碳化钛陶瓷

碳化钛是一种典型的过渡金属碳化物，其键性由离子键、共价键和金属键混合在晶体结构中，所以碳化钛具有许多独特的性能。碳化钛陶瓷是钛、锆、铬过渡金属碳化物中发展和应用最广的材料。碳化钛对某些金属具有良好的润湿性。

碳化钛的真实组成常常是非化学计量的，用通式 TiC_x 表示，这里的 x 指的是碳与钛的比值，范围为 0.5～0.97，不同比值的碳化钛的晶体结构是相同的。

碳化钛熔点高（3067℃）、硬度高（2800～3500HV）、化学稳定性好，可以用来制造金属陶瓷、耐热合金和硬质合金。碳化钛是制造硬质合金的主要原料。在 WC—Co 系硬质合金中加入 6%～30%的碳化钛，与 WC 形成 TiC—WC 系固溶体。加入碳化钛后，硬质合金的红硬性、耐磨性、抗氧化性、抗腐蚀性等性能都得到提高，对含碳量的敏感性降低。但加入碳化钛后，硬质合金的抗弯强度、抗压强度、热导率略有下降。WC—TiC—Co 系硬质合金比 WC—Co 系硬质合金更适于加工钢材。碳化钛基硬质合金填补了 WC 基硬质合金和陶瓷工具之间的空隙，它能满足钢材精加工的需要。

碳化钛陶瓷属于超硬工具材料，碳化钛可与 TiN、WC、Al_2O_3 等原料制成各类复相陶瓷材料，这些材料具有高熔点、高硬度、优良的化学稳定性，是切削工具、耐磨部件的优选材料。碳化钛基金属陶瓷因为不与钢产生月牙洼状磨损且抗氧化性好，被用于高速线材的导轮和碳钢的切削加工。

碳化钛被用作表面涂层材料时是一种极耐磨损的材料。研究发现，在金刚石表面通过物理或化学方法镀覆某些强碳化物形成金属或合金，这些金属或合金在高温下能和金刚石表面的碳原子发生界面反应，生成稳定的金属碳化物。这些碳化物不仅能和金刚石存在较好的键合，而且能很好地被基体金属所浸润，从而增强金刚石与基体金属之间的黏结力。在刀具上沉积一层碳化钛薄膜，就可以使刀具的使用寿命提高数倍。

6. 赛隆（Sialon）陶瓷

Sialon 是存在于 Si—Al—O—N 系统中物相的简称，分别由日本的 Oyama 和 Kamigatio 及英国的 Jack 和 Wilson 于 20 世纪 70 年代发现。简单地说，Sialon 陶瓷是在 Si_3N_4 中添加一定量的 Al_2O_3、MgO、Y_2O_3 等氧化物形成的一种新型陶瓷材料。它具有很高的硬度、耐磨性和高温强度，较小的热膨胀系数，优良的抗氧化性和优异的抗熔融金属腐蚀的能力，抗热震性能好。

Sialon 陶瓷一般采用无压烧结和热压烧结方法来制备。

Sialon 是发展很快的一种新型高温陶瓷材料。Sialon 复相陶瓷可以制作金属切削刀具、金属挤压模内衬、陶瓷发动机的气门、挺柱及涡轮增压器转子等。

思考题

7-1　何谓陶瓷材料？普通陶瓷与特种陶瓷有什么不同？

7-2　陶瓷材料为什么在本质上是脆性的？如何改善其韧性？

7-3　简述陶瓷材料的种类、性能特点及应用。

7-4　说明工程陶瓷材料的主要应用情况。

7-5　陶瓷材料的显微组织结构包括哪三相？它们对陶瓷的性能有何影响？

7-6　如何提高陶瓷材料的强度和韧性？

7-7　陶瓷材料在急冷急热时容易开裂，你认为其抵抗开裂的能力与哪些力学、物理性能有关？

第8章 复合材料及应用

8.1 概述

材料科学技术的不断发展，尤其是航空航天、交通运输等工业的迅速发展，对材料的性能提出了越来越高的要求，原来的金属、高分子、陶瓷等单一材料已不能满足人们对强度、韧性、刚度、质量、耐磨及耐蚀性等方面的要求。如果将高强度、高刚度的材料与高韧性的材料以某种方式结合在一起，取长补短，形成的新材料既具有高强度、高刚度，又具有高韧性，则可更有效地防止材料的破坏，扩大其应用领域，由此产生了新型材料——复合材料。复合材料技术的出现是近代材料科学的伟大成就，也是材料设计技术的重大突破。

复合材料是指两种或两种以上的物理、化学性质不同的物质，经一定方法结合得到的一种新的多相固体材料。其实，复合材料以人工或天然方式早已大量存在于自然界中，例如，木材是纤维素和木质素的天然复合材料，钢筋混凝土是钢筋和砂、石、水泥的人工复合材料，就连早期农村用的稻草与泥土制成的土坯也是人工复合材料。本章所要讨论的复合材料并非这些天然的复合材料，而是利用两种或两种以上的现代工程结构材料复合后形成的更高水平的高性能（主要指力学性能）复合材料。

8.1.1 复合材料的分类

由金属材料、陶瓷材料和有机高分子材料以不同形态相结合，可构成各种不同的复合材料体系。由于复合材料种类繁多，分类方法也不尽统一，按不同标准和要求，复合材料的分类如图 8-1 所示。

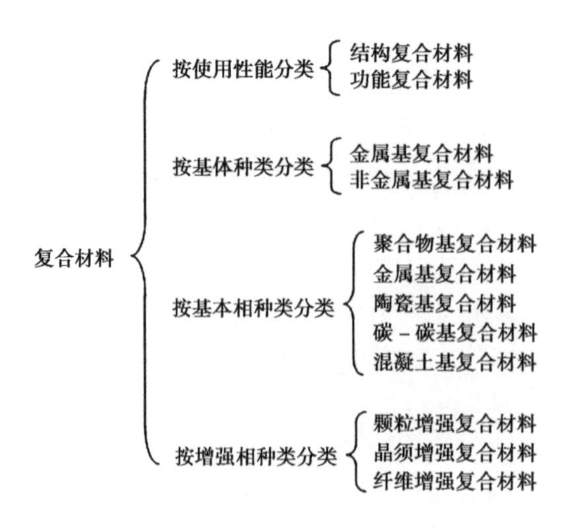

图 8-1 复合材料的分类

8.1.2　复合材料的特点

与传统材料相比，复合材料除了其优异的物理、化学和力学性能外，更为引人注目的是其性能的可设计性和材料与构件成型的一致性。

材料设计是指在材料科学的理论知识和已有经验的基础上，按预定性能要求，确定材料的组分和结构，并预测达到预定性能要求应选择的工艺手段和工艺参数。通过改变材料的组分、结构、工艺方法和工艺参数来调节材料的性能，就是材料性能的可设计性。显而易见，复合材料中所包含的诸多影响最终性能的、可调节的因素，赋予了复合材料的性能可设计性以极大的自由度。

复合材料设计的首要步骤是选择构成复合材料的基本组分（增强材料和基体）。这一步骤可简称为选材，它包括确定增强材料和基体的种类（确定复合体系），并根据复合体系初步确定增强材料在复合材料中的体积分数（各组元之间的体积比例）。选材的目的是根据复合材料中各组分的职能和所需承担的载荷及载荷分布情况，再根据所了解的具体使用条件下要求复合材料提供的各种性能，来确定复合材料体系。

将通过材料设计的复合材料组分（增强材料和基体）和配比（相对体积含量）确定后，根据铺层设计的要求对其进行排列和配置，经复合（组合或制造）以后，就可以得到复合材料的构件。传统材料构件需先选用以板、块、棒、管和型材等形式供应的材料，再将这些材料经各种加工制成构件。与此显著不同的是，复合材料与复合材料构件是同时成型，即在采用某种方法把增强材料掺入基体形成复合材料的同时，形成复合材料的构件，称为复合材料与构件制造的一致性。制造复合材料与制造构件往往是同步的。根据构件形状设计模具，再根据铺层设计来敷设增强材料，使基体材料与增强材料组合、固化后获得复合材料构件，这种制造过程称为一次成型。

复合材料由多种组分的材料组成，许多性能优于单一组分的材料。下面主要介绍比较典型的复合材料的力学性能及应用领域。

8.2　非金属基复合材料

8.2.1　聚合物基复合材料及应用

目前，聚合物基复合材料是复合材料中研究最早、发展最快、应用最广、规模最大的一类。聚合物基复合材料以有机聚合物为基体，由短纤维或连续纤维及其织物增强热固性或热塑性树脂基体，经复合而成。基体材料由于其黏结性能好，把增强材料牢固地黏结起来。增强材料的高强度、高模量特性使其成为理想的承载体。同时，基体又能使载荷均匀分布，并传递到纤维上去，并允许纤维承受压缩和剪切载荷。基体和增强材料之间能通过最佳的结构设计充分显示各自的优点，制备出比强度和比刚度高、可设计性强、抗疲劳性能好、耐腐蚀性能好，以及便于大面积整体成型和具有特殊的电磁性能等独特优点的复合材料。

聚合物基复合材料基体的主要组分是聚合物，可分为热固性树脂和热塑性树脂两大类。热固性树脂包括环氧树脂、不饱和聚酯树脂、酚醛树脂等；热塑性树脂包括聚酰胺、聚砜、聚酰亚胺、聚酯等。

增强材料是复合材料的主要组成部分，它起着提高聚合物（树脂）基体的强度、模量、耐热和耐磨等性能的作用，增强材料还有减小复合材料成型过程中的收缩率，提高制品硬度等作用。随着复合材料的发展，新的增强材料品种不断出现，用于聚合物（树脂）基复合材料的增强材料的范围不断扩大。增强材料种类很多，总体上可分为有机增强材料和无机增强材料两大类，常见的主要有玻璃纤维、碳纤维、芳香族聚酰胺纤维及硼纤维等。

在复合材料中，最早开发和应用的是玻璃纤维树脂基复合材料。20世纪40年代，美国首先用玻璃纤维和不饱和聚酯树脂复合，以手糊工艺制造军用雷达罩和飞机油箱，为玻璃纤维复合材料在军事工业中的应用开辟了道路。复合材料在宇航方面的应用主要有火箭发动机壳体、航天飞机的构件、卫星构件等。现在，聚合物基复合材料在飞机上的应用比例越来越大，特别是在军用飞机上，复合材料的应用比例大小标志着飞机的先进程度高低。

此后，随着玻璃纤维、树脂基体及复合材料成型工艺的发展，玻璃纤维复合材料不仅在航天航空工业，而且在各种民用工业中也获得了广泛的应用，成为重要的工程材料。复合材料在交通运输方面的应用已有几十年的历史，发达国家复合材料产量的30%以上用于交通工具的制造。用复合材料制造的汽车质量减小，在相同条件下的耗油量只有钢制汽车的1/4；而且在受到撞击时复合材料能大幅吸收冲击能量，保护驾乘人员的安全。用复合材料制造的汽车部件较多，如车体、驾驶室、挡泥板、保险杠、发动机罩、仪表盘、驱动轴、板簧等。

随着列车速度的不断提高，火车部件用复合材料来制造是最好的选择。复合材料常用于制造高速列车的车厢外壳、内装饰材料、整体卫生间、车门窗、水箱等。

在化学工业方面，复合材料主要被用于制造防腐蚀制品。聚合物基复合材料具有优异的耐腐蚀性能。例如，在酸性介质中，聚合物基复合材料的耐腐蚀性能比不锈钢优异得多。用复合材料制造的化工耐腐蚀设备有大型储罐、各种管道、通风管道、烟囱、风机、地坪、泵、阀和格栅等。

玻璃纤维增强的聚合物基复合材料（玻璃钢）具有优异的力学性能，良好的隔热、隔声性能，吸水率低，耐腐蚀性能好和很好的装饰性。因此，这是一种理想的建筑材料。在建筑上，玻璃钢被用作承重结构、围护结构、冷却塔、水箱、卫生洁具、门窗等。

复合材料在机械制造工业中用于制造各种叶片、风机、各种机械部件、齿轮、皮带轮和防护罩等。

在体育用品方面，复合材料被用于制造赛车、赛艇、皮艇、划桨、撑杆、球拍、弓箭、雪橇等。

以上是复合材料的部分应用，由于复合材料的应用领域非常广泛，实际的应用远不止这些。

8.2.2 陶瓷基复合材料及应用

现代陶瓷具有高硬度、高弹性模量、低密度、低膨胀系数、耐高温、抗腐蚀、绝缘好、高环境耐久性等特性。但它同时也有致命的弱点，其脆性是目前陶瓷材料的使用受到很大程度限制的原因。为了克服其脆性，在现代陶瓷领域中发展了具有各种增韧机制的陶瓷基复合材料。

陶瓷基复合材料是在陶瓷基体中引入第二相材料，以使之增强、增韧的多相材料，又称多相复合陶瓷或复相陶瓷。其中的第二相材料又称为增强相，根据增强相的三种不同形式，可以将陶瓷基复合材料分为纤维或晶须增强（或增韧）陶瓷基复合材料、异质颗粒弥散强化陶瓷基复合材料（又称复相陶瓷）和原位生长陶瓷基复合材料（又称自增强复相陶瓷）。

陶瓷基复合材料的基体，主要有氧化物陶瓷、氮化物陶瓷、碳化物陶瓷和玻璃或水泥等无机非金属材料，如氧化铝、氧化锆、氮化硅、氮化硼、氮化铝、碳化硅、碳化锆、碳化铬、碳化钨、碳化钛、碳及一些硼化物、硅化物和玻璃等，都是常用的陶瓷基体材料。陶瓷基体的原料主要成分可以是高纯度颗粒状粉末，也可以是能够转化为陶瓷的有机聚合物（称为先驱体聚合物）。

陶瓷基复合材料的增强相也可分为纤维、晶须和颗粒，主要有碳纤维及晶须、碳化硅纤维及晶须、氧化铝纤维及晶须、氮化硅纤维及晶须、碳化钛颗粒等。

由于陶瓷材料的致命弱点是脆性大，而纤维与陶瓷复合的目的主要是提高陶瓷材料的韧性，降低脆性，同时所用的纤维主要是碳纤维、三氧化二铝纤维、碳化硅纤维或晶须及金属纤维等，所以，研究较多的是碳纤维增强无定型二氧化硅、碳纤维增强碳化硅、碳纤维增强氮化硅、碳化硅纤维增强氮化硅、氮化硅纤维增强氧化铝、氧化锆纤维增强氧化锆等。

纤维增强陶瓷基复合材料不仅保持了原陶瓷材料的优点，而且韧性和强度得到明显提高。表 8-1 所示是几种陶瓷经碳化硅纤维增强前后的性能比较，增强效果非常明显。

表 8-1　陶瓷经碳化硅纤维增强前后的性能比较

材　　料	抗弯强度/MPa	断裂韧度/（MPa/m^2）
Al_2O_3	550	5.5
Al_2O_3/SiC	790	8.8
SiC	495	4.4
SiC/SiC	750	25.0
ZrO	250	5.0
ZrO/SiC	450	22
玻璃—陶瓷	200	2.0
玻璃—陶瓷/SiC	830	17.6
Si_3N_4（热压）	470	4.4
Si_3N_4/SiC 晶须	800	56.0
玻璃	62	1.1
玻璃/SiC	825	17.6

注：表中偶数行为经碳化硅纤维增强后的性能值。

纤维增强陶瓷硬度高，耐磨性好，耐高温，且有一定韧性，可用于制作金属切削刀具。例如，用碳化硅晶须增强氧化铝刀具切削镍基合金、钢和铸铁零件，进给量和切削速度都可大大提高，而且使用寿命增加。

纤维增强陶瓷材料还具有比强度和比模量高、韧性好的特点，在军事上和空间技术上有很好的应用前景。例如，石英纤维增强二氧化硅，碳化硅增强二氧化硅，碳化硼增强石墨，碳、碳化硅或氧化铝纤维增强玻璃等可制作导弹的雷达罩、重返空间飞行器的天线窗和鼻锥、装甲、发动机零部件、换热器、汽轮机零部件、轴承和喷嘴等。

颗粒增强陶瓷基复合材料主要用作高温材料和超硬高强材料。在高温领域可用作陶瓷发动机中燃气轮机的转子、定子和蜗形管，无水冷陶瓷发动机中的活塞顶盖，也可制作柴油机的火花塞、活塞罩、汽缸套及活塞—涡轮组合式航空发动机的零件等。在超硬、高强材料方面，碳化硅颗粒增强氮化硅基复合材料已用来制作陶瓷刀具、轴承滚珠等。

由于陶瓷基复合材料制作成本比较高，其在民用领域的大量应用还有一定困难。

8.2.3 碳基复合材料及应用

碳基复合材料主要是指碳纤维及其制品（如碳毡）增强的碳基复合材料，其组成元素为单一的碳，因此这种复合材料具有许多碳和石墨的特点，如密度小、导热性高、热膨胀系数低及对热冲击不敏感等。同时，该类复合材料还具有优越的力学性能，比强度非常高；随着温度升高，其强度不降反而升高；断裂韧性高，蠕变低；化学稳定性高，耐磨性极好。该种材料是耐温最高的高温复合材料，在2200℃时可保留室温强度，最高耐温达2800℃。

碳基复合材料主要指碳-碳复合材料，其碳质基体是特殊的一类基体，它兼有陶瓷、金属和聚合物的某些特性，因而在基体材料中占有特殊的地位。碳-碳复合材料的性能主要取决于碳纤维的类型、体积分数和取向等。

目前，碳-碳复合材料主要应用于航空航天、军事和生物医学等领域，如导弹弹头、固体火箭发动机喷管、飞机刹车盘、赛车和摩托车刹车系统，以及航空发动机燃烧室、导向器、密封片及挡声板等，人体骨骼替代材料，代替不锈钢或钛合金制作人工关节等。随着这种材料成本的不断降低，其应用领域也逐渐向民用工业领域转变。

8.3 金属基复合材料

金属基复合材料是在20世纪60年代开始出现的，其真正发展是在80年代。当时，美国的金属基复合材料开始进入实用化阶段，复合材料被大量应用于航空航天工业。1981年，美国发射的“哥伦比亚号”航天飞机上的货舱桁架使用的是硼纤维增强铝基复合材料。后来，价格低廉的复合材料增强体的出现，以及复合材料制备工艺的发展，促进了铝基复合材料在汽车工业上的应用。1983年，日本本田汽车公司首先将三氧化二铝短纤维增强铝合金基复合材料应用到汽车缸体活塞上，并实现了大规模工业化生产。由于金属基复合材料不但具有高比强度、高比刚度和低膨胀系数等优点，还具有耐磨、耐疲劳、耐高温、防燃烧、不吸潮、导热导电性能好、减震性好、尺寸稳定、抗辐射等诸多优点，逐渐得到国际材料界和工业界的广泛重视。

金属基复合材料主要分为连续增强和非连续增强复合材料两类。由于连续纤维复杂的、高成本的制备工艺限制了连续纤维增强金属基复合材料的推广应用，非连续纤维增强金属基复合材料的研究迅速发展，特别是短纤维和陶瓷颗粒增强金属基复合材料因其制造成本低，可用传统的金属加工工艺如铸造、挤压、轧制、焊接等方法进行加工，故成为金属基复合材料的主要发展方向之一。

8.3.1 金属陶瓷

金属陶瓷是由金属和陶瓷组成的非均质复合材料，可以作为工具材料、高温结构材料和耐蚀材料。以陶瓷为主的金属陶瓷多作为工具材料，而当金属含量较高时则作为结构材料。金属的热稳定性好，韧性好，但易氧化，高温强度不高；陶瓷的硬度高，耐火度高，耐蚀性强，但热稳定性低，脆性大。如果将它们结合起来，则有可能获得高强度、高韧性、高的高温强度和高耐蚀性的材料。采用不同组成的金属和陶瓷，以及改变它们的相对数量，可以制成工具材料、高温结构材料和耐蚀材料。以陶瓷为主的多作为工具材料，金属含量较高时常作为结构材料。

金属陶瓷中，陶瓷是氧化物（三氧化二铝、氧化锆、氧化镁、氧化铍等）、碳化物（碳化硅、碳化硼、碳化钛等）、硼化物（硼化锆等）和氮化物（氮化硅、氮化硼、氮化铝等）；金属则主要是钛、铬、镍、钴及其合金。目前，已经取得较大实际应用的金属陶瓷基体主要是氧化物和碳化物。

氧化物基金属陶瓷用得最多的是以三氧化二铝为陶瓷相、不超过 10%的铬做金属相的金属陶瓷。铬的高温性能好，表面氧化时形成三氧化二铬薄膜，三氧化二铬和三氧化二铝形成的固溶体将氧化铝粉粒牢固地黏结起来，因此，比纯氧化铝陶瓷的韧性好，且热稳定性、抗氧化性都有所改善。也可通过加入镍、铁及其他元素，或细化陶瓷粉粒和晶粒，用热压成型等方法来提高致密度，而使韧性进一步提高。氧化物基金属陶瓷主要作为工具材料，它的红硬性可达 1200℃，抗氧化性好，高温强度高，与被加工材料黏着趋向小，适宜高速切削。可切削 65HRC 的冷硬铸铁和淬火钢。此外，还用于制造模具、喷嘴、热拉丝模、机械密封环等。

在碳化物基金属陶瓷中，基体常用碳化钨、碳化钛等，黏结剂主要是铁族元素，如钴、镍等。黏结剂对碳化物有一定溶解度，能将碳化物黏结起来，如 WC-Co、TiC-Ni 等。碳化物基金属陶瓷可做工具材料，也可做耐热结构材料。

常用的硬质合金就是将 80%以上的碳化物粉末（碳化钨、碳化钛等）和胶粘剂（钴、镍等）混合，加压成型后再经烧结而成的金属陶瓷。它的硬度很高（89～92HRA），红硬性可达 800～1000℃，抗弯强度为 880～1470MPa。常用硬质合金的牌号、成分、性能及用途见表 8-2。

表 8-2　常见硬质合金的牌号、成分、性能及用途

牌号		WC-Co 硬质合金			WC-TiC-Co 硬质合金			WC-TiC-TaC-Co 硬质合金	
		YG3	YG6	YG8	YT30	YT15	YT14	YW1	YW2
化学组成/%	WC	97	94	92	66	79	78	84	82
	TiC				30	15	14	6	6
	TaC							4	4
	Co	3	6	8	4	6	8	6	8
力学性能	硬度/HRA	>91	>89.5	>89	>92.5	>91	>90.5	>92	>91
	抗弯强度/MPa	>1080	>1370	>1470	>880	>1130	>1180	>1230	>1470
密度/（$\times 10^3 kg/m^3$）		14.9～15.3	14.6～15.0	14.4～14.8	9.4～9.8	11.0～11.7	11.2～11.7	12.6～13.0	12.4～12.9
用途		加工断续切削的脆性材料，如铸铁及有色金属和非金属材料			用于车、铣、刨的粗、精加工			用于难加工的材料，如耐热钢和合金等的粗、精加工	

8.3.2　铝基复合材料

铝基复合材料的增强相有长纤维（连续纤维）、短纤维、晶须和颗粒之分。长纤维增强的铝基复合材料一般选用纯铝或合金含量很少的单相铝合金，而颗粒、晶须增强的铝基复合材料则选用高强度铝合金。

长纤维增强铝基复合材料的增强相主要有硼纤维、碳纤维、碳化硅纤维和氧化铝纤维等。其中，硼纤维和碳纤维与铝复合时由于会发生界面反应从而降低复合材料的力学性能，所以复合前必须对纤维进行涂层处理。相比而言，碳化硅纤维和氧化铝纤维在高温下与铝的相容性较好，界面状态比较理想，所得到的复合材料不但强度、刚度高，其抗蠕变、抗疲劳及耐磨性能都十分优异。硼纤维和碳纤维增强铝基复合材料可用于制造飞机和航天器的蒙皮、长梁、螺旋桨、发动机叶片、油箱等；而碳化硅纤维和氧化铝纤维则主要用于制造汽车发动机的活塞、连杆等。

短纤维增强铝合金基复合材料的增强相有氧化铝短纤维、硅酸铝短纤维和碳化硅短纤维。氧化铝短纤维增强铝基复合材料已大量应用于柴油机活塞、缸体制作等。国内的上海交通大学和华南理工大学对于硅酸铝短纤维增强铝基复合材料应用于柴油机活塞、缸体方面也进行过较深入的研究。

晶须和颗粒增强铝基复合材料性能优异，颗粒和晶须价格低廉，可用常规方法加工，有大规模应用的广阔前景。目前使用的晶须和颗粒主要是碳化硅和氧化铝。其中，碳化硅晶须或颗粒增强的铝基复合材料有良好的力学性能，耐磨性特别突出。碳化硅晶须和颗粒增强的铝基复合材料已用于制造导弹平衡翼、航天器的结构部件和发动机部件、轻型坦克的履带板等。

8.3.3 镁基复合材料

镁基复合材料是同类金属基复合材料中比强度和比弹性模量最高的一种，同时还具有较好的尺寸稳定性，在某些介质中有优异的耐腐蚀性能，因此，具有良好的应用前景。但由于价格昂贵，目前主要应用于航天航空领域。

用作镁基复合材料增强的长纤维主要有硼纤维、碳（石墨）纤维及碳化硅纤维。

一般情况下，硼纤维含量增加，复合材料的拉伸强度也增加。石墨纤维增强的镁基复合材料在金属基复合材料中具有最高的比强度和比弹性模量、最好的抗热变形阻力，是理想的航天结构材料，已用于制造卫星上直径ϕ10m 的抛物面天线及其支架，作为航天飞机的大面积蜂窝结构蒙皮材料，还可用于空间动力回收系统构件、民用飞机的天线支架、转子发动机机箱等。

除长纤维外，也可用颗粒和晶须作为镁基合金的增强体，研究较多的是碳化硅晶须或颗粒增强的镁基复合材料。碳化硅晶须或颗粒的加入，大幅度提高了复合材料的拉伸强度、屈服强度及弹性模量，降低了热膨胀系数和延伸率。

碳化硅晶须增强镁基复合材料可用于制造齿轮。碳化硅颗粒增强镁基复合材料由于耐磨性好又耐油，可用于制造油泵的泵壳体、止推板、安全阀等零部件。

8.3.4 钛基复合材料

对钛基复合材料的研究远不如铝基、镁基复合材料那样深入而广泛，成功应用的例子是采用碳化硅纤维增强钛基复合材料制造涡轮发动机的叶轮和空心叶片、压缩机的叶轮和叶片、发动机的驱动轴及火箭发动机箱体等。

思考题

8-1 试述复合材料的分类情况。

8-2 试比较聚合物基复合材料、陶瓷基复合材料和金属基复合材料的性能特点及应用。

8-3 何为金属陶瓷？其主要用途是什么？

8-4 指出生活中所见到的复合材料。

第9章 铸造成型

铸造成型是将液态金属浇铸到具有与零件形状、尺寸相适应的铸型型腔中，待其冷却凝固以获得毛坯或零件的生产方法。

铸造成型是历史最为悠久的金属成型方法，直到今天仍然是毛坯、零件生产的主要方法，在机械制造业中占有重要的地位，如机床、内燃机中，铸件占总质量的 70%～90%，压气机中占 60%～80%，拖拉机中占 50%～70%，农业机械中占 40%～70%。铸造之所以获得如此广泛的应用，是由于它具有如下优越性。

① 可制成形状复杂，特别是具有复杂内腔的毛坯，如箱体、汽缸体、床身、机架等。

② 适用范围广。工业上常用的金属材料（碳素钢、合金钢、铸铁、铜合金、铝合金等）都可铸造，其中广泛应用的铸铁件只能用铸造成型的方法获得。铸件的大小几乎不限，质量从几克到数百吨；铸件的壁厚可达 1mm～1m；铸造的批量不限，从单件、小批，直到大量生产。

③ 铸造成型成本低，所用原材料来源广泛、价格低廉；设备费用相对较低。

④ 铸件形状和尺寸与零件相近，因此，切削加工余量可到最小，从而减少了金属材料消耗，节省了切削加工工时。

铸造成型的方法很多，可分为砂型铸造和特种铸造两大类。其中，砂型铸造是最基本的液态成型方法，所生产的铸件占铸件总量的 80%以上。为了提高铸件的质量和生产效率，各种特种铸造成型方法，如熔模铸造、金属型铸造、压力铸造、离心铸造等，以各自的成型优势获得了越来越广泛的应用。

铸造成型除了在机器制造业中应用极其广泛之外，金属铸造成型的原理和方法还被广泛借鉴，应用于高分子材料、陶瓷材料及复合材料的成型。

但是，铸造成型也存在着不足之处，如成型过程中影响因素较多，一些工艺过程难以控制，铸件内部晶粒粗大，组织不均匀，且常伴有缩孔、缩松、气孔、砂眼等缺陷，产品质量不够稳定，因此，其力学性能比同类材料的锻件低。另外，铸造的工作条件较差，劳动强度比较大。

然而，随着科学和技术的不断进步，新工艺、新技术、新材料和新设备日益获得广泛的应用，铸件质量和生产效率得到很大的提高。现代铸造技术集计算机技术（如计算机凝固模拟、应力计算、计算机辅助铸造工艺设计、计算机熔炼控制及型砂质量监控、铸件检验及尺寸测量等）、信息技术、自动控制技术、真空技术、电磁技术、激光技术、新材料技术、现代管理技术与传统铸造技术之大成，形成了优质、高效、低耗、清洁、灵活的铸造生产系统工程。这些现代技术的应用使铸件的表面精度、内在质量和力学性能都有显著提高，使铸造的生产效率及铸件的成品率大大提高，也使工人的劳动强度降低，劳动条件大为改善。在 21 世纪，铸造生产将朝着绿色、高度专业化、智能化和集约化生产的方向发展。

9.1 铸造工艺基础

铸造生产过程复杂，影响铸件质量的因素颇多，废品率一般较高。铸造废品的产生不仅与铸型工艺有关，还与铸型材料、铸造合金、熔炼、浇铸等密切相关。下面先从与合金铸造性能相关的主要缺陷的形成与防止加以论述，为合理选择铸造合金和铸造成型方法打好基础。

9.1.1 液态合金的充型

液态合金填充铸型的过程，简称为充型。

液态合金充满铸型型腔，获得形状完整、轮廓清晰铸件的能力，称为液态合金的充型能力。在充型过程中，有时伴随着结晶现象，若充型能力不足，在型腔被充满之前，形成的晶粒将充型的通道堵塞，金属液被迫停止流动，于是铸件将产生浇不足或冷隔等缺陷。

充型能力不仅与合金的流动性（流动能力）有关，还受到铸型性质、浇铸条件和铸件结构等因素的影响。

1．合金的流动性

合金流动性是指液态合金本身的流动能力，是合金主要铸造性能之一。合金的流动性越好，充型能力越强，越便于浇铸出轮廓清晰、薄而复杂的铸件。同时，有利于非金属夹杂物和气体的上浮与排除，还有利于对液态合金冷凝过程所产生的收缩进行补缩。

液态合金的流动性通常以其浇铸成的螺旋形试样（见图 9-1）长度来衡量。显然，在相同的浇铸条件下，合金的流动性越好，所浇出的试样越长。试验表明，在常用铸造合金中，灰铸铁、硅黄铜的流动性最好，铸钢的流动性最差。

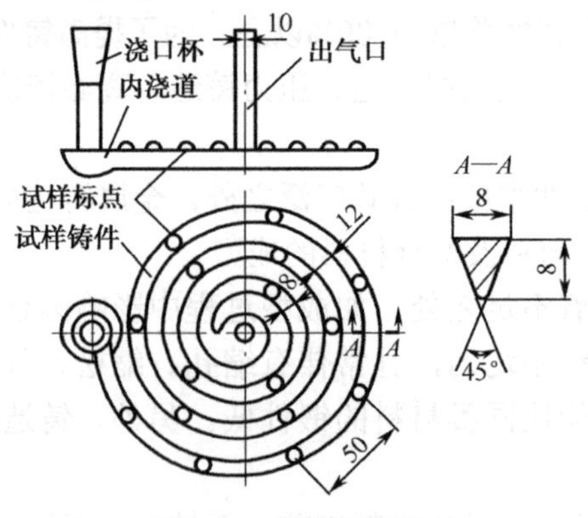

图 9-1 螺旋形试样

影响合金流动性的因素很多，但以化学成分的影响最为显著。

共晶成分合金的结晶是在恒温下进行的，此时，液态合金从表层逐层向中心凝固，由于已结晶的固体层内表面比较光滑，对金属液的流动阻力小，故流动性最好。

除纯金属外，其他成分合金是在一定温度范围内逐步凝固的，此时，结晶在一定宽度的凝固区内同时进行。由于初生的树枝状晶体使固体层内表面粗糙，所以，合金的流动性变差。显然，合金成分越远离共晶点，结晶温度范围越宽，在铸件断面上会存在一个发达的树枝晶与未凝固液相混杂的固液两相区，这样，初生的树枝晶将会阻碍剩余液体合金的流动，因而合金的流动性越差，如图 9-2 所示。

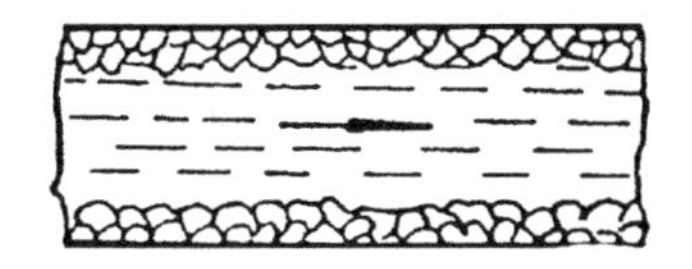

（a）在恒温下凝固的合金

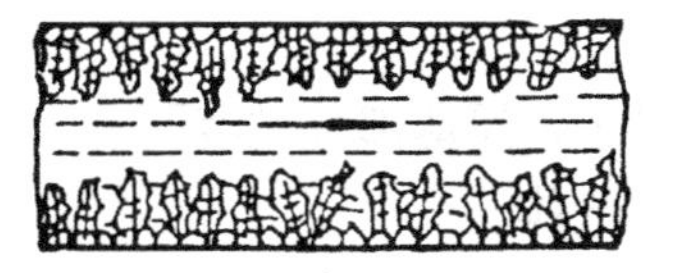

（b）在一定的温度范围内凝固的合金

图 9-2　结晶特性对流动性的影响

铁碳合金的流动性与含碳量的关系如图 9-3 所示。由图可见，亚共晶铸铁随含碳量的增加结晶温度范围减小，流动性提高。

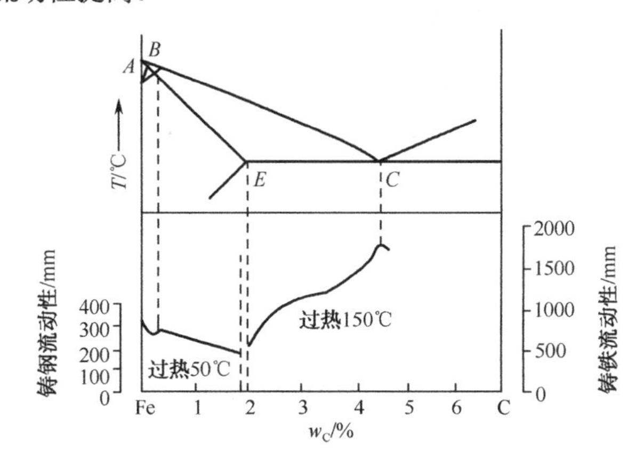

图 9-3　铁碳合金的流动性与含碳量的关系

2．浇铸条件

（1）浇铸温度

浇铸温度对合金的充型能力有着决定性影响。浇铸温度高，合金的黏度下降，且因过热度高，合金在铸型中保持流动的时间长，故充型能力强；反之，充型能力差。

鉴于合金的充型能力随浇铸温度的提高呈直线上升，因此，对薄壁铸件或流动性较差的合金可适当提高浇铸温度，以防浇不足和冷隔缺陷。但浇铸温度过高，铸件容易产生缩孔、缩松、黏砂、气孔、粗晶等缺陷，故在保证充型能力足够的前提下，浇铸温度不宜过高。

（2）充型压力

液态合金所受的压力越大，充型能力越好。如压力铸造、低压铸造和离心铸造时，因充型压力较砂型铸造提高甚多，所以充型能力较强。

3．铸型填充条件

液态合金充型时，铸型阻力将影响合金的流动速度，而铸型与合金间的热交换又将影响合金保持流动的时间。因此，铸型材料、温度、结构及铸型中气体对充型能力均有显著影响。

（1）铸型材料

铸型材料的热导率和比热容越大，对液态合金的激冷能力越强，合金的充型能力就越差。如金属型铸造较砂型铸造容易产生浇不足和冷隔缺陷。

（2）铸型温度

金属型铸造、压力铸造和熔模铸造时，铸型被预热到数百摄氏度，由于减缓了金属液的冷却速度，故使充型能力得到提高。

（3）铸型结构

当铸件壁厚过小、厚薄部分过渡面多、有大的水平面等结构时，都使金属液的流动困难。

（4）铸型中的气体

在金属液的热作用下，铸型（尤其是砂型）将产生大量气体，如果铸型排气能力差，型腔中的气压将增大，以致阻碍液态合金的充型。为了减小气体的压力，除应设法减少气体的来源外，还应使铸型具有良好的透气性，并在远离浇口的最高部位开设出气口。

9.1.2 液态合金的凝固与收缩

浇入铸型中的金属液在冷凝过程中，其液态收缩和凝固收缩若得不到补充，铸件将产生缩孔或缩松缺陷。为防止上述缺陷，必须合理地控制铸件的凝固过程。

1．铸件的凝固方式

在铸件的凝固过程中，其断面上一般存在三个区域，即固相区、凝固区和液相区，其中，对铸件质量影响较大的主要是液相和固相并存的凝固区的宽窄。铸件的凝固方式就是依据凝固区的宽窄［见图9-4（c）中的S］来划分的。

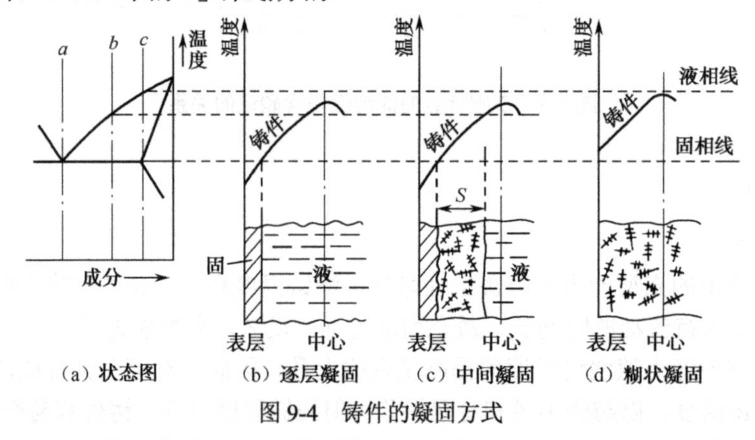

图9-4 铸件的凝固方式

（1）逐层凝固

纯金属或共晶成分合金在凝固过程中因不存在液、固并存的凝固区，如图9-4（b）所示，故断面上外层的固体和内层的液体由一条界线（凝固前沿）清楚地分开。随着温度的下降，固体层不断加厚，液体层不断减少，直达铸件的中心，这种凝固方式称为逐层凝固。

（2）糊状凝固

如果合金的结晶温度范围很宽，且铸件的温度分布较为平坦，则在凝固的某段时间内，铸件表面并不存在固体层，而液、固并存的凝固区贯穿整个断面，如图9-4（d）所示，故称糊状凝固。

（3）中间凝固

大多数合金的凝固介于逐层凝固和糊状凝固之间，如图9-4（c）所示，称为中间凝固方式。

铸件质量与其凝固方式密切相关。一般说来，逐层凝固时，合金的充型能力强，便于防止缩孔和缩松；糊状凝固时，难以获得结晶紧实的铸件。在常用合金中，灰铸铁、铝硅合金等倾向于逐层凝固，易于获得紧实铸件；球墨铸铁、锡青铜、铝铜合金等倾向于糊状凝固，为获得紧实铸件，常需采用适当的工艺措施，以便补缩或减小其凝固区域。

2．铸造合金的收缩

合金从浇铸、凝固直至冷却到室温，其体积或尺寸缩减的现象称为收缩。收缩是合金的物理本性。

收缩给铸造工艺带来许多困难，是多种铸造缺陷（如缩孔、缩松、裂纹、变形等）产生的根源。为使铸件的形状、尺寸符合技术要求，组织致密，必须研究收缩的规律性。

合金的收缩经历如下三个阶段。

① 液态收缩：从浇铸温度到凝固开始温度（液相线温度）间的收缩。

② 凝固收缩：从凝固开始温度到凝固终止温度（固相线温度）间的收缩。

③ 固态收缩：从凝固终止温度到室温间的收缩。

合金的液态收缩和凝固收缩表现为合金体积的收缩，常用单位体积收缩量（即体积收缩率）来表示。

合金的固态收缩不仅引起合金体积的缩减，同时，更明显地表现在铸件尺寸的缩减上，因此，固态收缩常用单位长度上的收缩量（线收缩率）来表示。

不同合金的收缩率不同。在黑色金属里面，铸造碳钢的总体积收缩率最大，灰铸铁的总体积收缩率相对最小。

铸件的实际收缩率不仅与其化学成分有关，还与浇铸温度、铸件结构和铸型条件等外部条件有关。

3．铸件中的缩孔与缩松

液态合金在冷凝过程中，若其液态收缩和凝固收缩所缩减的容积得不到补足，则在铸件最后凝固的部位形成一些孔洞。按照孔洞的大小和分布，可将其分为缩孔和缩松两类。

（1）缩孔的形成与防止

缩孔是集中在铸件上部或最后凝固部位容积较大的孔洞。缩孔多呈倒圆锥形，内表面粗糙，通常隐藏在铸件的内层，经机械加工后可暴露出来。但在某些情况下，也可直接暴露在铸件的上表面，呈明显的凹坑。

缩孔的形成过程如图 9-5 所示。液态合金填满铸型型腔后，由于铸型的吸热，靠近型腔表面的金属很快凝结成一层外壳，而内部仍然是高于凝固温度的液体。随着温度继续下降，外壳加厚，但内部液体产生液态收缩和凝固收缩，同时还要补缩由于外壳加厚（凝固）而产生的体积缩减，这几种因素导致液面下降，使铸件内部出现了空隙。由于空隙得不到补充，待金属全部凝固后，即在金属最后凝固的部位形成一个大而集中的孔洞——缩孔。铸件完全凝固后，随着温度的下降，因固态收缩铸件的体积会不断缩小，直到室温为止。

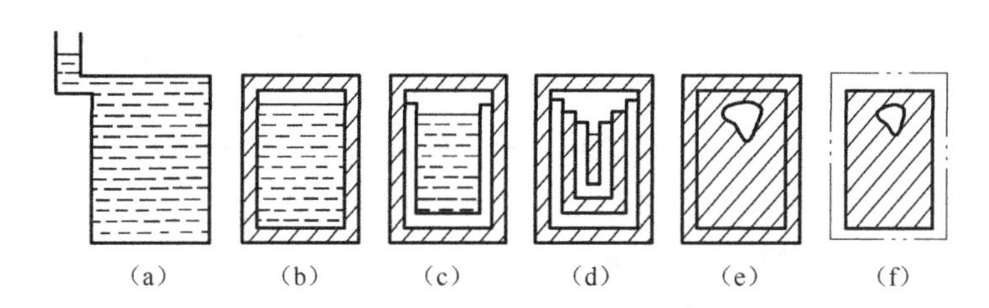

图 9-5　缩孔的形成过程

根据以上分析，缩孔的形成条件是合金在恒温或很窄的温度范围内结晶，铸件以逐层凝固的方式凝固。

合金的液态收缩和凝固收缩越大，浇铸温度越高，铸件越厚，缩孔的容积就越大。

缩孔使铸件的力学性能下降，因此，必须依据技术要求，采取适当的工艺措施予以防止。实践证明，只要能使铸件实现定向凝固（顺序凝固），尽管合金的收缩较大，也可获得没有缩孔的致密铸件。

定向凝固就是在铸件上可能出现缩孔的厚大部位通过安放冒口等工艺措施，使铸件远离冒口的部位（见图9-6中部位Ⅰ）先凝固；然后是靠近冒口部位（见图9-6中部位Ⅱ和Ⅲ）凝固；最后才是冒口本身的凝固。按照这样的凝固顺序，先凝固部位的收缩产生的体积亏空，由后凝固部位的金属液来补充；后凝固部位的收缩产生的体积亏空，由冒口中的金属液来补充，从而使铸件各个部位的收缩均能得到补充，而将缩孔转移到冒口之中。冒口是多余部分，在铸件清理时予以切除。

为了使铸件实现定向凝固，在安放冒口的同时，还可在铸件上某些厚大部位增设冷铁。图9-7所示铸件中，若仅靠顶部冒口难以向底部凸台补缩，为此，在该凸台的型壁上安放了两个冷铁。由于冷铁加快了该处的冷却速度，使厚度较大的凸台反而最先凝固，由于实现了自下而上的定向凝固，从而防止了凸台处缩孔、缩松的产生。可以看出，冷铁仅是加快某些部位的冷却速度，以控制铸件的凝固顺序，但本身并不起补缩作用，冷铁通常用钢或铸铁制成。

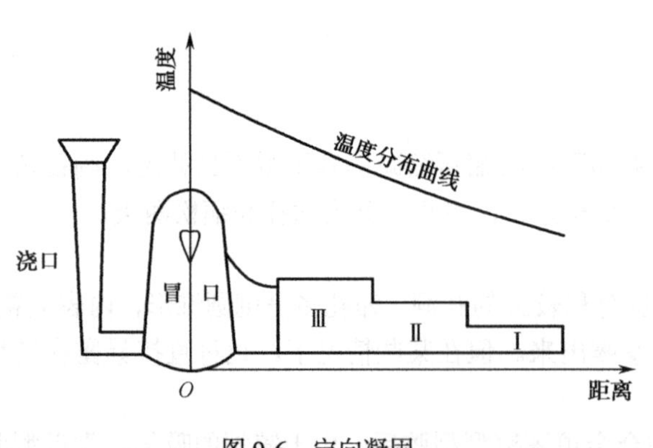

图9-6 定向凝固

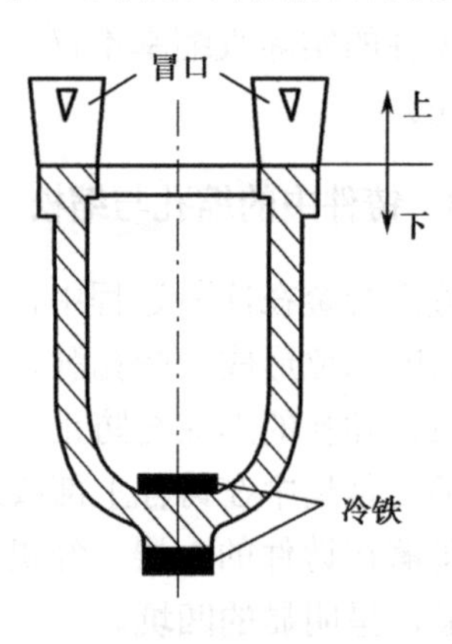

图9-7 冷铁的应用

（2）缩松的形成与防止

缩松是分散在铸件某区域内的微小缩孔。

图9-8 宏观缩松

缩松的形成原因也是由于铸件最后凝固区域的液态收缩和凝固收缩得不到补充，当合金以糊状凝固的方式凝固时，被树枝状晶体分隔开的小液体区难以得到补缩就易形成分散性的缩孔，导致缩松。缩松一般出现在铸件壁的轴线区域、热节处、冒口根部和内浇口附近，也常分布在集中缩孔的下方，如图9-8所示。

缩松分为宏观缩松和显微缩松两种。宏观缩松是用肉眼或放大镜可以看出的小孔洞，多分布在铸件中心轴线处或缩孔的下方。

显微缩松是分布在晶粒之间的微小孔洞，要用显微镜才能观察出来。这种缩松的分布更为广泛，有时遍及整个截面。

不同铸造合金的缩孔和缩松的倾向不同。逐层凝固合金（纯金属、共晶合金或结晶温度范围窄的合金）的缩孔倾向大，缩松倾向小；反之，糊状凝固的合金缩孔倾向虽小，但极易产生缩松。

对于结晶温度范围较宽的合金，由于倾向于糊状凝固，结晶开始之后，发达的树枝状晶架布满了铸件整个截面，使冒口的补缩通路严重受阻，因此，难以避免显微缩松的产生。显然，选用近共晶成分或结晶温度范围较窄的合金生产铸件是适宜的。

9.1.3　铸造内应力、变形、裂纹和气孔

铸件凝固后将在冷却至室温的过程中继续固态收缩，有些合金甚至还会因发生固态相变而引起收缩或膨胀，这些收缩或膨胀如果受到铸型阻碍或因铸件各部分互相牵制，都将使铸件内部产生应力。这些内应力有时是在冷却过程中暂时存在的，有时则一直保留到室温，形成残余内应力。内应力是铸件产生变形及裂纹的主要原因。

按内应力产生原因，可分为热应力和机械应力两种。

1．热应力

热应力是由于铸件的壁厚不均匀、各部分的冷却速度不同，以致在同一时期内铸件各部分收缩不一致而引起的。

金属在冷却过程中，从凝固终了温度到再结晶温度阶段，处于塑性状态。在较小的外力作用下，就会产生塑性变形，变形后应力可自行消除。低于再结晶温度的金属处于弹性状态，受力时产生弹性变形，变形后应力继续存在。

下面用图 9-9 所示框形铸件来分析热应力的产生过程。Ⅰ杆比Ⅱ杆的直径大。凝固开始时Ⅰ、Ⅱ两杆均处于塑性状态，冷却速度虽不同，但不产生应力。继续冷却，冷速大的Ⅱ杆已进入弹性状态，而Ⅰ杆仍处于塑性状态，此时，因细杆Ⅱ冷却快，收缩大于粗杆，必然压缩粗杆，所以细杆受拉，而粗杆因阻碍细杆的收缩而受压，如图 9-9（b）所示。粗杆Ⅰ在应力作用下发生微量塑变而被压短，内应力消失，如图 9-9（c）所示。随着冷却的继续，粗杆Ⅰ处于弹性状态，进行较大的固态收缩，此时细杆Ⅱ处于更低温度，其收缩已很小至趋于停止，将阻碍粗杆Ⅰ的收缩。结果粗杆Ⅰ受拉伸，细杆Ⅱ受压缩，如图 9-9（d）所示，直到室温，形成了内应力。

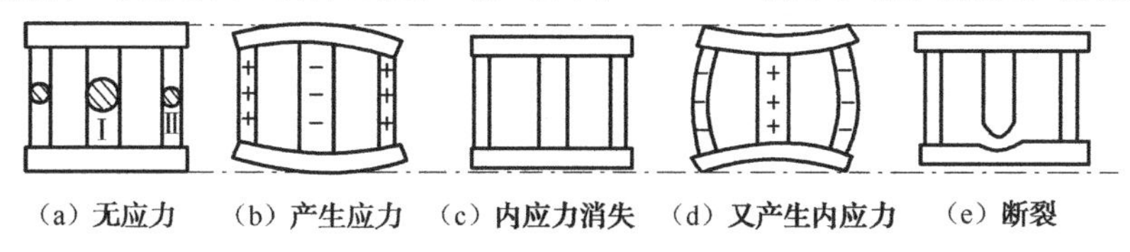

（a）无应力　（b）产生应力　（c）内应力消失　（d）又产生内应力　（e）断裂

图 9-9　铸造热应力与变形

综上所述，固态收缩的结果使铸件厚壁或心部受拉伸，薄壁或表层受压缩。合金固态收缩率越大，铸件壁厚差别越大，形状越复杂，所产生的热应力就越大。

2．机械应力

铸件收缩受到铸型、型芯及浇铸系统的机械阻碍而产生的应力称为机械阻碍应力，简称机械应力，如图 9-10 所示。机械应力使铸件产生暂时性的正应力或剪切应力。铸型或型芯退让性良好，机械应力则小。

机械应力在铸件落砂之后可自行消除。但是机械应力在铸型中能与热应力共同起作用，增大了铸件产生裂纹的可能性。

铸造内应力的存在，将引起铸件变形和裂纹等缺陷。

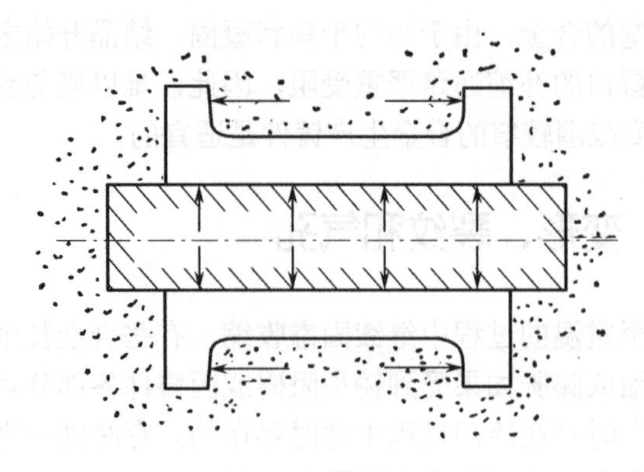

图 9-10 机械应力

3．铸件的变形

如果铸件存在内应力，则铸件处于一种不稳定状态，它将自发地通过变形来减缓其内应力，以便趋于稳定状态。

如图 9-11 所示，车床床身的导轨部分因较厚而受拉应力，床壁部分因较薄而受压应力，于是导轨出现下挠。

图 9-12 所示为一平板铸件，尽管其壁厚均匀，但其中心部分因比边缘散热慢、收缩慢而受拉应力，其边缘处则散热较快、收缩较快而受压应力。由于铸型上面比下面冷却快，于是该平板发生如图 9-12 所示方向的变形。

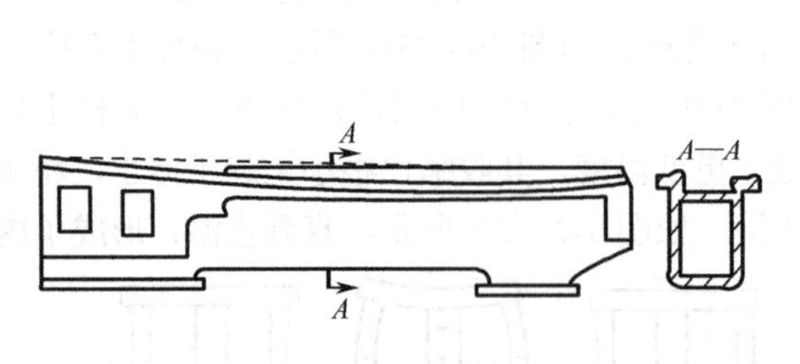

图 9-11 车床床身的挠曲变形

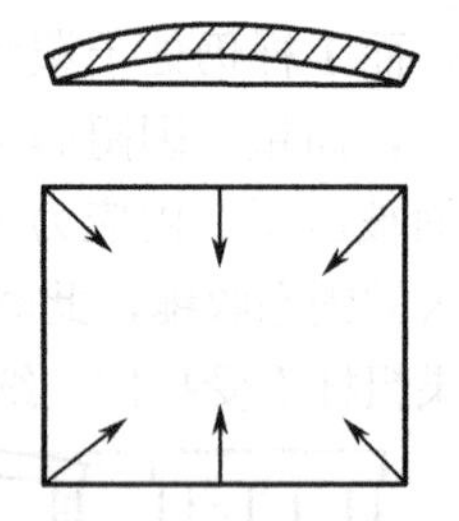

图 9-12 平板铸件的变形

实践证明，尽管变形后铸件的内应力有所减缓，但并未彻底消除，这样的铸件经机械加工后，由于内应力的重新分布，还将逐渐缓缓地发生微量变形，使零件丧失了应有的精度，严重时会使零件报废。为此，对于要求装配精度稳定性高的零件（如机床导轨、变速箱、刀架等）必须进行时效处理。

时效处理可分为自然时效和人工时效两种。自然时效是将铸件置于露天场地半年以上，使其在自然的气压和温度作用下，逐渐缓慢地变形，从而消除内应力。人工时效是将铸件加热到 550～650℃进行去应力退火，它比自然时效节省时间和场地，且内应力去除较为彻底，故应用较为普遍。

时效处理宜在粗加工之后进行，这样既有利于原有内应力的消除，又可将粗加工过程中产生的应力一并消除。

20 世纪 70 年代以来，出现了振动去应力的技术。它是在零件上设置合理的振动点，并对振动点施以恰当的频率和振幅进行振动，在室温下就可高效释放内应力。振动去应力技术特别适合于大型零件的应力去除。

4. 铸件的裂纹

当铸件的内应力超过金属的强度极限时，铸件将产生裂纹。裂纹是铸件的严重缺陷，常导致铸件报废。根据裂纹产生的原因，可分为热裂和冷裂两种。

（1）热裂

热裂是铸件在凝固后期接近固相线的高温下形成的。因为合金的线收缩并不是在完全凝固后开始的，在凝固后期，结晶出来的固态物质已形成了完整的骨架，开始了线收缩，但晶粒间还存有少量液体，故金属的高温强度很低。在高温下铸件的线收缩若受到铸型、型芯及浇铸系统的阻碍，机械应力超过了其高温强度，即发生热裂。

热裂的形成与合金性质和铸型阻力有关。

合金的结晶温度范围越宽，液、固两相区的绝对收缩量越大，合金的热裂倾向也越大。灰铸铁和球墨铸铁热裂倾向小，铸钢、铸铝、可锻铸铁的热裂倾向大。此外，钢铁中含硫越高，热裂倾向也越大。

铸型的退让性越好，机械应力越小，热裂倾向越小。铸型的退让性与型砂、型芯砂黏结剂种类密切相关，如采用有机黏结剂（如植物油、合成树脂等）配制的型芯砂，因高温强度低，退让性较黏土砂好。

热裂的特征：裂纹短，缝隙宽，形状曲折，缝内呈氧化色。

防止热裂的措施如下：

① 应尽量选择凝固温度范围小、热裂倾向小的合金。

② 应提高铸型和型芯的退让性，以减小机械应力。

③ 浇口、冒口的设计要合理。

④ 对于铸钢件和铸铁件，必须严格控制硫的含量，防止热脆性。

（2）冷裂

冷裂是在较低温度下，由于热应力和收缩应力的综合作用，铸件内应力超过合金的强度极限而产生的。冷裂多出现在铸件受拉应力的部位，尤其是具有应力集中处（如尖角、缩孔、气孔及非金属夹杂物等的附近）。

冷裂的特征：裂纹细小，呈连续直线状，缝内有金属光泽或轻微氧化色。

铸件的冷裂倾向与热应力的大小密切相关。铸件的壁厚差别越大，形状越复杂，特别是大而薄壁的铸件，越易产生冷裂纹。

不同铸造合金的冷裂倾向不同。灰铸铁、白铸铁、高锰钢等塑性差的合金较易产生冷裂；塑性好的合金因内应力可通过其塑性变形来自行缓解，故冷裂倾向小。铸钢中含磷量越高，冷裂倾向越大。

凡是减小铸件内应力或降低合金脆性的因素均能防止冷裂。

5. 铸件中的气孔

气孔是气体在铸件内形成的孔洞，表面常常比较光滑、光亮或略带氧化色，一般呈梨形、圆形、椭圆形等。气孔减小了铸件的有效承载面积，并在气孔附近引起应力集中，降低了铸件的力学性能。同时，铸件中存在的弥散性气孔还会促进缩松缺陷的形成，从而降低铸件的气密性。气孔对铸件的耐腐蚀性和耐热性也有不利影响。

气孔是铸造生产中最常见的缺陷之一。据统计，铸件废品中约 1/3 是由于气孔造成的，因此必须对其予以足够的重视。

按气孔产生的原因和气体来源不同，气孔大致可分为侵入性气孔、析出性气孔和反应性气孔三类。

（1）侵入性气孔

侵入性气孔是由于浇铸过程中熔融金属和铸型之间的热作用，使砂型或型芯中的挥发性物质（如水分、黏结剂、附加物）挥发生成的气体及型腔中原有的空气侵入熔融金属内部所形成的气孔。侵入的气体一般是水蒸气、一氧化碳、二氧化碳、氮气、碳氢化合物等。

防止侵入性气孔的主要途径是降低铸型材料的发气量和增强铸型的排气能力。

（2）析出性气孔

溶解于熔融金属中的气体在冷却和凝固过程中，由于溶解度的下降而从合金中析出，在铸件中形成的气孔，称为析出性气孔。析出性气孔分布范围较广，有时甚至遍及整个铸件截面，影响铸件的力学性能和气密性。

防止析出性气孔的主要措施是减少合金在熔炼和浇铸时的吸气量，对金属液进行除气处理，增大铸件的冷却速度或使铸件在压力下凝固以阻止气体析出等。

（3）反应性气孔

浇入铸型的熔融金属与铸型材料、芯撑、冷铁或熔渣之间发生化学反应产生的气体在铸件中形成的气孔，称为反应性气孔。这类气孔中的气体多为一氧化碳、氢气等。

反应性气孔形成的原因复杂多样，需根据具体情况采取相应的防止办法，其中的主要措施之一是清除冷铁、芯撑表面的锈蚀和油污，并保持干燥。

9.2 铸造方法及应用

铸造方法分为砂型铸造和特种铸造两大类。砂型铸造是以型砂为主要造型材料制备铸型并在重力下浇铸的铸造工艺，具有适应性广、成本低等优点，是应用最广泛的铸造方法。特种铸造是除砂型铸造以外其他铸造方法的统称。常用的特种铸造方法有熔模铸造、金属型铸造、压力铸造、离心铸造等。与砂型铸造相比，特种铸造在改善铸件质量、提高生产效率、降低劳动强度或生产成本等方面，各有其优越之处，因而具有很大的发展潜力。

9.2.1 砂型铸造

砂型铸造是铸造生产中应用最为广泛的一种方法，具有不受铸件的形状、大小、复杂程度及合金种类的限制，单件、成批和大量生产均可应用，原材料来源广、成本低等优点。国内砂型铸件占全部铸件总生产量的 80%以上。砂型铸造的基本工艺过程如图 9-13 所示。

砂型铸造根据完成造型工序的方法不同，分为手工造型和机器造型两大类。

1．手工造型

手工造型是指用手工完成紧砂、起模、修整、合箱等主要操作的造型、制芯过程。手工造型操作灵活，适应性强，工艺设备简单，成本低。手工造型对模样的要求不高，一般采用成本较低的实体木模，对于尺寸较大的回转体或等截面铸件还可采用成本更低的刮板来造型。手工造型对砂箱的要求也不高，如砂箱不需严格的配套和机械加工，较大的铸件还可采用地坑来取代下箱，这样可减少砂箱的费用，并缩短生产准备时间。由于手工造型生产效率低，对工人技术水平要求较高，而且铸件的尺寸精度及表面质量较差，故手工造型主要用于单件、小批量生产，特别是重型和形状复杂的铸件。手工造型方法很多，生产中应根据铸件的结构、尺寸、生产批量、使用要求及生产条件，合理地选择造型方法。这对保证铸件质量、提高生产效率、降低生产成本是很重要的。各种常用手工造型方法的特点和适用范围见表 9-1。

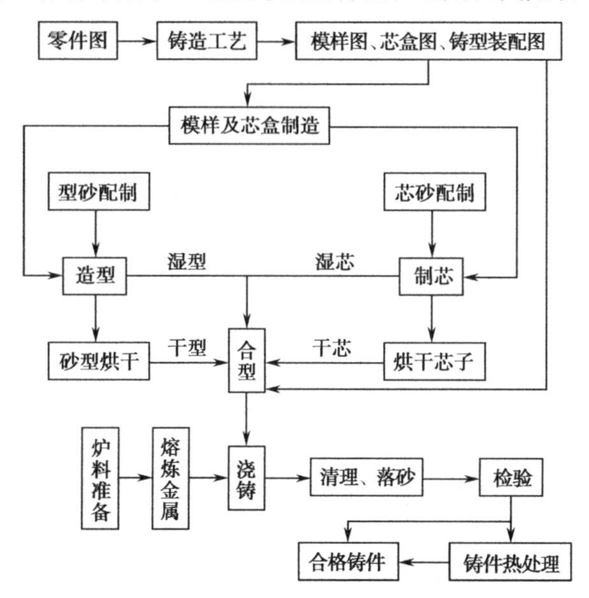

图 9-13　砂型铸造的基本工艺过程

表 9-1　各种常用手工造型方法的特点和适用范围

造型方法		简图	主要特点	适用范围
按模样特征分	整模造型		模样为整体模，分型面是平面，铸型型腔全部在半个铸型内，造型简单，铸件精度和表面质量较好	最大截面位于一端并且为平面的简单铸件的单件、小批量生产
	挖砂造型		模样虽为整体，但分型面不为平面，为了取出模样，造型时用手工挖去阻碍起模的型砂。其造型费工，生产效率低，要求工人技术水平高	适用于分型面不是平面的铸件的单件、小批量生产
	假箱造型		为了克服挖砂造型的缺点，在造型前特制一个底胎（假箱），然后在底胎上造下箱。由于底胎不参加浇铸，故称作假箱。此法比挖砂造型简便，且分型面整齐	用于成批生产需要挖砂的铸件
	分模造型		将模样沿最大截面处分为两半，型腔分别位于上、下两个半型中，造型简单，节省工时	常用于最大截面在中部的铸件

续表

造型方法		简图	主要特点	适用范围
按模样特征分	活块造型		当铸件上有妨碍起模的小凸台、筋板时，制模时将它们做成活动部分。造型起模时先起出主体模样，然后再从侧面取出活块。造型生产效率低，要求工人技术水平高	主要用于单件、小批量带有突出部分，通常难以起模的铸件
	刮板造型		用刮板代替模样造型，大大节约木材、缩短生产周期，但造型生产效率低，要求工人技术水平高，铸件尺寸精度差	主要用于等截面或回转体大、中型铸件的单件、小批量生产，如大皮带轮、铸管、弯头等
按砂箱特征分	两箱造型		铸型由上箱和下箱构成，操作方便	它是造型的最基本方法，适用于各种铸型、各种批量
	三箱造型		铸型由上、中、下三箱组成，中箱高度必须与铸件两个分型面的间距相适应。三箱造型操作费工，且需要适合的成套砂箱	主要用于单件、小批量生产具有两个分型面的铸件
	脱箱造型		采用可拆或带有锥度的砂箱来造型，在铸型合型后，将砂箱脱出，重新用于造型。浇铸时为了防止错箱，需用型砂将铸型周围填紧，也可在铸型上加套箱	用于成批生产的小铸件
	地坑造型		利用车间地面砂床作为铸型的下箱，只有一个上砂箱，可减少砂箱投资。但造型费工，而且要求工人的技术水平较高	常用于在砂箱不足的生产条件下制造批量不大的中、小型铸件

2．机器造型

机器造型的工艺特点通常是采用模板进行两箱造型。模板是将模样、浇铸系统沿分型面与模底板连接成一整体的专用模具。造型后，模底板形成分型面，模样形成铸型空腔，而模底板的厚度并不影响铸件的形状与尺寸。

机器造型不能紧实中箱，故不能进行三箱造型。同时，机器造型也应尽力避免活块，因为取出活块费时，使造型机的生产效率大为降低。为此，在制定铸造工艺方案时，必须考虑机器造型这些工艺要求。图9-14所示的轮形铸件，由于轮的圆周面有侧凹，在生产批量不大的条件下，通常采用三箱手工造型，以便分别从两个分型面取出模样。但在大批量生产条件下，由于采用机器造型，故应改用图9-14所示的环状型芯，使铸型简化成只有一个分型面，这样尽管增加了型芯的费用，但机器造型很高的生产效率可以补偿。

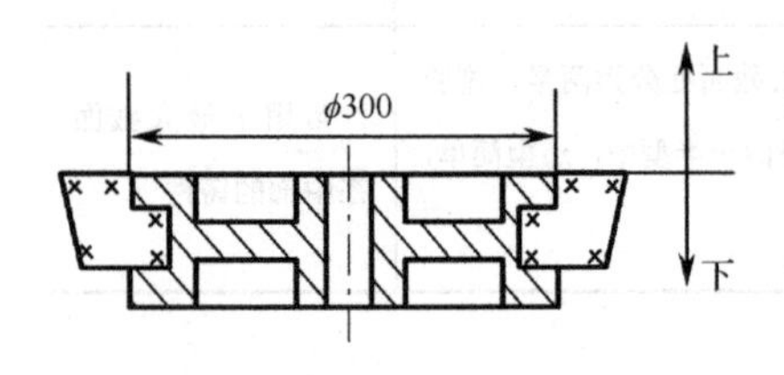

图9-14　适应机器造型的工艺方案

机器造型用机器来完成填砂、紧实和起模等造型操作过程，是现代化砂型铸造车间所用的基本造型方法。与手工造型相比，机器造型可以提高生产效率，改善劳动条件，减轻工人劳动强度；还可以使铸件尺寸精确，表面光洁，加工余量小。但设备及工装模具投资较大，主要用于成批大量生产。随着模板结构的不断改进和快速成型技术的普及，模具的制造成本逐渐降低，现在上百件批量的铸件已开始采用机器来造型，因此，机器造型（造芯）的使用范围日益扩大。

为了适应不同形状、尺寸和不同批量铸件生产的需要，造型机的种类繁多，紧砂和起模方式也不同。其中，以压缩空气驱动的振压式造型机最为常用。机器造型对型砂的紧实有压实紧实、振击紧实、抛砂紧实、射砂紧实和气压紧实等几种基本方式，并通过这些基本方式的组合或改进而形成了一系列的紧实方法，即造型方法。

（1）压实造型

压实造型利用压头的压力将砂箱内的型砂压实。先把型砂填入砂箱，然后压头向下或压头不动而砂箱上行将型砂压紧实。压实造型生产效率高，但型砂沿铸型高度方向的紧实度不均匀，越往下紧实度越差，因此，只适用于高度不大的砂箱。

（2）振击造型

振击造型是利用振动和撞击对型砂进行紧实。砂箱填砂后，造型机的振动活塞将工作台连同砂箱举起到一定高度，然后下落，与缸体撞击，依靠型砂下落时的冲击力产生紧实作用。型砂紧实度分布规律与压实造型相反，越接近模底板型砂紧实度越高。因此，可以将振击造型与压实造型结合在一起使用，也就是振压造型。

（3）振压造型

图 9-15 所示为顶杆起模式振压造型机工作过程示意图。首先从振压造型机的振击进气口 1 进气，振击活塞带动工作台上升，当升至一定高度时排气口打开，工作台下降，落到振击汽缸顶部产生撞击振动使砂型紧实，如此反复振实多次后停止；再从压实进气口 2 进气，使压实活塞推举砂箱上升至压头处进行压实。

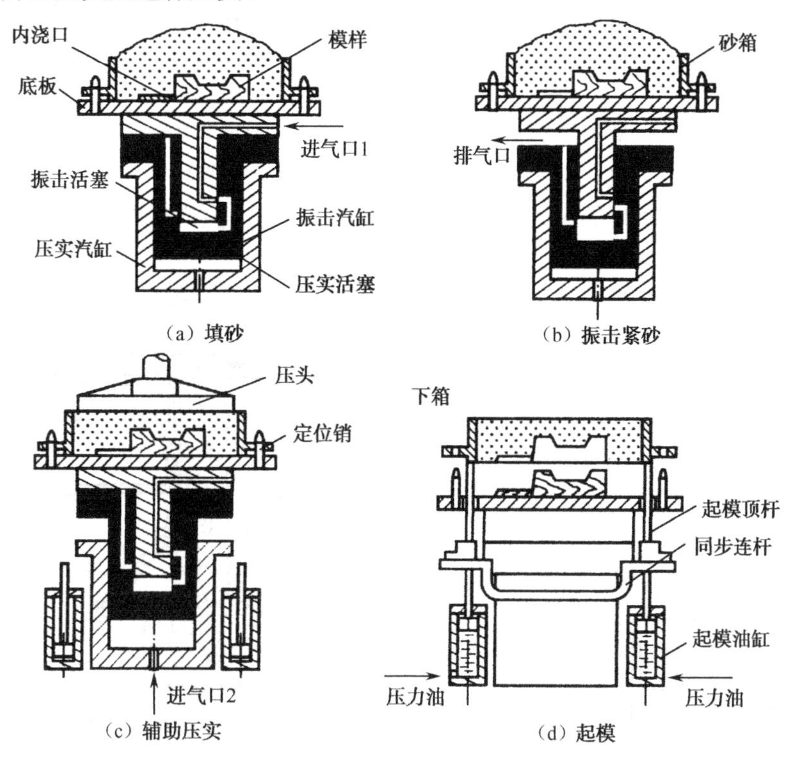

图 9-15　顶杆起模式振压造型机工作过程示意图

振压造型机结构简单、价格较低，主要用于制造中、小型铸件，但在工作时噪声很大，工人劳动条件较差。微振压实造型机在这方面有很大改善，其工作特点是在型砂受压实的同时，模板、砂箱和型砂产生高频率、小振幅的振动，从而提高了紧实效率，降低了振击噪声和对地面的振动。但噪声仍较大，且结构较复杂。

（4）高压造型

高压造型是采用较高的压实压力（0.7MPa 以上）压实型砂的造型方法。高压造型通常采用多触头压头，它由许多个独立的小压头组成，每个小压头由独立的油压驱动。在压实时，各小压头随所在位置模样高度的不同，压入砂层的深度不一样（模样高度越低，压入深度越深），使紧实度更均匀，如图 9-16（b）所示。造型时，先启动微振机构进行预振，然后在压实的同时再进行微振，以进一步提高紧实度。

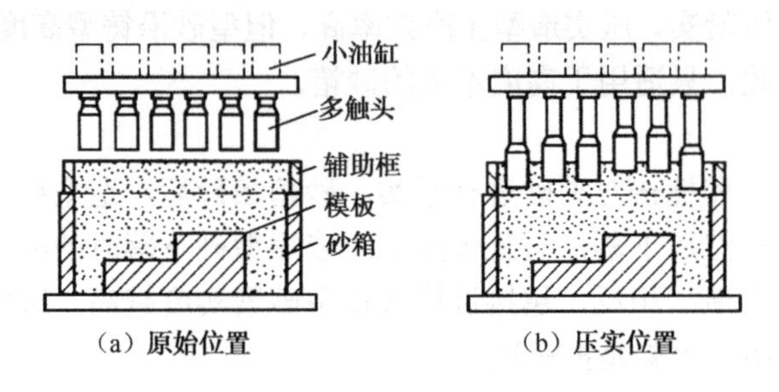

（a）原始位置　　（b）压实位置

图 9-16　多触头高压造型机工作原理

（5）抛砂造型

抛砂造型的工作原理如图 9-17 所示。抛砂造型机的抛砂头转子上装有叶片，型砂由带式输送机连续地送入，高速旋转的叶片接住型砂并将其分成一个个砂团，当砂团随叶片转到出口处时，由于离心力作用，被高速抛出落入砂箱，使填砂和紧实过程同步完成。这种造型方法通常用于中、大型铸件的造型。

（6）射砂造型

射砂紧实方法除用于造型外更多地用于造芯。图 9-18 所示为射砂机工作原理。由储气筒中迅速进入到射膛中的压缩空气，将型砂由射砂孔射入芯盒的空腔中，而压缩空气经射砂板上的排气孔排出，射砂过程在较短的时间内同时完成填砂和紧实，生产效率很高。

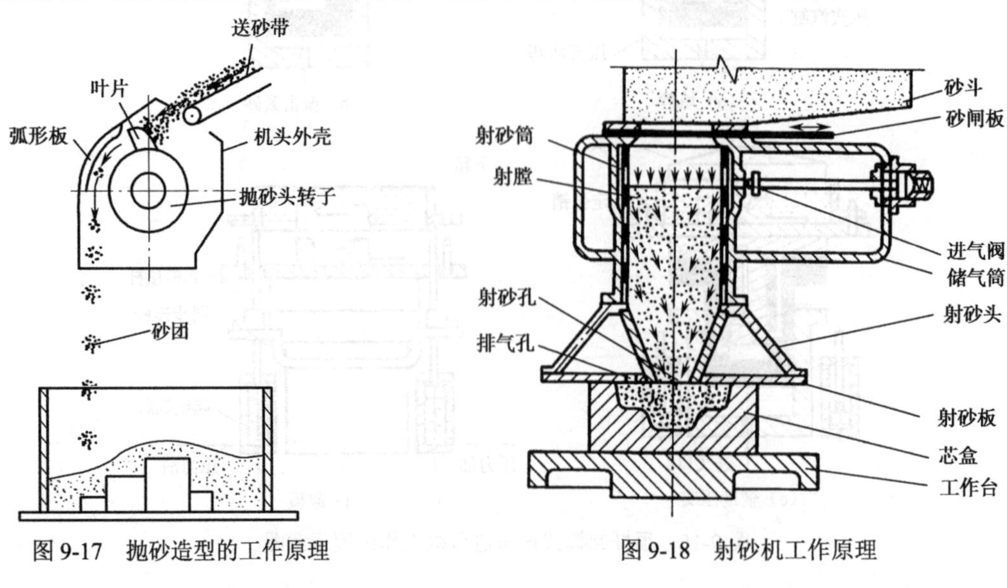

图 9-17　抛砂造型的工作原理　　图 9-18　射砂机工作原理

（7）射压造型

射压造型采用射砂和压实相结合的方法紧实铸型。射压造型机工作原理如图 9-19 所示。先利用压缩空气将型砂高速射入砂箱，射砂的过程既是向砂箱中填砂的过程，也是初步紧实的过程。然后再对砂型进一步压实，如图 9-19（b）所示。此方法的优点为铸件尺寸精度高，生产效率高，易于实现自动化。

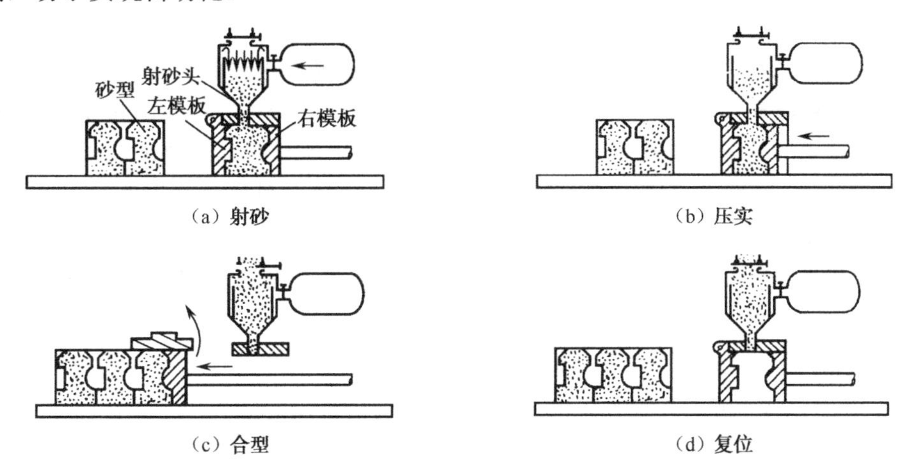

（a）射砂　（b）压实　（c）合型　（d）复位

图 9-19　射压造型机工作原理

（8）气冲造型

气冲造型是一种较新的造型工艺方法。其工艺过程是先将型砂填入砂箱和辅助框内，然后将砂箱上方压力罐中储存的压缩空气突然释放出来，形成很大的压力作用在型砂上面，并产生向下传递的压力波，压力波的动能在向下传递的过程中使型砂逐层紧实。气冲造型的特点为型砂紧实速度快，每次冲击紧实的时间不到 0.1s，生产效率高；型砂的紧实度高而且均匀，型腔尺寸精度高；节省能源，降低噪声影响，改善劳动条件。

机器造型中最常用的起模方法是顶箱起模，即由起模杆将坚实好的砂箱顶起，使之脱离模板而完成起模。对于结构复杂或高度较大的铸件，可采用漏模起模或翻转起模等方法。

9.2.2　特种铸造

虽然砂型铸造具有适应性强、生产准备简单等优点，被广泛用于制造业，但是砂型铸造生产的铸件尺寸精度较低，表面粗糙，内在质量较差，而且工人的劳动条件差，劳动强度大。为改变砂型铸造的这些缺点，人们在砂型铸造的基础上，通过改变铸型的材料（如金属型、陶瓷型铸造）、模型材料（如熔模铸造、实型铸造）、浇铸方法（如离心铸造、压力铸造）、金属液充填铸型的形式或铸件凝固的条件（如压力铸造、低压铸造）等，又创造了许多其他的铸造方法。通常把这些不同于普通砂型铸造的其他铸造方法统称为特种铸造。常用的特种铸造方法有熔模铸造、金属型铸造、压力铸造、离心铸造、低压铸造、消失模铸造等。这些特种铸造工艺各有其优缺点，都能对铸件质量、劳动生产效率、生产成本和劳动条件等不同方面做出改善。近年来，特种铸造在我国发展非常迅速，尤其在有色金属的铸造生产中占有重要的地位。

1．熔模铸造

熔模铸造也称为失蜡铸造，又称为精密铸造，是用蜡料制成模样，然后在蜡模表面涂覆多层耐火材料，待硬化干燥后，将蜡模熔去，从而获得具有与蜡模形状相应的空腔型壳，再经焙烧后进行浇铸而获得铸件的一种方法。

（1）熔模铸造的工艺过程

熔模铸造的工艺过程如图9-20所示。它包括蜡模制作、型壳制造、熔烧和浇铸、铸件清理四个主要过程。

① 蜡模制作。包括压型制造、蜡模制造、组装蜡模。

- 压型制造。压型［见图9-20（a）］是用来制造蜡模的专用模具。蜡模的形状、尺寸与所得铸件的形状和尺寸相适应。为了保证蜡模质量，压型必须有很高的精度和低的粗糙度，且型腔尺寸必须考虑蜡料和铸造合金的双重收缩率。当铸件精度要求高或大批量生产时，压型常用钢、铜或铝合金材料经切削加工制成，这种压型的使用寿命长，制出的蜡模精度高，但压型的成本高，生产准备时间长。对于小批量生产，为了降低成本，缩短生产准备时间，则可采用易熔合金（Sn、Pb、Bi等组成的合金）、塑料或石膏直接向模样（母模）上浇注而成。
- 蜡模制造。常用的制造蜡模材料有两种，一种是蜡基模料（由50%石蜡和50%硬脂酸组成）；另一种是树脂（松香）基模料，主要用于高精度铸件。制造蜡模的方法为：先将蜡料熔化和搅拌，制成糊状，然后在0.2～0.3MPa压力下，将蜡料压入压型内［见图9-20（b）］，待模料冷却凝固后便可从压型内取出，再经修整即可得到单个蜡模［见图9-20（c）］。
- 组装蜡模。熔模铸件一般均较小，为提高生产效率、降低铸件成本，通常将若干个熔模按一定分布方式熔焊在一个预先制好的蜡质直浇口棒上，构成蜡模组［见图9-20（d）］，从而实现一箱多铸。

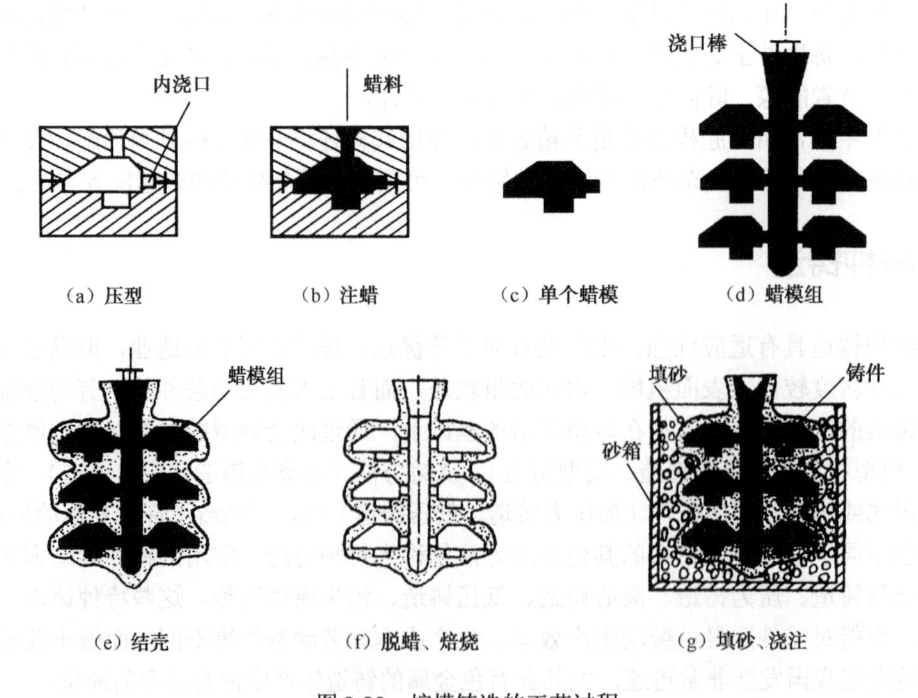

图9-20　熔模铸造的工艺过程

② 型壳制造。它是在蜡模组上涂挂耐火材料，以制成具有一定强度的耐火型壳的过程。由于型壳的质量对铸件的精度和表面粗糙度有着决定性的影响，因此，结壳是熔模铸造的关键环节。

- 浸涂料。将蜡模组置于涂料中浸泡，使涂料均匀地覆盖在蜡模组的表层。涂料是由耐火材料（如石英粉）、黏结剂（如水玻璃、硅酸乙酯等）组成的糊状混合物。这种涂料可使型腔获得光洁的表面层。
- 撒砂。它使浸渍涂料后的蜡模组均匀地黏附一层石英砂，以增厚型壳。
- 硬化。为了使耐火材料层结成坚固的型壳，撒砂之后应进行化学硬化和干燥。

以水玻璃为黏结剂时，可将蜡模组浸于氯化氨溶液中，发生化学反应后析出来的凝胶将石英砂黏得十分牢固。

由于上述过程仅能结成 1～2mm 薄壳，为使型壳具有较高的强度，结壳过程要重复进行 4～6 次，最终制成 5～12mm 的耐火型壳［见图 9-20（e）］。

为了从型壳中取出蜡模以形成铸型空腔，还必须进行脱蜡。通常是将型壳浸泡于 85～95℃的热水中，使蜡料熔化，并经朝上的浇口上浮而脱除［见图 9-20（f）］。脱出的蜡料经回收处理后可重复使用。

在以上各层中，面层一般选用细砂，以降低铸件的表面粗糙度；背层则选用粗砂，有利于获得较好的型壳透气性。

③ 焙烧和浇铸。

- 焙烧。将脱蜡后的型壳置于砂箱中，并向型壳外填砂，以加固型壳，防止焙烧、浇铸时型壳变形或破裂（对于强度较高的型壳，也可以不必造型而直接焙烧、浇铸）。然后将砂箱放入加热炉中，加热到 800～1000℃，保温 0.5～2h，除去型壳内的残余挥发物和水分，并使型壳强度进一步提高，型腔更为干净。
- 浇铸。为了提高液态金属的充型能力，常在焙烧后趁热（600～700℃）进行浇铸，如图 9-20（g）所示。熔模铸件的浇铸方法主要有热型重力浇铸、真空浇铸、压力下结晶、定向凝固等几种方式。通常，液态金属在重力作用下充填铸型。

④ 铸件清理。待铸件冷却凝固后，将型壳打碎取出铸件，然后去掉浇口、冒口，清理铸件上残留的耐火材料。对于铸钢件，还需进行退火或正火处理，以细化晶粒获得所需的力学性能。

（2）熔模铸造铸件的结构工艺性

熔模铸造铸件的结构除应满足一般铸造工艺的要求外，还具有其特殊性。

① 铸孔不能太小和太深，否则涂料和砂粒很难进入蜡模的空洞内。一般铸孔直径应大于 ϕ2mm。

② 铸件壁厚不可太薄，一般为 2～8mm。

③ 铸件的壁厚应尽量均匀。熔模铸造工艺一般不用冷铁，少用冒口，多用直浇道直接补缩，故不能有分散的热节。

（3）熔模铸造的特点和应用

① 铸件尺寸精度高、表面质量好。熔模铸造没有分型面，型壳内表面光洁，耐火度高，一般铸件的尺寸公差达 IT11～IT14，表面粗糙度为 12.5～1.6μm，减少了切削加工工作量，实现了少量、无切削加工。如熔模铸造的涡轮发动机叶片，铸件精度已达到无加工余量的要求。

② 铸造合金种类不受限制。由于铸型材料耐火性好，尤其适于铸造那些熔点高、难以切削加工的合金，如耐热合金、磁钢、不锈钢等。

③ 可制造形状复杂的薄壁铸件。型壳在预热后浇铸，铸件最小壁厚可达 0.3mm，最小铸出孔径为 0.5 mm。某些由几个零件组合成的复杂部件，可用熔模铸造整体铸出。

④ 生产批量不受限制，可单件也可大批量生产。

⑤ 熔模铸造工艺过程复杂，影响铸件质量的因素多，必须严格控制才能稳定生产。生产成本高（比砂型铸造高几倍），生产周期较长（4～15天）。受蜡模与型壳强度、刚度等的限制，铸件不宜太大、太长，质量一般限于25kg以下。

综上所述，熔模铸造主要用于生产精度要求高、形状复杂、机械加工困难的小型零件。目前，主要用于汽轮机及燃气轮机叶片、切削刀具、仪表元件、汽车、拖拉机及机床零件等。

2．金属型铸造

金属型铸造是将液态金属浇入金属铸型，在重力作用下充型而获得铸件的铸造方法。由于铸型是用金属制成的，可以反复使用，故又称为硬模铸造，在国外称为永久型铸造。

（1）金属型的构造

金属型的种类很多，分类的方法也不同。按照分型方式的不同可分为整体式金属型和水平分型式金属型、垂直分型式金属型及复合分型式金属型等。图9-21所示为水平分型和垂直分型两种形式的金属型结构简图。

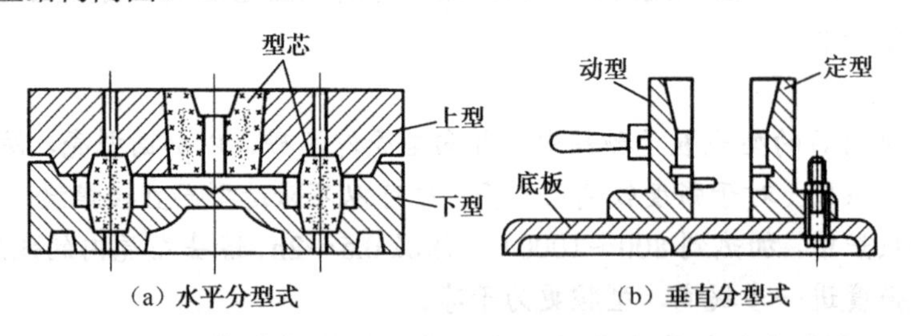

图9-21　金属型结构简图

水平分型式金属型由上、下两半型扣合而成，浇铸时分型面处于水平位置。其优点是下芯、合型比较方便；缺点是上型排气困难，开型和取出铸件均不便，主要适用于生产型芯较多的中型铸件。

垂直分型式金属型由左、右两半型组成（动型与定型）。因浇口、冒口均开设在分型面上，所以排气容易，铸型开合方便，广泛应用于各种沿中心线形状对称的中、小型铸件。

金属型的材料根据浇铸合金的种类选择。浇铸低熔点合金（如锡合金、锌合金、镁合金）时，可选用灰铸铁；浇铸铝合金、铜合金时，可选用合金铸铁；浇铸铸铁和铸钢时，必须选用碳钢和合金钢等。

（2）金属型的铸造工艺

由于金属型导热速度快，且无退让性和透气性，铸件易产生浇不足、冷隔、气孔、裂纹及白口等缺陷，为确保获得优质铸件，延长金属型使用寿命，工艺上应该采取以下措施。

① 加强金属型的排气。在金属型腔上部设排气孔、通气塞（气体能通过，金属液不能通过），在分型面上开通气槽等。

② 金属型应保持合理的工作温度。浇铸前应预热金属型到200～350℃，旨在防止金属液冷却过快从而产生浇不足、冷隔、气孔等缺陷；在连续生产中，如铸型温度过高，则还应加装散热装置，通过气冷或水冷散热，否则会造成晶粒粗大，力学性能下降，降低金属型寿命。

③ 喷刷涂料。浇铸前必须向金属型腔和金属芯表面喷刷一层耐火涂料。每次浇铸都要喷涂一次，以产生隔热气膜，既可防止高温金属液体对金属型壁的直接冲蚀和热击，还可利用涂层厚薄调节铸件各部分冷却速度；同时，涂料层还有一定的蓄气、排气能力，可以减少铸件中气孔的数量，提高铸件质量。涂料一般由耐火材料（石墨粉、氧化锌、石英粉等）、水玻璃胶粘剂

和水组成，涂料厚度为 0.1～0.5mm。

④ 合理的浇铸温度。由于金属型的导热能力强，所以浇铸温度应比砂型铸造高 20～30℃。一般铝合金为 680～740℃，铸铁为 1300～1370℃，铸造锡青铜为 1100～1150℃。对薄壁小件取上限温度，对厚壁大件取下限温度。

⑤ 控制开型时间。因金属型无退让性，铸件在金属型腔内停留时间越长，其收缩量越大，越易引起过大的铸造应力而导致铸件开裂，同时还使铸件取出的难度增大。但开型过早会造成铸件氧化、变形。故浇铸后在保证铸件高温强度足够的前提下，应及早开型取件。一般中、小型铸件开型取件时间为浇铸后 10～60s。大多通过试验确定合适的开型时间。

（3）金属型铸件的结构工艺性

① 由于金属型无退让性和溃散性，铸件结构一定要保证能顺利出型，铸件结构斜度应比砂型铸件大些。

② 铸件壁厚要均匀，以防出现缩松和裂纹。同时，为防止产生浇不足、冷隔等缺陷，铸件的壁厚不能太薄，如铝硅合金铸件的最小壁厚为 2～4mm，铝镁合金为 3～5mm，铸铁为 2.5～4mm。

③ 铸孔的孔径不能过小、过深，以便于金属型芯的安放和抽出。

（4）金属型铸造的特点及应用

① 有较高的尺寸精度（IT12～IT16）和较小的表面粗糙度（12.5～6.3μm），机械加工余量小，节约了机加工工时，节省了金属。

② 由于金属型的导热性好，冷却速度快，因此铸件的晶粒较细，力学性能好。

③ 可实现“一型多铸”，提高劳动生产效率，且节约造型材料，减轻环境污染，改善劳动条件。

但金属铸型的制造成本高，不宜生产大型、形状复杂和薄壁铸件。由于冷却速度快，铸铁件表面易产生白口，使切削加工困难。受金属型材料熔点的限制，熔点高的合金不适宜采用金属型铸造。

金属型铸造主要用于铜合金、铝合金等非铁金属铸件的大批量生产，如活塞、连杆和汽缸盖等。铸铁件的金属型铸造目前也有所发展，但其尺寸一般限制在 300mm 以内，质量一般不超过 8kg，如拖拉机变速箱中的 153 球墨铸铁齿轮毛坯等。随着科技发展和需求的增大，现在金属型铸铁件尺寸也可达 1000mm 左右，质量可达几十千克。

3. 压力铸造

压力铸造是将熔融的金属在高压下快速压入金属铸型中，并在压力下凝固，以获得铸件的方法。这是现代金属加工中发展较快、应用较广的一种少切削、无切削工艺方法。压铸时所用的压射比压为 5～150MPa，充填速度为 5～100m/s，充满铸型的时间为 0.05～0.15s。高压和高速是压铸法区别于一般金属型铸造的两大特征。

（1）压力铸造的工艺过程与设备

压力铸造在压铸机上进行，压铸机为金属液提供充型压力，多为冲头（活塞）压射。压铸机按加压的方法可分为立式和卧式两种。压力铸造使用的金属铸型称为压铸型，它安装在压铸机上，主要由定型、动型和铸件顶出机构等部分组成。

压力铸造工艺过程示意图如图 9-22 所示。压铸型闭合后，用定量勺将合金液注入压射室中；压射冲头向前推进，将金属液迅速压入铸型型腔；金属在压力下凝固完毕后，压射冲头退回，压铸型打开，顶出机构顶出铸件。

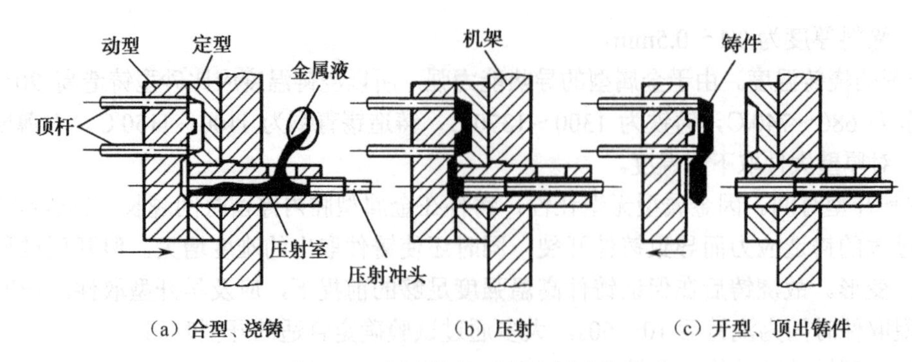

图 9-22 压力铸造工艺过程示意图

（2）压铸件的结构工艺性

① 压铸件上应消除内侧凹，以保证压铸件从压型中顺利取出。

② 压力铸造可铸出细小的螺纹、孔、齿和文字等，但有一定的限制。

③ 应尽可能采用薄壁并保证壁厚均匀。由于压铸工艺的特点，金属浇铸和冷却速度都很快，厚壁处不易得到补缩而形成缩孔、缩松。压铸件适宜的壁厚：锌合金为1～4mm，铝合金为1.5～5mm，铜合金为2～5mm。

④ 对于复杂而无法取芯的铸件或局部有特殊性能（如耐磨、导电、导磁和绝缘等）要求的铸件，可采用嵌铸法，把镶嵌件先放在压型内，然后和压铸件铸合在一起。

（3）压力铸造的特点和应用

① 高压和高速充型是压力铸造的最大特点，因此，它可以铸出形状复杂、轮廓清晰的薄壁铸件，如铝合金压铸件的最小壁厚可为0.5mm，最小铸出孔直径为ϕ0.7mm。

② 铸件的尺寸精度高（公差精度等级可达IT11～IT13），表面质量好（表面粗糙度为6.3～3.2μm），一般不需机械加工即可直接使用。

③ 压铸件中可嵌铸其他材料（如钢、铁、铜合金、金刚石等）的零件，以节省贵重材料和机械加工工时。有时嵌铸还可以代替部件的装配过程。

④ 压铸件的强度和表面硬度较高。由于在压力下结晶，加上冷却速度快，铸件表层晶粒细密，其抗拉强度比砂型铸件高25%～40%。

⑤ 生产效率高，劳动条件好，可实现半自动化及自动化生产，压力铸造是所有铸造方法中生产效率最高的。

但压铸也存在一些不足。由于充型速度快，型腔中的气体难以排出，在压铸件表面易产生气孔，故压铸件不能进行热处理，也不宜在高温下工作，否则气孔中的气体产生热膨胀压力，可能使铸件开裂。金属液凝固快，厚壁处来不及补缩，易产生缩孔和缩松。另外，设备投资大，铸型制造周期长，造价高，不宜小批量生产。

压力铸造应用广泛，可用于生产锌合金、铝合金、镁合金和铜合金等铸件。在压铸件产量中，占比重最大的是铝合金压铸件，为30%～50%，其次为锌合金压铸件，铜合金和镁合金压铸件产量很小。应用压铸件最多的是汽车、拖拉机制造业，其次为仪表和电子仪器工业。此外，在农业机械、国防工业、计算机、医疗器械等制造业中，压铸件也用得较多。

4．低压铸造

低压铸造是介于重力铸造（如砂型铸造、金属型铸造）和压力铸造之间的一种铸造方法。

它是使液态合金在压力下，自下而上地充填型腔，并在压力下结晶，以形成铸件的工艺过程。由于所施加的压力较低（0.02～0.07MPa），所以称为低压铸造。

（1）低压铸造的工艺过程

图 9-23 所示为低压铸造工艺示意图。低压铸造的工艺过程为：将熔炼好的金属液注入密封的电阻坩埚炉内保温，铸型（通常为金属型）安置在密封盖上，垂直的升液管使金属液与朝下的浇口相通。铸型为水平分型，金属型在浇铸前必须预热，并喷刷涂料。压铸时，先锁紧上半型，向坩埚室缓慢地通入压缩空气，于是金属液经升液管压入铸型。待铸型被填满后，才使气压上升到规定的工作压力，并保持适当的时间，使合金在压力下结晶。然后，撤除液面上的压力，使升液管和浇口中尚未凝固的金属液在重力作用下流回坩埚。最后，开启铸型，取出铸件。由于低压铸造时浇口兼起补缩作用，为使铸件实现自上而下的定向凝固，浇口应开在铸件厚壁处，而浇口的截面积也必须足够大。

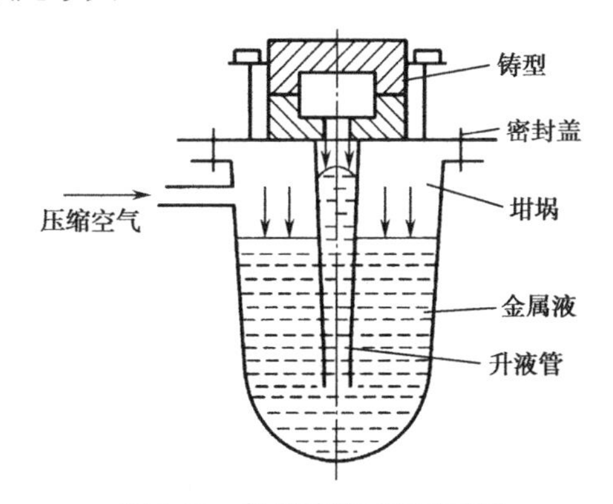

图 9-23　低压铸造工艺示意图

（2）低压铸造件的结构工艺性

低压铸造件的结构工艺性与选用铸型的类型有关。若为金属型，则铸件的结构工艺性符合金属型铸造特点；若为砂型（包括树脂砂型等），则符合普通砂型铸造件的结构工艺特点；若为熔模型壳，则符合熔模铸造件的结构要求。

（3）低压铸造的特点和应用

① 充型压力和充型速度便于控制，故可适应各种铸型如金属型、砂型、熔模型壳、树脂型壳等。由于充型平稳，冲刷力小，且液流和气流的方向一致，故气孔、夹渣等缺陷减少。

② 铸件组织较砂型铸造致密，对于铝合金铸件针孔缺陷的防止效果尤为明显。

③ 由于省去了补缩冒口，使金属的利用率提高 90%～98%。

④ 由于提高了充型能力，有利于形成轮廓清晰、表面光洁的铸件。

此外，设备较压铸简单，投资较少，便于操作，易于实现机械化和自动化。

低压铸造主要适用于对铸造质量要求较高的铝合金、镁合金铸件，也可用于形状复杂或薄壁壳体类铸铁件，如汽缸体、汽缸盖、活塞、曲轴、曲轴箱等。

5. 离心铸造

离心铸造是将金属液浇入高速旋转（通常为 25～1500r/min）的铸型中，使液体金属在离心力作用下充填铸型并凝固成型的一种铸造方法。离心铸造的铸型有金属型和砂型两种。目前，广泛应用的是金属型离心铸造。

（1）离心铸造的基本方式

离心铸造在离心铸造机上进行。根据铸型旋转轴在空间的位置，离心铸造分为立式离心铸造和卧式离心铸造两类，如图9-24所示。相应的离心铸造机也分为立式离心铸造机和卧式离心铸造机两类。

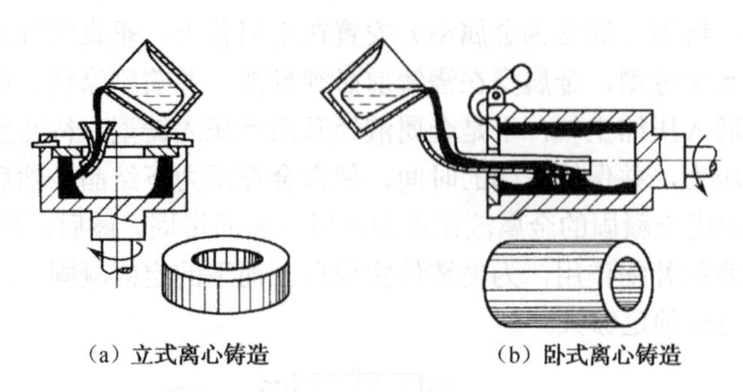

（a）立式离心铸造　　（b）卧式离心铸造

图9-24　离心铸造示意图

立式离心铸造机的铸型是绕垂直轴旋转的。由于离心力和液态金属本身重力的共同作用，使铸件的内表面成为一回转抛物面，造成铸件上薄下厚，而且铸型转速越快，铸件高度越大，则其壁厚差越大。因此，它主要用于生产高度小于直径的圆盘、环类铸件。

卧式离心铸造机的铸型是绕水平轴旋转的。由于铸件各部分冷却速度和成型条件相同，铸件沿径向和轴向的壁厚均匀，因此，主要用于生产长度大于直径的套筒类或管类铸件。

离心铸造不仅可用于生产中空的铸件，也可用于生产成型铸件。成型铸件的离心铸造通常在立式离心铸造机上进行，但浇铸时金属液填满铸型型腔，故不存在自由表面。此时的离心力主要用于提高金属液的充型能力，并有利于补缩，使铸件组织致密。

（2）离心铸造的特点和应用

离心铸造有如下优点：

① 离心铸造可不用型芯而铸出中空铸件，工艺简单，生产效率高，成本低。

② 在离心力作用下，提高了金属液的充型能力，金属液自外表面向内表面顺序凝固，因此铸件组织致密，无缩孔、气孔、夹渣等缺陷，力学性能提高。

③ 便于铸造双金属铸件，如制造钢套铜衬滑动轴承。

④ 不用浇铸系统和冒口，金属利用率较高。

离心铸造的不足之处为：

① 利用自由表面形成内孔，表面较粗糙，尺寸误差大。

② 金属液中的气体和夹杂物因密度小而集中在铸件内表面从而使其质量较差，且不适于密度偏析大的合金。

③ 设备投资较大，不适于单件、小批量生产。

离心铸造主要用于生产空心回转体铸件，如铸铁管、铜套、缸套、活塞环等。此外，在耐热钢管、特殊无缝钢管毛坯、冶金轧辊等生产方面，离心铸造的应用也很有成效。

6．消失模铸造

消失模铸造是20世纪50年代末发展起来的铸造生产史上的革命性技术，被誉为“20世纪的铸造新技术”“铸造中的绿色工程”。

消失模铸造是采用与所需铸件形状、尺寸完全相同的泡沫塑料模代替铸模进行造型，模样不取出呈实体铸型，浇入金属液汽化并取代泡沫模样，冷却凝固后获得所需铸件的铸造方法，其工艺流程如图 9-25 所示。

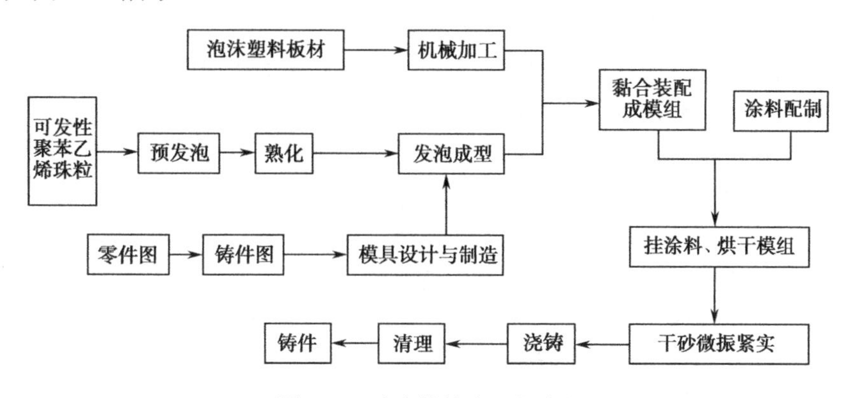

图 9-25　消失模铸造工艺流程

消失模铸造分实型铸造和负压（真空）实型铸造两种。两者的主要区别为：前者采用的是树脂自硬砂；后者采用的是不加任何黏结剂的干砂，同时在负压（真空）紧实基础上进行浇铸。由于负压（真空）实型铸造兼有实型铸造和真空密封造型（简称 V 法造型）的工艺特点，具有操作简单、铸件质量高和易于实现自动化生产等优点，已经被广泛应用。

（1）负压（真空）实型铸造工艺过程

负压（真空）实型铸造将覆有涂料的聚苯乙烯泡沫塑料模样置于可抽真空的特制砂箱内，填入干砂或铁丸，使其充填模样的内外型直至砂箱的上口，并加以微振紧实成实体的铸型。然后，用塑料薄膜覆盖住砂箱上口，以确保铸型呈密封状态；再将浇口杯和冒口圈放置在直浇口和冒口位置的塑料薄膜上。同时，在密封薄膜上另撒上一层干砂，以防止浇铸过程中溅出的金属液烫坏塑料薄膜，影响铸型内的真空度。浇铸时，开动真空泵抽真空，借助砂箱内的负压与箱外形成压力差，使铸型紧实和固定。最后进行浇铸，待铸件表面层凝固后，便可停泵，造型材料又恢复了它原来具有的流动性，待铸件凝固后即可落砂取出铸件。整个铸造工艺过程示意图如图 9-26 所示。

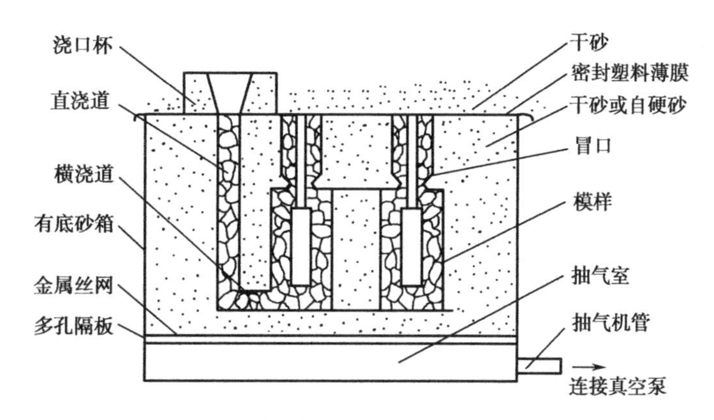

图 9-26　负压（真空）实型铸造工艺过程示意图

负压（真空）实型铸造是利用物理手段使型料紧固成型的造型方法。其工艺特点主要表现在“负压”和“实型”两个方面。负压即利用真空泵将砂箱内型料间的空气抽走，使密封的砂箱内部处于负压状态，于是，砂箱内部与外部产生一定的压差。在此压差的作用下，砂箱内松散流动的干型料便紧固成坚硬的铸型，并具有足够高的强度来抵抗金属液的机械作用。实型即利用泡沫塑料作为模型材料，制作成与所需铸件外形轮廓和尺寸完全相同的汽化模。实体模样埋型后，在抽真空和不起模的情况下进行浇铸。泡沫塑料汽化模在高温金属液的热冲击下迅速分解汽化。金属液取代汽化模的位置，凝固冷却后得到铸件。

由于型腔中泡沫塑料的存在，与传统的空腔铸造相比，负压（真空）实型铸造不仅充填速度要慢，而且充填形态也有明显的不同。在负压（真空）实型铸造中，由于泡沫塑料的绝热作用，充型过程中只有流动前沿附近的泡沫塑料发生熔化、汽化，流动前沿的流形总是从内浇道开始以放射弧状依次向前推进。在负压存在的前提下，厚壁铸件还存在所谓的附壁效应，即金属液会沿着铸型壁先行。负压度越高，附壁效应越严重。

负压（真空）实型铸造金属液充填速度主要受模样的分解、分解产物的逸出、分解产物背压的影响。降低模样密度，提高涂料和型砂的透气性，提高浇铸温度和砂型真空度都有助于提高充型速度。在一定范围内，提高金属充型压头和加大浇口面积也能提高充填速度。

（2）负压（真空）实型铸造件的结构工艺性

负压（真空）实型铸造件的结构工艺性与熔模铸造相同。

（3）负压（真空）实型铸造的特点与应用

负压（真空）实型铸造有以下优点：

① 生产效率高。由于它不需要配砂混砂，缩短了制模周期，模型制作没有芯盒和外型之分；简化了造型工序，省去了诸如分箱、起模、翻转铸型、修型、下芯和合箱等操作，打箱清理也很简单，容易实现一箱浇铸多件、一浇口浇铸多件。因此，提高了生产效率，特别对单件、形状复杂的铸件，效果更显著。

② 铸件尺寸精度高。它不存在由于分箱、起模、修型、下芯、合箱等操作所引起的铸件尺寸误差；由于铸型紧实度高，也不存在型壁移动引起的铸件尺寸误差。只要模型尺寸准确，埋型合理，就可得到尺寸精度高的铸件，可以实现少、无切削加工。

③ 铸件质量好。由于使用的是单一型料，由型砂造成的铸件缺陷较少；实体埋型，铸件无飞边毛刺；由于在真空状态下浇铸，可及时抽走泡沫塑料汽化模汽化的产物。因此，铸铁件表面没有皱皮，铸钢件表面增碳减少。

④ 工艺技术容易掌握，生产管理方便。负压（真空）实型铸造简化了模型制作工艺，以及造型操作和工艺装备，使工艺技术容易掌握和普及。同时，使用单一型料，不用对造型材料进行日常性能检查，不存在造型材料回性和失性问题；也不存在模型的保管和大批砂箱的堆放问题，因而车间的生产管理工作大大简化。

⑤ 投资少，容易实现。由于生产工序少，各道工序操作简便，使工艺装备的品种和数量大为减少。负压（真空）实型铸造不用庞大的砂处理设备，用振动工作台代替了各种类型的造型设备，造型材料可以完全回收使用。

⑥ 降低了劳动强度，改善了作业环境。负压（真空）实型铸造不用手工捣砂，没有修型作业，不用人工打箱，从而大大地降低了劳动强度。而且该法在浇铸时产生的废气可通过密闭管道排放到车间外以进行净化处理，这样就大大改善了生产现场环境。

但是，对于尺寸大的模样较易变形，须采取适当的措施。

负压（真空）实型铸造应用广泛，几乎不受铸件结构、尺寸、质量、材料和批量的限制，特别适用于生产形状复杂的铸件。

7. 陶瓷型铸造

陶瓷型铸造是在具有一层陶瓷质耐火材料作为型腔表面层的砂质铸型中浇铸铸件的铸造方法。由于该层耐火材料的成分和外观都与陶瓷相似，所以也称为陶瓷型铸造。它是在砂型铸造和熔模铸造的基础上发展起来的一种精密铸造工艺。

（1）陶瓷型铸造的工艺过程

图 9-27 所示为陶瓷型铸造的工艺过程。

① 砂套造型。为了节省昂贵的陶瓷材料，提高铸型的透气性，通常先用水玻璃砂制出砂套（相当于砂型铸造的背砂）。砂套的制造方法与砂型铸造类似，如图 9-27（b）所示。

② 灌浆与结胶。将母模固定于平板上，刷上分型剂，扣上砂套，将配制好的陶瓷浆由浇口注满，如图 9-27（c）所示，经数分钟后，陶瓷浆便开始结胶。

③ 起模与喷烧。灌浆 5～15min 后，趁浆料尚有一定弹性便可起模。为加速固化，必须用明火均匀地喷烧整个型腔，如图 9-27（d）所示。

④ 焙烧与合箱。陶瓷型要在浇铸前加热到 350～550℃，焙烧 2～5h，去除残存的乙醇、水分等，并使铸型的温度进一步提高，如图 9-27（e）所示。

⑤ 浇铸。浇铸温度可略高，以便获得轮廓清晰的铸件，如图 9-27（f）所示。

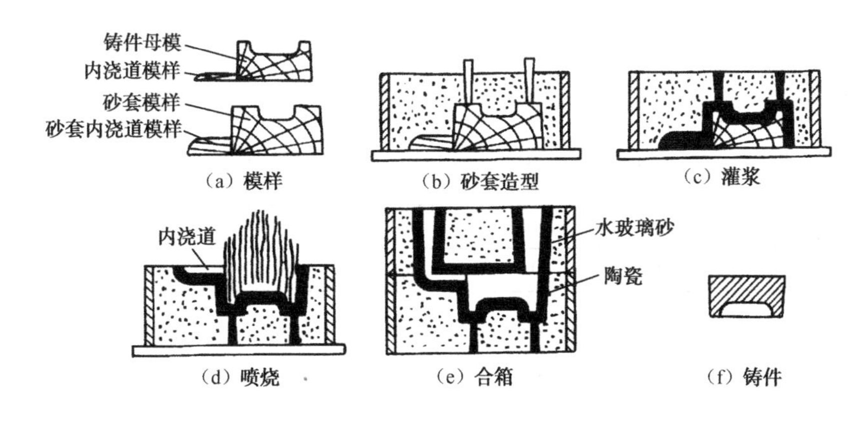

图 9-27　陶瓷型铸造的工艺过程

（2）陶瓷型铸造的特点及应用范围

① 由于是在陶瓷层处于弹性状态下起模，而且陶瓷型在高温下变形小，所以铸件的尺寸精度和表面粗糙度与熔模铸造相近。此外，陶瓷材料耐高温，故可浇铸高熔点合金。

② 铸件的大小不受限制，质量范围可从几千克到数吨。

③ 在单件、小批量生产下，需要的投资少、生产周期短，在一般铸造车间较易实现。

④ 陶瓷型铸造不适于批量大、质量小或形状复杂的铸件，且生产过程难于实现机械化和自动化。

目前，陶瓷型铸造广泛用于生产厚大的精密铸件，如铸造冲模、锻模、玻璃器皿模、压铸模、模板等，也可用于生产中型铸钢件。

9.2.3　常见铸造方法的比较及选择

各种铸造成型方法均有其优缺点和适用范围。选择哪种铸造方法，必须结合具体情况，如铸件大小、结构形状、合金种类、质量要求、生产批量和生产条件等，进行全面分析、比较，才能正确地选择出合理的成型方法。做到既要满足质量要求，又要符合生产实际和成本要求。表 9-2 所示是几种常用铸造方法比较。下面分别从合金种类、铸件大小和铸件质量等方面对几种常见铸造方法做简要分析。

表 9-2　常用铸造方法比较

比较项目＼铸造方法	砂型铸造	熔模铸造	金属型铸造	压力铸造	低压铸造	挤压铸造	陶瓷型铸造	实型铸造
适用合金	各种合金	碳钢、合金钢、有色金属	各种合金，以有色金属为主	有色金属	有色金属	多种合金	不限制，以铸钢为主	不限制
适用铸件大小	不受限制	数十克至数千克的复杂铸件	中、小铸件	中、小铸件，数克至数十千克	中、小铸件，有时达数百千克	零点几千克至数十千克铸件	以大、中型铸件为主，几千克至数吨	不限制
铸件最小壁厚/mm	铸铁大于3	0.5～0.7，孔ϕ0.5～2.0	铸铝大于3，铸铁大于5	铝合金0.5，锌合金0.3，铜合金2	2	2～3	厚大的精密件	3～4
表面粗糙度 Ra/μm	50～12.5	12.5～1.6	12.5～6.3	3.2～0.8	12.5～3.2	6.3～1.6	2.5～6.3	100～6.3
铸件尺寸公差等级	CT11～CT7	CT7～CT4	CT9～CT6	CT8～CT4	CT9～CT6	CT7～CT4	CT7～CT4	CT10～CT5
金属收得率/%	30～50	60	40～50	60	50～60	60	65	70
毛坯利用率/%	70	90	70	95	80	70～90	90	90
投产的最小批量/件	单件	1000	700～1000	1000	1000	100～1000	单件、小批量	不限
生产效率（一般机械化程度）	低中	低中	中高	最高	中	高	低	高
应用	机床床身、箱体、支座、轴承盖、曲轴、汽缸体、汽缸盖、水轮转子等	各种批量的铸钢和高熔点合金的小型复杂精密铸件	大批量生产非铁合金铸件，也用于生产钢铸件	大量生产铝、锌、铜、镁等合金的中、小型薄壁件	各种批量的大、中型铝、铜合金铸件	批量生产高性能小型简单铸件及金属基复合材料铸件	单件、小批量生产各种金属型、模具、精密铸件及工艺品	不同批量较复杂的各种合金铸件

在适用合金种类方面，主要取决于铸型的耐热状况。砂型铸造所用石英砂耐火度达 1700℃，因此砂型铸造可用于铸钢、铸铁、有色合金等各种材料；熔模铸造的型壳由耐火度更高的纯石英粉和石英砂制成，因此它还可以用于熔点更高的合金铸钢件；金属型铸造、压力铸造和低压铸造一般都使用金属铸型和金属型芯，因此一般只适用于有色合金铸件；金属型铸造也可适用于灰铸铁和球墨铸铁件的生产，但由于其浇铸温度较高，对铸件大小和尺寸等方面会有所限制；负压（真空）实型铸造适合于各种合金铸件的生产。

在适用铸件大小方面，主要与铸型尺寸、金属熔炉、起重设备的吨位等条件有关。砂型铸造可以生产小、中、大型铸件；熔模铸造由于难以用蜡料制出较大模样及受型壳强度和刚度限制，一般只适宜生产小件；负压（真空）实型铸造对铸件的大小没有限制，但由于泡沫塑料的强度和刚度原因，对于大而薄的平板类铸件，其尺寸精度会受到一定影响；对金属型铸造、压力铸造和低压铸造，由于制造大型金属铸型和型芯较困难，同时受设备吨位所限，一般用于生产中、小型铸件。

铸件的尺寸精度和表面粗糙度主要与铸型的精度和表面粗糙度有关。砂型铸件的尺寸精度最差，表面粗糙度值最大。熔模铸造因压型制作精细，故蜡模也很精确，且型壳为无分型面的铸型，所以熔模铸件的尺寸精度很高，表面光洁。负压（真空）实型铸造在这方面与熔模铸造相似，但其表面粗糙度主要受到泡沫塑料发泡质量和密度的影响。压力铸造和金属型铸造采用加工精度较高的金属铸型，故铸件的尺寸精度也高，表面粗糙度值低；但金属型铸造所用的金属铸型（型芯）精度不如压铸型，且是在重力下成型，故其铸件的外观质量不如压铸件。

在实际生产中，既要根据铸件成本、生产批量来决定铸造方法，同时还要考虑铸件的尺寸精度、表面质量等因素。采用特种铸造方法时，由于提高了铸件的尺寸精度和表面质量，降低了机械加工的工作量，使铸件的制造成本降低，即使生产批量小一点，也可能是经济的。因此，在选择各种铸造方法时，应进行全面的技术经济分析。

9.3 砂型铸造工艺设计

砂型铸造工艺设计就是根据零件的结构特征、技术要求、生产批量和生产条件等因素，确定砂型铸造工艺方案。具体设计内容包括：选择铸件的浇铸位置和分型面，确定工艺参数（包括机械加工余量、起模斜度、铸造圆角、收缩量等），确定型芯的数量、芯头形状及尺寸，确定浇冒口、冷铁等的形状、尺寸及在铸型中的布置等。然后将工艺设计的内容（工艺方案）用工艺符号或文字在零件图上表示出来，即构成铸造工艺图。

通过本节可以了解砂型铸造工艺设计的内容，从而在进行机械零件设计时可以使所设计的零件结构符合铸造工艺规律，以最大限度地降低生产成本。

9.3.1 浇铸位置与分型面的选择

1．浇铸位置的确定

浇铸位置是指浇铸时铸件在铸型中所处的空间位置。铸件浇铸位置选择正确与否，对铸件质量影响很大，所以在确定浇铸位置时，应以保证铸件质量为出发点考虑以下原则。

① 铸件的重要加工面应朝下。铸件的上表面容易产生砂眼、气孔、夹渣等缺陷，组织也不如下表面致密。如果这些加工面难以朝下，则应尽力使其位于侧面。当铸件的重要加工面有数个时，则应将较大的平面朝下。图 9-28 所示为车床床身铸件的浇铸位置方案。由于机床床身导轨是主要工作面和重要加工面，要求组织均匀致密和硬度高，不允许有明显的铸造缺陷，通常都将导轨面向下进行浇铸。图 9-29 所示为起重机卷扬筒的浇铸位置方案。因为卷扬筒的圆周表面质量要求高，不允许有明显的铸造缺陷，若采用卧铸，圆周的朝上表面的质量难以保证；反之，若采用立铸，由于全部圆周表面均处于侧立位置，其质量均匀一致，较易获得合格铸件。

② 铸件的大平面应朝下。铸件的大平面若朝上，容易产生夹砂缺陷，这是由于在浇铸过程中金属液对型腔上表面有强烈的热辐射，型砂因急剧热膨胀和强度下降而拱起或开裂，于是铸件表面形成夹砂结疤缺陷，如图 9-30 所示。因此，平板、圆盘类铸件的大平面应朝下。

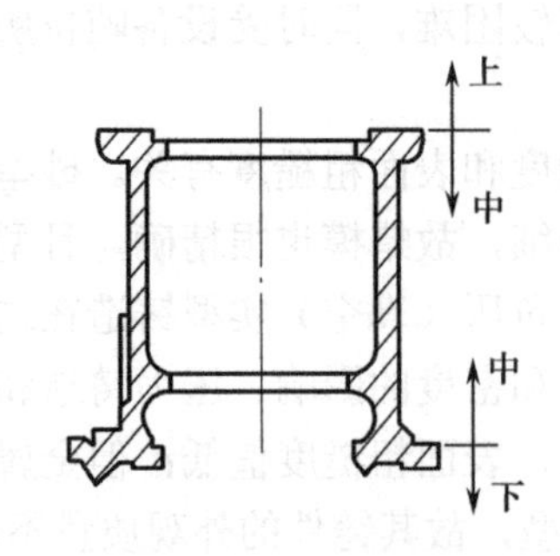

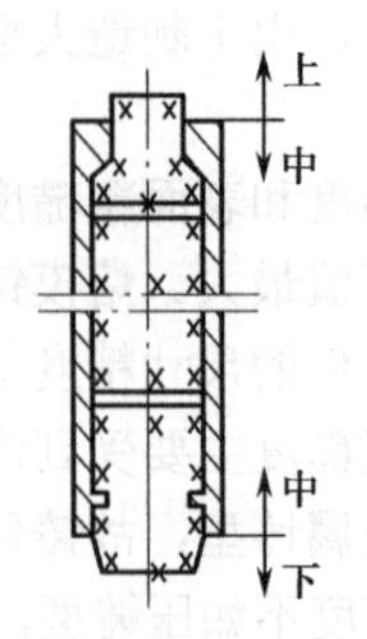

图 9-28 车床床身铸件的浇铸位置方案　　图 9-29 起重机卷扬筒的浇铸位置方案

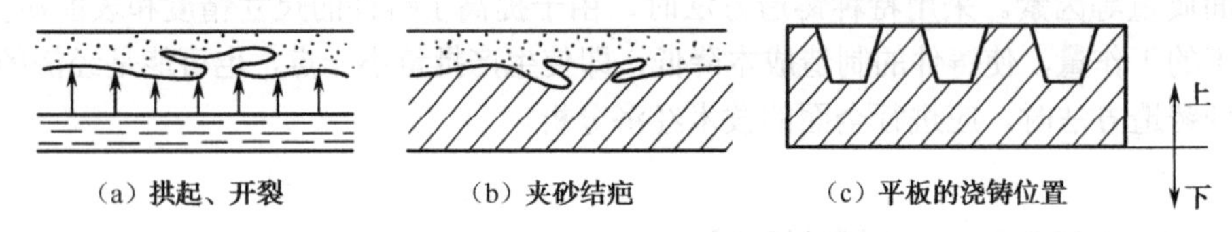

（a）拱起、开裂　（b）夹砂结疤　（c）平板的浇铸位置

图 9-30 大平面的浇铸位置选择

③ 为防止铸件薄壁部分产生浇不足或冷隔缺陷，应将面积较大的薄壁部分置于铸型下部或使其处于垂直或倾斜位置。图 9-31 所示为油盘铸件的浇铸位置。

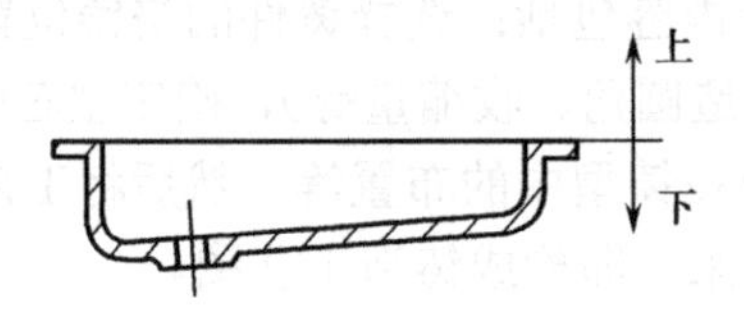

图 9-31 油盘铸件的浇铸位置

④ 对于容易产生缩孔的铸件，应使厚的部分放在铸型分型面附近的上部或侧面，以便在铸件厚壁处直接安置冒口，使之实现自下而上的定向凝固。如上所述的铸钢卷扬筒（见图 9-29），浇铸时厚端放在上部是合理的；反之，若厚端放在下部，则难以补缩。

2．分型面的选择

铸型分型面指铸型间相互接合的表面。铸型分型面的选择正确与否是铸造工艺合理性的关键之一。如果选择不当，不仅影响铸件质量，而且还会使制模、造型、造芯、合箱或清理等工序复杂化，甚至还可增大切削加工的工作量。因此，分型面的选择应能在保证铸件质量的前提下，尽量简化工艺，节省人力物力。下面介绍分型面的选择原则。

（1）简化工艺原则

① 分型面应尽量平直，避免曲面分型面。以起重臂铸件为例，图 9-32 所示分型面为一平面，故可采用简便的分开模造型。如果采用俯视图所示的弯曲分型面，则需采用挖砂或假箱造型。显然，在大批量生产中应尽量采用图中所示的分型面，这不仅便于造型操作，且模板的制造费用也低。但在单件、小批量生产中，由于整体模样坚固耐用、造价低，故也常采用弯曲分型面。

图 9-32 起重臂的分型面

② 减少分型面的数量。分型面数量少，除可简化造型操作外，还可避免因错型造成的误差，

有利于提高铸件精度。图 9-33 所示为三通铸件的分型方案比较，图 9-33（b）有三个分型面，需用四箱造型，工艺复杂，且容易产生错型缺陷；图 9-33（c）有两个分型面，采用三箱造型，此方案虽然较前者少了一个分型面，但在实际生产中仍显得不够合理；图 9-33（d）只有一个分型面，为两箱造型，造型工艺大大简化，既可以减少工时，又容易保证铸件质量。

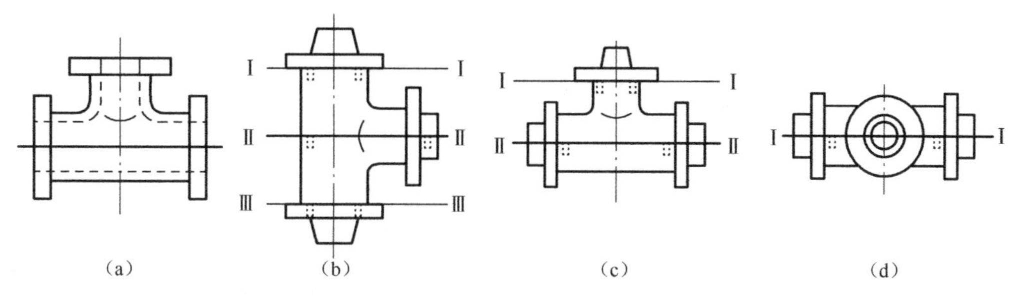

图 9-33　三通铸件的分型方案比较

（2）方便操作原则

① 分型面一般取在铸件的最大截面处，以方便起模。

② 型腔及主要型芯位于下箱，以便于下芯和检验，避免合型时破坏型芯。例如，图 9-34（a）所示的分型方案是合理的，它将铸件全部放在下型，便于型芯的安放和检验，也降低了上箱的高度；在便于合型操作的同时，又可以避免发生错型，保证了铸件的质量。

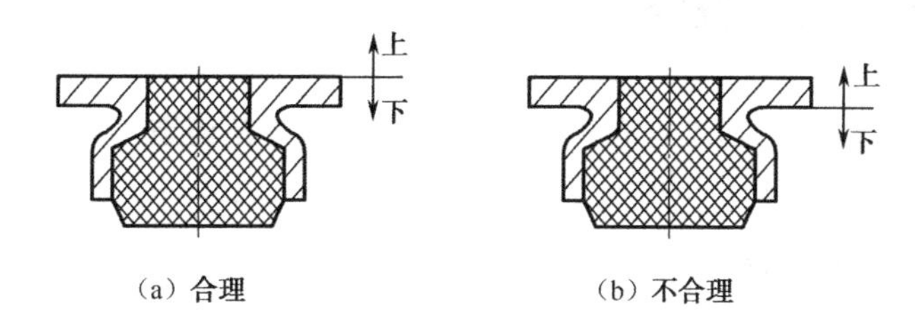

图 9-34　回转缸上盖的分型面选择

（3）保证精度原则

应使铸件全部或大部分置于同一砂箱，以保证铸件的精度。图 9-35（c）中的螺钉塞头采用分模造型，合型时容易产生错型，导致塞头上、下两部分中心轴线不重合，以致造成大头外圆表面车削螺纹时加工余量不够。图 9-35（a）、（b）中将整个铸件置于同一砂箱，避免了错型。

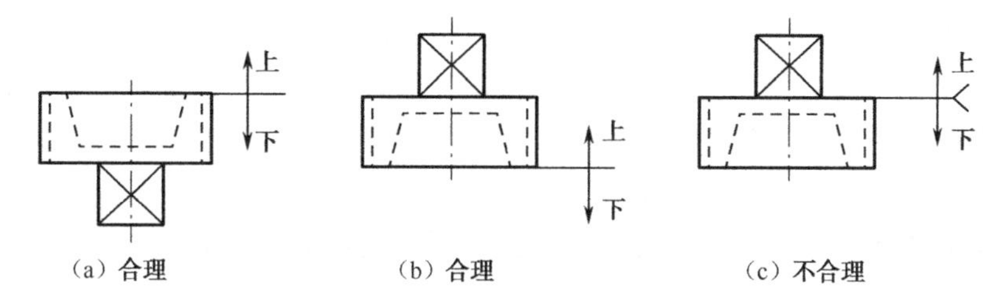

图 9-35　螺钉塞头铸件的分型方案

当铸件的加工面较多，不可能都与基准面在同一砂箱时，就应尽量使加工的基准面与大部分的加工面放在分型面同侧。图 9-36 所示轮毂铸件中，A 方案的分型较合理，因为ϕ278mm 的凸缘盘是主要加工面中ϕ161mm 轮毂的基准面，二者应在分型面的同侧。

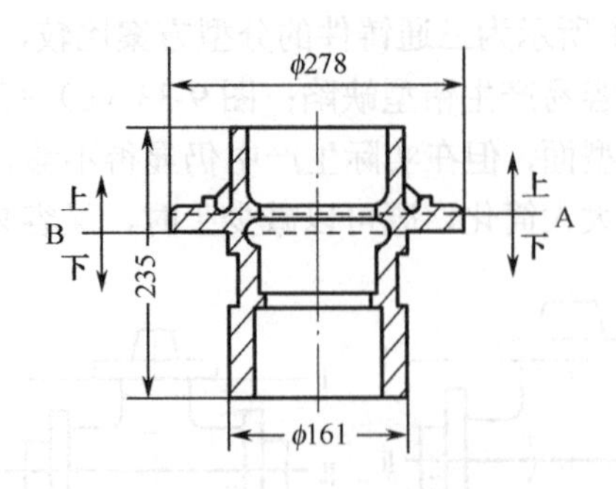

图9-36　轮毂铸件的分型方案

需要说明的是，在铸造工艺设计中，浇铸位置和分型面常常同时选择，对于某个具体的铸件（尤其是结构复杂的铸件）来说，在确定两者时上述诸原则难以全面满足，有时甚至互相矛盾。因此，设计者应根据铸件的特征（材质、技术要求、结构特点、大小等）、生产批量、现有条件件等，抓住主要矛盾，全面考虑，在保证铸件质量的前提下又能简化铸造工艺过程，从而选出最合理的方案。至于次要矛盾，则应从工艺措施上设法解决。如机床立柱、起重机卷扬筒等铸件，采用沿轴线水平分型两箱造型，可简化造型工艺，但因周面质量要求高，浇铸位置要选择立浇位置。此生产工艺称为平做立浇，既方便造型操作，又保证了铸件的质量。

9.3.2　铸造工艺参数的选择

铸造工艺参数是与铸造工艺过程有关的一些量化数据，在铸造工艺方案初步确定之后，还必须选定铸件的机械加工余量、起模斜度、收缩率、型芯头尺寸等工艺参数。

1．机械加工余量和最小铸孔

由于一般的铸件表面粗糙，不能直接用于零件的装配，必须对其进行切削加工以降低其表面粗糙度。为了保证铸件加工后的尺寸满足零件设计要求，必须在零件原尺寸基础上增加一定的尺寸，在铸件上为了切削加工而加大的尺寸称为机械加工余量。加工余量必须认真选取，余量过大，切削加工费工，且浪费金属材料；余量过小，制品会因残留黑皮而报废，或因铸件表层过硬而加速刀具磨损。

机械加工余量的具体数值取决于铸件的生产批量、合金种类、铸件大小、加工面与基准面的距离及加工面在浇铸时的位置等。大量生产时，因采用机器造型，铸件精度高，一般余量可减小；反之，手工造型误差大，余量应加大。铸钢件因表面粗糙，余量应加大；非铁合金铸件价格甚贵，且表面光洁，所以余量应比铸铁小。铸件的尺寸越大或加工面与基准面的距离越大，铸件的尺寸误差也越大，故余量也应随之加大。此外，浇铸时朝上的表面因产生缺陷的概率较大，其加工余量应比底面和侧面大。表9-3列出了灰铸铁件的机械加工余量。

表9-3　灰铸铁件的机械加工余量

铸件最大尺寸/mm	浇铸时的位置	加工面与基准面的距离/mm					
		<50	50～120	120～260	260～500	500～800	800～1250
<120	顶面底、侧面	3.5～4.5 2.5～3.5	4.0～4.5 3.0～3.5				

续表

铸件最大尺寸/mm	浇铸时的位置	加工面与基准面的距离/mm					
		<50	50～120	120～260	260～500	500～800	800～1250
120～260	顶面底、侧面	4.0～5.0 3.0～4.0	4.5～5.0 3.5～4.0	5.0～5.5 4.0～4.5			
260～500	顶面底、侧面	4.5～6.0 3.5～4.5	5.0～6.0 4.0～4.5	6.0～7.0 4.5～5.0	6.5～7.0 5.0～6.0		
500～800	顶面底、侧面	5.0～7.0 4.0～5.0	6.0～7.0 4.5～5.0	6.5～7.0 4.5～5.5	7.0～8.0 5.0～6.0	7.5～9.0 6.5～7.0	
800～1250	顶面底、侧面	6.0～7.0 4.0～5.5	6.5～7.5 5.0～5.5	7.0～8.0 5.0～6.0	7.5～8.0 5.5～6.0	8.0～9.0 5.5～7.0	8.5～10 6.5～7.5

注：加工余量数值中下限用于大批量生产，上限用于单件、小批量生产。

铸件的孔、槽是否铸出，不仅取决于工艺上的可能性，还必须考虑其必要性。一般来说，对于零件图上要求加工的孔、槽，如果其尺寸较大，放上加工余量后，仍然大于铸件的最小铸出孔尺寸（见表 9-4），则应当尽量铸出，以减少切削加工工时、节省金属材料，同时也可减小铸件上的热节；当放上加工余量后孔的尺寸已经小于铸件的最小铸出孔尺寸要求时，则不要铸出。

表 9-4　铸件的最小铸出孔

生 产 批 量	最小铸出孔直径/mm	
	灰铸铁件	铸钢件
大量生产	12～15	
成批生产	15～30	30～50
单件、小批量生产	30～50	50

对于零件图上不要求机加工的孔、槽，如果其尺寸大于铸件最小铸出孔尺寸要求，则应当铸出；若小于最小铸出孔尺寸，则不需要铸出。因为即使铸出来，由于尺寸过小，铸后清砂时将十分困难，不如留待加工更经济，所以，作为零件设计人员，在进行零件设计时应当清楚这一点。

2．起模斜度

为了使模样（或型芯）便于从砂型（或芯盒）中取出，凡垂直于分型面的立壁在制造模样时，必须留出一定的倾斜度，如图 9-37 所示，此倾斜度称为起模斜度。

起模斜度的大小取决于立壁的高度、造型方法、模样材料等因素，通常为 15′～3°。立壁越高，斜度越小；机器造型应比手工造型小，而木模应比金属模斜度大。为使型砂便于从模样内腔中脱出，以形成自带型芯，内壁的起模斜度应比外壁大，通常为 3°～10°。

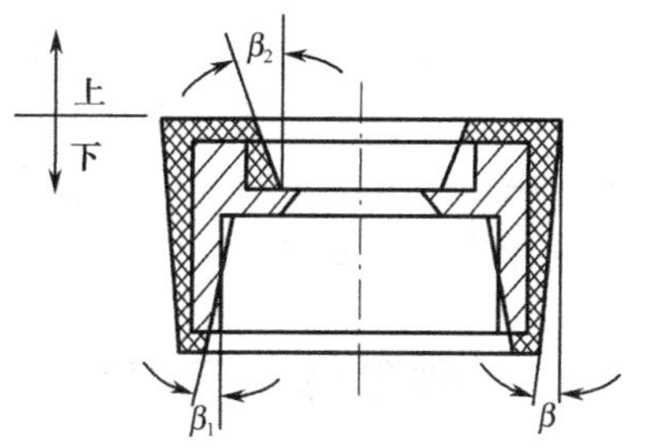

图 9-37　起模斜度

对于设计人员，在进行零件设计时应该有意识地考虑零件在铸造时的浇铸位置，如果零件的某个面在浇铸时处于侧立位置，而这个面又是非加工面，此时应考虑在设计时增设一个结构斜度以便于铸造起模。

3．收缩率

由于合金的线收缩，铸件冷却后的尺寸将比型腔尺寸略为缩小，为保证铸件应有的尺寸，模样尺寸必须比铸件放大一个该合金的收缩量。

在铸件冷却过程中，其线收缩不仅受到铸型和型芯的机械阻碍，同时还受到铸件各部分之间的相互制约。因此，铸件的实际线收缩率除随合金的种类而异外，还与铸件的形状、尺寸有关。通常，灰铸铁的收缩率为 0.7%～1.0%，铸造碳钢的收缩率为 1.3%～2.0%，铝硅合金的收缩率为 0.8%～1.2%。

4．型芯头

型芯头的形状和尺寸对型芯装配的工艺性和稳定性有很大影响。垂直型芯一般都有上、下芯头，如图 9-38（a）所示，但短而粗的型芯也可省去上芯头。芯头必须留有一定的斜度 α。下芯头的斜度应小些（5°～10°），上芯头的斜度为便于合箱应大些（6°～15°）。水平芯头［见图 9-38（b）］的长度取决于型芯头直径及型芯的长度。悬臂型芯头必须加长，以防合箱时型芯下垂或被金属液抬起。型芯头与铸型型芯座之间应有 1～4mm 的间隙（S），以便于铸型的装配。

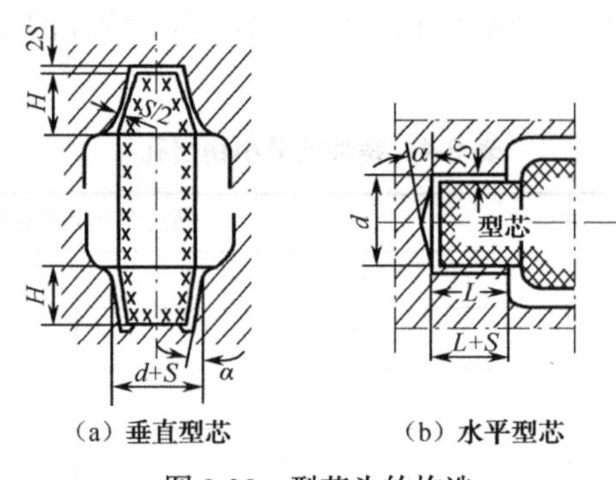

（a）垂直型芯　（b）水平型芯

图 9-38　型芯头的构造

9.4 铸造结构设计

进行铸件设计时，不仅要保证其力学性能和工作性能要求，还必须考虑铸造工艺和合金铸造性能对铸件结构的要求。铸件的结构是否合理，即其结构工艺性是否良好，对铸件的质量、生产效率及其成本有很大的影响。当产品是大批量生产时，则应使所设计的铸件结构便于采用机器造型；当产品是单件、小批量生产时，则应使所设计的铸件尽可能在现有条件下生产出来。当某些铸件需要采用金属型铸造、压力铸造或熔模铸造等特种铸造方法时，还必须考虑这些方法对铸件结构的特殊要求（见 9.2.2 节特种铸造）。本节只介绍砂型铸造件对结构设计的主要要求。

9.4.1 砂型铸造工艺对铸件结构的要求

铸件的结构设计主要包括铸件外形设计和内腔设计，一个合理的铸件结构就是在保证零件使用性能的前提下，使其外形和内腔的成型工艺既尽量简单又能保证铸件质量。

1．铸件外形设计

在满足使用要求的前提下，铸件外形的设计应尽量简化，以便于起模。具体应考虑以下几个原则。

（1）应使铸件具有最少的分型面

减少铸件分型面的数量，可以降低造型工时，减少错箱、偏芯等缺陷，提高铸件的尺寸精度。图 9-39（a）所示的端盖结构有两个分型面，需三箱造型，造型工艺复杂；若改为图 9-39（b）所示的结构，则既可简化造型，又便于机器造型，铸件的精度也因而得到提高。

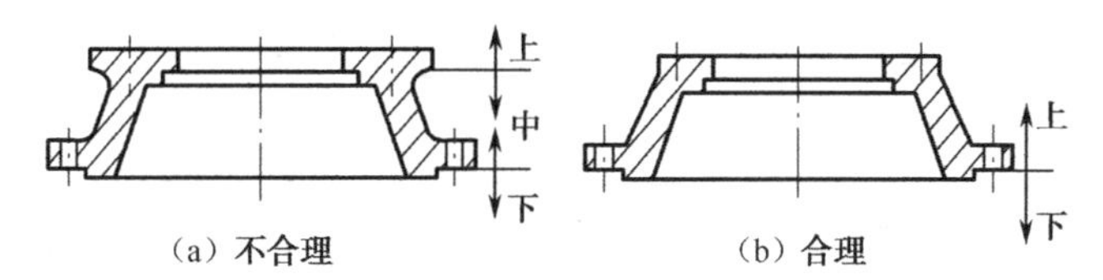

图 9-39　端盖结构

（2）分型面应尽量平直

平直的分型面可避免挖砂造型或假箱造型，铸件的飞边、毛刺少，便于清理。因此，应尽量避免弯曲的分型面。图 9-40 所示为摇臂铸件，图 9-40（a）中两臂的设计不在同一平面内，分型面不平直，使制模、造型困难。改进结构设计后，可以采用简单平直的分型面进行造型，如图 9-40（b）、（c）所示。图 9-41（a）所示的托架铸件设计有不必要的外圆角，不得不采用曲折的分型面，需采用挖砂或假箱造型。若去除外圆角，如图 9-41（b）所示，则可便于整模造型。

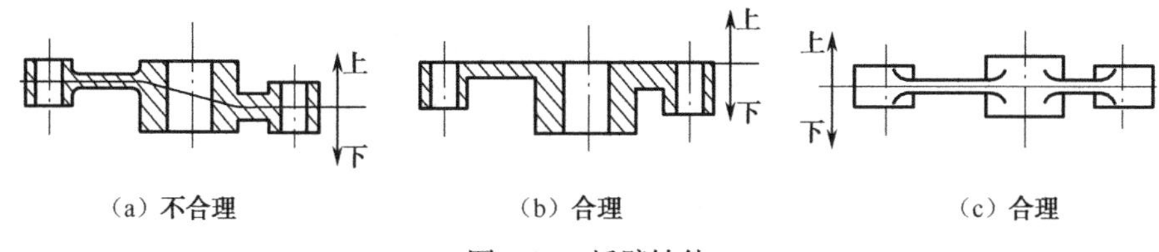

图 9-40　摇臂铸件

（3）避免铸件外形侧凹

铸件在与起模方向平行的壁上若有侧凹，必将妨碍起模，增加了铸造工艺的复杂性，故力求避免。图 9-42 所示为机床铸件，若采用图 9-42（a）所示的方案，则机床结构的侧凹处需另加两个较大的外部芯子才能取出模型；而图 9-42（b）所示的方案将凹坑一直扩展到底部，可省去外部芯子，此为合理的方案。

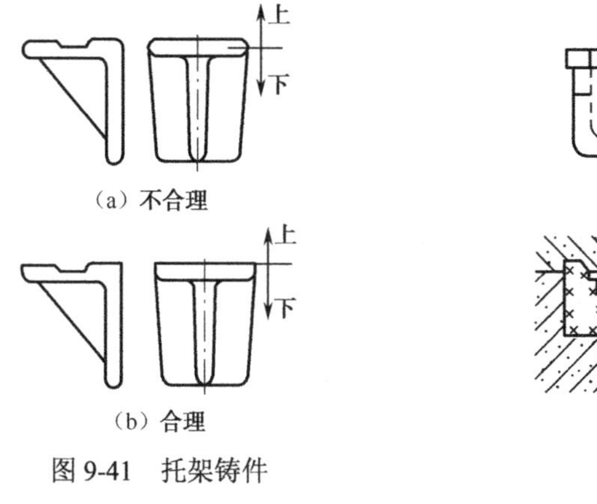

图 9-41　托架铸件

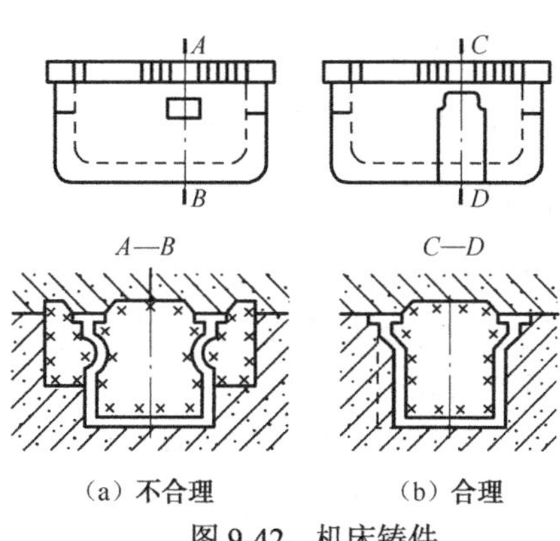

图 9-42　机床铸件

（4）凸台和肋板结构应便于起模

在设计铸件上的凸台和肋板结构时，应考虑使其便于造型时起模，尽力避免使用活块或外型芯。图9-43（a）、（c）、（e）所示的凸台和肋板的布置通常必须采用活块或增加外部芯子才能起模。而改成如图9-43（b）、（d）所示的设计，将凸台延长到分型面，省去了活块或芯子。将图9-43（e）改成如图9-43（f）所示结构，使铸件法兰下的肋板位置（图中虚线所示）转动45°，就不会妨碍起模，使得造型工艺简化。

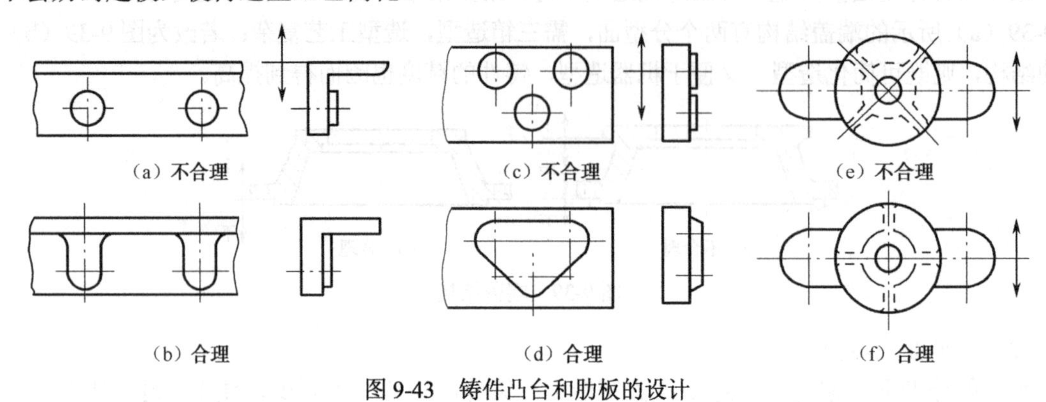

图9-43　铸件凸台和肋板的设计

（5）铸件应有合适的结构斜度

对于铸件上垂直于分型面的非加工表面，设计时应给出一定的结构斜度，这样不但便于起模，而且也因起模时不需要对模样进行较大的松动，因而提高了铸件的尺寸精度。图9-44所示为铸件结构斜度示例。

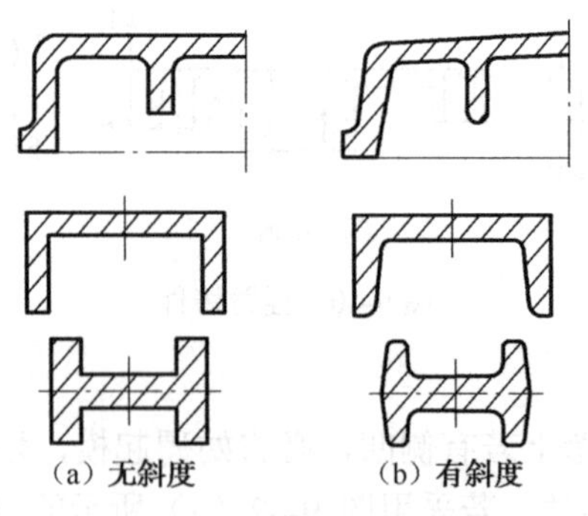

图9-44　铸件结构斜度示例

结构斜度大小与垂直壁的高度有关，高度越小，斜度越大。一般铸件凸台或壁厚过渡处，其斜度为30°～45°；铸件内侧的斜度大于外侧；木模或手工造型时的斜度大于金属模或机器造型。对于平行于起模方向的加工面，由于在铸造时工艺人员会把起模斜度与加工余量一起放上，所以设计时不用给出结构斜度。

2．铸件内腔设计

铸件的内腔通常由型芯形成，设计时应考虑方便型芯的制造及型芯的定位、安放和排气等；并应尽可能地不用或少用型芯，以节约芯盒和型芯制造的工时及材料消耗。

（1）尽量不用或少用型芯

型芯不仅增加材料消耗且工艺复杂，成本提高；型芯工作条件恶劣，极易产生各种铸造缺陷。因此，设计铸件内腔时应尽量少用或不用型芯。

图 9-45（a）所示的铸件有一内凸缘，欲形成此铸件的内腔，只有使用型芯。若改为图 9-45（b）所示的结构，则可通过自带型芯来形成内腔，使工艺过程大大简化。

图 9-46（a）所示为一悬臂支架，其中空结构需用悬臂型来形成。若改为图 9-46（b）所示的工字形开式截面，则可避免型芯的使用，从而降低成本。

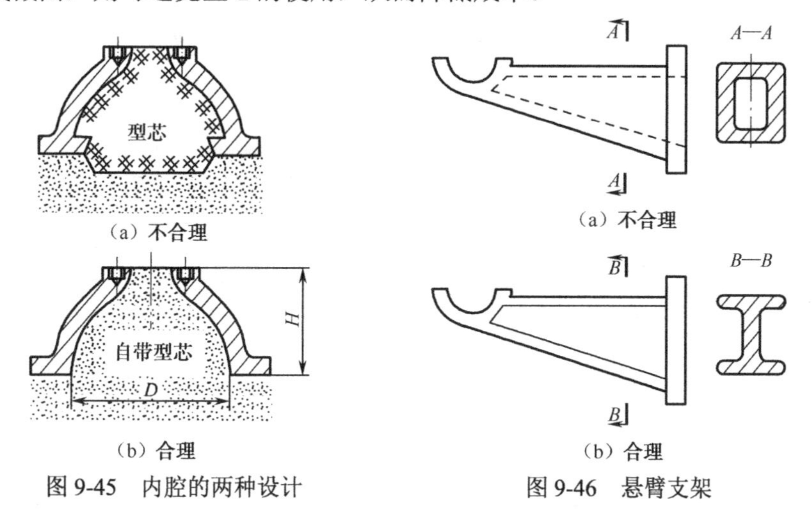

图 9-45　内腔的两种设计　　图 9-46　悬臂支架

（2）便于型芯的固定、排气和清理

型芯在铸型中的支撑必须牢固，否则浇铸时型芯会被金属液冲击而产生偏芯缺陷，严重时可能造成废品。型芯的固定主要依靠芯头。图 9-47（a）所示的铸件有两个型芯，其中右面的水平型芯呈悬臂状，为了使型芯稳固，必须在下芯时使用芯撑支撑其左端。但是，芯撑常因表面氧化或铸件壁薄等原因，不能很好地与液态合金熔合，致使铸件的致密性变差。另外，该型芯只靠右端的芯头排气，气体排出较困难，并且也不便于落砂时的型芯清理。若将铸件结构改为图 9-47（b）所示，则型芯成为一个整体，其稳定性得到加强，排气更为通畅，清理出砂也比较方便。

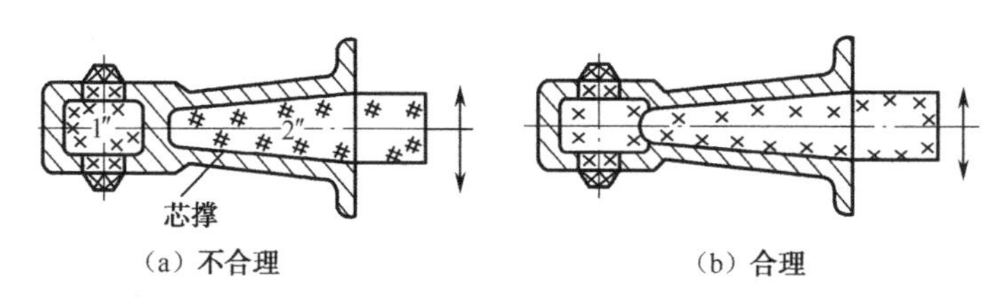

图 9-47　轴承座铸件的型芯

9.4.2　合金铸造性能对铸件结构的要求

与合金的铸造性能有关的铸造缺陷，如浇不足、缩孔、缩松、铸造应力、变形和裂纹等与铸件结构有相当的关系，往往在采用更合理的铸件结构后，便可以消除这些缺陷。因此，应使铸件结构有利于合金液的充型，并能减少或避免因合金收缩带来的铸件缺陷。具体注意以下几个方面。

1．铸件的壁厚设计

（1）壁厚应合理

每一种铸造合金都有其适宜的铸件壁厚范围，过大或过小都会对铸件产生不利影响。若为了节约金属、减轻自重而不适当地降低壁厚，即使能满足零件力学性能的要求，但却可能导致铸件产生浇不足、冷隔等铸造缺陷。表 9-5 所示为砂型铸造条件下铸件的最小壁厚允许值。但是，铸件壁也不能过厚，因为过大的壁厚将导致铸件组织粗大，甚至产生缩孔、缩松缺陷。况且，铸件的力学性能并不随着壁厚的增加而成比例增加。

表 9-5 砂型铸造条件下铸件的最小壁厚允许值

（mm）

合金种类	铸件轮廓尺寸/mm			
	<200×200	200×200～400×400	400×400～800×800	>800×800
灰铸铁	3～4	4～5	5～6	6～12
孕育铸铁	5～6	6～8	8～10	10～20
球墨铸铁	3～4	4～8	8～10	10～12
可锻铸铁	3～5	4～6	5～7	—
碳钢	5	6	8	12～20
铝合金	3～5	5～6	6～8	8～12
铜合金	4～6	6～8	—	—

（2）壁厚应均匀

铸件薄厚不均匀，则在壁厚处容易形成金属积累的热节，致使厚壁处易产生缩孔、缩松等缺陷。此外，因各部分冷却速度不同，铸件易形成热应力，有可能使厚壁与薄壁连接处产生裂纹。图 9-48（a）所示为不合理结构，图 9-48（b）所示为合理结构。

2．铸件壁的连接形式

（1）壁的转角处应有结构圆角

铸件的转角处如果是直角连接，则在此处不仅会形成热节，还易产生缩孔和结晶脆弱区，而且因应力集中易于导致结晶脆弱区发生裂纹，如图 9-49 所示。铸件中内、外圆角的具体尺寸与相邻壁的厚度有关，壁厚越大，圆角尺寸也相应越大。

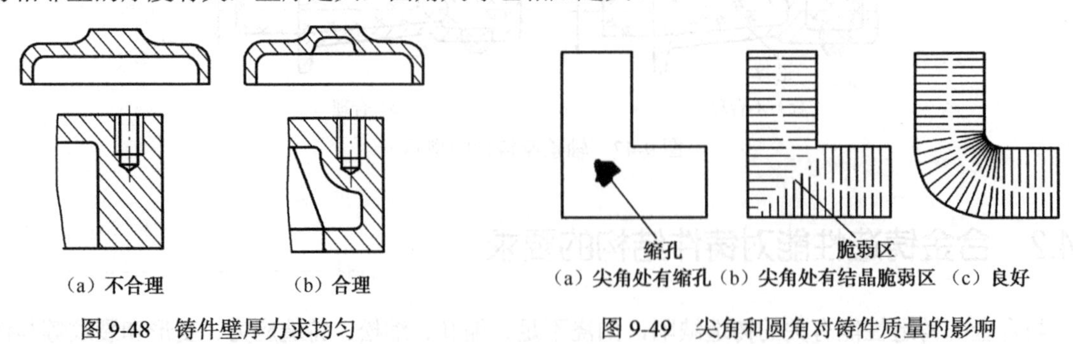

（a）不合理　（b）合理

图 9-48 铸件壁厚力求均匀

（a）尖角处有缩孔（b）尖角处有结晶脆弱区（c）良好

图 9-49 尖角和圆角对铸件质量的影响

（2）应避免壁的交叉和锐角连接

壁或筋的交叉或锐角连接均使铸件易形成热节而产生热应力和缩孔、缩松，因此，应避免壁的集中交叉。中小铸件应采用交错接头，大型铸件可采用环状接头，如图 9-50 所示。砂型中锐角连接处容易形成冲砂、砂眼等缺陷，因此应避免锐角，若两壁间需呈小于 90° 的夹角时，应采用图 9-50（c）中的合理过渡形式。

（3）厚壁与薄壁间的连接应逐渐过渡

铸件壁厚不可能完全均匀，有时差异很大。为了减少铸件中的应力集中现象，防止产生裂纹，铸件的厚壁与薄壁连接时，应采取逐步过渡的方法，防止壁厚的突变。壁厚差别较小时可采用圆角过渡，壁厚差别较大时可采用楔形连接，其过渡形式和尺寸见表 9-6。

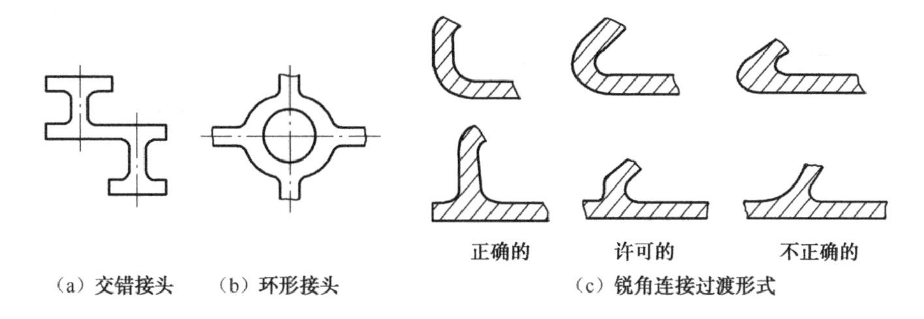

（a）交错接头　（b）环形接头　（c）锐角连接过渡形式

图 9-50　铸件接头结构

表 9-6　几种壁厚过渡的形式和尺寸

图　例	尺　寸		
	$b \leqslant 2a$	铸铁	$R \geqslant \left(\frac{1}{6} \sim \frac{1}{3}\right)\frac{a+b}{2}$
		铸钢	$R \approx \frac{a+b}{4}$
	$b>2a$	铸铁	$L \geqslant 4(b-a)$
		铸钢	$L \geqslant 5(b-a)$
	$b \leqslant 2a$	$R \geqslant \left(\frac{1}{6} \sim \frac{1}{3}\right)\frac{a+b}{2}$；$R_1 \geqslant R+\frac{a+b}{2}$	
	$b>2a$	$R \geqslant \left(\frac{1}{6} \sim \frac{1}{3}\right)\frac{a+b}{2}$；$R_1 \geqslant R+\frac{a+b}{2}$；$c \approx 3\sqrt{b-a}$ 对于铸铁：$h \geqslant 4c$；对于铸钢：$h \geqslant 5c$	

3．铸件加强筋的设计

加强筋可以增加铸件的强度和刚度，防止铸件在局部热节处的热裂倾向等。加强筋的设计应注意以下几点。

（1）筋的布置应合理

设计时应尽量分散和减少热节，避免多条筋互相交叉；筋与壁的连接处要有圆角；垂直于分型面的筋应有斜度。图 9-51 所示为分散热节的筋的连接形式。图 9-51（a）所示为交叉连接，该连接方式因交叉处热节较大，内部容易产生缩孔或缩松，内应力也难以松弛，故较易产生裂纹；图 9-51（b）中的交错连接形式和图 9-51（c）中的环状连接形式较好，其热节均较图 9-51（a）小，且可通过微量变形来缓解其内应力，因此，其抗裂性能均较交叉连接形式为好。

（2）筋的受力应合理

为防止热裂，可在铸件易裂处增设防裂筋，如图 9-52 所示。为使防裂筋能达到应有的防裂效果，筋的方向必须与机械应力方向一致，而且筋的厚度应为连接壁厚的1/4～1/3。由于防裂筋很薄，在冷却过程中优先凝固而具有较高的强度，从而增大了壁间的连接力。防裂筋常用于铸钢、铸铝等易热裂的合金中。

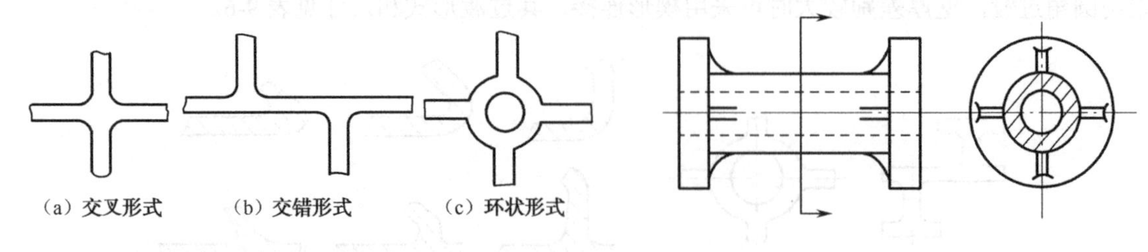

（a）交叉形式　（b）交错形式　（c）环状形式

图9-51　筋的几种连接形式

图9-52　防裂筋的应用

（3）筋的尺寸应适当

筋的设计不能过高或过薄，否则在筋与铸件本体的连接处易产生裂纹，铸铁件还易形成白口。处于铸件内腔的筋，散热条件较差，应比表面筋设计得薄些。一般外表面上的加强筋厚度为铸件本体厚度的0.8，内腔加强筋的厚度为铸件本体厚度的0.6～0.7。

4．铸件结构应有利于减小应力和防止变形

（1）尽量使铸件能自由收缩

铸件在浇铸后的冷却凝固过程中，若其收缩受阻，铸件内部将产生应力，导致变形、裂纹的产生。因此，在进行铸件结构设计时，应尽量使其能自由收缩，以减小应力，避免裂纹。

图9-53（a）所示为轮辐的设计。当轮辐呈偶数时，因制模和刮板造型时分割轮辐简便，故较为常用。但当合金的收缩较大、轮缘和轮辐尺寸比例不当时，常因收缩不一致，热应力过大，并且由于每条轮辐与另一条成直线排列，收缩时互相牵制、彼此受阻，因此铸件无法通过变形自行缓解应力，易产生裂纹。当采用图9-53（b）所示的奇数轮辐时，若内应力很大，可通过轮缘的微量变形来缓解；当采用图9-53（c）所示的弯曲轮辐时，铸件的内应力可通过轮辐本身的微量变形来缓解，从而避免裂纹的产生。

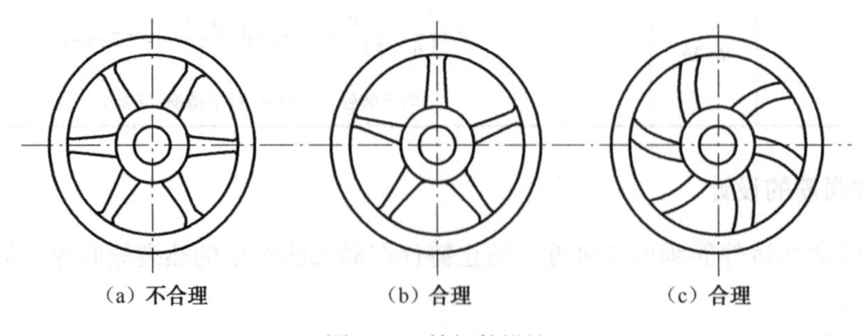

（a）不合理　（b）合理　（c）合理

图9-53　轮辐的设计

（2）采用对称结构

对于容易产生变形的铸件，如壁厚均匀的细长铸件、面积较大的平板铸件等，为减小变形，可采用对称结构以使变形相互抵消或增设加强筋，如图9-54所示。

5．铸件结构应有利于防止缩孔和缩松

（1）铸件结构应符合合金的凝固原则

当铸件中必须有厚薄部分时，为了不使该处产生缩孔，铸件的结构应具备实现顺序凝固和补缩的条件。

（2）合理增设补缩通道结构

铸件在采用顺序凝固原则，由冒口进行补缩时，必须确保补缩通道在补缩过程中始终保持通畅。图 9-55（a）所示的铸件，由于上部壁厚小于下部壁厚，上部比下部凝固快，因此，堵塞了自上而下的补缩通道，厚壁处就容易产生缩孔。若改为如图 9-55（b）所示的结构，增加一根用于补缩的肋板，则铸件下部的热节处也可由冒口进行补缩。

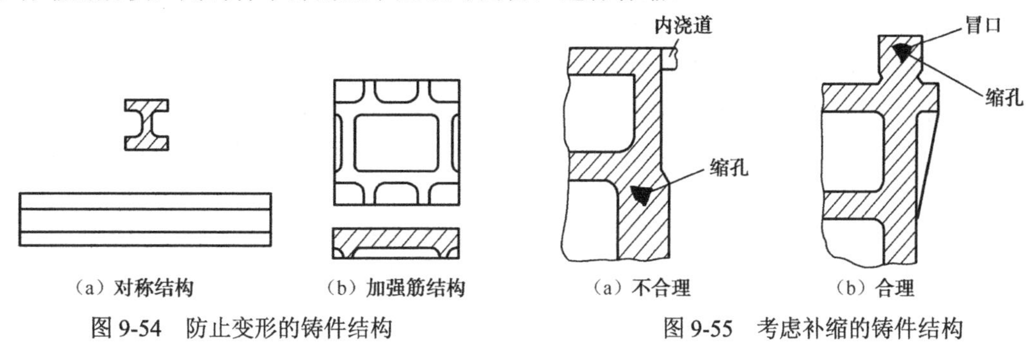

（a）对称结构　（b）加强筋结构

图 9-54 防止变形的铸件结构

（a）不合理　（b）合理

图 9-55 考虑补缩的铸件结构

6．铸件结构应尽量避免过大水平面

铸件浇铸位置上有过大的水平面不利于金属液的充填，容易产生浇不到等缺陷。同时较大的水平面不利于金属液中气体和熔渣的上浮，易造成气孔、夹渣缺陷。另外，大平面型腔的上表面受高温金属液烘烤的时间较长，极易造成夹砂缺陷。因此，在进行铸件结构设计时，应尽量将水平面设计成倾斜形状，如图 9-56 所示。

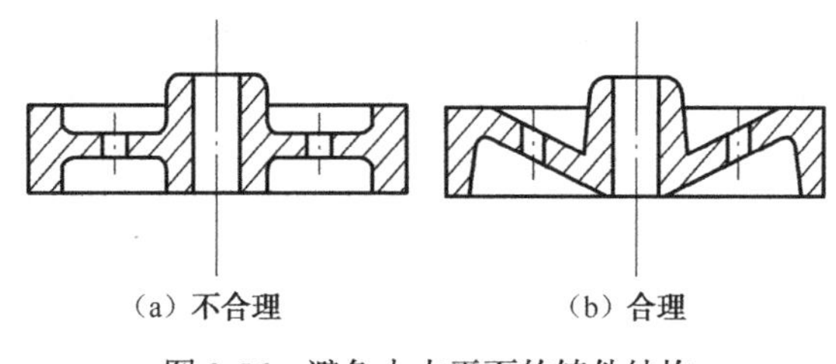

（a）不合理　（b）合理

图 9-56 避免大水平面的铸件结构

9.5 常用合金铸件的生产特点

正如第 5 章所述，工业生产中最常见的合金铸件是铸铁件、铸钢件和铝、铜等有色合金铸件。在生产工艺方面，每种材料都有其各自不同的熔炼和成型特点，本节将分别予以介绍。

9.5.1 铸铁件的生产

铸铁是近代工业生产中应用最为广泛的一种铸造合金。如前所述，铸铁分为灰铸铁、球墨铸铁、可锻铸铁、蠕墨铸铁。它们的熔炼工艺基本相同，很长一段时期，铸铁的熔炼设备以熔炼成本较低的冲天炉为主。随着人们对铁液质量的要求不断提高，特别是在巨大的环保压力下，近年来，电炉（主要是感应电炉）熔炼成为铸铁熔炼的主要方式。

1．灰铸铁的生产特点

灰铸铁的化学成分接近共晶点，凝固过程中又有石墨化膨胀补偿收缩，故流动性好，收缩小，铸件的缩孔、缩松、浇不足、热裂、气孔等倾向均小，具有良好的铸造性能。

灰铸铁件主要采用砂型铸造，因其铸造性能优良，便于制出薄而复杂的铸件，一般不需要设置冒口和冷铁，从而使铸造工艺简化；又因其浇铸温度较低（1200～1350℃），故中、小型铸件多采用经济简便的黏土湿型铸造。近年来，随着人们对铸件表面质量和尺寸要求越来越高，树脂砂已逐渐被用来生产高质量灰铸铁件。

灰铸铁件一般不通过热处理来提高其性能，这是因为灰铸铁组织中粗大石墨片对基体的破坏作用不能通过热处理来改善和消除。生产中仅对要求高的铸件进行时效处理，以消除内应力，防止加工后变形。

孕育铸铁是灰铸铁件中强度较高的铸铁，如HT250、HT300等。孕育铸铁的生产需要在炉前对铁液进行“孕育处理”。孕育处理是指在浇铸前或浇铸过程中向铁液中冲入细粒状孕育剂如硅铁合金等，使铁液内同时生成大量均匀分布的非自发核心，以获得细小均匀的石墨片，并细化基体组织，提高铸铁强度。

孕育处理还可以大幅提高铁液的石墨化程度。

2．球墨铸铁的生产特点

球墨铸铁是经球化、孕育处理后制成的组织中石墨呈球状的铸铁，其生产特点如下。

（1）铁液的化学成分和温度

铁液的化学成分特点主要是“一高两低”：一高是指高的含碳量（w_C=3.8%～4.0%），旨在改善铸造性能和球化效果；两低是低磷、低硫和相对较低的含硅量。含硫量高时消耗的球化剂量增大，严重影响球化效果，从而增大球墨铸铁生产成本；磷会降低球墨铸铁的塑性、韧性和强度，增加冷脆性，一般控制 $w_P \leqslant 0.1\%$，$w_S \leqslant 0.07\%$。由于球化剂和孕育剂中已经含有一定量的硅，为了保证球墨铸铁的化学成分要求，球化处理前铁液中的硅含量要相应降低。

由于经球化和孕育处理后铁液温度要降低50～100℃，为防止浇铸温度过低，出炉的铁液温度必须高达1400℃以上。随着人们对铁液质量的要求不断提高及环保意识的增强，为了保证铁液温度的稳定，许多铸造车间采用了双联熔炼（先用冲天炉熔炼，再将铁液倒入感应电炉中进行保温或升温），还有许多车间直接采用感应电炉熔炼以提高球墨铸铁件质量。

（2）球化处理和孕育处理

球化处理和孕育处理与熔炼优质铁液同为生产球墨铸铁件的关键环节。

球化剂的作用是使石墨呈球状析出。我国是稀土资源大国，常使用的是稀土镁合金球化剂，其特点是球化能力强，球化效果好，与铁液反应平稳，工艺过程简便。球化剂的使用量一般为铁液质量的0.8%～1.2%。

孕育剂的作用主要是进一步促进铸铁石墨球化，防止球化元素所造成的白口倾向。同时，通过孕育还可使石墨圆整、细化，改善球墨铸铁的力学性能。常用孕育剂是含硅量为75%的硅铁，加入量为铁液质量的0.4%～1.0%。

球化处理和孕育处理的操作过程为，将球化剂和孕育剂依次放入堤坝式铁液浇包中，并使其紧实，上面铺以碎铁屑（最好是加工球墨铸铁件的铁屑）和稻草灰并再次紧实。然后将铁液沿铁液包的另一侧冲入包内，如果球化剂与铁液反应平稳，可一次将铁液加满；如果反应比较剧烈，可先加入铁液包容量的2/3～3/4，待反应结束后再加入其余铁液。孕育剂的加入方式有两种，一种是一次性随球化剂加入包内，另一种是先部分随球化剂加入包内，待反应结束后随加入其余铁液时从出铁槽内加入包内。

需要说明的是，为了提高铁液对球化剂的吸收率，球墨铸铁用的铁液包不同于普通灰铸铁用的铁液包，前者的高度直径比一般为 1.5 左右。

（3）铸型工艺

球墨铸铁较灰铸铁容易产生缩孔、缩松、皮下气孔和夹渣等缺陷，因此，在工艺上要采取措施。如在热节上安置冒口、冷铁，以便对铸件进行补缩。同时，应增加铸型刚度，防止因铸件外形扩大所造成的缩孔和缩松。此外，还应加强挡渣措施，以防产生夹渣缺陷。

（4）热处理

多数球墨铸铁件铸后要进行热处理，以保证应有的力学性能。这是由于一般铸态的球墨铸铁多为珠光体和铁素体的混合基体，有时存在自由渗碳体，形状复杂件还存有残余应力。常见的热处理是退火和正火。为了提高球墨铸铁的抗拉强度和韧性，还可以对其进行等温淬火，通常将经过等温淬火处理的球墨铸铁称为奥贝球铁。

近十几年来，通过对铁液进行炉前不同形式孕育处理或选用特制的孕育剂，使普通的球墨铸铁件省去了热处理工序，只有那些要求安全系数较高的重要零件如汽车刹车蹄等才进行相应的热处理。

3．可锻铸铁的生产特点

生产可锻铸铁件的首要步骤是先铸造出白铸铁坯料，这就要求铸铁有较低的含碳量和含硅量，以保证获得完全的白口组织。通常 w_C =2.4%～2.8%，w_{Si} =0.4%～1.4%。如果铸出的坯料中已有片状石墨，则退火后无法获得团絮状石墨的铸铁。

要生产出全白铸铁件，除了在化学成分上满足要求外，还需要往铁液中加入少量孕育剂（加铝、铋等）进行孕育处理。孕育剂一方面在铁液凝固时阻碍石墨化，以保证获得白铸铁；另一方面在退火时，又起着促进石墨化的作用，以缩短退火周期。

石墨化退火是制造可锻铸铁最主要的过程。退火工序为：将清理后的坯料置于退火箱中，并加盖用泥密封，再送入退火炉中，缓缓地加热到 920～980℃的高温，保温 10～20h，并按规范冷却到室温（对于黑心可锻铸铁还要在 700℃以上进行第二阶段保温）。石墨化退火的总周期一般为 40～70h。因此，可锻铸铁的生产过程复杂，而且周期长、能耗大、铸件的成本高。

可锻铸铁虽然存在退火周期长、生产过程复杂、能耗大的缺点，但在大量生产形状复杂、承受冲击载荷的薄壁小件时，仍有不可替代的位置。这些小件若用铸钢生产则困难较大，若用球墨铸铁，质量又难以保证。可锻铸铁不仅对原材料的限制小，且质量容易控制。

由于可锻铸铁的含碳量和含硅量低，凝固结晶温度范围大，流动性较差，所以在浇铸薄件时应适当提高浇铸温度。又由于其铸态是白口组织，其体积收缩和固态收缩大，铸件易产生应力、变形、裂纹和缩孔、缩松缺陷，所以生产中通过改善铸型及型芯的退让性，并采用放置冒口和冷铁等措施来防止。可锻铸铁的造型主要采用黏土砂型或树脂砂型，如果铸件有空腔，一般采用退让性和溃散性良好的油砂制作型芯。

4．蠕墨铸铁的生产特点

蠕墨铸铁的生产与球墨铸铁相似，铁液成分和温度要求也相似。

（1）蠕墨铸铁的铸造性能

在充分蠕化的条件下，其铸造性能与灰铸铁相近。它具有比灰铸铁更高的流动性（因除气和净化好），可浇铸复杂铸件及薄壁铸件。收缩性介于灰铸铁和球墨铸铁之间，倾向于形成集中缩孔，缩孔、缩松倾向较小。因具有共晶成分或接近于共晶成分，故热裂倾向小。有一定的塑性，不易产生冷裂纹，铸造工艺较简便。

（2）蠕墨铸铁的铸造工艺特点

蠕墨铸铁件的生产过程与球墨铸铁件相似，主要包括熔炼铁液、蠕化孕育处理和浇铸等。但一般不进行热处理，而以铸态使用。为此，必须特别重视其化学成分和蠕化孕育效果。蠕墨铸铁件的含碳量也较高，一般为4.3%～4.6%，但以低碳高硅为原则，利于形成蠕虫状石墨。一般含碳量为 3.4%～3.6%，铁素体蠕墨铸铁件含硅量为 2.6%～3.0%，珠光体蠕墨铸铁件含硅量为 2.4%～2.6%。原铁液含硫量控制在 0.02%～0.06%（感应电炉熔炼时的控制严格一些，冲天炉熔炼时适当放宽），含磷量控制在0.07%以下。

蠕化孕育处理时，常用的蠕化剂是稀土硅铁蠕化剂、镁钛铈蠕化剂和稀土硅钙合金等，一般也采用冲入法，即把蠕化剂埋入浇包底部凹坑内，用铁液冲熔和吸收。孕育剂采用75%硅铁，多用液流法进行孕育处理。

必要时可采用两次孕育处理：第一次在蠕化处理时，把硅铁块放于出铁槽内；第二次把细粒度硅铁撒入浇铸的铁液流中。

蠕墨铸铁件浇铸时，也要注意防止蠕化孕育的衰退现象，必须特别注意铁液中有适宜的残留稀土量（w_{RE}=0.02%～0.03%），以保证蠕化效果。

9.5.2 铸钢件的生产

1. 铸钢的熔炼和浇铸

熔炼是铸钢生产中的一个重要环节，铸钢熔炼的任务是把固体炉料（废钢、生铁）熔化成钢液，并通过一系列物理、化学反应，使钢液化学成分、纯净度和温度达到要求。熔炼铸钢的设备主要有电弧炉、感应电炉和平炉等。其中，电弧炉用得最多，平炉仅用于重型铸钢件，感应电炉主要用于生产中、小型合金钢铸件。

电弧炉炼钢是利用通电时三根石墨电极与金属炉料间产生的放电电弧所释放的热量将金属炉料熔化成钢液的过程。电弧炉炼钢具有温度高、熔炼速度较快、可利用冶金反应脱氧脱硫及调整含碳量、对炉料要求不高等特点。电弧炉熔炼的钢液质量较好，能炼优质钢、高级合金钢和特殊钢等钢种，但耗电量大、成本较高。

感应电炉利用感应线圈中通过交变电流产生磁场，在金属炉料内产生感应电流（涡流）而发出热量，使金属料熔化。采用感应电炉炼钢，合金元素烧损少，钢的成分和温度易控制，熔炼速度快，劳动条件好，能耗小且易实现真空熔炼，能熔炼各种合金钢和碳质量分数极低的钢，多用于生产中、小型精密铸钢件。

铸钢的浇铸温度一般为1500～1650℃。由于浇铸温度较高，钢液易氧化、吸气。铸钢的浇铸温度应根据钢号和铸件结构来确定，对低碳钢、薄壁小件或结构复杂不容易浇满的铸件，应取较高的浇铸温度（高于铸钢熔点 150℃左右），以免产生浇不足或冷隔等缺陷；对高碳钢、大铸件、厚壁铸件及易产生热裂的铸件，应取较低的浇铸温度（高于铸钢熔点 100℃左右），以免出现缩孔、缩松等缺陷。

2．铸钢件的生产工艺特点

铸钢的铸造性能差，主要表现为熔点高，钢液易氧化、吸气，流动性差，收缩大。因此，铸钢较铸铁铸造困难，易产生浇不足、气孔、缩松、缩孔、裂纹、夹渣和黏砂等缺陷。为获得合格铸件，常采用以下工艺措施。

（1）铸钢用型砂

铸钢用型砂要具有高耐火性、良好的透气性和退让性，为此原砂中二氧化硅含量不能低于98%。实际生产中，中、小型铸钢件一般采用湖南洋湖砂，大、中型铸钢件则采用人造石英砂。铸型一般采用二氧化碳硬化水玻璃砂型。对于大、中型铸钢件，主要采用水玻璃砂型二氧化碳硬化后再进行烘干的工艺以提高铸型强度，减小铸件气孔倾向。为防止黏砂，铸型表面应涂刷一层专用耐火涂料。

（2）铸钢件的补缩工艺

铸钢的收缩较大，体收缩率为 10%～14%，线收缩率为 1.8%～2.2%。所以，除薄壁铸件和小件外，几乎绝大多数铸钢件都通过安放冒口和冷铁以实现顺序凝固，从而获得良好的补缩效果，防止铸件产生缩孔和缩松。图 9-57 所示的齿轮铸钢件，由于壁厚不均匀，在最厚的中心轮毂处及轮缘与轮辐连接的热节处极易形成缩孔，铸造时必须保证这两部分的充分补缩。该工艺为了减少冒口金属液的损耗，采用三个冒口和三块冷铁来控制铸件的凝固，此时，轮缘形成了三个补缩区。为了向轮毂及其与轮辐交接处的热节进行补缩，在轮毂中央安放了一个大冒口。

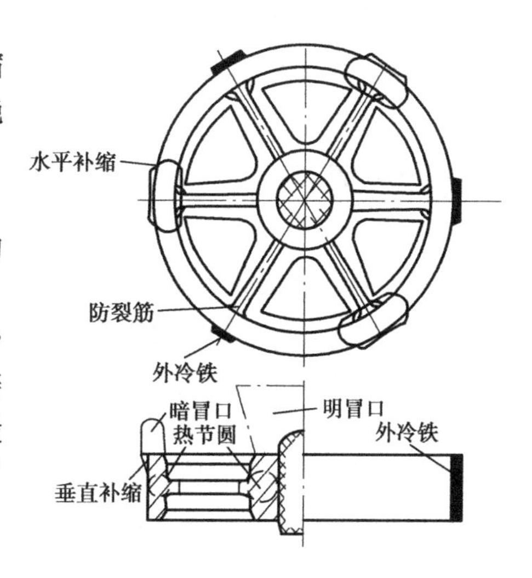

图 9-57　齿轮铸钢件的铸造工艺

（3）铸钢件的热处理

热处理是铸钢件的必要工序。因钢件铸态晶粒粗大，组织不均匀，且常存在有魏氏组织和残余内应力，使钢件的强度，特别是塑性和韧性降低。所以，必须对钢件进行正火或退火处理，以细化晶粒、消除魏氏组织、提高力学性能和消除内应力。退火适于 $w_C \geq 0.35\%$或结构特别复杂的铸钢件；正火适于 $w_C < 0.35\%$的铸钢件。

9.5.3　有色合金铸件的生产

1．有色合金的熔炼特点

实际生产中常见的有色合金主要有铜合金、铝合金和镁合金。其熔炼特点是金属炉料与燃料不直接接触，这样可减少金属的损耗和保证金属的纯度。在一般中、小铸造车间，铜合金和铝合金多采用以焦炭为燃料的坩埚炉来熔炼；条件较好的铸造车间会采用电阻式加热的坩埚来熔化；而产量较大的铸造车间会采用中频或工频感应电炉进行熔化。

近年来，镁合金在电子和汽车领域的应用越来越广泛。由于镁合金的燃点较低，而且极易氧化，所以镁合金一般采用感应加热真空熔炼。

2．有色合金铸件的生产工艺特点

有色合金铸件常见的铸造工艺为砂型铸造和金属型压力铸造。

铜、铝合金熔点较低，采用砂型铸造时，为了减小机械加工余量，常选用粒度较小的细砂作为原砂。

铝合金易于氧化，生成熔点很高的三氧化二铝熔渣，如果不能排除，会留在铸件中形成夹渣，所以铝合金铸件浇铸系统的开设应注意使合金液平稳充型。

铸造黄铜和铝青铜结晶温度范围窄，铸件易产生集中缩孔，应采用顺序凝固原则，合理设置冷铁和冒口进行补缩。锡青铜结晶温度范围宽，呈糊状凝固，易产生枝晶偏析和缩松，铸造时宜采用同时凝固原则。铜合金多用底注浇铸系统，以使合金平稳充型。

镁合金在电子领域中的应用主要是制作电子产品如笔记本电脑、手机等的外壳，其结构特点是壁厚薄至0.3～0.5mm，所以镁合金铸件的生产一般采用金属型压力铸造。汽车用镁合金铸件一般也采用金属型压力铸造。

思考题

9-1 什么是液态合金的充型能力？它与合金的流动性有何关系？不同化学成分的合金为何流动性不同？为什么铸钢的充型能力比铸铁差？

9-2 既然提高浇铸温度可以提高液态合金的充型能力，那么为什么又要防止浇铸温度过高？

9-3 缩孔和缩松对铸件质量有何影响？为何缩孔比缩松较容易防止？

9-4 什么是定向凝固原则？什么是同时凝固原则？各需要用什么措施来实现？上述两种凝固原则各适用于哪种场合？

9-5 下列情况各易产生哪种气孔？为什么？

（1）砂型捣砂过紧；（2）型芯撑生锈；（3）起模时刷水过多；（4）熔铝时铝料油污过多。

9-6 试分析图9-58所示铸件：

（1）哪些是自由收缩？哪些是受阻收缩？

（2）受阻收缩的铸件形成哪一类铸造应力？

（3）各部分应力属于拉应力还是压应力？

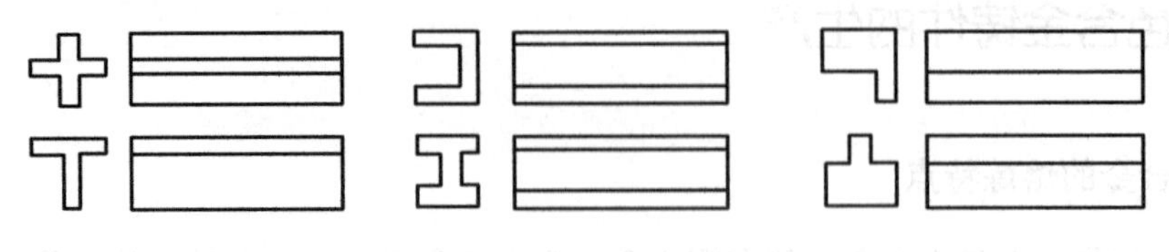

图9-58 题9-6图

9-7 何为孕育处理和球化处理？

9-8 球墨铸铁有何生产特点？

9-9 试比较灰铸铁、可锻铸铁、球墨铸铁和蠕墨铸铁的力学性能，各自适合制造什么类型的零（构）件？

9-10 试比较铸钢件与有色合金铸件的生产特点。

9-11　为什么球墨铸铁的强度和塑性比灰铸铁高，而铸造性能却比灰铸铁差？

9-12　铸钢与球墨铸铁的力学性能和铸造性能有哪些不同？为什么？

9-13　为什么可锻铸铁只适宜生产薄壁小铸件？壁厚过大易出现什么问题？

9-14　砂型铸造时采用手工造型与机器造型各有哪些优缺点？适用条件是什么？

9-15　生产铸铁件、铸钢件和铝合金铸件所用的熔炉有何不同？所用的型砂又有何不同？为什么？

9-16　什么是熔模铸造？试述其工艺过程。

9-17　金属型铸造有何优越性？为什么金属型铸造未能广泛取代砂型铸造？

9-18　压力铸造有何优缺点？它与熔模铸造的适用范围有何不同？

9-19　低压铸造的工作原理与压力铸造有何不同？为什么低压铸造发展较为迅速？为何铝合金常采用低压铸造？

9-20　何为消失模铸造？其适合铸造的毛坯件有何限制？

9-21　下列铸件在大批量生产时宜采用什么铸造方法？

汽轮机叶片　汽缸套　铝活塞　缝纫机机架

铸铁煤气管道　车床床身　大模数齿轮滚刀

9-22　为什么要规定铸件的最小壁厚？铸件的壁过薄或过厚会出现哪些问题？

9-23　什么是铸件的结构斜度？它与起模斜度有什么不同？图 9-59 所示铸件结构不合理，应如何改进？

9-24　图 9-60 所示铸件在大批量生产时，其结构有何缺点？如何改进？

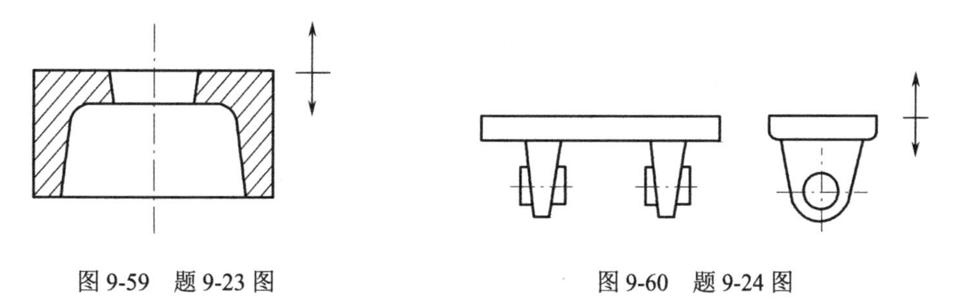

图 9-59　题 9-23 图　　　图 9-60　题 9-24 图

9-25　为什么铸件壁的连接要采用圆角和逐步过渡的结构？

9-26　试述铸造工艺对铸件结构的要求。

9-27　某厂铸造一个尺寸如图 9-61 所示的铸铁顶盖，分析图中两个设计方案，哪个方案的结构工艺性好？请简述理由。

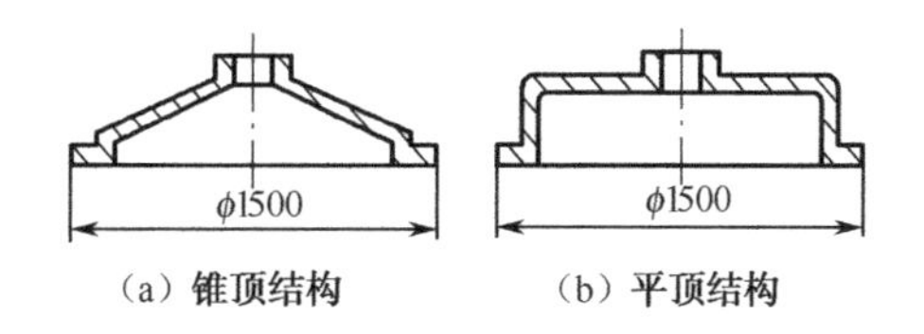

（a）锥顶结构　　（b）平顶结构

图 9-61　题 9-27 图

9-28　图 9-62（a）～（e）所示铸件各有两种结构，哪一种比较合理？为什么？

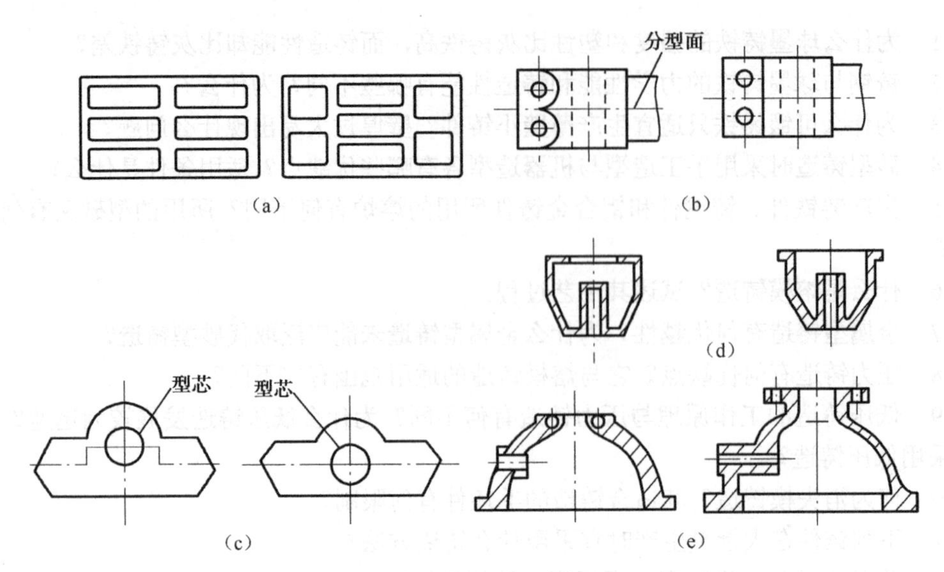

图 9-62　题 9-28 图

9-29　试分析确定如图 9-63 所示的铸件分型面及浇铸位置（在单件生产和大批量生产两种情况下）。

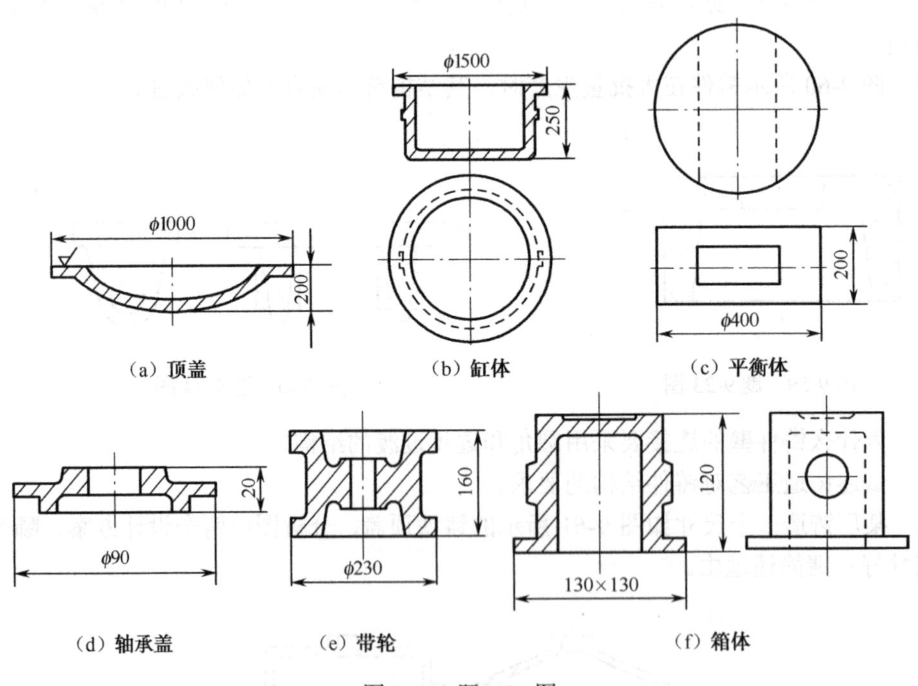

图 9-63　题 9-29 图

第10章 塑性成型

利用外力作用使金属产生塑性变形，从而获得具有一定形状、尺寸和力学性能的原材料、毛坯或零件的成型工艺，称为金属塑性成型（或压力加工）工艺。

在塑性成型过程中，作用在金属坯料上的外力主要有两种：冲击力和压力。锤类设备产生冲击力使金属变形，轧机与压力机对金属坯料施加压力使金属变形。

钢和大多数有色金属及其合金都具有一定的塑性，可以在热态或冷态下进行压力加工。通过压力加工，可使金属晶粒细化，组织均匀致密，并可使之具有连贯的纤维组织，从而获得强度较高的零件。各种压力加工方法还具有生产效率高、节省材料的优点。因此，压力加工在型材生产和机械制造业的毛坯和零件生产中占有重要的地位。

如图 10-1 所示，塑性成型的主要方法如下。

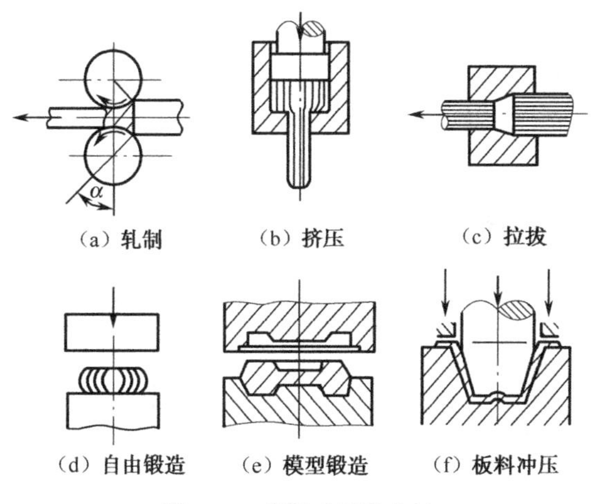

图 10-1　塑性成型的方法

① 轧制。轧制是使金属坯料通过一对回转轧辊之间的空隙而产生塑性变形的压力加工方法，可轧制出不同截面的型材（见图 10-2），如钢板、型材和无缝钢管等，也可直接轧制出毛坯或零件。

② 挤压。挤压是将金属坯料从挤压模孔或间隙挤出而成型的加工方法。挤压可获得各种复杂截面的型材或零件（见图 10-3），适用于低碳钢、有色金属及其合金的加工；如采取适当的工艺措施，还可对合金钢和难熔合金进行加工。

③ 拉拔。拉拔是将金属坯料从拉拔模模孔中拉出而成型的压力加工方法。拉拔工艺主要用于制造各种细线材、薄壁管和特殊几何形状的型材，拉拔产品截面形状如图 10-4 所示。拉拔通常是在冷态下进行的，得到的产品精度高，故常用于对轧制件的再加工，以提高产品质量。低碳钢和大多数有色金属及其合金都可以经拉拔成型。

④ 自由锻造。自由锻造是将金属坯料置于上下砧铁之间，施加冲击力或压力使坯料变形的加工方法，主要用于锻造单件或小批量毛坯。

⑤ 模型锻造。模型锻造是将金属坯料放在锻模模膛内，然后施加冲击力或压力，使坯料充满模膛而成型的方法，主要用于中、小型锻件的成批生产。

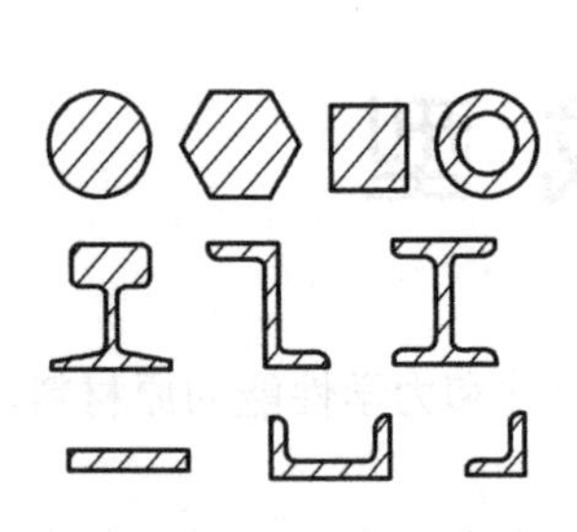

图 10-2 轧制产品截面形状

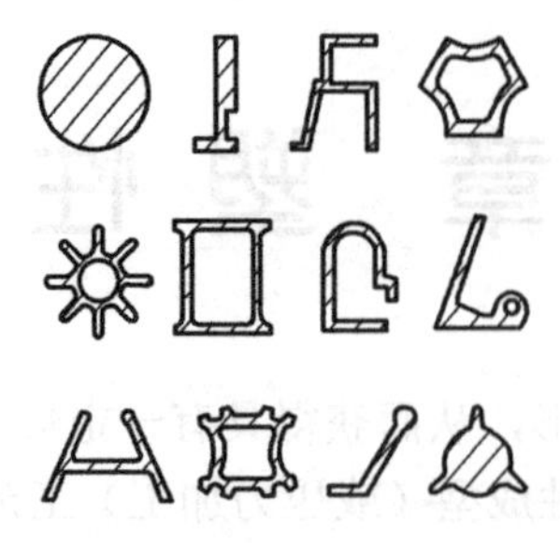

图 10-3 挤压产品截面形状

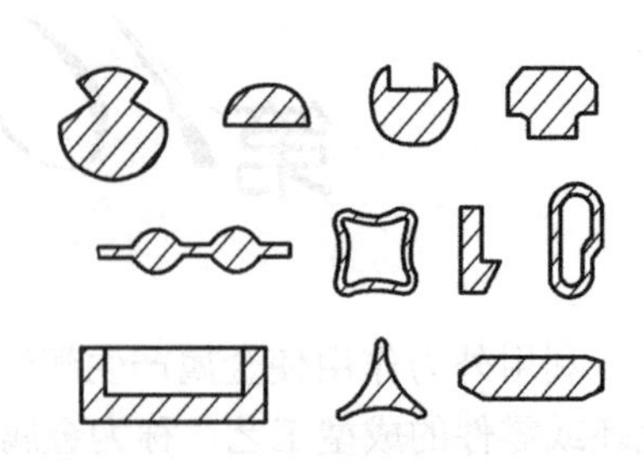

图 10-4 拉拔产品截面形状

⑥ 板料冲压。板料冲压是将金属板料放在冲压模中，施加作用力，使板料产生切离或变形的加工方法，常用的方法有剪切、冲裁、拉深、弯曲等，用于各种板材零件的成批生产。

10.1 金属的塑性变形

金属材料经塑性加工之后，其内部组织会发生变化，性能也会得到改善和提高。为了能正确选用压力加工方法、合理设计压力加工成型的零件，必须深入掌握金属塑性变形的实质、规律和影响因素等内容。

10.1.1 金属塑性变形机理

金属在受到外力作用时，其内部就会产生应力。此应力迫使原子离开原来的平衡位置，从而改变原子间的相互距离，使金属发生变形，并引起原子位能的增高。由于外力作用的大小不同，材料的变形情况也不一样。第一种情况，随着外力作用的停止，物体的变形也随之消失，这种变形称为弹性变形；第二种情况，当外力增大到使金属的内应力超过该金属的屈服极限以后，即使外力停止作用，金属的变形也并不消失，这种变形称为塑性交形。经典理论用晶粒内部产生滑移，晶粒间也产生滑移和晶粒发生转动来解释金属的塑性变形。

1．单晶体的变形

单晶体的塑性变形通常有滑移和孪生两种基本形式。

（1）滑移

无缺陷的理想单晶体的滑移变形如图 10-5 所示。在切向力作用下，晶体的一部分与另一部分沿着一定的晶面产生相对滑移（这个面称为滑移面），从而引起单晶体的塑性变形。

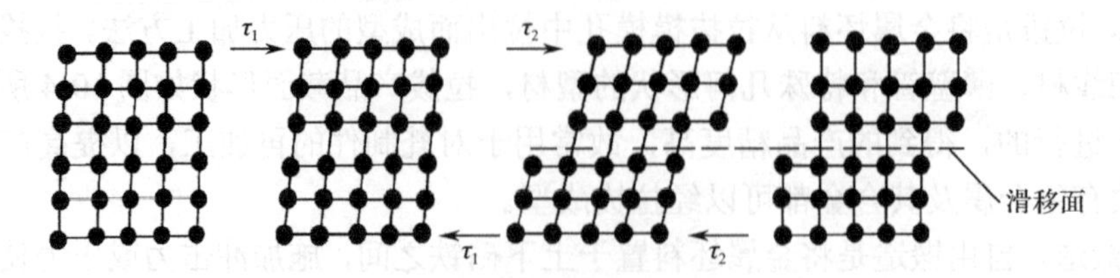

图 10-5 单晶体的滑移变形

（2）孪生

孪生是晶体一部分相对另一部分，对应于一定的晶面（孪晶面）沿一定方向发生转动的结果。已变形部分的晶体位向发生改变，与未变形部分以孪晶面互为对称。发生孪生时，晶体变形部分中所有与孪晶面平行的原子平面均向同一方向移动，移动距离与该原子面距孪晶面的距离成正比。虽然每个相邻原子间的位移较小，但许多层晶面积累起来的位移便可形成比原子间距大许多倍的变形。

滑移与孪生的主要差别如下。

① 滑移是渐进过程，而孪生是突然发生的。如体心立方结构的金属变形一般采取滑移方式，但在低温或冲击载荷下易产生孪生。

② 孪生所要求的临界切应力比滑移要求的临界切应力大得多，只有在滑移过程很困难时，晶体才发生孪生。

③ 孪生时原子位置不能产生较大的错动，金属获得较大塑性变形的主要形式还是滑移。

2．多晶体的变形

多晶体的变形要比单晶体复杂得多。多晶体实际是由许多晶粒（单晶体）组成的，每个晶粒的位向各不相同，在受到外力作用时，那些处于易滑移位向的晶粒首先发生晶内滑移而变形。当首批晶粒发生变形时，由于晶界的影响，周围尚未发生塑性变形的晶粒只能以弹性变形相适应，并向有利于发生变形的位向产生微量的转动，同时在首批变形晶粒的晶界处形成位错的堆集，引起越来越大的应力集中。当应力集中达到一定程度时，变形便越过晶界传递到另一批晶粒中去，如图 10-6 所示。因此，多晶体的塑性变形是在一批批晶粒中逐步发生的，从少数晶粒开始逐步扩大到大量的晶粒中，从不均匀变形逐步发展为比较均匀的变形。多晶体的塑性变形可以看成是组成多晶体的许多单个晶粒产生变形的综合效果。每个晶粒内部都存在许多滑移面，因此，整块金属的变形量可以较大。同时，晶粒与晶粒之间也有滑移和转动，称为晶间变形，低温时多晶体的晶间变形不可过大，否则将引起金属的破坏。

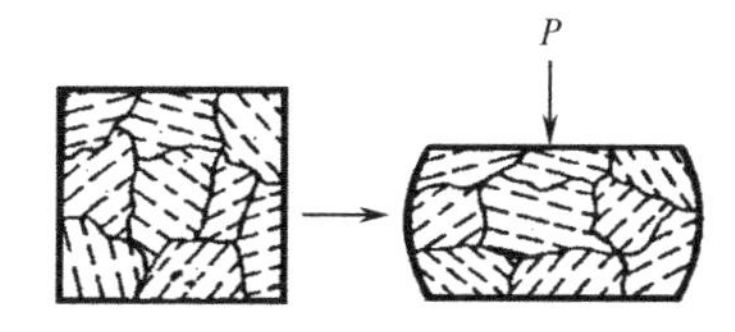

图 10-6　多晶体塑性变形示意图

3．位错运动

若按照无缺陷理想晶体的滑移方式计算，则材料的变形抗力会很高，而实际材料的变形抗力都远远达不到理论计算值，这使得人们推测实际材料中会存在大量的晶体缺陷。20 世纪初在电子显微镜发明后，证实了材料中存在大量位错的猜测。有位错参与的滑移变形如图 10-7 所示。实际上，晶体材料的塑性变形就是其中大量位错运动的结果。

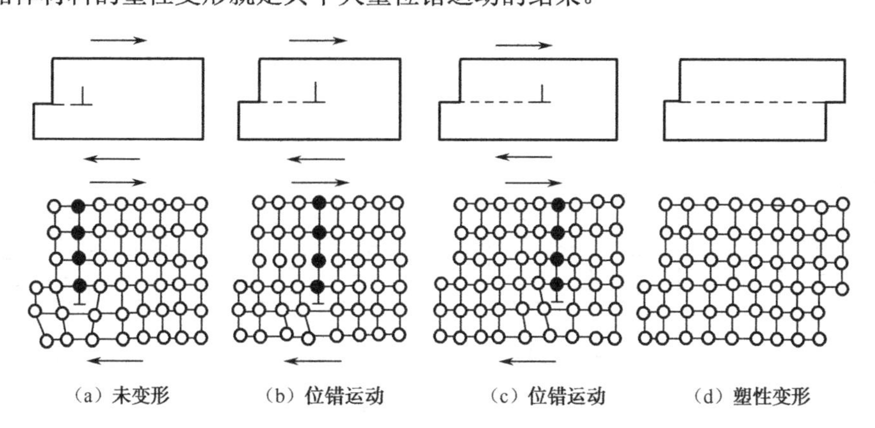

图 10-7　有位错参与的滑移变形

10.1.2 塑性变形后金属的组织和性能

1. 加工硬化

金属在塑性变形过程中，随着其形状的改变，内部的组织结构会发生一系列变化：晶粒沿变形最大的方向伸长；晶格和晶粒均发生扭曲，产生内应力；晶粒间产生碎晶。组织结构的变化使其力学性能、物理和化学性能都发生变化，而力学性能的变化最为明显：随着变形程度的增加，金属的强度和硬度逐渐升高，而塑性和韧性降低，如图 10-8 所示，这种现象称为加工硬化。

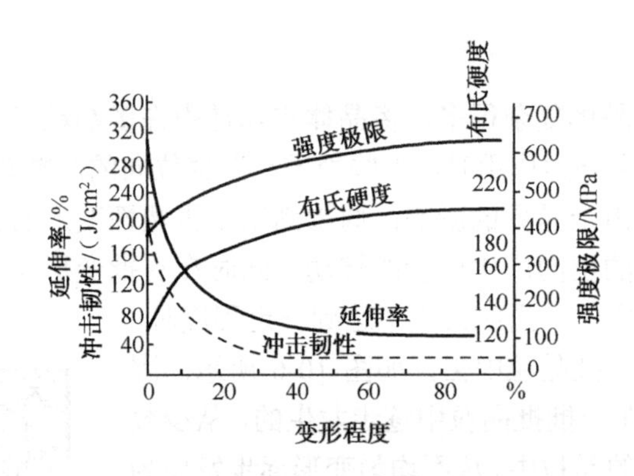

图 10-8 塑性变形对低碳钢力学性能的影响

利用金属的加工硬化可提高金属的强度和产品的表面质量及性能，这是工业生产中强化金属材料的一种手段，特别适合那些不易通过热处理强化的金属材料。但加工硬化也给金属继续进行塑性变形带来困难，如果变形程度过大，则容易产生破裂。在实际生产中，常采用再结晶退火工艺，消除加工硬化，使金属再次获得良好的塑性。

2. 回复

加工硬化是一种不稳定的现象，具有自发回复到稳定状态的倾向，但在室温下不易实现。当温度升高时，原子因获得热能，热运动加剧，使原子排列恢复到正常状态，从而消除晶格扭曲，如图 10-9（c）所示，并部分消除加工硬化，这个过程称为回复。这时的温度称为回复温度 $T_{回}$，$T_{回}=(0.25\sim0.3)T_{熔}$（$T_{回}$、$T_{熔}$ 分别为用热力学温度表示的回复温度和熔点）。回复后的材料中的点缺陷大量消除，电阻率恢复到正常值。

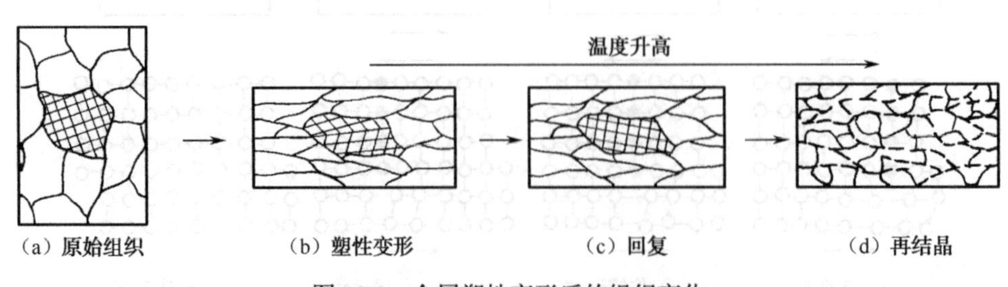

图 10-9 金属塑性变形后的组织变化

3. 再结晶

变形金属加热到 $0.4T_{熔}$时，金属原子获得更多的热能，开始以碎晶或杂质为核心再结晶成细小而均匀的新晶粒，如图 10-9（d）所示，从而消除全部加工硬化，这个过程称为再结晶。这时的温度称为再结晶温度 $T_{再}$，根据经验公式 $T_{再}\approx0.4T_{熔}$（$T_{再}$、$T_{熔}$ 分别为用热力学温度表示的再结晶温度和熔点），可以计算出 $T_{再}$。在压力加工生产中，加工硬化给金属继续进行塑性变形带来困难，应予以消除。生产中常在高于再结晶温度下加热已加工硬化的金属，使其发生再结晶而再次获得良好的塑性，这种工艺操作称为再结晶退火。再结晶后金属的力学性能与再结晶晶粒度关系很大，晶粒越细小，金属室温力学性能越好。

再结晶晶粒度取决于塑性变形程度、加热温度和保温时间。再结晶退火前塑性变形程度越大，再结晶晶粒越细小；加热温度越高，保温时间越长，再结晶晶粒越粗大。因此，在生产中要控制好这些因素，避免再结晶晶粒粗大。

根据变形温度与金属再结晶温度的关系，塑性变形分为冷变形和热变形两种。

在再结晶温度以下的变形称为冷变形。变形过程中只有加工硬化而无再结晶现象，变形后的金属只具有加工硬化组织。由于产生加工硬化，冷变形需要很大的变形力，而且变形程度也不宜过大，以免缩短模具寿命和使工件破裂。但冷变形加工的产品具有表面质量好、尺寸精度高、力学性能好的优点，一般不需再进行切削加工。常温下，低碳钢在冷镦、冷挤、冷轧及冷冲压中的变形都属于冷变形。

在再结晶温度以上的变形称为热变形。当金属在热变形时，加工硬化和再结晶过程同时存在。不过变形中的加工硬化随时都被再结晶过程所消除，变形后没有加工硬化现象。金属只有在热变形情况下，才能以较小的功达到较大的变形，同时能获得具有高力学性能的再结晶组织。因此，金属压力加工生产多采用热变形来进行。金属在自由锻、热模锻、热轧、热挤压中的变形都属于热变形。

将内部组织不均匀，晶粒较粗大，并存在缩孔、缩松、非金属夹杂物等缺陷的铸锭加热并进行压力加工后，由于金属经过塑性变形及再结晶，故可改变粗大的铸造组织，获得细化的再结晶组织。同时，还可以将铸锭中的气孔、缩松等压合在一起，使金属更加致密，其力学性能会有很大提高。但是，由于热变形是在高温下进行的，金属在加热过程中表面容易形成氧化皮，产品尺寸精度和表面质量较低。

4. 金属的纤维组织和各向异性

在热变形加工过程中，铸锭中基体金属的晶粒形状和沿晶界分布的杂质形状都要发生变形，它们将沿着变形方向被拉长，呈纤维形状。这种结构称为纤维（或流线）组织。

纤维组织使金属在性能上具有方向性，平行于纤维方向（纵向）上的塑性和韧性明显高于垂直于纤维方向（横向）上的相应性能。

金属的变形量越大，纤维组织越明显，性能的方向性也就越明显。

纤维组织的稳定性很高，不能用热处理方法加以消除。只有经过锻压使金属变形，才能改变其方向和形状。

因此，为了获得具有良好力学性能的零件，在设计和制造零件时，都应使零件在工作中产生的最大正应力方向与纤维方向重合，最大切应力方向与纤维方向垂直，并使纤维分布与零件的轮廓相符合，尽量使纤维组织不被切断。图 10-10 所示为锤锻模块不同纤维方向受力情况比较，其中图 10-10（a）中的模块纤维方向与锤击方向一致，图 10-10（b）中的模块纤维方向与燕尾槽方向平行，这些都不合理；图 10-10（c）中的模块纤维方向与锤击方向和燕尾槽方向都垂直，合理地利用了纤维组织的强度。图 10-11 所示为两种不同纤维组织分布的齿轮与曲轴，显然，锻造齿轮与曲轴的纤维组织没有被切断，而且其分布状态也比用轧材切削加工成的齿轮和曲轴的纤维组织要好。

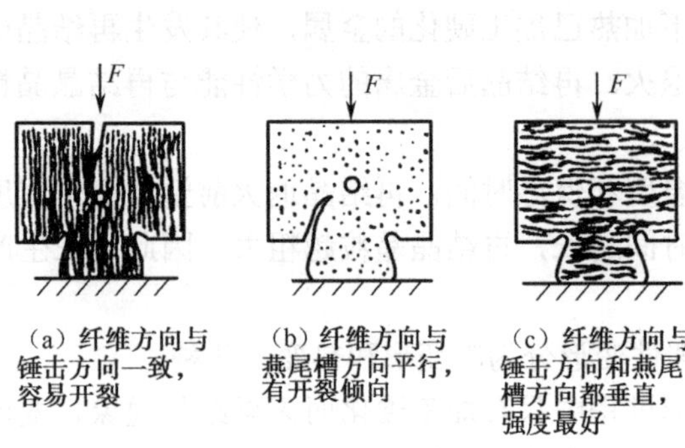

F
F
F
（a）纤维方向与锤击方向一致，容易开裂
（b）纤维方向与燕尾槽方向平行，有开裂倾向
（c）纤维方向与锤击方向和燕尾槽方向都垂直，强度最好

图 10-10 锤锻模块不同纤维方向受力情况比较

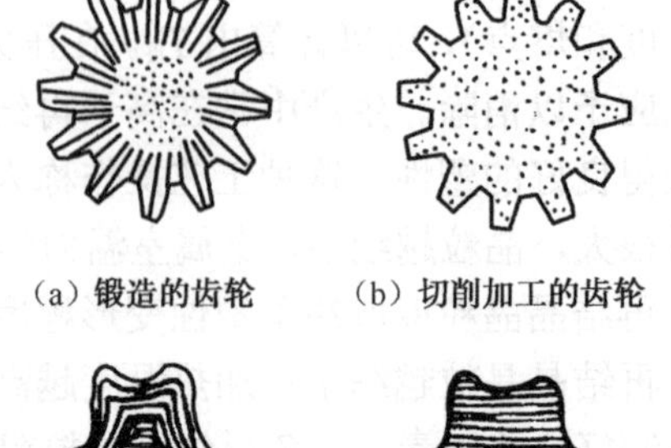

图 10-11 齿轮和曲轴的不同纤维流线

10.1.3 金属的可锻性

金属的可锻性是衡量金属材料接受压力加工、获得优质制品难易程度的工艺性能。可锻性好，表明材料适于采用压力加工成型；反之，则表明其不适合压力加工成型。

可锻性常用金属的塑性和变形抗力来综合衡量。塑性反映了金属塑性变形的能力；变形抗力是反作用在工具上的力，反映了金属塑性变形所需作用力的大小。塑性好，则金属在变形中不易开裂；变形抗力小，则金属变形的能耗少。一种金属材料若既有较好的塑性，又有较小的变形抗力，则可锻性好。

影响可锻性的因素主要有金属的化学成分、组织结构和加工条件等。

1. 化学成分

一般来说，纯金属的可锻性优于合金，合金元素含量越多，合金成分越复杂，塑性越差，变形抗力越大。例如，纯铁、低碳钢和高合金钢的可锻性依次下降。

2. 金属组织

金属的组织结构不同，可锻性有很大差别。例如，固溶体（如奥氏体）的可锻性好，因其塑性好且变形抗力小；而化合物（如渗碳体）的可锻性差，因其塑性差且变形抗力大。具有铸态柱状组织和粗晶粒组织的金属不如具有晶粒细小而又均匀的组织的金属的可锻性好，因为组织越均匀，塑性越好。

3. 变形温度

提高金属变形时的温度，是改善金属可锻性的有效措施，并对生产效率、产品质量及金属的有效利用等均有较大的影响。

金属在加热中随温度的升高，其性能的变化很大。图 10-12 所示为低碳钢在不同温度时的力学性能变化曲线。从图中可以看到，在 300℃以上随温度升高，金属的塑性上升，变形抗力下降，即金属的可锻性增加。其原因是金属原子在热能作用下处于极为活泼的状态中，很容易进行滑移变形。对碳素结构钢而言，加热温度超过 Fe-C 合金状态图的 A_3 线，其组织为单一的奥氏体，塑性好，故很适宜于进行压力加工。但温度过高必将产生过热、过烧、脱碳和严重氧化等缺陷，甚至使锻件报废，所以应该合理控制锻造温度。

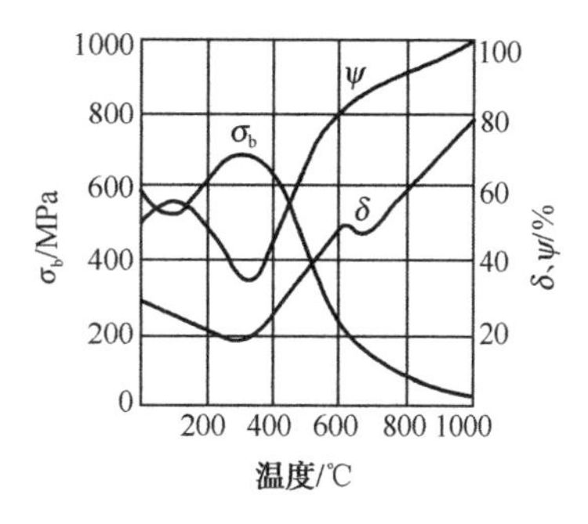

图 10-12 低碳钢力学性能与温度的关系

锻造温度是指始锻温度（开始锻造时的温度）和终锻温度（停止锻造时的温度）间的温度范围。始锻温度和终锻温度的确定以合金状态图为依据。终锻温度过低，金属的加工硬化严重，变形抗力急剧增加，使加工难以进行。强行锻造，将导致锻件破裂报废。

常用金属材料的锻造温度见表 10-1。

表 10-1 常用金属材料的锻造温度

合金种类	钢号	始锻温度/℃	终锻温度/℃
碳素结构钢	Q235、Q255	1250	700
优质碳素结构钢	08、15、20、35	1250	800
	40、45、60	1200	800
合金结构钢	12Mn、16Mn、30Mn	1250	800
	30Mn2、40Mn2、30Cr、40Cr、45Cr、30CrMnTi、40Mn	1200	800
	40CrNiMo、35CrMo	1150	850
碳素工具钢	T8、T8A	1150	800
	T10、T10A	1100	770
合金工具钢	5CrMnMo、5CrNiMo	1100	800
	W18Cr4V	1150	900
不锈钢	1Cr13、2Cr13	1150	750
	1Cr18Ni9Ti	1180	850
紫铜	T1～T4	950	800
黄铜	H68	830	700
硬铝	LY1、LY11、LY12	470	380

4．变形速度

变形速度即单位时间内的变形程度。如图 10-13 所示，变形速度对金属可锻性的影响是矛盾的：一方面由于变形速度的增大，回复和再结晶不能及时克服加工硬化现象，金属则表现出塑性下降、变形抗力增大，可锻性变坏；另一方面，在变形过程中，消耗于塑性变形的能量有一部分转化为热能，使金属温度升高（称为热效应现象）。变形速度越大，热效应现象越明显，使金属的塑性提高、变形抗力下降，可锻性变好（图 10-13 中 ε_C 点以后）。但热效应现象除高速锤锻造外，在一般压力加工的变形过程中，因速度低而不甚明显。

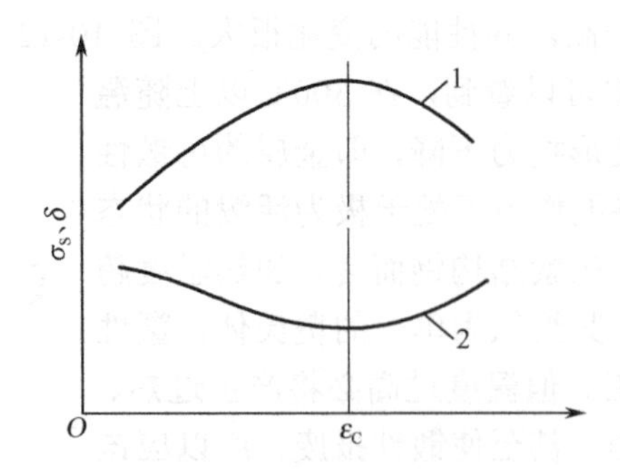

1—变形抗力曲线；2—塑性曲线

图 10-13　变形速度对塑性和变形抗力的影响

5．应力状态

金属在经受不同方法进行变形时，所产生的应力大小和性质（压应力或拉应力）是不同的。例如，挤压变形时为三向受压状态，如图 10-14（a）所示；而拉拔时则为两向受压、一向受拉的状态，如图 10-14（b）所示。

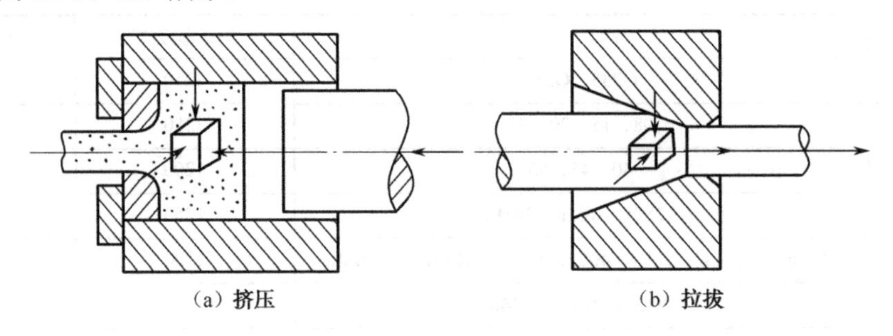

（a）挤压　　（b）拉拔

图 10-14　塑性加工时金属应力状态

实践证明，材料在塑性变形过程中受到三个方向的力的作用，其中，压应力的数量越多，材料的塑性越好，变形抗力越大；反之，拉应力的数量越多，材料的塑性越差，变形抗力越小。而同号应力状态下引起的变形抗力大于异号应力状态下的变形抗力。当金属内部存在气孔、小裂纹等缺陷时，在拉应力作用下，缺陷处易产生应力集中，缺陷必将扩展，甚至遭到破坏而使金属失去塑性。压应力使金属内部摩擦增大，变形抗力也随之增大，但压应力使金属内部原子间距缩小，又不易使缺陷扩展，故金属的塑性会增高。

综上所述，金属的可锻性既取决于金属的本质，又取决于变形条件。在压力加工过程中要力求创造最有利的变形条件，充分发挥金属的塑性，降低变形抗力，使功耗最小，变形进行得充分，达到加工目的。

10.2 锻造

锻造是在加压设备及工（模）具的作用下，使坯料、铸锭产生局部或全部的塑性变形，以获得具有一定几何尺寸、形状和质量的锻件的加工方法。

按使用设备和工具的不同，锻造可分为自由锻造、模型锻造和胎模锻造。

10.2.1　自由锻造

自由锻造是在自由锻造设备上利用工具使坯料产生变形的工艺方法。金属坯料在铁砧间受力变形时，可向各个方向自由流动，不受限制。锻件的形状和尺寸主要取决于锻工的操作水平和所用设备。一般用于制坯和生产形状简单的大锻件，如盘状件、环状件和轴类件。自由锻造通用性好，锻件的质量可在不足一千克到数百吨之间。一些通过其他加工方式不能得到的力学性能常可通过自由锻获得，机器上的重要零件如水轮机主轴、多拐曲轴、大型连杆等多用自由锻造制造毛坯，因而自由锻造在机械制造业中具有特别重要的作用。

1．自由锻造设备

根据对坯料作用力的性质，自由锻造设备分为锻锤和液压机两种。锻锤主要有空气锤和蒸汽—空气锤；液压机主要指水压机。

（1）空气锤

空气锤是一种小型的自由锻造设备，其外形和动作原理如图 10-15 所示。工作时，电动机驱动曲柄连杆机构，使压缩缸 1 中的活塞 2 做上下往复运动，活塞上部或下部的空气受到压缩，被压缩的空气经上、下转阀 8 交替地进入工作缸 7 的上部或下部空间，推动工作缸内的活塞 6 上下运动，实现对坯料的锤打，从而使坯料产生塑性变形。空气锤以其落下部分的质量来表示吨位，通常在 65～750kg 之间。主要用于小型锻件的镦粗、拔长、冲孔、弯曲等自由锻造工序，也可用于胎模锻造。

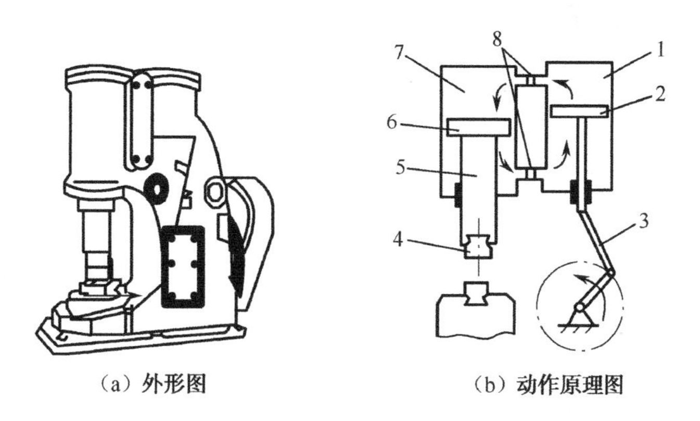

（a）外形图　　（b）动作原理图

1—压缩缸；2—压缩缸活塞；3—连杆；4—上锤头；5—活塞杆；6—工作缸活塞；7—工作缸；8—转阀

图 10-15　空气锤外形图和动作原理图

（2）蒸汽—空气锤

蒸汽—空气锤是锻造中型锻件的常用设备，主要有单柱式蒸汽—空气自由锻锤、双柱式蒸汽—空气自由锻锤和桥式蒸汽—空气自由锻锤等型号。吨位一般在 5t 以下。图 10-16 所示为生产中使用最广泛的双柱式蒸汽—空气自由锻锤，以压缩空气或蒸汽为动力，由动力站通过管道输送到锻锤的进气口，推动活塞上下运动锤击工件。蒸汽—空气锤特别适合锻造莱氏体钢（比如高速钢），能在开坯时有效地击碎碳化物骨架，使得钢材的塑性大大提高。但是，在锻造过程中的振动较大，产生的噪声对环境影响也很严重，近年来有逐渐被淘汰的趋势。

（3）水压机

如图 10-17 所示，水压机是大型锻件的主要成型设备。工作时，由泵站提供的高压水进入水压机的工作缸 1 或回程缸 8，推动中横梁 4 上下移动实现对工件的锻造。水压机的吨位以其工作液体产生的压力表示，一般在 500～15 000t 之间，可以锻造质量最高达六百吨的锻件。与锻锤相比，水压机具有传动平稳，撞击和振动小，工作空间和行程大，容易得到较大压力等特点。所以金属锻透性好，可获得整个截面都是细晶粒的优质锻件。

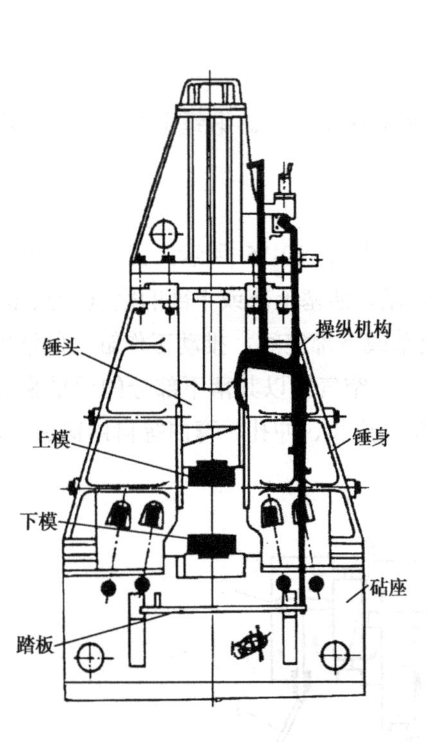

图 10-16　蒸汽—空气自由锻锤

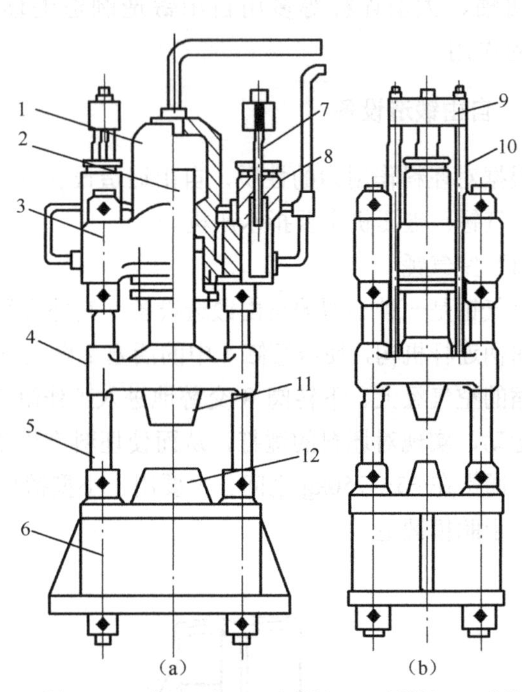

1—工作缸；2—工作缸活塞；3—上横梁；4—中横梁；5—立柱；6—下横梁；7—回程缸活塞；8—回程缸；9—横架；10—拉杆；11—上砧子；12—下砧子

图 10-17　水压机

2．自由锻造基本工序

自由锻造的基本工序有拔长、镦粗、冲孔、弯曲、切割、扭转和错移等。其中以拔长、镦粗、冲孔和扩孔最为常用。

（1）拔长

使毛坯横断面积减小而长度增加的锻造工序叫拔长，多用来生产具有长轴线的锻件，如光轴、阶梯轴、拉杆、连杆等。

如图 10-18 所示，拔长工序可在平砧上进行，也可在型砧上进行，其中型砧拔长效率比平砧高。拔长的变形程度用拔长锻造比来描述，一般在 2.5～3 之间。为提高拔长效率，送进量约为坯料宽度的 0.4～0.5 倍。为了减小空心坯料的壁厚和外径，增加其长度，可采用图 10-18（b）所示的芯轴拔长方式。

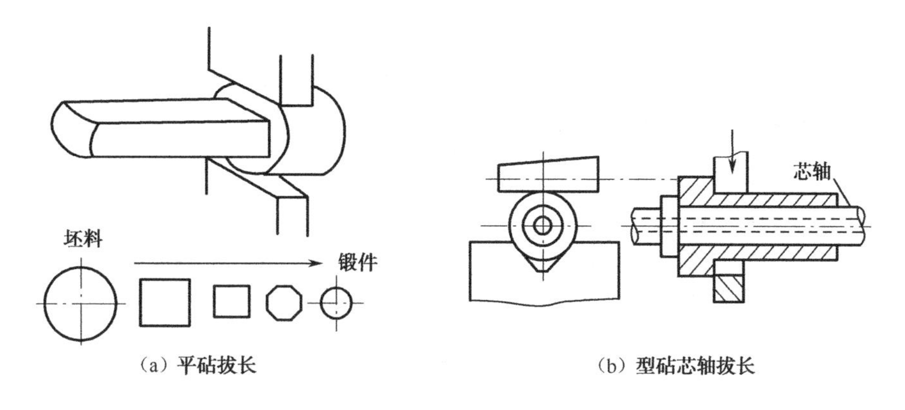

（a）平砧拔长　（b）型砧芯轴拔长

图 10-18　拔长

（2）镦粗

使毛坯高度减小，横断面积增大的锻造工序叫作镦粗。主要用于制造高度小、截面大的工件，如齿轮、法兰盘等，也可用于冲孔前的准备及增加以后拔长锻造比的工件。如图 10-19 所示，其中图 10-19（a）为完全镦粗，图 10-19（b）为局部镦粗。对于带凸座的盘类锻件或带较大头部的杆类锻件，可使用漏盘镦粗坯料某个局部，如图 10-19（c）所示。镦粗的变形程度用坯料变形前后的高度比值表示，称为镦粗锻造比。镦粗坯料的原始高度 h_0 与直径 d_0 之比不宜超过 2.5～3，否则，镦粗时可能产生轴线弯曲。

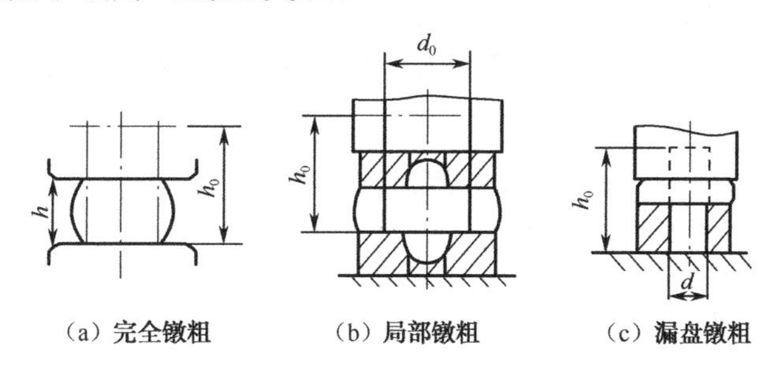

（a）完全镦粗　（b）局部镦粗　（c）漏盘镦粗

图 10-19　镦粗

（3）冲孔

在锻件上制造出通孔或不通孔的锻造工序叫作冲孔。较厚的锻件可采用双面冲孔，较薄的锻件采用单面冲孔，如图 10-20 所示。冲孔的基本方法可分为实心和空心冲孔，直径 d<450mm 的孔用实心冲头冲孔，直径 d>450mm 的孔用空心冲头冲孔。

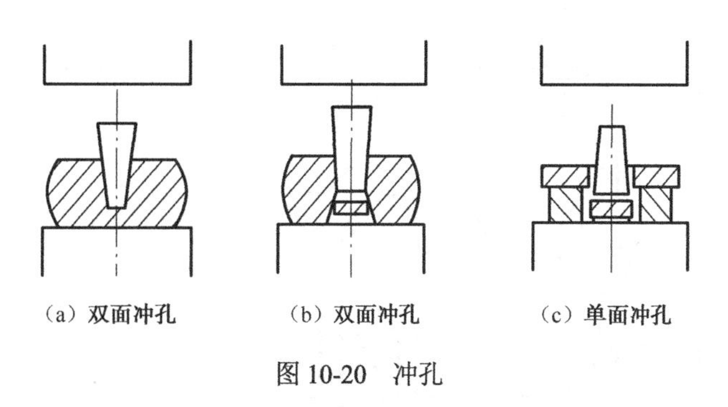
（a）双面冲孔　（b）双面冲孔　（c）单面冲孔

图 10-20　冲孔

（4）扩孔

减小空心毛坯壁厚而增加其内、外径的锻造工序称为扩孔。外径与内径之比大于1.7的小孔锻件时可采用冲头扩孔，如图10-21（a）所示；对于大孔径的薄壁锻件采用芯轴扩孔，如图10-21（b）所示。

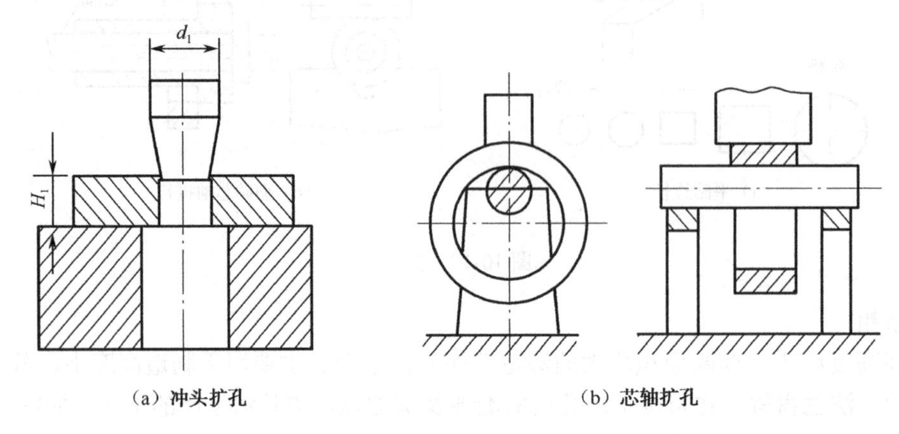

（a）冲头扩孔　（b）芯轴扩孔

图10-21　扩孔

3．典型自由锻件及基本锻造工序

自由锻件种类繁多，但归纳起来主要分为饼块类、轴杆类、空心类、弯曲类和曲轴类等。根据各类锻件的结构特征，并结合相关型材的尺寸特点，技术人员找到了各自比较科学的加工工序方案，详见表10-2。

表10-2　自由锻件分类及基本工序选择

序　号	类　别	图　例	基本工序方案	实　例
1	饼块类		镦粗或局部镦粗	圆盘、齿轮、模块、锤头
2	轴杆类		拔长 镦粗+拔长 局部镦粗+拔长	传动轴、主轴、连杆
3	空心类		镦粗+冲孔 镦粗+冲孔+扩孔 镦粗+冲孔+芯轴拔长	圆环、法兰、齿圈、圆筒、空心轴
4	弯曲类		轴杆类锻造工序+弯曲	吊钩、轴瓦盖
5	曲轴类		拔长+错移	曲轴、偏心轴

续表

序　号	类　别	图　例	基本工序方案	实　例
6	复杂形状类	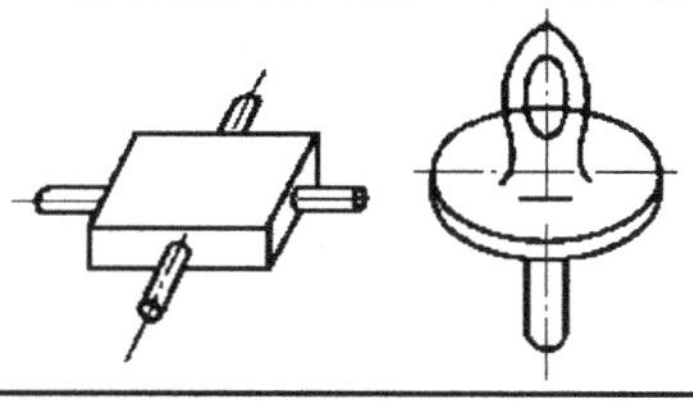	工序组合	叉杆、十字轴、吊环

4．自由锻件结构工艺性

设计自由锻造成型的零件时，除满足使用要求外，还必须考虑自由锻造设备和工具的特点，零件结构要符合自由锻造的工艺性要求。锻件结构合理，可达到操作方便、成型容易、节约材料、保证质量和提高效率的目的。

（1）锻件上应避免锥面和斜面的结构

如图 10-22（a）所示，锻件有锥面、曲面或椭圆结构，需要专用工具成型，工艺过程复杂，操作不便，成型困难，生产率低，其结构工艺性差。改进设计后如图 10-22（b）所示，其结构合理，便于成型。

（2）锻件上应尽量避免加强筋、凸台、工字形截面或空间曲面

图 10-23（a）所示的加强筋和凸台难以用简单的自由锻造方法成型，必须用特殊的工具和工艺措施来生产，提高了难度，增加了成本。如图 10-23（b）所示，改进后结构工艺性好，经济效益更大。

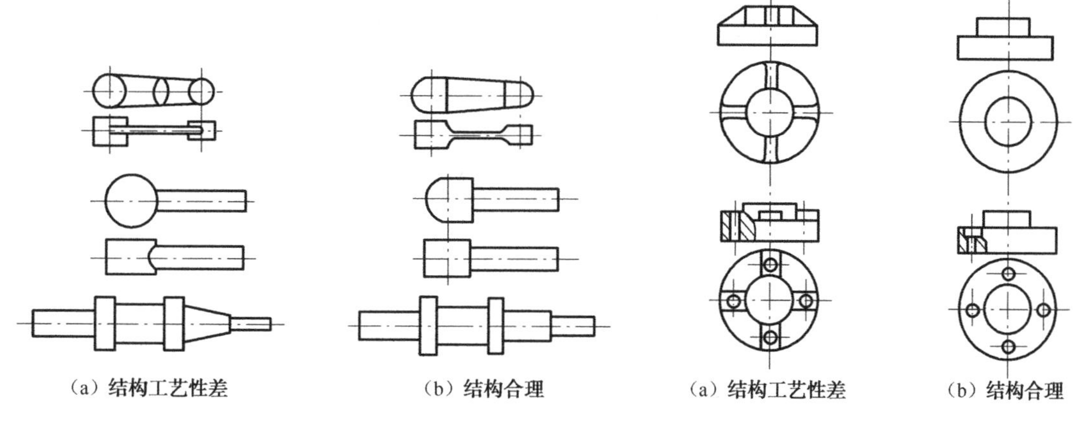

（a）结构工艺性差　（b）结构合理

图 10-22　轴杆类锻件结构

（a）结构工艺性差　（b）结构合理

图 10-23　盘类零件结构

（3）锻件结构应避免截面尺寸的急剧变化

如图 10-24（a）所示的锻件截面尺寸变化剧烈，锻造过程中局部变形太大，结构工艺性差。整体锻件可改成由几个简单件构成的组合体，将复杂件变成几个简单件，如图 10-24（b）所示，各个简单件锻后用焊接或螺纹方式组合起来，达到化难为易的目的。

10.2.2　模型锻造

模型锻造（简称模锻）是将加热到锻造温度的金属坯料置于锻模模膛内，使其承受一次或多次冲击力或压力的作用而被迫流动成型以获得锻件的压力加工方法。在变形过程中，由于模

膛对金属坯料流动的限制，锻造终了时能得到和模膛形状相符的锻件。

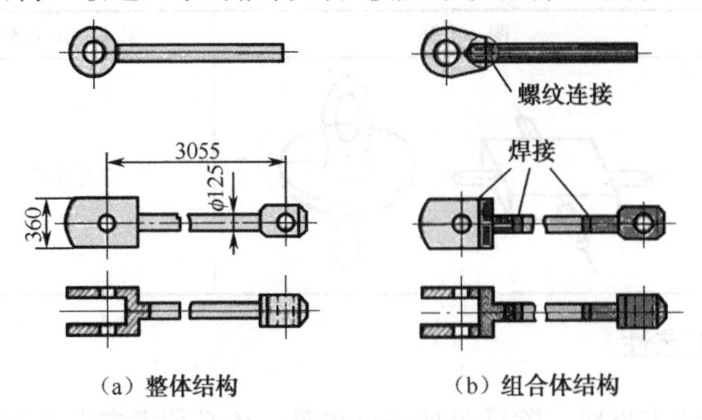

图 10-24 复杂件结构

按使用设备的不同，模锻可分为锤上模锻、摩擦压力机模锻、热模锻压机模锻和水压机模锻等。它们适用锻造的零件范围基本相同，锻模的结构特点也大同小异。

与自由锻造相比，模锻有如下特点：

① 生产效率高。

② 能锻造形状复杂的锻件，如图 10-25 所示，并可使金属流线合理分布。

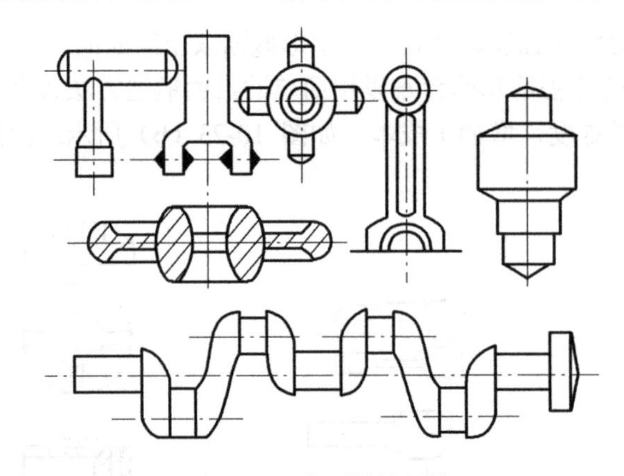

图 10-25 典型模锻零件

③ 模锻件的尺寸较精确，表面质量好，加工余量较小。

④ 节省金属材料，减少切削加工工作量。在批量足够的条件下，能降低零件成本。

⑤ 模锻操作简单，劳动强度低。

但是，模锻制造周期长，成本高，受模锻设备吨位的限制，模锻件不能太大，其质量一般在 150kg 以下。因此，模锻适用于中、小型锻件的成批和大量生产。由于现代化大生产的要求，模锻生产越来越广泛地应用到国防工业和机械制造业中，如飞机零件、汽车或拖拉机的主轴、轴承等都使用到模锻制造。按质量计算，飞机上的锻件中模锻件占 85%，汽车上占 80%。

1．模锻设备

模锻设备有模锻锤、曲柄压力机、平压机、水压机等。生产中应用最广泛的是蒸汽—空气模锻锤，其结构与自由锻造的蒸汽—空气锤相似，如图 10-16 所示。但由于模锻生产精度较高，所以要求锻锤的刚性更好，锤头与导轨之间的间隙更小。模锻设备的吨位用落下部分的质量表示，空气或蒸汽为动力。下落部分的质量在 10～1600kg 之间，可锻造的锻件质量在 0.5～150kg 之间。

2．锻模

锻模是用高强度合金钢制造的成型锻件的模具。锤上模锻用的锻模如图 10-26 所示，由上模和下模两部分构成。下模部分通过燕尾和楔铁与锻锤工作台的模垫相连接，固定于工作台上。上模部分通过燕尾和楔铁与设备的锤头相连接，随锤头上下往复运动锤击金属坯料。锻模上有使坯料成型的型腔，称为模膛。根据其作用不同，模膛可分为模锻模膛和制坯模膛两大类。

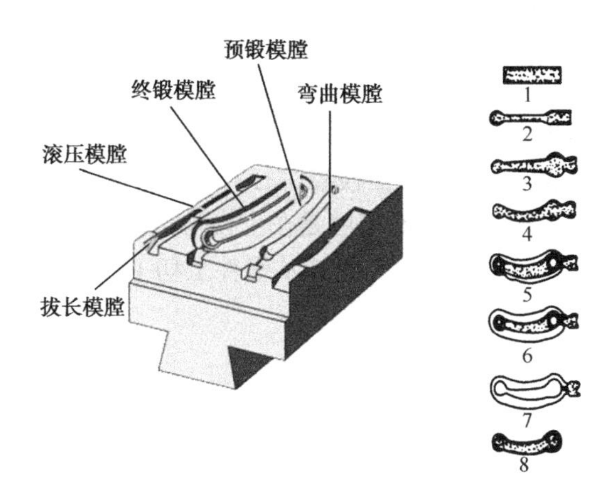

图 10-26　锻模结构及锻件加工工序

（1）模锻模膛

模锻模膛分为终锻模膛和预锻模膛两种。

① 终锻模膛。其作用是使坯料最后变形到锻件要求的尺寸和形状，因此它的形状和锻件形状相同。但因为锻件冷却时要收缩，终锻模膛的尺寸应比锻件尺寸放大一个收缩量。锻件的收缩量通常取 1.5%。另外，为使金属充满模膛，坯料体积比实际锻件体积要大，通常在模膛的周边设有飞边槽，以增加金属从模膛中流出的阻力，同时容纳多余的金属。有孔的锻件还有冲孔连皮，这是因为锻造通孔锻件时由于上、下模不可能贴靠而在其孔内留下的一薄层金属，称为连皮。除去飞边和冲孔连皮后才是最终的锻件。

② 预锻模膛。其作用是使坯料变形到接近于锻件的形状和尺寸，这样有利于终锻成型，提高终锻模膛的寿命，改善金属在终锻模膛内的流动情况。预锻模膛与终锻模膛的主要区别为前者的圆角和斜度较大，一般没有飞边槽。对于形状简单或者生产批量不大的模锻件，一般可不设置预锻模膛。

（2）制坯模膛

对于形状复杂的模锻件，为了使坯料形状基本接近模锻件形状，使金属能合理分布和有效地充满模膛，就必须预先在制坯模膛内制坯。主要的制坯模膛有以下几种。

① 拔长模膛。如图 10-27 所示，拔长模膛用来减小坯料某部分的横断面积，同时增大该处的长度，具有分配金属的作用。拔长模膛有开式和闭式两种，一般设在锻模的边缘。操作时坯料除送进外还要反复翻转，主要用于横断面积相差较大的轴类锻件（如连杆件）。

② 滚压模膛。如图 10-28 所示，滚压模膛用来减小坯料某部分的横断面积和增大另一部分的横断面积，并有少量坯料长度的增加，起分配金属和光整表面的作用。滚压模膛有开式和闭式两种，通常也置于终锻模膛的旁边。操作时一边送进坯料一边反复翻转，适用于横断面积相差较大的长轴类锻件。

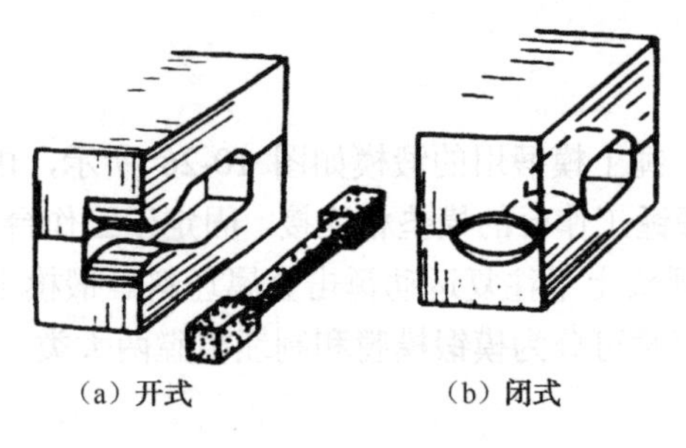
（a）开式　（b）闭式

图 10-27　拔长模膛

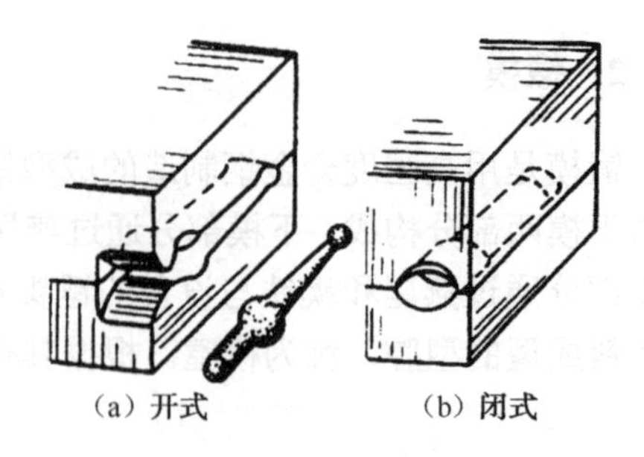
（a）开式　（b）闭式

图 10-28　滚压模膛

③ 弯曲模膛。如图 10-29 所示，对于弯曲的杆类模锻件，需用弯曲模膛来弯曲坯料。坯料可直接或先经过其他制坯工步后，放入弯曲模膛进行弯曲变形。

④ 切断模膛。如图 10-30 所示，切断模膛是在上模与下模的角部形成一对刃口，用来切断金属坯料。锻造时，用它来从坯料上切下锻件或从锻件上切下钳口；多件锻造时，用它来分离各个锻件。

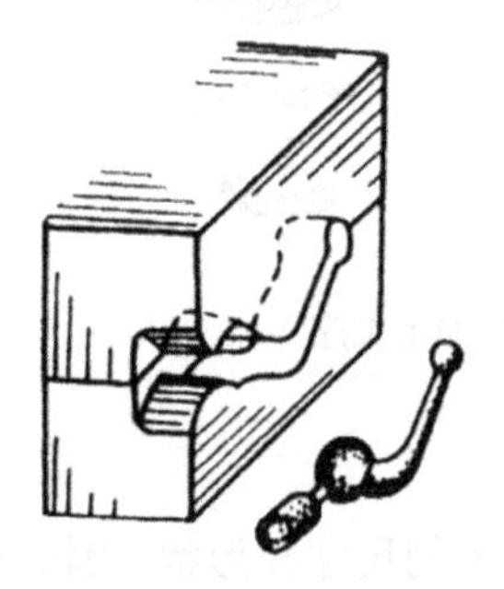
图 10-29　弯曲模膛

图 10-30　切断模膛

此外，还有镦粗台、拔长台等制坯模膛形式。

根据模锻件复杂程度的不同，变形所需要的模膛数量各异，可将锻模设计成单模膛形式，也可设计成多模膛形式。单模膛锻模是在一副锻模上只有一个终锻模膛，如齿轮坯模锻件就可设计为单模膛锻模，直接将圆柱形坯料放入锻模中成型。多模膛锻模是在一副锻模上具有两个以上模膛的锻模。

（3）金属在模膛内的变形过程

以锤上模锻盘类锻件为例，其变形过程可分为三个阶段：充型阶段、形成飞边和充满阶段、锻足阶段。

① 充型阶段。在最初的几次锻击时，金属在外力作用下发生塑性变形，坯料高度减小，水平尺寸增大，并有部分金属压入模膛深处。这一阶段直到金属与模膛侧壁接触达到飞边槽桥口为止。

② 形成飞边和充满阶段。在继续锻造时，由于金属充满模膛圆角和深处的阻力较大，金属向阻力较小的飞边槽内流动，形成飞边。由于飞边在随后急剧变冷以至于金属流入飞边槽的阻力急剧增大，变形力也迅速增大。

③ 锻足阶段。由于坯料体积往往都偏多或者飞边槽阻力偏大，因而，虽然模膛已经充满，但上、下模还未合拢，需进一步锻足。

（4）影响金属充满模膛的因素

影响金属充满模膛的因素主要如下。

① 金属的塑性和变形抗力。塑性高、变形抗力低的金属容易充满模膛。

② 飞边槽的形状和位置。飞边槽部宽度与高度之比（b/h）及槽部高度 h 是主要因素。b/h 越大，h 越小，则金属在飞边流动阻力越大，强迫充填作用越大，但变形抗力也增大。

③ 金属模锻时的温度。金属的温度高，其塑性好、抗力低，易于充满模膛。

④ 锻件的形状和尺寸。具有空心、薄壁或凸起部分的锻件难于锻造，锻件尺寸越大，形状越复杂，则越难锻造。

⑤ 设备的工作速度。工作速度较大的设备其充填性较好。

⑥ 充填方式。镦粗比挤压易于充型。

⑦ 其他。如锻模有无润滑、有无预热等。

3. 锻模分模面的选择原则

模型锻造的锻模由上、下两部分组成。分模面就是上、下锻模在锻件上的分界面。锻件分模面的位置选择合适与否，关系到锻件成型、出模、材料利用等问题。分模面的选择主要原则如下。

① 确保锻件容易从模膛中取出。如图 10-31 所示的零件，若选用 *a*—*a* 断面为分模面，则无法从模膛中取出锻件。一般情况下，分模面应选在模锻件最大尺寸的截面上。

② 按选定的分模面制成锻模后，应使上、下两模面的模膛轮廓一致，以便在锻模的安装、调试和生产中发生错模现象时，及时调整上、下模的位置。图 10-31 中的 *c*—*c* 断面作为分模面时就不符合本原则。

③ 最好把分模面选在能使模膛深度为最浅的位置处。这样有利于金属充满模膛和取出锻件，并有利于锻模的制造。若以图 10-31 中的 *b*—*b* 断面为分模面，则不符合此原则。

④ 选定的分模面应使零件上所加的敷料为最少。以图 10-31 中的 *b*—*b* 断面为分模面时，零件中间的孔不能锻出，否则锻件不能取出，只能用敷料将此孔填上，其结果是既浪费原材料，又增加了切削加工的工作量。所以该断面不宜作为分模面。

⑤ 最好使分模面为一平面，便于加工制造。

综合上述原则，图 10-31 中最好选用 *d*—*d* 断面为分模面。

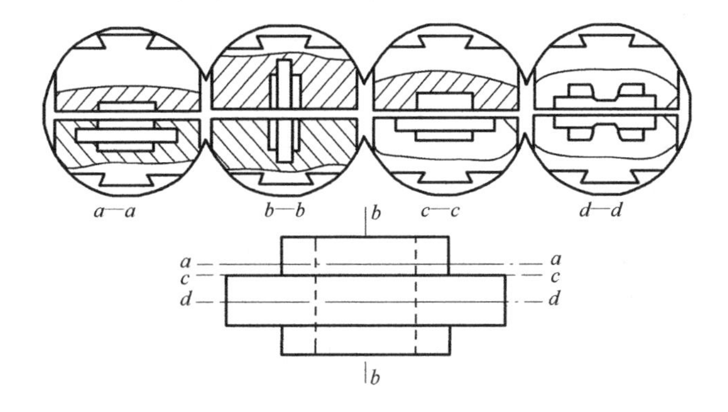

图 10-31　模锻分模面的选取

4. 锤上模锻件的变形工步

锤上模锻成型的工艺过程一般为：切断坯料→加热坯料→模锻→切除模锻件飞边→校正锻

件→锻件热处理→表面清理→检验→入库存放。

模锻件成型过程中工序的多少与零件结构设计、坯料形状及制坯手段等有关。生产中常见的锤上模锻件的变形工步见表 10-3。

表 10-3 锤上模锻件的变形工步

锻 件 分 类	形 状 特 征	变形工步图例	主要变形工步
盘类	在水平面上的投影为圆形或长度接近宽度的锻件	原毛坯 镦粗 终锻	镦粗、预锻、终锻
直轴类	水平面上的投影长度与宽度之比较大，轴线是直线	原毛坯 拔长 滚压 预锻 终锻	拔长、滚压、预锻、终锻
弯轴类	水平面上的投影长度与宽度之比较大，轴线是弯曲线	原毛坯 拔长 弯曲 终锻	拔长、滚压、弯曲、预锻、终锻
叉类	在水平面上的投影为叉形	原毛坯 滚压 预锻 终锻	拔长、滚压、预锻、终锻
枝芽类	在水平面上的投影具有局部突起	原毛坯 滚压 成型 终锻	拔长、滚压、成型、预锻、终锻

5．模锻件的结构工艺性

设计模锻零件时，应根据模锻的特点和工艺要求，使零件结构符合下列原则，以便于模锻生产和降低成本。

① 模锻零件必须具有一个合理的分模面，以保证锻件易于从锻模中取出，敷料最少，锻模制造容易。

② 由于模锻件尺寸精度较高，表面粗糙度较低，因此零件上只有与其他机件配合的表面才需进行机械加工，其余表面均可设计为非加工表面。为便于脱模，零件上与锤击方向平行的非加工表面，应设计模锻斜度。对于锤上模锻，其模锻斜度一般取 5° ～15° 。模锻斜度与模膛深度和宽度有关。当模膛深度与宽度的比值（h/b）较大时，取较大的斜度值。通常取外壁斜度小于内壁斜度，如图 10-32 所示，因为锻件冷却收缩将使锻件内壁包紧模具造成脱模困难。

非加工表面所形成的圆角应按模锻圆角设计。

锻件上所有凸出或凹入的部分，必须有一定大小的圆角，如图 10-33 所示。凹圆角半径 R 的作用是使金属易于流动充满模膛，避免产生折叠，防止模膛压塌变形。凸圆角半径 r 的作用是避免锻模的相应部分产生应力集中造成开裂。钢质模锻件的凸圆角半径 r 取 1.5～12mm 之间，凹圆角半径 R 取凸圆角半径 r 的 2～3 倍。模膛越深，圆角半径越大。

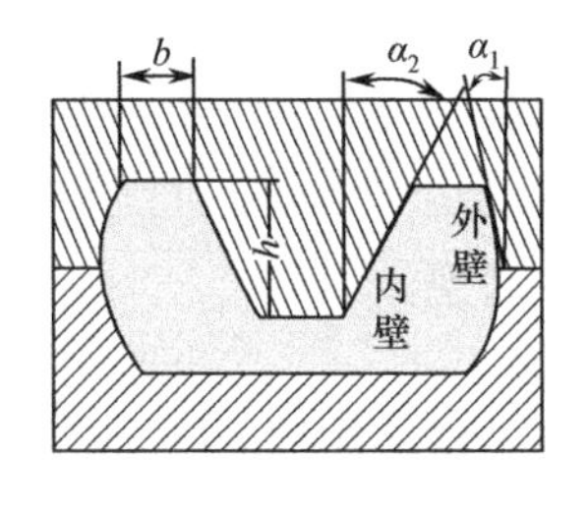

图 10-32　拔模斜度

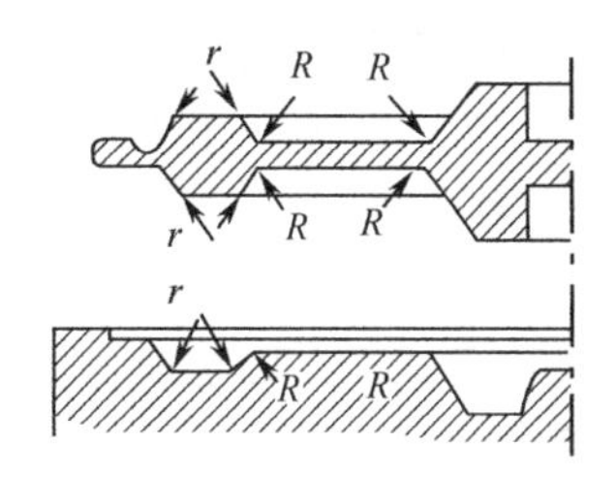

图 10-33　圆角半径

③ 为了使金属易于充满模膛和减少工序，零件外形应力求简单、平直和对称。尽量避免零件截面的面积差别过大或具有薄壁、高筋和凸起等结构。图 10-34（a）所示的零件中，零件的截面积相差太大、凸缘太薄、中间凹槽太深，模锻困难，要求最小截面与最大截面之比大于 0.5。图 10-34（b）所示零件扁而薄，模锻时薄壁部分的金属冷却较快，变形抗力增大，难以充满模膛。图 10-34（c）所示的零件有一个高而薄的凸缘，其成型和脱模均较困难，若在不影响零件使用要求的条件下，将零件改进为图 10-34（d）所示的形状，则锻件成型容易。

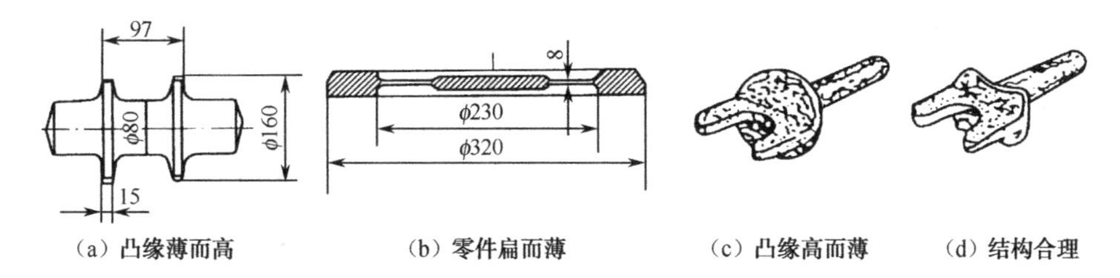

（a）凸缘薄而高　（b）零件扁而薄　（c）凸缘高而薄　（d）结构合理

图 10-34　模锻件的形状

④ 模锻零件设计应尽量避免深孔结构和多孔结构。如图 10-35（a）所示，齿轮上的四个直径为ϕ20mm 的小孔一般不能直接锻出，应改为图 10-35（b）所示结构更为合理。

⑤ 在条件允许的情况下，可采用锻—焊组合工艺，以减少敷料，简化模锻工艺。图 10-36（a）所示的零件，可分件锻造，再用焊接方法组合成图 10-36（b）所示的零件，其锻造工艺性得到了改善。

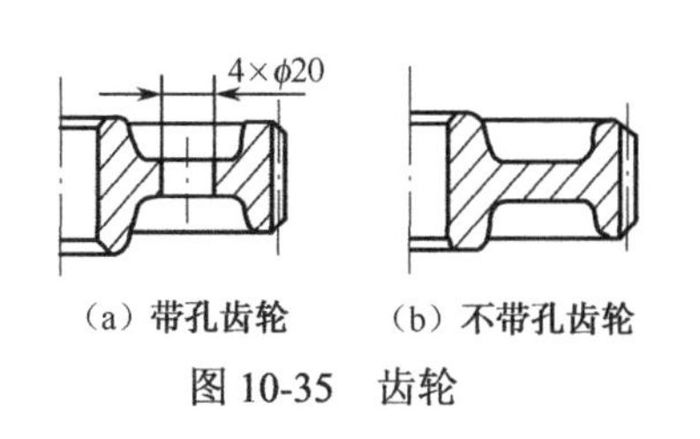

（a）带孔齿轮　（b）不带孔齿轮

图 10-35　齿轮

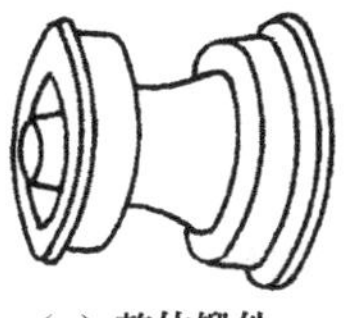

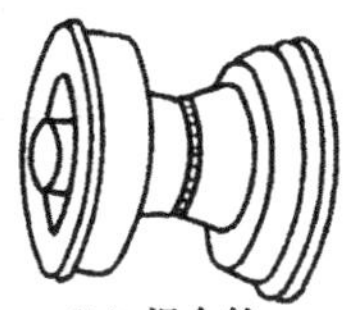

（a）整体锻件　（b）焊合件

图 10-36　锻—焊结合零件

10.2.3　胎模锻造

胎模锻造是在自由锻造设备上用可移动的简单锻模（称胎模）成型锻件的一种工艺方法。

胎模锻造适用于中、小批量生产，在没有模锻设备的工厂应用较为普遍。

1．胎模锻造的特点

（1）与自由锻造相比

① 胎模锻件的形状和尺寸由模具来保证，基本与工人的技术无关，操作简便。

② 胎模锻造的形状准确，尺寸精度较高，敷料少，加工余量小。

③ 锻件在胎模内成型，组织致密，纤维分布符合性能要求。

（2）与锤上模锻相比

① 可利用自由锻造设备组织各类锻件生产，胎模制造较简便。

② 工艺操作灵活，可以实现局部成型。

③ 胎模锻件的尺寸精度、劳动生产率和模具寿命等均低于锤上模锻。

2．胎模的种类

胎模的种类主要有扣模、套筒模（开式套筒模、闭式套筒模）及合模三大类。

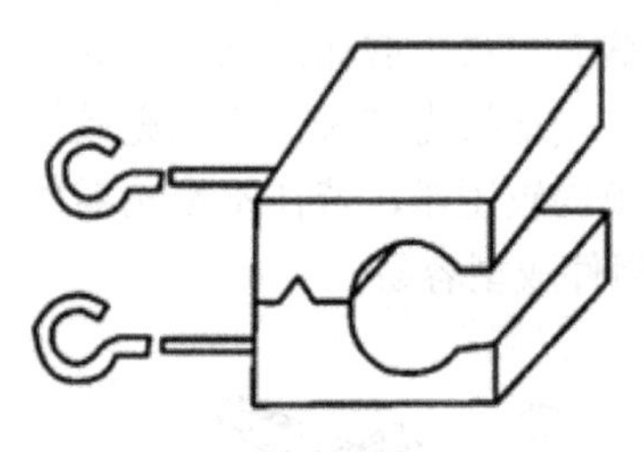

图 10-37 扣模

（1）扣模

如图 10-37 所示，扣模主要用来锻造非回转体锻件，具有敞开的模膛。锻造时工件一般不翻转，不产生毛边，可用于制坯，也可成型。

（2）套筒模

套筒模主要用于回转体锻件如齿轮、法兰等，有开式和闭式两种。开式套筒模一般只有下模（套筒和垫块），没有上模（锤砧代替上模）。闭式套筒模一般由上模、套筒等组成，锻造中金属处于模膛的封闭空间中变形，不形成毛边，如图 10-38 所示。

（3）合模

如图 10-39 所示，合模一般由上、下模及导向装置组成，用来锻造形状复杂的锻件，锻造过程中多余金属流入飞边槽形成飞边。

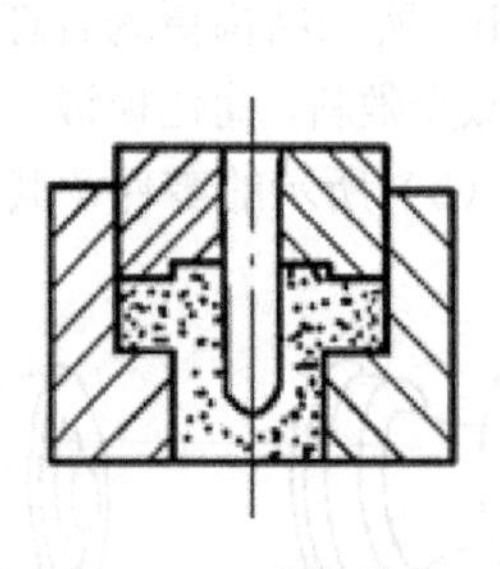

图 10-38 套筒模

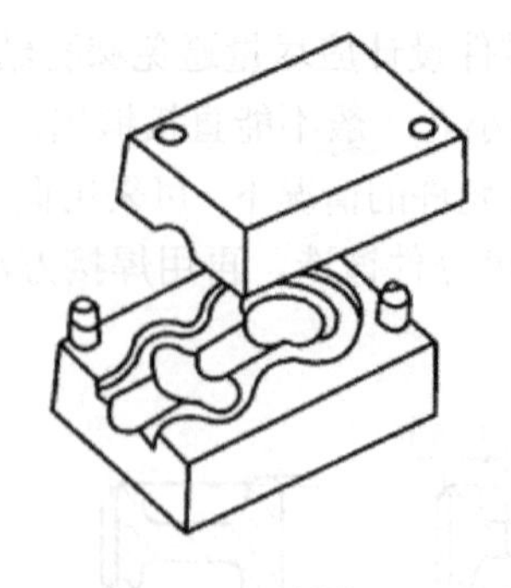

图 10-39 合模

10.3 板料冲压

板料冲压成型是利用冲模使板料产生分离或变形的加工方法，通常在常温下进行，所以又叫冷冲压。板料冲压具有如下特点。

① 板料冲压生产过程主要是依靠冲模和冲压设备完成加工，所以便于实现自动化，生产率高，操作方便。

② 冲压件一般不需再进行切削加工，因而节约材料，减少能源消耗。

③ 板料冲压常用的原材料有低碳钢及塑性好的合金钢和非铁金属。从外观上看多是表面质量好的板料或带料，所以产品质量小、强度高、刚性好。

④ 因冲压件的尺寸公差由冲模来保证，所以产品尺寸稳定，互换性好，可以加工形状复杂的零件。

⑤ 模具费用高，不宜单件、小批量生产。

板料冲压正是因为具有上述独到的特点，在批量生产中才得到广泛应用。在汽车、拖拉机、航空、电器、仪表、国防及日用品工业中，冲压件所占的比例都相当大。采用计算机辅助设计（CAD）和计算机辅助制造（CAM）模具，加快了产品更新换代的步伐，板料冲压技术发展更快，应用更广。

用于冲压加工的设备与其他机械加工设备相比，有以下明显特点：工作机构只需做简单的往复运动，复杂的冲压工序主要靠模具完成；传动系统灵敏可靠，规律性强，易实现机械化和自动化。

根据传动方式不同，冲压设备有曲柄压力机、液压机、气动压力机、电磁压力机四大类，其中，曲柄压力机应用最广。

常用的小型开式冲床就是一台曲柄压力机，如图 10-40 所示。电动机通过皮带把能量传给飞轮，再通过离合器传给曲轴，然后经连杆把曲轴的旋转运动变成滑块的上下往复运动。上模固定在滑块上，与下模配合，完成各种冲压工序。成批大量生产时，常采用多工位自动冲床，生产效率很高。

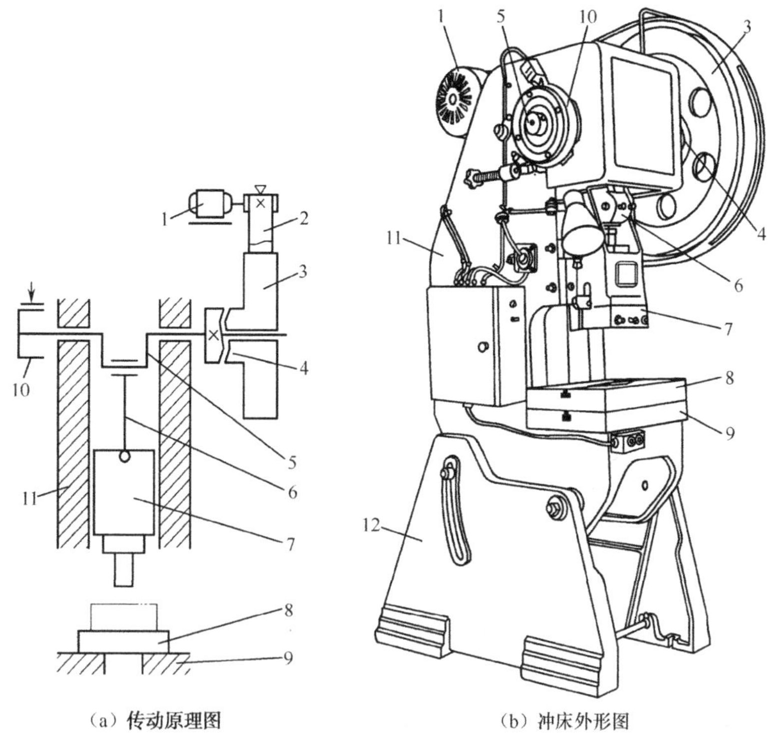

（a）传动原理图　　（b）冲床外形图

1—电动机；2—皮带；3—飞轮；4—离合器；5—曲轴；6—连杆；

7—滑块；8—工作台垫板；9—工作台；10—制动器；11—机身；12—机座

图 10-40　开式冲床

由于用冷冲压加工的零件形状、尺寸、精度要求、生产批量、原材料性能各不相同，因此，生产中采用的冷冲压工艺是多种多样的，概括起来可分为分离工序和成型工序两大类。

10.3.1 分离工序

分离工序是使坯料的一部分与另一部分相互分离的工序，如落料、冲孔、切断、修边、剖切和切口等，见表10-4。

表10-4 分离工序

工序名称	示意图	说明
落料	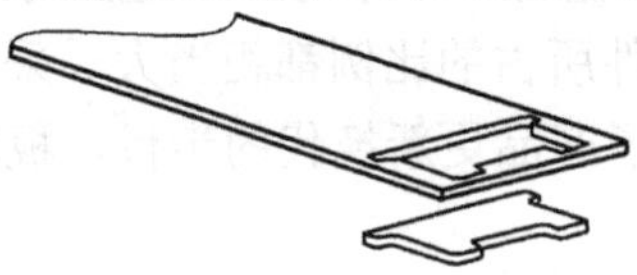	分离轮廓为封闭曲线，轮廓内为工件，轮廓外为废料，用于加工各种形状的平板型工件
冲孔	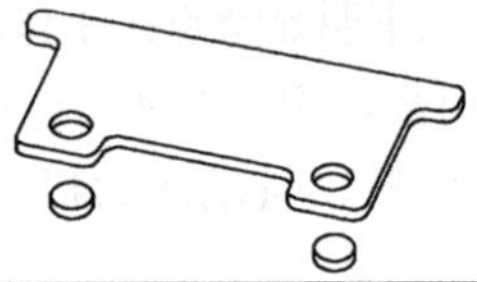	分离轮廓为封闭曲线，轮廓内为废料，轮廓外为工件，用于在工件上加工各种形状的孔。落料与冲孔合称为冲裁
切断（剪切）	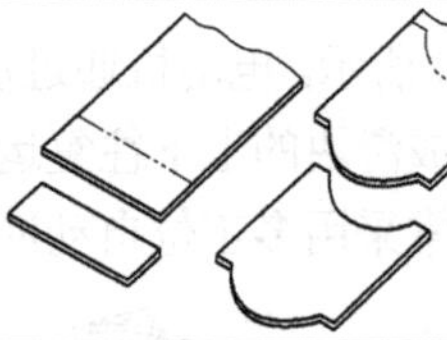	分离轮廓为不封闭曲线（直线），用于将板料裁切成长条或加工成形状简单的平板型工件
修边（切边）	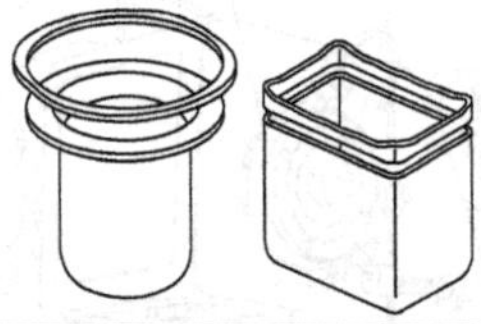	在工序件、半成品的曲面或平面上沿内/外轮廓修切，以获得规则整齐的棱边、光洁的剪切面和较高的尺寸精度
剖切	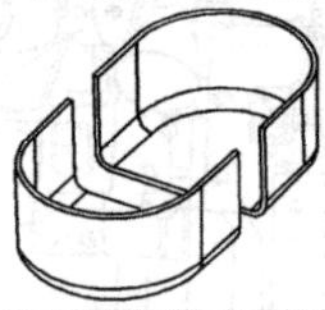	将整体成型得到的工序件、半成品切开成数个工件，多用于不对称工件组成型之后的分离
切口	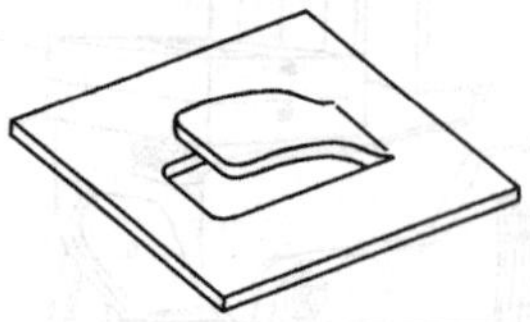	将工件沿不封闭的轮廓部分分离，并使部分板料产生弯曲变形

1. 冲裁

冲裁是落料和冲孔的合称。在落料和冲孔中，坯料变形过程和模具结构均相同，只是材料的取舍不同。

落料：被分离的部分为成品，而留下的部分是废料。

冲孔：被分离的部分为废料，而留下的部分是成品。

例如，冲制平面垫圈，制取外形的冲裁工序称为落料，而制取内孔的工序称为冲孔。

冲裁的应用十分广泛，既可直接冲制成品零件，又可为其他成型工序制备坯料。

（1）冲裁变形过程

冲裁时，板料的分离是在冲模作用下产生弹性变形、塑性变形直至断裂分离的连续过程。以落料和冲孔为例，冲裁分离过程中各阶段材料内部应力变化及特点见表 10-5。

表 10-5　板料冲裁分离过程各阶段材料内部应力变化及特点

名　称	简　图	特　点
弹性变形阶段		毛坯表面承受拉伸和压缩，形成塌角； 坯料上翘，间隙越大，上翘越严重
塑性变形阶段		坯料内部应力达到屈服极限，凸模压入板料，出现光亮带； 产生纤维的弯曲和拉伸，间隙越大，弯曲和拉伸现象也越严重
剪裂分离阶段		坯料内部应力达到抗剪极限，冲裁力达到最大值，受剪处光亮带终止； 由于拉应力作用和应力集中，靠近凸模和凹模刃口处材料首先出现裂缝； 在间隙数值合理的情况下，上下裂纹向内扩展到最后重合，毛坯分离，形成粗糙锥状剪裂带

（2）冲裁断面的质量

由于冲裁变形的特点，冲裁断面可明显分为四个特征区，即塌角带、光亮带、断裂带和毛刺，如图 10-41 所示。

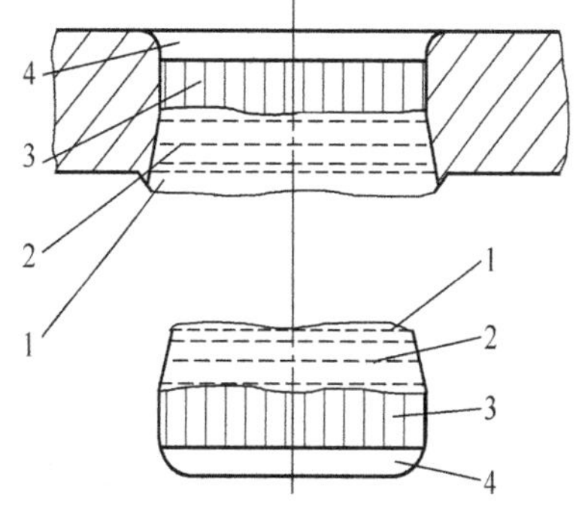

1—毛刺；2—断裂带；3—光亮带；4—塌角带

图 10-41　冲裁件的断面质量

塌角带产生在板料不与凸模或凹模相接触的一面，是由板料受弯曲、拉伸作用而形成的。材料塑性越好、凸凹模之间间隙越大，形成的塌角也越大。

光亮带是由于板料塑性剪切变形所形成的。光亮带表面光洁且垂直于板平面。凸凹模之间的间隙越小、材料塑性越好，所形成的光亮带高度越高。

断裂带是由冲裁时所产生的裂纹扩张形成的。断裂带表面粗糙，并带有 3°～6° 的斜度。材料塑性越差、凸凹模之间间隙越大则断裂带高度越高，斜度越大。

毛刺的形成是由于板料塑性变形阶段后期在凸模和凹模刃口附近产生裂纹，由于刃口正面材料被压缩，刃尖部分为高静压应力状态，使裂纹的起点不会在刃尖处产生，而会在刃口侧面距刃尖不远的地方产生，裂纹的产生点和刃尖的距离成为毛刺的高度。刃尖磨损，刃尖部分高静压应力区域范围变大，裂纹产生点和刃尖的距离也变大，毛刺高度必然增大，所以普通冲裁产生毛刺是不可避免的。

要提高冲裁件质量，就要增大光亮带、缩小断裂带，并减小冲裁件的翘曲。冲裁断面的质量主要与凸凹模间隙和刃口锋利程度有关，同时也受模具结构、材料性能和板厚等因素的影响。

（3）凸凹模间隙及刃口尺寸的确定

凸凹模间隙不仅严重影响冲裁面的断面品质，而且影响模具寿命、卸料力、推件力、冲裁力和冲裁件的尺寸精度。因此，间隙过大和过小均不合适。只有当间隙合适时，上下裂纹重合一线，冲裁力、卸料力和推件力适中，模具才有足够的寿命。这时，零件的尺寸几乎与模具一致，完全可以满足使用要求。合理冲裁间隙的取值与材料的厚度和硬度有关，通常取材料厚度的 5%～10%。软材料、薄料取偏小值，硬材料、厚料取偏大值。

在冲裁件尺寸的测量和使用中，都以光面的尺寸为基准。落料件的光面是因凹模刃口挤切材料而产生的，而孔的光面是因凸模刃口挤切材料而产生的。故计算刃口尺寸时，应按落料和冲孔两种情况分别进行。

设计落料模时，应先按落料件确定凹模刃口尺寸，以凹模作为设计基准，然后根据间隙 Z 确定凸模尺寸（即用缩小凸模刃口尺寸来保证间隙量）。

设计冲孔模时，应先按冲孔件确定凸模刃口尺寸，以凸模作为设计基准，然后根据间隙 Z 确定凹模尺寸（即用缩小凹模刃口尺寸来保证间隙量）。

冲模在工作过程中必然有磨损，落料件尺寸会随凹模刃口的磨损而增大，而冲孔件尺寸则会随凸模的磨损而减小。

（4）冲裁件的排样

排样是指落料件在条料、带料或板料上合理布置的方法。排样合理可使废料最少，材料利用率最大。图 10-42 所示为同一冲裁件的四种排样方式，每件的材料消耗分别为 182.7mm^2、117mm^2、112.63mm^2、97.5mm^2。

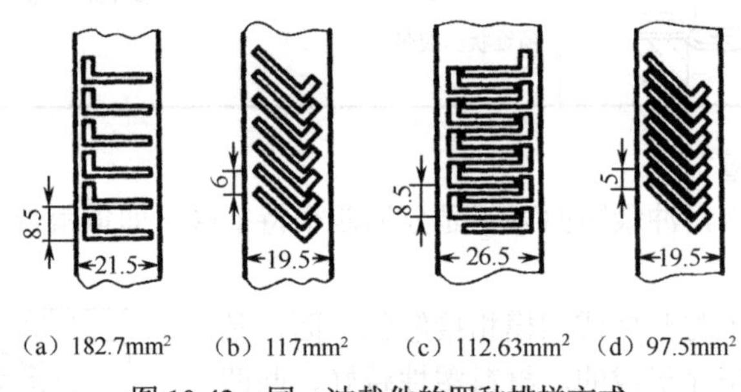

（a）182.7mm^2　（b）117mm^2　（c）112.63mm^2　（d）97.5mm^2

图 10-42　同一冲裁件的四种排样方式

落料件的排样有两种类型：无搭边排样和有搭边排样。

无搭边排样是用落料件的一个边作为另一个落料件的边，如图 10-42（d）所示。这种排样材料利用率很高，但毛刺不在同一个平面上，而且尺寸不容易准确，只有在对冲裁件质量要求不高时才采用。

有搭边排样即是在各个落料件之间均留有一定尺寸的搭边，如图 10-42（a）所示。优点是毛刺小，且在同一个平面上，冲裁件尺寸准确，质量较高，但材料消耗较多。

2. 精密冲裁

普通冲裁获得的冲裁件公差大，断面品质较差，只能满足一般产品的使用要求。利用修整工艺可以提高冲裁件的质量，但生产率低，不能适应大量生产的要求。精密冲裁（简称精冲）是在普通冲裁的基础上，采取了强力齿圈压边、小间隙、小圆角、反顶力四项工艺措施，增大变形区的静压力，抑制材料的断裂，使塑性剪切变形延续到剪切的全过程，在材料不出现剪裂纹的冲裁条件下实现材料的分离，从而得到断面光滑而垂直的精密零件。其尺寸精度可达 IT6～IT9 级，断面粗糙度 Ra 可达 1.6～0.4μm，断面垂直度达 89.5° 以上。

（1）齿圈压板

精冲的压料板与普通的压料板不同，它是带有齿圈的，起强烈的压边作用，使被冲裁材料形成三向压应力状态，增加了变形区及邻域的静压力，如图 10-43 所示。

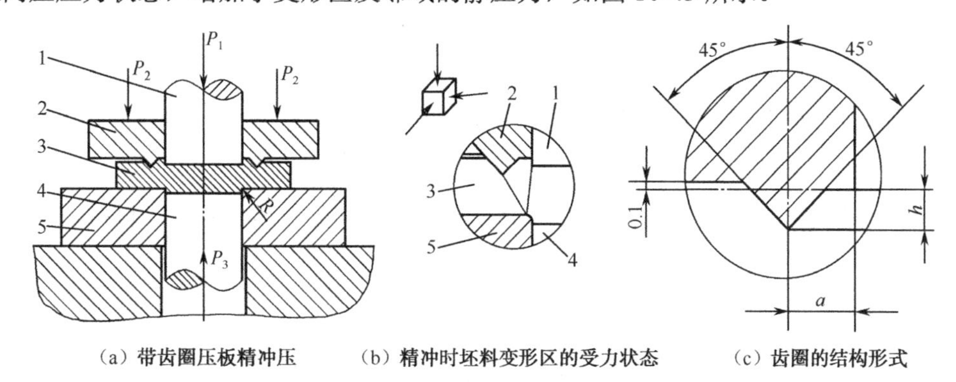

（a）带齿圈压板精冲压　（b）精冲时坯料变形区的受力状态　（c）齿圈的结构形式

1—凸模；2—齿圈压板；3—制件；4—顶板；5—凹模

图 10-43　精密冲裁的方法

齿圈压板是精冲工艺条件的重要组成部分，齿圈的形式为尖状齿形圈，其 V 形角度一般为 45°，如图 10-43（c）所示。尖状齿形圈的尺寸与精冲的材料性能及料厚有关，$a≈(0.5～0.8)t$，$h≈(0.1～0.3)t$，当板料厚度 t >4mm 时要设双面齿圈，其平面轮廓形状一般与工件的冲裁形状相似，但对形状复杂的工件，有特殊要求的部位尽可能与工件形状相似，其余部分可以简化。

（2）凹模（或凸模）小圆角

普通冲裁时，模具刃口越尖越好。精冲时刃尖有 0.02～0.2mm 小圆角，该圆角抑制了剪切裂纹的发生，限制了断裂带的形成，且对工件断面有挤光作用。

模具刃尖的圆角半径大小要适当，圆角太小，断面上可能还有撕裂现象；圆角太大，断面上的塌角带将增大。试模时一般先采用较小值，当加大压边力还不能获得光洁断面时再逐步加大。

（3）小间隙

间隙越小，冲裁变形区的拉应力越小，压应力的作用越大。通常，精冲的间隙近乎为零，一般取 0.01～0.02mm，对较薄的板料也有按单面间隙 $C=(0.5\%～1.2\%)t$ 取用的。小间隙还使模具对冲裁件断面有挤光作用。

同样，精冲时凸凹模的间隙大小及分布的均匀性是影响断面质量的主要因素，而影响间隙大小的主要因素是料厚、材料性能和工件形状等。板料薄、塑性差、冲裁件外形取小值，反之取大值。

（4）反顶力

施加很大的反顶力能减小材料的弯曲，起到增加压应力因素的作用，并促使断裂带的减少和剪切光亮带的增加，同时也使工件无法弯拱。

3．整修

整修是在模具上利用切削的方法，除去普通冲裁时在断面上留下的圆角带、断裂带与毛刺，从而提高冲裁件的断面质量与尺寸精度。采用整修工艺时应注意以下几点。

① 整修可分为外缘整修与内缘整修，如图 10-44 所示。内缘整修还有一种方法，不是用刃尖冲头去切削，而是靠冲头上的圆角截面埂状凸起对冲裁得到的内孔断面进行挤压来提高内表面的精度，降低表面粗糙度。图 10-45 所示为挤光凸模的一种形式。

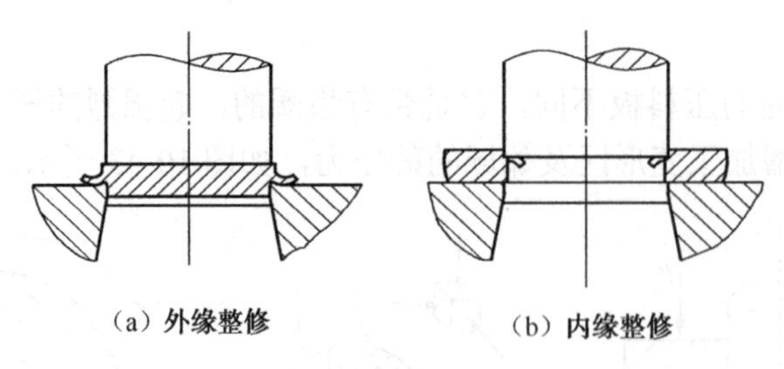

（a）外缘整修　　（b）内缘整修

图 10-44　外缘整修与内缘整修

② 整修余量（双面）一般为 0.1～0.4mm，板料厚、冲裁件形状复杂、材料硬时余量取较大值，反之取较小值。t>3mm 时，需多次整修，逐步达到最终尺寸。

③ 整修不受被整修材料塑性好坏的限制，所以对无法用精冲、半精冲来提高断面质量的中、高碳钢冲裁件，可以采用整修来实现。

④ 整修时冲裁件要准确定位，保证整修余量均匀分布；放置冲裁件时，外缘整修圆角带应向着凹模，内缘整修圆角带应向着凸模。

⑤ 整修切屑的及时清除是实际应用中遇到的一个比较麻烦的问题，尤其是外缘整修，排屑问题严重影响了整修的生产效率。为提高整修生产效率，出现了落料与整修两层凹模叠起组合的加工模（可看作铅垂方向挤进加工，如图 10-46 所示）。

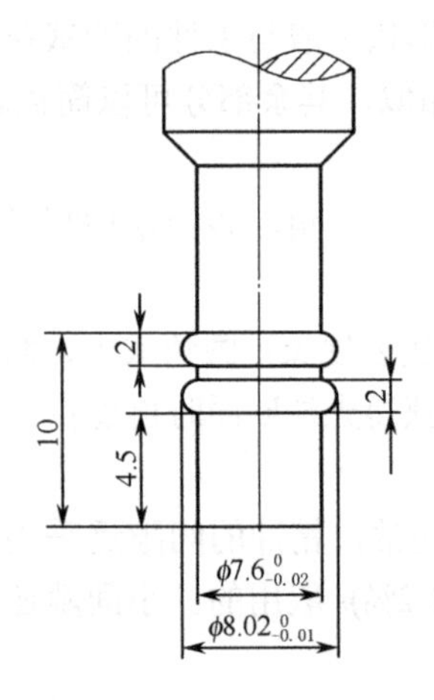

图 10-45　冲孔兼挤光凸模

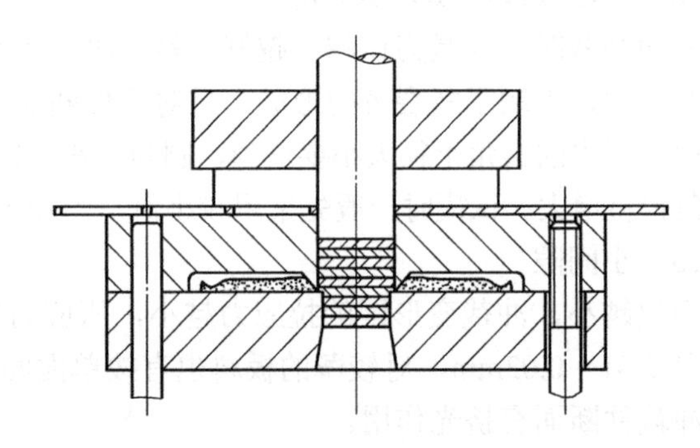

图 10-46　落料与整修组合

与精冲相比，整修加工可以在普通压力机上完成，成本较低；与普通冲裁相比，工件的尺寸精度及断面质量有明显的提高。需要说明的是，冲裁件的精度一般都比较低，盲目地提高精度势必增加成本。

10.3.2 成型工序

成型工序是使坯料的一部分相对于另一部分产生位移而不破裂的工序，如拉伸、弯曲、翻边、胀形、旋压等，见表 10-6。

1. 拉伸

利用模具使板料变成开口空心件的冲压工序称为拉伸。拉伸工艺可以在普通的单动压力机上进行，也可以在专用的双动、三动拉伸压力机或液压机上进行。拉伸不仅能生产锅、盆、壶等各种各样的日用品，而且在汽车、拖拉机、电器、仪表及航空工业中也得到了极其广泛的应用。

表 10-6　成型工序

工序名称	示意图	说明
拉伸		变形区在一拉一压的应力作用下，使板料、浅的空心坯成型为空心件或深的空心件，而壁厚基本不变。还用于将板料外缘全部、部分转移到工件侧壁，使板料成型为皿状工件
弯曲（压弯）		将坯料、型材、工序件、半成品沿直线压弯成具有一定曲率和角度的工件
胀形		使板料、空心工序件、半成品的局部变薄，从而使其表面积增大
翻边		沿封闭、不封闭的轮廓曲线将板料的平面、曲面边缘部分翻成竖直边缘
旋压		在坯料旋转的同时，用一定形状的辊轮施加压力使坯料的局部变形逐步扩展到整体，达到使坯料全部成型的目的，多用于回转体工件的成型
扩口		将空心、管状工序件或半成品的某个端部的径向尺寸扩大
缩口		将空心、管状工序件或半成品的某个端部的径向尺寸减小
整形		对坯料、工序件、半成品的局部、整体施加法向接触压力，以提高工件尺寸精度，获得清晰的过渡形状

1）拉伸变形过程

图 10-47 所示为筒形件的拉伸。典型拉伸模具的工作部分应包含凸模、凹模、压边圈三个功能不同的零件。直径为 D、厚度为 t 的圆形坯料，经拉伸变形得到了直径为 d、高度为 h 的筒形件。

一张直径为 D 的圆纸片要变成一个直径为 d 的圆筒，外缘的纸有多余，若强制成型，侧壁就会起皱。假想按图 10-48 所示，把环形区阴影部分的三角形剪掉，则可成为一个侧壁没有多余料，也不会起皱的纸筒。但在金属板料的实际拉伸过程中，并不是把坯料的“多余三角形”剪掉，而是让“多余三角形”产生塑性变形转移，使得拉伸后工件的高度增加了，同时工件的侧壁厚度也略有增加。

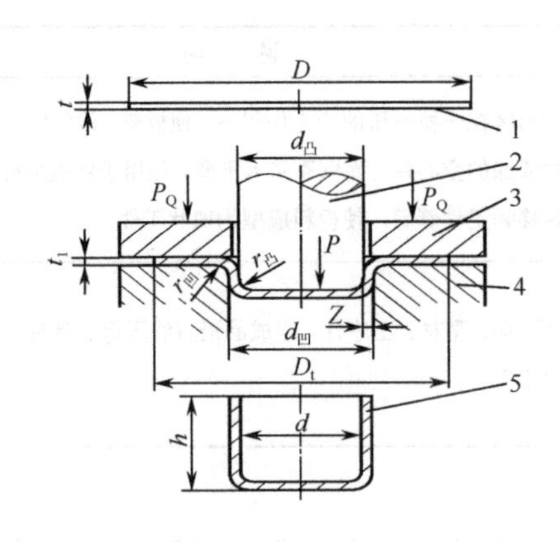

1—坯料；2—凸模；3—压边圈；4—凹模；5—工件

图 10-47 筒形件的拉伸

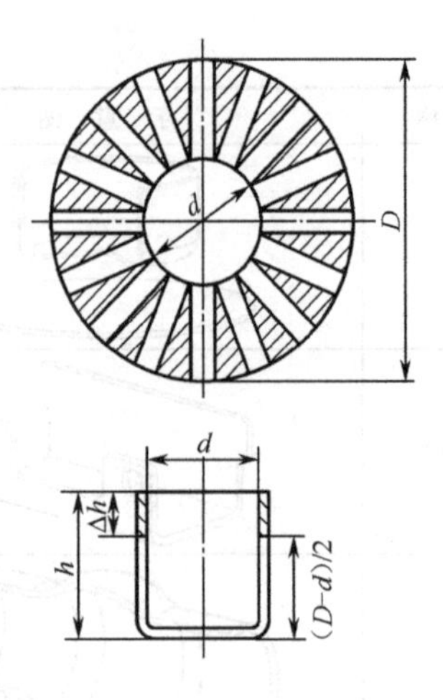

图 10-48 拉伸时材料的转移

2）拉伸系数

每次拉伸后的筒形件直径与拉伸前坯料（或工序件/半成品）的直径之比称为拉伸系数，用符号 m 表示，即

首次拉伸

$$m_1=d_1/D$$

以后各次拉伸

$$m_2=d_2/d_1$$

$$\cdots\cdots$$

$$m_n=d_n/d_{n-1}$$

总拉伸系数表示从坯料拉伸至所需筒形件的总变形程度，即

$$m_{总}=m_1m_2\cdots m_n=d_n/D$$

式中 $m_1,m_2,\cdots,m_n,m_{总}$——各次的拉伸系数及总拉伸系数；

$d_1,d_2,\cdots,d_n$——各次工序件或最终工件的直径；

D——坯料直径。

多次拉伸如图 10-49 所示。

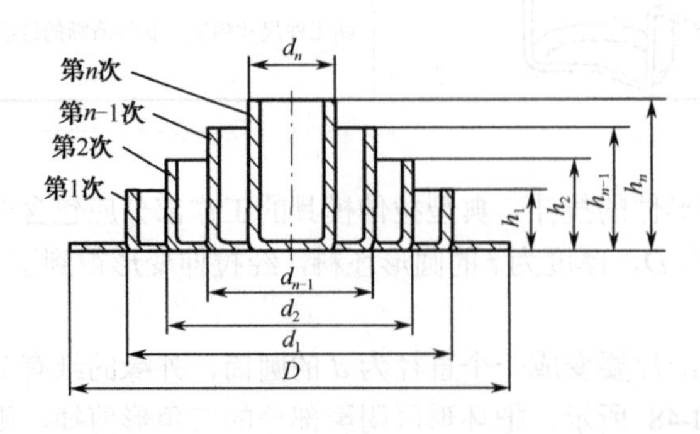

图 10-49 多次拉伸

拉伸系数 m 反映了拉伸前后坯料直径的变化量及坯料边缘在拉伸时切向压缩变形的大小。

m 越小，表示拉伸变形程度越大；m 越小，筒壁传力区产生的最大拉应力越大，当达到筒壁受力区的有效抗拉强度，危险断面濒于拉断时，这一极限变形状态下的拉伸系数即称为极限拉伸系数 m。m 表示了拉伸前后坯料直径的最大变化，是拉伸工作中重要的工艺参数，它是进行拉伸工艺计算和设计模具的基本出发点。m 越小，就意味着板料的拉伸极限变形程度越大。原来可能需要两次拉伸才能成功的仅需要一次拉伸就可以实现，因而其经济意义也很大。为此，应该从技术上去积极寻求降低 m 的措施。常用材料的拉伸系数见表 10-7。

表 10-7　常用材料的拉伸系数 m

材　　料	牌　　号	首次拉伸系数	后续各次拉伸系数
白铁皮		0.58～0.65	0.80～0.85
酸洗钢板		0.54～0.58	0.75～0.78
不锈钢、耐热钢	Cr13	0.52～0.56	0.75～0.78
	Cr18Ni	0.50～0.52	0.70～0.75
	1Cr18Ni9Ti	0.52～0.55	0.78～0.81
铜及铜合金	T2、T3、T4	0.50～0.55	0.72～0.80
	H68	0.50～0.52	0.68～0.72
铝及铝合金	8A06M、1035M、3A21M	0.52～0.55	0.70～0.75
钛及钛合金	工业纯钛	0.58～0.60	0.80～0.85
	TA5	0.60～0.65	0.80～0.85

3）拉伸件的常见质量问题及防止措施

拉伸成型的实质在于凸缘部分的压缩变形，拉伸件常见质量问题有起皱、拉裂、拉伸凸耳、时效开裂、回弹、表面不良等。

（1）起皱

拉伸过程中，坯料凸缘在切向压应力作用下，可能产生失稳，其表征为起皱［凸缘边上材料产生皱褶，如图 10-50（a）所示］。轻微的起皱坯料可通过凸凹模间隙，仅在筒壁上留下皱痕，影响工件表面质量；而严重的起皱会使材料不能通过凸凹模间隙而被拉裂。

（a）起皱

（b）拉裂

图 10-50　起皱与拉裂

防止起皱的主要措施有：

① 采用压边装置，使坯料可能起皱的部分被一大小合适的力压在凹模平面与压边圈之间进行拉伸，如图 10-47 所示。

② 改善凸缘部分的润滑，选用屈强比小、屈服点低的材料，尽量使板料的相对厚度 t/D 大些，以增大其变形区抗压缩失稳的能力。

③ 在模具上选择设计合理的压边形式和适当的拉伸筋，对防止起皱也有较好的效果。

（2）拉裂

一般发生在筒壁与筒底过渡部位的圆角与侧壁相切处，如图 10-50（b）所示。这是因为经拉伸后，筒壁上部和下部的厚度和材料硬度是不一样的，上部材料由凸缘外边缘转移而来，其切向压缩变形量大，厚度有增厚趋向，加工硬化现象显著，有效抗拉强度较高。而下部靠近凸模圆角处的材料是由凸缘部分的内边缘转移而来的，情况正好与上部相反，由于受单向拉应力的影响，厚度有变薄的趋向，加之此处材料受凸模圆角弯曲时产生的弯曲应力影响，会进一步降低它的有效抗拉强度，所以，此处成为拉伸时最易拉裂的危险断面。

防止拉裂的主要措施有：

① 合理选取拉伸系数。较小的拉伸系数虽可加大拉伸变形程度，但却大大增加了拉伸力，使工件筒壁变薄易拉裂。

② 合理选用材料。拉伸板料除应满足工件使用要求外，还应考虑工艺成型性能的要求。

③ 选择合理的凸、凹模圆角半径。凹模圆角半径太小，材料在拉伸成型中弯曲阻力增加，从而使筒壁传力区的最大拉应力增加，危险断面易拉裂；凹模圆角半径太大，又会减小有效压边面积，使凸缘材料易起皱。同样，凸模圆角半径虽然对筒壁传力区拉应力影响不大，但却影响危险断面的抗拉强度。凸模圆角半径太小，材料绕凸模弯曲的拉应力增加，危险断面抗拉强度降低；凸模圆角半径太大，既会减小传递凸模载荷的承载面积，又会减小凸模断面与材料的接触面积，增加坯料的悬空部分，易使悬空部分起皱。

④ 合理润滑。拉伸时采用必要的润滑，有利于拉伸变形的顺利进行，且筒壁变薄得到改善，但必须注意润滑剂只能涂在凹模和压边圈与坯料接触的表面，而在凸模表面不要润滑，因为凸模与坯料表面的摩擦属于有益的摩擦，它可以防止工件在拉伸过程中的滑动和变薄。

（3）拉伸凸耳

筒形件拉伸，在工件口端出现有规律的高低不平现象就是拉伸凸耳。凸耳的数目一般为4个，产生拉伸凸耳的原因是板材中的织构现象。欲消除凸耳获得口部平齐的拉伸件，只有进行修边。如图10-51所示，修边余量应大于凸耳的高度，即 $h_{max}-h_{min}$。

（4）时效开裂

如图10-52所示，拉伸件成型后，由于经受到撞击或振动，甚至存放一段时间后都会出现口部开裂现象，称为时效开裂。一般是口端先开裂，进而扩展开来。

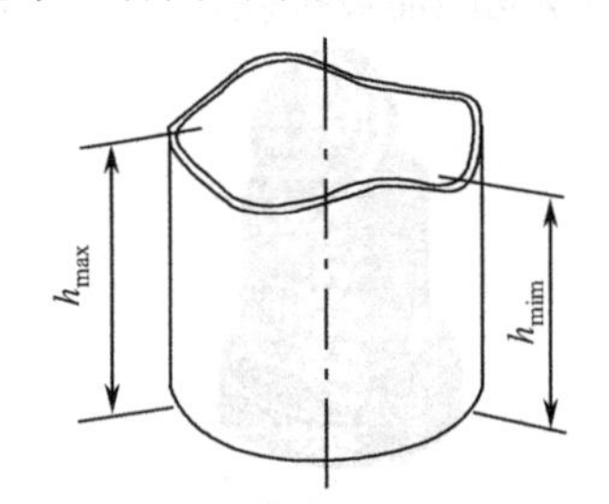

图10-51 筒形件的凸耳

图10-52 拉伸件时效开裂

引起时效开裂的原因主要有金属组织和残余应力两个方面。其中，金属组织方面主要是金属中含有氢，脱氢处理对解决某些不锈钢等材料拉伸件的时效开裂问题是相当有效的。由板料拉伸成筒形件后，筒壁每一个截面上内、外层金属存在不均匀变形；筒壁上、下部金属变形量也有差别。由于不均匀变形的存在，产生了附加应力和残余应力。

预防时效开裂的措施有：拉伸后及时修边；在拉伸过程中及时进行中间退火；在多次拉伸时尽量在其口部留一条宽度较小的凸缘边等。

2．弯曲

弯曲是将坯料弯成一定角度、一定曲率而形成一定形状零件的工序。弯曲方法有压弯、折弯、拉弯、辊弯、辊形等，但最常见的是在压力机上进行的压弯。

1）弯曲变形过程

尽管各种弯曲方法不同，但其弯曲过程及特点具有共同的规律。图 10-53 所示为 V 形件压弯过程。随着凸模的下压，坯料的直边逐渐向凸（凹）模 V 形表面靠近，坯料的内侧半径逐渐减小，即 $r_1>r_2>r_3>r$，变形程度逐渐增加；同时，弯曲力臂也逐渐减小，即 $L_1>L_2>L_3>L_k$，坯料与凹模之间有相对滑动现象，如图 10-53（b）所示。从坯料与凸模有 3 点接触起，坯料的直边有一个反向转动的阶段，如图 10-53（c）所示。当凸模、坯料与凹模三者完全压合，坯料的内侧弯曲半径及弯曲力臂达到最小时，弯曲过程结束。

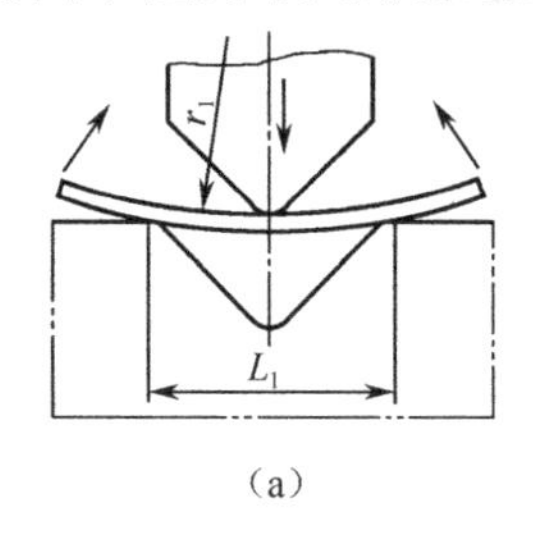

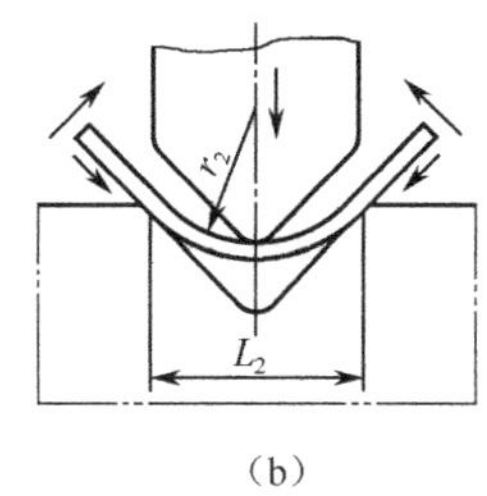

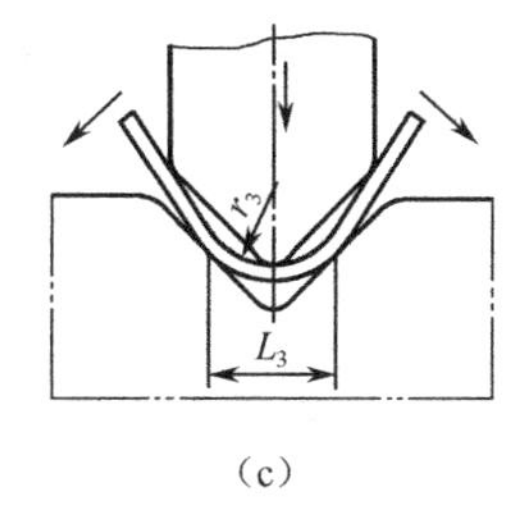

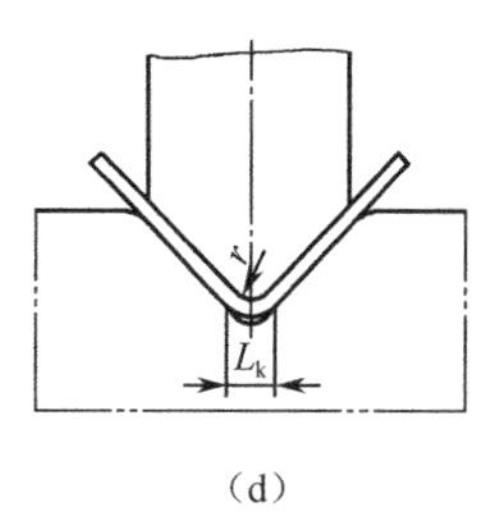

图 10-53　V 形件压弯过程

2）弯曲件的常见质量问题及防止措施

弯曲时的主要质量问题有弯裂、回弹、偏移、翘曲及截面畸变。

（1）弯裂

如图 10-54 所示，弯裂是弯曲时较常见的质量问题之一，一般采用以下措施加以防止。

① 适当增加凸模圆角半径。

② 采用两次（多次）弯曲，并增加中间退火工序。

③ 使弯曲线与板料轧制方向垂直或成 30° 以上角度，参见图 10-55。

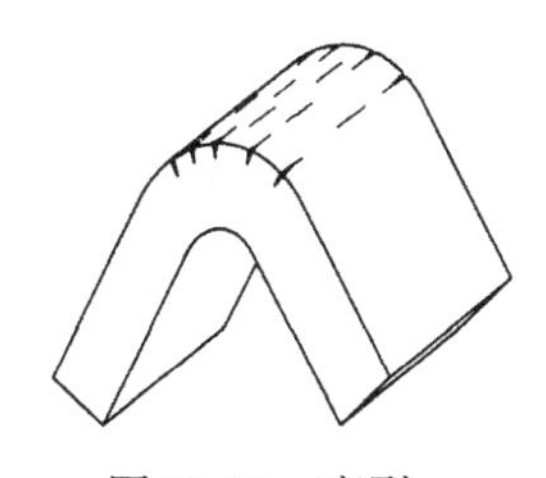

图 10-54　弯裂

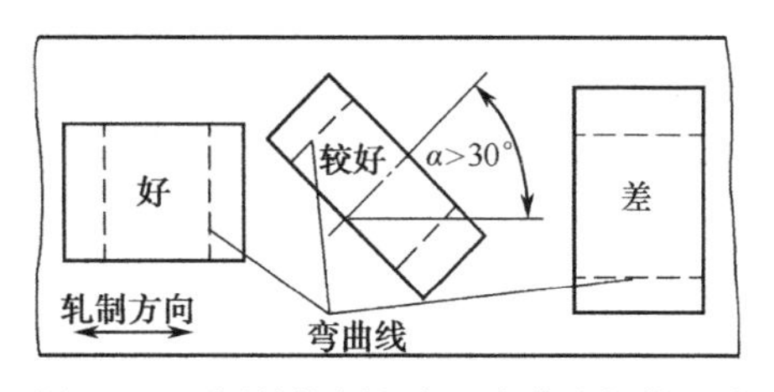

图 10-55　板料轧制方向对弯曲半径的影响

（2）回弹

如图 10-56 所示，在板料弯曲变形结束，工件不受外力作用时，由于弹性恢复，使弯曲件的角度、弯曲半径与凸模的形状尺寸不一致，这种现象称为回弹。回弹产生的误差降低了工件的尺寸精度。

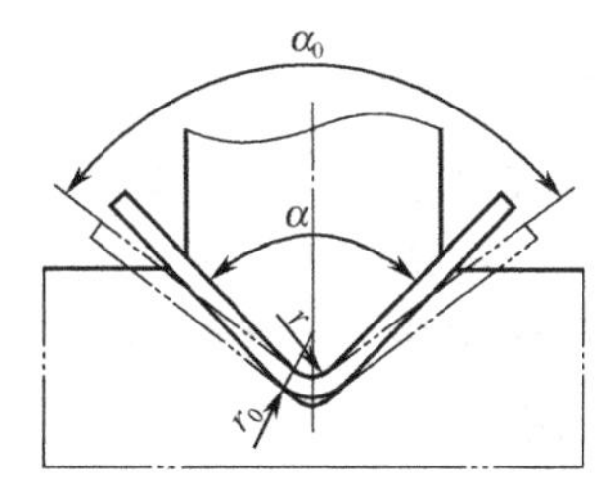

图 10-56　弯曲件的回弹

弯曲回弹是不可避免的，生产中只能采取措施来控制或减小回弹，常用的措施有：

① 改进产品的设计。增大弯曲角的截面惯性矩 I，可有效地抑制回弹。因此，设计产品时，可在变形区增设加强筋或边翼，如图10-57所示。

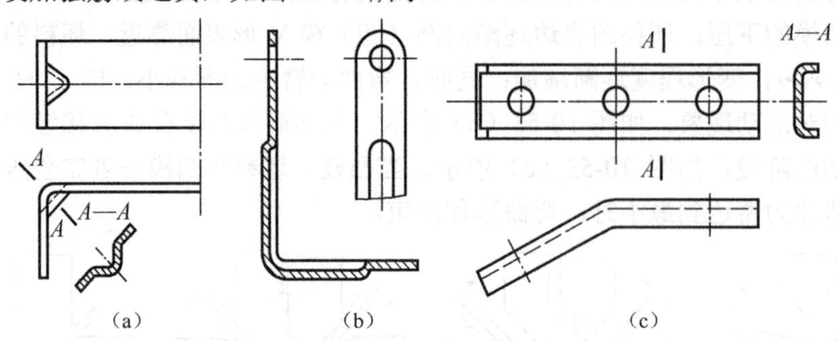

图10-57 在零件结构上考虑减小回弹

② 从工艺上采取措施。用校正弯曲替代自由弯曲；对硬材料及已冷作硬化的材料须进行退火处理，降低其屈服强度，弯曲后视需要再淬硬。

③ 改变应力状态。回弹是由于弯曲变形区外层长度方向受拉，而内层长度方向受压的应力状态所致。因此，从本质上讲，只要改变这种应力状态，使内、外层应变符号一致，就可以减小回弹。

④ 利用回弹规律补偿法。虽然弯曲件的回弹是不可避免的，但是可以根据回弹趋势和回弹量的大小，预先对模具工作部分做相应的形状和尺寸修正，使出模后的弯曲件获得要求的形状和尺寸。如图10-58所示，单角弯曲时，根据估算的回弹量，将凸模的圆角半径和顶角 α 预先减小些，经调试修整补偿回弹；有压板时，可在下模留出回弹量，并使上、下模间隙为最小板厚；双角弯曲时，可在凸模两侧做出回弹角或将模具底部（顶件板）做成圆弧形，以补偿回弹。

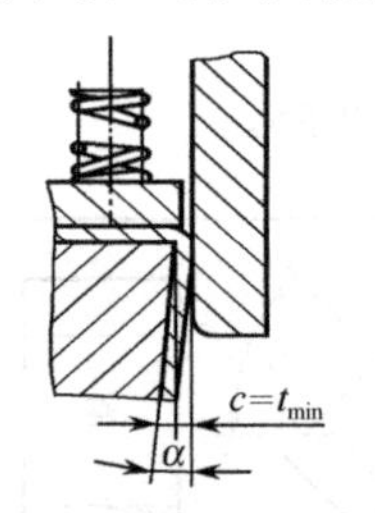

（a）有压板的单角回弹

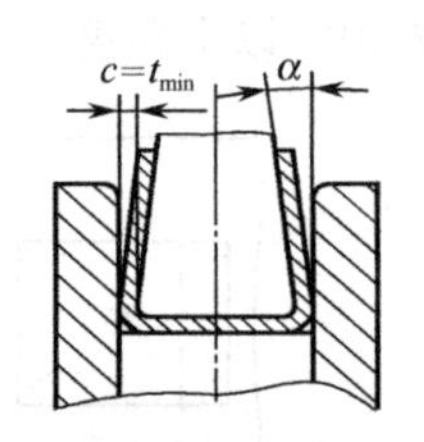

（b）回弹角使两侧的双角弯曲

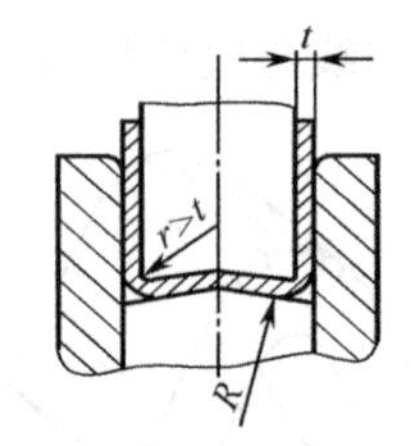

（c）模具底部做成圆弧形的双角弯曲

图10-58 利用回弹规律补偿法

用橡胶或聚氨酯软凹模替代金属凹模，如图10-59所示，调节凸模压入软凹模的深度来控制回弹，获得符合精度要求的工件。

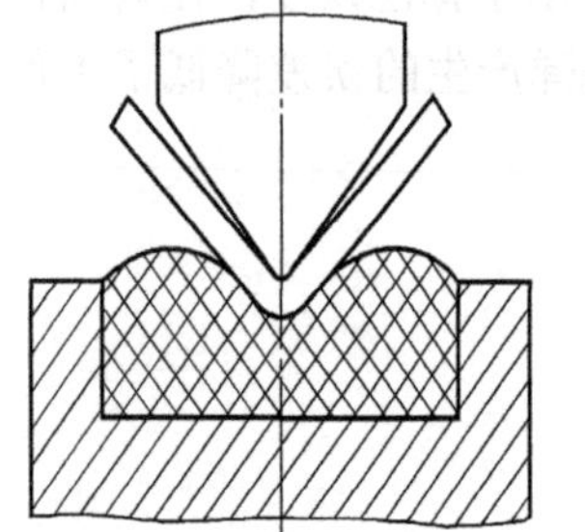

图10-59 软凹模弯曲

3．胀形

胀形是利用局部变形使已成型半成品的部分内径增大的冲压成型工艺。常见的胀形件有板料的压花（筋）件、肚形搪瓷制品、自行车管接头、波纹管，以及汽车车身的某些覆盖件等。胀形的方法一般有机械胀形、橡皮胀形、液压胀形、起伏成型等。

（1）机械胀形（刚模胀形）

典型的机械胀形如图10-60所示。它利用锥形芯4将分瓣凸模2顶开，使坯料胀成所需形状。这种方法模具结构较为复杂。由于凸模分开后存在间隙且周向位移难以一致，因此只能应用于胀形量小且精度不高的工件。图10-61所示是机械胀形的另一种方法，它采用无凸模机械胀形。凹模分上下两块，杯形工序件（半成品）放置于下凹模 6 中，成型时芯轴 2 先进入工序件（半成品）内将其定位，保证杯壁不失稳，继而对其进行镦压。由于凹模及芯轴的约束作用，工序件（半成品）只有在中间空腔处变形，达到胀形的目的。这种方法只适用于较小的局部变形。

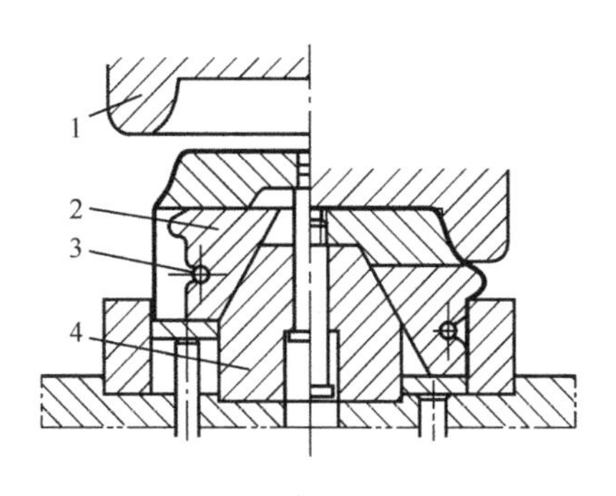

1—凹模；2—分瓣凸模；3—拉簧；4—锥形芯

图 10-60　滑块式机械胀形

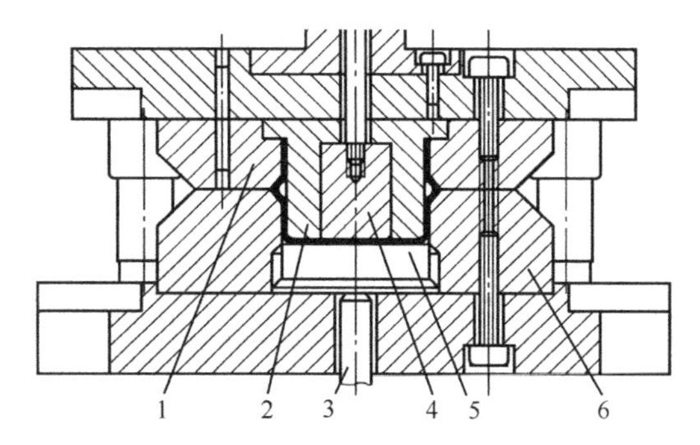

1—上凹模；2—芯轴；3—顶杆；4—推件块；5—顶件块；6—下凹模

图 10-61　无凸模机械胀形

（2）橡皮胀形

橡皮胀形如图 10-62 所示。在压力作用下橡皮变形，使工件沿凹模胀出所需形状。所用橡皮应具有弹性好、强度高和耐油等特点，以聚氨酯橡胶为好。

（3）液压胀形

液压胀形如图 10-63 所示。压力机滑块下行时，先将灌注有定量液体的工序件（半成品）口部密封（可采用橡胶垫），滑块继续下行，通过液体将高压传递给工序件（半成品）内腔，使其变形。这种方法靠液体传力，在无摩擦状态下成型，受力均匀且流动性很好，因此可以制作很复杂的胀形件（如皮带轮等）。这种方法工艺较复杂，成本较高。

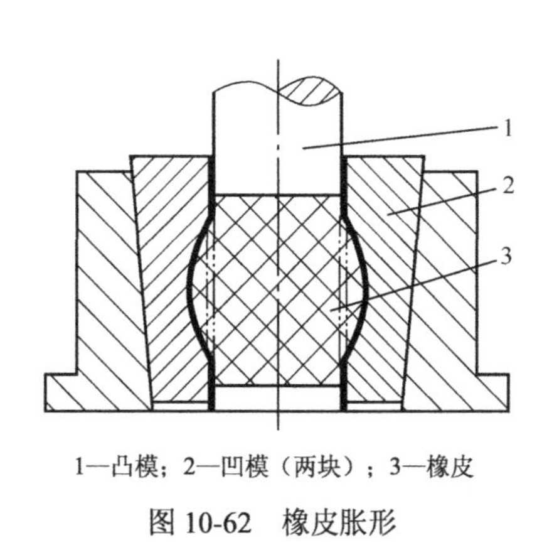

1—凸模；2—凹模（两块）；3—橡皮

图 10-62　橡皮胀形

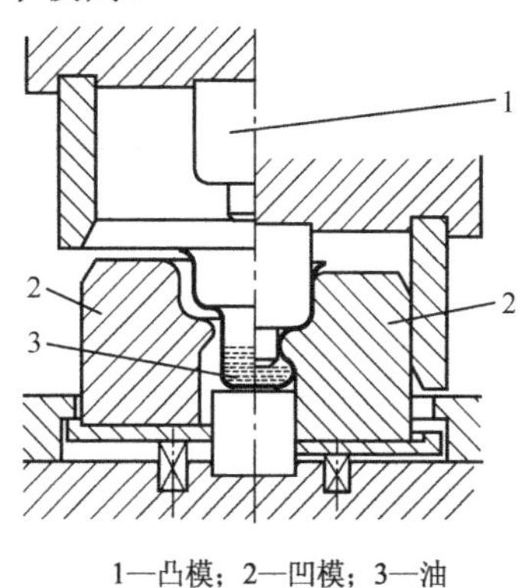

1—凸模；2—凹模；3—油

图 10-63　液压胀形

（4）起伏成型

平板坯料局部胀形又叫起伏成型，它依靠平板材料的局部拉伸，使坯料或工件局部表面积增大，形成局部的下凹或凸起。如图 10-64 所示，生产中常见的有压花、压包、压字、压筋等。

经过起伏成型后的工件，由于形状改变引起惯性矩发生变化，再加上材料的冷作硬化作用，能够有效地提高工件的刚度和强度。

在起伏成型中，由于摩擦力的关系，变形区材料的变薄、伸长并不均匀。以某个位置上最为严重，且该部位的伸长应变最先达到最大值。若进一步增大变形程度，即会发生迸裂。

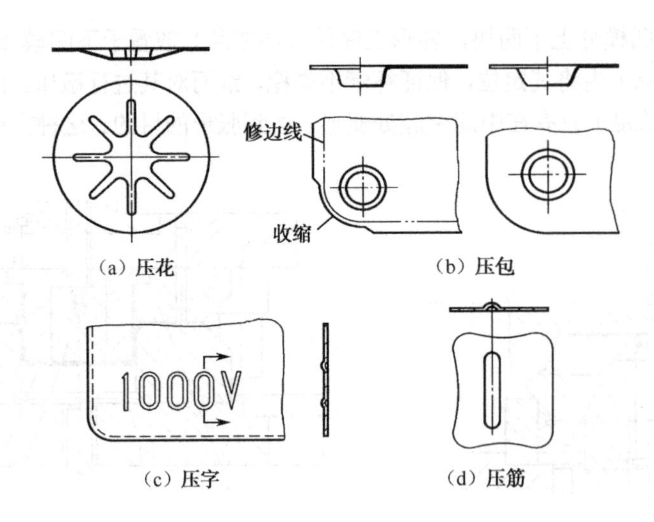

（a）压花 （b）压包
（c）压字 （d）压筋

图 10-64 起伏成型

4．翻边

翻边是将工件外缘或内孔翻起一定的高度。翻边主要用于制出与其他零件装配的部位（如螺纹底孔等），或者为了提高工件的刚度而加工出特定的形状。在大型钣金成型时，也可作为控制破裂或褶皱的手段。

按工艺特点，翻边可分为内孔（圆孔/非圆孔）翻边、外缘翻边（含内曲翻边和外曲翻边）等。内孔翻边是使工件上预制孔的孔径扩大并同时弯出筒形边的冲压工艺。内孔翻边时，孔缘附近的材料受到切向拉应力作用，容易产生裂纹，这是内孔翻边时的主要质量问题。因此，一般内孔翻边高度都不能太大，若翻边高度较大，则需要采用多次翻边的方式，中间进行热处理退火，以消除加工硬化，恢复材料塑性。

如图 10-65 所示，圆孔翻边变形区受二向拉应力即切向拉应力 σ_θ 和径向拉应力 σ_r 的作用。切向拉应力 σ_θ 是最大主应力，在孔口处达到最大值，此值若超过材料的允许值，翻边即会破裂。因此孔口边缘的许用变形程度决定了翻边能否顺利进行。变形程度以翻边系数 K 表示，即

$$K=d/D$$

式中 d——翻边前预制孔直径；

D——翻边后直径（中径）。

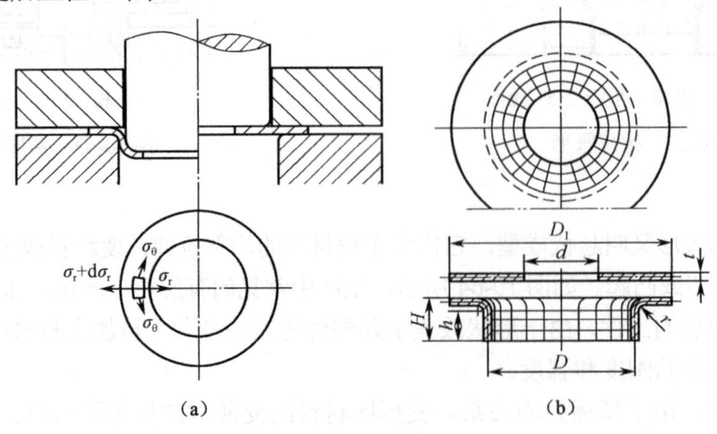

（a） （b）

图 10-65 圆孔翻边时的应力与变形情况

K 值越小变形程度越大。翻边时孔口不破裂可能达到的最小值称为极限翻边系数 K_{min}。影响 K_{min} 的因素有材料塑性、孔的边缘状况、翻边凸模的形式、d/t（相对厚度）等。表 10-8 所示是低碳钢的圆孔极限翻边系数 K_{min}。

表 10-8　低碳钢的圆孔极限翻边系数 K_{min}

凸模形式	孔的加工方法	相对厚度 d/t										
		100	50	35	20	15	10	8	6.5	5	3	1
球形	钻孔去毛刺	0.70	0.60	0.52	0.45	0.40	0.36	0.33	0.31	0.30	0.25	0.20
	冲孔	0.75	0.65	0.57	0.52	0.48	0.45	0.44	0.43	0.42	0.42	—
圆柱形平底	钻孔去毛刺	0.80	0.70	0.60	0.50	0.45	0.42	0.40	0.37	0.35	0.30	0.25
	冲孔	0.85	0.75	0.65	0.60	0.55	0.52	0.50	0.50	0.48	0.47	—

当工件凸缘高度较高，不能在一次翻边中直接成型时，需增加其他工序，如加热翻边、多次翻边或先拉伸、冲孔再翻边等。

5．旋压

旋压是一种成型金属空心回转体件的工艺方法。图 10-66 所示是旋压过程示意图（1～9 表示坯料的连续位置）。顶块把坯料压紧在模具上，机床主轴带动模具和坯料一同旋转，手工操作使擀棒加压于坯料，反复压碾，于是由点到线、由线及面，使坯料逐渐贴于模具上而成型。

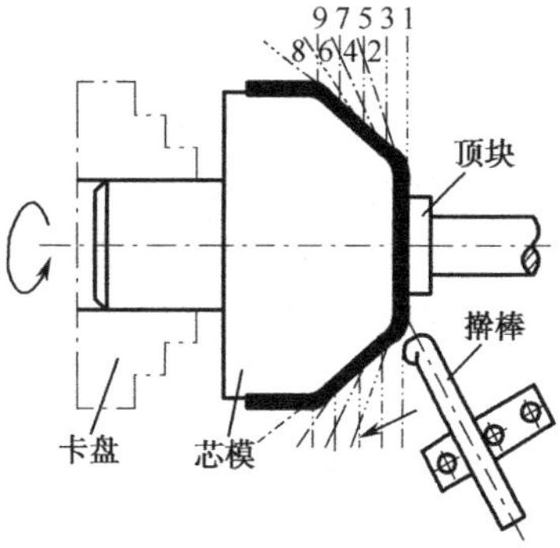

旋压可制造各种轴对称旋转体零件，如扬声器、弹体、高压容器封头、铜锣；也可用于气瓶收口、筒坯成型等。旋压加工的优点是设备和模具都比较简单（没有专用的旋压机时可用车床代替），除可成型如圆筒形、锥形、抛物面形或其他各种曲线构成的旋转体外，还可加工相当复杂形状的旋转体零件。缺点是生产率较低，劳动强度较大，比较适用于试制和小批量生产。

图 10-66　旋压过程示意图

旋压成型虽然是局部成型，但是，如果材料的变形量过大，也易产生起皱甚至破裂缺陷，所以变形大的工件需要多次旋压成型。在加工过程中，由于旋压件加工硬化严重，多次旋压时必须进行中间退火。

10.3.3　冲压件结构工艺性分析

所谓冲压件工艺性分析，就是判断所设计的冲压件能否进行冲压、冲压的难易程度及可能出现的问题。影响冲压件工艺性的主要因素有冲压件的形状、尺寸、精度和材料等。在所选材料确定之后，为了保证冲压件的尺寸精度，就要求在设计冲压件结构时，考虑冲压工艺过程中形成各种形状尺寸的制约因素，确保冲压件的结构不与这些制约因素相抵触。

1．冲压件结构工艺性

① 冲压件应尽量避免应力集中的结构。冲压件各直线或曲线连接处应尽可能避免出现尖锐的交角。尖角处的应力集中容易造成模具冲裂。

除少废料排样、无废料排样、裁搭边排样或凹模使用镶拼模结构外，都应有适当的圆角相连，如图 10-67 所示。冲压件的内、外圆角连接处 R 的最小值可参考表 10-9 选取。

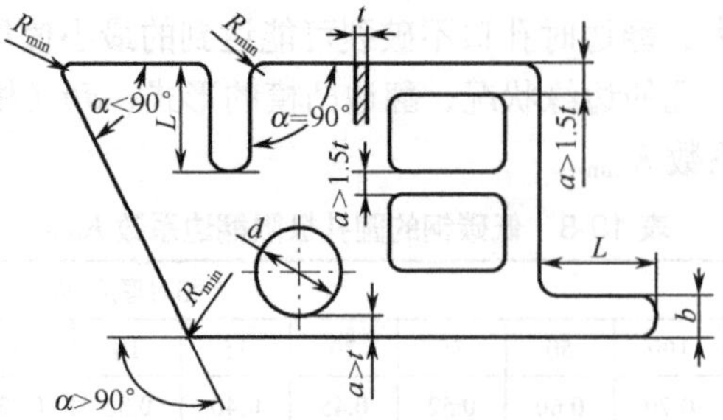

图 10-67　冲压件有关尺寸的限制

表 10-9　冲压件的最小圆角半径

工 序	角度α/（°）	最小圆角半径 R_{min}		
		黄铜、纯铜、铝	低碳钢	高碳钢
落 料	α≥90	0.18t	0.25t	0.35t
	α＜90	0.35t	0.50t	0.70t
冲 孔	α≥90	0.20t	0.30t	0.45t
	α＜90	0.40t	0.60t	0.90t

② 冲压件应避免有过长的悬臂和窄槽。这样能有利于凸凹模的加工，提高凸凹模的强度，防止崩刃。如图 10-67 所示，一般材料取 $b \geqslant 1.5t$；高碳钢应同时满足 $b \geqslant 2t$，$L \leqslant 5b$；但 $b \leqslant 0.25$mm 时模具制造难度已相当大，所以 $t \leqslant 0.5$mm 时，前述要求按 t=0.5mm 判断。

③ 因受凸模刚度的限制，冲压件的孔径不宜太小。冲孔最小尺寸取决于冲压材料的力学性能与凸模强度和模具结构。各种形状孔的最小尺寸可参考表 10-10。

表 10-10　凸模冲孔的最小尺寸

材 料	示意图及尺寸要求			
	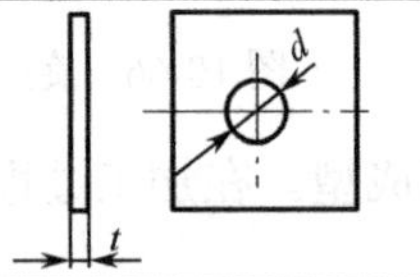	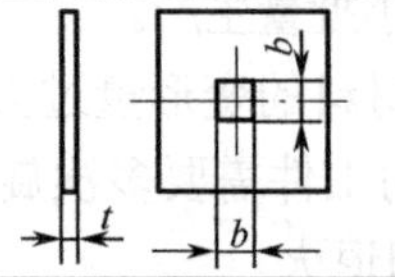	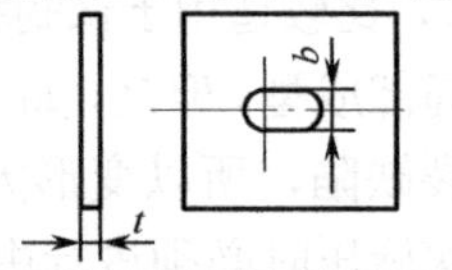	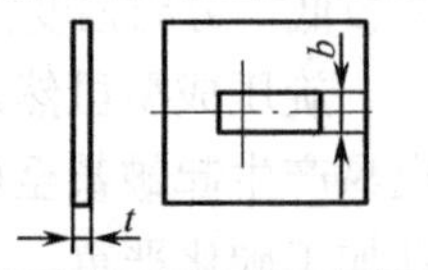
硬钢	$d \geqslant 1.3t$	$b \geqslant 1.2t$	$b \geqslant 0.9t$	$b \geqslant 1.0t$
软钢、黄铜	$d \geqslant 1.0t$	$b \geqslant 0.9t$	$b \geqslant 0.7t$	$b \geqslant 0.8t$
铝、锌	$d \geqslant 0.8t$	$b \geqslant 0.7t$	$b \geqslant 0.5t$	$b \geqslant 0.6t$

④ 冲裁件上孔与孔、孔与边之间的距离不宜过小，如图 10-67 所示，以避免工件变形或因材料易拉入凹模而影响模具寿命。如果用倒装复合模冲裁，受凸凹模最小壁厚强度的限制，模壁不宜过薄。此时冲裁件上孔与孔、孔与边之间的距离应参考表 10-11。

表 10-11　倒装复合模冲裁时孔与孔、孔与边的最小距离

（mm）

板料厚度 t	≤0.3	0.4	0.6	0.8	1.0	1.2	1.4	1.6	1.8	2.0	2.2	2.4	2.6
最小距离 a	≥1.0	1.4	1.8	2.3	2.7	3.2	3.6	4.0	4.4	4.9	5.2	5.6	6.0
板料厚度 t	2.8	3.0	3.2	3.4	3.5	3.8	4.0	4.2	4.4	4.6	4.8	5.0	
最小距离 a	6.4	6.7	7.1	7.4	7.7	8.1	8.5	8.8	9.1	9.4	9.7	10.0	

⑤ 拉伸件的外形应力求简单对称且不宜太高，以便易于成型和减少拉伸次数。拉伸件上有

孔时应在成型后再冲，除非是大平面底部中间小孔不影响成型。在冲孔时，为避免凸模受水平推力而折断，孔壁与工件直壁之间应保持一定距离，使 $L \geqslant R+0.5t$，如图 10-68 所示。

⑥ 弯曲件形状应尽量对称，工作过程防止材料偏移。弯曲半径不能小于材料允许的最小弯曲半径。弯曲件冲孔的位置邻近圆弧之处时，如孔的形状和位置精度要求较高，应在成型后再冲孔，如图 10-68 所示。

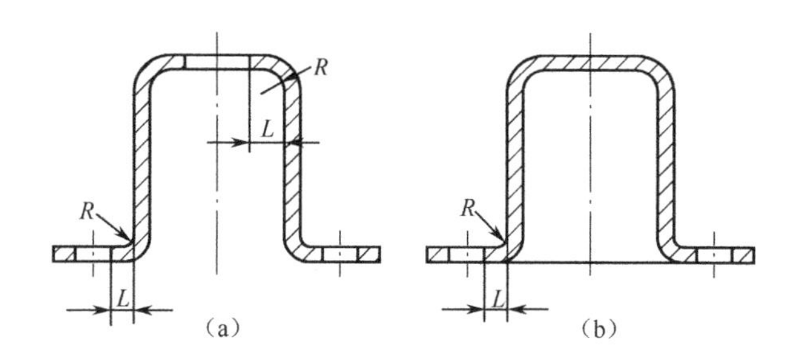

图 10-68　弯曲件和拉伸件冲孔位置

2．改善冲压件结构工艺性的途径

① 在使用功能不变的情况下，尽量简化结构，以减少工序，节省材料，降低成本。如图 10-69 所示，消声器后盖零件的原结构设计须由八道工序完成，改进后只需三道工序且材料节省了 50%。

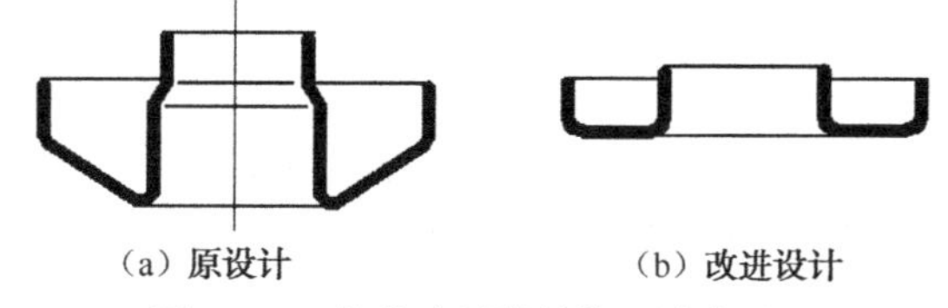

(a) 原设计　(b) 改进设计

图 10-69　简化冲压件结构（消声器）

② 采用冲口工艺，以减少一些组合件。如图 10-70 所示，原设计用三个件铆接或焊接组合而成，现采用冲口（切口—弯曲）制成整体零件，节省了材料，也简化了成型过程，提高了生产率。

③ 采用冲焊结构。如图 10-71 所示，对于形状复杂或特别的冲压件，可设计成若干个简单的冲压件，然后再用焊接或其他连接方法形成整体件。

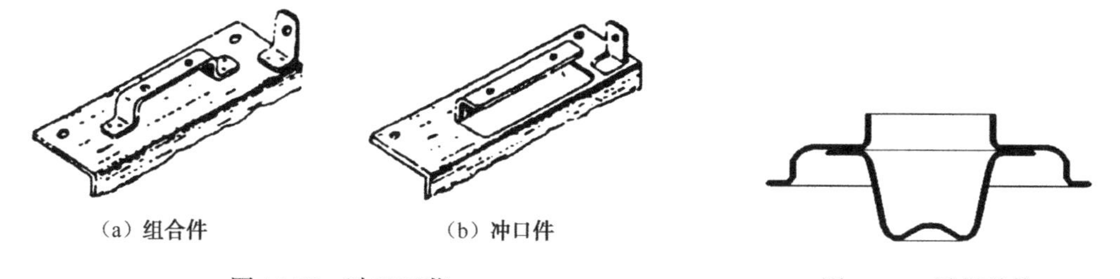

(a) 组合件　(b) 冲口件

图 10-70　冲口工艺　　图 10-71　冲焊结构

④ 冲压件的厚度。在强度、刚度允许的情况下，应尽量采用厚度较薄的材料来制作，以减少金属的消耗、减轻结构质量。对局部刚度不够的地方，可采用加强筋。

另外，需要说明的是，冲压件的精度和表面质量不是越高越好。在满足需要的情况下应尽可能降低尺寸精度要求，以降低成本，提高生产率。冲压件一般精度等级为：落料不超过 IT10 级；冲孔不超过 IT9 级；弯曲不超过 IT9～IT10 级；拉伸件直径为 IT9～IT10 级，高度尺寸为 IT8～IT10 级。冲压件表面品质也尽可能不高于原材料所具有的表面品质，否则将增加切削加工等工序，增加成本。

总之，冲压件的工艺性合理与否，将直接影响冲裁件的质量、模具寿命、材料消耗和生产效率等。一方面，通过工艺性分析，改进冲裁件的设计，完善冲压件的工艺性能，就能用一般冲压方法，在模具寿命较高、生产效率较高、生产成本较低的前提条件下，获得质量稳定的冲压件，这就是进行冲压件工艺性分析的最终目的。另一方面，冲压件的使用要求又促进冲压工艺水平和相应的模具制造水平向更高更精的水平发展。所以，上述衡量冲压件工艺性合理与否的标准是根据目前冲压工艺和模具制造水平提出的，但会不断变化和发展。

思考题

10-1 什么是塑性成型？塑性成型主要有哪些方法？它的主要用途是什么？

10-2 什么是加工硬化？试说明金属材料产生加工硬化的利与弊。

10-3 何谓冷变形？何谓热变形？

10-4 原始坯料长 120mm，如果拔长到 360mm，锻造比是多少？

10-5 自由锻件的设计原则是什么？

10-6 与自由锻造相比，锤上模锻有何特点？

10-7 如何确定模锻件分模面的位置？

10-8 何谓冷冲压？其有何特点？

10-9 板料冲压的基本工序有哪些？

10-10 冲裁件断面有何特征？如何提高冲裁件的质量？

10-11 拉深圆筒件时容易出现哪些缺陷？应如何避免这些缺陷？

10-12 翻边件的凸缘高度尺寸较大，一次翻边实现不了时，应采取什么措施？

第11章 焊接成型

材料通过机械、物理化学或冶金方式，由简单型材或零件连接成复杂零件或机械部件的工艺过程称为连接成型。连接成型分为机械连接成型、物理化学连接成型和冶金连接成型三类，如图 11-1 所示。

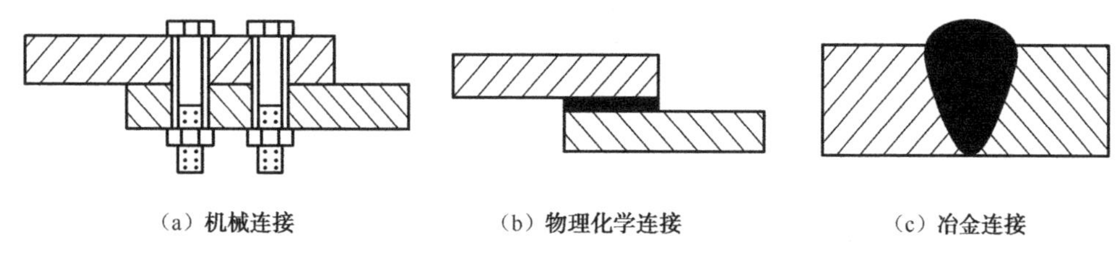

图 11-1　连接成型接头形式

冶金连接成型是通过加热或加压（或两者并用），在使用或不使用填充材料的条件下，使两个分离表面的原子达到晶格距离从而形成冶金结合，以获得不可拆卸接头的工艺过程。该工艺过程称为焊接，它是一种永久性连接材料的工艺方法。

焊接在航空、航天、机械、化工、电子、电器等领域具有广泛而重要的应用，小到集成电路基片与引脚，大到万吨轮船，都离不开焊接，尤其在制备大型构件和复杂部件时，焊接更具有其优越性。它可以用化大为小、化复杂为简单的办法来准备坯料，然后再用逐次装配焊接的方法拼小成大、拼简单成复杂，这是其他工艺方法难以做到的。在制造大型机器设备时，还可以采用铸—焊或锻—焊复合工艺。用焊接方法还可以制成双金属构件，如制造复合层容器、耐磨表面堆焊等，此外，还可以对不同材料进行焊接。

焊接成型工艺主要用于金属材料方面，但是随着科学技术的发展，目前在塑料、陶瓷等非金属领域，焊接研究和应用也越来越多。

新热源的研究是推动焊接技术发展的根本动力。热源的发展从最初的火焰到电弧、电阻、化学反应热、摩擦热、高能束等极大地促进了焊接技术的发展。各种热源作用方式如下。

① 电弧热：利用气体介质放电过程所产生的热能作为焊接热源。

② 化学热：利用可燃和助燃气体或铝、镁热剂进行化学反应时所产生的热能作为热源。

③ 电阻热：利用电流通过导体时产生的电阻热作为热源。

④ 高频感应热：对于有磁性的金属材料，可利用高频感应所产生的二次电流作为热源，在局部集中加热，实现高速焊接，如高频焊管等。

⑤ 摩擦热：由机械摩擦而产生的热能作为热源。

⑥ 等离子焰：电弧放电或高频放电产生高度电离的离子流，它本身携带大量的热能和动能，利用这种能量进行焊接。

⑦ 电子束：利用高速运动的电子在真空中猛烈轰击金属局部表面，把电子动能转化的热能作为热源。

⑧ 激光束：用能量高度集中的激光束作为热源。

根据焊接过程的工艺特点，可将焊接分为熔焊、压焊和钎焊三大类。常见的焊接工艺分类如图 11-2 所示。

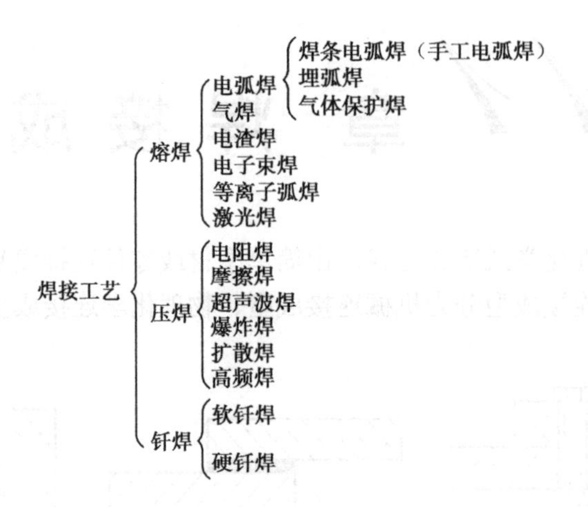

图 11-2 常见的焊接工艺分类

熔焊是将填充材料（焊条或焊丝）和工件连接区的基体材料共同加热到熔化状，在连接处形成熔池，熔池中的液态金属冷却后形成牢固的焊接接头，将工件连接在一起。

压焊又称压力焊，是指通过加热使金属达到塑性状态，通过加压使其产生塑性变形、再结晶和原子扩散，最后使两个分离表面的原子接近到晶格距离，从而获得不可拆卸接头的一类焊接方法。

钎焊是焊料熔化并借助毛细作用被吸入和充满固态工件间隙中，液态焊料与工件相互扩散溶解，从而实现焊接的工艺方法。

焊接方法种类很多，其中电弧焊是应用较普遍的焊接方法。

11.1 电弧焊

电弧焊是利用电弧的热量加热、熔化金属进行焊接的方法，它是焊接生产的一项重要工艺，是目前应用最广的焊接技术。电弧焊分为渣保护电弧焊和气体保护电弧焊两类，包括焊条电弧焊、埋弧焊和气体保护焊等多种工艺方法。

11.1.1 电弧焊的工艺基础

1. 焊接电弧

焊接电弧是在电极与工件之间的气体介质中长时间的放电现象，即在局部气体介质中有大量电子流通过的导电现象。

在焊接过程中产生电弧的电极可以是焊条、钨丝、碳棒或金属丝。

（1）焊接电弧的形成

气体在两电极间电离（中性粒子变成正离子和电子）是产生电弧的前提条件。

下面以焊条电弧焊为例，说明焊接电弧的形成过程。空气是不导电的，因此，焊接时采用将焊条与工件短路的办法来引燃电弧。焊条与工件接触后，立即拉开并保持 2～4mm 的距离即能引燃电弧。这是因为短路时焊条与工件接触的两个界面凹凸不平，只有个别点接触，致使这些接触点通过的电流密度很大，瞬时即被加热达高温，阴极处产生电子放射，这些电子在电场作用下以极高的速度向阳极移动，中途撞击中性的空气分子并使其电离。因电离而出现的正离子和电子同样在电场作用下分别向两极加速运动，产生碰撞，同时产生复合，复合和碰撞产生了光和热，于是就产生了电弧。

（2）电弧的构造与极性

焊接电弧由阴极区、阳极区和弧柱区三部分组成，如图 11-3 所示。

① 阴极区。阴极区是发射电子的区域。发射电子需要消耗一定的能量，所以阴极区产生的热量不多，约占电弧热的 36%。用碳钢焊条焊接时，阴极区温度约为 2400K。

② 阳极区。阳极区是受电子轰击的区域。高速电子撞击阳极表面并进入阳极区而释放能量，所以，阳极区产生的热量较多，占电弧热的 43%。

用碳钢焊条焊接时，阳极区温度约为 2600K。

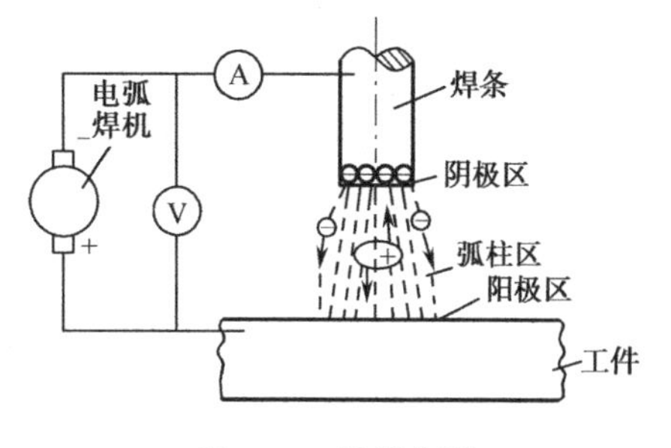

图 11-3 焊接电弧

③ 弧柱区。弧柱区指阴极区和阳极区之间的区域。阴极区和阳极区很窄（只有 10^{-8}～10^{-4}m），可忽略不计，所以，常把弧柱长度近似地看成电弧长度。弧柱区的热量仅占电弧热的 21%，但弧柱区温度却高达 6000～8000K，其热量大部分通过对流、辐射散失到周围空气中。

由于阴极区和阳极区的温度不同，当采用直流电焊接时，便有以下两种极性的接法：

- 正接：工件接阳极，焊条接阴极，此时工件受热多，宜焊厚大工件。
- 反接：工件接阴极，焊条接阳极，此时工件受热少，宜焊薄小工件。

当采用交流电焊接时，因电流每秒正负变化达上百次，所以两极加热一样，就不存在正接或反接问题。

焊接时的引弧电压是电弧焊机的空载电压，一般为 50～90V。电弧稳定燃烧时的电压称为电弧电压，它与电弧长度（焊条与工件间的距离）有关。电弧长度越大，电弧电压也越高。一般情况下，电弧电压为 16～35V，这也是电弧焊机在正常工作时的安全电压。

2. 电弧焊的焊接过程

电弧焊包括焊条电弧焊、埋弧焊和气体保护焊等多种工艺方法。下面以焊条电弧焊为例介绍一下电弧焊的焊接过程。

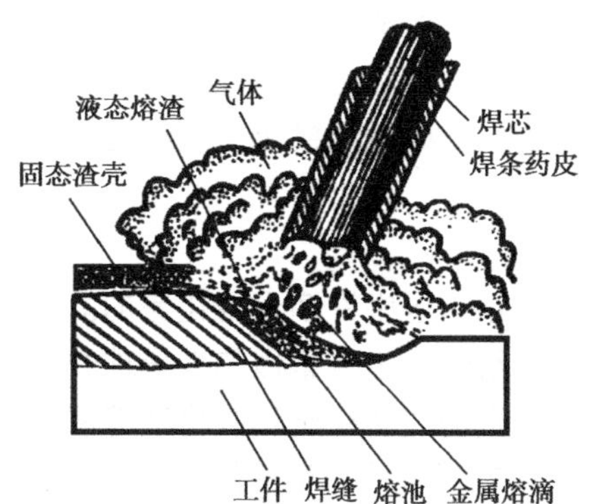

图 11-4 焊条电弧焊的焊接过程

焊条电弧焊的焊接过程如图 11-4 所示。电弧在焊条与被焊工件之间燃烧，电弧热使工件和焊芯同时熔化形成熔池，同时也使焊条的药皮熔化和分解。药皮熔化后与液态金属发生物理化学反应，所形成的熔渣不断从熔池中浮起；药皮受热分解产生大量的二氧化碳、一氧化碳和氢等保护气体，围绕在电弧周围，熔渣和气体能防止空气中氧和氮的侵入，起保护熔化金属的作用。

随着电弧向前移动，工件焊接区域和焊条不断熔化汇成新的熔池。原来的熔池则不断冷却凝固，构成连续的焊缝。覆盖在焊缝表面的熔渣也逐渐凝固成为固态渣壳。这层熔渣和渣壳对焊缝质量的好坏和减缓金属的冷却速度有着重要的作用。

埋弧焊的焊接过程与焊条电弧焊极为相似。不同的是，埋弧焊的焊剂（相当于焊条的药皮）与焊丝是分开的，在电弧引燃之前，焊剂先预撒在焊缝处。

与焊条电弧焊和埋弧焊相比，气体保护焊不是通过药皮或焊剂的分解而生成保护气体，而是由外部直接提供的。根据气体类型的不同，气体保护焊主要分为氩弧焊和二氧化碳气体保护焊。氩气是惰性气体，可保护电极和熔池金属不受空气的影响。在高温下，氩气不与金属起化学反应，也不溶于金属，因此，氩弧焊的质量比较高。

氩弧焊按所用电极不同，可分为不熔化极氩弧焊和熔化极氩弧焊。图 11-5 所示是氩弧焊的示意图。不熔化极氩弧焊以高熔点的铈钨棒作为电极，焊接时，铈钨棒不熔化，只起导电与产生电弧的作用，易于实现机械化和自动化焊接。但因电极所能通过的电流有限，所以只适合焊接厚度 6mm 以下的工件。

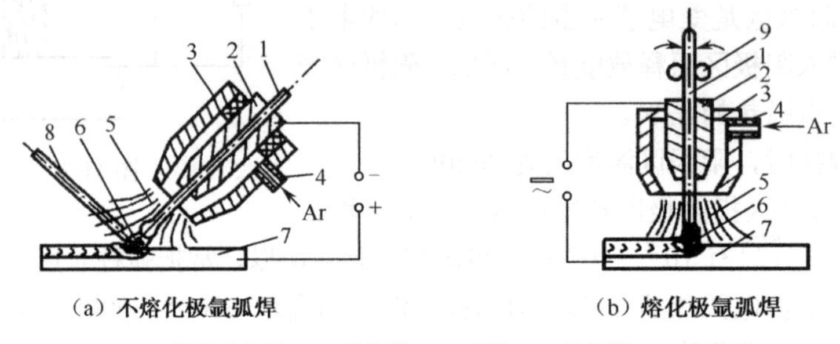

（a）不熔化极氩弧焊　　（b）熔化极氩弧焊

1—焊丝或电极；2—导电嘴；3—喷嘴；4—进气管；5—氩气流；

6—电弧；7—工件；8—填充焊丝；9—送丝辊轮

图 11-5　氩弧焊的示意图

氩弧焊中的熔化极氩弧焊与二氧化碳气体保护焊的焊接过程基本相同，都是以连续送进的焊丝作为电极进行焊接的。

3．焊接接头的组织与性能

焊接时，电弧沿着工件逐渐移动并对工件进行局部加热。因此在焊接过程中，焊缝及其附近的金属都是由常温状态开始被加热到较高的温度，然后再逐渐冷却到常温。但随着各点金属所处位置（距焊缝中心的距离）的不同，其最高加热温度也不一样，离焊缝的距离越远，其最高温度越低。总体看来，在焊接过程中，焊缝的形成是一次冶金过程，焊缝及其附近区域金属相当于受到一次不同规范的热处理，必然会产生相应的组织与性能的变化。焊缝金属相当于受到金属型铸造；紧邻焊缝的母材相当于受到不同程度的热处理。焊缝区两侧呈固态的母材因受热的影响其组织和性能发生变化的区域称为热影响区。焊缝区和热影响区之间的过渡区称为熔合区。焊接接头就是由焊缝区、熔合区和热影响区三部分组成的。低碳钢焊接接头组织变化如图 11-6 所示。

（1）焊缝区的组织与性能

热源移走后，熔池焊缝中的液体金属立刻开始冷却结晶，从熔合区中许多未熔化完的晶粒开始，以垂直熔合线的方式向熔池中心生长为柱状树枝晶的铸态组织，由铁素体和少量珠光体所组成。因结晶是从熔池底部的半熔化区开始逐次进行的，低熔点的硫磷杂质和氧化铁等易偏析物集中在焊缝中心区（最后结晶部位），形成成分偏析，这将影响焊缝的力学性能，严重时还会产生裂纹。但当焊条的化学成分控制严格时，碳、磷、硫等含量很低，并且可以通过药皮的渗合金作用来调整焊缝的化学成分，使其含有一定的合金元素，这样焊缝金属的力学性能一般不低于母材的性能。

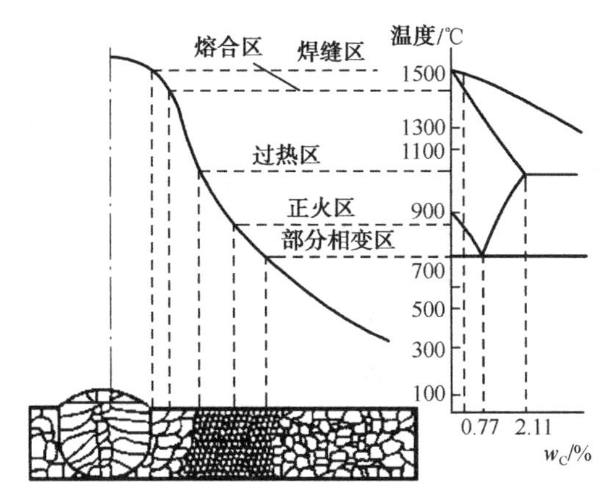

图 11-6　低碳钢焊接接头组织变化示意图

（2）熔合区的组织与性能

熔合区又称半熔化区，是焊缝与母材交接的过渡区。该区组织由粗大的过热组织和部分新结晶的铸态组织构成。该区虽然很窄，化学成分和组织却很不均匀，因此，强度低，脆性大，易引起裂纹及局部脆断，是焊接接头中最薄弱的部位，所以说，熔合区在很大程度上决定着焊接接头的性能。

（3）热影响区的组织与性能

热影响区是指焊缝两侧因焊接热作用虽没有熔化但却发生组织和性能变化的区域。对于低碳非合金钢，热影响区可分为过热区、正火区和部分相交区，如图 11-6 所示。图中包括焊接接头各点最高加热温度曲线、室温下的组织图和简化的铁碳相图。

① 过热区：被加热到 A_{c3}（上转变温度）以上 100～200℃至固相线温度区间。由于奥氏体晶粒急剧长大，形成过热组织，故塑性及韧性降低。过热区是热影响区中力学性能最差的部位。对于易淬火硬化钢材，此区脆性更大。

② 正火区：被加热到 A_{c1}（下转变温度）～A_{c3} 以上 100～200℃区间。加热时金属发生重结晶，转变为细小的奥氏体晶粒。冷却后得到均匀而细小的铁素体和珠光体组织，其力学性能优于母材。

③ 部分相变区：相当于加热到 A_{c1}～A_{c3} 温度区间。珠光体和部分铁素体发生重结晶，转变成细小的奥氏体晶粒。部分铁素体不发生相变，但其晶粒有长大趋势。冷却后晶粒大小不均，因此力学性能比正火区稍差。

熔合区、热影响区是影响焊接接头性能的关键部位。焊接接头的断裂往往不是出现在焊缝区中，而是出现在接头的熔合区、热影响区中，尤其是多发生在熔合区及过热区中，因此，必须对热影响区进行控制。

一般来说，在保证焊接过程正常进行的前提下，提高焊接速度、减小焊接电流都能使热影响区减小。但是，焊接热影响区在电弧焊焊接中是不可避免的。用焊条电弧焊或埋弧焊方法焊接一般低碳钢结构时，因热影响区较窄，危险性较小，焊后不进行处理即可使用。但对重要的碳钢构件、合金钢构件或用电渣焊焊接的构件，则必须注意热影响区产生的不利影响。为消除其影响，一般采用焊后正火处理，使焊缝和焊接热影响区的组织转变为均匀的细晶结构，以改善焊接接头的性能。

对焊后不能进行热处理的金属材料或构件，则只能在正确选择焊接方法与焊接工艺上来减小焊接热影响区的范围。

4．焊接应力与变形

（1）焊接应力与变形产生的原因

金属焊接过程实际上是在焊件局部区域加热后又冷却凝固的极不平衡的热循环过程，即焊缝及其相邻区金属都要由室温被加热到很高的温度(焊缝金属已处于液态)，然后快速冷却下来。在这个热循环过程中，焊件各部分的温度不同，随后的冷却速度也各不相同。在焊接过程中，当焊缝及其相邻区金属处于加热阶段时都会膨胀，但受到焊件冷金属的阻碍，不能自由伸长而受压，产生压应力。该压应力使处于塑性状态的金属产生压缩变形。焊后冷却时，焊缝及近焊缝处金属的收缩要受到两侧冷金属阻碍，此时焊缝及其相邻区金属处受到拉应力，而离焊缝较远处的冷金属则受压应力，这是焊件各部位在热胀冷缩和塑性变形的影响下产生内应力、变形或裂纹的原因。

（2）焊接变形的基本形式

焊接应力的存在会引起焊件的变形。焊接变形的基本类型如图11-7所示。具体焊件的变形方式与焊件结构、焊缝布置、焊接工艺及应力分布等因素有关。一般情况下，结构简单的小型焊件，焊后仅出现收缩变形，焊件尺寸减小。当焊件坡口横截面的上下尺寸相差较大或焊缝分布不对称，以及焊接次序不合理时，焊件易发生角变形、弯曲变形或扭曲变形。对于薄板焊件，最容易产生不规律的波浪变形。

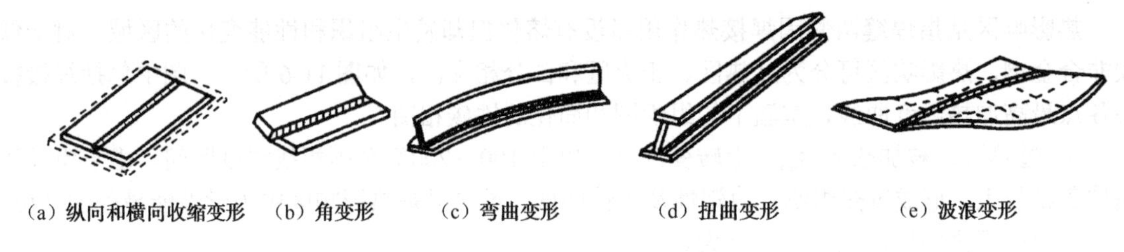

（a）纵向和横向收缩变形　（b）角变形　（c）弯曲变形　（d）扭曲变形　（e）波浪变形

图11-7　焊接变形的基本类型

（3）预防和减小焊接应力与变形的措施

焊接应力的存在将影响焊接构件的使用性能，轻者导致焊接结构件变形、承载能力大为降低，重者在外载荷改变时会出现脆断，产生危险后果。焊件出现变形将影响使用，过大的变形量还将使焊件报废，因此，必须加以防止和消除。由于变形主要是由焊接应力引起的，所以，预防焊接应力的措施对防止焊接变形有时也是有效的。

预防和消除焊接应力与变形一般从设计方面和工艺方面采取措施。

在焊件结构上如何采取措施将在11.4节中详细介绍，这里不再赘述。

在工艺上采取的主要措施如下。

① 焊前预热，焊后缓冷。这样可以减小焊缝区与焊件其他部分的温差，降低焊缝区的冷却速度，使焊件各部位能较均匀地冷却，从而减小应力和变形的发生。此方法工艺复杂，将导致焊接成本增加，只适用于焊接性较差的材料。

② 采用合理的焊接顺序和方向。选择焊接顺序和方向时，应尽量使焊缝能比较自由地收缩。焊接时，应先焊收缩量较大的焊缝，后焊收缩量较小的焊缝；先焊错开的短焊缝，后焊直通的长焊缝，如图11-8所示。对于双Y形或双V形坡口，焊接顺序选择是否合理，结果十分明显，如图11-9所示。

③ 合理地选择焊接方法和焊接工艺参数。焊接热输入是影响变形量的关键因素，当焊接方法确定后，可通过调节焊接工艺参数来控制热输入。在保证熔透和焊缝无缺陷的前提下，应尽量采用小的焊接热输入。根据焊件结构特点，可以灵活地运用热输入对变形影响的规律，去控制变形。能量集中和热输入较低的焊接方法，可有效降低焊接变形。

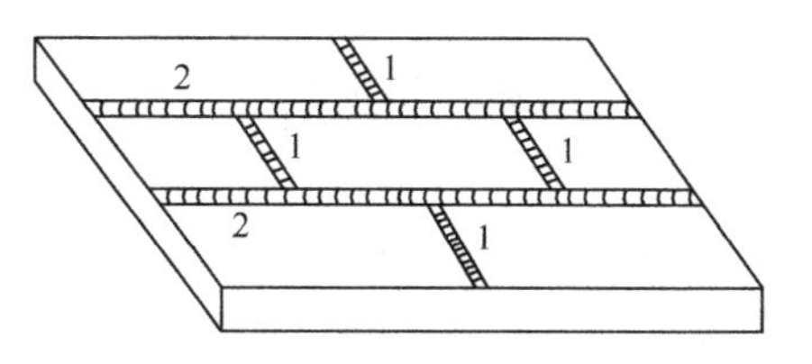

图 11-8　按焊缝长短确定焊接顺序

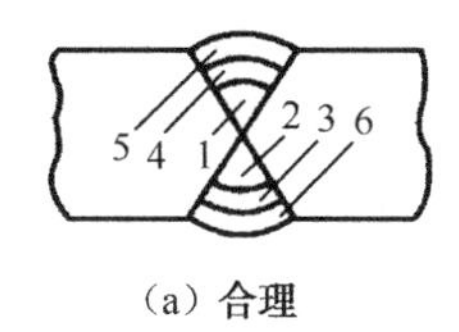

（a）合理

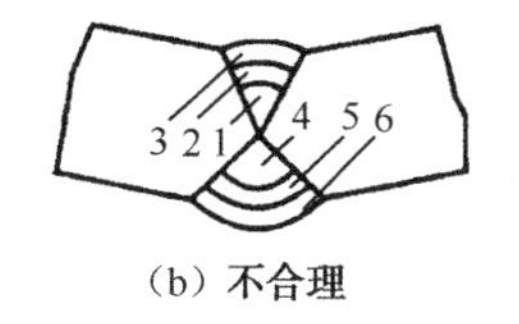

（b）不合理

图 11-9　双 V 形坡口焊接顺序

④ 反变形法。焊前先将焊件向与焊接变形相反的方向进行适量的预变形，这样待焊接变形产生时，焊件各部分即可恢复到正常的位置，从而达到了消除变形的目的，如图 11-10 所示。

（a）焊接反变形　（b）焊后

图 11-10　平板焊的反变形

⑤ 采用刚性固定法。利用夹具或其他一些工具与方法，将焊件强制固定在正常的位置上，从而减小焊接变形。

⑥ 焊后及时消除应力。对于一些重要结构件和焊后需要加工的焊接零部件，焊后应消除焊接所产生的内应力。消除应力的方法包括整体高温回火、局部高温回火、机械拉伸焊接结构和对焊件进行振动等，这些方法都能不同程度地降低焊接内应力。

（4）矫正焊接变形的方法

通过以上介绍，采取合理的焊接工艺可以消除一部分焊接应力与变形。但是，由于焊接结构件的复杂性，焊接应力不能通过焊接工艺完全消除，焊接变形也难以避免。当焊接变形超出技术要求的变形范围时，就必须对焊件的变形进行矫正。常用的矫正焊接变形的方法有手工矫正法、机械矫正法和火焰加热矫正法。

① 机械矫正法。它在冷态或热态下利用机器或工具使焊件产生变形的部位再产生相反的塑性变形，以抵消焊接变形，使焊件恢复正常。一般用千斤顶、拉紧器、压力机等将焊件顶直或压平。机械矫正法一般适用于塑性比较好的材料及形状简单的焊件。

② 手工矫正法。它是机械矫正法中最简单的一种，就是利用手锤、大锤等工具锤击焊件的变形处。主要用于一些小型简单焊件的弯曲变形和薄板的波浪变形。

③ 火焰加热矫正法。它利用火焰对焊件进行局部加热，使受热区的金属在冷却后收缩，使焊件产生新的变形以抵消焊接变形。火焰加热的方式有点状加热、线状加热和三角形加热。火焰加热矫正法主要用于矫正弯曲变形、角变形、波浪变形等，也可用于矫正扭曲变形，在生产中应用广泛。

11.1.2 焊条电弧焊

焊条电弧焊是利用电弧作为热源，用手工操作焊条进行焊接的熔焊方法，也称手工电弧焊。焊条电弧焊是工业生产中最基本、最灵活、应用最广泛的焊接方法之一，其设备简单、操作方便灵活，适应各种条件下的焊接，特别适合于形状复杂的焊接结构件的焊接。因此，焊条电弧焊目前仍然在国内外焊接生产中占据着重要位置。

焊条电弧焊的焊接过程和焊接所用设备已在 11.1.1 节详细介绍过，这里不再赘述。电焊条对于焊条电弧焊是不可缺少的，电焊条质量的优劣对于焊接质量起着至关重要的作用。焊条电弧焊所用的焊条一般由焊芯和药皮两部分组成。下面将对电焊条的型号、材料及选用进行介绍。

1．焊芯

焊芯是电焊条中被药皮包覆的金属芯，焊芯的主要作用为：一是作为电极产生电弧提供焊接热源；二是作为填充金属，与熔化的母材金属共同组成焊缝金属；三是为焊缝提供合金元素。焊芯用焊接专用钢丝制成，结构钢焊条的焊芯常用 H08A 等，焊接合金结构钢、不锈钢焊条采用的焊芯是相应合金结构钢、不锈钢焊丝。

所有焊丝的含碳量一般不超过 0.1%～0.12%，其他合金的含量则根据需要添加。

常用焊芯直径为ϕ1～12mm（如ϕ1.6mm、ϕ2.0mm、ϕ2.5mm、ϕ3.2mm、ϕ4.0mm、ϕ5.0mm 等），其中以直径为ϕ3.2～5.0mm 的应用最广，长度一般为 350mm。

2．药皮

药皮是压涂在焊芯表面的涂料层，是由各种矿物质、铁合金、有机物等原料组成的，药皮中含有稳弧剂、造气剂、造渣剂、黏结剂、脱氧剂和合金材料等。药皮的主要作用为：一是提高电弧燃烧的稳定性；二是保护熔化金属不被氧化；三是对熔化金属脱氧和渗合金以提高焊缝的力学性能；四是产生的熔渣避免焊缝金属冷却过快而产生裂纹。

3．焊条的种类、型号和牌号

焊接的应用范围越来越广，为适应各个行业的需求，不同材料和不同性能要求的焊条品种非常多。我国将焊条按用途不同分为碳钢焊条、低合金钢焊条、不锈钢焊条、堆焊焊条、铸铁焊条、铜及铜合金焊条、铝及铝合金焊条等。其中应用最多的是碳钢焊条和低合金钢焊条。

按照药皮熔化后形成熔渣的化学性质不同，焊条可分为酸性焊条和碱性焊条两大类。药皮熔渣中酸性氧化物（如 SiO_2、TiO_2、Fe_2O_3）比碱性氧化物（如 CaO、FeO、MnO、Na_2O）多的焊条为酸性焊条。此类焊条适合各种电源，操作性较好，电弧稳定，成本低，但焊缝塑性、韧性稍差，渗合金作用弱，故不宜焊接承受动载荷和要求高强度的重要结构件。熔渣中碱性氧化物比酸性氧化物多的焊条为碱性焊条。此类焊条一般要求采用直流电源，焊缝塑性、韧性好，抗冲击能力强，但操作性差，电弧不够稳定，价格较高，故只适合焊接重要结构件。

焊条型号是国家标准中的焊条代号。碳钢焊条型号见 GB 5118—1995，如 E4303、E5015、E 5016 等。“E”表示焊条；前两位数字表示焊缝金属的抗拉强度等级（单位为 $10MPa/mm^2$）；第三位数字表示焊条的焊接位置，“0”及“1”表示焊条适用于全位置焊接（平、立、仰、横），“2”表示焊条适用于平焊及平角焊，“4”表示焊条适用于向下焊；第三位和第四位组合时表示焊接电流种类及药皮类型。

焊条牌号是焊条行业统一的焊条代号。焊条牌号一般用一个大写拼音字母和三位数字表示，如 J422、J507 等。拼音字母表示焊条的大类，如“J”表示结构钢焊条（碳钢焊条和普通低合金钢焊条），“A”表示奥氏体不锈钢焊条，“Z”表示铸铁焊条等；前两位数字表示各大类中若干小类，如结构钢焊条前两位数字表示焊缝金属抗拉强度等级，其等级有 42、50、55、60、70、75、85 等，分别表示其焊缝金属的抗拉强度不小于 420MPa、500MPa、550MPa、600MPa、700MPa、750MPa 和 850MPa；最后一位数字表示药皮类型和电流种类，见表 11-1，其中 1～5 为酸性焊条，6 和 7 为碱性焊条。

表 11-1　焊条药皮类型和电流种类编号

编　号	1	2	3	4	5	6	7	8
药　皮	钛型	钛钙型	钛铁矿型	氧化铁型	纤维素型	低氢钾型	低氢钠	石墨型
电流种类	交、直流	交、直流	交、直流	交、直流	交、直流	交、直流	直流	交、直流

4. 焊条的选用

焊条的种类很多，应根据其性能特点，并考虑焊件的结构特点、工作条件、生产批量、施工条件及经济性等因素合理地选用焊条。一般应遵循以下原则。

① 低碳钢和普通低合金钢构件，一般都要求焊缝金属与母材等强度，因此，可根据钢材的强度等级来选用相应的焊条。但应注意，钢材是按屈服强度确定等级的，而结构钢焊条的等级是指焊缝金属抗拉强度的最低保证值。

② 同一强度等级的酸性焊条或碱性焊条的选定，主要依据焊接件的结构形状（简单或复杂）、钢板厚度、载荷性质（静载或动载）和钢材的抗裂性能而定。通常对要求塑性好、冲击韧度高、抗裂能力强或低温性能好的结构，应选用碱性焊条；如果构件受力不复杂、母材质量较好，应尽量选用较经济的酸性焊条。

③ 低碳钢与低合金结构钢焊接，可按异种钢接头中强度较低的钢材来选用相应的焊条。

④ 铸钢的含碳量一般都比较高，而且厚度较大，形状复杂，很容易产生焊接裂纹。一般应选用碱性焊条，并采取适当的工艺措施（如预热）进行焊接。

⑤ 焊接不锈钢或耐热钢等有特殊性能要求的钢材，应选用相应的专用焊条，以保证焊缝的主要化学成分和性能与母材相同。

11.1.3　埋弧焊

埋弧焊是电弧在焊剂下燃烧以进行焊接的熔焊方法。其固有的焊接质量稳定、焊接生产效率高、无弧光及烟尘很少等优点，使其成为压力容器、管件制造、箱型梁柱等重要钢结构制作中的主要焊接方法。近年来，虽然先后出现了许多种高效、优质的新焊接方法，但埋弧焊的应用领域依然未受任何影响。从各种熔焊方法的熔敷金属质量所占比例来看，埋弧焊占 10%左右，且多年来一直变化不大。

但埋弧焊的设备费用较贵，工艺装备复杂，对接头加工与装配要求严格，只适用于批量生产的长直线焊缝与圆筒形工件的纵、环焊缝。对狭窄位置的焊缝及薄板的焊接，埋弧焊则受到一定限制。

1．埋弧焊焊接工艺

埋弧自动焊接时，引燃电弧、送丝、电弧沿焊接方向移动及焊接收尾等过程完全由机械来完成。如图 11-11 所示，焊剂由漏斗流出后，均匀地堆敷在装配好的工件上，焊丝由送丝机构经送丝滚轮和导电嘴送入焊接电弧区。焊接电源的两端分别接在导电嘴和工件上。送丝机构、焊剂漏斗及控制盘通常都装在一台小车上以实现焊接电弧的移动。

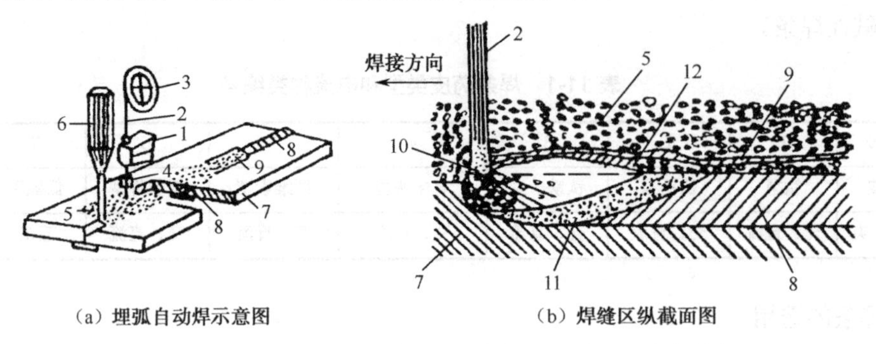

（a）埋弧自动焊示意图　　（b）焊缝区纵截面图

1—自动焊机头；2—焊丝；3—焊丝盘；4—导电嘴；5—焊剂；6—焊剂漏斗；
7—工件；8—焊缝；9—渣壳；10—电弧；11—熔池；12—熔化的焊剂

图 11-11　埋弧自动焊

焊接过程是通过操作控制盘上的按钮开关来实现自动控制的。焊接过程中，在工件被焊处覆盖着一层 30～50mm 厚的粒状焊剂，连续送进的焊丝在焊剂层下与焊件间产生电弧，电弧的热量使焊丝、工件和焊剂熔化，形成金属熔池，使它们与空气隔绝。随着焊机自动向前移动，电弧不断熔化当前的焊件金属、焊丝及焊剂形成熔池，而熔池后方的边缘开始冷却凝固形成焊缝，液态熔渣随后也冷凝形成坚硬的渣壳。焊接过程中，部分焊剂熔化，大部分焊剂未熔化，可回收重新使用。

埋弧焊要求更仔细地下料、准备坡口和装配。焊接前，应将焊缝两侧 50～60mm 内的一切污垢与铁锈清除掉，以免产生气孔。

埋弧焊一般在平焊位置焊接长直线焊缝，焊接厚 20mm 以下工件时，可以采用单面焊。如果设计上有要求（如锅炉或容器）也可双面焊接。当厚度超过 20mm 时，可进行双面焊接，或采用开坡口单面焊接。

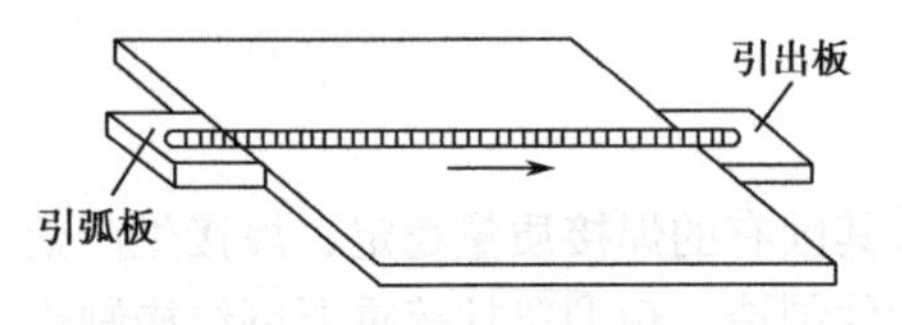

图 11-12　埋弧焊引弧板与引出板

由于引弧处和断弧处质量不易保证，焊前应在接缝两端焊上引弧板与引出板，如图 11-12 所示，焊后再去掉。为了保持焊缝成型和防止烧穿，生产中常采用各种类型的焊剂垫板，如图 11-13 所示，或者先用焊条电弧焊封底。

焊接筒体对接埋弧焊时，如图 11-14 所示，工件以一定的焊接速度旋转，焊丝位置不动。为防止熔池金属流失，焊丝位置应逆旋转方向偏离焊件中心线一定距离 a。其大小视筒体直径与焊接速度等而定。

2．埋弧焊的特点和应用

从埋弧自动焊的焊接工艺可以看出，埋弧自动焊的特点如下。

① 电弧在焊剂包围下燃烧，热效率高。

② 焊丝为连续的盘状焊丝，可连续馈电，易于实现自动化。

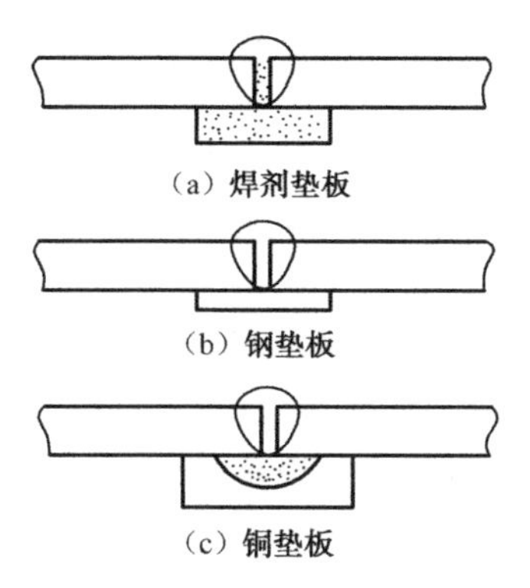

图 11-13 埋弧焊垫板与焊剂垫板

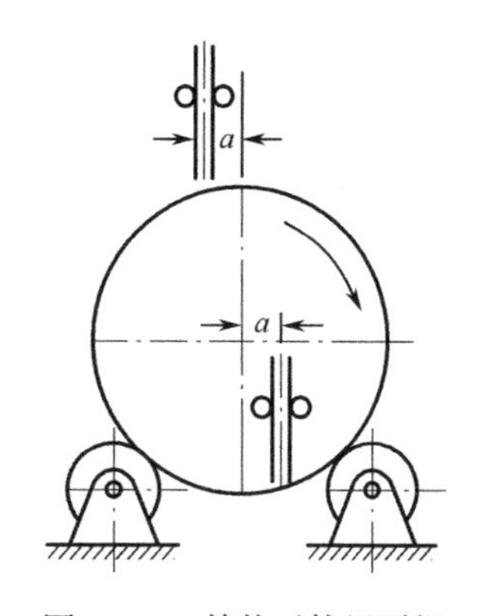

图 11-14 筒体对接埋弧焊

③ 焊接无飞溅，可实现大电流高速焊接，生产效率高。

④ 金属利用率高，焊件品质好。

⑤ 弧光埋在焊剂层下面，看不到弧光，焊接烟雾少且不需要手工操作，改善了劳动条件。

埋弧焊常用来焊接长的直线焊缝和较大直径的环形焊缝。当工件较厚和成批生产时，其优点更为显著。

11.1.4 气体保护焊

按照所用保护气体的不同，气体保护焊主要有氩弧焊和二氧化碳气体保护焊两种。气体保护焊的焊接过程在前面已有介绍，这里只介绍二者的特点和用途。

1. 氩弧焊的特点及用途

氩弧焊是钨极氩气保护焊和熔化极氩气保护焊的统称。前者是用钍钨或铈钨棒作为电极，氩气作为保护气体的电弧焊；后者是用焊丝作为熔化电极，氩气作为保护气体的电弧焊。氩弧焊具有如下特点。

① 由于采用惰性气体保护，不仅可以杜绝空气中的氧、氮、氢的介入，而且氩气本身也不与金属起反应，故很适宜焊接易被氧化的有色金属和各类合金钢如不锈钢等。

② 由于电弧在气流压缩下燃烧，热量集中，熔池较小，所以焊接速度快，热影响区窄，焊接后工件变形小。

③ 由于电弧稳定，熔滴过渡平稳，无激烈飞溅，所以焊缝致密，且表面无熔渣，焊接质量好。

④ 明弧可见，操作方便。

氩弧焊几乎可以焊接所有的金属材料，但氩气成本较高，目前，氩弧焊主要用于焊接铝、镁、钛及其合金及耐热钢、不锈钢等。

2. 二氧化碳气体保护焊的特点及用途

二氧化碳气体保护焊用焊丝作为电极，属于熔化极气体保护焊。二氧化碳气体保护焊具有以下特点。

① 成本低。因采用廉价易得的二氧化碳代替焊剂，焊接成本仅是埋弧焊和焊条电弧焊的 40%～50%。

② 生产效率高。由于焊丝送进采用机械化或自动化进行，电流密度较大，电弧热量集中，

故焊接速度较快。此外，焊后没有渣壳，节省清渣时间，故其生产效率可比焊条电弧焊提高 1～3 倍。

③ 操作性能好。二氧化碳气体保护焊是明弧焊，焊接时可清楚地看到焊接过程，容易发现问题并及时调整处理。二氧化碳气体保护焊如同焊条电弧焊一样灵活，适用于各种位置的焊接。

④ 质量较好。由于电弧在气流下燃烧，热量集中，因而焊接热影响区较小，变形和产生裂纹的倾向性小。

⑤ 二氧化碳气体保护焊是明弧焊。由于施焊部位的可见度好，焊接时便于对中，操作方便，易实现焊接过程的自动化。

⑥ 抗锈能力较强，节约能源。由于二氧化碳来源广、价格低，所以二氧化碳气体保护焊的焊接成本只有埋孤焊和手弧焊的 40%。此外，二氧化碳气体保护焊适用于薄板、厚板，并可进行全位置焊接，应用范围十分广泛。

⑦ 二氧化碳气体保护焊也存在一些缺点：由于二氧化碳的氧化作用，熔滴飞溅较为严重，因此，焊缝成型不够美观；如果控制或操作不当，容易产生气孔；抗风能力差，给室外作业带来一定困难；弧光较强，焊接时必须注意劳动保护。

基于上述特点，二氧化碳气体保护焊在当前被认为是一种高效率、低成本、节省能源的焊接方法，广泛用于汽车、机车和车辆制造、造船、航空航天、石油化工机械、农机和动力机械等行业。该方法主要用于焊接低碳钢和低合金高强钢，也可用于焊接耐热钢和不锈钢；可焊工件厚度范围较宽（0.5～150mm），主要用于焊接 30mm 以下厚度的低碳钢和部分低合金结构钢焊件，尤其适用于薄板焊接。此外，还可以进行电弧堆焊、电弧点焊、窄间隙焊接等。

11.2 其他常用焊接方法

11.2.1 熔焊

11.1 节介绍的电弧焊是熔焊中最普遍的一种方法。

熔焊的基本原理是将填充材料（焊条或焊丝）和工件连接区的基体材料共同加热到熔化状态，在连接处形成熔池，熔池中的液态金属冷却后形成牢固的焊接接头，将工件连接在一起。焊接时，熔池中的液态金属与周围的熔渣接触，产生复杂、激烈的冶金过程。

熔焊的本质是小熔池熔炼与冷凝，是金属熔化与结晶的过程，当温度达到并超过材料熔点时，母材和焊丝熔化形成熔池，熔池周围母材受到热影响，组织和性能发生变化形成热影响区，热源移走后熔池结晶成柱状晶。

1. 熔焊的三个要素

（1）合适的热源

热源的能量要集中，温度要高，以保证金属快速熔化，减小热影响区。满足要求的热源有电弧、等离子弧、电渣热、电子束和激光等。

（2）良好的熔池保护

熔池金属在高温下与空气作用会产生诸多不良反应，形成气孔、夹渣等缺陷，影响焊缝品质。进行熔池保护，可隔绝空气，防止熔池氧化，减少散热，防止强光辐射，并可进行脱氧、脱硫、脱磷，向熔池过渡合金元素，以改善焊接接头性能。常用的熔池保护方法有渣保护、气体保护和渣—气联合保护三种。

（3）焊缝填充金属

焊缝填充金属指的是焊芯与焊丝。当焊缝较宽时，靠母材的熔化不能填满焊缝，这时，必须通过焊丝补充。另外，对于低合金钢焊件，为了提高焊缝性能，使焊缝与母材强度相等，仅靠焊剂、药皮填充合金元素是不够的，必须用合金焊丝和焊芯来填充合金元素。

填充金属主要作用有两个方面：一方面补充材料使焊缝被金属填满；另一方面是给焊缝填充合金元素，改善焊缝的力学性能。

2．熔焊工艺方法

熔焊主要包括电弧焊、气焊、电渣焊、电子束焊、激光焊和等离子弧焊等。电弧焊工艺方法已经在 11.1 节中详细介绍过，这里不再赘述。本节将主要介绍气焊、电渣焊、电子束焊、激光焊和等离子弧焊等焊接工艺。

1）气焊

气焊是利用气体火焰作为热源，来熔化母材和填充金属的一种焊接方法。火焰一般由可燃气体与助燃气体混合燃烧生成。最常用的是氧—乙炔焊，即利用乙炔（可燃气体）和氧（助燃气体）混合燃烧时所产生的氧—乙炔焰，来加热熔化工件与焊丝，冷凝后形成焊缝。

（1）气焊用可燃气体

气焊所用的可燃气体主要有乙炔、液化石油气、氢气、天然气等。因乙炔气的发热较大，火焰温度最高，是目前气焊应用最广泛的一种可燃气体，但为生产乙炔所要消耗的电石（CaC_2）冶炼成本较高，因此，乙炔有被液化石油气等代替或部分代替的趋势。可燃气体与氧气混合燃烧时，放出大量的热，形成热量集中的高温火焰（火焰中的最高温度可达 2000～3000K），可将金属加热和熔化，从而达到焊接和切割的目的。

（2）焊接过程

焊炬按可燃气体和氧气混合方式的不同分为射吸式和等压式两种。图 11-15 所示为射吸式焊炬的结构，这种焊炬在使用时，先把乙炔阀门 1 拧开，乙炔即进入环形乙炔室 3。随后进入吸管 5 和混合气管 6，从焊嘴 7 喷出。当再拧开氧气阀门 2 时，氧气随着射流针 4 的周围顺着针尖射向吸管 5，经混合气管 6 和乙炔混合后从焊嘴 7 喷出。射吸式焊炬形成射吸能力的过程是：氧气流在顺着射流针 4 的针尖射入吸管 5 的同时，在氧气流的喷射作用下，使乙炔室的周围空间形成真空，而将乙炔室中的乙炔大量吸入吸管 5 和混合气管 6 内，充分混合后，由焊嘴喷出。切割用的割炬（割枪），其构造和工作原理与焊炬稍有差别。

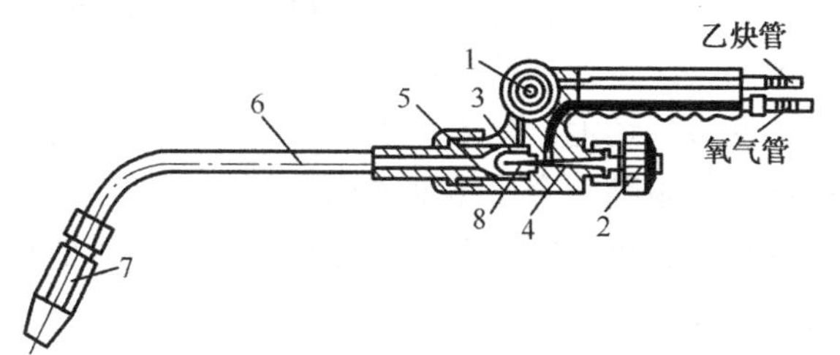

1—乙炔阀门；2—氧气阀门；3—环形乙炔室；4—氧气射流针；

5—吸管；6—混合气管；7—焊嘴；8—射流孔座

图 11-15　射吸式焊炬的结构

（3）气焊的特点和应用

与电弧焊相比，气焊火焰的温度低，热量分散，加热速度缓慢，故生产效率低，工件变形严重，焊接的热影响区大，焊接接头质量不高。但是气焊设备简单，操作灵活方便，火焰易于控制，不需要电源。所以气焊主要用于焊接厚度小于3mm的低碳钢薄板，铜、铝等有色金属及其合金，以及铸铁的焊补等。此外，气焊也适用于没有电源的野外作业。特别需要强调的是，由于所用储存气体的气瓶为压力容器，气体易燃易爆，所以该方法是所有焊接方法中危险性最高的方法之一。

2）电渣焊

（1）电渣焊过程

电渣焊是利用电流通过熔渣时产生的电阻热加热并熔化焊丝和母材来进行焊接的一种熔焊工艺方法，可分为丝极电渣焊、板极电渣焊、熔嘴电渣焊和熔管电渣焊，如图11-16所示。

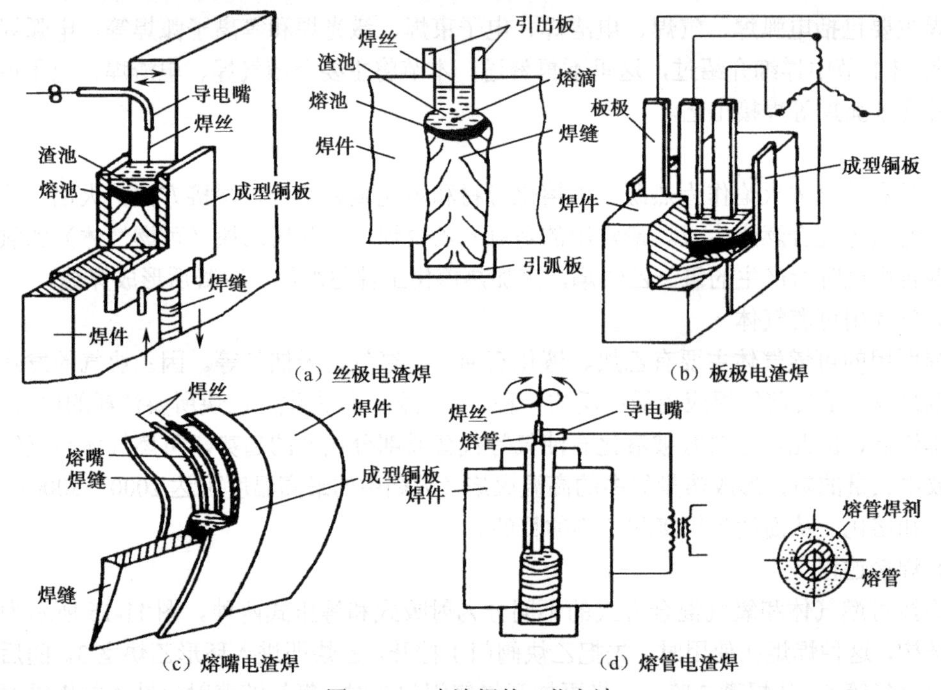

图11-16 电渣焊的工艺方法

在电渣焊时，焊接电源的一个极连接在焊丝的导电嘴上，另一个极连接在工件上。焊丝由机头上的送丝机构上的送丝滚轮驱动，通过导电嘴送入渣池。焊丝在其自身电阻热和渣池电阻热的作用下加热熔化，形成熔滴后穿过渣池进入渣池下面的金属熔池，使渣池的最高温度达到2200K左右（焊钢时）。同时，渣池的最低温度约为2000K，位于渣池内的电渣产生剧烈的涡流，使整个渣池的温度比较均匀，并迅速地把渣池中心的热量不断带到渣池四周，从而使工件边缘熔化，这部分熔化金属也进入金属熔池。随着焊丝金属向熔池的过渡，金属熔池液面及渣池表面不断升高。若机头上的送丝导电嘴与金属熔池液面之间相对高度保持不变，则机头上升速度应该与金属熔池的上升速度相等。机头的上升速度也就是焊接热源的移动速度，金属熔池底部的液态金属随后冷却结晶，形成焊缝。

电渣焊时，保持合适的渣池深度也是获得良好焊缝的重要条件之一。因此，电渣焊要在垂直位置或接近垂直的位置进行，并且在焊缝的两侧加水冷铜滑块或固定垫板以防止电渣流失等，水冷铜滑块是随同机头一起上移的。

（2）电渣焊的特点和应用

与一般电弧焊相比，电渣焊有以下优点。

① 电渣焊可一次焊接很厚的工件，故焊接效率高。

② 电渣焊只需留有一定的间隙而不用开坡口，焊接过程中焊剂、焊丝和电能的消耗量均比埋弧焊低，而且工件越厚效果越明显。

③ 电渣焊时，金属熔池的凝固速率低，保持液态时间长，熔池中的气体和杂质较易浮出，故电渣焊焊缝洁净，产生气孔、夹渣的倾向较低。

④ 焊接应力小。电渣焊加热和冷却的速度都很小，焊缝周围温差较小，因此焊后焊接应力较小。同时有利于淬硬倾向较大的合金钢的焊接。

⑤ 电渣焊时，一般不需要预热。用电渣焊焊接易淬火钢时，产生淬火裂纹的倾向小。

⑥ 渣池的热容量大，对电流波动的敏感性小，电流密度可在较大的范围（0.2～300A/mm^2）内变化。

目前，电渣焊已在我国水轮机、水压机、轧钢机、重型机械和石油化工等大型设备制造中得到广泛应用。电渣焊适用于板厚 40mm 以上结构的焊接，一般用于直缝焊接，也可用于环缝焊接。电渣焊除焊接碳钢、合金钢及铸铁外，也可用来焊接铝、镁、钛、铜及其合金。

3）电子束焊

利用加速和聚焦的电子束轰击置于真空或非真空中的焊件所产生的热能进行焊接的方法称为电子束焊。电子束焊分真空电子束焊和非真空电子束焊两种。

目前，原子能和航空航天技术大量应用了锆、钛、钼、铌、铍等稀有、难熔或活性金属，20 世纪 50 年代研制出的真空电子束焊接方法成功地实现了对这些金属的焊接。电子束焊是利用高速运动的电子撞击工件时将动能转化为热能并将焊缝熔化进行熔化焊的方法。电子枪、工件及夹具全部装在真空室内。电子枪由加热灯丝、阴极、阳极及聚焦装置等组成。阴极被灯丝加热到 2600K 时能发出大量电子。这些电子在阴极与阳极（焊件）间的高电压作用下，经电磁透镜聚焦成电子流束，以高速（1.6×10^6km/s）射向焊件表面，将动能转变为热能。聚焦电磁透镜由单独的直流电源供电，为调节电子束的相对位置，还另设有偏转装置。真空电子束焊要求真空室的真空度一般为 10^{-3}～10^{-2}Pa。当电子束能量密度较小时，加热区集中在工件表面，这时，电子束焊与电弧焊相似；而电子束能量高时，将产生穿孔效应，熔深可达 200mm，用于穿透焊缝的结构。但真空电子束焊对真空度的要求很高。为扩大电子束焊的应用范围，先后研制出了低真空电子束焊和非真空电子束焊，为防止电子枪的污染，采用氦气隔离电子枪与工作室，使电子束能在大气中进行焊接。

（1）电子束焊焊接过程

真空电子束焊原理如图 11-17 所示。电子枪、焊件及夹具全部装在真空室内。电子枪由加热灯丝、阴极、阳极及聚焦装置等组成。当阴极灯丝被加热到 2600K 时，能发出大量电子。这些电子在阴极与阳极（焊件）间的高电压作用下，经电磁透镜聚焦成电子流束，以极大的速度（达 1.6×10^6km/s）射向焊件表面，电子的动能转化为热能，能量密度比普通电弧可大 5000 倍。它使焊件金属迅速熔化甚至汽化。根据焊件的熔化程度，逐渐移动焊件，即能得到要求的接头。

（2）真空电子束焊的特点和应用

① 由于在真空中焊接，焊件金属无氧化、无氮化、无金属电极污染，从而保证了焊缝金属的高纯度；焊缝表面平滑纯净，没有弧坑或其他表面缺陷；内部结合好，无气孔及夹渣。

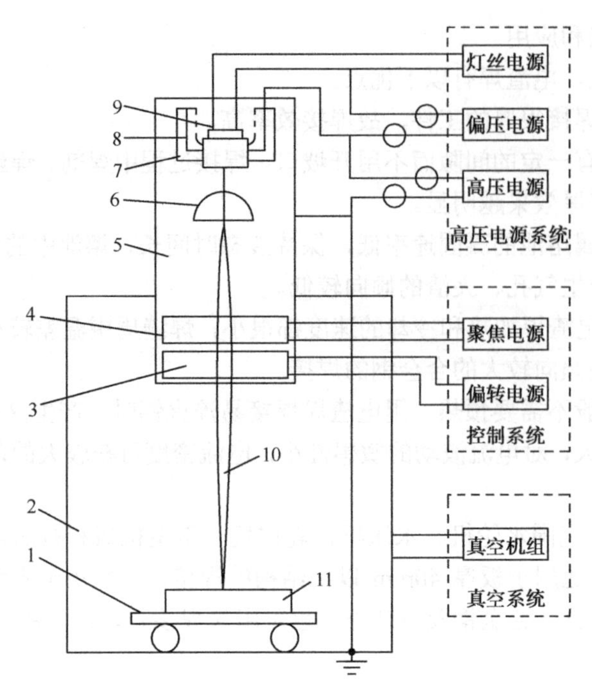

1—焊接台；2—真空焊接室；3—偏转线圈；4—聚焦透镜；5—电子枪；
6—阳极；7—聚束板；8—阴极；9—灯丝；10—电子束；11—工件

图 11-17 真空电子束焊原理图

② 热源能量密度大，熔深大，速度快，焊缝深而窄（焊缝宽深比可达 1:20），能单道焊厚件。焊接热影响区很小，基本上不产生焊接变形，从而防止难熔金属焊接时产生的裂纹及泄漏。此外，可对精加工后的零件进行焊接。

③ 厚件不必开坡口，焊接时一般不必另填金属。但接头要加工得平整洁净。装配紧，不留间隙。

④ 电子束参数可在较宽范围内调节，而且焊接过程控制灵活，适应性强。

⑤ 真空电子束焊接的缺点是设备复杂、造价高，使用、维护技术要求高，焊件尺寸受真空室限制，抽真空需要一定的时间，对焊件清整装配质量要求严格，因而其应用受到一定限制。

由于电子束焊有以上的优点，所以应用范围日益扩大，从微型电子线路组件、真空膜盒、原子燃料器件到大型的导弹外壳都可以采用电子束焊。此外，熔点、导热性、溶解度相差很大的异种金属，在真空中使用的器件和内部要求真空的密封器件等，都能用真空电子束焊进行良好焊接。目前，正在大力研制非真空电子束焊，其设备较简单，生产效率较高，成本低，已用于焊接普通钢件。

4）激光焊

激光技术是 20 世纪 60 年代科学研究的新成果，目前，在国防、工农业生产和科学实验等方面都有着广泛的用途。利用原子受激辐射原理，使物质受激而产生的波长均一、方向一致和强度非常高的光束称为激光。以聚焦的激光束轰击焊件所产生的热量作为能源进行焊接的方法称为激光焊。产生激光的器件称为激光器。激光与普通光不同，它具有单色性好、方向性好及能量密度高等优点，被成功地用于金属和非金属材料的焊接、穿孔和切割。

激光焊分为脉冲激光焊和连续激光焊，脉冲激光焊主要用于微电子工业中的薄膜、丝、集成电路内引线和异种材料焊接；连续激光焊可焊接中等厚度的板材，焊缝很小。

（1）激光焊焊接过程

图 11-18 所示为用于焊接和热处理的连续作用的激光焊装置示意图。工件安装在工作台上，激光发生器发出连续的激光束，经镜面和转动镜面反射后，或经聚焦系统射向焊接装置，或沿光束通道经聚焦系统用来进行热处理。

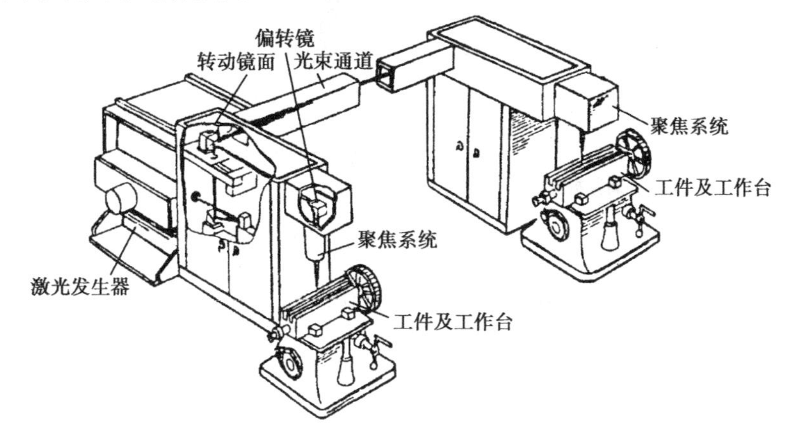

图 11-18 激光焊装置示意图

（2）激光焊的特点

① 高能高速焊，可以用来焊接难焊的金属；热影响区的范围及对焊缝附近材料的任何热破坏都降至最小，无焊接变形。

② 可以焊接一般方法难以焊接的材料，如高熔点金属等，甚至可用于非金属材料如陶瓷、塑料等的焊接。还可以实现异种材料的焊接，如钢和铝、铝和铜、钢和铜等。

③ 灵活性大。由于热源是一束光，因而不需与工件做电接触，位于狭窄位置的焊缝只要视线能达到焊接点就能焊接。而且由于不需要接触，所以激光可成为高速自动焊系统的理想热源。可以在极高速度下完成薄板的缝焊。此外，可使工件固定而激光束沿焊缝移动，或采用工件运动和激光束运动的组合。这种灵活性常常使工件的装卡工作简化。

④ 精密焊接。用良好聚焦的光点可以准确定位焊接，其焊点直径仅数十微米。

⑤ 生产效率高，材料不易氧化。

⑥ 设备复杂，投资大。目前，主要用于薄板和微型件的焊接。

5）等离子弧焊

（1）等离子弧焊焊接过程

等离子弧焊是利用机械压缩效应（电弧通过细小孔道时被迫收缩）、热压缩效应（在冷气流的强迫冷却下，离子和电子这两种带电粒子向弧柱中心集中）和电磁收缩效应（弧柱带电粒子的电流线为平行电流线，相互间磁场作用使电流线产生相互吸引而收缩）将电弧压缩为细小的等离子体的一种焊接工艺。等离子弧焊发生器原理图如图 11-19 所示。等离子弧温度高达 24 000K 以上，能量密度可达 10^4～10^6W/cm^2，因而可一次性熔化较厚的材料。等离子弧焊还可用于切割。

（2）等离子弧焊的特点

① 等离子弧能量密度大，弧柱温度高，穿透能力强，10～12mm 厚的钢材可不开坡口，一次焊透双面成型，焊接速度快，生产效率高，应力、变形小。

② 电弧挺直性好。电流小到 0.1A 时，电弧仍能稳定燃烧，保持良好的挺直度与方向性，所以等离子弧焊可焊接箔材。

③ 焊接速度快，生产效率高，热影响区小，焊接变形小，焊缝质量高。

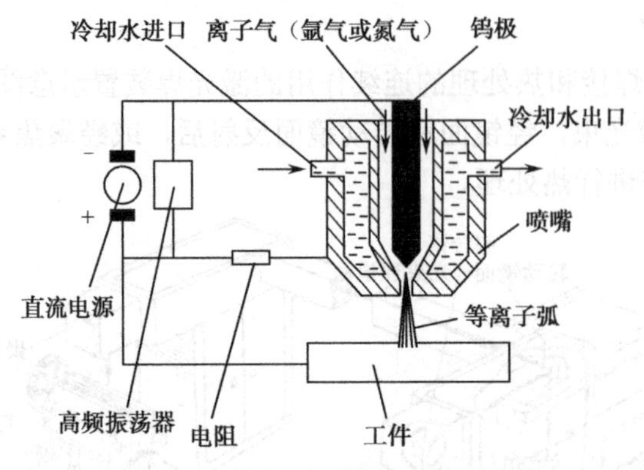

图 11-19　等离子弧焊发生器原理图

等离子弧焊在生产中已得到广泛应用，特别是在国防工业及尖端技术领域所用的铜合金、合金钢及钨、钼、钴、钛等金属的焊接方面，如钛合金导弹壳体、波纹管及膜盒、微型继电器、电容器的外壳封焊及飞机上一些薄壁容器等。

等离子弧焊设备比较复杂，气体耗量大，只适合于室内焊接。

11.2.2　压焊

压焊又称压力焊，是指通过加热使金属达到塑性状态，通过加压使其产生塑性变形、再结晶和原子扩散，最后使两个分离表面的原子接近到晶格距离（0.3～0.5nm），形成金属键，从而获得不可拆卸接头的一类焊接方法。

在压力焊中，为使金属达到塑性状态，提高原子的扩散能力，通常要对焊接处进行加热，热源形式为电阻热、高频热和摩擦热等。

为使金属产生塑性变形和再结晶，通常要对焊接区施加一定的力，作用形式可为静压力、冲击力（锻压力）和爆炸力等。

压力焊广泛应用于汽车、拖拉机、航空航天、原子能、电子技术和轻工业等行业。压力焊的种类较多，主要包括电阻焊、摩擦焊、爆炸焊、扩散焊、超声波焊、高频焊等，最常见的是电阻焊。下面将对工业生产中常用的电阻焊和摩擦焊的焊接工艺方法及其应用进行介绍。

（1）电阻焊

电阻焊是利用电阻热作为热源，并在压力作用下通过塑性变形和再结晶而实现焊接的压力焊工艺。电阻焊过程包括预压、通电加热、在压力下冷却结晶或塑性变形和再结晶。为使焊缝生成在两板的贴合面附近，接触面上必须有一定的接触电阻。通电后，因两工件间接触电阻的存在，贴合面处温度迅速上升到熔点以上。断电后，熔核立即开始冷却结晶，由于有维持压力或顶锻压力的作用，从而消除了缩孔和缩松等缺陷，并产生塑变和再结晶，细化晶粒，从而获得组织致密的焊点。

电阻焊有点焊、缝焊和对焊三种工艺方法。点焊熔核形成过程如图 11-20 所示。缝焊与点焊相似，只是用滚动盘状电极代替柱状电极，形成连续焊点。点焊和缝焊对于被焊接工件的厚度都有要求，用于薄板的焊接，点焊用于没有密封要求的薄板的焊接，缝焊用于有密封要求的薄板的焊接。对焊是利用电阻热将杆状工件端面对接焊接的一种电阻焊方法，主要用于钢筋、钢轨、锚链、管子等的焊接，也可用于异种金属的焊接，因接头中无过热区和铸态组织，所以其焊接接头性能好。

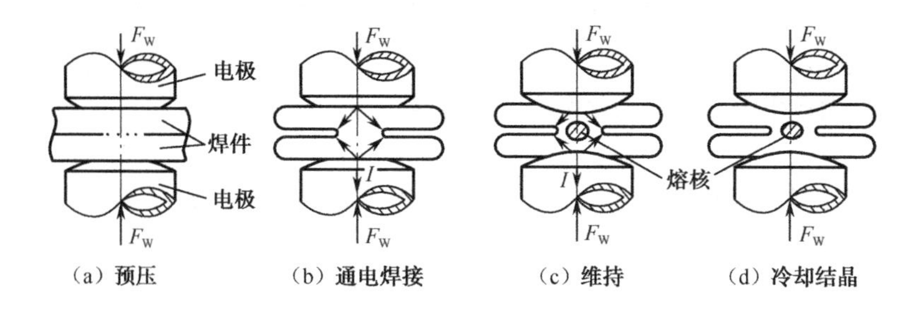

图 11-20 点焊熔核形成过程示意图

对焊又分为电阻对焊和闪光对焊两种。

① 电阻对焊。其焊接过程如图 11-21（a）所示。将焊件装配成对接接头，使其端面紧密接触，利用通电时在接触面上产生的电阻热将接头加热至塑性状态，然后迅速施加顶锻力完成焊接。焊前接头端面要平滑、清洁，否则接触面易发生加热不均匀，容易产生氧化物夹杂等缺陷影响焊接质量。

电阻对焊操作简单，焊后接头凸起，外形较圆滑，一般用于截面简单、直径小于 20mm 和强度要求不高的棒材和线材。若在保护气氛（如氮、氩等）中进行可提高焊件强度。

② 闪光对焊。其焊接过程如图 11-21（b）所示。将准备对接的焊件的两部分通电后缓慢靠拢，由于接触面凹凸不平，端面局部接触，接触点在强电流通过时被迅速熔化，由于电流密度很大，金属被快速加热并产生金属蒸气和发生爆破，金属微粒飞溅并被氧化而产生闪光。这一过程持续一段时间后，当对焊接头端面金属熔化至一定深度范围并且达到预定温度时，断电并迅速施加顶锻力完成焊接。闪光对焊顶锻时随着熔化金属被挤出，接触面上的氧化物夹杂被彻底清除，所以闪光对焊的接头强度较高，承载能力强。但焊后在焊缝周围有大量毛刺，结合面处有较小凸起，需对其进行清理。另外，由于焊接时存在金属损耗，焊件需留较大余量；焊接时火花飞溅，需要隔离防护。

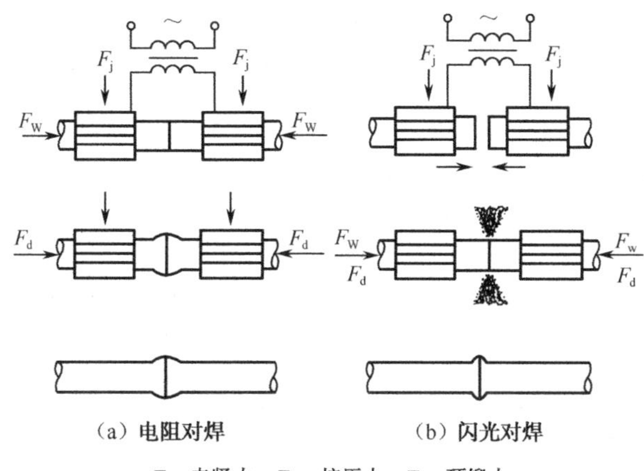

F_j—夹紧力；F_W—挤压力；F_d—顶锻力

图 11-21 对焊焊接过程示意图

闪光对焊可焊接细小金属丝，也可焊接钢轨、大直径油管，还可进行不同钢种之间、铜与铝等异种金属之间的焊接，适用于承受较大载荷的零件或重要零件的焊接。

对焊时，为使两焊件接触面均匀加热，保证焊接质量，对焊工件的接触端面的形状和尺寸应相同或相近。

电阻焊的特点为：不需填充金属，不用另加保护措施；由于焊接电压很低，焊接电流很大，可在很短时间（0.01s 至数秒）内获得焊接接头，所以生产效率很高；操作简单，噪声小，无弧光，烟尘及有害气体很少，劳动条件好，易于实现机械化、自动化。但电阻焊设备较复杂，设备投资大。一般适于成批大量生产，在自动化生产线上应用较多，如汽车、飞机、仪器仪表的制造等。

（2）摩擦焊

摩擦焊是利用工件接触面相对旋转运动中相互摩擦所产生的热使端部达到塑性状态，然后迅速顶锻完成焊接的一种压力焊方法。

摩擦焊焊机结构原理及工艺过程示意图如图 11-22 所示。两个焊件都具有圆形截面，焊接前，一个焊件［见图 11-22（a）中的左焊件］被夹持在可旋转的夹头上，另一个焊件［见图 11-22（a）中的右焊件）被夹持在能够沿轴向移动加压的夹头上。首先，图 11-22（b）中左焊件高速旋转（步骤Ⅰ）；右焊件向左焊件靠近，与左焊件接触并施加足够大的压力（步骤Ⅱ）；这时，两焊件开始摩擦，摩擦表面消耗的机械能直接转变为热能，温度迅速上升（步骤Ⅲ）；当温度达到焊接温度以后，左焊件立即停止转动，右焊件快速向左对接头施加较大的顶锻压力，使接头产生一定的顶锻变形量（步骤Ⅳ）；保持压力一段时间后，两焊件已经焊接成一体，这时可松开夹头，取出焊件，全部焊接过程只需 2～3s 时间。

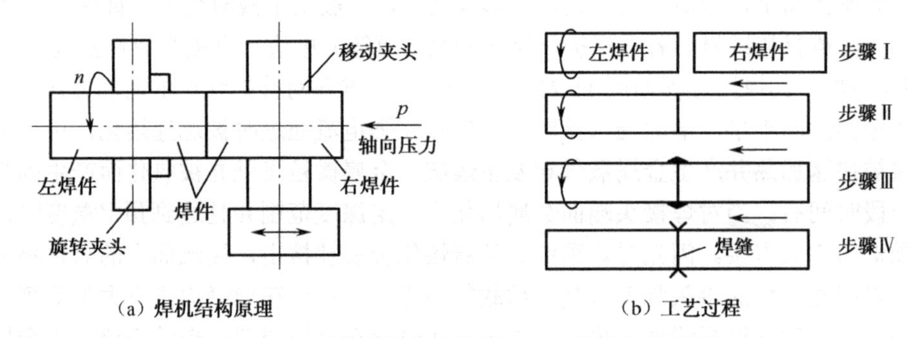

（a）焊机结构原理　　（b）工艺过程

图 11-22　摩擦焊焊机结构原理及工艺过程示意图

摩擦焊的优点如下。

① 焊件接头的品质好而稳定，废品率是闪光对焊的 1%左右。

② 适合于焊接异种金属，如碳素结构钢—高速钢、铜—不锈钢、铝—铜、铝—钢等。

③ 焊件尺寸精度高，可以实现直接装配焊接。

④ 生产效率高，是闪光对焊的 4～5 倍。

⑤ 三相负载均衡，改善了三相供电电网的供电条件，与闪光对焊比较，可节省电能 80%～90%。

⑥ 金属焊接变形小，接头焊前不需特殊清理，接头上的飞边有时可以不必去除，焊接不需要填充材料和保护气体，加工成本显著降低。

⑦ 容易实现机械化、自动化，操作技术简单，容易掌握。

⑧ 工作场地卫生，没有火花、弧光，无有害气体，有利于环境保护，适于设置在自动生产线上。

摩擦焊是一种旋转工件的对焊方法，因而对非圆形截面工件的焊接很困难；大截面工件的焊接，要受到焊机主轴电动机功率和焊机压力不足的限制。目前，摩擦焊工件截面一般不超过 $0.02m^2$；不容易夹持的大型盘状工件和薄壁管件，很难焊接，一些摩擦系数特别小和易碎的材料，也很难采用摩擦焊。另外，摩擦焊的一次投资较大，所以更适合于大批量集中生产，主要应用于汽车、拖拉机工业中批量大的杆状零件、产品及圆柄刀具。

11.2.3　钎焊

1．钎焊基本工艺

钎焊的工艺过程为：将表面清洗好的工件以搭接形式装配在一起，把焊料（熔点比焊件低）放在接头间隙附近或接头间隙中。当工件与焊料被加热到稍高于焊料的熔点温度后，焊料熔化（此时工件未熔化）并借助毛细作用被吸入和充满固态工件间隙中，液态焊料与工件金属相互扩散溶解，冷凝后即形成钎焊接头。

2．钎焊的分类

根据焊料熔点的不同，钎焊可分为硬钎焊与软钎焊两类。

（1）硬钎焊

焊料熔点在 450℃以上，接头强度较高，在 200MPa 以上，所用焊料有铜基、银基和镍基焊料等。银基焊料钎焊的接头除强度较高外，导电性和耐蚀性也较好，而且熔点较低、工艺性好，但银焊料较贵，仅用于要求较高的焊件。镍铬合金焊料可用来钎焊耐热的高强度合金钢与不锈钢，工作温度为 900℃，但钎焊的温度要求高于 1000℃，工艺要求很严格。硬钎焊主要用于受力较大的钢铁、铜合金构件的焊接及工具、刀具的焊接。

（2）软钎焊

焊料熔点在 450℃以下，接头强度较低，一般不超过 70MPa，所以只用于受力不大、工作温度较低的工件。常用的焊料是锡铅合金，所以通称锡焊。这类焊料熔点低（一般低于 230℃），渗入接头间隙的能力较强，具有较好的焊接工艺性和导电性。因此，软钎焊广泛用来焊接受力不大、常温下工作的仪表、导电元件及用钢铁、铜合金等制造的构件。

在钎焊过程中，一般都需要使用焊剂，以清除被焊金属表面的氧化膜及其他杂质，改善焊料渗入间隙的性能（润湿性），保护焊料及焊件不被氧化，因而焊剂对钎焊件的品质影响很大。软钎焊常用的焊剂为松香或氯化锌溶液；硬钎焊焊剂种类较多，主要有硼砂、硼酸、氟化物等，应根据焊料种类选择应用。

钎焊按加热方法可分为烙铁加热、火焰加热、电阻加热、感应加热、炉内加热、盐浴（浸沾）加热等，可根据焊料种类、焊件形状与尺寸、接头数量、品质要求与生产批量等，经过综合考虑后进行选择。烙铁加热温度较低，一般只适合于软钎焊。

3．钎焊的特点

① 钎焊过程中，工件加热温度较低，组织和力学性能变化很小，接头光滑平整，工件尺寸精确。

② 钎焊可以焊接性能差异很大的异种金属，对工件厚度差也没有严格限制。

③ 对工件整体加热钎焊时，可同时钎焊由多条（甚至上千条）接缝组成的、形状复杂的构件，生产效率很高。

④ 钎焊设备简单，生产投资少。

钎焊的接头强度较低，尤其是动载强度低，允许的工作温度不高，焊接前清理要求严格，且焊料价格较高。因此，钎焊不适合一般钢结构和重载及动载机件的焊接，主要用来焊接精密仪表、电气零部件、异种金属构件及某些复杂薄板结构，如夹层结构件和汽车水箱散热器等，也常用来焊接各类导线与硬质合金刀具。

11.3 常用金属材料的焊接

11.3.1 金属材料的可焊性

对于不同的材料，在一定的焊接条件下，采用一定的焊接方法，获得优质焊接接头的难易程度称为材料的可焊性。对于同一种金属材料，采用不同的焊接方法及焊接材料，其可焊性可能有很大的差别。

金属的可焊性包括工艺可焊性和使用可焊性两个方面。工艺可焊性是指焊接过程中，焊接接头产生工艺缺陷的倾向，尤其是出现各种焊接裂纹的可能性；使用可焊性是指焊接工件在使用过程中其焊接接头的可靠性，包括焊接接头的力学性能和其他特殊性能。这两方面的可焊性可通过估算和实验方法确定。

影响金属焊接性的因素有材料本身的性质、工艺条件、工件结构和使用条件，其中材料因素即母材本身的物理特性对焊接起着决定性作用。下面就不同材料类型进行讨论。

1．钢的可焊性

焊接结构所用的金属材料大多数为钢材，影响钢可焊性的主要因素是化学成分。在各种化学元素中，碳对钢的可焊性的影响最为明显，因此，可以将其他元素对钢的可焊性的影响转化为产生相同影响的一定量的碳（称为碳当量）来分析，利用碳当量对钢的可焊性进行估算。碳当量越高，钢的可焊性越差。

碳素钢及低合金钢常用的碳当量为

$$w_{CE}=w_C+\frac{w_{Mn}}{6}+\frac{w_{Cr}+w_{Mo}+w_V}{5}+\frac{w_{Ni}+w_{Cu}}{15}$$

式中，w_C、w_{Mn}、w_{Cr}、w_{Mo}、w_V、w_{Ni}、w_{Cu} 分别为钢中该元素含量的百分数。

碳当量对钢的可焊性的影响见表11-2。

表11-2　碳当量对钢的可焊性的影响

碳当量/%	淬硬倾向	可焊性	焊接工艺特点
<0.4	不明显	好	除特大件或在低温下焊接外，一般不需要加热
0.4～0.6	明显	较差	焊接时需适当预热和采取一定的工艺措施
>0.6	强	差	焊接时要求较高的预热温度和采取严格的工艺措施

2．有色金属的可焊性

一般来讲，有色金属的可焊性比钢差，主要原因有以下几个方面。

① 有色金属容易氧化，所生成的氧化物又往往与基体金属形成共晶体，分布在晶界上导致焊接裂纹。

② 有色金属在液态时吸气性较强，易在焊缝处形成化合物夹渣或气孔。

③ 有色金属的热导率和线膨胀系数往往比较大，焊接冷却后产生的焊接应力大并且易导致焊接裂纹。

因此，有色金属的焊接比较困难，然而有了氩弧焊以后，能够有效地保护熔池，较好地解决有色金属易氧化的问题，使有色金属的焊接变得容易了。

3．铸铁的可焊性

铸铁的可焊性较差，其原因如下。

① 焊缝中容易产生白口组织。由于局部加热，焊后铸铁焊补区冷却速度比铸造时快得多，因而很容易产生白口组织，硬度很高，焊后很难进行机械加工。

② 易产生裂纹。铸铁强度低、塑性差，当焊接应力较大时，就会在焊缝及热影响区产生裂纹，甚至沿焊缝整个断裂。此外，当采用非铸铁组织的焊条或焊丝冷焊铸铁时，铸铁中碳、硫、磷杂质含量高，如母材过多熔入焊缝中，则容易产生热裂纹。

③ 易产生气孔。铸铁含碳量高，焊接时易产生一氧化碳、二氧化碳气体，铸铁凝固时由液态变为固态时间较短，熔池中的气体往往因来不及逸出而形成气孔。

另外，铸铁流动性好，立焊时熔池中金属液容易流失，所以一般采用气焊、手弧焊（个别大件可采用电渣焊）来焊补铸铁件，按焊前是否预热可分为热焊法与冷焊法两大类。

11.3.2　碳钢的焊接

碳钢焊接性是指材料在限定的施工条件下焊接成按规定设计要求的构件，并满足预定服役要求的能力。焊接性受材料、焊接方法、构件类型及使用要求四个因素的影响。碳钢是以铁元素为基础的铁碳合金，碳为合金元素，其碳质量分数不超过 1%，此外，锰质量分数不超过 1.2%，硅质量分数不超过 0.5%，后两者皆不作为合金元素。其他元素如镍、铬、铜等均控制在残余量的限度以内，更不作为合金元素。根据钢材品种和等级的不同，杂质元素如硫、磷、氧、氮等均有严格限制。因此，碳钢的焊接性主要取决于含碳量，随着含碳量的增加，焊接性逐渐变差，其中以低碳钢的焊接性最好。

1．低碳钢的焊接

低碳钢含碳量不大于 0.25%，其塑性好，一般没有淬硬倾向，对焊接过程不敏感，焊接性好。焊这类钢时，不需要采取特殊的工艺措施，通常在焊后也不需要进行热处理（电渣焊除外）。低碳钢可以用各种焊接方法进行焊接，应用最广泛的是焊条电弧焊、埋弧焊、电渣焊、气体保护焊和电阻焊等。

厚度大于 50mm 的低碳钢结构，常用大电流多层焊，焊后进行消除内应力退火。低温环境下焊接刚度较大的结构时，由于焊件各部分温差较大，变形后受到限制，焊接过程容易产生较大的内应力，有可能导致结构开裂，因此应进行焊前预热。

采用熔焊法焊接结构钢时，焊接材料及工艺的选择主要应保证焊接接头与工件材料等强度。焊条电弧焊焊接一般低碳钢结构，可选用 E4313（J421）、E4303（J422）、E4320（J424）焊条。焊接动载荷结构、复杂结构或复板结构时，应选用 E4316（J426）、E4315（J427）或 E5015（J507）焊条。埋弧焊时，一般采用 H08A 或 H08MnA 焊丝配焊剂 431 进行焊接。

2．中、高碳钢的焊接

中碳钢含碳量为0.25%～0.6%。随着含碳量的增加，淬硬倾向越加明显，焊接性逐渐变差。实际生产中，主要是焊接各种中碳钢的铸件与锻件。

中碳钢的焊接特点如下。

① 热影响区易产生淬硬组织和冷裂纹。中碳钢属淬火钢，热影响区金属被加热至超过淬火温度区段时，受工件低温部分的迅速冷却作用，势必出现马氏体等淬硬组织。当焊件刚性较大或工艺不当时，就会在淬火区产生冷裂纹，即焊接接头焊后冷却到相变温度以下至室温后产生裂纹。

② 焊缝金属产生热裂纹倾向较大。焊接中碳钢时，因工件基体材料含碳量与硫、磷杂质含量远高于焊芯，基体材料熔化进入熔池，使焊缝金属含碳量增加，塑性下降，加上硫、磷等杂质的存在，焊缝及熔合区在相变前就可能因内应力而产生裂纹。

因此，焊接中碳钢构件，焊前必须进行预热，使焊接时工件各部分的温差小，以减小焊接应力，同时减慢热影响区的冷却速度，避免产生淬硬组织。一般情况下，35钢和45钢的预热温度可选为150～250℃。结构刚度较大或钢材含碳量更高时，预热温度应更高。

焊接中碳钢焊件，应选用抗裂能力较强的低氢型焊条，要求焊缝与工件材料等强度时，可根据钢材强度选用E5016（J506）、E5015（J507）、E6016（J606）、E6015（J607）焊条。若不要求等强度，则可选用E4315（J427）型强度低些的焊条，以提高焊缝的塑性。不论用哪种焊条焊接中碳钢件，均应选用细焊条，采用小电流，开坡口进行多层焊，以防止工件材料过多地熔入焊缝，同时减小焊接热影响区的宽度。由于中碳钢主要用于制造各类机器零件，焊缝一般有一定的厚度，但长度不大。因此，焊接中碳钢多采用焊条电弧焊。厚件可考虑采用电渣焊，但焊后要进行相应的热处理。

高碳钢的焊接特点与中碳钢基本相似。由于含碳量更高，焊接性变得更差。焊接时，应采用更高的预热温度及更严格的工艺措施。实际上，高碳钢的焊接一般只限采用焊条电弧焊进行修补工作。

11.3.3 合金结构钢的焊接

合金结构钢分为机械制造用合金结构钢和普通低合金结构钢两大类。

用于机械制造的合金结构钢零件（包括调质钢、渗碳钢），一般都采用轧制或锻造的坯料，焊接结构较少。其成分特点是在中碳钢的基础上又加入了部分合金元素，碳当量较中碳钢稍高，所以其可焊性比中碳钢稍差，一般采用与中碳钢相似的焊接工艺，工艺措施比中碳钢更细致。

普通低合金结构钢主要指用于制造金属结构的建筑和工程用钢，又称低合金高强钢。其焊接特点为：热影响区的淬硬倾向随合金量的增大而变大，即强度级别较大的低合金钢，其淬硬倾向增加，热影响区容易产生马氏体组织，硬度明显增高，塑性和韧性下降。与此同时，焊接接头产生冷裂纹的倾向也变大。

根据低合金结构钢的焊接特点，生产中可分别采取以下措施进行焊接。对于强度级别较低的钢材，在常温下焊接时与低碳钢基本一样。在低温或在大刚度、大厚度构件上进行小焊脚、短焊缝焊接时，应防止出现淬硬组织，要适当增大焊接电流，减慢焊接速度，选用抗裂性强的低氢型焊条，必要时需采取预热措施。对锅炉、受压容器等重要构件，当厚度大于20mm时，焊后必须进行退火处理，以消除应力。对于强度级别高的低合金结构钢件，焊前一般均需预热。焊接时，应调整焊接参数，以控制热影响区的冷却速度不宜过快。焊后还应进行热处理以消除内应力。不能立即热处理时，要先进行消氢处理，即焊后立即将工件加热到 200～350℃，保温 2～6h，以加速氢扩散逸出，防止产生因氢引起的冷裂纹。

钎焊低合金结构钢时，为了不使焊件因退火而软化，钎焊温度不应高于 700℃，钎焊后要进行热处理。对于不能进行热处理的焊件最好用含有银、铜、钙、镍的焊料，钎焊温度控制在 600℃左右。

11.3.4　不锈钢的焊接

在现行国家标准中，不锈钢共有 55 个钢种，按其组织可分为奥氏体型、马氏体型、铁素体型、奥氏体－马氏体型和沉淀硬化型不锈钢。不锈钢的焊接常采用焊条电弧焊、钨极氩弧焊和埋弧焊。氩弧焊是焊接不锈钢较为满意的方法。

1. 奥氏体不锈钢的焊接

奥氏体不锈钢应用最广泛的是铬镍奥氏体不锈钢，如 1Cr18Ni9Ti 等。此类钢焊接性良好，焊接时一般不需要采取特别的工艺措施，通常采用焊条电弧焊和钨极氩弧焊，也可采用埋弧自动焊。采用焊条电弧焊时，应选用与母材化学成分相同的焊条和焊丝，以保证焊缝金属的性能与母材相同。如果焊条选用不当，晶界处会析出碳化铬，形成贫铬区而引起晶界腐蚀，因而焊接接头失去耐蚀能力。如果焊接电流太大，焊速太慢，就会使焊接接头因过热而脆化或热裂等，因此，要用小电流快速施焊。奥氏体不锈钢焊接不需要预热。

2. 马氏体不锈钢的焊接

马氏体钢可分为两类：一类是简单的 Cr13 系列，如 2Cr13、4 Cr13 等；另一类是以 Cr12 为基的多元合金强化马氏体钢，如 1Cr12WMoV、1Cr12Ni3MoV 等。马氏体钢在空气中冷却即能淬硬，所以冷裂纹和脆化是这类钢焊接的主要问题。

为了保证焊件的使用功能，焊缝成分应力求接近母材化学成分。预热是防止这类钢在焊接时产生冷裂纹的重要措施，但预热温度要控制在 400℃以下，以防产生脆性。为防止冷裂，马氏体钢（F11 钢除外）焊后应立即进行高温回火。如果不能实施预热或热处理，应选用奥氏体不锈钢焊条。

各种焊接方法均能焊接马氏体钢工件。焊条电弧焊一般采用低氢型焊条，钨极氩弧焊主要用于薄件和多层焊的封底焊。

3. 铁素体不锈钢的焊接

铁素体典型钢号有 Cr17、Cr17Ti、Cr17Mo2Ti、Cr25Ti 和 Cr28 等。铁素体不锈钢通过添加铬、铣、钼及钛等元素来防止焊接受热过程中形成奥氏体，所以，铁素体不锈钢在焊后冷却过程中不会出现奥氏体向马氏体转变的淬硬现象。焊接的主要问题是热影响区脆化和常温冲击韧度较低。焊缝和热影响区在 400～600℃温度区间停留易出现 475℃脆化，在 650～850℃温度区间停留易引起相析出而脆化。焊接时，接头过热区（900℃以上）晶粒粗大，不能通过热处理来细化。

焊接铁素体不锈钢时，应尽量缩短在 400～600℃和 650～850℃温度区的加热或冷却时间。可采用小功率、高焊速进行焊接，尽量减小焊缝截面，焊接时等前一道焊缝冷却到预热温度时再焊下一道焊缝，即不要连续焊接。焊前常要求进行低温（70～150℃）预热，使接头处于富有韧性状态，这样可以有效地防止接头处裂纹的产生。

高铬铁素体不锈钢焊接时所用焊条，可以是和母材成分相近的铁素体铬钢焊条，也可以是奥氏体钢焊条。采用同质焊接材料时，焊缝呈粗大的铁素体组织，韧性很差。若焊件不允许预热或后热处理，可采用奥氏体焊接材料。

11.3.5 有色金属的焊接

铝、铜、镍、钛等有色金属具有良好的耐蚀性、较高的比强度及在低温下能保持良好力学性能等特点，在航空、汽车、电工、化工、国防等工业部门被广泛采用。钢与有色金属焊接构成的异种结构具有优良的导电、导热及耐蚀等性能，并且在节约材料、合理利用资源方面起到重要的作用。因此有色金属之间的焊接、钢与有色金属的连接具有十分重要的意义。

1．铝及铝合金的焊接

铝及铝合金的焊接特点如下。

① 易氧化。铝和氧的亲和力很大，在焊接过程中，金属表面及熔池上形成的氧化铝薄膜会阻碍金属之间的结合，且容易造成夹渣。

② 易产生气孔。液态铝能大量溶解氢，而固态铝几乎不溶解氢，因此，易产生氢气孔。

③ 易焊穿。铝及铝合金由固态转变为液态时，没有显著的颜色变化，所以不易判断熔池的温度，容易焊穿。

④ 易产生热裂纹。铝的线膨胀系数比铁大将近1倍，而凝固时的收缩比铁大2倍，所以焊件不仅变形大，而且工艺措施不当还容易产生热裂纹。

焊前准备是保证铝及铝合金焊接质量的重要工艺措施。焊前准备包括化学清洗、机械清洗、焊前预热、工件背面加垫板等。化学清洗和机械清洗的目的是去除工件及焊丝表面的氧化膜和油污。为保证铝及铝合金焊接时能焊透而不致塌陷，常采用工艺垫板来托住熔池金属。薄而小的铝件一般不用垫板。厚度超过5～8mm的焊件需焊前预热，预热时缓慢加热到100～300℃。预热可防止变形、未焊透和减少气孔等。

焊接铝及铝合金常用的方法有氩弧焊、焊条电弧焊、气焊、电阻焊和钎焊。目前，氩弧焊是焊接铝及铝合金较为理想的熔焊方法。钨极氩弧焊时使用交流电源，这样既对熔池表面铝的氧化膜有“阴极破碎”作用，又可采用较高的电流密度。熔化极氩弧焊适用于焊接厚度大于8mm的铝及铝合金件，采用直流反接。对焊接质量要求不高的铝及铝合金工件，可采用气焊。气焊前必须清除工件表面氧化膜，选用与母材化学成分相同的焊丝。此法灵活、方便、成本低，但焊接变形大，接头耐腐蚀性差，生产效率低，适用于焊接薄件（厚为0.5～2mm）和焊补铝铸件。

铝及铝合金焊后需要及时清理残存在焊缝及邻近区的熔剂和熔渣，否则在空气中水分的作用下，熔渣容易破坏氧化铝薄膜，从而腐蚀焊件。

2．铜及铜合金的焊接

在铜及铜合金焊接中，最常用到的是紫铜和黄铜的焊接，青铜焊接多为铸件缺陷的补焊，而白铜焊接在机械制造工业中应用较少。铜及铜合金焊接主要容易出现以下问题。

（1）难熔合及易变形

焊接纯铜及某些铜合金时，如果采用的焊接规范与焊接同厚度低碳钢接近，则母材就很难熔化，填充金属与母材不能很好地熔合，产生焊不透的现象。另外，铜及铜合金焊后变形也比较严重。这些都是由铜的物理性能决定的（如铜的热导率大，20℃时铜的热导率比铁大 7 倍多，1000℃时大 11 倍多）。焊接时热量迅速从加热区传导出去，使母材与填充金属难以熔合。此外，铜的线膨胀系数和收缩率也比较大、导热能力强，使焊接热影响区加宽，焊接时如加工件刚度不大，又无防止变形的措施，必然会产生较大的变形及很大的焊接应力。因此，焊接时要使用大功率的热源，通常在焊前或焊接过程中还要采取预热措施。

（2）热裂纹

焊接铜时出现的裂纹多发生在焊缝中。裂纹呈现晶间破坏特征，从断口上可以观察到明显的氧化色彩。铜在熔化状态时容易氧化生成氧化亚铜（Cu_2O）。氧化亚铜与铜可生成低熔点共晶。因此，在焊缝中容易产生热裂纹。所以，对于铜材的含氧量应严格控制。例如，焊接结构件用紫铜，要求含氧量应小于 0.03%；对于重要的焊接产品，则要求含氧量应小于 0.01%。另外，对于铜材中铅、铋、硫等杂质含量也需有效控制。

（3）气孔

铜及铜合金焊缝中经常出现气孔缺陷。原因之一是氢在铜中的溶解度随温度的下降而降低。铜由液态转变为固态时，氢的溶解度发生剧变。由于铜的导热性能好，所以铜焊缝结晶凝固过程进行很快，氢来不及析出而形成气泡。氢在铜中的过饱和程度远比铁严重，所以铜对氢气孔非常敏感。原因之二是冶金反应生成的气体引起的反应气孔。所以，减少氢、氧来源，对熔池进行脱氧，使熔池缓慢冷却，这些都可以防止产生气孔。

目前，铜及铜合金的焊接主要采用气焊、焊条电弧焊、钨极氩弧焊。紫铜气焊时可采用特制丝 201 或丝 202（低磷铜焊丝），焊接火焰应选中性焰；焊条电弧焊时可选用焊芯为纯铜或磷青铜，药皮均为低氢钠型的焊条，电源用直流反接；钨极氩弧焊焊接紫铜时，采用直流正接。黄铜是铜锌合金，焊接时会造成锌的大量蒸发，因此，黄铜焊接一般采用气焊，火焰采用轻微的氧化焰。青铜的焊接主要用于焊补铸件的缺陷和损坏的零件，也多选用气焊。

3．钛及钛合金的焊接

钛及钛合金在航空航天、化工、造船等行业的应用越来越广泛，其焊接性能也越来越受到关注。钛及钛合金的焊接具有如下特点。

（1）焊接接头的污染脆化

钛材在 400℃以上的高温（固态）下极易被空气、水分、油脂、氧化皮污染。试验表明，钛从 250℃开始吸收氢，从 400℃开始吸收氧，从 600℃开始吸收氮。由于表面吸入氧、氮、氢、碳等杂质，从而降低焊接接头的塑性和韧性。因此，气体等杂质污染而引起的焊接接头脆化是焊接钛材的一个重要问题。因此，对于钛及钛合金的焊接工艺提出了特殊的要求，采用通常的气焊或手工电弧焊工艺均不能满足焊接钛材的质量要求。采用氩弧焊工艺时，要求氩气纯度很高及对焊缝及热影响区 400℃以上高温区进行保护。

（2）焊接接头裂纹

在钛及钛合金焊缝中含氧、氮量比较多时，就会使焊缝及热影响区性能变脆，如果焊接应力比较大，就会出现低塑性脆化裂纹。在焊接钛合金时，有时也会出现延迟裂纹，其原因是氢由高温熔池向较低温度的热影响区扩散，析出氢化物增加，使热影响区的脆性增大，同时，由于体积膨胀而引起较大的组织应力，再加以氢原子的扩散与聚集，以致最后形成裂纹。延迟裂纹的防止方法，主要是减少焊接接头中的含氢量，必要时进行真空退火处理，以减少焊接接头的含氢量。

钛及钛合金由于含碳、硫杂质少，对热裂纹是不敏感的，因此，焊接钛材时可采取与母材相同成分的焊丝进行氩弧焊，而不致产生热裂纹。

（3）焊缝的气孔

钛及钛合金焊缝中有形成气孔的倾向，气孔主要由氢产生。焊缝金属冷却过程中，氢的溶解度发生变化，如焊接区周围气体中的分压较高，则焊缝中的氢不易扩散逸出，而聚集在一起形成气孔。当钛焊缝中的含碳量大于0.1%及含氧量大于0.133%时，由氧与碳反应生成的一氧化碳气体也会导致气孔产生。

为防止产生气孔，必须严格控制母材金属、焊丝、氩气中氢、氧、碳等杂质的含量，正确选择焊接规范，缩短熔池处于液态的时间，焊前将坡口、焊丝表面的氧化皮、油污等有机物清除干净。

由于钛及钛合金的化学性质非常活泼，与氢、氧、氮的亲和力大，因此，普通的焊条电弧焊、气焊和二氧化碳气体保护焊均不适用于钛及钛合金的焊接。焊接钛及钛合金的主要方法是钨极氩弧焊，也可以用等离子弧焊和真空电子束焊。

11.3.6 铸铁的焊补

铸铁的焊补就是用焊接方法修补有缺陷铸件。

1．热焊法

热焊法是将工件整体或局部预热到600～700℃，然后进行焊接，焊后缓慢冷却或进行去应力退火的方法。热焊法常采用气焊和手工电弧焊，手工电弧焊时，采用铸铁芯铸铁焊条（如Z248）或钢芯石墨化铸铁焊条（如Z208）；气焊时，采用铸铁焊丝（高硅）和气剂201或硼砂熔剂（去除氧化物）。此类焊接方法可有效地防止白口、淬硬组织及裂纹，接头切削加工性好；但需加热设备，成本高、生产效率低、劳动条件差。一般用于小型、中等厚度（大于10mm）的铸铁件和焊接后需要加工的复杂、重要的铸铁件，如汽车的汽缸、机床导轨等。

2．冷焊法

冷焊法即焊前不预热或只进行400℃以下的低温预热的焊接方法。一般采用气焊和手工电弧焊，对于小型薄壁铸件常用气焊，对于大型厚壁铸件一般采用手工电弧焊。冷焊焊条分为两大类：一类为同质型焊条，即焊缝金属为铸铁型，如Z208、Z248；另一类为异质型焊条，即焊缝金属为非铸铁型，如镍基铸铁焊条（Z308、Z408）、高钒铸铁焊条（Z116、Z117）及铜基铸铁焊条（Z607）等。采用同质型焊条焊补时，工艺上要求采用大电流，连续焊，控制焊后冷却速度，焊补处可得铸铁组织。在刚度不大的部位焊补，一般不会产生裂纹。同质型焊条焊补价格低廉，并且焊缝与被焊金属颜色一致，适合于大型铸铁件大缺陷的焊补。采用异质型焊条焊补时，工艺要求采用小电流、短弧焊、断续焊、分散焊，焊后立即捶击焊缝，以松弛焊接应力。异质型焊条焊补焊缝金属塑性好，裂纹倾向小，多用于小型铸铁件、小缺陷的焊补。

冷焊法操作简便，劳动条件好，生产效率高，但焊补质量不如热焊法，焊接切削加工性较差（但用镍基铸铁焊条焊补，焊后可进行机械加工）。冷焊法主要用于焊补要求不高的铸件及非加工表面和怕高温预热引起变形的工件。

11.4　焊件结构设计

设计焊件结构时，应从焊件结构件的使用性能和焊接工艺性两方面考虑，以保证焊件结构的质量稳定，焊接工艺简便，生产效率高，成本低。

11.4.1　焊接结构件材料的选择

选择焊接结构材料时主要考虑材料的力学性能和焊接性能。在满足工作性能要求的前提下，首先应考虑选焊接性能好的材料。低碳钢和碳当量小于 0.4%的合金钢都具有良好的焊接性，设计中应尽量选用。含碳量大于 0.4%的碳钢、碳当量大于 0.4%的合金钢，焊接性不好，一般不宜选用，若必须选用，应在设计和生产工艺中采取必要措施。

强度等级低的低合金钢结构，焊接性与低碳钢基本相同，价格不贵强度却较高，应优先选用。强度等级较高的低合金结构钢，焊接性能虽然差些，但只要采取合适的焊接材料与工艺，也能获得满意的焊接接头。

对于异种金属的焊接，必须特别注意它们的焊接性及差异。一般要求接头强度不低于被焊钢材中的强度较低者，并应在设计中对焊接工艺提出要求，按焊接性较差的钢种采取措施，如预热或焊后热处理等。对不能用熔焊方法获得满意接头的异种金属应尽量不选用。

各种常用金属材料应用于各种焊接方法时的焊接性能见表 11-3。

表 11-3　常用金属材料的焊接性能

焊接方法 金属材料	气焊	手弧焊	埋弧焊	CO_2气体保护焊	氩弧焊	电子束焊	电渣焊	点焊缝焊	对焊	摩擦焊	钎焊
低碳钢	A	A	A	A	A	A	A	A	A	A	A
中碳钢	A	A	B	B	A	A	A	B	A	A	A
低合金结构钢	B	A	A	A	A	A	A	A	A	A	A
不锈钢	A	A	B	B	A	A	B	A	A	A	A
耐热钢	B	A	B	C	A	A	D	B	C	D	A
铸钢	A	A	A	A	A	A	A	(—)	B	B	B
铸铁	B	B	C	C	B	(—)	B	(—)	D	D	B
铜及其合金	B	B	C	C	A	B	D	D	D	A	A
铝及其合金	B	C	C	D	A	A	D	A	A	B	C
钛及其合金	D	D	D	D	A	A	D	B~C	C	D	B

注：A—焊接性良好；B—焊接性较好；C—焊接性较差；D—焊接性不好；(—) —很少采用。

11.4.2　焊接方法的选择

焊接方法必须根据被焊材料的焊接性、接头的形式、焊接厚度、焊缝空间位置、焊接结构特点及工作条件等多方面因素综合考虑后予以选择确定。焊接方法选择的总原则是在保证产品质量的条件下，优先选择常用的焊接方法，若生产批量大，还必须考虑尽量提高生产效率和降低成本。常用焊接方法的比较见表11-4。

表11-4 常用焊接方法的比较

焊接方法	焊接热源	主要接头形式	焊接位置	钢板厚度 δ/mm	被焊材料	生产效率	应用范围
焊条电弧焊	电弧焊	对接、搭接、T形接、卷边接	全位置	3～20	碳钢、低合金钢、铸铁、铜及铜合金	中等偏高	要求在静止、冲击或振动载荷下工作的机件，焊补铸铁件缺陷和损坏的机件
埋弧焊	电弧热	对接、搭接、T形接	平焊	6～20	碳钢、低合金钢、铜及铜合金	高	在各种载荷下工作，成批中厚板长直焊缝和较大直径环缝
氩弧焊	电弧热	对接、搭接、T形接	全位置	0.5～25	铝、铜、镁、钛及钛合金、耐热钢、不锈钢	中等偏高	要求致密、耐蚀、耐热的焊件
CO_2气体保护焊	电弧热	对接、搭接、T形接	全位置	0.8～25	碳钢、低合金钢、不锈钢	很高	要求致密、耐蚀、耐热的焊件
电渣焊	熔渣电阻热	对接	立焊	40～450	碳钢、低合金钢、不锈钢、铸铁	很高	一般用来焊接较厚的铸、锻件
对焊	电阻热	对接	平焊	≤20	碳钢、低合金钢、不锈钢、铝及铝合金	很高	焊接杆状零件
点焊	电阻热	搭接	全位置	0.5～3	碳钢、低合金钢、不锈钢、铝及铝合金	很高	焊接薄板壳体
缝焊	电阻热	搭接	平焊	<3	碳钢、低合金钢、不锈钢、铝及铝合金	很高	焊接薄壁容器和管道
钎焊	各种热源	搭接、套接	全位置	—	碳钢、合金钢、铸铁、铜及铜合金	高	用其他焊接方法难以焊接的焊件，以及对强度要求不高的焊件

由表11-3、表11-4可知，在选择焊接方法时应注意以下几点。

① 低碳钢和低合金结构钢焊接性能好，各种焊接方法均适用。

② 若焊件板厚为中等厚度（10～20mm），可选用手弧焊、埋弧焊或CO_2气体保护焊。氩弧焊成本较高，一般不宜选用。

③ 若焊件为长直焊缝或大直径环形焊缝，生产批量也较大，可选用埋弧焊。

④ 焊件为单件生产，或焊缝短且处于不同空间位置，则选用手弧焊为好。

⑤ 焊件为薄板轻型结构，且无密封要求，则采用点焊可提高生产效率；如果有密封要求，则可选用缝焊。

⑥ 对于低碳钢焊件一般不应选用氩弧焊等高成本的焊接方法。但当焊接合金钢、不锈钢等重要工件时，则应采用氩弧焊等保护条件较好的焊接方法。

⑦ 对于稀有金属或高熔点合金的特殊构件，焊接时可考虑采用等离子弧焊接、真空电子束焊接、脉冲氩弧焊焊接，以确保焊件的质量。

⑧ 对于微型箔件，则应选用微束等离子弧焊或脉冲激光点焊。

11.4.3　焊缝的布置

在焊接结构中，焊缝布置对焊接质量和生产效率有很大影响。在考虑焊缝布置时，要注意以下几个原则。

（1）焊缝布置应便于焊接操作

在平焊、横焊、立焊和仰焊这几种焊接位置中，平焊操作最方便，易于保证焊缝质量，劳动条件好，生产效率较高，因此，在生产中应尽量使焊缝处于平焊位置。

布置焊缝时，还要考虑留有足够的焊接空间，以满足焊接运条的需要。图 11-23 所示为焊条电弧焊焊缝位置，图 11-24 所示为点焊或缝焊时的焊缝位置。

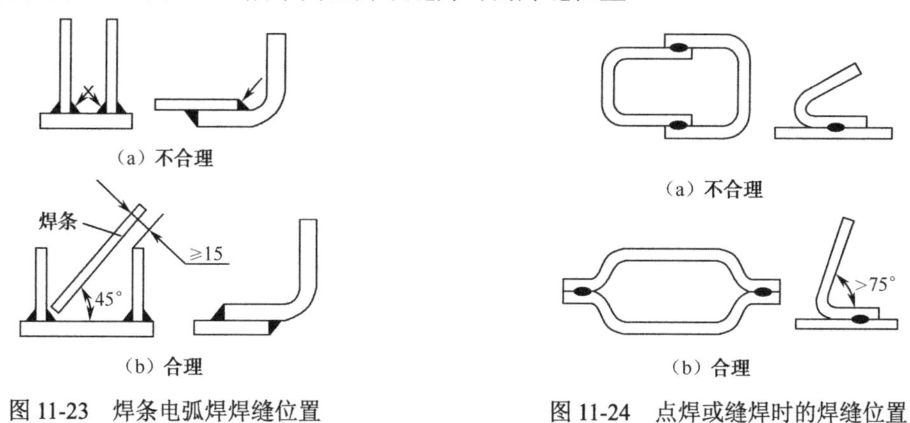

图 11-23　焊条电弧焊焊缝位置　　　图 11-24　点焊或缝焊时的焊缝位置

（2）焊缝应尽量分散布置

密集和交叉的焊缝会使接头处金属过热，加大热影响区，恶化组织，所以焊缝应尽可能分散，如图 11-25 所示。

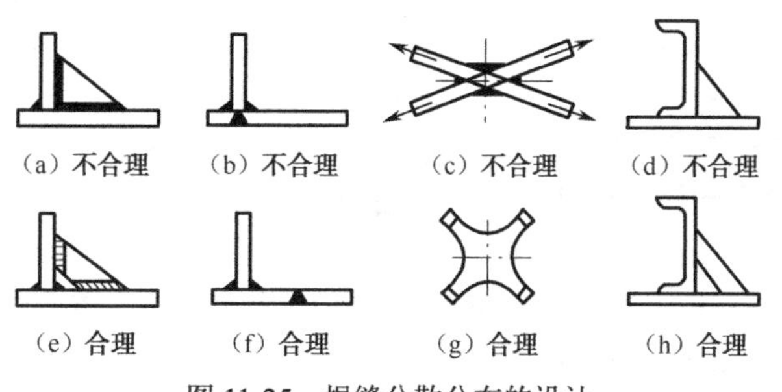

图 11-25　焊缝分散分布的设计

（3）焊缝的位置应尽可能对称布置

焊缝对称布置可使各条焊缝产生的焊接变形相互抵消，这对减小梁、柱等结构的焊接变形有明显效果，如图11-26所示。

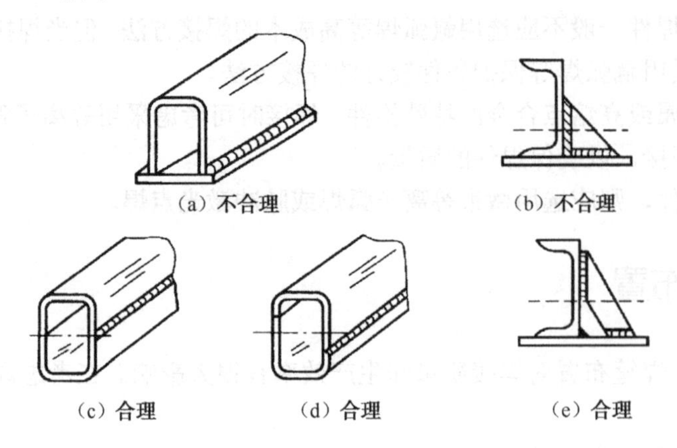

图11-26 焊缝对称布置的设计

（4）尽量减少焊缝数量

设计焊接结构件时，应多采用工字钢、槽钢、角钢和钢管等型材，以降低结构质量，减少焊缝数量，简化焊接工艺，增加结构件的强度和刚性。对形状比较复杂的部分，还可以选用铸钢件、锻件或冲压件来焊接，如图11-27所示。

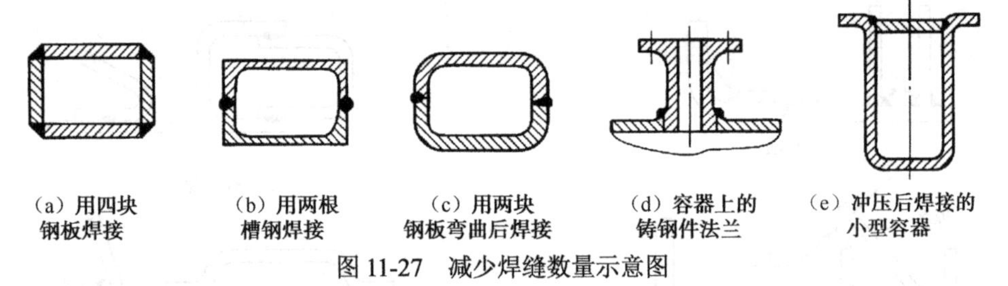

（a）用四块钢板焊接
（b）用两根槽钢焊接
（c）用两块钢板弯曲后焊接
（d）容器上的铸钢件法兰
（e）冲压后焊接的小型容器

图11-27 减少焊缝数量示意图

（5）焊缝应尽可能避开最大应力和应力集中的位置

焊接接头性能往往低于母材性能，而且焊接接头还有焊接残余应力，因此，对于受力较大、结构较复杂的焊接结构件，要求焊缝应避开应力大的部位，特别是要避开应力集中部位，以防止焊接应力与外加应力相互叠加，造成过大的应力和开裂，如图11-28所示。

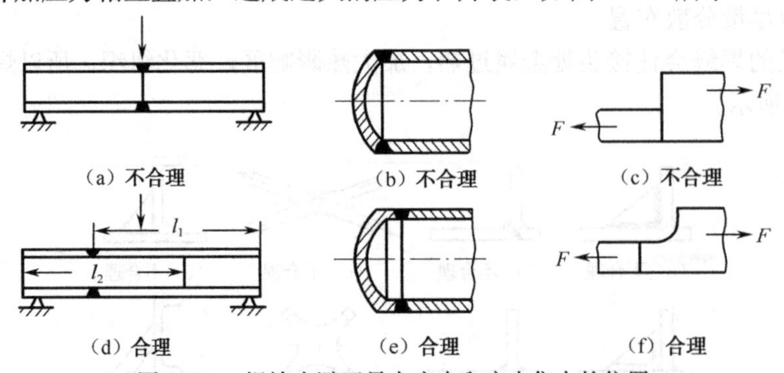

图11-28 焊缝应避开最大应力和应力集中的位置

（6）焊缝应尽量远离机械加工面

当焊件上有要求较高的加工表面，且必须加工后焊接时，为了防止已加工面受热而影响其形状和尺寸精度，焊缝应尽量远离机械加工面。若焊缝必须靠近机械加工面，则需先焊后加工，如图 11-29 所示。

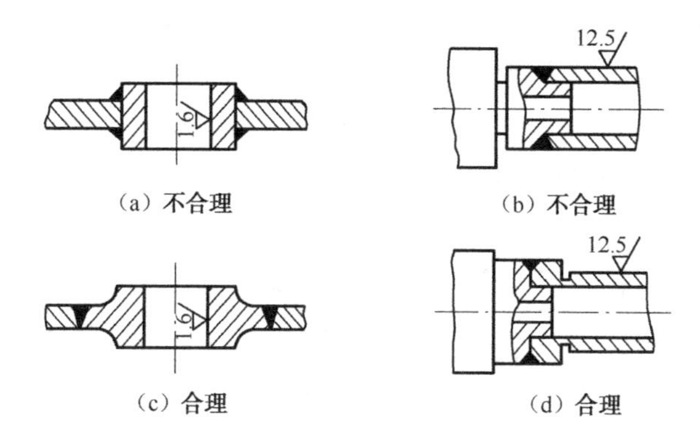

图 11-29　焊缝远离机械加工面的设计

11.4.4　焊接接头的设计

焊接接头设计包括焊接接头形式设计和坡口形式设计。设计接头形式应考虑焊件的结构形状和板厚、接头力学性能要求、焊后变形大小等因素。设计坡口形式主要考虑焊缝能否焊透、坡口加工难易程度、生产效率、焊条消耗量、焊后变形大小等因素。

1. 焊接接头形式

焊接接头按其结合形式分为对接接头、盖板接头、搭接接头、T 形接头、十字形接头、角接接头和卷边接头等，如图 11-30 所示。其中常见的焊接接头形式有对接接头、搭接接头、角接接头和 T 形接头。

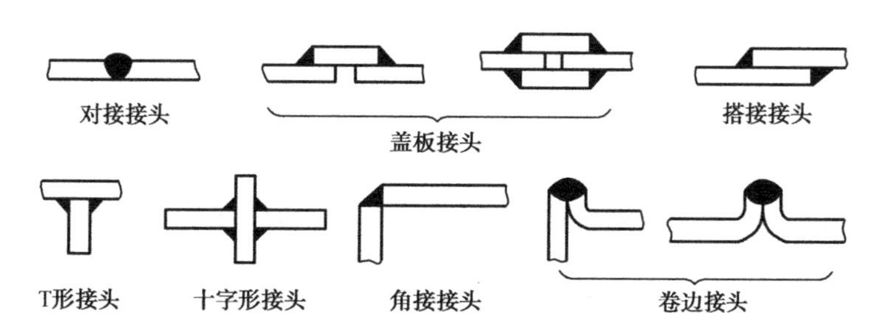

图 11-30　焊接接头形式

对于熔化焊，有时对接接头和搭接接头可以进行比较和选择。对接接头受力简单、均匀，节省材料，但对下料尺寸精度要求较高；搭接接头受力复杂，接头产生弯曲附加应力，但对下料尺寸精度要求低。因此，锅炉、压力容器等结构的受力焊缝常用对接接头；对于厂房屋架、桥梁、起重机吊臂等桁架结构，多用搭接接头。

点焊、缝焊工件的接头为搭接接头，钎焊也多采用搭接接头，以增加结合面。

角接接头和 T 形接头根部易出现未焊透情况，引起应力集中，因此，接头处常开坡口，以保证焊接质量，角接接头多用于箱式结构。对于 1～2mm 薄板，采用气焊或钨极氩弧焊时，为避免接头烧穿和节省填充焊丝，可采用卷边接头。

2．焊缝坡口设计

开坡口的目的是为了使接头根部焊透，同时也使焊缝成型美观。另外，通过控制坡口大小，还能调节焊缝中母材金属与填充金属的比例，使焊缝金属达到所需要的化学成分。焊条电弧焊的对接接头、角接接头和 T 形接头中各种形式的坡口，其选择主要依据是焊件板材厚度。焊条电弧焊常见的坡口形式如图 11-31 所示。

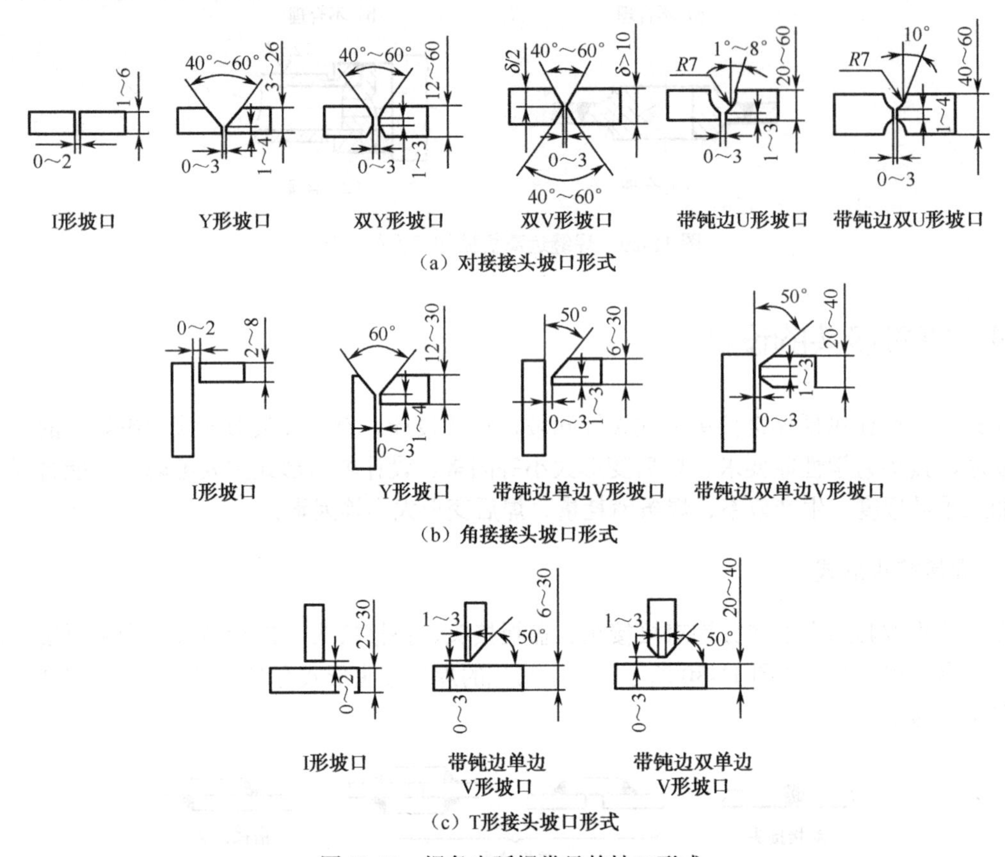

（a）对接接头坡口形式

（b）角接接头坡口形式

（c）T形接头坡口形式

图 11-31 焊条电弧焊常见的坡口形式

当对板厚在 6mm 以下的工件采用对接接头施焊时，一般可不开坡口直接焊成。但当板厚增大时，接头处则应根据工件厚度预先加工出相应的坡口，坡口角度和装配尺寸按标准选用。两个焊接件的厚度相同时，常用的坡口形式及角度可按图 11-31 选用，Y 形坡口和 U 形坡口用于单面焊，其焊接性较好，但焊后角度变形较大，焊条消耗量也大些。双 Y 形坡口双面施焊，受热均匀，变形较小，焊条消耗量较少，但有时受结构形状的限制。U 形坡口根部较宽，允许焊条深入，容易焊透，而且坡口角度小，焊条消耗量较 Y 形坡口少，但因坡口形状复杂，一般只用在重要的受动载荷的厚板结构中。双单边 V 形坡口主要用于 T 形接头和角接接头的焊接结构中。

设计焊接结构最好采用相同厚度的金属材料，以便获得优质的焊接接头。如果采用厚度相差较大的金属材料进行焊接，接头处易形成应力集中，而且接头两边由于加热不均匀，易产生焊不透等缺陷。不同厚度金属材料对接时，允许的厚度差见表 11-5。超出表中规定的值时，应在较厚的板料上加工出单面或双面斜边的过渡形式，如图 11-32 所示。板厚不同的角接接头与 T 形接头受力焊缝，要考虑采用图 11-33 所示的过渡形式。

表 11-5 不同厚度金属对接时的允许厚度差

较薄板的厚度/mm	2～5	6～8	9～11	≥12
允许厚度差($\delta_1-\delta$)/mm	1	2	3	4

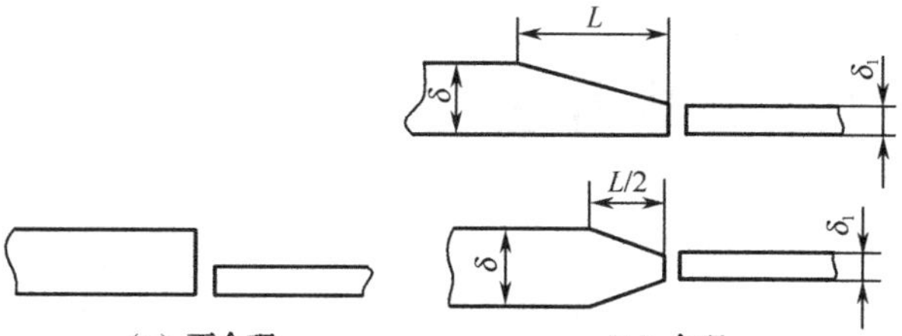

（a）不合理 （b）合理

图 11-32 不同厚度板的对接

（a）角接接头 （b）T形接头

图 11-33 板厚不同的角接接头与 T 形接头的过渡形式

思考题

11-1 什么是焊接？焊接的实质是什么？

11-2 简述焊接的分类和特点。

11-3 什么是热影响区？焊接低碳钢时，其热影响区有哪几个？性能如何？

11-4 电焊条由哪些部分组成？其作用是什么？

11-5 常见的电弧焊有哪些方法？试举例说明。

11-6 举例说明电弧焊、埋弧焊、氩弧焊、CO_2气体保护焊、电渣焊、激光焊、摩擦焊、电阻焊的应用。

11-7 何谓焊接应力？可以用哪些措施防止焊接应力？

11-8 软钎焊、硬钎焊各应用于什么场合？

11-9 什么是材料的可焊性？影响焊接性的因素有哪些？试比较低碳钢、有色金属、铸铁的可焊性。

11-10 如何选择焊接结构件的材料？

11-11 手工电弧焊时焊缝的布置原则是什么？

11-12 常用的焊接接头形式有哪些？不同类型的接头有哪些坡口形式？

第12章 工程塑料成型

12.1 工程塑料成型方法

塑料是一种以合成或天然的高分子化合物为主要成分，在一定的温度和压力条件下，可塑制成一定形状，当外力解除后，在常温下仍能保持其形状不变的材料。塑料是在玻璃态使用的高分子材料。实际使用的塑料，是以树脂为基础原料，加入（或不加）各种助剂、增强材料或填料，在一定温度和压力条件下可以塑造或固化成型，得到固体制品的一类高分子材料。

随着机械、电子、家电、日用五金等工业产品塑料化趋势的不断增强及塑料（特别是工程塑料）制品的广泛应用与发展，塑料的成型方法已成为人们关注的焦点之一。塑料具有许多不同于金属材料的物理、化学性能特点（如流动性、收缩性、吸湿性、热敏性、热塑性及热固性等），其成型方法也多种多样。常见的有注射成型、挤出成型、压缩成型、压注成型、压延成型、吹塑成型等，近年来，还发明了热成型、旋转成型、粉料喷涂、冷压烧结成型、注塑焊接法、挤拉成型等新的成型方法。热塑性塑料制品大多采用注射、挤出等成型方法；热固性塑料多采用模压成型方法。

12.1.1 塑料注射成型

塑料注射成型又称注塑成型，它是将粉状或粒状塑料原料加热至熔化状态，并经喷嘴注入模具型腔中，冷却后即可得到所需塑料制品的过程，如图 12-1 所示。它是热塑性塑料的主要成型方法之一，几乎所有的热塑性塑料（氟塑料除外）都可以采用此方法成型，此外也可用于一些热固性塑料的成型，因而获得广泛应用。

注射成型工艺过程主要包括加料、加热塑化、加压注射、保压、冷却定型、脱模等工序。其中，加热塑化、加压注射、冷却定型是注射过程的基本步骤。各工序的主要作用和要求如下。

① 加料。每次加料量应尽量保持一定，以保证塑化均匀一致，减小注射成型压力传递的波动。

② 加热塑化。加热塑化过程的主要作用是完成物料的熔融和输送。塑料在进入模具型腔之前要达到规定的成型温度，提供足够数量的熔融塑料，以保证生产连续进行。熔融料各处温度应均匀一致，热分解产物的含量也应最少。可见，塑料塑化的快慢即塑化速度直接影响注塑机的生产效率，而塑化的均匀性则影响制品的质量。物料的输送方式有螺旋式输送和柱塞推动两种。

③ 加压注射。加压注射过程是把熔融的物料注入模腔，完成物料的充型过程。注塑机用柱塞或螺杆对熔融塑料施加推压力，使料筒内的熔融料经喷嘴、浇道、浇口进入模腔。在注射阶段，主要控制注射压力、注射时间和注射速度来实现充模并得到制品。熔融塑料充模时间一般在几秒或几十秒。它包括充模、压实、补料等过程。

④ 保压。保压过程是提供保压压力以防止物料的回流，直至冷却。保压不仅可防止注射压

力卸除后模腔内的熔融料倒流入浇道，还可向模腔内补充少量塑料，以补偿体积收缩。

⑤ 冷却定型。冷却定型过程是注射成型的一个重要过程，主要作用是完成充模后物料的定型、冷却。为使塑料制品具有一定的强度、刚性和形状，在模腔内必须要冷却一定时间。制品冷却时间为保压开始至卸压开模取件为止。

⑥ 脱模。打开模具，顶出制品，将成型冷却后的塑料制品手动或自动顶出。

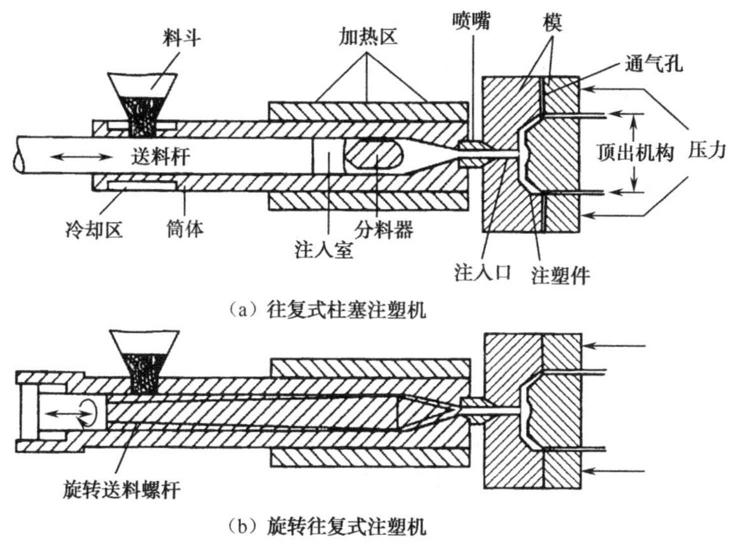

（a）往复式柱塞注塑机

（b）旋转往复式注塑机

图 12-1　注塑成型示意图

注射成型法具有成型周期短、生产效率高、产品尺寸精确、易于实现机械化和自动化等优点，可以生产形状复杂、薄壁和带有金属或非金属嵌件的塑料制品。60%～70%的塑料制件用此方法生产。

12.1.2　塑料挤出成型

挤出成型也称挤塑成型，是利用挤出机把热塑性塑料（氟塑料除外）连续加工成各种截面形状塑件的方法。

挤出成型的原理比较简单，如图 12-2 所示。首先将颗粒状或粉状塑料从挤出机的料斗送进料筒中，在旋转的挤出机螺杆的推动下通过沿螺杆的旋转槽向前输送，同时塑料受到料筒的加热和螺杆对塑料的剪切摩擦热的作用而逐渐熔融塑化成黏流态（这一点与注射成型工艺基本相同），然后在螺杆挤压作用下，塑料熔体通过具有一定型孔的挤出模具（称为口模），成为截面形状一致的塑料型材塑件。如果在挤出机头芯部穿入金属导线，挤出塑件即为塑料包敷电线或电线。

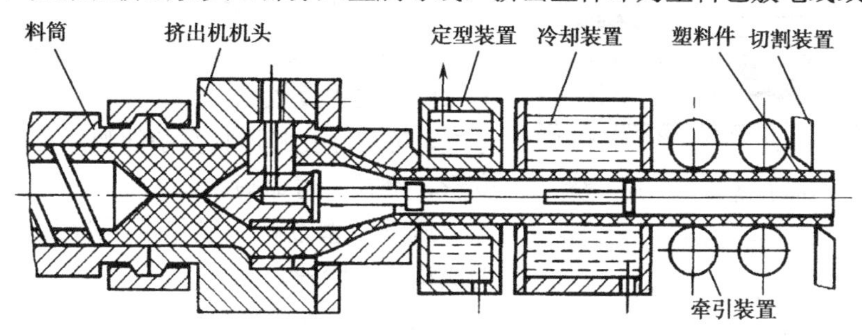

图 12-2　挤出成型原理

挤出成型工艺过程主要包括原料的准备、挤出成型、定型与冷却及牵引、卷取和切割等。

（1）原料的准备

挤出成型大多使用粒状塑料原料，较少用粉状原料。无论何种原料，都会吸收一定的水分，所以，在成型之前应对其进行干燥处理，将原料的水分控制在0.5%以下。原料的干燥一般在烘箱或烘房中进行。此外，还应将原料中存在的杂质尽可能地除去。

（2）挤出成型

在挤出机预热到规定温度后，启动电动机带动螺杆旋转输送物料，料筒中的塑料在料筒的加热和螺杆对塑料的剪切摩擦热共同作用下逐渐熔融塑化；然后在螺旋杆的不断推挤下，黏流态的塑料经过滤板上的过滤网，再通过机头按口模的型孔成型为连续型材。

（3）定型与冷却

塑件在离开机头口模后，应立即进行定型与冷却，否则在自重作用下塑件会产生变形，出现凹陷或扭曲现象。多数情况下，定型与冷却是同时进行的。但在挤出各种棒料和管材时，定型与冷却是先后分开进行的；而挤出薄膜、单丝等则不需要定型，只进行冷却即可。挤出板材或片材，常常还需要通过一对压辊碾平。

（4）牵引、卷取和切割

在冷却的同时，还要连续均匀地对塑件进行拉动引导（牵引），以使后续的塑件能够顺利地挤出。牵引过程由作为挤出机的辅机之一的牵引装置来完成。

通过牵引的塑件可根据使用要求在切割装置上裁剪（如棒、管、板、片等），或在卷取装置上绕制成卷（如薄膜、单丝、电线电缆等）。在此之后，某些塑件如薄膜等有时还需要进行后处理，以提高尺寸稳定性。

挤出成型方法具有设备简单、操作方便、生产效率高、用途广、适应性强等特点，主要用于生产具有一定横截面的热塑性（氟塑料除外）连续型材，如棒、管、板、丝、薄膜、包敷电线电缆及各种异形型材等。挤出成型在热塑性塑件的成型中占有很重要的地位，还可用于某些热固性塑料和聚合物基复合材料制品的成型。

12.1.3 塑料压缩成型

压缩成型又称压塑成型、模压成型，是塑料成型加工中较传统的工艺方法。

压缩成型的原理是将粉状、粒状、团粒状、片状，甚至被先制成和塑件相似形状的料坯，放在加热的模具型腔中，闭模加压，使塑料软化熔融并充满型腔，并随着塑料中发生的化学交联反应的进行，熔融的塑料逐步硬化定型，最后经脱模得到塑件，如图12-3所示。

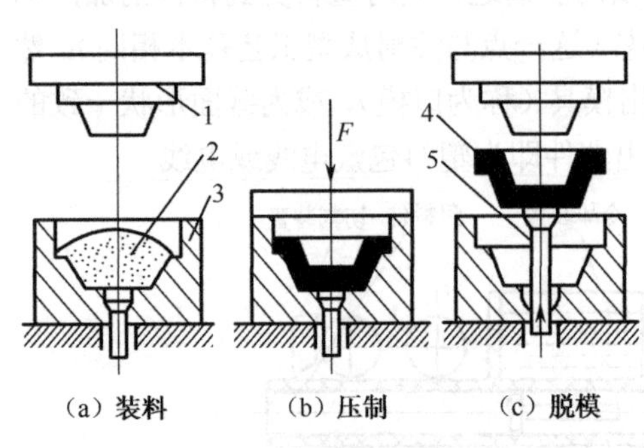

1—凸模；2—原料；3—凹模；4—制品；5—顶杆

图12-3 塑料压缩成型示意图

塑料压缩成型的缺点是成型周期长，生产效率低；自动化程度较低，劳动强度大；溢边较厚，对于厚壁、带有深孔和形状复杂的塑件难以成型；模具易变形、磨损、寿命短。

压缩成型过程一般包括压缩成型前的准备及压缩成型两个阶段。

通常，压缩成型前的准备工作主要是指预压、预热和干燥等预处理工序。压缩成型主要包括加料、合模、排气、交联固化、塑件脱模、清理模具等。这里着重讨论压缩成型过程。

① 加料。加料的关键首先是控制加料量。因为加料量的多少直接影响塑件的尺寸和密度，所以必须严格控制加料量。其次是物料的合理堆放，以免造成塑件局部疏松现象。

② 合模。加料后即进行合模，合模要按先快速、后慢速的合模方式进行。当凸模尚未接触物料前，为缩短生产周期，避免塑料在合模之前发生化学反应，应尽快加大合模速度。当凸模接触塑料之后，为避免嵌件或模具成型零件的损坏，并使模腔内的空气充分排出，应放慢合模速度。

③ 排气。成型热固性塑料时，必须排除成型物料中的水分和低分子挥发物生成的气体及化学反应时产生的副产物，以免影响塑件的性能和表面质量。一般在模具闭合后，将压缩模具松动一定时间，以便排气。排气操作应力求快速，并要在塑料处于可塑状态下进行。

④ 交联固化。压缩热固性塑料时，塑件依靠交联反应固化定型，即为硬化过程。这一过程进行的时间是要保证硬化良好，获得最佳性能的制品。但对固化速率不高的塑料，有时不必将整个固化过程放在模具内完成，只需塑料能完整脱模即可结束成型，然后采用后烘处理来完成固化，模内固化时间根据塑料品种、塑件厚度、预热状况与成型温度而定。

⑤ 塑件脱模。塑件脱模可采用手动推出脱模和机动推出脱模。

⑥ 清理模具。塑件脱模后必须除去残留在模具内的塑料废边，用压缩空气吹净模具。

目前，压缩成型主要用于热固性塑料的加工，也用于流动性很差的热塑性塑料的成型，以及某些聚合物基复合材料制品的成型。但对于热塑性塑料的成型，由于其无交联反应，所以在充满型腔后必须冷却至固态温度，才能开模取出塑件。这样，热塑性塑料在压缩成型时就需要交替地加热、冷却，故生产周期长、生产效率低，所以只限于一些流动性很差的热塑性塑料的成型。

与注射成型相比，压缩成型可采用普通液压机，模具无浇注系统，结构简单，适用于流动性差的塑料，易于成型大型塑件。塑件的收缩率较小，变形小，各向性能比较均匀。

12.1.4 其他成型方法

1. 吹塑成型

吹塑成型常用的方法有中空吹塑成型和薄膜吹塑成型等。中空吹塑成型是用挤出或注射成型的空心塑料型坯，趁热于半熔融状态时将其放入吹塑模具的型腔中，再将压缩空气通入型坯中，使其被吹胀并紧贴模具型腔的内壁而成型，冷却脱模后即获得中空塑件。图 12-4 所示为吹塑成型工艺过程。吹塑成型一般只用于热塑性塑料的成型，可生产各种包装容器和薄膜制品等。

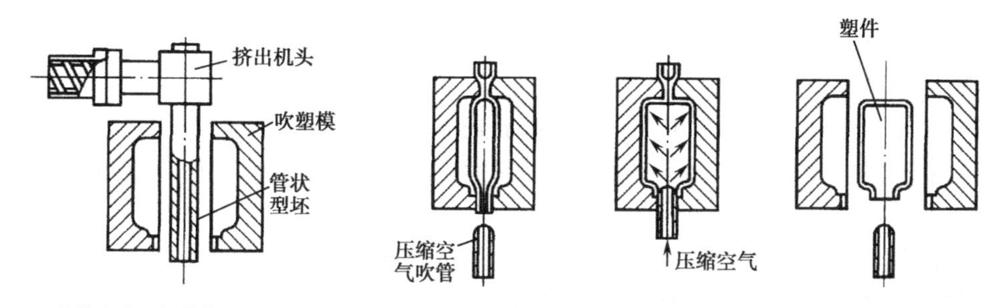

（a）将挤出成型的管状型坯置于吹塑模中　（b）合模　（c）吹入压缩空气，定型　（d）开模，脱取塑件

图 12-4　吹塑成型工艺过程

2．吸塑成型

吸塑成型也称真空成型，成型时先将塑料板或片固定在模具上，用辐射加热器件将其加热至软化温度，然后通过真空泵把塑料板（片）与模具之间的空气抽去，从而使板（片）材在大气压力作用下贴紧在模腔表面而成型。冷却定型后，再用压缩空气推动塑件从模具中脱出。

真空成型的方法主要有凹模真空成型（见图12-5）、凸模真空成型、凹凸模先后抽真空成型、吹泡真空成型等。吸塑成型所用的设备和模具结构较简单，生产成本低。

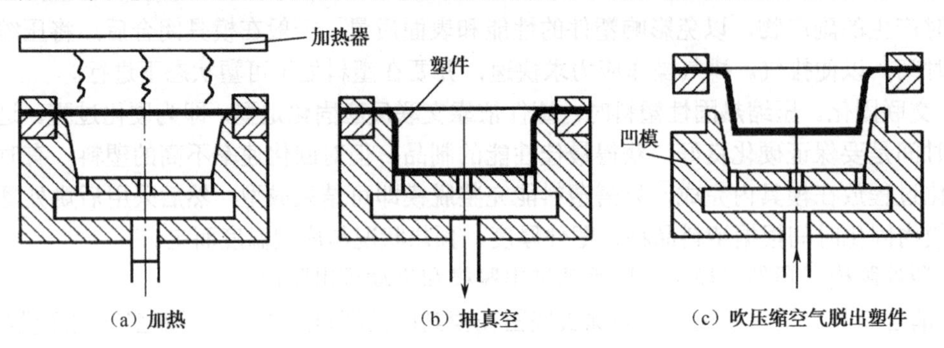

图12-5　凹模真空成型工艺过程

吸塑成型适合于热塑性塑料，如聚乙烯、聚氯乙烯、ABS等，多用于制造各种包装盒、餐盒、罩壳类塑件、浴室用具、冰箱内胆等。

3．发泡成型

发泡成型一般是以聚苯乙烯为原料，在成型过程中，通过某种物理、化学或机械的发泡方法，使塑料内部形成大量微小气孔，从而得到泡沫塑料制品的工艺。

泡沫塑料的发泡方法通常有以下三种。

① 物理发泡法。利用物理原理发泡。如在压力作用下，将惰性气体溶于熔融或糊状聚合物中，经减压放出溶解气体发泡；利用低沸点液体蒸发汽化发泡等。

② 化学发泡法。利用化学发泡剂加热后分解放出气体发泡或利用原料组分之间相互反应放出的气体发泡。

③ 机械发泡法。利用机械的搅拌作用，混入空气发泡。

按泡沫塑料软硬程度不同，可分为软质泡沫塑料、半硬质泡沫塑料和硬质泡沫塑料。按照泡孔壁之间是否连通，又可分为开孔泡沫塑料和闭孔泡沫塑料。此外，将密度小于0.4g/cm^{3}的泡沫塑料称为低发泡塑料，密度大于0.4g/cm^{3}的称为高发泡塑料。

泡沫塑料成型方法很多，如注射成型、挤出成型、压缩成型等，这里仅介绍可发性聚苯乙烯泡沫塑件的成型。

可发性聚苯乙烯泡沫塑件是用含有发泡剂的悬浮聚苯乙烯珠粒，经一步法或二步法发泡制成的满足形状要求的塑件。由于两步法发泡倍率大，塑件品质好，因此广为采用，其成型过程如下。

① 预发泡。将存放一段时间的原材料粒子经预发泡机发泡成为直径大的珠粒。即用水蒸气直接通入预发泡机机筒，使珠粒80%以上软化，在搅拌下发泡剂汽化膨胀，同时水蒸气也不断渗入泡孔内，使聚合物粒子体积增大。

② 熟化。预发泡后珠粒内残留的发泡剂和渗入的水蒸气冷凝成液体，形成负压。熟化过程

要求在储存的过程中粒子逐渐吸入空气，内外压力平衡，但又不能使珠粒内残留的发泡剂大量溢出，所以熟化储存时间应严格控制。

③ 成型。模压成型包括在模内通蒸汽加热、冷却定型两个阶段。将预发泡珠粒充满模具型腔，通入蒸汽，粒子在 20～60s 时间里即受热、软化，同时粒子内部残留的发泡剂、空气受热共同膨胀，大于外部蒸汽的压力，颗粒进一步膨胀充满型腔和粒子的空间，并互相熔结成整块，形成与模具型腔形状相同的泡沫塑料制品，然后通水冷却定型，开模取出制品。

12.2 工程塑料的结构工艺性

为了保证在生产过程中制造出理想的塑件，除应合理选用塑件材料外，还必须考虑塑件的成型工艺性。塑件的成型工艺性与塑件设计有直接关系，只有塑件的结构适应了成型工艺要求，才能保证塑件顺利成型，防止塑件产生缺陷，还能提高生产效率、降低成本。

为了保证塑件的顺利生产，在进行塑件结构设计时，应在借鉴相似零件结构和进行强度计算的基础上，对产品及零件进行详尽的功能分解，确定是否对零件进行拆分和零件之间的连接等，然后对独立零件进行壁厚、脱模斜度、过渡圆角、加强筋结构要素的设计，以使零件几何形状能满足其成型工艺要求。

12.2.1 塑件几何形状的设计

（1）脱模斜度

为了便于塑件从模具型腔中取出或从塑件中抽出型芯，在设计时必须考虑塑件内外壁应具有足够的脱模斜度，如图 12-6 所示。

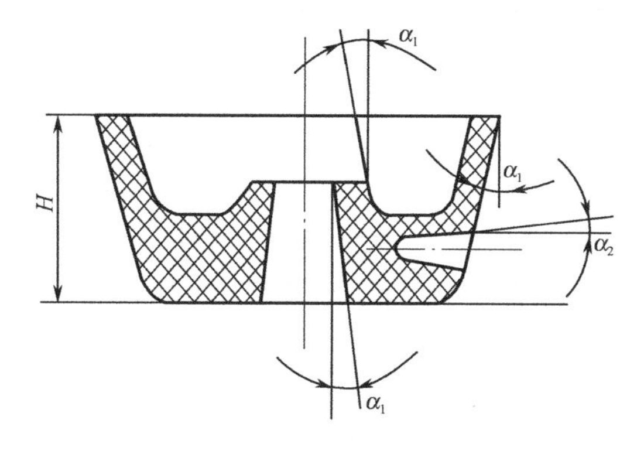

图 12-6　脱膜斜度

最小脱模斜度要根据材料、表面状态等来综合确定。如对于聚丙烯（PP）、聚乙烯（PE）等弹性好的塑料可以强行脱模，材料性质脆、硬的，零件表面的脱模斜度要求稍大；饰纹面的斜度要比光面的大，饰纹面的斜度尽可能比样板要求大 0.5°，以保证饰纹表面不被损伤，提高产品优良品率。表 12-1 为根据不同材料而推荐的脱模斜度，但在具体选择脱模斜度时还应注意以下几点：

① 凡塑件精度要求高的，应采用较小的脱模斜度。

② 凡较高、较大的尺寸，应选用较小的脱模斜度。

表 12-1 各种材料推荐的脱模斜度

材 料	脱模斜度
聚乙烯（PE）、聚丙烯（PP）、软聚氯乙烯	30′ ～1°
ABS、尼龙、聚甲醛	40′ ～1° 30′
硬聚氯乙烯、聚碳酸酯、聚苯乙烯、有机玻璃	50′ ～2°

③ 塑件形状复杂的、不易脱模的应选用较大的脱模斜度。

④ 塑料的收缩率大的应选用较大的斜度值。

⑤ 塑件壁厚较厚时，会使成型收缩增大，应采用较大的脱模斜度。

⑥ 如果要求脱模后塑件保持在型芯的一边，则塑件的内表面的脱模斜度可选得比外表面小；反之，要求脱模后塑件留在型腔内，则塑件外表面的脱模斜度应小于内表面。但是，当内外表面要求脱模斜度不一致时，往往不能保证壁厚的均匀。

⑦ 增强塑料宜取大斜度，含自润滑剂等易脱模塑料可取小斜度。

⑧ 取斜度的方向，一般内孔以小端为准，符合图纸要求，斜度由扩大方向取得。外形以大端为准，符合图纸要求，斜度由缩小方向取得。一般情况下，脱模斜度不包括在塑件公差范围内（见图 12-6）。

（2）壁厚

合理确定塑件壁厚十分重要。塑件壁厚受使用要求、塑料性能、塑件几何尺寸与形状，以及过程参数等众多因素的制约。塑件的壁厚应力求均匀、厚薄适当。如果壁太薄，熔料充满型腔的流动性阻力大，会出现缺料现象；而壁太厚，塑件内部易产生气泡，外部易产生凹陷等缺陷。壁厚不均匀将造成收缩不一致，导致塑件变形或翘曲。因此，塑料制品各部分壁厚应均匀一致，切忌突变和截面厚薄悬殊的设计。塑件壁厚一般为 1～6mm，大型塑件的壁厚可达 8mm，热塑性塑件的最小壁厚及壁厚推荐值见表 12-2，热固性塑件壁厚见表 12-3。

表 12-2 热塑性塑件的最小壁厚及壁厚推荐值

（mm）

塑件材料	最小壁厚	小型塑件推荐壁厚	中型塑件推荐壁厚	大型塑件推荐壁厚
尼龙	4.5	7.6	1.50	2.4～3.2
聚乙烯	0.60	25	1.60	2.4～3.2
聚苯乙烯	0.75	1.25	1.60	3.2～5.4
改性聚苯乙烯	0.75	1.25	1.60	3.2～5.4
有机玻璃（372）	0.80	1.50	2.20	4.0～6.5
硬聚氯乙烯	1.20	1.60	1.80	3.2～5.8
聚丙烯	0.85	1.45	1.75	2.4～3.2
氯化聚醚	0.9	1.35	1.80	2.5～3.4
聚碳酸酯	0.95	1.80	2.30	3.0～4.5
聚苯醚	1.20	1.75	2.50	3.5～6.4
醋酸纤维素	0.70	1.25	1.90	3.2～4.8
乙基纤维素	0.90	1.25	1.60	2.4～3.2
丙烯酸类	0.70	0.90	2.40	3.0～6.0
聚甲醛	0.80	1.40	1.60	3.2～5.4
聚砜	0.95	1.80	2.30	3.0～4.5
ABS	1.20	1.40	1.80	3.2～5.0

注：最小壁厚值可随成型条件而变。

表 12-3　热固性塑件壁厚

（mm）

塑件高度 塑料名称	≈50	>50～100	>100
粉状填料的酚醛塑料	0.7～2.0	2.0～3.0	5.0～6.5
纤维状填料的酚醛塑料	1.5～2.0	2.5～3.5	6.0～8.0
氨基塑料	1.0	1.3～2.0	3.0～4.0
聚酯玻纤填料的塑料	1.0～2.0	2.4～3.2	>4.8
聚酯无机物填料的塑料	1.0～2.0	3.2～4.8	>4.8

另外，还必须指出，壁厚与流程有密切关系。流程是指熔料从进料口到流向型腔各处的距离。试验证明，各种塑料在其常规工艺参数下，流程大小与塑件壁厚成比例关系。塑件壁厚越大，则允许最大流程越长。

（3）加强筋

加强筋的主要作用是在不增加壁厚的情况下，提高塑件的强度和刚度，避免塑件变形翘曲，而且可以使塑料成型时容易充满型腔。加强筋一般为主板厚度的 0.4 倍，但最大不超过 0.6 倍。加强筋之间的间距应大于 4 倍的主板厚度，筋的高度一般小于 3 倍的壁厚，而且加强筋端部不应与塑件支撑面平齐，一般应缩进 0.5mm 以上。

多条加强筋相交时，要注意相交带来的壁厚不均匀性、变形等问题（见铸造成型部分）。

（4）圆角

在塑件的拐角处设置圆角可增加塑件的力学性能，提高充型时材料的流动能力，也有利于塑件的脱模。因此，在设计塑件结构时，应尽可能采用圆角。注塑圆角值由相邻的壁厚决定，一般取壁厚的 0.5～1.5 倍，但不小于 0.5mm。

（5）侧孔和侧凹

塑件上出现侧孔和侧凹时，为便于脱模，必须设置滑块或侧抽芯机构，从而导致模具结构复杂，成本增加。因此，在不影响使用的情况下，塑件应尽量避免侧孔和侧凹结构。

（6）塑件的表面粗糙度

饰纹表面不能标注表面粗糙度，在塑件表面特别光滑的地方，将此范围圈出标注表面状态为镜面。

塑件的表面一般比较光滑、光亮，表面粗糙度一般为 0.2～2.5μm。

塑件的表面粗糙度主要取决于模具型腔的表面粗糙度，模具的表面粗糙度要求比塑件的表面粗糙度高 1～2 级。用超声波、电解抛光的模具表面粗糙度能达到 0.05μm。

12.2.2　金属嵌件的设计

金属嵌件是模塑在塑件中的金属零件。金属嵌件的作用是提高塑件的强度和使用寿命，满足塑件某些特殊要求，如导电、导磁、耐磨和装配连接等。

对带有嵌件的塑件，一般都是先设计嵌件，然后再设计塑件。在设计嵌件时，应注意以下几点。

① 设计嵌件时由于金属与塑料冷却时的收缩值相差较大，致使嵌件周围的塑料存在很大的内应力，如果设计不当，则会造成塑件的开裂。所以，应选用与塑料收缩率相近的金属作为嵌

件，或使嵌件周围的塑料层厚度大于许用值。塑料层最小厚度与塑料品种、嵌件直径有关，具体设计时请参照相关专业设计手册。

② 嵌件尽可能采用圆形对称形状，以利于均匀收缩。其边棱应倒成圆弧或倒角，以减小应力集中。

③ 为了防止嵌件受力时转动或拔出，嵌件部分表面应制成交叉滚花、沟槽或开孔、弯曲或采用合适的标准件等结构，保证嵌件与塑料之间具有牢固的连接，如图 12-7 所示。

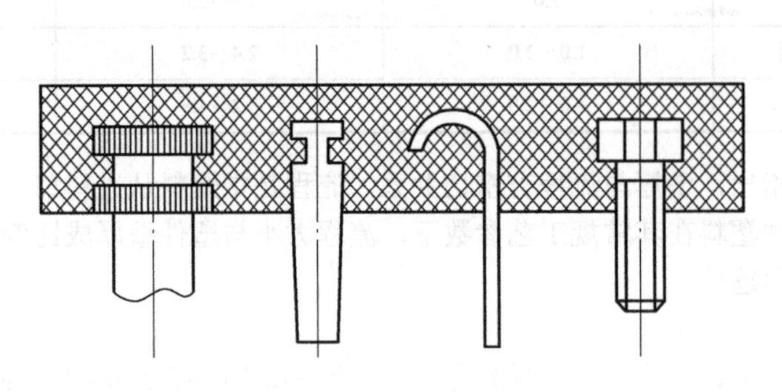

图 12-7 嵌件嵌入部分结构

④ 当嵌件为通孔且高度与塑件相同，但嵌件高度有公差要求时，塑件的设计高度应大于嵌件高度 0.5mm 以上，以防止嵌件被压缩变形。

但是，嵌件的设置往往使模具结构复杂化，成型周期长，制造成本增加，难以实现自动化生产。因此，塑件尽量不要设计嵌件。

思考题

12-1 工程塑料的主要成型方法有哪些？

12-2 试述塑料注射成型的工艺特点。

12-3 试述挤塑成型的工艺特点。

12-4 试述压缩成型的工艺特点及适用材料。

12-5 设计塑件时应注意哪些方面问题？

第13章 陶瓷材料成型

任何一种陶瓷制品的完成都需要经过三个过程，即成型前的原料处理、陶瓷坯料的成型和陶瓷的烧制。陶瓷原料的处理包括原料煅烧、混合、塑化（物料中加入塑化剂使物料具有可塑性的过程）和造粒（旨在改善粉料流动性和均匀充型性能）；陶瓷坯料的成型就是将配制好的粉料制成要求的半成品的过程，主要有可塑成型、注浆成型和压制成型等，是陶瓷工艺过程中的一道重要工序；陶瓷的烧制就是将干燥后的坯件加热到一定温度，通过一系列的物理、化学变化，成瓷并获得要求的性能。其中，使坯料瓷化的工艺称为烧成，传统的陶瓷如日用陶瓷，都要进行烧成，烧成温度一般为1250～1450℃；获得高致密程度的瓷化过程称为烧结，特种陶瓷特别是金属陶瓷多采用烧结。

从本质上讲，陶瓷材料的成型加工就是通过某些工艺步骤将一些分离的陶瓷颗粒固结在一起以形成具有一定尺寸形状和机械强度的均匀坯体，随后，通过烧结使这一坯体转化为制品的过程。

近年来，结构陶瓷的成型技术发展迅速，一些传统工艺得以改进和发展，一些新的工艺技术也相继出现。这些技术各有其优点和局限性，分别适合于某些制品的制备，没有一种通用的成型技术可以适合所有陶瓷制品的成型，人们必须根据制品的形状尺寸及其使用条件来选择合适的制备技术。

13.1 粉体制备技术

粉体制备是生产合格陶瓷材料制品的第一步，也是关键的一步。

粉体的制备方法一般来说有两类，即粉碎法和合成法。粉碎法包括机械粉碎［如振动磨、搅拌磨、冲击磨、球（棒）磨、辊磨和砂磨、水流磨等］、气流粉碎和超声粉碎。合成法包括固相合成、液相合成和气相合成。

粉碎法是指由粗颗粒变为细粉的方法，其基本原理是通过消耗机械能来换取粉体细化而引起表面能的增加。在这一工艺过程中会发生粉料粒度、比表面积甚至相态的变化，但一般在不发生机械化学效应时并无化学成分的变化。也就是说，一般粉碎法制粉必须是先由化学成分合乎要求，而粒度较粗的原料（天然矿物或人工合成料）经粉碎细化获得所需性能的粉体。

任何一种粉碎法制备粉体都存在其相应极限，即用该方法不能制备出颗粒粒径全部小于某极限的粉体，目前粉碎法制备粉体的极限是0.5μm左右。存在极限值的原因：一是颗粒越小，其中包含的裂纹尺寸越小，并且裂纹数量也越多，根据断裂力学理论，要使这样的颗粒发生破坏的应力也越大，颗粒越难被粉碎；二是当颗粒小到一定程度时，用粉碎方法就很难将足够的能量或力量传递到每个细小颗粒上使其破坏。另外，在粉碎过程中难免混入杂质，对于纯度要求较高的粉体，除去粉碎过程中混入的杂质有时是相当麻烦的。

合成法是由离子、原子、分子通过反应、成核和成长、收集、后处理来获得微细颗粒的方法。该法可得到性能优良的高纯、超细、组分均匀的粉料，其粒径可达10nm以下，是一种很有应用前景的粉体制备方法。

合成法可分为固相法、液相法和气相法三种。目前，液相法是工业和实验室广泛采用的方法，主要用于氧化物系列超细粉末的合成。近年来发展起来的多组分氧化物细粉和制备技术有化学沉淀法、溶胶—凝胶法、冰冻干燥法、金属烃氧化物水解法及喷雾热分解法等。气相法多用于制备超细高纯的非氧化物粉体。

合成法中的固相合成，若反应参加物均以固态颗粒形式存在，则它们之间的接触既不紧密又不均匀，从而影响反应的进行和生成物化学成分的准确性。同时，为使反应快速进行，必须提高反应温度，以提高固相物质的相互扩散速度，这样不仅促进了生成物的颗粒生长，而且会发生烧结作用，使得到的粉体颗粒较粗，甚至得到的是烧结块体，必须经过粉碎才能得到粉体。液相合成和气相合成可以较好地避免上述问题，其应用也更广泛。

13.2 陶瓷制品的成型

将陶瓷坯料按预定的要求制成具有一定形状、尺寸和强度坯体的工艺过程，称为陶瓷成型。陶瓷成型方法随着陶瓷制品的种类、形状和尺寸，生产规模，原料的制备方法和性能，技术水平等的不同而不同。陶瓷成型的方法有塑性成型法、注浆成型法、压制成型法和浆料原位固化成型法。

13.2.1 塑性成型

塑性成型是利用泥料的可塑性，将其塑造成一定形状的坯体，即使坯料在外力作用下发生可塑变形而制成坯体的成型方法，如注射成型法、旋压成型法、滚压成型法、挤制成型法、轧模成型法等。这类成型方法的共同特点是要求泥料必须具有较强的可塑性。

1．注射成型

注射成型是陶瓷塑性成型工艺中最具适用性的一种，成型中陶瓷颗粒分散于有机载体中。与陶瓷生产中可成型复杂形状坯体的注浆法及压力注浆工艺相比，其不同之处在于：注射成型时陶瓷泥料的载体不是通过模壁除去，而是仍然留在陶瓷颗粒之间，在稍后的工序中脱除。注射成型的主要优点有：可快速而自动地进行批量生产，且对其工艺过程可以进行精确的控制；可成型尺寸精确、形状复杂的陶瓷部件。螺旋式注射成型机工作示意图如图13-1所示。

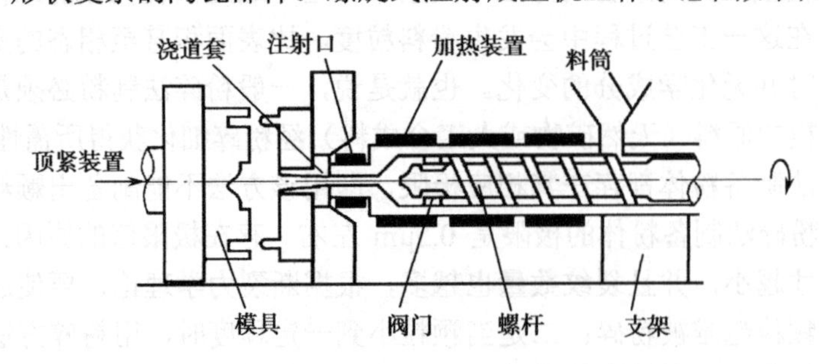

图13-1　螺旋式注射成型机工作示意图

2．旋压成型和滚压成型

旋压成型是取一定量的可塑泥料，投入旋转的石膏模中，将型刀逐渐压入泥料，随着模型的旋转及型刀的压挤和刮削作用，使坯泥沿石膏模的工作面展开形成坯件。坯体的内外表面分别由刀口的工作弧线形状与模型工作面的形状构成，坯体的厚度就是由刀口与模型工作面的距离形成的，如图 13-2 所示。

滚压成型是在旋压成型的基础上发展起来的，它与旋压成型的不同之处是将扁平的型刀改为回转的滚压头。成型时，盛放泥料的石膏模和滚压头分别绕自身轴线以某一速度同方向旋转。滚压头在旋转的同时，逐渐靠近石膏模，并对泥料进行滚压成型。滚压成型坯体密度均匀，强度较高。滚压成型可以分为外滚压和内滚压。由滚压头决定坯体的外形和大小为外滚压，如图 13-3 所示，适合于生产扁平、宽口的制品。由滚压头形成坯体的内表面称为内滚压，如图 13-4 所示，适合于生产口径小而深的制品。

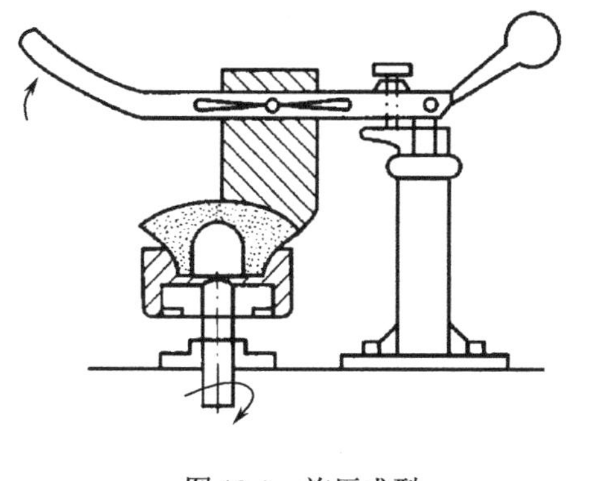

图 13-2　旋压成型

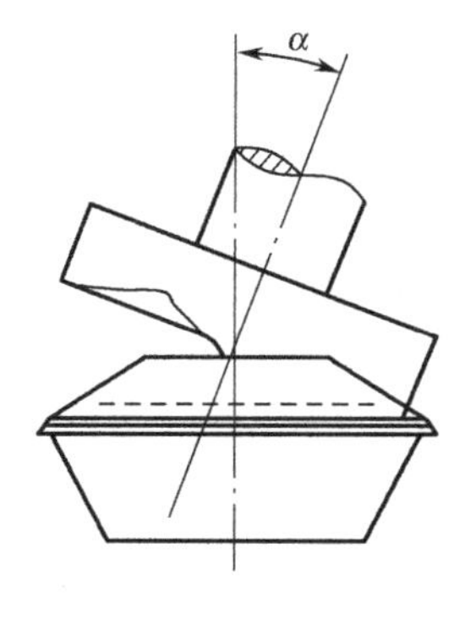

图 13-3　外滚压成型

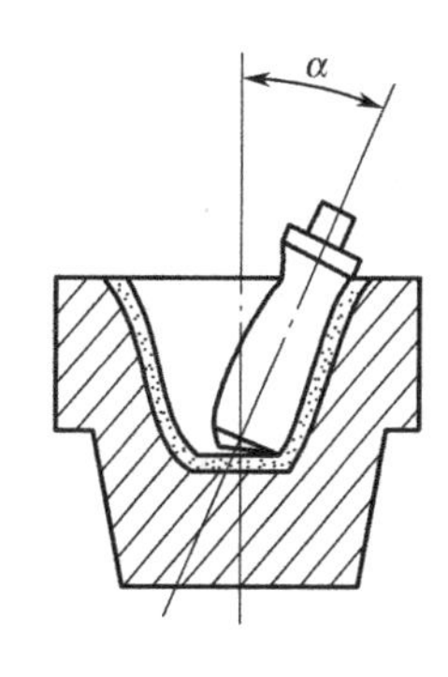

图 13-4　内滚压成型

3．挤制成型

挤制成型时，将炼好并通过真空除气的泥料置入圆形挤制筒内，上方通过活塞给泥料施加压力，下端通过机件挤出各种形状的成型坯体，如图 13-5 所示。例如，棒状、管状，其轮廓可以是圆的或多角形的，但其上下必须是大小一致的，待晾干后再切割成一定长度的短段，如各种电阻基体、管式电容、线圈骨架等。产品的形状主要取决于挤制机的机嘴和型芯结构。

4．轧模成型

轧模成型是新发展起来的但又非常成熟的一种可塑成型方法，在特种陶瓷生产中应用较为普遍，适宜生产 1mm 以下的薄片状制品。轧模成型是将准备好的坯料，拌以一定量的有机胶粘剂（一般采用聚乙烯醇），置于两辊轴之间进行轧辊，通过调节轧辊间距，并经多次轧辊，最后达到所要求的厚度。该工艺大量应用于轧制瓷片电容、电路基片等瓷坯，如图 13-6 所示。

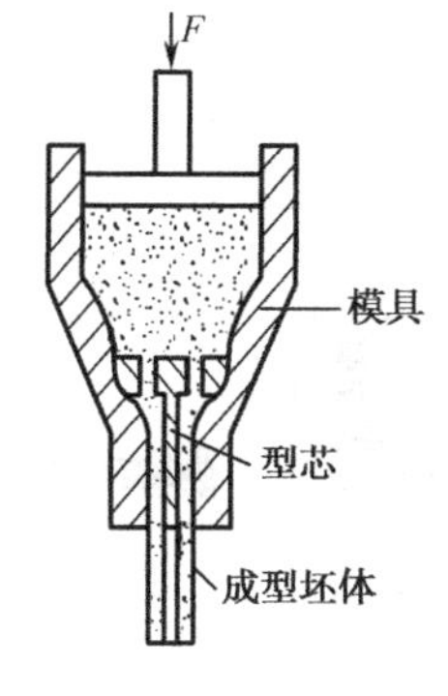

图 13-5　挤制成型

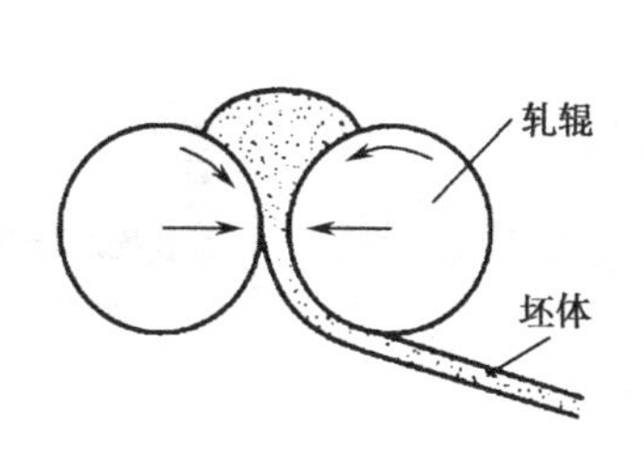

图 13-6　轧模成型

13.2.2 注浆成型

注浆成型是指在粉料中加入适量的水或有机液体及少量的电解质形成相对稳定的悬浮液，将悬浮液注入石膏模中，让石膏模吸去水分，达到成型的目的。注浆成型的关键因素是浆料的流动性和稳定性。

浆料与可塑泥团的重要差别在于固液比不同，可塑泥团含水一般为 19%～26%，而浆料含水高达 30%～35%。这么多的水分对保障浆料的流动性是有利的。

注浆成型的主要工艺方法包括空心注浆、实心注浆、压力注浆、热压注浆成型、离心注浆、真空注浆、流延成型等。

1. 空心注浆

空心注浆又称单面注浆，如图 13-7 所示。其所用的石膏模没有型芯。浆料注满模型并经过一定时间后，将多余浆料倒出。坯体在模内固定之后出模，得到制品。此方法适于制造小型薄壁产品，产品壁厚尺寸精度不高，如坩埚、花瓶、管件等。

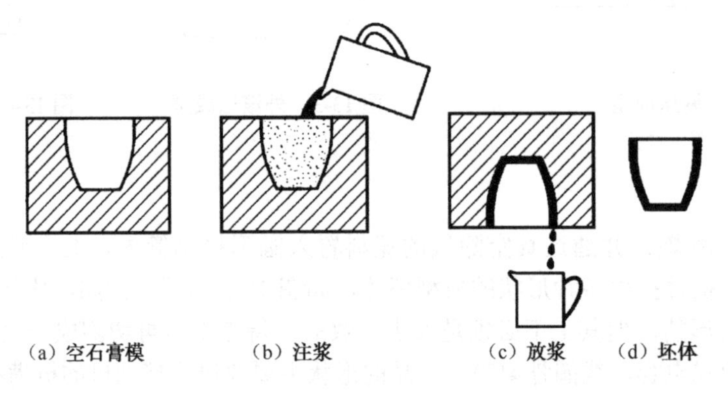

图 13-7 空心注浆

2. 实心注浆

实心注浆又称双面注浆，如图 13-8 所示。其所用的石膏模具有型芯，浆料注入外模与型芯之间，坯体形状由型芯决定，适于制造两面形状和花纹不同的大型厚壁产品。实心注浆常用较浓的浆料以缩短吸浆时间。在形成坯体的过程中，模型从两个方向吸取泥浆中的水分。靠近模壁处坯体较致密，中心部分较疏松。

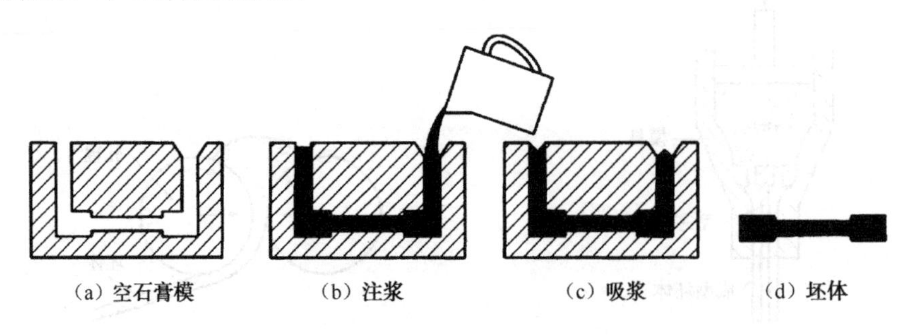

图 13-8 实心注浆

13.2.3　压制成型

压制成型又称粉料成型，它将含有一定添加剂的粉料在金属模具中用较高的压力使之发生可塑变形而制成坯体，此方式与塑性成型一样属于受力塑性成型。不同的是压制成型所需粉料中只加入少量塑化剂等，将粉料填充在某一特制的模具中，施加压力，使之压制成具有一定形状和强度的坯体，不经干燥可以直接焙烧。该工艺的优点是坯体密度大、尺寸精确、收缩小、强度高。此外，工艺、装置简单，操作方便，成型周期短，生产效率高，成本低，便于自动化生产，是大规模生产陶瓷最经济的方式。缺点是金属模具磨损大，对产品的体积和尺寸也有一定限制。根据成型时施压的特点，大体分为模压成型、热压铸成型、等静压成型等。

1．模压成型

模压成型是在粉料中加入少量塑化剂等进行造粒，然后将造粒后的粒料置于钢模中，在压力机上压成一定形状的坯体的方法。其特点是黏结剂含量较少，只有 5%～6%，不经干燥可以直接焙烧，体积收缩小，可以自动化生产。但模压成型的加压方向是单向的，粉末与金属模壁的摩擦力大，粉末间传递压力不太均匀，易造成烧成后的生坯变形或开裂，所以，模压成型一般适用于形状简单、尺寸较小的制品。随着压模设计水平和压力机自动化水平的提高，一些形状较复杂的零件也能用压制方法生产，但模具加工复杂、寿命短、成本高。

2．等静压成型

等静压成型又分为冷等静压成型和热等静压成型。

冷等静压成型是利用液体介质的不可压缩性和均匀传递压力性特点，对密封于塑性模具中的粉料各向同时施压成型的技术，分为湿法和干法。

与钢模压制相比，等静压成型的优点为：可压制具有凹形、空心、细长件及其他复杂形状的零件；摩擦损耗小，成型压力较小；压力从各个方向传递，压坯密度分布均匀，压坯强度高；粉料可以不用或少用黏结剂，模具成本低廉。

冷等静压成型的缺点是压坯尺寸和形状不易精确控制。

湿式冷等静压成型如图 13-9（a）所示。它是将预压好的粉料包封在弹性的橡胶模或塑料模具内，然后置于高压容器内，容器内充满液体介质。被成型的坯体连同塑料模具处于高压液体中，各方受压均匀，所以称为湿式冷等静压。加压后，即可释放压力，打开上盖封头，先取出模具，然后从模具中取出成型好的坯件。

干式冷等静压是相对而言的，即坯体连同模具并不都处于高压液体介质之中，而是半固定式的，因而粉料的添加和坯件的取出都在干燥状态下操作。干式冷等静压是准等静压，其压模袋可用丁腈橡胶或醚胺酯制成。在上下冲头施压夹紧的状态下，高压液体输入到压模袋的周围，使陶瓷粉料受到均匀的压力而成型。干式冷等静压成型如图 13-9（b）所示。干式冷等静压成型机可制成自动化连续式压力机，适用于大批量生产。干式冷等静压成型机一般适用于生产陶瓷球、管、过滤器、磨轮、火花塞等。

热等静压成型机集成型与烧成于一体，一般采用惰性气体，如氢、氦，通过气体压缩机加压，然后输入高压容器中，使坯体加压成型或采用预成型的坯体，使之在加热高温的状态下受压烧结而成瓷。

由于瓷件在加压情况下烧结，故可大大降低制品的烧结温度，使产品的微观结构晶粒细小化，具有致密性好等优点。该机适于制造陶瓷发动机零部件，机加工氮化硼、氮化硅、碳化硅等难烧结的材料。热等静压装置如图 13-10 所示。

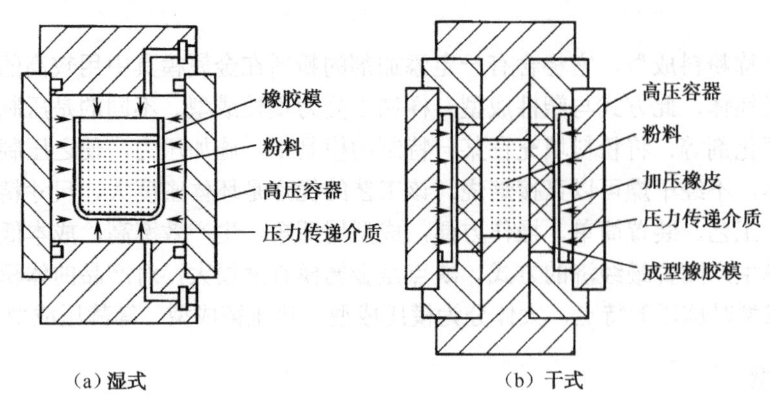

图 13-9　冷等静压成型

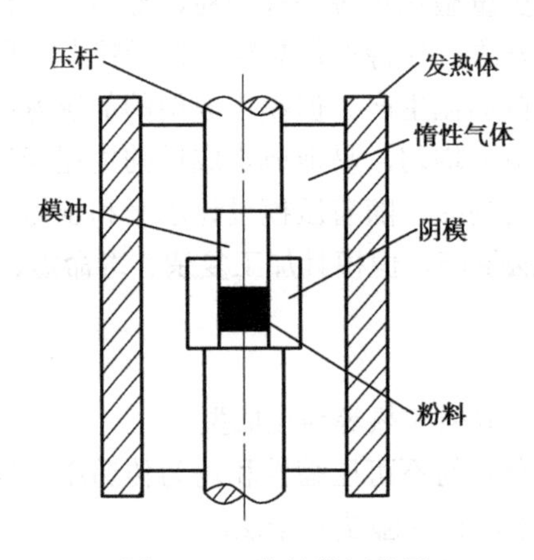

图 13-10　热等静压装置

13.2.4　浆料原位固化成型

陶瓷浆料原位凝固成型是 20 世纪 90 年代迅速发展起来的胶态成型技术。其成型原理不同于依赖多孔模吸浆的传统注浆成型，而是通过浆料内部的化学反应形成大分子网络结构或陶瓷颗粒网络结构，从而使注模后的陶瓷浆料快速凝固为陶瓷坯体。陶瓷浆料原位凝固成型主要包括注凝成型、直接凝固成型、温度诱导絮凝成型、高分子交联注凝成型等。

陶瓷材料的原位固化成型技术由于其成型前后的物料体系的组成并不发生变化，因此一般说来其整体均匀性都较高，这在制备大尺寸陶瓷部件时尤其重要，因此，该类制备技术有着广阔的应用前景。

1．注凝成型

注凝成型是传统胶态成型工艺与化学理论的完美结合，其构思是将有机聚合物单体及陶瓷粉末颗粒分散在介质中制成低黏度、高固相体积含量的浓悬浮体，并加入交联剂、引发剂及催化剂，然后将这种浓悬浮体（浆料）注入非多孔模型中，通过温度和催化剂的作用使有机聚合物单体交联聚合成三维网状聚合物凝胶，陶瓷颗粒被原位固化形成坯体。

由于注凝成型制备的陶瓷部件整体均匀性好，工程可靠性有了较大的提高，因此随着其实用化的推广，结构陶瓷的应用范围会不断扩大，从而会促进注凝成型的发展，注凝成型用来制备多孔陶瓷及泡沫陶瓷，会大大提高多孔陶瓷的均匀性和强度；在复杂形状制品的成型上，注凝成型将发挥其特有优势，可制备形状非常复杂的制品；在梯度材料的制备中，注凝成型可大大简化制备工艺过程，并将部分取代热压注、注射等成型工艺，而成为一种极其重要的陶瓷成型方法。

2．直接凝固成型

直接凝固成型是瑞士苏黎世高校的 L. Gaucker 和 T. Graule 开发的一种净尺寸原位凝固胶态成型方法，该方法利用胶体化学的基本原理，得到低黏度、高分散、流动性好的悬浮体。当通过增加与颗粒表面电荷相反的离子浓度，或者调整 pH 值到某预定值时，浆料体系将由高度分散状态变成凝聚状态，若浆料具有足够高的固相含量（大于 50%），则凝固的浆料将有足够高的强度成型并脱模。

直接凝固成型方法已经成功地应用于氧化铝、氧化锆、碳化硅和氮化硅等形状复杂的陶瓷部件，如陶瓷涡轮转子、齿轮、球阀等。

13.3 陶瓷制品的烧结

烧结是坯体瓷化的工艺过程，也是陶瓷制造工艺中最重要的一道工序。经成型、干燥和施釉后的半成品，必须再经高温焙烧，坯体在高温下发生一系列物理、化学变化，使原来由矿物原料组成的生坯达到完全致密程度的瓷化状态，成为具有一定性能的陶瓷制品。

烧结可以在煤窑、油窑、电炉、煤气炉等高温窑炉中完成。整个烧结过程大致可分为低温蒸发（小于 300℃）、氧化分解和晶型转化（300～950℃）、玻化成瓷和保温（大于 950℃）、冷却定型四个阶段。

陶瓷制品在烧结后即硬化定型，具有很高的硬度，一般不易加工。对于某些尺寸精度要求较高的制件，烧结后可进行研磨、电加工或激光加工。

烧结方法主要有热压烧结、热等静压烧结、真空（热压）烧结三种。

1．热压烧结

热压烧结是在高温下加压促使坯体烧结的方法，也是一种使坯体的成型和烧成同时完成的新工艺，在粉末冶金和高温材料工业中已普遍采用这种方法。作为一种新的烧成方法，热压烧结已逐渐成为提高陶瓷材料性能及研发新型陶瓷材料的一个重要途径。热压可以显著降低烧成温度和缩短烧成时间。热压烧结的缺点为：过程及设备较为复杂，生产控制要求较严，模具材料要求高，电能消耗大，在没有实现自动化和连续热压以前，生产效率低，劳动力消耗大。随着科技水平的提高，热压烧结已经发展出半连续热压和超高热压及反应热压等热压烧结方法。

2．热等静压烧结

热等静压烧结也是一种成型和烧成同时进行的方法。它利用常温等静压工艺与高温烧结相结合的新技术，解决了普通热压中缺乏横向压力和产品密度不够均匀的问题，并可使陶瓷制品的致密度进一步提高。热等静压烧结法的最大特点是能在较低的烧成温度下，在较短的时间内得到各向同性、几乎完全致密的细晶粒陶瓷制品，因此，制品的各项性能均有显著的提高。热等静压烧结可以直接从粉料制得各种形状复杂和大尺寸的制品，能精确控制制品的最终尺寸，故制品只需很少的精加工甚至无须加工就能使用。这对于硬度极高的贵重、稀有材料来说具有特别重要的意义。

3．真空（热压）烧结

热压烧结通常需要在保护性气氛下进行。在真空中施加机械压力的烧结方法称为真空热压烧结。这种烧结方法不存在气氛中的某些成分对材料的不良作用，有利于材料的排气，因此能获得致密度更高的制品。另一种不加机械压力的真空烧结方法简称真空烧结，主要用于烧结高温陶瓷及含碳化钛的硬质合金、含钴的金属陶瓷等。这种烧结方法是在专门的感应真空炉中进行的。真空烧结的设备也较复杂，当要求的真空度较高时，需配备性能良好的高真空泵。

思考题

13-1　陶瓷材料的生产工艺大致包括哪几个阶段？为什么外界温度的急剧变化会导致一些陶瓷件的开裂？

13-2　试比较陶瓷材料的注射成型与塑料的注射成型。

13-3　试比较陶瓷材料的注射成型、注浆成型、压制成型和浆料原位固化成型的工艺特点。

13-4　陶瓷制品为什么要经过烧结工序？

第14章　复合材料成型

14.1　复合材料成型工艺特点

复合材料的成型工艺特点主要有以下三个方面：

① 复合材料的制备与制品的成型同时完成。复合材料的生产过程通常就是其制品的成型过程。这一方面有利于简化生产工艺，缩短生产周期，特别是可以实现形状复杂的大型制品的一次整体成型；另一方面，这也使得复合材料的成型工艺水平不仅决定其制品的外形和尺寸，而且直接影响制品的内在质量和性能。

② 复合材料的可设计性。由于复合材料是由两种或两种以上不同性能的材料所构成的，因此，可以根据使用条件的要求，人为地设计制品中材料的种类、成分、含量和增强相的分布方式等，从而最大限度地发挥各组成材料的性能潜力，或使制品的性能、质量和经济指标等达到优化组合，这是任何单一材料所无法具有的特性。但是，复合材料性能的可设计性必须通过相应的成型工艺才能实现，因此，应当根据制品的结构形状、性能要求和所设计的材料组分及其组合方式，来选择合适的成型方法并进行正确的工艺操作。

③ 复合材料成型时的界面作用。复合材料是由连续的基体相包围以某种规律分布于其中的增强材料而形成的多相材料，增强材料通过其表面与基体形成界面层而结合并固定于基体之中。界面层使增强材料与基体形成一个整体，并通过它传递应力。如果在成型时增强材料与基体之间结合得不好，界面不完整，就会损害复合材料的性能。影响界面形成的主要因素有基体与增强材料的相容性和润湿性等。相容性是指基体与增强材料之间热胀冷缩程度的差异和产生化学反应倾向的大小等。例如，金属基复合材料中，增强材料常常不能被液态金属润湿，且与金属容易发生化学反应，在界面处形成有害的脆性相。为了改善增强材料与金属基体之间的润湿性和相容性，一般要在成型之前对增强材料表面涂覆涂层或采取浸渍溶液处理。

复合材料成型工艺的实质和特点主要取决于复合材料的基体。一般情况下其基体材料的成型工艺方法也常常适用于以该类材料为基体的复合材料，特别是以颗粒、晶须和短纤维为增强体的复合材料。例如，金属材料的各种成型工艺多适用于颗粒、晶须及短纤维增强的金属基复合材料，包括压铸、精铸、离心铸造、挤压、轧制、模锻等。而以连续纤维为增强体的复合材料的成型则往往是全然不同的，或至少是需要采取特殊工艺措施的。

基于上述原因，对复合材料成型工艺的介绍则以基体材料来分述。

14.2　复合材料成型工艺

14.2.1　金属基复合材料成型工艺

金属基复合材料由于其增强相形状差异，成型方法多种多样。归纳起来主要有两类，即连续（长）纤维增强金属基复合材料成型工艺和非连续（短纤维、晶须、颗粒）增强金属基复合材料成型工艺。

1．连续（长）纤维增强金属基复合材料成型

连续（长）纤维增强金属基复合材料利用高强度、高弹性模量、低密度的碳（石墨）纤维、硼纤维、碳化硅纤维、氧化铝纤维、金属合金丝等增强金属基体组成高性能复合材料。通过基体、纤维类型、纤维排布方向、方式、体积分数的优化设计组合，可获得各种高性能复合材料。在纤维增强金属基复合材料中纤维具有很高的强度、弹性模量，是复合材料的主要承载体，对基体金属的增强效果明显。基体金属主要起固定纤维、传递载荷、部分承载并赋予其特定形状的作用。连续纤维增强金属因纤维排布有方向性，其性能有明显的各向异性，可通过不同方向上纤维的排布来控制复合材料构件的性能。在沿纤维轴向上具有高强度、高弹性模量等性能，而横向性能较差，在设计使用时应充分考虑不足之处。连续纤维增强金属基复合材料要考虑纤维的排布、体积分数等，制造工艺复杂、难度大、成本高，主要应用于安全性要求高的航空航天领域。

连续（长）纤维增强金属基复合材料的制造工艺流程如图14-1所示。其中主要包括预成型体（或预制体）制造（纤维排布方式设计）和复合成型两个基本工序。

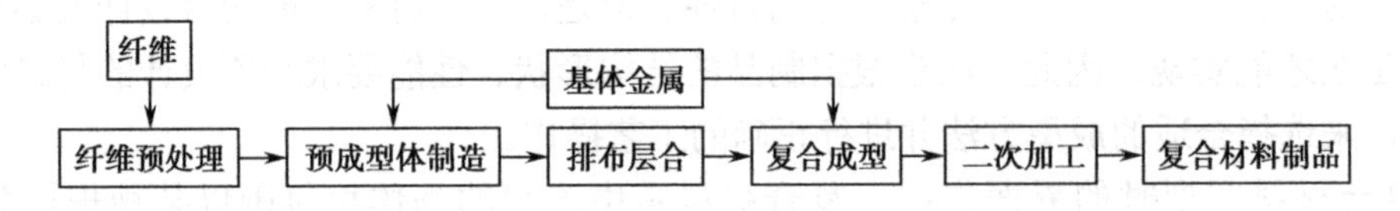

图14-1　连续（长）纤维增强金属基复合材料的制造工艺流程

（1）预成型体制造

连续（长）纤维增强金属基复合材料制造过程中，通常先将增强体与金属基体制成复合材料预制体（丝、片、带）。预成型体的制造，实质上是为了方便复合材料的最后成型，通过黏结剂（如丙烯酸树脂等）或热喷涂金属将增强体长纤维并行或交叉黏结成一定大小的布带的过程。

（2）复合成型

复合成型又称热压扩散结合法成型，是按照复合材料制件形状、纤维体积密度及增强方向的要求，将长纤维预制丝、片、带按一定规律交替叠层排布于模具中，然后在惰性气氛或真空中加热和加压，通过基体金属与纤维及基体金属之间界面上原子的相互扩散而达到复合的目的，如图14-2所示。热压扩散结合法的优点是基体与纤维之间不易产生显著的化学反应，因此，可形成良好的界面结合；同时由于加热温度比液态法低，纤维不易损伤。所以，该法适合于基体在高温下性质活泼而易于同增强纤维发生化学反应的金属基复合材料，可用于制造板材、型材及形状较复杂的壁板、叶片等。

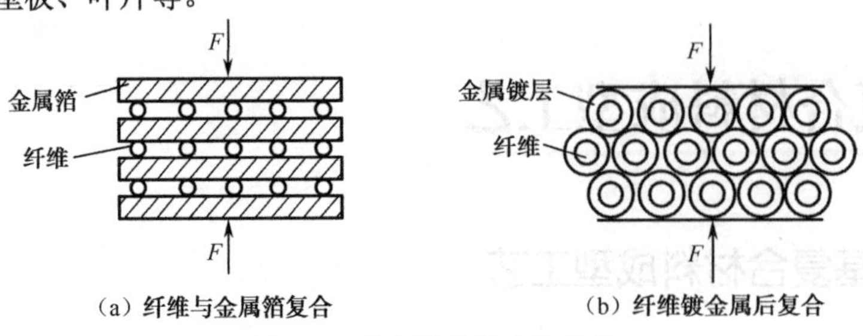

图14-2　热压扩散结合法成型

2．非连续增强金属基复合材料成型

非连续增强金属基复合材料是由短纤维、晶须、颗粒为增强物，与金属基体组成的复合材料。增强物在基体中随机分布时，其性能是各向同性的。非连续增强物的加入，明显提高了金属的耐磨、耐热性，以及高温力学性能、弹性模量，降低了线膨胀系数等。非连续增强金属基复合材料最大的特点是可以用常规的粉末冶金、搅拌铸造、液态金属挤压铸造、压力浸渗等方法制备，并可用铸造、挤压、锻造、轧制、旋压等加工方法进行加工成型，制造方法简便，制造成本低，适合于大批量生产，在汽车、电子、航空、仪表等工业中有广阔的应用前景。

（1）搅拌铸造法

搅拌铸造法是指通过搅拌（机械或电磁）使增强颗粒、短纤维或晶须均匀分布在金属熔体中，再通过铸造成型获得复合材料零部件或坯料的方法。该方法工艺简单，制造成本低廉，是一种适合于工业规模生产颗粒增强金属基复合材料的主要方法。搅拌铸造法和液态金属挤压铸造法同金属铸造一样可以制备出形状复杂的复合材料构件。但是，该方法对增强相尺寸、含量有一定限制，增强相尺寸越细小，体积分数越高，加入金属熔体越困难，其聚集上浮/下沉倾向越大，均匀性控制难度也越大，所以，该方法一般适用于制造颗粒尺寸较大（通常 10μm 以上）、体积含量较低（一般小于 20%）的金属基复合材料。

（2）压力浸渗法

压力浸渗法是指在一定的压力作用下，将基体金属熔体浸渗到预制体间隙内并凝固获得复合材料的方法。预制体必须具有足够高的强度，以免在压力浸渗过程中因预制体破坏造成浸渗困难及组织均匀性差，所以，该方法主要适用于增强相体积分数高的复合材料制备，体积分数一般为 40%～70%。另外，该方法还适用于局部增强复合材料的制备，如活塞环槽部位的增强，已进入工业化应用。

（3）粉末冶金法

粉末冶金法是将具有一定粒度的金属粉末或金属与非金属粉末，按一定配比均匀混合，经过压制成型和烧结强化及致密化，制成材料或制品的工艺技术。它是冶金学和材料成型工艺的交叉技术，又称金属陶瓷法。

常规粉末冶金法的工艺流程是先将混合粉末冷压成型，再经过烧结完成复合，如图 14-3 所示。其特点是设备要求相对较低，便于大批量生产，但制品的致密度较低，孔隙率较高，性能较差，对于要求力学性能较高的零部件，通常需要采用挤压、轧制、锻压等二次加工手段进行致密化处理。但对于有润滑的耐磨零件，适当孔隙的存在对连续油膜的形成、减小摩擦系数有利，则不需要进行致密化处理。

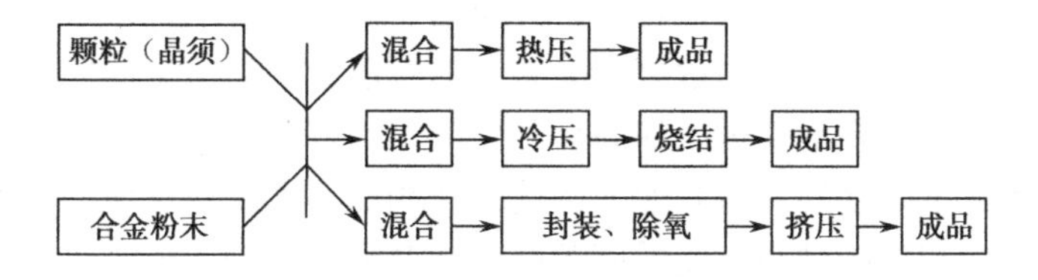

图 14-3　粉末冶金法制造金属基复合材料的工艺流程图

粉末热挤压是将传统的粉末冶金与后续致密化处理结合起来的新工艺，可获得致密性较高的复合材料，也便于批量生产，但其仅适合于生产棒、管、板等简单形状的产品，一般将这些产品作为各种零件的半成品。

粉末冶金法最常见的应用是制造数控机床上使用的各种硬质合金刀头。

用粉末冶金法还可以直接制成复合材料零件，零件的结构工艺性要求与金属模锻件的结构工艺性要求相似。也可以制造复合材料坯料，供挤压、轧制、锻压、旋压等二次加工后制成零部件。

美国的DWA公司用此法制造了不同成分的铝合金基体和不同颗粒（晶须）含量的复合材料及各种零件、管材、型材和板材，它们具有很高的比强度、比模量和耐磨性，已用于汽车、飞机、航天器等。

该工艺适于制造SiCp/Al、SiC_W/Al、$A1_2O_3$/Al和TiB_2/Ti等金属基复合材料零部件、板材或锭坯等。常用的增强材料有SiC、$A1_2O_3$、W、B_4C等颗粒、晶须及短纤维等；常用的基体金属有铝、铜、钛等。

14.2.2 聚合物基复合材料成型工艺

聚合物基复合材料是目前应用最广、用量最大的一类复合材料。此类复合材料大多以纤维作为增强材料，按其基体的性质，可分为热塑性树脂基和热固性树脂基复合材料。其中又以热固性树脂基复合材料更为常用。

大部分聚合物基复合材料的制造，实际上是把复合材料的制造和产品的制造融为一体。聚合物基复合材料的原材料是纤维等增强体和聚合物基体材料。聚合物基复合材料的制造主要涉及怎样把纤维等增强体均匀地分布在基体的树脂中，怎样按产品设计的要求实现成型、固化等。

聚合物基复合材料的制造方法有很多，常见的制造方法可以按基体材料的不同分为两类：一类是热固性复合材料的制造方法，主要有手工成型法、喷射成型法、压缩成型法、注射成型法、模压成型法、SMC压缩成型法、真空热压成型法、缠绕成型法、连续拉挤成型法；另一类是热塑性复合材料的制造方法，类似于热固性复合材料的制造方法，其中主要有压缩成型法、注射成型法、树脂传递模成型（RTM）法、真空热压成型法、连续缠绕成型法等。

1. 手工成型法

手工成型法是聚合物基复合材料制造的最基本的方法，多用于玻璃纤维—聚酯树脂复合材料的产品制造，如浴缸、船艇、房屋、设备等。手工成型法主要以玻璃纤维布或片材和聚酯树脂为原材料。在根据产品的形状制造的底模上，先涂一层不粘胶或铺一层不粘布或不粘薄膜等，然后铺一层玻璃纤维布，再用刷子或滚轮等工具将树脂涂抹在玻璃纤维布上，使树脂均匀地渗透到玻璃纤维布中。重复此过程直到达到产品要求的厚度。然后将铺层完成后的制品送进固化炉实现固化。固化的条件主要根据树脂的固化条件而定。许多玻璃纤维—聚酯树脂复合材料的产品是可以在室温条件下固化的。与其他的制造方法相比，手工成型法的特点是设备、工具等成本低，能用长纤维布和短纤维布，能适应各种形状产品的成型。但是，由于以人工为主，生产效率低，不易实现大量生产；制品的质量、尺寸精度不易控制，性能稳定性差，强度较其他成型方法的制品低。手工成型可用于制造船体、储罐、大口径管道、风机叶片、汽车壳体等。图14-4所示为手工成型工艺流程图，图14-5（a）所示为手工成型示意图。

为了弥补手工成型法的不足，袋压成型作为手工成型法和喷射成型法的后续配套工序应运而生。它又分为真空袋法、加压袋法和高压釜加压法三种，如图14-5（b）～（d）所示。

它们的共性都是在树脂的固化过程中，从制品两面加压。因此，壁厚精度高，增强材料含量高，可得到高性能的制品。其中，真空袋法是在坯件上面盖上薄膜，密封住与模具的接合部位，通过抽真空来施加大气压；加压袋法是在坯件上放置橡胶薄膜袋，向袋中通入压缩空气，对坯件加压；高压釜加压法是在釜中充入高压气体加压，靠介质或模具内加热元件对坯件加热而固化成型。

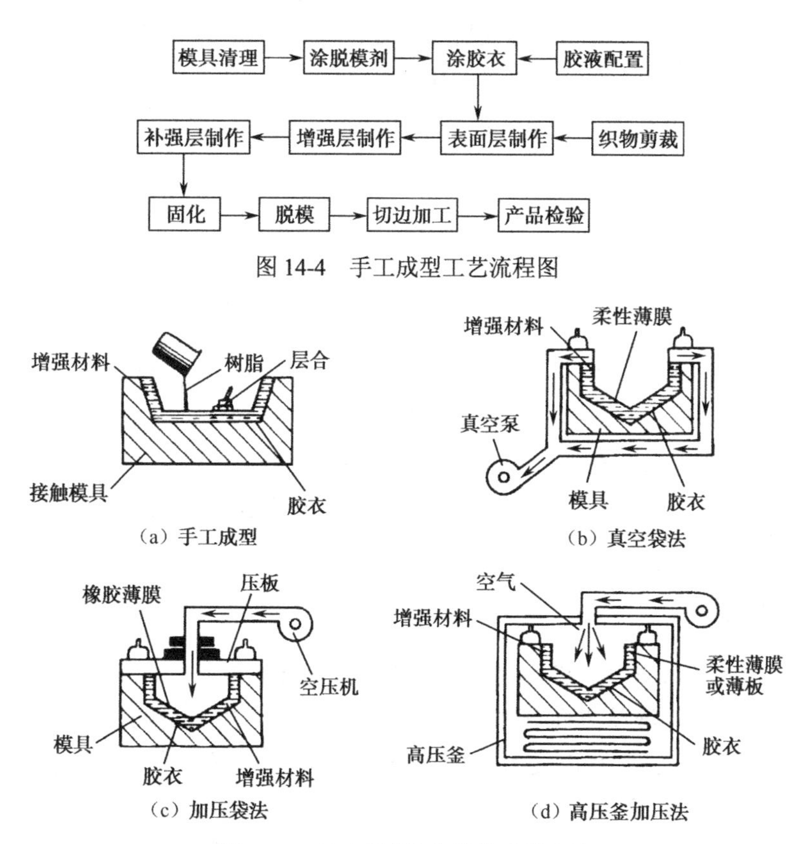

图 14-4　手工成型工艺流程图

图 14-5　手工成型及有关的成型方法

2．喷射成型法

喷射成型法是为了提高手工成型效率、减轻劳动强度，在 20 世纪 60 年代发展起来的一种半机械化成型工艺。它是将混有引发剂的树脂和混有促进剂的树脂分别从喷枪两侧喷出或混合后喷出，同时将玻璃纤维粗纱用切断器切断并从喷枪中心喷出，与树脂一起均匀地沉积在模具上，待材料在模具上沉积一定厚度后，用压辊压实，除去气泡并使纤维浸透树脂，最后固化成制品，如图 14-6 所示。该方法实质上制备的是短纤维增强聚合物基复合材料。

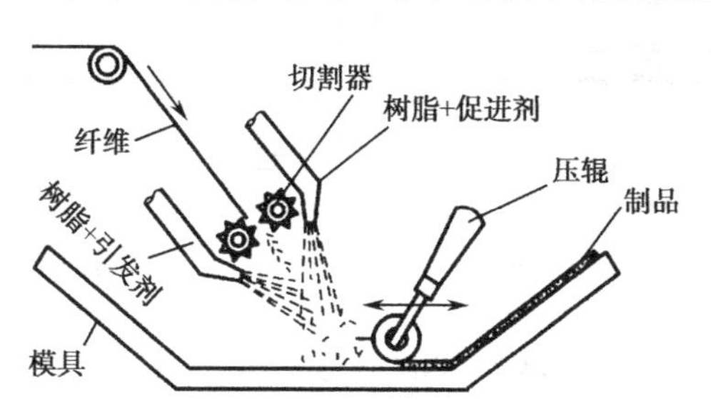

图 14-6　喷射成型示意图

3．注射成型法

注射成型法是先将底模固定并预热到一定温度，然后利用注射机械将短纤维和熔化的树脂等以很高的压力和较快的速率均匀地注入温度较低的闭合模内，在模具内固化、脱模即得复合材料制品。注射成型法不需要预成型，需要的基本设备是一台注射机和一套模具，可用于短纤维增强的热固性树脂基复合材料和热塑性树脂基复合材料的成型，特别是热塑性复合材料的产品多采用此成型法。其特点是易于实现自动化大批量生产。因此，汽车用短玻璃纤维增强复合材料产品多采用此成型法生产。但是，注射成型法制造的产品中纤维含量受到限制，一般为20%～50%（体积分数）。

4．模压成型法

模压成型法是一种对热固性树脂和热塑性树脂都适用的复合材料成型方法。它是将定量的塑料或树脂与增强材料的混合料放入金属模具中，模具闭合后通过加热、加压使其熔化并充满模腔，成型固化后获得复合材料制品。该工艺生产效率高，制品尺寸精确，表面光洁，对于结构复杂的制品可一次成型而不需要二次加工。其主要缺点是模具设计制造过程较复杂，模具和设备（压力机）投资费用高，制品尺寸受到设备规格的限制。因此，模压成型主要适用于中、小型制品的大批量生产，目前，大批量生产工艺有层状材料模压成型工艺和团状材料模压成型工艺。

5．SMC压缩成型法

SMC是指经过固性树脂浸渍后未固化的玻璃纤维/树脂预制片。一般有三种预制片：短纤维随机分布的预制片、短纤维单方向分布的预制片、长纤维单方向分布的预制片。纤维含量为30%～70%（体积分数），预制片厚度为5～10mm。因此SMC本身就是复合材料，或是复合材料的预备产品。SMC是在32℃左右的温度条件下制造的，然后可在20℃下保存4周。

SMC压缩成型法使用的原材料就是SMC这种未固化的玻璃纤维/树脂预制片。因此，SMC压缩成型法可分两步来实现。第一步是制作未固化的玻璃纤维/树脂预制片，第二步是SMC压缩成型。该法使复合材料产品的生产工序大为减少，易于实现自动化和大批量生产。SMC压缩成型所需要的基本设备是一台压力机（液压机）和一台片材裁剪机。

SMC压缩成型法示意图如图14-7所示。先将裁剪、计量好的SMC片材放入预热好的模型中，然后逐步加热、加压使预制片流动，直至充满模型内部各处后，再加热、加压固化。

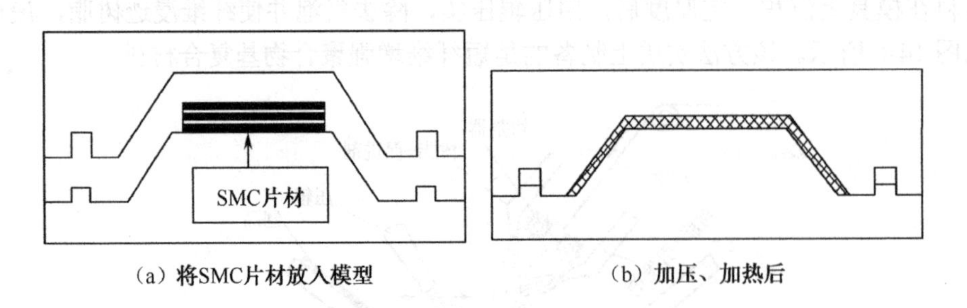

（a）将SMC片材放入模型　　（b）加压、加热后

图14-7　SMC压缩成型法示意图

SMC 压缩成型法基本上也是一种模压成型法。虽然工艺流程看起来比较复杂，但由于它分为两步来做，而且易于实现自动化，实际的工艺流程是比较简单的。SMC 压缩成型法生产的产品尺寸精度高，表面光滑，强度较高。

SMC 压缩成型法的不足之处是，制备预浸料需要昂贵的设备投资，操作的技术含量又相当高；为防止树脂的反应又常常需要将预浸料存放于低温条件下，因此生产成本较高。另外，其初期设备投资也较大，只适用于大批量生产。所以，用量很大的电气产品、汽车零件等复合材料产品多用这一成型法制造。

6．树脂传递模成型（RTM）法

树脂传递模成型（RTM）法是为了克服手工成型法的缺点，由湿法铺层和注塑工艺演变而来的一种新的复合材料成型工艺。它是将增强材料预先铺设在模腔内，闭合模具后用压力将流动性好的低黏度树脂充入模腔，浸透增强材料后固化，从而脱模得到制品。由于不采用预浸料从而大大降低了复合材料的制造成本。采用树脂传递模成型工艺时，只需将形成结构件的相应纤维按一定的取向排列成预成型体，然后向毛坯引入树脂，随着树脂固化，即可制成复合材料结构件。

RTM 法为闭模操作，成型过程中挥发性溶剂对环境的污染大大减轻（溶剂挥发量只有手工成型法的 1/6)，制品尺寸较精确，表面质量好，成型效率高。

该法适宜多品种、中批量、高质量复合材料制品的制造。

7．缠绕成型法

缠绕成型法是将连续纤维或其带状织物浸渍树脂后，在适当的张力下，按照一定的规律缠绕到芯模上至一定厚度，然后加热或在常温下固化，脱模后获得一定形状制品的成型工艺。缠绕成型法生产的复合材料比强度高，制品质量好而稳定；并且生产效率高，易于实现机械自动化生产。但其制品具有各向异性，强度的方向性比较明显（轴向难以增强）；制品的几何形状也有局限性，仅适用于制造圆柱体、球体及某些正曲率回转体制品；所用的设备和辅助设备较多，投资较大。此方法主要用于生产压力容器、输送管道、储罐、火箭发动机外壳、雷达罩、鱼雷发射管等。

14.2.3　陶瓷基复合材料成型工艺

陶瓷基复合材料的成型工艺因增强相形态不同可分为以下三类。

1．连续纤维增强陶瓷基复合材料成型

连续纤维增强陶瓷基复合材料制备的技术关键是在成型过程中纤维不受机械和化学损伤，并能均匀地分散在基体中。普遍采用的技术是料浆浸渍工艺，然后再进行热压烧结和反应烧结。或者将连续纤维编织制成预成型体，再进行化学气相沉积（CVD)、化学气相渗积（CVI）或直接氧化沉积（LANXIDE）等。

（1）CVD 法

CVD 原理与第 4 章中介绍的完全相同，这里不再赘述。

（2）CVI法

CVI 法是制造连续纤维增强陶瓷基复合材料最主要的方法。此方法是将气相前驱体（反应性混合气体）沿纤维预制体的孔洞浸入并沉积在纤维上。这种气相前驱体在适当的温度和压力下发生化学反应，其反应产物即为所需的陶瓷材料，这些由反应生成的陶瓷沉积在纤维表面，直至将纤维预制体中的间隙填满而形成制品。

这种方法的最大优点是加工温度较低，一般为900～1100℃。这样高的温度通常不会造成陶瓷纤维的分解。CVI 法制备的陶瓷基复合材料具有较好的力学性能。此外，CVI 法可制备出接近实际形状的大部件或形状复杂的构件。

CVI 法仅适用于气相前驱体容易得到共价键或离子键的陶瓷，目前可行的基体材料有碳、碳化物（SiC、B_4C、TiC）、氮化物和氧化物。由于CVI法制备的复合材料会残留10%～15%的气孔，因此，不适用于气体或液体密实性要求高的场合。

（3）浆料浸渍热压法

浆料浸渍热压法的工艺过程为：将纤维在配制好的陶瓷浆料（由陶瓷粉末、溶剂的有机黏结剂组成）中浸渍，然后将附有浆料的纤维根据需要预成型，经过干燥后进行热压烧结，从而获得复合材料制品。该方法工艺简单，能制造大型制品，是最为常用的方法。

（4）LANXIDE法

LANXIDE法是将作为增强相材料的纤维织构物放在熔融的金属上面，金属一面浸渗到增强体内，一面受氧化变为陶瓷。

（5）液体浸渗法——高聚物前驱体浸渗热解法（PIP法）

PIP法就是将液态聚合物浸入预制体的孔中，然后通过分解反应使聚合物转变为陶瓷基体。此方法广泛地用于制备碳-碳复合材料。PIP法的优点是分解反应温度在1000℃以下，不会造成纤维的分解。缺点是需要较长时间和多次循环浸渗及分解过程，以便达到高密度。

PIP法类似于纤维增强树脂基复合材料的工艺成型方法，它是将增强相材料（纤维）浸渍聚合物，然后在一定条件下将聚合物热解，转化为陶瓷。这种方法可充分利用树脂基复合材料和碳-碳复合材料的现有技术，对聚合物前驱体的结构成分进行设计。该工艺热解成型温度低，设备简单，因此，这是一种极有发展前途的陶瓷基复合材料制备技术。

2．颗粒增强陶瓷基复合材料成型

颗粒增强陶瓷基复合材料或纳米陶瓷基复合材料采用传统的成型和烧结工艺，将不同的陶瓷材料粉体经机械混合或化学混合得到均匀的混合料，压制或注射成型后再进行常压烧结、热压烧结或热等静压烧结，得到致密的陶瓷基复合材料。此外，固相反应烧结、高聚物前驱体热解、CVD、溶胶—凝胶、直接氧化沉积等工艺，也可用于制备颗粒弥散型陶瓷基复合材料。

3．晶须（短纤维）增强陶瓷基复合材料成型

晶须（短纤维）增强陶瓷基复合材料的成型方法为：先使晶须或短纤维在液体介质中经机械或超声分散，再与陶瓷基体粉末均匀混合，制成一定形状的坯件，干燥后热压或热等静压烧结。为了克服晶须及短纤维在烧结过程中的搭桥现象，坯体制备常采用压滤成型工艺或电泳沉积成型工艺，还可采用注射成型工艺。此外，也可采用 CVD、CVI、固相反应烧结、直接氧化沉积、原位生长等工艺制备晶须（短纤维）增强陶瓷基复合材料。

思考题

14-1　与其他材料的成型工艺相比，复合材料成型有何特点？

14-2　试述金属基复合材料的成型工艺特点。

14-3　试述聚合物基复合材料的成型工艺特点。

14-4　试述陶瓷基复合材料的成型工艺特点。

第15章 增材制造技术

增材制造（Additive Manufacturing，AM）俗称3D打印，融合了计算机辅助设计和材料加工与成型技术，以数字模型文件为基础，通过软件与数控系统将专用的金属材料、非金属材料及医用生物材料等，按照挤压、烧结、熔融、光固化、喷射等方式逐层堆积，制造出实体物品。与传统的材料成型、切削加工模式不同，它是通过自下而上、从无到有的材料累加而成型的一种制造方法。这使得过去受到传统制造方式约束，而无法实现的复杂结构件的制造变为可能。

其实，从广义上来说，本书第4章涉及的各种表面技术如气相沉积、热喷涂等，由于具有材料累加的特点，也属于增材制造范畴。本章所述的增材制造技术是指利用不同能量源与CAD/CAM结合，通过分层累加材料而实现从无到有的零件制造技术。

15.1 增材制造原理与技术

增材制造技术始于20世纪80年代。1987年，美国3D Systems公司率先推出了第一台商用的增材制造系统 SLA-1。该系统基于立体平版印刷原理，第一次将计算机中的数字化数据直接“打印”获得物理实体，使产品开发和生产进入一个新的时代。增材制造技术自诞生以来，经过三十多年的发展，针对不同的成型材料已经开发出数十种成型方法，目前比较成熟、应用比较普遍的增材制造技术主要有以下几种：

① 光敏材料立体光固化成型技术（SLA）。

② 粉末材料选择性激光烧结技术（SLS）。

③ 丝状材料熔融沉积技术（FDM）。

④ 薄型材料叠层实体制造技术（LOM）。

⑤ 金属材料的增材制造。

虽然增材制造有很多种工艺方法，但基本原理是一样的。

15.1.1 增材制造原理

所谓增材制造，就是对所设计的零件在三维实体建模的基础上，通过专用软件对零件模型进行模拟切片处理，再通过实物（液体或粉末等）分层打印、累加和后处理而形成物理实体的过程，如图15-1所示。主要包括以下三个部分。

（1）零件的数字化处理

所谓零件的数字化处理主要包括通过三维实体建模设计零件，用专用软件对零件模型进行模拟切片处理，也称分层处理，就是将零件虚拟分成相同厚度（0.05～0.5mm）的若干层，之后确定打印方向，最后将这些数据导入3D打印设备。

（2）分层叠加成型加工

分层叠加成型加工是增材制造的核心，包括模型截面轮廓的制作与截面轮廓的叠合。这些截面将通过打印设备将液体或粉末材料固化被系统地重现，然后层层结合形成 3D 实体。也有其他技术是将这些薄层切片后，再通过胶粘剂结合在一起形成 3D 实体。

（3）后处理

许多 3D 实体零件成型后，还需要通过剥离、打磨、抛光、涂挂、固化等表面强化处理进行修整完善，有的还要放在高温炉中进行烧结，进一步提高其强度。

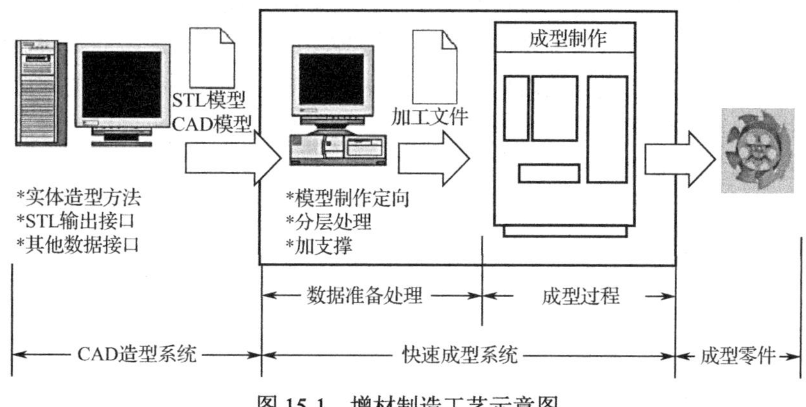

图 15-1　增材制造工艺示意图

15.1.2　增材制造技术

增材制造技术使用的能量源主要有等离子体、激光、电子束、紫外光等，所用的材料主要有树脂、塑料、金属、陶瓷、蜡等。因采用的成型方法和使用的成型材料及依靠的凝结热源不同，目前主要分为四类：立体光固化成型技术（SLA）、选择性激光烧结技术（SLS）、熔融沉积技术（FDM）、叠层实体制造技术（LOM）。随着科技的发展，相信还会有更多更好的方法出现。

1．立体光固化成型技术（Stereo-Lithography Apparatus，SLA）

SLA 增材制造技术是最早发展起来的增材制造技术。它以光敏树脂为原料，通过计算机控制紫外激光使其凝固成型。SLA 增材制造装备由液槽、可升降工作台、激光器、扫描系统和计算机数控系统等组成。其中，液槽中盛满液态光敏聚合物，氦镉激光器或氩离子激光器发射出的紫外线光束在计算机的操作下按工件的分层截面数据在液态的光敏聚合物表面进行逐行逐点扫描，这使扫描区域的树脂薄层产生聚合反应而固化，形成工件的一个薄层。当一层树脂固化完毕后，工作台将下移一个厚度的距离以使在原先固化好的树脂表面上再覆盖一层新的液态树脂，刮板将黏度较大的树脂液面刮平后再进行下一层激光扫描固化，如图 15-2 所示。

为了确保能够成型，并且保证成型后的形状和尺寸精度，光固化形成材料需要具备以下条件。

① 成型材料易于固化，且成型后具有一定的黏结强度。

② 成型材料的黏度不能太高，以保证加工层平整并减少液体流平时间。

③ 成型材料本身的热影响区小、收缩应力小。

④ 成型材料对光有一定的透过深度，以获得具有一定固化深度的层片。

SLA 法成型工艺灵活，由于激光束光斑大小可以控制，所以特别适合成型具有微细结构的零件。该方法可成型任意复杂形状零件，成型过程自动化程度高，成型效率高；成型精度高，原型尺寸精度可以达到±0.1mm；成型体表面光滑度好。但是，SLA 增材制造的零件较易弯曲和变形，需要支撑；可使用的材料种类较少，而且液态树脂具有气味和毒性，使用时还需要避光保护，固化后的零件较脆、易断裂。SLA 增材制造装备运转及维护成本较高。

2．选择性激光烧结技术（Selective Laser Sintering，SLS）

激光选择性激光烧结增材制造由美国得克萨斯大学奥斯汀分校的 C. R. Dechard 于 1989 年研制成功。SLS 利用粉末材料在激光下烧结的原理，在计算机控制下层层堆积成型。SLS 的原理与 SLA 非常像，主要区别在于所使用的材料及其形状。SLS 增材制造技术的原理如图 15-3 所示。先采用压辊将一层粉末平铺到已成型工件的上表面，数控系统控制激光束按照该层截面轮廓在粉层上进行扫描照射而使粉末的温度升至熔化点，从而进行烧结并与下面已成型的部分实现黏合。当一层截面烧结完后，工作台将下降一个厚度，这时压辊又会均匀地在上面铺上一层粉末并开始新一层截面的烧结，如此反复操作直至工件完全成型。

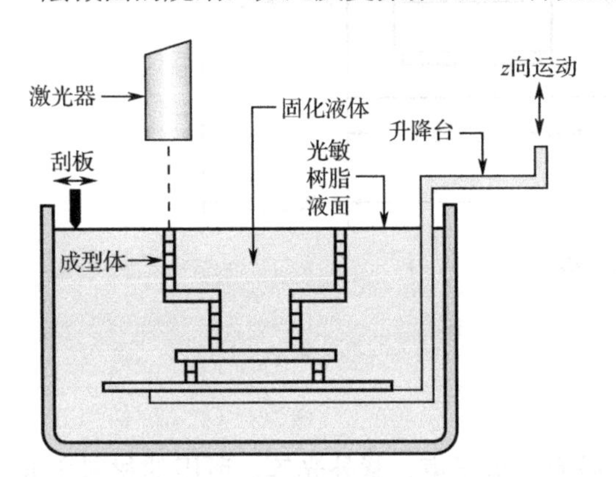

图 15-2　液态光敏聚合物选择性固化机的原理图

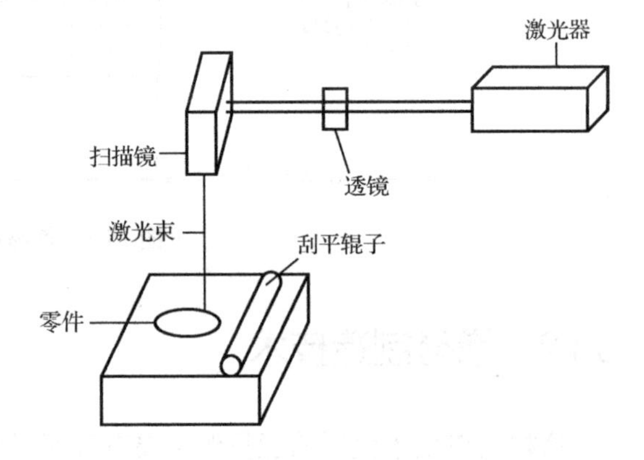

图 15-3　选择性激光烧结增材制造技术原理图

由成型原理可知，SLS 增材制造工艺激光对材料的作用本质上是一种热作用，所以从理论上讲，所有受热后能相互黏结的粉末材料或表面覆有热塑（固）性黏结剂的粉末都能作为 SLS 的材料。但要真正适合增材制造烧结，要求粉末材料应满足以下要求。

① 具有良好的烧结成型性能，即无须特殊工艺即可快速精确地成型原型。

② 对直接用作功能零件或模具的原型，其力学性能和物理性能要满足使用要求。

③ 当原型间接使用时，要有利于快速方便的后续处理和加工工艺。

用于 SLS 增材制造工艺的材料是各种粉末，粒度一般在 50～125μm 之间，如金属、陶瓷、石蜡及聚合物的粉末，如尼龙粉、覆裹尼龙的玻璃粉、聚碳酸酯粉、聚酰胺粉、蜡粉、金属粉、覆裹热凝树脂的细沙、覆蜡陶瓷粉和覆蜡金属粉等，近年来更多地采用复合粉末。SLS 增材制造用的复合粉末通常有两种混合形式：一种是黏结剂粉末与金属或陶瓷粉末按一定比例机械混合；另一种则是把金属或陶瓷粉末放到黏结剂稀释液中，制取具有黏结剂包覆的金属或陶瓷粉末。

SLS 增材制造与其他增材制造工艺相比，其最大的特点就是能够直接制作金属制品，同时该工艺还具有以下优点。

① 材料范围广，开发前景广阔。从理论上讲，任何受热黏结的粉末都有被用作 SLS 增材制造成型材料的可能。通过材料或各种黏结剂涂层的颗粒制造出适应不同需要的任何造型，材料的发展前景非常广阔。

② 制造工艺简单，柔性度高。在计算机的控制下可以方便迅速地制造出传统加工方法难以实现的复杂形状零件，尤其是含有悬臂结构、中空结构、槽中套槽等结构的零件造型特别方便、有效。在成型过程中不需要先设计支撑，未烧结的松散粉末可以作为自然支撑，这样省料、省时，也降低了对设计人员的要求。

③ 精度高、材料利用率高。SLS 增材制造工艺一般能达到工件整体范围内±0.05～2.5mm 的公差。当粉末粒径为 0.1mm 以下时，成型的原型精度可达±1%。粉末材料可以回收利用，利用率近 100%。

除了以上优点外，SLS 增材制造成型工艺也有一定的缺点，如能量消耗高、原型表面粗糙疏松等。

3．熔融沉积技术（Fused Deposition Modeling，FDM）

熔融沉积技术由美国学者 Dr. Scoot Crump 于 1988 年研制成功，并由美国 Stratasys 公司推出商品化机器。FDM 是将熔化的石蜡或者工程塑料通过精细喷头按 CAD 分层截面数据进行二维填充，喷出的丝材经冷却黏结固化生成一薄层截面的形状，层层叠加形成三维实体。熔融沉积技术原理图如图 15-4 所示。其中，喷头在计算机的控制下，可根据截面轮廓的信息，作 *X-Y* 平面运动和高度 *Z* 方向运动。丝状热塑性材料（如 ABS 及 MABS 塑料丝、蜡丝、聚烯烃树脂、尼龙丝、聚酰胺丝）由供丝机构送至喷头，并在喷头中加热至熔融态，然后被选择性地涂覆在工作台上，快速冷却后形成截面轮廓。一层截面完成后，喷头上升一截面层的高度，再进行下一层的涂覆。如此循环，最终形成三维产品。

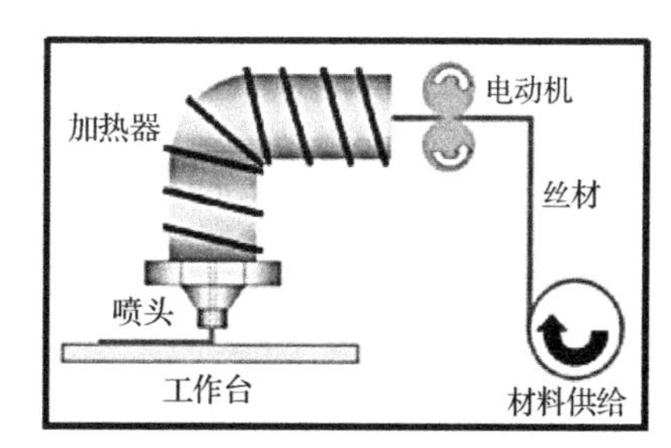

图 15-4　熔融沉积技术原理图

FDM 增材制造具有其他增材制造技术所不具有的许多优点，所以被广泛采用，其优点主要有以下几点。

① 操作简单。由于采用热熔挤压头的专利技术，使整个系统构造和操作简单，维护成本低，系统运行安全。

② 成型材料广泛。成型材料既可以用丝状蜡、ABS 材料，也可以使用经过改性的尼龙、橡胶等热塑性材料丝。对于复合材料，如热塑性材料与金属粉末、陶瓷粉末或短纤维材料的混合物，制成丝状后也可以使用。

③ 原料利用率高，无环境污染。成型系统所采用的材料为无毒、无味的热塑性塑料，废弃的材料还可以回收利用，材料对周围环境不会造成污染。

④ 制件翘曲变形小，支撑去除简单，可快速构建瓶状或中空零件及一次成型的装配结构件。原材料在成型过程中无化学变化，制件的翘曲变形小，去除支撑时无须化学清洗，分离容易。

FDM 增材制造也存在以下缺点。

① 需要对整个实体截面进行扫描，大面积实体成型时间较长。

② 要设计与制作支撑结构。

③ 成型轴垂直方向的强度比较弱。

④ 成型件的表面有较明显的条纹，影响表面精度。

⑤ 原材料价格昂贵。

4. 叠层实体制造技术（Laminated Object Manufacturing，LOM）

LOM 增材制造方法由美国 Helisys 公司的 Michael Feygin 于 1986 年研制成功。由于 LOM 增材制造技术多用纸材，成本低廉，制件精度高，制造出的纸质原型具有外在的美感和一些特殊的品质，因而受到广泛的关注和迅速的发展。LOM 增材制造系统由计算机、原材料、存储及送进机构、热黏压机构、激光切割系统、可升降工作台和数控系统、模型取出装置和机架等组成，叠层实体制造技术原理图如图 15-5 所示。其中，计算机用于接受和存储工件的三维模型，沿模型的成型方向截取一系列的截面轮廓信息，发出控制指令。原材料存储及送进机构将存在于其中的原材料，逐步送至工作台的上方。热黏压机构将一层层成型材料黏合在一起。激光切割系统按照计算机截取的截面轮廓信息，逐一在工作台上方的材料上切割出每一层截面轮廓，并将无轮廓区切割成小网格，这是为了在成型之后能剔除废料。网格的大小根据被成型件的形状复杂程度选定，网格越小，越容易剔除废料，但成型花费的时间越长，否则相反。

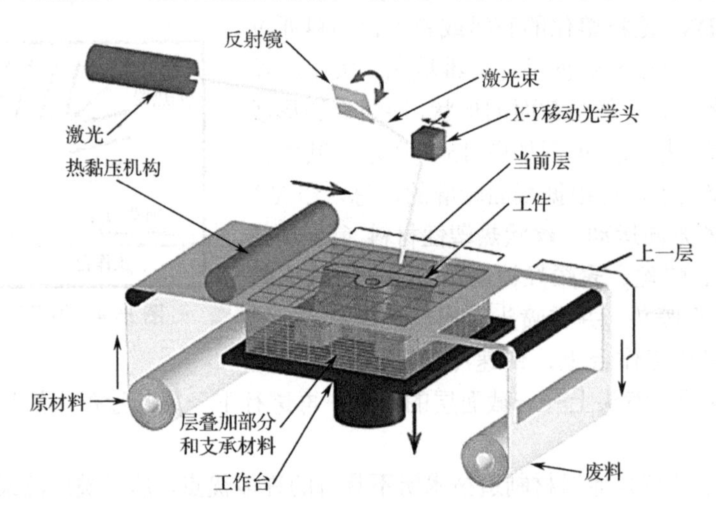

图 15-5　叠层实体制造技术原理图

可升降工作台支撑正在成型的工件，并在每层成型完毕之后，降低一个材料厚度（通常为 0.1～0.2mm）以便送进、黏合和切割新的一层成型材料。数控系统执行计算机发出的指令，使材料逐步送至工作台上方，然后黏合、切割，最终形成三维工件。模型取出装置用于方便地卸下已成型的模型，机架是整个机器的支撑。

15.2 金属增材制造

金属增材制造是增材制造技术最重要的一个分支，是以金属粉末、丝材为原料，以高能束（激光、电子束、电弧、等离子束等）作为热源，以计算机三维 CAD 数据模型为基础，运用离散—堆积的原理，在软件与数控系统的控制下将材料熔化逐层堆积，来制造高性能金属构件的新型制造技术。

金属增材制造的难点在于如何提高制品的精度。精度主要取决于材料增加的层厚和增材单元尺寸的精度控制。它与切削制造的最大不同是材料需要一个逐层累加的系统，因此再涂层是材料累加的必要工序，再涂层的厚度直接决定了零件在累加方向的精度和表面粗糙度，增材单元的控制直接决定了制件的最小特征制造能力和制件精度。现有的增材制造方法中，多采用激光束或电子束在材料上逐点形成增材单元进行材料累加制造，如金属直接成型中，激光熔化的微小熔池的尺寸和外界气氛控制，直接影响制造精度和制件性能。激光光斑在 0.1～0.2mm，激光作用于金属粉末，金属粉末熔化形成的熔池对成型精度有着重要影响。通过激光或电子束光斑直径、成型工艺（扫描速度、能量密度）、材料性能的协调，有效控制增材单元尺寸是提高制件精度的关键技术。

随着激光、电子束及光投影技术的发展，未来将发展两个关键技术：一是金属直接制造中控制激光光斑更细小，逐点扫描方式使增材单元能达到微纳米级，提高制件精度；另一个是光固化成型技术的平面投影技术，投影控制单元随着液晶技术的发展，分辨率逐步提高，增材单元更小，可实现高精度和高效率制造。

15.2.1　金属增材制造的主要方法

目前，比较成熟的金属增材制造技术主要有选区激光熔化制造技术、激光立体成型制造技术、电子束选区熔化制造技术、电子束熔丝沉积制造技术等。

1．选区激光熔化制造技术（Selective Laser Melting，SLM）

SLM 技术的工艺原理是利用激光的高能光束对材料有选择地进行扫描，使金属粉末吸收能量后温度迅速升高，发生熔化并接着快速固化，实现对金属粉末材料的激光加工。选区激光熔化制造技术工作原理如图 15-6 所示。高功率密度激光器激光束开始扫描前，水平铺粉辊先把金属粉末平铺到加工室的基板上，然后激光束将按当前层的轮廓信息选择性地熔化基板上的粉末，加工出当前层的轮廓，然后可升降系统下降一个图层厚度的距离，滚动铺粉辊再在已加工好的当前层铺上金属粉末，设备调入下一图层进行加工，如此层层加工，直到整个零件加工完毕。整个加工过程在通有惰性气体保护的加工室中进行，以避免金属在高温下与其他气体发生反应。但目前这种技术受成型设备的限制无法成型大尺寸的零件。

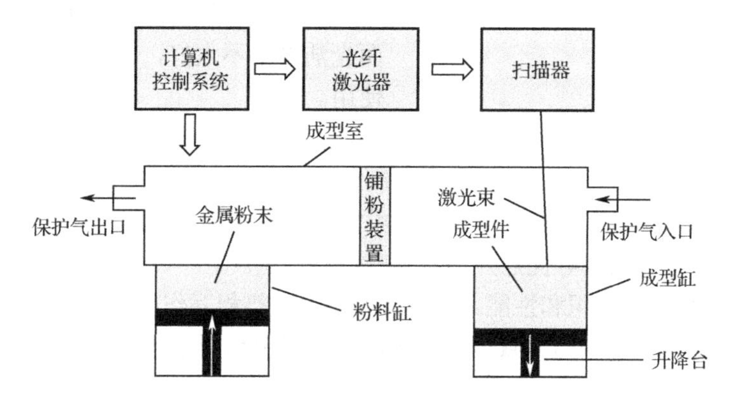

图 15-6　选区激光熔化制造技术工作原理

由于 SLM 技术利用了高功率密度的激光束直接熔化金属粉末，可以获得材料致密性接近 100%，并具有一定尺寸精度和表面粗糙度的金属实体零件，而且可以实现全自动化高速生产，甚至无须热处理等后处理工序。

SLM技术适合加工形状复杂的零件，尤其是具有复杂内腔结构和具有个性化需求的零件，适合小批量生产。近年来，SLM技术在国内外得到了飞速的发展，从设备的开发、材料与工艺研究等方面都有了较高的突破，并且在许多领域得到了应用。例如，用SLM技术制造的航空超轻钛结构件具有大的表面积/体积比，零件的质量可以减轻90%左右；利用SLM方法制造的具有随形冷却流道的刀具和模具，可以使其冷却效果更好，从而缩短冷却时间，提高生产效率和产品质量。

2．激光立体成型制造技术（Laser Solid Forming，LSF）

激光立体成型制造技术（LSF）又称为激光近净成型技术（Laser Engineered Net Shaping，LENS）、激光熔化沉积技术（Laser Metal Deposition，LMD）、直接金属沉积技术（Direct Metal Deposition，DMD）等，是将增材成型原理与自动送粉熔覆技术相结合，集激光技术、计算机技术、数控技术和材料技术等诸多现代先进技术于一体的一项实现高性能致密金属零件快速自由成型的增材制造技术。LSF技术可以实现力学性能与锻件相当的复杂高性能金属结构件的高效率制造，并且成型尺寸基本不受限制，同时LSF技术所具有的同步材料送进特征，还可以实现同一构件上多材料的任意复合和梯度结构制造，便于进行新型合金设计，并可用于损伤构建的高性能成型修复。另外，以同步材料送进为主要技术特征的激光立体成型制造技术还可方便地同传统的加工技术，如锻造、铸造、机械加工或电化学加工等增材或减材加工技术相结合，充分发挥各种加工技术的优势，形成金属结构件的整体高性能、高效率、低成本成型和修复新技术。

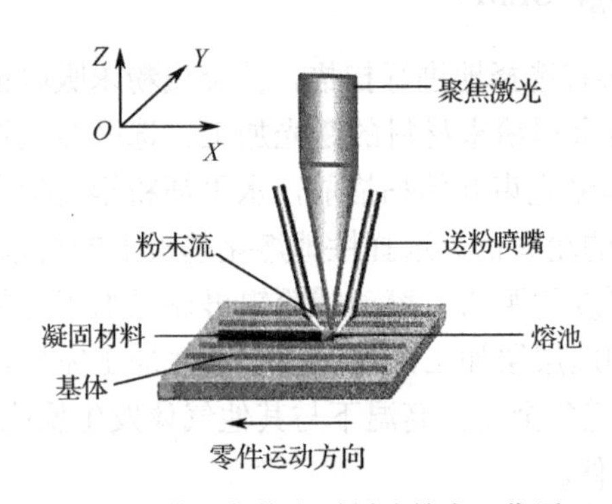

图15-7 激光立体成型制造技术工作原理

激光立体成型制造技术工作原理如图15-7所示，先在计算机中生成零件的三维CAD模型，然后将该模型按一定的厚度切片分层，即将零件的三维数据信息转换为一系列的二维轮廓信息，然后将分层后的数据按一定的方式进行处理，在计算机的控制下，用激光熔覆的方法将材料按照二维轮廓信息逐层堆积，得到三维实体零件或需进行少量机械加工的近形件。LSF技术使用的是千瓦级的激光器，由于采用的激光聚焦光斑较大(一般在1mm以上)，虽然可以得到致密的金属实体，但其尺寸精度和表面光洁度都不太好，需进一步进行机械加工后才能使用。

LSF是一个复杂的物理、化学冶金过程，成型过程中的参数（激光功率、光斑直径、离焦量、送粉速度、扫描速度、熔池温度等）对制件的质量有很大的影响。

LSF成型技术除了具有增材制造技术的柔性好（不需专用工具和夹具）、加工速度快、对零件的复杂程度基本没有限制等优点外，还具有以下优点。

① 材料具有优越的组织和性能。利用激光束与材料相互作用时的快速熔化和凝固过程，可以在材料内部得到细小、均匀、致密的组织，消除成分偏析的不利影响，从而提高材料的力学性能和耐腐蚀性能。

② 能够合理控制零件不同部位的成分和组织。LSF成型技术采用熔覆方法堆积材料，可以很方便地在零件的不同部位得到不同的成分，特别是采用自动送粉熔覆的方式进行加工时，通过精确控制送粉器，几乎可以在零件的任意部位获得所需要的成分，实现零件材质和性能的最佳搭配。这是传统的铸造和锻造技术无法实现的。

③ 可以加工一些熔点高、难加工的材料。LSF 成型技术由于激光束的能量密度很高，而且激光束与材料之间属于接触加工，因此该技术可加工熔点高、加工性差的材料，如钨、铌、钼和超合金等，其难度与普通材料相同。

3．电子束选区熔化制造技术（Electron Beam Selective Melting，EBSM）

电子束选区熔化制造技术（EBSM）是瑞典 ARCAM 公司最先开发的一种增材制造技术。类似于选区激光熔化制造技术，EBSM 技术是利用电子束在真空室中逐层熔化金属粉末，由 CAD 模型直接制造金属零件。与选区激光熔化制造技术相比，EBSM 技术具有利用率高、无反射、功率密度高、扫描速度快、高真空保护、加工材料广泛、运行成本低等优点，原则上可以实现活性稀有金属材料的直接洁净与快速制造，在国内外受到广泛关注。

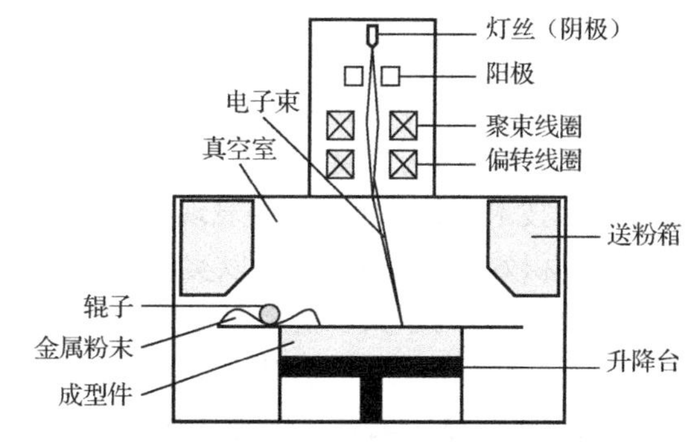

图 15-8　电子束选区熔化制造技术工作原理

EBSM 技术在真空环境下以电子束为热源，以金属粉末为成型材料，高速扫描加热预置的粉末，通过逐层熔化叠加，获得金属零件，其工作原理如图 15-8 所示。首先，在工作台上铺一薄层金属粉末，电子束在电磁偏转线圈的作用下由计算机控制，根据制件各层截面的 CAD 数据有选择地对粉末层进行扫描熔化，熔化区域的粉末形成冶金结合，未被熔化的粉末仍呈松散状。其次，一层加工完成后，工作台下降一个层厚的高度，再进行下一层铺粉和熔化，同时新熔化层与前一层金属体熔合为一体，层层堆积，直至整个零件全部熔化完成。最后，去除多余的粉末便得到所需的三维实体零件。

与选区激光熔化制造技术相比，电子束选区熔化制造技术具有以下优点。

① EBSM 成型过程效率高，零件变形小，成型过程不需要金属支撑，微观组织更致密。

② 电子束的偏转聚焦控制更加快速、灵敏。激光的偏转需要使用振镜，在激光进行高速扫描时振镜的转速很高，在激光功率较大时，振镜需要更复杂的冷却系统，同时振镜的质量也显著增加，因而在使用较大功率扫描时，激光的扫描速度将受到限制。

③ 在扫描较大成型范围时，激光的焦距很难快速改变。电子束的偏转和聚焦利用磁场完成，可以通过改变电信号的强度和方向快速灵敏地控制电子束的偏转量和聚焦长度。

④ 电子束偏转聚焦系统不会被金属蒸镀干扰。用激光和电子束熔化金属时，金属蒸气会弥散在整个成型空间，并在接触的任何物体表面镀上金属薄膜。电子束偏转聚焦都是在磁场中完成的，因而不会受到金属蒸镀的影响；激光器振镜等光学器件则容易受到蒸镀污染。

但是，由于 EBSM 成型是在真空环境下进行的，真空室抽气过程中粉末容易被气流带走，造成真空系统的污染；更为严重的是，由于电子束具有较大动能，当其高速轰击金属粉末使之加热、升温时，电子的部分动能也直接转化为粉末微粒的动能。当粉末流动性较好时，粉末颗粒会被电子束推开形成溃散现象，从而影响实体零件的质量。不过随着科技的发展和研究的深入，相信这一问题迟早会得到解决。

4．电子束熔丝沉积制造技术（Electron Beam Free Form Fabrication，EBF3）

电子束熔丝沉积制造技术是近年来发展起来的一种新型增材制造技术。与其他快速成型技术一样，该技术需要对零件的三维 CAD 模型进行分层处理，并生成加工路径。利用电子束作

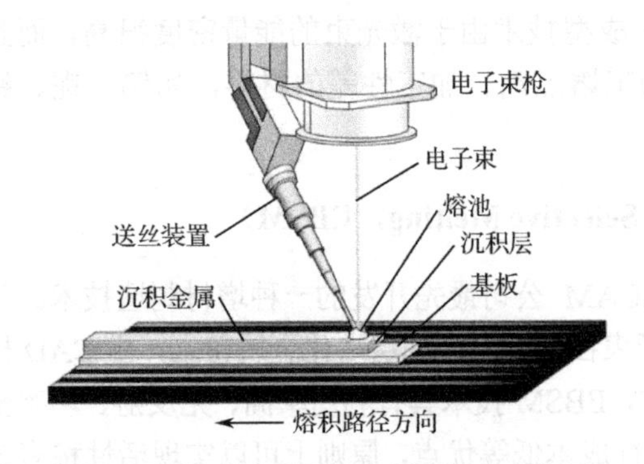

图15-9　电子束熔丝沉积制造技术工作原理

为热源，熔化送进的金属丝材，按照预定路径逐层反复堆积，直至形成致密的金属零件，其工作原理如图15-9所示。利用真空环境下的高能电子束流作为热源，直接作用于工件表面，在前一层增材或基材上形成熔池。送丝装置将丝材从侧面送入，丝材受电子束加热熔化，形成熔滴。随着工作台的移动，使熔滴沿着一定的路径逐滴沉积进入熔池，熔滴之间紧密相连，从而形成新一层的增材，层层堆积，直至成型出与设计形状相同的三维实体金属零件。该技术具有成型速度快、保护效果好、材料利用率高、能量转化率高等特点，适合大中型钛合金、铝合金等活性金属零件的成型制造与结构修复。

EBF3技术的独特优点主要表现在以下几个方面。

① 沉积效率高。电子束可以实现几十千瓦大功率输出，可以在较高功率下达到很高的沉积速率（15kg/h），对于大中型金属结构件的成型，EBF3成型技术具有非常明显的优势。

② 真空环境有利于保护零件。EBF3成型在10^{-3}Pa真空环境中进行，能有效避免空气中的有害杂质（氧、氮、氢等）在高温下混入金属零件，非常适合钛、铝等活性金属的加工。

③ 内部质量好。电子束是“体”热源，熔池相对较深，能够消除层间未熔合现象；同时，利用电子束扫描对熔池进行旋转搅拌，可以明显减少气孔等缺陷。EBF3成型的金属零件，无损探伤内部质量可以达到相关标准的I级。

④ 可实现多功能加工。电子束输出功率可在较宽的范围内调整，并可通过电磁场实现对束流运动方式及聚焦的灵活控制，可实现高频率复杂扫描运动。利用面扫描技术，能够实现大面积预热及缓冷，利用多束流分束加工技术，可以实现多束流同时工作，在同一台设备上，既可以实现熔丝沉积成型，也可以实现深熔焊接。利用电子束的多功能加工技术，可以根据零件的结构形式及使役性能要求，采取多种加工技术组合，实现多种工艺协同优化设计制造，以实现成本效益的最优化。

以上所述四种增材制造技术与传统成型方式相比都有明显优势，但也各有优缺点，见表15-1。

表15-1　金属材料增材制造与传统方法的特点对比

制造方法	零件尺寸	复杂程度	表面质量	后续加工	制造效率	专用模具	力学性能
选区激光熔化	中小	极端复杂	优异	零加工	中	无	较好
激光立体成型	大中	较复杂	较差	少量加工	较高	无	较好
电子束选区熔化	中小	极端复杂	优异	零加工	较高	无	较好
电子束熔丝沉积	大	较复杂	较差	少量加工	高	无	较好
铸造	任意	较复杂	优异	零加工	较低	有	较差
锻造+机加工	任意	简单	优异	大量加工	低	有	优异

15.2.2　金属材料增材制造件的结构工艺性

如前所述，理论上，增材制造可以加工任何形状和尺寸的零件，对于机械零件来说，可以打印用传统成型方式无法完成的复杂结构零件，即增材制造方法有非常好的结构工艺性。而目前制约增材制造技术广泛应用的瓶颈主要在于金属粉末材料的制备，以及与增材制造工艺相关的程度不同的零件材料致密度、应力、变形和裂纹等问题。

1．金属增材制造对粉体品质的要求

金属粉体材料是金属 3D 打印工艺的原材料，其粉体的基本性能与最终成型的制品品质有着很大的关系。

（1）化学成分

原料的化学成分包括合金元素和杂质成分。常用的合金元素主要有 Fe、C、Si、Mn、Ti、Ni、Al、Cu、Co、Cr 及贵金属 Ag、Au 等。杂质成分主要有还原铁中的 S、P、O、H 等，以及从原料和粉末生产中混入的其他杂质、粉体表面吸附的水及其他气体等。

在成型过程中，杂质可能会与基体发生反应，改变基体性质，给金属制件品质带来影响。夹杂物的存在也会使粉体熔化不均，导致金属制件产生内部缺陷。例如，粉体含氧量较高时，金属粉体不仅易氧化，形成氧化膜，还会导致球化现象，影响制件的致密度等。

因此，需要严格控制原料粉体的杂质以保证制品的品质。一般增材制造用金属粉体需要采用纯度较高的金属粉体原料。

（2）颗粒形状、粉体粒度及粒度分布

常见颗粒的形状有球形、近球形、片状、针状及其他不规则形状等。不规则的颗粒具有更大的表面积，有利于烧结。但球形度高的粉体颗粒流动性好，送粉、铺粉均匀，有利于提升制件的致密度及均匀度。因此，增材制造用粉体颗粒一般要求是球形或者近球形的。在成型过程中，粉体通过直接吸收激光或电子束等扫描时的能量而熔化烧结，粉体颗粒小则表面积大，直接吸收能量多，更易升温，有利于烧结。此外，粉体粒度小，粒子之间间隙小，松装密度高，成型后零件致密度高，有利于提高产品的强度和表面质量。但粉体粒度过小时，粉体易发生黏附团聚，导致粉体流动性下降，影响粉料运输及铺粉均匀。所以细粉、粗粉应该以一定配比混合，选择恰当的粒度与粒度分布以达到预期的成型效果。

（3）粉体的工艺性能要求

粉体的工艺性能主要包括松装密度、振实密度、流动性和循环利用性能。球形度好、粒度分布宽的粉末松装密度高，孔隙率低，成型后的零件致密度高，成型质量好。粉体的流动性直接影响铺粉的均匀性或送粉的稳定性。而高流动性的粉体易于流化，沉积均匀，粉末利用率高，有利于提高增材制造成型件的尺寸精度和表面均匀致密化。成型过程结束后，留在粉床中未熔化的粉体通过筛分回收仍然可以继续使用。但在长时间的高温环境下，粉床中的粉体会有一定的性能变化。所以粉体的循环性能对增材制造也相当重要，需要搭配具体工艺选用回收。

2．增材制造的常用金属粉体

目前，国内外金属增材制造采用的金属粉体已经涵盖部分工具钢、马氏体钢、不锈钢、纯钛及钛合金、铝合金、镍基合金、铜基合金、钴铬合金等，但是，还不全面。主要原因与相应的金属粉末的制备难度有关，因为不同金属不仅熔点不同，其化学活性、液态润湿角和蓄热系

数等也不一样，这将影响粉体制备的难度。

3. 增材制造件的常见缺陷

由于金属粉体和增材制造工艺两方面原因，金属增材制造的零件常出现孔隙、残余应力、翘曲变形、裂纹及表面粗糙度大等现象。

（1）表面粗糙度

金属粉体的形状、颗粒度和增材制造工艺对3D打印零件的表面粗糙度有直接影响。对于粉末法增材制造来说，打印层的厚度越大，打印效率越高，零件粗糙度也越大，成本相对较低；粉体颗粒越大，零件越粗糙，成本越低。若降低表面粗糙度值，打印效率就会降低，成本也会提高。

（2）孔隙

当粉末的尺寸大于层厚，或者激光搭接过于稀疏时，将会在打印出的零件内部出现小孔，熔化的金属没有完全流到相应的区域也会造成小孔的出现。零件增材制造过程中，内部非常小的孔穴会形成孔隙。这些微孔会降低零件的整体密度，导致裂纹和疲劳问题的出现。

为了解决这些问题，大部分设备操作者需要针对特定的材料和任务来调试设备。对特定的材料和任务，设备参数（如激光功率、光斑尺寸、光斑形状）需要调整以使孔隙最少。在粉末床熔融工艺中，采取激光分区扫描的模式也可以减少孔隙量。这种类似棋盘的填充模式代替单向扫描策略，减小了温度梯度。在SLM工艺中，可以通过调整光斑形状来减少粉末飞溅，大家熟知的“脉冲整形”可以实现区域逐渐熔化。对于EBM工艺，电流会导致粉末颗粒从粉末床飞溅，但可以通过电子束快速扫描预热粉末床来改善，也可以通过渗入其他材料来减少孔隙，如渗铜。但添加辅助材料会改变零件的化学成分，可能会破坏零件原始设计应用场景。

（3）密度

零件的致密度与孔隙量成反比。零件气孔越多，密度越低，在受力环境下越容易出现疲劳或者裂纹。对于关键性零件，零件的致密度需要达到99%以上。除了控制孔隙量外，粉末的粒径分布也可能影响零件的致密度。球形颗粒不仅会提高粉末的流动性，还可以提高零件致密度。此外，较宽的粉末粒径分布允许细粉末填充于粗粉末的间隙，以获得更高致密度。但是，宽粉末粒径分布会降低粉末的流动性。良好的粉末流动性对于确保铺粉的平整度、密度非常必要。粉末堆积密度越大，零件孔隙量越低，致密度越高。

（4）残余应力

在金属3D打印中，残余应力由冷热变化、膨胀收缩过程引起。当残余应力超过材料或者基板的拉伸强度时，将有缺陷产生，如零件出现裂纹或者基板翘曲等缺陷。残余应力在零件和基板的连接处最为集中，零件中心位置有较大压应力，边缘处有较大拉应力。可以通过添加支承结构来降低残余应力，因为它们比单独的基板温度更高。一旦零件从基板上取下来，残余应力会被释放，但这个过程中零件可能会变形。另外一种降低残余应力的方式，是打印前先对基板和材料进行加热处理。由于操作温度更低，预加热在EBM工艺中比在SLM或DED工艺中更常见。

（5）裂纹

除了零件内部孔隙会产生裂纹外，熔融金属凝固或某片区域进一步加热也会出现裂纹。如果热源功率太大，冷却过程中可能会产生应力，有可能会出现分层现象，导致层间发生断裂。有些裂纹可以通过后期处理来修复，但分层无法通过后处理解决。相应地，可采取加热基板的方式来减少这种问题的出现。

（6）翘曲

为了确保打印任务能顺利开始，打印的第一层熔融在基板上。当打印完成后，通过 CNC 加工使零件从基板上分离。然而，如果基板热应力超过了其强度，基板会发生翘曲，最终导致零件发生翘曲，致使刮刀撞到零件。为了防止翘曲，需要在合适的位置添加一定的支承。

（7）其他问题

其他变形，比如膨胀或者球化，也可能出现在金属 3D 打印过程中。膨胀发生于熔化的金属高度超出了粉末的高度时，而球化则是金属凝固为球形而不是平层。这些问题与熔池的表面张力有关，可以通过控制熔池的长度—直径比（小于 1～2）来减弱。

打印过程也可能导致合金的成分发生变化。合金是由多种金属元素组成的，打印时低熔点元素可能会蒸发。比如 Ti-6Al-4V 这种常用航空钛合金，Ti 比 Al 元素有更高的熔点，在打印过程中这种材料的成分可能会改变。或者重复加热或冷却某区域，会影响残余应力，最终使材料性能降低。

总之，增材制造件的工艺性合理与否，将直接影响增材制造件的质量和使用寿命等。在金属 3D 打印时避免各种问题仍需要大量的工艺知识积累和不断尝试。每个零件都需要修改设备参数，通常导致设备操作者需多次打印同一个零件，直至克服翘曲、裂纹、孔隙等问题。一旦打印完成，需要对零部件进行测试，确保其满足相关标准。

思考题

15-1　何为增材制造？其与热喷涂等表面技术有何异同？

15-2　选区激光熔化增材制造与电子束选区熔化增材制造有何异同？

15-3　选区激光熔化制造技术与激光立体成型制造技术有何异同？

15-4　与传统成型方式相比，增材制造成型技术的结构工艺性如何？

第16章 机械零件材料与成型方法的选择

选材是机械零件设计的第一步。机械零件使用的材料种类繁多，如何合理地选择材料是一项非常重要的工作。在掌握各种工程材料性能和失效形式的基础上，正确合理地选择和使用材料是从事工程构件和机械零件设计与制造的工程技术人员的一项重要任务。

大多数零件都是通过铸造、锻造、焊接或冲压等方法制成毛坯，再经过切削加工制成的。零件毛坯的成型方法是否合适不仅与提高零件加工效率、降低生产成本有直接关系，而且对于保证零件的使用性能、提高零件质量甚至保护环境都有重要意义。

机械零件的选材与成型方法的选择不是相互独立的。在进行机械零件设计时，首先遇到的就是选材问题，而材料的工艺性能好坏是决定其是否被选用的一个重要因素。而在选择零件成型方法时，也要首先考虑该工艺是否适合对选中材料的成型加工。由此可知，机械零件材料的选择与零件成型方法的选择是相关的、统一的。正确选择零件毛坯的材料、类型和合理选择毛坯成型工艺方法是机械零件设计和制造中的关键环节之一。

16.1 机械零件材料与成型方法的选择原则

16.1.1 机械零件材料的选择原则

在进行机械产品设计时，机械零件材料的选择是一项非常重要的工作，一般应该遵循以下原则。

1. 使用性能原则

使用性能指机械零件在使用状态下，零件材料所应具有的力学性能、物理性能和化学性能等。使用性能是机械零件完成设计功能和预期行为的保证，是机械零件可靠工作的必要条件，在多数情况下，是选材首先要考虑的问题。对于以承载为主要目的的机械零件和工程构件，使用性能以力学性能为主。根据具体工作环境的不同，如承受腐蚀或工作在高温下的零构件，还需考虑物理、化学等方面的性能要求。

机械零件选用材料必须满足使用性能的要求，按使用性能选材的步骤如下。

（1）分析机械零件的服役条件，确定其使用性能

根据机械零件服役条件下承受载荷的性质和大小，计算载荷引起的应力分布，结合预期寿命设计提出机械零件的使用性能要求。例如，强度是绝大多数机械零件和构件首先要满足的性能要求，屈服强度为常用的选材依据；为了满足机械零件和构件的刚度要求，弹性模量是选材的重要指标；对于在静载荷下由脆性材料制成的机械零件和构件，抗拉强度是选材的重要依据；承

受动载荷的机械零件，设计和选材时要考虑疲劳强度和冲击韧度；对高强度材料制造的机械零件或中、低强度材料制造的大型构件，为防止低应力脆断，应考虑采用断裂韧度来进行选材。

此外，对于绝大多数重要机器零件，还需要满足一定的塑性和韧性要求。

（2）进行失效分析，确定主要使用性能

失效分析有助于暴露零构件承载能力最薄弱的环节，找出导致失效的主导因素，直接确定机械零件必备的主要力学性能。如过去人们认为发动机曲轴要满足的主要性能是高冲击韧度，必须采用锻钢制造。而失效分析的结果表明，曲轴的失效形式主要是疲劳断裂，而以疲劳抗力为主要性能要求来选择材料时，可采用价格低、生产工艺简单的球墨铸铁来制造曲轴。

（3）材料标准性能与使用性能

通过分析计算确定材料的使用性能之后，下一步的任务是对比筛选满足性能要求的材料。需要注意的是，选材要求满足的材料使用性能与手册等提供的材料性能之间的含义不完全相同。手册中提供的力学性能是一种标准化的实验室力学性能，是材料在一定大小和形状及测试条件下测得的性能。而使用性能又称服役性能，是材料制成零件或产品后在实际使用状态下的行为表现。使用性能与标准性能在材料形状与表面状态、尺寸及服役条件等方面并不完全相同，因此两者不能简单对等。准确获取材料使用性能的方法是机械零件的性能测试或台架试验，鉴于成本关系，除非要求极可靠的零件如航空航天用零部件的材料选择，一般以经过经验修正的标准性能作为材料的使用性能。

工程上常用安全系数来修正使用性能与标准性能之间的差异。但安全系数的合理选择很重要，如果安全系数定得过大将使结构笨重；如定得过小，又可能不够安全。目前，在各个不同的机械制造领域，通过长期生产实践，都制定了适合本部门许用安全系数的专用规范。

工作环境对选材结果的影响是非常大的。一般的机械产品都是在正常环境下使用的，但对在非正常环境下（如多尘、潮湿或酸、碱性环境）使用的机械，其零件材料必须首先满足环境要求，如对于化工机械、食品机械等来说，其零件材料首先要选用相应的不锈钢。

2．工艺性能原则

任何零件都是由工程材料通过一定的加工工艺制造出来的，因此材料的工艺性能好坏是选材时必须要考虑的。材料的工艺性能直接影响零件的加工质量和费用。一种材料即使使用性能优良，但若成型和加工极其困难，或者加工费用太高，也是不可取的。所以，熟悉材料的加工工艺过程及材料的工艺性能，对于正确选材是相当重要的。

在选材中，材料的工艺性能常处于次要地位，但在某些特殊情况下，工艺性能也可成为选材考虑的主要依据。如切削加工中，大批量生产时，为保证材料的切削加工性，而选用易切削钢。当某一可选材料的性能很理想，但极难加工或加工成本很高时，选用该材料就没有意义。因此，选材时必须考虑材料的工艺性能。

高分子材料的成型工艺比较简单，切削加工性尚好，但它的导热性较差，在切削过程中不易散热，易使工件温度急剧升高，可能使热固性塑料变焦，使热塑性塑料变软。

陶瓷材料压制、烧结成型后，硬度极高，除了可用碳化硅或金刚石砂轮磨削外，几乎不能进行任何其他加工。

金属材料如果采用铸造成型，最好选用共晶或接近共晶成分的合金。若采用锻造成型，则最好选用呈固溶体的合金。如果采用焊接成型，则最适宜的材料是低碳钢或低碳合金钢。为了便于切削，一般希望钢铁材料的硬度为 170～230HBS，以达到改善切削加工的目的。不同材料的热处理性能是不同的，碳钢的淬透性差，加热时晶粒容易长大，淬火时容易产生变形甚至开裂，所以制造高强度、大截面、形状复杂的零件时，都需要选用合金钢。

总之，选材时应尽量使材料与加工方法相适应，选材与选择加工方法应同时进行。

3．经济性原则

材料的经济性是零件选材的根本原则。也就是说，在对机械零件选材时，在考虑保证零件使用性能的前提下，应尽量降价生产成本。价值工程原理为材料的合理选择提供了有益的思想和方法。

价值工程研究如何以最低的寿命周期成本，可靠实现产品的必要功能，以提高产品的价值，从而取得最佳的经济效益。

按照价值工程基本原理，一个零件的价值 V 是它的必要功能 F 和它所需付出的成本 C 之比，即

$$价值\ V=功能\ F/成本\ C$$

这里，功能是对象能够满足某种需求的一种属性。在材料选择中，功能可以是材料的使用性能，也可以是制成产品的使用寿命。成本指的是零件的全寿命周期成本。

如 16Mn 低合金结构钢尽管比 Q235 碳素结构钢成本略高，但 16Mn 比 Q235 的强度高 46%，因而用它来制造自行车架、汽车底盘等可节省 25%左右钢材，使产品减轻了自重，提高了质量，增强了市场竞争力。

4．可持续发展原则

可持续发展要求机械设计人员在进行材料选择时不再仅仅考虑其是否能够满足产品的使用要求，而更应该注重材料在生产及产品使用与废弃过程中与环境的相容性与协调性。可持续发展原则要求在材料的生产、使用、废弃全过程中，对资源和能源的消耗要尽可能少，对生态环境影响小，材料在废弃时可以再生利用或不造成环境恶化、可以降解等。

16.1.2 机械零件成型方法的选择原则

一般来说，机械零件要实现其应有的功能，主要由两方面的因素决定：一是零件所具有的结构（形状、尺寸、精度、表面质量等），二是零件所采用的材料。而这两个方面都与零件的成型加工有密切的关系。成型方法的选择是否合理，关系着零件制造过程的生产成本和生产效率及零件能否满足使用要求。因此，在设计机械零件时，当零件的结构和材料初步确定之后，其成型工艺的基本类型就大致确定了。接下来就要再结合零件的生产批量、经济指标甚至企业生产条件等因素，选择零件成型方法，再根据所选用的成型方法，对零件的结构工艺性和材料的工艺性能进行评价和修正，这种修正很可能是对零件结构的局部优化。显然，零件结构设计、零件材料选用、成型方法选择这三者之间是相互联系、相互影响并在一定程度上相互依赖的。当零件材料和零件结构确定之后，接下来在对零件具体成型工艺进行选择时遵循的基本原则就是技术工艺上的适应性、经济上的合理性，以及环保性三原则。

1．工艺适应性原则

工艺适应性原则是指所采用的成型方法应该与零件的结构和材料的工艺性能相适应。即工艺适应性原则着眼于所用的成型方法是否能使毛坯的成型过程容易或方便，并且不易产生缺陷。因此，成型方法工艺性的优劣，会在不同程度上影响工件成型的难易程度、生产效率、加工质量和成本等。例如，柴油发动机缸体毛坯若采用金属型铸造，则由于铸件是铸铁材料且内腔形状非常复杂，而金属铸型导热能力强，退让性差，因此，在生产中容易出现铸件冷却快，白口

和裂纹倾向大，以及铸件从铸型中取出困难等情况，从而使铸件废品率上升，生产效率下降；并且，金属型制造难度大，成本高，使用寿命短。可见，对于此类铸件来说，选用金属型铸造就不符合工艺适应性原则。若采用砂型铸造，一般就不会出现以上的问题。

材料的工艺适应性通常是决定毛坯种类及成型工艺的主要因素。当零件材料是铸铁时，毛坯种类只能是铸件，但具体生产方法可以是砂型铸造，也可以是金属型铸造。例如，铁路道岔常选耐磨钢 Mn13 制造，但由于 Mn13 的切削加工性很差，所以道岔等零件常用铸钢件。又如，工程塑料中的聚四氟乙烯材料，尽管也属于热塑性塑料，但因其流动性差，故不宜采用注塑成型工艺，而只宜采用压制加烧结的成型工艺。表 16-1 表示各种材料适宜（表中以“○”表示）或可以（表中以“●”表示）采用的毛坯生产方法。每一种材料都有好几种毛坯生产方法可供选择，这时就应在功能要求的前提下，根据材料工艺性能的好坏来选择合适的方法。

表 16-1　材料与毛坯生产方法的关系

材料 \ 毛坯生产方法	砂型铸造	金属型铸造	压力铸造	熔模铸造	锻造	冷冲压	粉末冶金	焊接	挤压型材改制	冷拉型材改制	备注
低碳钢	○			○	○	○	○	○	○	○	
中碳钢	○			○	○	○	○	○		○	
高碳钢	○			○	○	●	●	●		○	
灰铸铁	○	○						●			
铝合金	○	○	○		○	○	○	○	○	○	
铜合金	○	○	○		○	○	○	○	○	○	
不锈钢	○			○	○	○		○		○	
工具钢和模具钢	○			○	○		○	○			
塑料								○	○		可压制及吹塑
橡胶									○		可压制

注：○—各种材料适宜采用的毛坯生产方法；

●—各种材料可以采用的毛坯生产方法。

2．经济性原则

经济性原则是指在选择成型方法时应致力于把生产的总成本降至最低，以获取最大的经济效益，使产品在市场上具有竞争力。因此，在满足零件使用要求的前提下，应优先选用成品率高、生产成本低的成型方法和加工方案。例如，汽车发动机的曲轴、凸轮轴等可以铸造，也可以用模锻生产，但对于这类形状较复杂的零件，采用球墨铸铁进行铸造，实现“以铁代钢”，更能降低成本。

需要指出的是，应该辩证地理解和应用经济性原则。首先，要正确看待满足使用要求和降低生产成本之间的关系。脱离使用要求，对零件的加工质量提出过高要求，会造成不必要的浪费；反之，不顾使用要求，片面强调降低制造成本，则会生产出低质量或短寿命的零件，甚至在使用中造成事故。因此，上述两种倾向都是应该避免的。其次，不能只单纯考虑成型工艺的经济性，还要兼顾零件的其他各项制造成本，如切削加工费用、管理费用和材料损耗等，以降低零件的总体制造成本。

3. 环保性原则

环保性原则是指在选择成型方法时应考虑生产过程对环境的影响，力求做到清洁生产，与环境相宜。因此，必须综合考虑资源和环境的关系，从末端治理转为以防为主，积极采用节能降耗、资源综合利用率高、废弃物排放最少的成型方法和加工方案。由于环境保护问题对当今和未来社会与经济发展的影响正受到越来越多的关注，所以环保性原则也将会越来越重要。

4. 以经济性原则为重点选择成型方法

在选择零件成型方法时，在遵循工艺适应性、经济性和环保性三原则的基础上，依据零件的材料和结构特点，重点考虑经济性原则。

（1）依据零件的形状、尺寸和设计要求选择

对于形状复杂的金属制件，特别是内腔形状复杂件，如箱体、缸体、阀体、壳体和泵体等可选择铸造毛坯。对大型机床床身，由于结构刚度要求较高，可用中碳钢或合金铸钢件制造；对于特别大的重型机床床身，因整体铸造非常困难，可采用铸造—焊接联合成型的工艺，即首先将大件分成几小件铸造后，再用焊接拼焊成大铸件。

对于批量较小的形状简单零件，采用型材切割的毛坯，其成本通常最低。常用的各种阶梯轴，如果各台阶直径相差不大，则可直接采用圆棒料；如果各台阶直径相差较大，为节约材料和减少切削加工量，则应选择锻造方法生产毛坯。形状比较简单的大型零件，当力学性能要求较高时，可采用自由锻造毛坯；当毛坯质量超过1.5t时，则需用水压机进行锻造。

零件图上常有尺寸、位置精度和表面质量的要求。对于加工表面，会选择切削加工方法以实现要求；对于非加工表面的尺寸精度和表面质量，则必须由相适应的毛坯生产方法予以实现。例如，熔模铸件、消失模铸件和压铸件的尺寸精度、表面质量等比砂型铸造要高，用于生产汽车、拖拉机、机床、仪器仪表及日用五金小铸件，能取得很好的使用效果和经济效益。麻花钻是常见的钻孔工具，材料为高速钢，由圆钢直接加工至成品与由精轧后再局部磨削完成，其经济效益是不可同日而语的。

（2）依据零件的生产批量选择

零件的生产批量也是选择成型方法时应考虑的一个重要因素。一般来说，当单件、小批量生产或产品的交货期较短时，应选择以手工操作为主，使用通用设备和工具，低精度、低生产效率的成型方法。这样，虽然单件产品消耗的材料及工时较多，但能节省生产准备时间和工艺装备的设计制造费用，故总成本较低，且零件生产周期短。例如，生产铸件选用手工造型砂型铸造，加工锻件采用自由锻或胎模锻，生产焊接件采用手工焊接方法，制作薄板零件采用手工钣金成型方法等。当大批量生产时，应选择以机械化操作为主，使用专用设备和工装，高精度、高生产效率的成型方法，如机器造型砂型铸造、压力铸造、模锻、板料冲压、自动焊或半自动焊等。又如，大批量生产有色合金铸件应选用金属型铸造、压力铸造及低压铸造等成型工艺；大批量生产锻件，应选用模锻、冷轧、冷拔及冷挤压等成型工艺；大批量生产MC尼龙制件，适用注塑成型工艺。

在一定条件下，生产批量还会成为影响成型方法选择的决定因素。例如，机床床身通常采用灰铸铁件为毛坯，但在单件或小批量生产时，选用钢板焊接往往更加经济和方便，因为所用生产设备简单，并且省去了制作模样、造型和造芯等的费用，还缩短了生产周期。

（3）依据现有生产条件选择

在选择成型方法时，还必须考虑本企业的实际生产条件，如设备状况、工艺技术水平、管理水平、员工素质等。一般来说，应在满足零件使用要求的前提下，优先选用现有生产条件能

够提供的加工方法。当现有生产条件不能满足要求时，可考虑采取以下措施。

① 在企业现有条件下，适当改变毛坯的生产方式或对设备进行适当的技术改造，以获得合理的生产方式。例如，批量生产某小型锻件，采用模锻件是最经济的选择，但如果企业没有模锻设备，可采用胎模锻生产，从而避免了模锻设备的投资。单件生产大件、重型零件时，普通企业往往不具备重型或专用加工设备，因此可采用板、型材焊接或将大件分成几部分，经铸造或锻压分别制出，再采用铸—焊、锻—焊或冲—焊结构拼成大件。

② 扩建厂房，更新设备，这样做有利于提高企业的生产能力和技术水平，但往往需要较多的投资。

③ 与外部企业进行协作，充分考虑外协或外购的可能性。当外协或外购的价格既低于企业制造成本，又能满足生产要求时，应当外协或外购，以降低生产成本。

究竟采取何种方式，需要结合生产任务的要求、产品的市场需求状况及远景、企业的发展规划及与外部企业的协作条件等，进行综合的技术经济分析，从中选定经济合理的方案。

（4）充分采用新技术、新工艺

随着工业市场的需求日益增加，用户对产品品种和质量更新的要求更高，使生产性质由大批量转变为多品种、小批量的生产形式，因而很多少余量、无切削的毛坯生产新技术、新工艺被广泛应用。例如，精密铸造、精密锻造、精密冲裁、冷挤压、液态模锻、超塑成型、注塑成型、粉末冶金、陶瓷等静压成型、复合材料成型及快速成型等新技术、新工艺，采用少余量或无余量成型，使零件最终成型，既能节约大量工程材料，提高产品质量，又能大大降低切削加工的费用，从而使生产成本显著下降。例如，汽车上的差速齿轮采用精密锻造毛坯后，机械加工量较原来的模锻毛坯大为减少，使生产效率由 16 件/班增至 6000 件/班，单件成本由 17 元降至 6 元，经济效益非常显著。

此外，在选择毛坯时，采用以焊代铸、以铸代锻、以精冲替代切削加工，常可获得良好的经济效益。

综上所述，在进行毛坯选择时，不只是单纯比较毛坯的制造成本，还要比较毛坯的材料利用率和后续的机械加工工时，以选定零件的整个加工成本最低的成型方案。

需要说明的是，正如第 15 章所述，与传统成型方法相比，增材制造技术具有效率高、质量好等特点，更重要的是可以打印传统成型方法无法完成的复杂结构零件。随着增材制造及相关技术的发展、完善和普及，传统成型方法被增材制造成型方式所替代可能只是时间问题。

16.2　典型机械零件材料与成型方法的选择

16.2.1　齿轮类零件

1. 齿轮的服役条件、失效形式及性能要求

齿轮是各类机械、仪表中应用最多的零件之一，其作用是传递动力、调节速度和运动方向。也有少数齿轮受力不大，仅起分度作用。

（1）服役条件

轮齿类似一根受力的悬臂梁，齿部承受很大的交变弯曲应力；换挡、启动或啮合不均匀时

承受冲击力；齿面相互滚动、滑动，承受强烈的摩擦和较高的接触载荷。

（2）失效形式

根据服役条件的不同，齿轮的主要失效形式如下。

① 断齿。最常见的是齿轮根部因承受交变弯曲应力引起的疲劳断裂，此外，短时过载和冲击载荷过大也常引起齿轮的过载断裂。

② 齿面接触疲劳损坏。在交变接触应力作用下，齿面产生微裂纹，微裂纹的扩展引起齿面点状剥落。

③ 齿面磨损。齿面相互滚动和滑动导致齿面接触区产生磨损，使齿厚变小，轮齿失去正确的形状。

（3）性能要求

通过分析齿轮的服役条件和失效形式，齿轮材料应满足的主要性能如下。

① 高的弯曲疲劳强度和接触疲劳强度。

② 齿面有高的硬度和耐磨性。

③ 齿轮心部有足够高的韧性和一定的强度。

④ 要求有较好的热处理工艺性，如变形小，或要求变形有一定的规律等。

2．齿轮类零件的材料和成型方法选择

由于齿轮的工作条件不同，齿轮的尺寸和类型不同，材料也不同。

（1）承受力小、无润滑条件的小齿轮

在一些受力不大、无润滑条件下工作或需耐泥浆等介质腐蚀的小齿轮，其材料可选用尼龙1010、MC浇注尼龙、聚碳酸酯等工程塑料通过注塑成型或浇注成型制作。

（2）承受中小载荷的齿轮

一般轻中等载荷、转速较低的齿轮应选用碳钢，而且是具有良好综合力学性能的中碳结构钢制造，如40钢、45钢或45调质钢等［见图16-1（a）］。其中用量最大的是45钢，经锻造和调质后硬度可高于40Cr钢。

这类齿轮的成型方法主要由生产批量决定。若为单件或小批量，且其直径较小，一般用圆钢直接下料成钢坯，再经滚齿而成；若为中等批量，且直径不太大，可以用锻钢或铸造方法制成毛坯，再经滚齿而成；若是中、小批量，且直径较大，用锻钢无法制造时，只有用铸造方法成型毛坯，再经切削、滚齿而成；若是批量很大，且直径较小，可以用模锻方法一次成型，效率最高。

（3）承受低应力、低冲击载荷的齿轮

在一些低中速运行、承受较低冲击载荷条件下工作的齿轮，通常选用铸造成型的毛坯［见图16-1（c）］，并选用HT250、HT300、HT350、QT600-3、QT700-2等材料来制造。

例如，汽车发动机上的凸轮、齿轮，其材料可选用灰铸铁HT200，用铸造成型法制造毛坯，硬度为170～229HBS。

这类齿轮的成型方法也由生产批量决定。单件或中小批量时，先铸出齿轮毛坯，再经过切削加工和滚齿成型；若是大批量生产，可以用熔模铸造或消失模铸造方法一次成型，如果对齿轮表面质量要求较高，则还可以再对其进行精滚加工。

（4）重要机械上的齿轮

这类齿轮主要是机床变速箱和走刀箱齿轮，其运转速度较高，传递转矩较大，长期工作下的疲劳应力很大，一般均需选用40Cr、40CrNi、40MnB、35CrMo等合金调质钢制造，并选用锻造成型的毛坯［见图 16-1（b）］。

（5）受较大冲击载荷的齿轮

这类齿轮大多是指机床和立式车床上的重要齿轮，以及一般精密机床的主轴传动齿轮、走刀齿轮和变速箱的高速齿轮等，其传递功率大、接触应力大、运转速度高，而且又承受较大的冲击载荷。通常选用 20Cr、20CrMnT 等合金渗碳钢制造，尤其轮齿部分还要求进行渗碳或碳氮共渗处理。

这类齿轮钢材料在大批量生产时，一般选择轧制的型材制作毛坯，也可选用低碳钢经焊接成型的毛坯，如图 16-1（d）所示，待加工后再经渗碳、渗氮或渗金属等满足其使用要求。

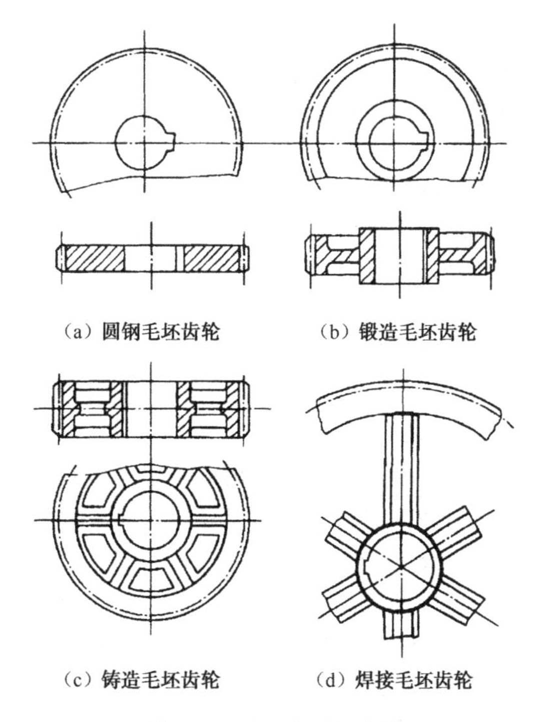

图 16-1 不同类型的齿轮

16.2.2 轴类零件

1. 轴的服役条件、失效形式及性能要求

轴类零件是机械行业中另一类用量很大且占有相当重要地位的结构件。其主要作用是支承传动零件并传递动力。机床的主轴与丝杠、发动机曲轴、汽车后桥半轴、汽轮机转子轴及仪器仪表的轴等均属于轴类零件。

（1）服役条件

轴类零件正常工作时主要承受交变弯曲载荷和（或）扭转载荷，有时也会承受一些拉压载荷。轴上相对运动表面（如轴颈、花键部位等）发生摩擦，因机器开—停、过载等会承受一定的冲击载荷。

（2）失效形式

① 断裂。这是轴类零件最主要的失效形式，其中以疲劳断裂居多。

② 磨损。相对运动表面因摩擦而过度磨损。

③ 过量变形。除极少数情况下会发生因强度不足引起过量塑性变形失效外，主要是刚度不足引起的过量弹性变形失效。

（3）性能要求

① 高的疲劳强度，以防止疲劳断裂。

② 优良的综合力学性能，即强度、塑性和韧性的合理配合，既要防止轴的过量变形，又要减小应力集中效应和缺口敏感性，防止轴在工作中的突然断裂。

③ 局部承受摩擦部位应具有高的硬度和耐磨性，防止过度磨损。

2．轴类零件的材料和成型方法选择

① 主要承受弯曲、扭转的轴，如机床主轴、曲轴、汽轮机主轴、变速箱传动轴等。这类轴在载荷作用下，应力在轴的截面上分布是不均匀的，表面部位的应力值最大，越往中心应力越小，至心部达到最小。故不需要选用淬透性很高的材料，一般只需淬透轴半径的1/3～1/2即可。常选45、40Cr、40MnB和45Mn2钢等，经调质处理后使用。

② 同时承受弯曲、扭转及拉、压应力的轴，如锤杆、船用推进器等。这类轴整个截面上的应力分布基本均匀，应选用淬透性较高的材料，如30CrMnSi、40MnB、40CrNiMo钢等，一般也是经调质处理后使用。

③ 主要要求刚性好的轴。可选用优质碳素钢等材料，如20、35、45钢经正火后使用。若还有一定耐磨性要求，则选用45钢，正火后使用。对于受载较小或不太重要的轴，也可选用Q235等碳素结构钢。

④ 要求轴颈处耐磨的轴。需在轴颈处进行高频感应加热淬火及低温回火。

⑤ 承受较大冲击载荷又要求较高耐磨性的形状复杂的轴，如汽车、拖拉机的变速轴等。可选低碳合金钢如18Cr2NiWA、20Cr、20CrMnTi钢等，经渗碳、淬火及低温回火处理后使用。

⑥ 要求有较好的综合力学性能和很高的耐磨性，而且在热处理时变形量要小，长期使用过程中要保证尺寸稳定，如高精度磨床主轴等。可选用渗氮钢38CrMoAlA，进行氮化处理。

⑦ 内燃机曲轴。其表现出的失效形式主要是疲劳断裂和轴颈表面磨损，因此要求曲轴材料具有高的弯曲与扭转疲劳强度，还要具有一定的冲击韧度，轴颈表面还应有高的硬度和耐磨性。实际生产中，按制造工艺，把曲轴分为锻钢曲轴和铸造曲轴两种。现在用球墨铸铁代替锻钢制造内燃机曲轴的越来越多，虽然球墨铸铁的塑韧性远低于锻钢，但在一般发动机中对塑韧性要求并不太高；球墨铸铁的缺口敏感性小，疲劳强度接近于锻钢，而且可通过表面强化（如滚压、喷丸等）处理提高其疲劳强度，因而在性能上可代替碳素调质钢。大型内燃机（如船用内燃机）曲轴一般选用锻钢曲轴，材质主要选用优质中碳钢或中碳合金钢，如45、40Cr、35Mn2、35CrMo钢等；现在汽车、拖拉机等所用内燃机曲轴一般为球墨铸铁曲轴，材质主要有QT600-3、QT700-2等。

轴类零件的成型方法也视零件的材料、结构而定。光轴毛坯一般采用热轧或冷轧圆钢；阶梯轴需根据产量和各阶梯直径之差，选用圆钢或锻件。各阶梯直径相差较大时，采用锻造成型更有利；当要求轴有较高的力学性能时，也应采用锻造成型工艺。生产批量小时，采用自由锻；成批生产时，采用模锻工艺为宜。对于某些具有异形断面或弯曲轴线的轴，如凸轮轴、曲轴等，在满足使用的前提下，可采用球墨铸铁铸造工艺。在有些情况下，还可以采用锻—铸或锻—焊结合的方法来制造零件毛坯。图16-2所示的汽车排气阀，将合金耐热钢的阀帽与普通碳素钢的阀杆焊接成一体，节约了合金钢材料。图16-3所示为12 000t水压机立柱毛坯，该立柱长18m，质量为80t，采用铸钢分成6段铸造，粗加工后采用电渣焊焊成整体毛坯。

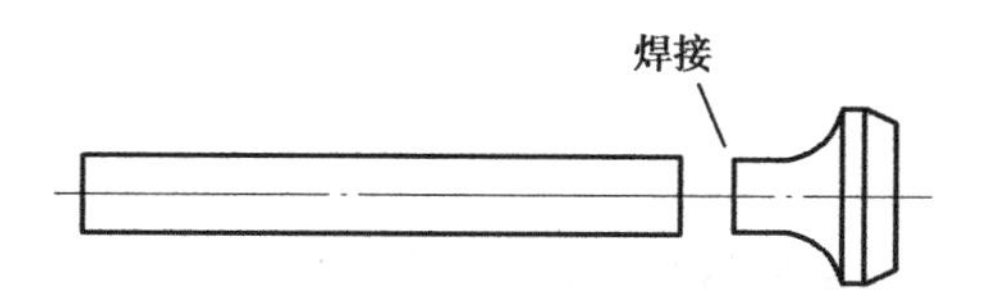

图 16-2　锻—焊结构的汽车排气阀

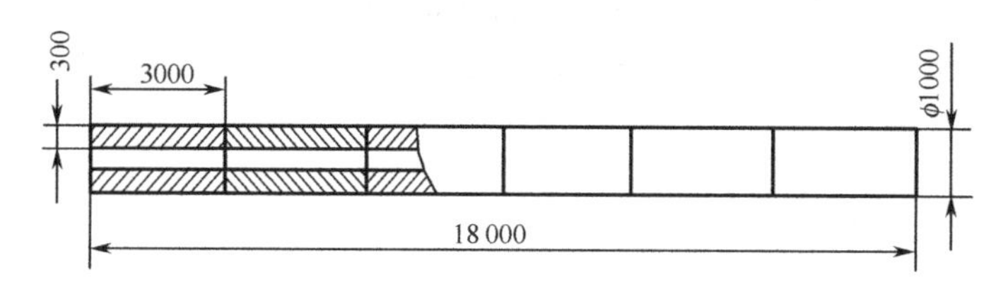

图 16-3　铸—焊结构的水压机立柱毛坯

16.2.3　机架、箱体类零件

1．机架、箱体类零件的服役条件、失效形式及性能要求

（1）服役条件

这类零件包括各种机械的机身、底座、支架、轴承座、横梁、齿轮箱、阀体、泵体等。其结构复杂，形状不规则，质量可从几克到数十吨。

其服役条件有以下几种：一般的机座、机身类零件，以承压为主；工作台和导轨等零件，则除承压外，还会受到摩擦磨损；某些机身和支架，往往同时承受压、拉、弯曲应力的联合作用，或者还有冲击载荷；箱体类零件一般受力不大但其中盛有流体介质，要防其向外渗漏。

（2）失效形式

这类零件有的因刚度、强度不够而发生变形、断裂（或压垮）；有的因磨损使导轨失效；有的因介质向外渗漏而致使箱体类零件报废。

（3）性能要求

作为机座、机身类零件的材料，应有较高的刚度和减震性能；导轨的零件材料应有较好的刚度和耐磨性；箱体类零件的材料应有较好的强度和密封性。

2．机架、箱体类零件的材料和成型方法选择

HT150、HT200 灰铸铁因其有一定的强度、较好的刚性和减摩性能，常用于制作中小型机床床身，其成型方法是手工砂型铸造；若是单件试制产品，为降低制造成本，可以用中碳钢钢板焊接而成。

各类拖拉机变速箱箱体也多采用 HT200 灰铸铁制造，由于其生产批量较大，有条件的多用机器造型砂型铸造。

少数重型机械、大型锻压机械机身用中碳铸钢件或合金铸钢件制造，成型方法是手工水玻璃砂型铸造。

一些发动机箱体多采用铸铁件制造，批量大时可以采用机器造型砂型铸造；对要求质量轻的发动机箱体多采用铝合金砂型铸造。批量生产时可以采用机器造型砂型铸造，但对于特大批量的摩托车发动机箱体，通常采用金属型压力铸造，以提高生产效率和表面质量。

16.2.4 工程塑料零件

工程塑料零件的选材步骤与金属材料一样，也是先对零件的工作条件和失效形式进行分析，依据零件对材料主要使用性能的要求选材，然后再依据受力情况和使用功能进行结构设计。这里要强调的是，必须注意塑料与金属材料在性能特点上的不同，如力学性能低、耐热性能差、散热性差、线膨胀系数大、易蠕变等，这是决定选材成败的关键。以下将对几种具有特殊性能要求的零件的选材进行阐述。

1．一般结构零件选用的塑料

一般结构件，如承受低载荷、无冲击，要求有一定强度和耐热性的机件、仪器和仪表外壳、支架、底座、盖板、手轮，以及化工容器及管道、各种生活用品等，可选用价格低廉、成型工艺性好的塑料，如低压聚乙烯、聚丙烯、聚氯乙烯、聚苯乙烯、ABS 等；若零件常与热水或蒸汽接触，或壳体零件较大，或零件要求刚性较好，则可选用聚碳酸酯等；要求透明的零件，可选用有机玻璃、聚苯乙烯或聚碳酸酯等；一些需要进行表面装饰的壳体，最常用的材料是 ABS，因为 ABS 塑料容易电镀和涂漆。

2．摩擦传动零件选用的塑料

塑料由于本身的性能或通过改性具有优良的耐磨、减摩和自润滑性能，可在少油或无油的条件下安全运行。这对于某些加油困难或要求避免润滑油污染及在水中工作的轴承、齿轮、活塞环、密封圈等摩擦传动零件，用塑料取代金属来制作更具有特殊意义。

摩擦传动零件有以下两类。

① 耐磨受力的普通传动件。其材料要求具有较高的强度、韧性、耐磨和减摩性、耐疲劳、耐热性、尺寸的稳定性。对承载不太高的齿轮、凸轮、蜗轮、齿条、螺母等零件，可选用各种尼龙、聚甲醛、填充聚四氟乙烯、聚碳酸酯、增强聚丙烯、增强酚醛塑料等；中大型齿轮和蜗轮可选用 MC 尼龙浇注成型，当抗疲劳强度要求较高时可选用聚甲醛等材料。在腐蚀介质中工作的传动零件可选用氯化聚醚；在重载摩擦场合下工作的传动零件可选用聚四氟乙烯填充的聚甲醛。

② 耐磨、减摩自润滑零件。这类零件如轴承、轴套、活塞环、导轨、密封元件等。与摩擦传动类零件相比，其受力较小，运动速度较高，在干或湿摩擦条件下或在腐蚀介质中工作，要求其所用塑料具有较低的摩擦系数、较好的自润滑性及较高的耐热性。这类塑料主要有聚四氟乙烯和填充聚四氟乙烯等。此外，可选用低压聚乙烯、尼龙 1010、MC 尼龙、聚甲醛等材料。

3．耐腐蚀零、部件选用的塑料

能在常温或较高温度下承受强酸、强碱或其他腐蚀介质的化工设备零件、管道及仪表零件、阀等，常选用硬聚氯乙烯、聚丙烯、低压聚乙烯、填充聚四氟乙烯、聚四氟乙烯（温度较高时用）等材料。

4．耐高温零件选用的塑料

一般工程塑料只能在 80～120℃温度下工作，而受力较大的工程塑料只能在 60～80℃温度下工作。为了适应工业需要，除了各种氟塑料外，还可采用特种工程塑料如聚苯硫醚（PPS）、聚砜（PSU）、聚酰亚胺（PI）等。这些材料一般可在 150℃以上的温度环境中工作，有的还可在 260～270℃温度环境中长期工作。它们的综合性能更高，主要用于军事和航空航天等工业。

材料确定以后，零件的成型可参照第 12 章进行选择。这里要强调的是，具体零件的成型方法选择还应根据零件特点与生产批量来确定。对生产批量很大的制品，宜选用注射成型的热塑性塑料。零件尺寸较大时，则选用可浇注成型的材料更为适宜。如大型轴承或齿轮，一般产量不大，选择 MC 铸型尼龙就比普通尼龙合理。反之，尺寸小、批量大的轴承，则应选用普通尼龙，便于采用注射成型。

思考题

16-1　什么是零件的失效？常见的失效形式有哪些？

16-2　试比较材料的选择原则与成型方法的原则有何联系与区别，请结合实例分析。

16-3　在满足零件使用要求的前提下，所选用的成型方法成本越低越好。这种说法是否一定正确？为什么？应如何全面准确地理解经济性原则？

16-4　为什么轴类零件多用锻件作为毛坯，而机架、箱体类零件多用铸件？

16-5　为什么齿轮多用锻件为毛坯，而带轮、飞轮多用铸件？

16-6　一般情况下，轴类零件、盘类零件、箱体类零件分别选用什么类型的材料和成型方法？试举例说明。

参考文献

[1] 朱张校，姚可夫．工程材料[M]．北京：清华大学出版社，2009.
[2] 申荣华，丁旭．工程材料及其成型技术基础[M]．北京：北京大学出版社，2008.
[3] 何世禹．机械工程材料[M]．哈尔滨：哈尔滨工业大学出版社，2000.
[4] 施江澜，赵占西．材料成型技术基础（第2版）[M]．北京：机械工业出版社，2007.
[5] 邓文英．金属工艺学（第4版）（上册）[M]．北京：高等教育出版社，2004.
[6] 陈积伟．工程材料[M]．北京：机械工业出版社，2006.
[7] 柳秉毅．材料成型工艺基础[M]．北京：高等教育出版社，2005.
[8] 董祥忠．特种成型与制模技术[M]．北京：化学工业出版社，2007.
[9] 张玉军，张伟儒．结构陶瓷材料及其应用[M]．北京：化学工业出版社，2005.
[10] 樊新民，张骋，蒋丹宇．工程陶瓷及其应用[M]．北京：机械工业出版社，2006.
[11] 陈华辉，邢建东，李卫．耐磨材料应用手册[M]．北京：机械工业出版社，2006.
[12] 郑建启，刘杰成．设计材料工艺学[M]．北京：高等教育出版社，2007.
[13] 车剑飞，黄洁雯，杨娟．复合材料及其工程应用[M]．北京：机械工业出版社，2006.
[14] 王树海，李安明，乐红志，等．先进陶瓷的现代制备技术[M]．北京：化学工业出版社，2007.
[15] 颜银标．工程材料及热成型工艺[M]．北京：化学工业出版社，2007.
[16] 王汝敏，郑水蓉，郑亚萍．聚合物基复合材料及工艺[M]．北京：科学出版社，2004.
[17] 于化顺．金属基复合材料及其制备技术[M]．北京：化学工业出版社，2006.
[18] 李新城．材料成型学[M]．北京：机械工业出版社，2000.
[19] 齐乐华．工程材料及成型工艺基础[M]．西安：西北工业大学出版社，2002.
[20] 刘新佳，姜银方，蔡郭生．材料成型工艺基础[M]．北京：化学工业出版社，2006.
[21] 童幸生．材料成型技术基础[M]．北京：机械工业出版社，2006.
[22] 王少刚．工程材料与成型技术基础[M]．北京：国防工业出版社，2008.
[23] 齐克敏，丁桦．材料成型工艺学[M]．北京：冶金工业出版社，2006.
[24] 傅其蔼，喻德顺．真空实型铸造[M]．北京：新时代出版社，1991.
[25] 周述积，侯英玮，茅鹏．材料成型工艺[M]．北京：机械工业出版社，2005.
[26] 王爱珍．工程材料与改性处理[M]．北京：北京航空航天大学出版社，2006.
[27] 夏巨谌，张启勋．材料成型工艺[M]．北京：机械工业出版社，2005.
[28] 刘燕萍．工程材料[M]．北京：国防工业出版社，2009.
[29] 潘强，朱美华，童建华．工程材料[M]．上海：上海科学技术出版社，2005.
[30] 王宏，刘贯军．工程材料及成型工艺基础[M]．北京：高等教育出版社，2010.
[31] 刘新佳．工程材料[M]．北京：化学工业出版社，2006.
[32] 周凤云．工程材料及应用[M]．武汉：华中科技大学出版社，2002.
[33] 张彦华．工程材料与成型技术[M]．北京：航空航天大学出版社，2005.
[34] 姜银方．现代表面工程技术[M]．北京：化学工业出版社，2006.
[35] 王金凤．机械制造工程概论[M]．北京：航空工业出版社，2003.

[36] 沈其文．材料成型工艺基础[M]．武汉：华中科技大学出版社，2003.
[37] 崔忠圻．金属学与热处理[M]．北京：机械工业出版社，2007.
[38] 王宗杰．熔焊方法及设备[M]．北京：机械工业出版社，2007.
[39] 宫成立．金属工艺学[M]．北京：机械工业出版社，2007.
[40] 中国机械工程学会焊接学会．焊接手册[M]．北京：机械工业出版社，2008.
[41] 夏立芳．金属热处理工艺学[M]．哈尔滨：哈尔滨工业大学出版社，2008.
[42] 于爱兵．材料成型技术基础[M]．北京：清华大学出版社，2010.
[43] 崔令江，郝滨海．材料成型技术基础[M]．北京：机械工业出版社，2003.
[44] 沈其文．材料成型工艺基础（第3版）[M]．武汉：华中科技大学出版社，2003.
[45] 胡城立，朱敏．材料成型基础[M]．武汉：武汉理工大学出版社，2001.
[46] 汪大年．金属塑性成型原理[M]．北京：机械工业出版社，1982.
[47] 李硕本．冲压工艺理论与新技术[M]．北京：机械工业出版社，2003.
[48] 杨玉英．实用冲压工艺及模具设计手册[M]．北京：机械工业出版社，2004.
[49] 严绍华．材料成型工艺基础（第2版）[M]．北京：清华大学出版社，2008.
[50] 胡赓祥，蔡珣，戎永华．材料科学基础（第2版）[M]．上海：上海交通大学出版社，2006.
[51] 戈晓岚，洪琢．机械工程材料[M]．北京：北京大学出版社，2006.
[52] 蔡志楷，梁家辉. 3D打印和增材制造的原理及应用（第4版）[M]. 北京：国防工业出版社，2017.
[53] 杨占尧，赵敬云. 增材制造与3D打印技术及应用[M]. 北京：清华大学出版社，2017.
[54] 魏青松，史玉升. 增材制造技术原理及应用[M]. 北京：科学出版社，2017.
[55] 张阳军，陈英. 金属材料增材制造技术的应用研究进展[J]. 粉末冶金工业，2018，28（1）：63-67.
[56] 李安，刘世锋，王伯健，等. 3D打印用金属粉末制备技术研究进展[J]. 钢铁研究学报，2018，（6）.
[57] 蒲以松，王宝奇，张连贵. 金属3D打印技术的研究[J]. 表面技术，2018，（3）.
[58] 刘继常. 金属增材制造研究现状与问题分析[J]. 电加工与模具，2018，（2）.
[59] 杨德建，刘仁洪. 大型复杂金属零件3D打印技术及研究进展[J]. 兵工自动化，2017，36（2）：8-12.
[60] 程玉婉，关航健，李博，等. 金属3D打印技术及其专用粉末特征与应用[J]. 材料导报，2017，（S1）：98-101.
[61] 高超峰，余伟泳，朱权利，等. 3D打印用金属粉末的性能特征及研究进展[J]. 粉末冶金工业，2017，27（5）：53-58.
[62] 张学军，唐思熠，肇恒跃，等. 3D打印技术研究现状和关键技术[J]. 材料工程，2016，44（2）：122-128.
[63] 李梦倩，王成成，包玉衡，等. 3D打印复合材料的研究进展[J]. 高分子通报，2016，（10）：41-46.
[64] 熊进辉，李士凯，耿永亮，等. 电子束熔丝沉积快速制造技术研究现状[J]. 电焊机，2016，46（2）：
[65] 刘彩利，赵永庆，田广民，等. 难熔金属材料先进制备技术[J]. 中国材料进展，2015，34（2）：163-169.
[66] 赵冰净，胡敏. 用于3D打印的医用金属研究现状[J]. 口腔颌面修复学杂志，2015，16（1）：53-56.
[67] 杜宇雷，孙菲菲，原光，等. 3D打印材料的发展现状[J]. 徐州工程学院学报（自然科学版），2014，29（1）：20-24.
[68] 赵剑峰，马智勇，谢德巧，等. 金属增材制造技术[J]. 南京航空航天大学学报，2014，46（5）：675-683.
[69] 卢秉恒，李涤尘. 增材制造（3D打印）技术发展[J]. 机械制造与自动化，2013，42（4）：1-4.
[70] 李涤尘，贺健康，田小永，等. 增材制造：实现宏微结构一体化制造[J]. 机械工程学报，2013，49（6）：129-135.
[71] 杨永强，刘洋，宋长辉. 金属零件3D打印技术现状及研究进展[J]. 机电工程技术，2013，（4）：1-7.
[72] 陈哲源，锁红波，李晋炜. 电子束熔丝沉积快速制造成型技术与组织特征[J]. 航天制造技术，2010，（1）：40-43.

反侵权盗版声明